系統分析與設計：物件導向與 UML 第四版

Object-Oriented Systems Analysis and Design

4th Edition

Simon Bennett
Steve McRobb
Ray Farmer
著

黃協弘
譯

Mc Graw Hill Education

東華書局

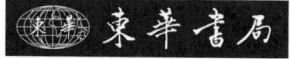

國家圖書館出版品預行編目資料

系統分析與設計：物件導向與 UML / Simon Bennett, Steve McRobb, Ray Farmer 著；黃協弘譯. – 三版. -- 臺北市：麥格羅希爾, 2015.05

面； 公分. -- (資訊科學叢書；CM025)

譯自：Object-oriented systems analysis and design using UML, 4th ed.

ISBN 978-986-341-178-9(平裝)

1.物件導向 2.軟體研發

312.2   104007609

資訊科學叢書　CM025

系統分析與設計：物件導向與 UML 第四版

作　　　者	Simon Bennett, Steve McRobb, Ray Farmer
譯　　　者	黃協弘
特 約 編 輯	鄧秀琴
企 劃 編 輯	陳佩狄
業 務 行 銷	李本鈞 陳佩狄 林倫全
業 務 副 理	黃永傑
出 　版 　者	美商麥格羅希爾國際股份有限公司台灣分公司
地　　　址	台北市 10044 中正區博愛路 53 號 7 樓
讀 者 服 務	E-mail: tw_edu_service@mheducation.com TEL: (02) 2383-6000　　FAX: (02) 2388-8822
法 律 顧 問	惇安法律事務所盧偉銘律師、蔡嘉政律師
總經銷(台灣)	臺灣東華書局股份有限公司
地　　　址	10045 台北市重慶南路一段 147 號 3 樓 TEL: (02) 2311-4027　　FAX: (02) 2311-6615 郵撥帳號：00064813
網　　　址	http://www.tunghua.com.tw
門 市 一	10045 台北市重慶南路一段 77 號 1 樓　TEL: (02) 2371-9311
門 市 二	10045 台北市重慶南路一段 147 號 1 樓　TEL: (02) 2382-1762
出 版 日 期	2015 年 5 月（三版一刷）

Traditional Chinese Abridge Copyright © 2015 by McGraw-Hill International Enterprises, LLC., Taiwan Branch.
Original title: Object-Oriented Systems Analysis and Design Using UML, 4e　ISBN: 978-0-07-712536-3
Original title copyright © 2010 by McGraw-Hill Education (UK) Limited
All rights reserved.

ISBN：978-986-341-178-9

※著作權所有，侵害必究。如有缺頁破損、裝訂錯誤，請寄回退換

譯者序

系統分析與設計向來是資訊系統領域很重要，但也很容易被忽略的一門學問。對於初學資訊系統的學生而言，系統開發經驗往往僅來自於課堂作業或專題製作，對較具規模之資訊系統專案只能憑著想像，難以領略系統分析與設計的重要性；對於系統開發的程式設計熟手來說，又容易將系統分析與設計視為繁文縟節而暫擱一旁。事實上，資訊系統開發專案就像是拍攝電影一樣，譯者常會問學生：「你最喜歡○○電影當中的哪一個場景？」、「如果你是導演，你要怎麼安排演員及工作人員將這場景拍攝出來？」、……等，於是，你會發現在電影拍攝過程有腳本、劇本、分鏡、燈光等不同的說明描述，讓整個電影工作團隊得以合作、每項工作都順利進行；系統分析與設計也是這樣的。在物件導向系統分析與設計中，我們也可以用各種圖來描述系統分析與設計過程的不同面向──亦即我們所將介紹的 UML，透過 UML，我們可以用標準一致的圖法及語言來做為一般使用者與系統開發專業人員之間的橋樑。

本書是由英國德蒙福特大學 (De Montfort University) 與考文垂大學 (Coventry University) 的三位學者所合著。原書結構共 21 章，基於學習份量及篇幅的考慮，在中譯版本我們萃選其中最適合讀者的部分共 16 章，而原書之 Design Patterns (CH15)、Designing Boundary Classes (CH17)、Data Management Design (CH18)、Software Reuse (CH20)、Software Development Processes (CH21) 等五章則依讀者需要再做進一步研讀。

本書的完成必須感謝麥格羅‧希爾國際出版公司台灣分公司在全書出版作業上所提供的幫助，使得本書生色不少。本書涵蓋物件導向系統分析與設計諸多新近觀點，囿於部分專有名詞目前尚未有統一譯詞，我們採取最廣泛接受的譯法並加註英文全稱於後，而在全書翻譯過程亦再三審視，力求忠於原著又能通暢易讀，盼能臻於「信、雅、達」境界。雖然如此，仍恐有疏漏之處，尚祈讀者先進不吝指正賜教。

黃協弘 博士
24.03.2015

作者簡介

　　本書自 1999 年第一版發行後，由賽門‧班內特 (Simon Bennett)、史帝夫‧麥克羅伯 (Steve McRobb) 以及瑞‧法默 (Ray Farmer) 所組成的作者團隊共同修訂課文內容，他們三位的合作結合了作者群過去在資訊系統領域教學及研究上豐富的學術經驗，而三位作者頗值得參考的實務經驗，對於實際了解 UML 在現今組織中如何實作提供了保證。

賽門‧班內特 曾任英國德蒙福特大學 (De Montfort University) 商業參與與建構研究中心主任，目前是 SCB 智慧解決方案有限公司董事。他於德蒙福特大學科技學院擔任教育訓練顧問，提供 UML、系統分析與設計，以及系統架構等方面之教育訓練，同時也是該校計算智慧中心協同成員。在 1999 年擔任德蒙福特大學副教授之前，曾擔任 Celesio AG 公司企業架構師，以及萊徹斯特市議會再生與文化部資訊科技部門主管，同時也是麥格羅‧希爾出版之 *Schaum's Outline of UML*（第二版）作者之一。

史帝夫‧麥克羅伯 為德蒙福特大學資訊系副教授，教授物件導向系統分析與設計課程資歷超過十年，目前是計算、資訊科技與資訊系統管理領域熱門碩士課程召集人，他近期研究主要著重於線上隱私，以及資訊科技對權力關係的影響等領域，先前曾擔任約克郡谷地國家公園首席行政官。

瑞‧法默 現任考文垂大學工程與計算學院副院長，他的研究興趣包括資訊系統分析與設計、服務導向架構，以及工程與計算教育發展等，經常於英國及國際間擔任物件導向分析與設計顧問，先前曾於德蒙福特大學資訊系統系任教。

原序

本書背景

當我們編寫本書第一版時，我們三人都在德蒙福特大學工作，當時正開始在大學部課程講授物件導向分析與設計，而今物件導向方法已經廣泛被使用及講授。時間回顧到 1997 年，當時大多數物件導向分析與設計方法的教科書只注重物件導向及圖示符號，我們希望有一本教科書可以支援我們的教學工作，將分析與設計活動安排在整個系統生命週期情境中、並且包含了像是事實發現等常見分析與設計議題的教科書，我們也希望有一本教科書可以使用前後一致的案例研究貫穿其間。

當麥格羅‧希爾公司提供我們撰寫屬於自己的教科書這個機會時，我們揉合這兩個想法於本書的結構與內容之中，也就是如今的第四版。

自從 1999 年第一版發行之後，許多事情有了變化。在這十餘年中，作者之中有兩位離開了德蒙福特大學（不過後來有一位回到該校轉以非教職身分），進入到實務業界在三個不同職位使用及訓練人員使用 UML；就如同我們的職涯，我們的想法已經有更多發展，藉由我們收到的所有意見回饋與審查意見產生很大的幫助。UML 本身也有變化，我們在第三版時即已提倡 UML 2.0，隨著 2.0 版本的導入，也在做為系統建模共通語言上變得更廣泛獲得接受，但我們仍然相信本書以圍繞著前後脈絡相通的案例進行教導與學習的功效，因而在這新版本仍然保留此種方法。

誰該閱讀本書？

本書的三位作者相信，在組織將會使用資訊系統的背景下，必然會進行系統分析與設計，我們是基於商業組織所舉例，但也可以是任何公開或志願性（非營利）部門，而本書所採取的方法適用於大多數資訊系統，包括即時系統在內。前三章在這樣背景下以資訊系統發展做為開始。

我們預期多數讀者是主修電腦或資訊系統之學程、學士或碩士班的學生，同樣也有一些其他領域相關的學生，例如企管研究者希望了解企業資訊系統如何發展，但不想成為程式設計師、分析師或設計師。

本書也適合許多電腦與資訊系統領域在物件導向開發技術出現之前即已開展它們專業生涯與希望、藉由學習物件導向分析與設計來提升他們技能的專業人士，我們使用已存在的圖示法標準的統一塑模語言 (Unified Modeling Language, UML) 來進行物件導向開發。

 系統分析與設計——物件導向與 UML

案例研究

本書的教學與訓練中，使用案例研究做為導覽與練習作業的依據，也使用同樣的案例研究做為教材及學生評量。我們相信，學生從最初的事實發現直到實作，將分析與設計視為連貫的過程是重要的。第一個案例是 Agate 公司，是一家廣告公司，Agate 在本書大部分章節用來做為解釋技術的例子，以及做為各章節的大部分習題，好讓讀者做為練習。

如果您是教師身分使用本書，歡迎您使用這些教材，並進一步將它們做為實際練習與評量的基礎，各章提供一些您可能會想使用的習題。

給讀者的習題

對讀者而言，每一章包含兩類練習題型，第一是習題，目標是讓您確認已經了解該章的內容，這些習題最多只需要幾分鐘就可以完成，部分解答呈現在書末，而大部分的答案在課文內都可以查出，有些需要應用您所習得的技術，而不是從課文中找到答案。

在每一章最後是案例研究作業、練習與專案，需要較長的時間來完成，有些適合做為自學練習或作業，有些可以做為指定作業，而有些是會需要數週完成的專案，這些練習之中我們提供部分的答題指引來幫助您。

採用本書做為課程的大學與學院教師可以透過本書網站取得更多的解答，關於支援教材的詳細資訊請與麥格羅・希爾公司聯絡。

本書結構

雖然我們沒有正式將本書內容劃分數篇探討，不過本書內容略可分為四部分，每部分有著不同的焦點。

第一部分

第 1 章到第 4 章提供資訊系統分析與設計物件導向之背景，在前三章我們解釋分析與設計在電腦化系統開發的重要性，以及介紹系統理論中的基本概念，第 4 章介紹一些物件導向基本想法，在第二部分將深入探討。

第二部分

本書的第二部分包括第 5 章到第 11 章，焦點著重於需求獲取與系統分析的活動，以及基本的統一塑模語言 (Unified Modeling Language, UML) 圖示法，在此我們介紹了使用案例、類別圖、循序圖、溝通圖、活動圖、狀態圖及物件限制語言 (Object Constraint Language, OCL)。第 5 章討論模型與圖，以及 UML 圖形技術，並以活動圖做為例子，在第 5 章我們也提供 UML 技術適於與反覆漸增式發展生命流程結合的概述，這些案例研究章節的目的在於呈現分析與設計過程中模型的發展，在本

書我們沒有足夠篇幅將全部分析與設計文件納入。

第三部分

本書第三部分是關於系統設計，包括第 12 章到第 15 章，以及從 Agate 案例研究的設計模型獲致結論。在這部分我們使在第二部分所介紹過多數圖示的使用方法，已經產生的分析模型考慮了設計的許多決策，這部分涵蓋系統架構、系統設計、設計樣式及物件設計、使用者介面與資料儲存。設計模型在這部分的末尾如同在分析部分的章節一般提供同樣的目的。

第四部分

在最後的部分，我們涵蓋了系統實作與系統生命週期如何組織，以及重複使用元件如何開發議題，關於實作一章介紹了最新的 UML 圖類型──元件圖與部署圖。

本書閱讀順序

不管本書原本結構為何，歡迎讀者以任何喜好的順序閱讀，然而，如同亞馬遜書店的一位關鍵書評者所指出，本書已依照閱讀順序撰寫，而不是用來做為參考文獻。作者之一也撰寫了另一本書關於 UML 的書籍，同樣由麥格羅‧希爾公司出版，可以更簡單地做為參考書使用。

我們已經教過許多大學部及碩士班分析與設計課程模組，包括第一年分析與設計的課程模組，強調生命週期與分析，以及第二年強調設計與方法使用的課程模組，我們認為在每個模組中可以包括以下章節：

分析模組：第 1、2、3、4、5、6、7、8、9、10 章。（在此略去狀態圖，讓學生在第一年不會在不同圖形表示法間負擔過重。）

設計模組：第 11、12、13、14、15、16 章（原文書另有五個章節，歡迎參閱）。

我們已經嘗試在一般分析與設計標題下將這些技術聚集在一起，即使它們之中許多遍佈在生命週期中，這不意味我們必然認同生命週期模式將分析與設計視為分開的階段，我們建議採反覆式生命週期，在分析與設計的過程中，讓系統模型漸益精巧。然而，我們真的相信分析與設計是分開的活動，即使它們在專案的生命週期中不是分開的階段，我們也同樣認為將分析與設計視為分開活動會比將之結合在一起學習更容易。

如果您計畫使用本書做為 UML 課程之用，可以使用接下來的路徑貫穿本書：第 5、6、7、8、9、10、11、16 章以及案例研究章節，其他章節則可做為背景閱讀。

如果您已熟悉一般的資訊系統開發與物件導向，閱讀本書為了能夠使你了解可以如何使用 UML 進行分析與設計的話，那麼您可以從案例研究章節開始，然後略過第 5 章；如果您對物件導向方法不甚熟悉，那您應該將第 4 章涵蓋進去。

可獲得技能

　　系統分析師與設計師的一些技能可以區分為可移轉或專業的技能，許多雇主投注高的評價在這些技能上，許多學院與大學會針對這些技能提供特別的課程模組、加入它們在其他課程模組中，或提供自我學習系列課程給學生。本書涵蓋的題材包括事實發現技能、特別的面談法與問卷設計等，而未明確地介紹其他的技能，但對教師而言，有機會去藉由習題的使用去發展問題解決、團隊合作、研究、報告撰寫與口頭報告的技能。

網站與支援教材

　　本書提供教材並且我們已經放置在本書的網站上，網址是：http://highered.mheducation.com/sites/0077125363/information_center_view0/index.html，網站上的教材包括學生的自我練習都已經為第四版做過修訂，給教師的教材則包括每一章的 Microsoft PowerPoint 投影片、部分習題解答，以及本書大部分可用於教學的圖檔。如果在您的教材上使用這些教學資源，請您標示我們對於這些教材的著作權。每次編訂新版，審稿編輯要求我們納入更多，但卻很少同意增加或刪減。為此，我們在網站上部分章節的附件中加入一些全新的簡短小節。

　　我們歡迎對於本書的任何意見的回饋，在第三版及第四版部分的改變便是基於來自世界各地使用本書的教師與學生們的意見，您可以電子郵件寄信到 authors@OOADtext.info，或是寄給麥格羅‧希爾公司轉交，地址載於本書版權頁。

UML 最新版本

　　本版是依據 UML 2.2 版，2009 年 2 月定案。

第四版的改變

　　相較於第三版來說，第四版有一些明顯的改變，所有章節都經過修訂及更新，以反映物件導向分析與設計，以及資訊系統開發的發展、UML 的演變、還有作者本身想法上的調整；重新組織第 12、13、14 章以維持有一章是關於分析與設計的差異。在網站上提供了新舊版變化摘要，提供給需要修訂教材的教師們。

Simon Bennett
Steve McRobb
Ray Farmer

2010 年 02 月

本書導覽

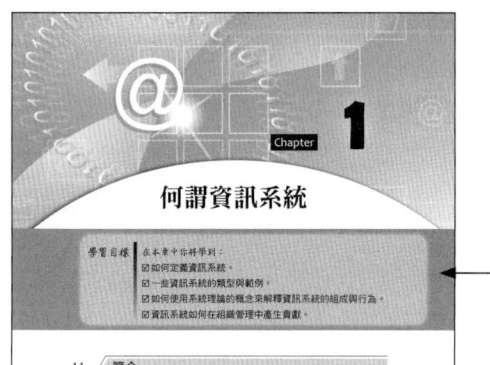

學習目標
每一章皆以一組學習目標做為開始,介紹在閱讀本章之後讀者將會了解的主題。

新名詞
新名詞在每章出現時會特別標示。

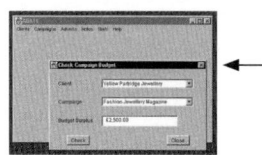

實務範例
本書發展出基於案例研究的實務例範例,以呈現如何應用 UML 技術。

本書導覽

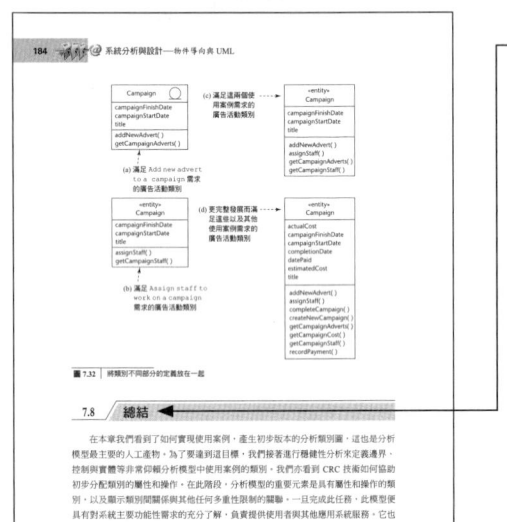

本章總結

每章以該章所涵蓋的重點摘要做為結束。

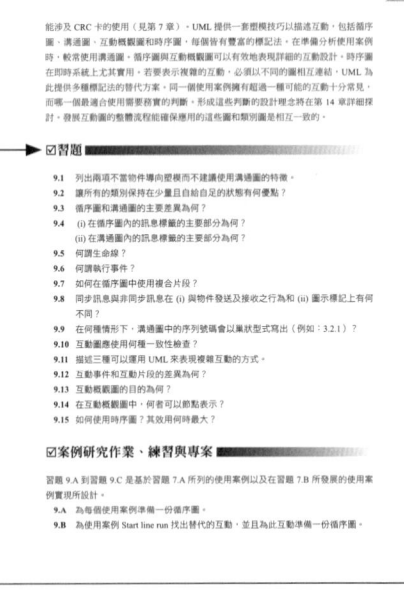

習題

在每章章末，讀者可以藉由問題來檢測對於該章所涵蓋內容的知識，並試作實際案例研究、練習與專案。本書附錄則會提供部分習題的解答及指引。

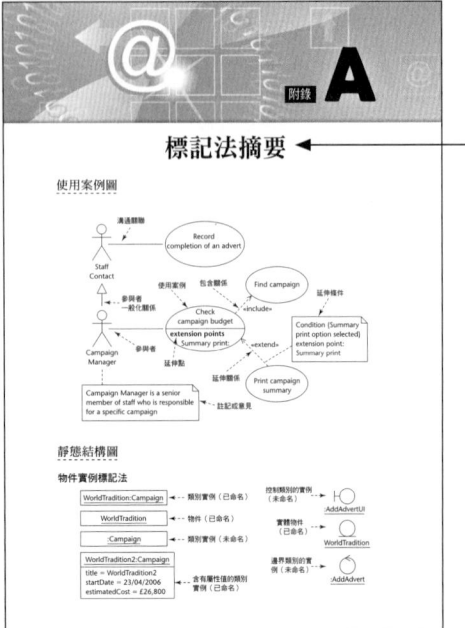

標記法摘要

在附錄中提供 UML 每一種圖形的關鍵標記法摘要。

目錄

Chapter 1　何謂資訊系統

1.1	簡介	1
1.2	過去的資訊系統	2
1.3	今日的資訊系統	5
1.4	何謂系統？	6
1.5	資訊與資訊系統	17
1.6	成功策略	22
1.7	總結	25
	☑ 習題	25
	☑ 案例研究作業、練習與專案	25

Chapter 2　資訊系統開發的挑戰

2.1	簡介	27
2.2	有哪些挑戰？	28
2.3	事情為何會出錯？	36
2.4	道德層面	40
2.5	失敗的代價	43
2.6	總結	45
	☑ 習題	45
	☑ 案例研究作業、練習與專案	45

Chapter 3　迎接挑戰

3.1	簡介	47
3.2	回應問題	49
3.3	專案生命週期	53
3.4	方法論	59
3.5	資訊系統開發的管理	63
3.6	使用者參與	64
3.7	軟體開發工具	66
3.8	總結	70

	☑ 習題	70
	☑ 案例研究作業、練習與專案	70

Chapter 4　何謂物件導向？

4.1	簡介	71
4.2	基本觀念	72
4.3	物件導向的起源	86
4.4	今日的物件導向語言	89
4.5	總結	91
	☑ 習題	91
	☑ 案例研究作業、練習與專案	92

Chapter 5　塑模概念

5.1	簡介	93
5.2	模型與圖	94
5.3	繪製活動圖	102
5.4	開發過程	108
5.5	總結	115
	☑ 習題	115
	☑ 案例研究作業、練習與專案	116

Chapter 6　需求擷取

6.1	簡介	117
6.2	使用者需求	118
6.3	事實發現技術	121
6.4	使用者參與	129
6.5	將需求加以文件記錄	130
6.6	使用案例	132
6.7	需求擷取和塑模	141
6.8	總結	142

☑習題	144
☑案例研究作業、練習與專案	145

Chapter 7　需求分析

7.1	簡介	147
7.2	分析模型	148
7.3	分析類別圖：概念與圖示	151
7.4	使用案例實現	161
7.5	繪製類別圖	164
7.6	CRC 卡	180
7.7	彙編分析類別圖	183
7.8	總結	184
	☑習題	185
	☑案例研究作業、練習與專案	185

Chapter 8　精煉需求模型

8.1	簡介	189
8.2	軟體與規格的重複利用	190
8.3	加入更進一步的結構	193
8.4	可重複利用之軟體元件	202
8.5	軟體開發樣式	207
8.6	總結	211
	☑習題	211
	☑案例研究作業、練習與專案	212

Chapter 9　物件互動

9.1	簡介	213
9.2	物件互動與合作	214
9.3	互動循序圖	216
9.4	溝通圖	232
9.5	互動概觀圖	236
9.6	時序圖	238

9.7	模型一致性	240
9.8	總結	240
	☑習題	241
	☑案例研究作業、練習與專案	241

Chapter 10　制定操作規格

10.1	簡介	243
10.2	操作規格的角色	244
10.3	契約	245
10.4	描述操作邏輯	246
10.5	物件限制語言	256
10.6	建立操作規格	260
10.7	總結	261
	☑習題	262
	☑案例研究作業、練習與專案	262

Chapter 11　制定控制規格

11.1	簡介	263
11.2	狀態與事件	264
11.3	基本標記法	265
11.4	更詳細的標記法	270
11.5	準備狀態機	277
11.6	協定狀態機與行為狀態機	282
11.7	一致性檢查	283
11.8	品質指引	284
11.9	總結	284
	☑習題	285
	☑案例研究作業、練習與專案	285

Chapter 12　邁向設計之路

12.1	簡介	287
12.2	設計與分析有何不同？	288

12.3	邏輯設計與實體設計	290
12.4	系統設計與細部設計	292
12.5	設計的品質與目標	294
12.6	總結	300
	☑習題	300
	☑案例研究作業、練習與專案	301

Chapter 13　系統設計與架構

13.1	簡介	303
13.2	架構的意涵為何？	304
13.3	為什麼要製造架構模型？	307
13.4	系統架構的影響	308
13.5	架構形式	312
13.6	並行	325
13.7	處理器分配	326
13.8	系統設計的標準	327
13.9	Agate 軟體架構	328
13.10	總結	330
	☑習題	331
	☑案例研究作業、練習與專案	331

Chapter 14　細部設計

14.1	簡介	333
14.2	在物件導向細部設計我們加入了什麼？	334
14.3	屬性與操作簽章	334
14.4	類別中的群集屬性與操作	341
14.5	設計關聯	348
14.6	完整性限制	354
14.7	設計操作演算法	357
14.8	總結	358
	☑習題	358
	☑案例研究作業、練習與專案	359

Chapter 15　人機互動

15.1	簡介	361
15.2	使用者介面	362
15.3	使用者介面設計方法	370
15.4	標準與法律規定	379
15.5	總結	381
	☑習題	381
	☑案例研究作業、練習與專案	382

Chapter 16　實作

16.1	簡介	383
16.2	軟體實作	384
16.3	元件圖	388
16.4	部署圖	390
16.5	軟體測試	393
16.6	資料轉換	397
16.7	使用者文件與訓練	398
16.8	實作策略	399
16.9	檢查與維護	401
16.10	總　　結	405
	☑習題	406
	☑案例研究作業、練習與專案	406

附錄 A　標記法摘要	**407**
附錄 B　精選習題解答及指引	**417**
中文索引	**427**
英文索引	**432**

Chapter 1 何謂資訊系統

學習目標 在本章中你將學到：
- ☑ 如何定義資訊系統。
- ☑ 一些資訊系統的類型與範例。
- ☑ 如何使用系統理論的概念來解釋資訊系統的組成與行為。
- ☑ 資訊系統如何在組織管理中產生貢獻。

1.1 簡介

人類建立資訊系統用來擷取、儲存、管理及呈現資訊，資訊系統在人類事務工作中扮演很重要的角色。不管是企業公司、政府機構，或是私人俱樂部，資訊系統可以運用在各種不同類型的組織來幫助管理者管理各項業務、讓顧客能夠找到他們所想購買的產品並提出訂單及進行購買、讓市民能夠選舉民意代表及繳納稅金、讓警察能夠偵防犯罪及追查贓車、透過搜尋引擎找到符合興趣的網站、讓社群網站使用者有機會與其他線上使用者保持聯絡、讓電子郵件可以遞送到正確收件者的信箱等，已經很難去想到我們的社會生活中有哪個部分是完全不使用資訊系統。

任何資訊系統都需要具備特定的元素，沒有它就無法達成有用的目的，必須有著選取相關資料、將之記錄在儲存媒體並且在需要時讀取的方式，也必須要有處理這些資料以產出對系統使用者所欲進行任務有用的資訊。以最簡單的形式來說，處理程序可以是簡單地讀取資料中的特定部分，複雜一點的處理程序則牽涉到大量的計算，例如像是處理天氣預報複雜的數學模型。今日大多數資訊系統是採用資訊科技來達成，尤其是電腦，但這只是近期科技發展的成果，而現今的資訊科技並不完全必要存在於未來的資訊系統中。

 系統分析與設計──物件導向與 UML

本書完整地呈現如何採取物件導向方法分析與設計資訊系統，所有的專業名詞後續將會詳細解說，但首先我們將焦點放在來自過去資訊系統發展歷史的幾個案例，這是為了讓我們可以更清楚地認識所有資訊系統的共同特點與顧慮，不管系統是否使用資訊科技來進行操作，他們本質上是相同的，因此，既然資訊系統只是系統的一種，那麼檢視所有系統的共通之處將大有助益。最後，我們將對系統的這些認識運用在分析企業流程，這將幫助您領會資訊系統在組織中的角色。

1.2　過去的資訊系統

自我們最遙遠的祖先能夠有組織地集體行動，資訊系統即可能以某種形式存在。從西班牙與法國三萬年或更久之前，舊石器時代獵人與動物的洞穴壁畫中顯示可能曾經有著簡單類型的資訊系統，也許洞穴壁畫繪者的目的是為後代子孫記錄他們在住處附近見過及獵捕到哪些動物，或是可以用來獵捕牠們的最佳技法，或甚至是每位獵人的實力，我們無法確定，但是他們的繪畫肯定在石器時代社會擔負重要的目的，而且至少展現了資訊系統幾點跡象：畫家對於要畫些什麼做了篩選，而且將資訊以持久的形式保存下來。

我們知道蘇美人的楔形文字是最早的一種文字紀錄，那是西元前約 3500 年在美索不達米亞用來記錄像是「從農民買來的糧食存放在城鎮穀倉」等農產品帳目，這些紀錄的儲存媒體是由潮濕的黏土泥板將之乾燥所構成，難以永久保存紀錄，資料的篩選與處理是在這些泥板的使用者腦海中完成，雖然他們有可能也已經使用算盤的雛形來幫助他們做簡單的計算。可以確定的是，到了古埃及中王國時期（大約從西元前 2000 年開始），保存紀錄在社會中具有重要功用，並且隨著羅馬帝國傳播到了歐洲，一大助力是因為統治者想要知道他的臣民擁有哪些好對他們徵稅，但人民，尤其是生產者（例如：農夫）跟商家，也想持續追蹤他們的土地、其他財產與收入。

19 世紀的鐵路信號員對我們來說似乎只是早期工業時代的勞力工作者，但它其實是一個真正的資訊工作者，與現今許多電腦使用者不同的是所能使用的科技仍不成熟。社會學家 Frank Webster (1995) 記述了信號員需要知道軌道配置、列車時刻表、安全規定及信號發送流程，必須與路線前後其他信號員、附近車站及列車上人員等保持聯繫，並且他必須仔細記錄所有通過鐵道路網的列車，換句話說，他操作著一套由他的紀錄簿、信號桿、信號、燈號及他腦海所知道的一切所組成的資訊系統。現代化的鐵路其信號系統已經大幅自動化，然而，無論是透過電腦網路以電子方式連結到電動馬達來切換車軌與操作信號燈號方式，或是透過傳統信號員拉動連接信號桿與切換開關及燈號間的鋼索並仔細記錄在手寫簿冊方式來達成，工作內容大同小異；使用的科技可能改變，但系統本質上是相似的。

圖 1.1 鐵路信號房

在 1940 年不列顛戰役中，英國皇家空軍負責保衛英國避免希特勒的德國空軍轟炸機襲擊，在 Bentley Priory 的戰鬥機司令部透過一套複雜的資訊系統協調防衛工作，學者 Checkland 與 Holwell (1998) 貼切地形容「這資訊系統讓我們贏得了戰爭」，這套重要的通訊及控制系統監控並控管在不列顛戰役期間飛行的噴火式戰鬥機與龍捲風戰鬥機中隊，幾乎與數位電腦同時誕生，涵蓋了今日我們所知的資訊科技。主要「硬體」是一套約莫宴會桌大小的大型地圖，不同顏色的棋子標示著各式戰機編隊的位置，並且隨著戰局變化以人工推演，藉由雷達及遍佈國境內的觀察員回報蒐集德國空軍攻擊的情報，並且以電話、電報及無線電傳遞；關於英國皇家空軍部署的資訊則由一群相連結的控制室送出，一間特製的過濾室再傳送到主控室顯示前先檢查及彙整所有的報告，其他顯示裝置包括以黑板一目了然地呈現所有目前德軍攻勢的狀態，而一排彩色號誌燈標示著英國皇家空軍戰鬥機中隊的準備狀態。

將其他各個控制室的資料詳盡而統整地呈現在主控室，讓管制官可以在這裡直接透過無線電與緊張的年輕飛行員們通話，藉由使用這些基本但有效的科技、操作人員進行通訊、過濾、處理及呈現等今日已由電腦執行的工作。歷史學家對於贏得不列顛戰役最有貢獻者仍然爭論不休，雷達技術、戰績與飛行員們的勇氣全都確實扮演重要角色，但唯有透過戰鬥機司令部的資訊系統才能有效地將人力與技術資源組織起來。

儘管部分主題已存在不短的時間，資訊系統學術研究仍屬新興領域，今天資管研究的重要性主要來自於數位電腦的出現。早期電腦系統開發甚少涉及本書主要關注

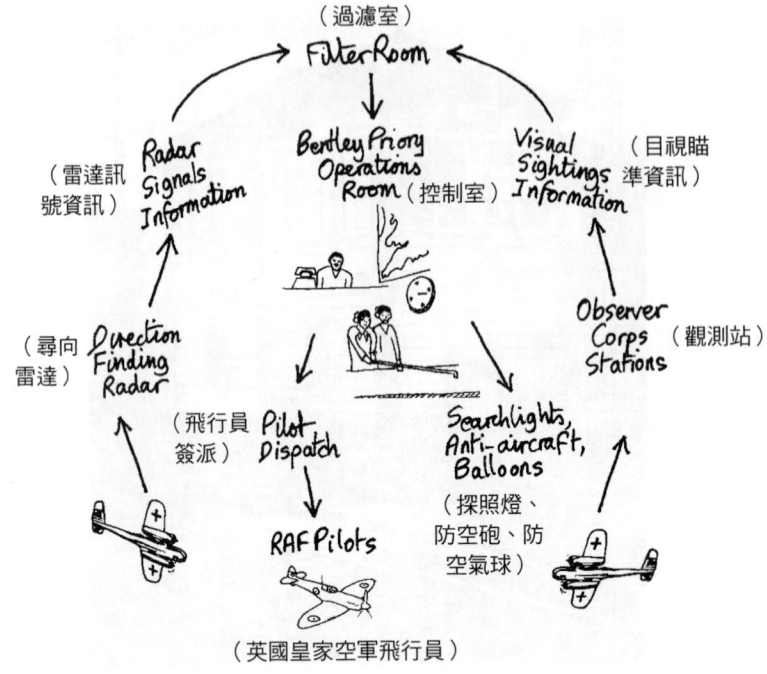

圖 1.2 戰鬥機司令部系統簡圖

的分析與設計議題,最早,計算機僅是數學的一個分支而已;第二次世界大戰對電腦是一大助力,新興的電子技術應用在像是通訊加密、破譯密碼、海軍艦砲計算及其他類似數學計算工作,電腦讓英國密碼破譯特工得以破解德軍信號,一些歷史學家認為這幫助縮短戰爭兩年(那部電腦名稱為 Colossus Computer,經重建後目前在英國 Bletchley Park 的國立電腦博物館運作中)。建造這類電腦的工程師他們的焦點放在硬體部分的技術難度,採取電子學與控制邏輯尖端研究中的想法加以解決,但開發出能夠有效控制新機器的技術也是不可或缺的,這樣的技術後來慢慢演變成今日電腦程式設計。

　　隨著電腦硬體變得更強大,也變得更加靈活,一旦世界再次回到和平,企業開始意識到電腦所能提供的商業潛力。世界上第一部商用電腦 LEO 1 是由劍橋大學團隊為英國里昂食品公司 (J. Lyons and Co.) 所打造 (Ferry, 2004),它在 1951 年裝配,起初是用來從每日訂單計算出生產需求,後來延伸到薪資與庫存等,在今日,薪資與庫存管理仍是大多數組織其電腦部門的基本任務。

　　電腦科技日新月異進展神速,所能運用的任務也變得更加複雜,電腦科學家將注意力轉向更廣泛的問題,例如以下幾點:

❖ 我們該如何為新系統建立作業需求(往往較過去機器設備的角色更細微、更複雜)?

❖ 新系統將對組織帶來什麼樣的影響?

❖ 我們如何確保所建造的系統符合需求？

　　從這些顧慮來看，資訊系統領域因而興起，今天，這些問題仍存著一些資訊系統領域的主要顧慮，而他們也是本書的主要課題。

　　在資訊系統相對較新的領域中，物件導向分析與設計是更為新穎的，是從 1970 年代的物件導向程式設計衍生而來，但物件導向分析與設計概念首次提出約在 1990 年前後，今天物件導向方法仍然稱不上通用。然而，我們相信對大多數應用程式來說，物件導向是目前所知用以分析、設計、實作電腦為基礎資訊系統的最佳方法。

1.3　今日的資訊系統

　　到目前為止我們所說的資訊系統是指數位電腦出現之前的形式，因此自然地並沒有使用到資訊科技，為了了解資訊科技如何改變資訊系統，我們來看一個線上零售商的例子。McGregor 公司是英國一家以銷售廚房家電、行動電話及家庭娛樂設備為主的虛擬零售商，在公司官方網站上成立線上購物中心，消費者在網站註冊之後可以瀏覽、挑選產品，然後將所欲購買的商品放到虛擬購物車上，當挑選結束後，購物者可以將購物車上的品項買下、移除部分項目，或不做購買直接離開，付款則是透過線上輸入信用卡詳細資訊或僅輸入部分資料後續以電話完成。小型貨品（例如：行動電話）通常是在三個工作天內直接送達消費者家中，但大型貨品（例如：廚具）可能會長達三週；信用卡在出貨當天請款，在貨物送達前客戶可以使用網站來檢視訂單處理進度。

　　這例子呈現了線上購物者如何與系統互動，但在外表之下的眾多事務是怎麼進行的？一套網路設備裝置連結了消費者家中的電腦及寬頻數據機，透過電話線連結到電信機房，而後透過光纖連結到網站所在的電腦主機，並且連結到 McGregor 公司總公司與購物中心。許多軟體應用程式同時也忙著處理從網頁所擷取到的資訊並且提供眾多的支援活動，其中有些是以電腦處理、有些則是以人力進行。

❖ 行銷人員透過電子化產品目錄系統即時調整產品售價與產品內容細節，這些資訊也可以透過店內觸控式螢幕電腦存取。

❖ 當出貨後用以向信用卡中心請求授權的信用卡細項資料以電子化方式儲存。

❖ 當準備出貨時，倉儲的自動搬運車取出貨品放到出貨區，倉管人員再將貨品送上貨車。

❖ 送貨司機根據貨車內連結到電子地圖的行程規劃送貨，每隔幾分鐘資訊就藉由無線傳輸更新一次，以避開交通堵塞。

❖ 缺貨的品項藉由電子資料交換 (electronic data interchange, EDI) 向供應商再訂購，

當補貨商品送達倉儲時，後續的出貨及收款作業全自動地開始進行。
- ❖ 過程中每一個關鍵點狀態資料庫自動更新，資料可以顯示在網頁上讓消費者知道他們的訂單已經進行到哪個階段。

對整套系統來說，除了購物者之外還有許多使用者，每個使用者都有著不同的面向。網路管理者監控網站主機點擊量及 McGregor 公司內部網路流量，檢查硬體或軟體錯誤及網路危安事件（例如：駭客試圖入侵），她對內容不感興趣，顧慮的是資訊能否有效且安全地傳遞；出貨員定期在她的電腦上檢視自動搬運車行程，並且與每天從貨運公司傳真來的貨車行程加以比對，她讓出貨區貨物吞吐更為平順，並耗費許多時間在電話查對貨物延遲情況；市場調查員使用行動電腦上特殊的統計套裝軟體分析線上銷售情形，評估網頁呈現方式的成效，而透過註冊讓系統可以在客戶瀏覽網站時加以追蹤，加上客戶他們的偏好資訊，網站設計可以微調以吸引高消費客群。

現代資訊科技的出現對資訊系統的範疇與性質帶來巨大的變化，有些人甚至認為我們正在經歷一場資訊革命，其規模足以媲美工業革命，這樣的想法從社會學家 Daniel Bell (1973) 創造「後工業時代」(post-industrial society) 一詞後變得更為普及，自 Shoshana Zuboff (1988) 名著 *In The Age Of The Smart Machine* 後廣為流傳。但不是每個人都同意直接與工業革命相比擬是適合的，Webster (1995) 認為社會當下的變化雖然劇烈，但不代表是與過去徹底斷絕的「革命」，如同我們在前一節所看到的，交易與作業資訊對政府及企業的重要性已有數千年歷史，無論如何，實情是許多國家引進先進資訊科技正與其工業化過程同步發生而變得盤根錯節，不過，很顯然的電腦已經對我們的生活產生巨大且深遠的影響。

1.4　何謂系統？

在日常口語中，**系統** (system) 一詞意指呈現某種組織結構的複雜事物。人們常提到法律系統、熱帶風暴系統、民主代議系統、生態系統、輪盤賭博系統、某人辦公室裡的電腦系統、圖書館用於整理圖書的系統、系統建造屋 (system-built home)【譯註：為知名建築師萊特之設計，類似系統家具概念】、高傳真音響系統、……等等。

當資訊系統學者談到系統時，意思指的是更特定的東西。系統概念的起源可以追溯到「一般系統理論」(General System Theory, GST)，一般系統理論定義系統為一組複雜的組成、元件間彼此互動，而看起來他們是單一而統整的東西，活體生物就是系統此一觀點很好的例子【譯註：生物由很多不同器官組成，彼此互動，但為一整體】，資訊系統也是。從一般系統理論觀點來說，系統有著下列特徵：

- ❖ **環境：** 系統存在於環境，所有非屬系統而與系統有關的一切均屬之。

- **邊界：**系統與環境由某種形式的邊界加以區隔。
- **輸入與輸出：**系統從所在環境接收輸入，而發送輸出到所在環境。
- **介面：**兩系統（或子系統）間或系統與環境間相鄰邊界經常透過介面來從一系統傳遞資訊或實體到另一系統，每次傳遞對其中之一系統來說是輸出，而對另一系統是輸入。
- **轉換：**系統將輸入以某種形式轉換為輸出，通常為結合各種單一成分來創造一個更複雜的產品；包括資訊系統在內的許多系統會有明確的目的，透過將輸入轉化為輸出來達成。
- **控制：**系統在任何時候均含有控制機制，調整系統運作的方式以回應環境或系統內部的條件變化。
- **回饋與前饋：**系統的控制仰賴回饋 (feedback)〔而有時是前饋 (feed-forward)〕。回饋意指從系統輸出採樣並且詳實地回報予控制單元，好讓控制單元據以決定系統運作；前饋資訊則是從輸入取樣而非輸出。
- **衍生屬性：**系統具有衍生屬性 (emergent properties)，換句話說，它不僅只是各部分的加總，整體來說，它有某些屬性或特徵是超出其各個部分的操作之總和。
- **子系統：**系統可以由子系統構成，每個子系統可以視為擁有自己權限的系統，甚至可以有更深層的子系統。

圖 1.3 展示了這些概念最重要的部分。

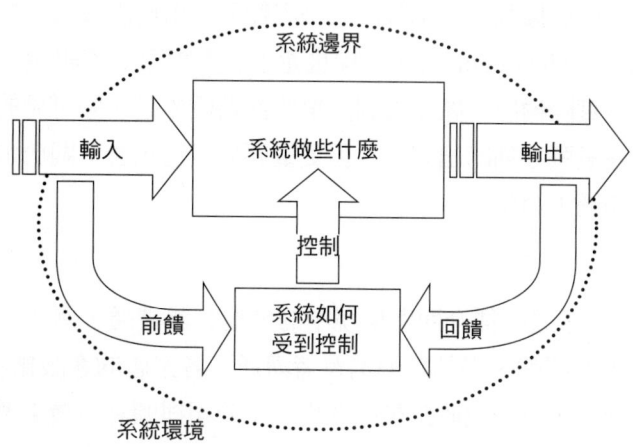

圖 1.3 系統的主要組成及其關係

1.4.1 系統思考

連結系統概念的活動稱之為**系統思考** (system thinking)，我們藉由這些特性如何應用在 McGregor 公司案例來個別說明。

✎ 環境

　　McGregor 公司案例中環境是由與企業產生互動的人、組織、實體建築、……等構成。顧客、供應商、包商、人力仲介公司及某些政府部門等全都與 McGregor 公司有某些互動，因而可以被視為公司環境的一部分；員工可視為 McGregor 公司系統的一部分，而不是環境；用來送貨的公路與鐵路網路以及電話網路則視為環境的一部分；將商場、辦公室、倉儲等連結起來的專用電腦及電話網路是系統的一部分，而不是環境。還可以用系統是否控制某些東西來幫助判斷：如果系統直接控制某人或某物，那就是系統的一環，如果系統沒有直接控制那就在系統之外。

✎ 邊界

　　在一些系統（例如像是活體生物）中，邊界因為實際存在而明確可見：皮膚是人體與外部環境的邊界，但 McGregor 公司案例中的邊界則較屬於概念層次。定義邊界最簡單的方式是它區別了系統內部與系統外部，在此例中，邊界是一條沿著 McGregor 公司的員工、建築、設備、存貨、資訊系統、運輸、……等等連成假想的線，將屬於 McGregor 公司環境部分的排除在外，雖然非常容易繪出這樣的圖，但你無法在現實中實際看到這條線。

✎ 輸入與輸出

　　McGregor 公司接收到許多實際輸入，最好的例子是從供應商送來的貨品，此外還有許多資訊類型的輸入，例如：顧客在網站發出訂單及在結帳作業列出採購項目等都是輸入、供應商以收據及送貨單等形式發出輸入、市場調查公司提供關於銷售趨勢及客戶偏好等輸入；McGregor 公司同樣也產生許多實際及資訊類型輸出，顧客購物車上的選購項目是實際輸出，雖然直到訂單收據階段才是明顯可見的實際輸出（因為到這個時候它才在紙張上列印出來），但更重要的是它包含了關於選購物品、價格、日期等的資訊，如圖 1.4 所示。

✎ 介面

　　McGregor 公司透過多種介面與環境中的其他實體溝通，例如：透過電視廣告、店內螢幕、貨車上的招牌、網站等與消費者溝通，各家店的客服櫃台也是 McGregor 公司與顧客間的介面，每一位收銀員同樣也是；公司裡頭許多員工透過電話、電子郵件、傳真、書信，還有像是收據等表單與供應商、銀行、政府部門等溝通，每一個與外部人或組織聯絡的窗口都是介面。顧客訂購新冰箱的網頁則是與 McGregor 系統的介面，網頁的資料內容與結構規範也侷限了她與線上購物系統的互動方式，如果網頁上沒有可以讓她輸入地址的欄位，那麼她的新冰箱就不可能順利運送到她家。我們將在本書稍後的章節認識與了解介面對於資訊系統開發的重要性。

```
        Lateco Minimarket
        Gt Sodden 01245 565381


Cheese          *           4.00
Plant food      *           2.00
Potatoes        *           2.00
Fruit juice     *           1.90
Fresh milk                  0.95
Lime squash     *           2.76
Yogurt                      1.39
Raspberry                   2.49
Boxed chocs     *           1.79


TOTAL                      19.28

MAESTRO UK SALE            19.28


    AID           : B111114003
    NO            : *******1149    ICC
    PAN SEQ NO    : 00
    AUTH CODE     : 6532
    MERCHANT      : 0865234
    START: 02/09 EXPIRY : 03/12
    Cardholder PIN Verified
CHANGE DUE                  0.00


10/03/10                   15:43
```

圖 1.4　常見的收據內容

↳ 轉換

　　McGregor 公司並未實際製造任何產品，零售商主要的作業流程是銷售由其他公司生產的商品，藉由移動、包裝及出貨給消費者而將實體輸入加以轉換，這對將 McGregor 主要流程稱之為系統算是公平的描述，然而，選擇銷售品項及如何定價、產品上市及廣告，還有管控運送與產品的展示也都是非常複雜的過程。為了可以流暢地進行，必須依據所蒐集、分析、評估到的大量資訊來進行許多決策，這是 McGregor 公司經營者主要的職責，或者從系統來看是它的控制單元。

↳ 控制

　　在董事總經理全面領導下的董事會對 McGregor 公司有完整的控制權，他們一起就公司重大決定進行整體性決策，例如：投資新分店或產品系列以及是否嘗試接手對手公司等，每一位董事也對公司的各部門運作擔負完全的責任，例如：零售部門、行銷部門、資訊部門、採購部門、財務部門、……等等；在董事之下的層級則是其他經理人，負責公司內各部門、活動或專案。組織的管理層級通常可以用金字塔來描述，如圖 1.5 所示。依據這樣的觀點，少數位於頂端策略層次的管理者從整體的角度為組織進行相對較少但重大、長期的決策，像是「是否建立新廠來製造全新系列的產品」就是策略決策的例子；中間為數眾多的戰術層級經理人制定中程決策，通常是針對組

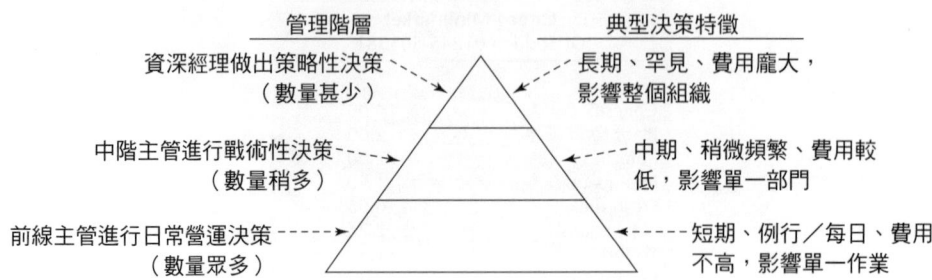

圖 1.5 組織管理與決策金字塔模式

織的較小單元，例如部門主管可能會決定如何重新調整他的人事預算以購入他認為將會讓生產過程更有效率的新設備；組織最底層的則是更大量的營運經理或主管來進行關於日常活動的短期、經常性決策，營運決策包括像是訂購更多存貨或要求某員工加班等。我們可以把全部的經理人放在一起看做是 McGregor 公司的控制單元，不過把不同的經理人看做不同的控制子系統將更合乎邏輯。總之，各個子系統共同合作來實現公司整體目標，讓一切都如預期進行。

✤回饋與前饋

　　McGregor 公司的管理者依據業務及本身環境相關不斷流動的資訊來引領他們做決定，從環境而來的資訊可以簡化為輸入，舉例來說，公司股價更新提供的是輸入，因為它來自於證券交易所或新聞媒體，而這兩者都是在 McGregor 公司邊界之外。來自於系統內部的資訊依據起源稱作回饋或是前饋，資深經理人通常希望知道業績整體表現如何，例如：固定更新銷售與成本資訊、不同部門的生產力，或是像重新開發網站或新店開張等主要專案的進度等等，這些資訊大多數是回饋，在於報告系統輸出，有些則可能是前饋，在於報告系統輸入。因為銷售資訊關係到輸出，所以它是回饋；供應商出貨資訊關係到輸入，所以它是前饋。

✤子系統

　　McGregor 公司系統是由許多子系統所組成，每一個獨立部門本身均可以視為一套系統，而且可以進行我們對整間公司所採取的同樣分析方式。舉例來說，考慮本章先前所提到的線上零售部門，如果我們認為它是一個系統的本體，那麼公司其餘的部分（它的其他子系統）代表它環境的部分，我們可以預期線上零售部門與採購部門、財務部門、資深經理人與公司許多其他部分有著溝通（因此也有介面）。

✤衍生屬性

　　McGregor 公司有一個明顯的衍生屬性：做為一個商業公司它必須要有獲利的能力（至少，當景氣好時），這唯有全部 McGregor 公司的組成彼此間成功互動方能達

成公司整體目標，當然，這是 McGregor 公司創立者苦心經營的目的，但唯有在組織整體達到目標時方能實踐。當有些部門較其他部門對公司做出更多貢獻時，並不意味著貢獻較少的部門完全毫無貢獻，組織中各個部分都是設計來共同合作以滿足組織的目標，但這是一個很複雜的任務而難以在每個時刻都達成，因此管理者會嘗試以某種形式來調整陷入泥淖的部門好讓它更能成功，這是系統中控制的實例。

1.4.2 系統思考的功用

系統思考幫助我們了解這個世界如何運作，藉由某一抽象的方式來呈現世界的某些面向，切記不需真正將系統對應到它所代表的事物。Checkland 與 Scholes (1990) 說道：

> ……對一個研究者來說，說「我會把教育法規看待成一個系統」是完全合格的，但那跟說「它是一個系統」有很大的不同……選擇將世界當作一套系統去思考是有幫助的，但跟認為這世界是一個系統是截然不同的說法，那是對前所未知的知識裝作一知半解的想法。

圖 1.6 說明了這個觀點。

這並不代表系統從來不是真實存在的，許多系統由真實的元件所組成，舉例來說，中央空調系統的各部分均是實體存在的，但基於此時此刻、還有興趣，我們選擇思考是否將之視為一套系統。任何我們所思考的系統均僅存在我們的想法，並沒有存在這個世界上，不過，更進一步來看，它所代表的是可以對應到真實的系統中，像這樣在我們心中的系統是對現實世界的主觀看法，而不是真正的現實。

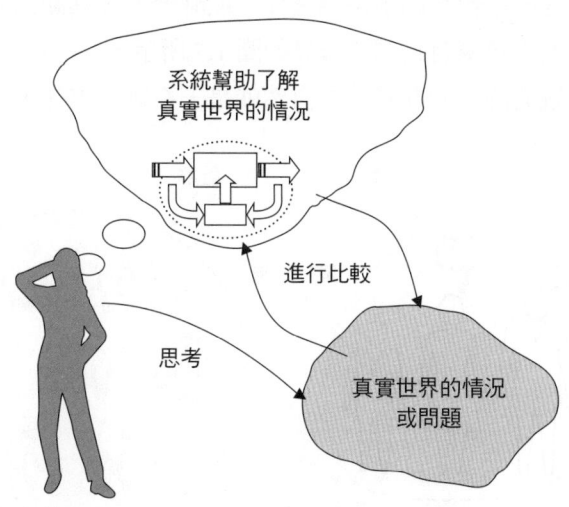

圖 1.6 系統與真實之間的關係

❧邊界、環境與系統階層

分析一套系統的第一步是選擇你希望了解哪一種系統，這很大程度意味者選擇了它的邊界。我們可以依據我們的興趣做出不同的選擇，舉例來說，細胞生物學家可能會對把單一的人類細胞看做一個系統有興趣，因為她正試著了解一個健康的皮膚細胞怎麼會變成癌細胞，她的系統是以細胞膜為邊界。試圖治療皮膚癌的專科醫師可能會將病人全部的皮膚看做一個系統（雖然在日常生活中我們可能會認為我們的皮膚是邊界，但醫師把皮膚視為我們身體最大的器官，而且也是非常複雜的器官），那麼這醫師的系統邊界則可能與皮膚本身重疊，或者可以更廣泛的取決於病情散播的程度，實務上一般來說，醫師將一個人全身當作一套系統而以皮膚為邊界（但在這裡皮膚也是一個元件）。

每項醫療專業對於什麼是有興趣或重要的都有它自己的看法，而且往往與其他看法重疊。神經科醫師可能會著重於由腦、脊髓，以及在皮膚之下遍布身體的神經網路等所組成的神經系統，神經系統的邊界幾乎就是整個身體，但神經系統只包含特定的神經細胞；血液專家著重於由血球細胞、血管及心臟等組成的循環系統，有著類似的實體邊界，神經系統與循環系統在身體裡頭與其他器官混雜，其中每一種都可能被其他專家視為一套系統。

人也可以被視為是非實體系統的各種類型。心理學家可以研究個體的認知系統或情緒系統，或者可以將幼兒的智力發展視為是學習系統；社會心理學家可以思考將家庭視為許多重疊的系統：一個幼兒養成系統、一個經濟系統、一個房屋維護系統等等。將家庭看做系統的這些觀點有著很單純的概念上的邊界，因為家庭成員不管距離多麼遙遠始終保持是系統中的一部分，我們可以繼續拉遠來看，或許直到我們遇到了天文學家（其所關注的系統是由宇宙為邊界）或神學家（其關注的可以說更為廣泛）才停止。一些可能的系統還有它們的邊界如圖 1.7 所示。

上述討論到系統的許多面向其結果自然就是子系統。首先，系統是由許多彼此互

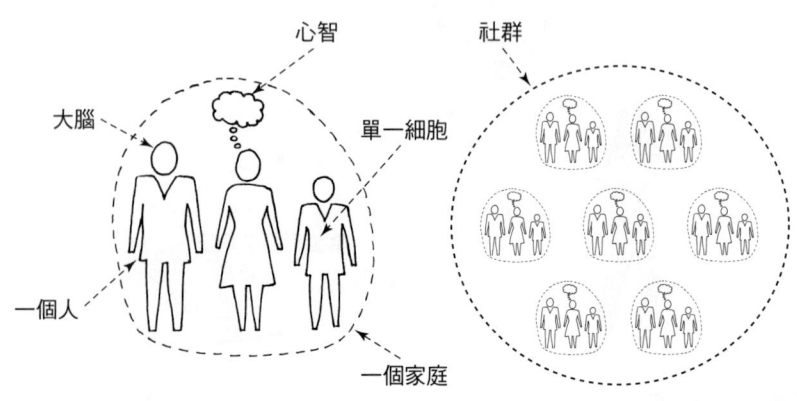

圖 1.7　系統的不同規模尺度

動的部分組成的複雜整體；第二，我們對於系統的想法是不同的選擇方式，因此我們可以在我們想運用系統想法的地方採取不同規模來看待，作家 Arthur Koestler 創造了「*holon*」一詞來形容「整體是複雜的，由許多成分組成，而每一成分又更為複雜」這樣的事物，這詞顯然是用於任何的商業組織，而 Koestler 認為要去想到有哪個東西不是別的東西的一部分是不可能的。一切取決於你的目光焦點，子系統是較大系統的一部分，子系統本身也是相關聯的系統，子系統間依據定義則由介面進行溝通。圖 1.8 呈現了在 Agate 案例中的一些子系統，這樣的圖有時也稱作系統地圖 (system map)。

調配系統與子系統的另一種方式是階層化，階層化是系統理論非常重要的一個觀點，我們在第 4 章也會在了解物件導向時看到階層化的重要。

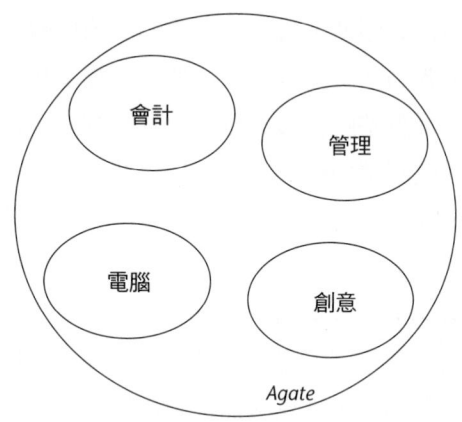

圖 1.8 Agate 案例的子系統

↬ 輸入、輸出、回饋與控制

大多數的系統都與環境有著互動，它們消耗輸入而將其轉化產生輸出，人類細胞吸取養分與氧氣並將其轉化為蛋白質、能量、二氧化碳和其他廢物，圖 1.9 呈現了三種不同系統的輸入與輸出。

將輸入轉換成輸出是系統很重要的特徵，這讓像是商務等有特定目的的系統有了意義。

在任何有目的的系統中，要找出一個專門控制整體運作的子系統是可能的，事實上，系統理論有部分源自於研究自然與人為系統的控制論，控制論中一種常見的控制類型是控制暖氣、熱水或空調等系統的恆溫裝置，這些經由一個簡單的回饋迴路運作，另一個我們熟悉的控制單元則是人類的大腦，不過要更複雜得多。

回饋控制在非常簡易的系統通常只比較兩種輸入值，例如：冰箱裡目前溫度與控制鈕所設定的溫度相比較，而某些類型的邏輯裝置（機械式的、電子式的、數位式或

系統	輸入	輸出
一位學生	資訊 練習 指引	新知識 新想法 解決方案
一個家庭	金錢 社會標準與規範（例如法律） 採購 日報	新公民（即小孩） 家庭成員的工作產出 社會影響 選舉投票
一家公司	原料與勞工 投資 資訊（例如客戶訂單）	收益與稅金 成品 資訊（例如公司報表）

圖 1.9　系統的輸入與輸出（注意並不是每個輸入都要對應到某一個輸出）

有機的都可能，取決於系統的類型）將會是必要的，依據輸入值的相似性或差異性，控制單元負責決定如果需要的話應採取何種行動。如圖 1.10 所示。

在此可能採取的行動是調整壓縮機馬達的啟動與關閉，啟閉都是來自控制單元的馬達信號所設定，因此形成回饋迴圈；在此這是一個負回饋，藉由採取與現狀相反方向的做法來達到維持平衡的目的，廣泛地使用在電子裝置與製造系統等實體系統。

相反的，正回饋朝向增強而非反向削減，因此正回饋傾向於增加移動偏離平衡，系統透過監控正回饋本質上是不穩定的，但這不一定是壞事，只有在增加的偏差本身是不被預期的情況下我們才不希望它發生，例如有時從公眾廣播系統聽到震耳欲聾的嘯音就是由正回饋迴圈所引起的，麥克風捕捉到從擴音器輸出的聲音使它再次成為擴大機的輸入，信號重複在迴圈內循環，聲音很快地越來越大，直到超出了擴大機的極

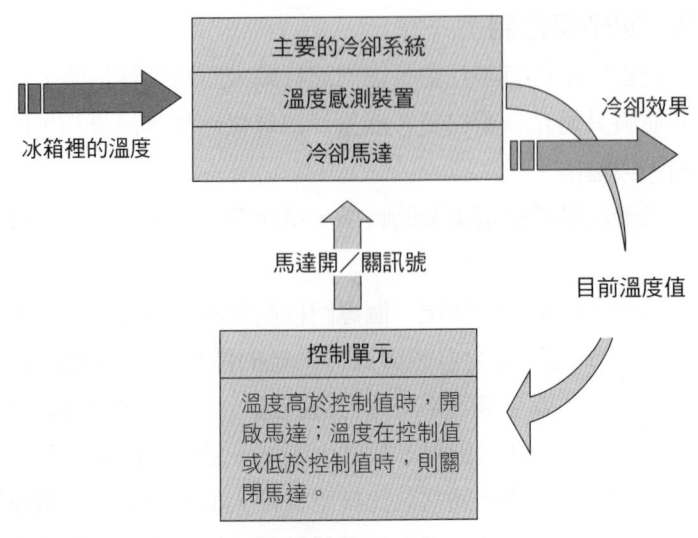

圖 1.10　冰箱的恆溫控制──一個簡單的負回饋迴圈

限。然而，當不希望出現穩定狀態時正回饋是有益的，舉例來說，在像是足球等競爭激烈的運動中，保持平手的結果就是導致 0 比 0 和局，球隊應該利用任何合法邊緣來讓他們可以擊敗競爭對手，這就是競爭的自然現象，回饋循環建立一個極端狀態是很罕見的，這乃是由於兩隊都持續努力地爭佔上風，往往結果是系統（或球賽）持續保持在動態不平衡的狀態。當球隊試圖維持任何對他們有利的平衡時，負回饋在競爭過程也扮演了角色。

混合正回饋與副回饋的複雜情況在像是商場上（例如：McGregor 公司）也可以見到，有競爭力的公司嘗試利用任何他們能獲得贏過對手的優勢（正回饋旨在破壞無益的平衡），也努力避免他們的競爭對手獲得優勢（負回饋旨在維持有利的平衡）。當企業調整生產輸出以維持存貨固定時就是商場上負回饋的例子，當銷量增加、庫存下降，生產率需要提升；當銷量減少、庫存升高，生產率需要減低；在此庫存水準扮演生產子系統與銷售子系統間緩衝區的角色（緩衝區是介面的一種，藉由吸納異常而讓資訊或產品的流動維持平衡）。

正回饋並不必然意味著每個從正常偏離的都是增強，有時會允許藉由缺少增進而淡出終止，在音響擴大機中所有的頻率都被處理、擴大，但唯有共振頻率是會經由回饋循環導致災難性地增強，而其他漸弱淡出很自然地不會有不良效應，通常音響工程師只需要調整擴大機的音頻控制、稍微降低有問題頻段的音量即可處理回饋的問題。類似形式的控制可以在直接將生產輸出到銷售的企業看出端倪，也許因為只有非常短的銷售旺季（例如耶誕節時的玩具），在這種情況下，生產量儘可能提升，但一旦銷售低於某個臨界點則產品完全廢棄。

耶誕玩具公司可能會發現從銷售端採用回饋（也就是衡量輸出）並不能使他們對市場情況改變產生快速有效的回應，這將使他們面臨在意識到需求已將下滑前從製造商購買卻未能銷出的存貨。理想上，他們應該隨著需求水準來調整他們的生產，可以藉由市場調查來預測今年何種玩具會大受小朋友歡迎，使公司避免買入已經沒有市場的貨品；另一個做法是採取前饋，找出被製造出來的玩具中哪些數量比較大，然後積極地宣傳這些玩具好刺激需求。

有效回饋是任何學習過程中很重要的一部分，沒有人不接收適當的回饋就可以發展出新技能，回饋凸顯了績效好的部分以及需要改善的部分，從另一方面來說，關於瞬息萬變的就業市場，前饋資訊可以幫助你決定要學些什麼。這同樣也可以運用在軟體開發活動，大多數的專家在它們的工作生涯中持續學習如何把工作做好，有部分原因是技術與科技也持續演進，但每個軟體專案都是獨一無二的，這帶來新的挑戰、需要新的方法。對於過去做了些什麼以及沒做什麼的回饋在未來可以幫助指引開發者做出選擇，關於新興科技與技術等前饋資訊可以幫助軟體開發者積極主動地迎向未來客戶的需求。

系統分析與設計──物件導向與 UML

雖然前饋控制資訊可以幫助系統更能因應環境變化,但對企業組織來說要實踐或管理並不總是那麼容易。問題總是出在企業調整比不上環境變化的速度,這樣的效應在那些探訪專賣廉價過季書刊書店的人們身上是很明顯的。

在本書稍後所提及的 Agate 公司案例中,該機構必須雇用及培訓足夠的人力以應付預期的工作量,如果新工作的訂單嚴重衰退,要快速有效減少員工數量以避免破產是不太可能的,因為在辭退員工前必須給予一段預告期;對突然激增的訂單公司也可能無法有效做出回應,因為招募及訓練新員工需要時間。在商務上,資訊系統對於預測某服務的需求水準扮演很重要的角色。

衍生屬性與整體觀點

衍生屬性是系統的一個特性,可以簡單地從它的本身與各部組成加起來加以區隔,舉例來說,汽車如果有足夠的零件,能夠行駛,它是交通工具的一種,它有著車輛的屬性,但除非正確組裝,不然方向盤、擋風玻璃、引擎等並不具有這屬性,當然汽車就是交通工具的一種,關於汽車如何運輸沒有什麼很神祕的地方,不過唯有一台完整的車才能達到運輸的目的。許多音樂或運動愛好者對於衍生屬性將更為熟悉:一個足球隊或樂團可能會有非常傑出的明星成員,但贏得比賽或完美音樂演出往往取決於某種特殊的魔力,這樣的魔力只有在每位成員通力合作時才會發揮。如果 McGregor 公司某個關鍵員工離職,可以想見這將導致生意失敗,但不意味這個人做了整個公司每個人的工作,更可能的是他提供了一些重要元素讓整間公司得以有效地共同合作。

基於這個原因,系統方法通常被稱為**整體** (holistic),換句話說,我們把每個系統看做一個整體,而不只是當做眾多元件的組合。如果我們僅把一個完整的東西各部組成獨立出來考慮的話,那將會忽略了很重要的面向。

與之相反的方法稱為**還原** (reductionism),從假設「複雜現象可以藉由減少、去除它的組成元件來完整解釋」開始,還原是分析技術的基礎,在像是物理跟化學等理學方法佔有重要地位,在資訊系統開發也很重要,但在分析對象像是商業公司等複雜的人為情況時它無法提供完整的解答。

1.4.3 資訊系統開發牽涉到的系統

任何資訊系統都是為了對組織或像是板球隊的球迷、城市的市民等群體產生有益作用,這項業務或群體通常也可以被視為一套系統:一套**人類活動系統** (human activity system) (Checkland, 1981),正是這點讓資訊系統的建造或運作有了意義,除非了解人類活動系統的目的與作業內容,否則不可能去制定細部規格,更別說建造一個資訊系統來支援。這意味著人類活動系統對開發者來說是很重要的,其重要性不亞於他們正在開發的資訊系統。在開發專案工作流程中一個重要的項目是捕捉與了解需

系統	系統目的	從……觀點來看
Agate （一個商業系統）	在國際舞台上成為成功的廣告代理商， 從而為導演提供財富與聲望	導演
	提供多樣而有趣的工作及不錯的薪水， 也可以是往下份工作的有用跳板	撰稿人
	供愉悅且舒適的生活直到退休（五年 後），不需要過於努力	另一位導演

圖 1.11 具有多重目的的人類活動系統

求，除非徹底且正確地完成，否則資訊系統無法產生預期的效果；另一項困難是人類活動系統中的參與往往無法廣泛地認同它的目的，這會是資訊系統需求分析中很重大的問題，使得更廣泛、更深入了解系統變得更為重要。圖 1.11 顯示了在 Agate 公司案例中不同員工所看到的公司業務目的。

開發者可能屬於某個專案團隊，或是某個 IT 部門，或者兩者皆是，而這些視為系統也是有幫助的；這系統轉換了各種輸入（經費、專業技能、工時、從使用者端得到關於他們希望系統如何運作的資訊、……等等），目標是生產出對某個企業經營問題有效的軟體解決方案，它的環境通常是開發者所工作的組織，包含了軟體的使用者還有他們的主管。我們可以將之視為由包含專案團隊中不同小組及他們所採用的方法的子系統所形成的系統，眾多的分析與設計模式描述軟體在系統運作時資訊的使用，專案負責人或專案經理透過定期針對流程與問題的回饋來進行控制，而適當的前饋有助於提醒管理者對問題預做準備，對於那些已經發生的問題同樣也是。

因此系統開發者必須注意各式各樣的系統，如果他們的任務是開發一個支援線上投票的資訊系統，他們可能會需要對民主制度具有專業的素養，如果他們要開發一個銷售 mp3 音樂下載網站的話，他們應該要對包括音樂產業及與樂迷互動等系統產生興趣。將任何活動視為系統觀點的一個好處是能鼓勵參與者思考回饋的分類以及讓一切運作順利所需的控制，這對軟體開發與其他任何事物都一樣適用。

1.5 資訊與資訊系統

為了設計及打造資訊系統，我們必須找出哪些資訊對使用系統的人員是有用的，以及他們將如何使用系統。在後續的幾個小節裡，我們將討論資訊、資訊系統，以及它們與所希望輔助的人類活動系統之間的關係。

1.5.1 資訊

資訊是藉由訊息傳遞，且訊息的意義取決於接收者的觀點，我們總是被大量潛在

的資訊所環繞，只有其中一部分會受到我們的注意，而只有其中一部分是對我們當下情境是有意義的，而到頭來只有一部分的資訊是有意義且有幫助的。為了區別「資料」與「資訊」，許多作者說明資料是未經處理的事實，而資訊是已經被篩選並賦予特定意義的資料，Checkland 與 Holwell (1998) 說明了從原始資料到產生資訊的真正過程是更為複雜，他們用資料、擷取、資訊、知識等四個階段來說明原始資料變得有用的過程。

當四個人正觀看傍晚的天空，一縷白煙在不遠距離處漸漸上升。對 Alex 來說，煙只是視野的一部分，他甚至不曾認真地注意到；Ben 看到煙，並且喚起很久以前露營旅行的記憶，但他意識到過去與現在煙的關聯只是形狀及顏色上的巧合，所以他繼續看往其他東西；當 Chetan 發現煙是從他失火中的家上升時陷入驚駭；Dipti 在做其他可以幫助 Chetan 拯救房子的事之前，先跑去打電話給消防局。

從表面上來判斷，煙的景象是可以被所有人接受的單一訊息，然而卻在每個案例中有不同的意義。Alex 不曾注意到資料〔Checkland 與 Holwell 稱此為**資料** (data)，源自拉丁語，意指「給予」〕指的是不曾為任何特定注意挑選的事實；Ben 注意到煙，但並未與現今情境產生連結，Checkland 與 Holwell 稱此為 capta（源自拉丁語，指「捕捉」），意指經過挑選，但沒有特別重要性或意義的事實。Chetan對煙所賦予的意義來自他所看見的情境（認出他的房子、了解煙的涵義等），稱為**資訊** (information)，因為它在該情境下具有意義。事實的意義往往取決於它與觀察者的關聯性。

資訊轉變成**知識** (knowledge) 還有一個最後階段，其更具結構且與情境有更複雜的意義，我們可以在 Dipti 對煙的反應看到此點。她整合了來自許多來源的資訊：煙與失火的關聯、失火對房子造成的影響、消防局的存在與目的，以及附近電話的位置，所有的資訊加起來成為與情境相關的單一知識架構；簡言之，她知道該做什麼。

大多數的資訊系統只有在從眾多背景資料選取出適當的 capta 時才能發揮作用，並且據以建立出可以在某個情境下幫助某個人的資訊，有些資訊系統不僅於此，還進一步產生知識。

1.5.2 在公司，資訊系統做些什麼？

今天資訊系統較過去往往更為複雜而且彼此之間更緊密整合，如此一來，不同資訊系統類型之間的界線也變得模糊，不過，了解組織中一些常見應用類型的概觀仍是有幫助的，但請注意，這邊更加強調的是資訊系統所能扮演的角色，而非系統實際的分類。有些作者找出了不同資訊系統類型之間的關係以及在管理上的層次（如圖 1.5 所示），實際上，事情很少拖泥帶水，發現策略經理人使用營運或辦公室系統而作業層次員工使用管理支援系統是不太尋常的，人們自然傾向使用任何對他們有幫助的系統。

營運系統

營運系統將公司中的例行作業、每日記錄作業自動化。最早的商業化資訊系統就是營運系統，因為它執行例行作業、涉及些許判斷的重複性工作，並且毫不費力地自動化，會計系統就是很好的例子。所有公司均需要持續追蹤收入、支出、可用現金及目前可用餘額等資金流向，近代只有少數沒有電腦化會計系統的公司能夠存活下去。明智的公司都有一套災難復原計畫，詳細記載當突發事件導致資料毀損，或造成電腦系統無法運作時的處理方式。

在會計系統中流動的資訊是基於上千、甚至上百萬筆類似的**交易** (transaction)，每一筆代表交換某種物品的量，通常是幣值（這就是它們經常被稱作交易處理系統的原因）。舉例來說，當你在超級市場買一支牙膏，會有兩筆紀錄產生，一筆是售出一支牙膏，而另一筆則是你支付的款項。此種做法在每種貨品、每位客戶、每個櫃台、每家分店日復一日重複運作，因此勾勒出一個圖像，使公司的會計人員可以比較總收入與總支出，並確定是否產生利潤。當然，許多真正的會計系統更為複雜，通常伴隨著子系統來處理工資總額、稅務、運輸、預算規劃及重大投資，也必須謹記雖然數字對組織的決策過程可能很重要，但工作人員解讀這些數字的方式也同樣重要，即使重要性不完全相等 (Claret, 1990)。舉例來說，如同我們將在第 2 章看到的，新系統的引進是為了要藉由改進作業的效率來節省經費，如果沒有適當地設計的話，可能會導致一些員工因為不滿而離職，由此造成開銷的增加（經驗與知識的流失、招募成本、需要訓練替代人力、……等等）而往往難以歸責於單一的因素，因此幾乎是不可能來加以測量，所以通常稱之為**無形資產** (intangible)，企業的正式決算很少對於像是這些的無形因素給予明確的呈現。。

其他營運系統則記錄客戶的訂單、庫存貨品的數量、給予供應商的訂單、各個員工的工作時數、用戶使用行動電話的時間與費用等。

管理支援系統

管理支援系統是設計用來支援經理人工作的資訊系統，如同它字面上的意思，它們通常較營運系統來說是用在組織的較高層級，呈現給使用者的資訊也較為複雜，主要是因為它牽涉不同來源資訊的整合，除此之外，經理人也對高度彙整後的資訊較有興趣，例如像是售出牛奶的整體品質而不是單一筆交易或單一客戶。然而，許多用於管理決策的資訊是從營運層次儲存的資訊直接取得，實務上許多管理支援系統是建築在營運系統上頭，換句話說，管理支援系統藉由擷取與處理那些已經儲存在營運系統的資訊運作。事實上，最早的管理支援系統（包括以前那些最早的商用電腦 LEO 1 運作的系統）是從現存營運系統檔案中萃取資料的程式所組成，而後加以分析或整合以提供管理者關於組織營運的資訊，在當時大多數企業資訊科技投入在營運系統，這些新系統後來被稱作**管理資訊系統** (management information systems, MIS)，而在許多

組織中引發了資訊系統部門的改名：從「資料處理」轉為「資訊管理」部門。

我們可以從一個會計系統的例子簡單地看出營運系統與管理支援系統之間的合作關係。一旦全部的日常銷售交易都儲存在電腦裡頭，僅需多些步驟將其分析、轉化為程式，而管理者就可以一目了然地知道哪個品銷售不佳、哪個結帳櫃台耗費太多時間在單一客戶、哪家分店的進出貨量最低、……等等問題，這樣的資訊對管理者來說是很重要的，因為她的責任就是將這個組織的子系統效能最大化，而其中很重要的一部分就是去找出及解決問題。因此，管理支援系統的一個重要面向是就它所提供的資訊進行回饋或前饋，提醒管理者問題與機會，並在管理者調整組織績效的過程中給予幫助。因此，營運與管理支援系統可以在圖 1.3 中區分為不同的兩個部分。營運系統如果不是落在中央部位（標示為「系統做些什麼」），就是透過支援輸入或輸出流進行協助；管理支援系統不是落在下方部位（標示為「系統如何受到控制」），就是透過來自控制單元的回饋或控制資訊流進行協助。

✎ 辦公室系統

辦公室系統自動化，並協助辦事員、祕書、打字員、傳達員等辦公室人員的工作，也支援管理者某些方面的工作，例如溝通（文書處理、電子郵件等）、規劃（個人資訊管理，如 IBM Lotus Notes 或 Microsoft Outlook 中的每日行程功能）及決策支援（例如使用試算表軟體的內建函數）。這是一種管理支援系統，但幾乎被各種類型員工使用，而非僅供管理者使用。這說明不同類型系統之間的界線已經變得模糊，某種程度上係取決於今日公司中資訊科技的廣泛程度，也彰顯資訊系統的採用經常改變人們作業方式的事實，許多相當重要且資深的人員過去期待祕書或打字員會幫忙繕打書信或報告，現在則是自行使用文書處理器。

✎ 即時控制系統

即時系統著重於對系統作業的直接控制，而且必須對外部事件加以快速回應，典型的例子是有實體存在的類型，像是 McGregor 案例中的電梯控制系統、飛機導航系統，以及機械搬運車等，對於實體處理系統來說這些系統最適合稱作控制子系統，而它們的角色與企業營運系統或管理支援系統是截然不同的；不過也有一些控制系統是不需要即時回應的，例如像是交通號誌燈號控制系統。即時系統通常需要人力操作（雖然未來可能變得普遍，但到目前為止可以達到完全不需人力監控僅有少部分），但它們大致上將逐漸從人力活動系統周遭淡出；事實上許多作者並不認同即時系統全然就是資訊系統，我們不認為這是個重要的議題。用來分析、設計及實作即時系統的技術大致上與其他電腦系統所使用的相似，不過，當系統涉及安全相關元素時（例如飛行導航系統），將會使用更多的數學方法來進行分析與設計，以確保系統在所有運作條件下正確精準地運作。

1.5.3 資訊科技

資訊科技 (information technology, IT) 是讓資訊系統得以運作的設備，在今天，談到資訊科技通常牽涉到數位電腦，但並非一定如此；許多公司將維護資訊系統的部門稱作 IT 部門是不太正確的，如同我們先前所介紹的，不管當時科技發展情形如何，資訊系統在過去已經廣泛使用，資訊系統該使用哪些資訊科技理想上應該留到開發過程的最後，只有在全然了解人類活動系統後才有辦法真正知道對於資訊系統的需要，而後才有辦法確定系統需求，設計出可行的系統，唯有完成這些之後才需要將重點轉到該用什麼樣的資訊科技來實作出系統。不過現實世界中事情並非總是照這樣進行，事實上，這也是過去許多系統無法成功的原因之一，但不管是否可能，事情應該是要這麼進行的。

資訊科技由於對電腦及其周邊設備的認識而廣為人知，涵蓋各種類型的硬體，常見到的包括：桌上型電腦、掌上型電腦、數據機、網路佈線、檔案伺服器、印表機等，還有工廠和航空公司裡各種電腦控制的機械設備，較不被人注意到的則像是智慧型手機、汽車裡計算油耗的電子線路、數位相機裡調整光圈與快門速度的微晶片等等，換句話說，在商業宣傳上的「智慧」一詞使用並不是那麼精準。

可以稱之為 IT 的裝置名單幾乎每天都在增加，而且並沒有明確的界線。隨著數位裝置持續在速度與處理能力上提升，製造商利用這些研發成果開發出更多新產品在市場上銷售，例如：許多行動電話結合了數位相機與攝影機、數據機、電子郵件軟體、瀏覽器、行事曆、鬧鐘、計算機及線上遊戲等多項功能，有些還有全球定位系統 (global positioning system, GPS) 晶片甚至動作感應裝置。語音啟動之類的介面科技可能很快就不需要按鍵或點擊滑鼠按鈕，與電腦互動將變得更簡單，而無線網路更進化到不需實體連接。使用手持式 PDA 裝置、行動電話以及無線耳機的行動商務，正改變許多人存取資訊與溝通的方式。對他們來說，想要存取網際網路時，已經不再有待在體積龐大的電腦前固定位置的實體限制。整體來說，幾年之後電腦可能會發展到從視線消失，而其作用卻深入日常生活的更多角落。

剛剛提到所有資訊科技的例子都只是可以使用在許多不同任務的工具，而不只是那些它們原本所欲處理的任務。有句話說：「如果榔頭是你唯一的工具，整個世界看起來就像釘子。」我們也可以推論：「如果你只看到釘子，會想使用任何拿在手上像是榔頭的工具，不管它是一支扳手、一本書或豆子罐。」所以，一個工具實際上如何使用比名義上的用途更重要。現今文書處理軟體提供熟練的使用者透過巨集程式、郵寄清單，以及如試算表、有聲迴紋針及網頁超連結等內嵌物件，將許多複雜工作自動化，但對許多使用者來說，他們並不需要全部的功能，而只需要電子打字機即可。問題來了，如果需要的只是電子打字機，為什麼要安裝一部威力強大的電腦來執行所有

最新的軟體？建置資訊系統不需要的資訊科技是沒有意義的，資訊系統倘若不能滿足使用者明確訂出的需求也是枉然。

1.6 成功策略

在這節中，我們考慮一些可以用來界定企業需求的方法，提出資訊系統與資訊科技可能的應用領域。

1.6.1 擬定經營策略

對一個企業來說，明確了解其目標是很重要的，除非組織將會需要哪些資訊系統或他們應該採取哪些行動是已知而且被認可，不然要做出決定是不可能的；一旦目標明確之後，通常會擬定策略好讓企業得以達成目標。經營策略的發展基本上可以從這個問題開始：「我們希望我們的組織十年後在什麼樣的位置？」依據這樣的邏輯，下一個問題是：「我們要如何從目前的情況變成我們所想要的？」這個問題的答案將由可以用來達到策略目標的實際步驟所組成。

策略的內涵（即實際目標和所包含步驟）取決於組織特性、環境、作業能力及其他許多因素。在 Agate 公司案例中，我們已經提過它的策略是「持續穩定成長而且發展一個國際化市場」（這些是目標），主管們也有著如何達成這些目標的看法：他們希望從跨國公司取得更多業務，並希望藉由優質的品質及發展「具有全球化主題而在世界上不同市場在地化」（這些是步驟），以在該領域獲得成功。由於主管們的信心，策略中已經包含這些元素。舉例來說，Agate 公司的作業技術品質及人員的創造力都是它的長處，這將能應付他們被交付的要求。他們或許也相信現有的客戶基礎和接觸清單足以贏得所尋求的業務種類。

1.6.2 資訊系統的貢獻

資訊系統在許多方面皆有助於達成經營目標，以致於讓人難以決定到底哪個系統確實重要。許多技術已經發展來協助獲得有用的解答，SWOT 分析（優勢、劣勢、機會、威脅）就是一個著名的例子，往往透過群體腦力激盪，SWOT 分析找出並對所有組織目前現況重要的事項加以歸類，依據所找出的優勢及機會，來克服弱勢及威脅。另一個有用的方法是價值鏈分析 (Porter, 1985)，它呈現了組織系統化的觀點，對於進行策略與資訊系統的討論大有助益。在價值鏈分析中，「鏈」的比喻是為了強化「在一系列活動中任何不佳的連結將破壞其他階段所產生的價值」這樣的理念，舉例來說，如果一家公司對於銷售自家產品非常在行，但產品本身品質非常差，這樣是不太可能成功的；另一方面，一家公司製造優良產品但無法有效規劃它的原物料的話，也

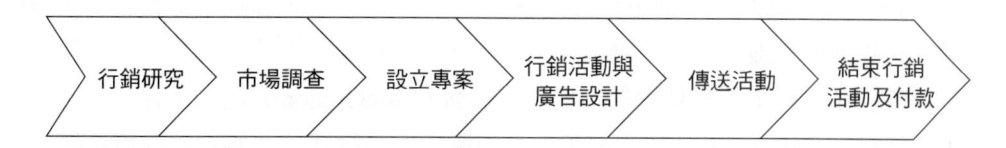

行銷研究 → 市場調查 → 設立專案 → 行銷活動與廣告設計 → 傳送活動 → 結束行銷活動及付款

圖 1.12 針對 Agate 公司案例修正的價值鏈分析

是不太可能成功的。在成功的組織裡，每個主要活動都會為產品增加價值，次要活動提供服務，但並不直接對產品增加價值，唯一值得的是支援活動可以對主要活動的效率或效能產生貢獻，次要活動的角色因此必須轉為支持主要活動。

　　價值鏈分析在資訊系統規劃非常有用，它將注意力集中在企業的關鍵活動，因為關鍵活動往往已經存在問題，不然就是代表著獲利或競爭優勢的主要來源。開發專案可以針對此而幫助相關作業使得組織整體而言產生差異而更能成功。

　　波特的原始理論模式是基於傳統製造業所進行的分析，對於像是 Agate 這樣服務類型的公司並不是那麼適用，許多分析師修正價值鏈模式以更適合特定組織類型的活動，圖 1.12 呈現了針對 Agate 公司服務面向的價值鏈，分析顯示所有的活動均有助於客戶對整體服務品質的感受。

1.6.3　資訊系統策略與資訊科技策略

　　許多組織都明確地將他們的策略規劃成圖 1.13 所示的三層架構，主要想法是應該只有在深思熟慮過經營策略的情況下才考慮新資訊系統的開發，而資訊科技硬體的採購應該針對所欲開發的特定資訊系統加以明確規範，經營策略驅使資訊系統策略，資訊系統策略再驅動資訊科技策略。

　　圖中的資訊是雙向流動的，當經營策略形成，管理者需要知道資訊系統可以輔助哪些經營目標，同樣的，負責開發系統的人需要知道資訊科技在這項業務的可行性，規劃過程是反覆進行的。

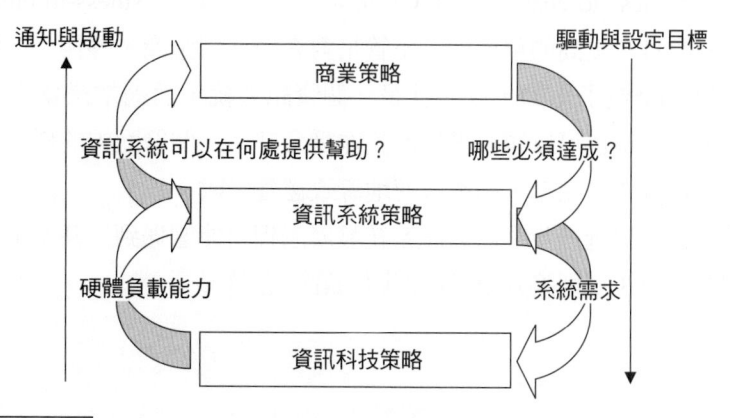

圖 1.13 經營策略、資訊系統策略、資訊科技策略三者之間的關係

圖 1.13 所呈現的關係是很重要的，舉例來說，McGregor 公司目前經營策略目標之一是在利潤豐厚的線上銷售市場增加佔有率，可能這是公司的當務之急，因為其他線上零售商已經佔據了越來越大的市場並且威脅到 McGregor 公司的生存。為了滿足這個經營目標，McGregor 公司的經營者必須擬定然後發展一些適合的軟體系統，包括線上客戶訂單系統、自動化倉儲系統、存貨管理系統、採購系統、……等等。

資訊系統策略的主要目的是正確地辨別許多可能的系統中應該選擇哪一個開發，以及它們要如何與其他系統銜接，被選擇開發的系統將會成為系統開發專案，選錯系統勢必會浪費時間與資源，並且打亂業務的優先順序。在此，「錯誤」意味系統是不重要的，也意味系統與其他必需的系統不相容；這麼一來，如果線上訂購系統無法正確地將訂購貨品細目傳送到倉儲系統，導致將錯誤的貨品送到客戶手上，這對 McGregor 公司來說可能導致重大的經營問題。若專案小組沒有有效地認識到軟體的需求是發展來與其他系統銜接，這類的問題可能很容易發生。

另一個關鍵的議題是線上目錄可能設計不當，導致使用者覺得挫折而離開 McGregor 公司的網站轉向其他競爭對手購買，雖然資訊系統策略文件並不包括網站設計的規格細節，但通常像是顧客所使用的網站需要明確指引與具互動性等主要經營考量都會加以詳細說明。

資訊科技策略主要負責界定硬體組成及配置，來讓軟體有效運作。在 McGregor 公司案例中，這包括訂定網站主機規格來確保回應時間總是夠快來滿足客戶，過慢的回應時間會阻撓使用者並導致公司失去銷售量，主機的詳細規格書（作業系統、電話外線門號數目、處理器、記憶體、……等等）可能會稍後才能完成，但資訊科技策略必須認清這是企業經營的重要顧慮，軟體系統的執行仰賴各種硬體元件，這與企業經營息息相關。

對許多公司來說，成功取決於整體經營目標、幫助達成目標的資訊系統，以及執行資訊系統的資訊科技之間求得適當的平衡點。當企業致力於電子商務時，不管是企業對消費者 (business-to-customer, B2C) 或是企業對企業 (business-to-business, B2B)，策略結盟的問題具有更高的重要性。不管是對客戶、供應商、夥伴、合作廠商，這之間發生的互動都是電子化的，公司就是一個資訊系統，而網站是實際可以看到的部分；而且，網路行銷也可以讓全世界看到並受公評。三個層面中的任一個，無論是不適當的策略或是實作不完全，都會快速地導致經營失敗。

第 2 章我們將更進一步探討資訊系統發展過程可能遭遇到、甚至是資訊系統本身所產生的問題，第 3 章則將介紹這些問題的解決之道。

1.7 總結

本章我們介紹了資訊系統的幾個重要概念，包括：控制、回饋、輸入、輸出及資訊處理、透過介面溝通、系統階層化組織結構及其子系統，以及系統的衍生屬性等，我們也講解了資訊、意義與內容三者之間的關係，對系統分析師與系統開發者來說，為組織內種種人力工作活動提供資訊系統是很重要的一項工作，這讓組織目標、所採行的策略、公司員工作業所需資訊、資訊系統所能提供的資訊，以及到頭來讓資訊系統實現的資訊科技等彼此之間產生無法切斷的關係。

資訊系統在歷史上一直存在，而現代的資訊科技擴大了資訊系統的範圍並大幅改變了資訊系統運作的方式，可以預見將會有更多的改變到來，但不管資訊系統怎麼演變，我們仍可從過去資訊系統的發展學習到寶貴的經驗。

☑ 習題

1.1 資訊系統與資訊科技有何差別？
1.2 舉出一些電腦化資訊系統可以做得到、但非電腦化設備難以或無法達成的例子。
1.3 為什麼系統是否真實或只存在某些人心中不是那麼重要？
1.4 為什麼邊界與環境對於了解一個系統是重要的？
1.5 回饋與前饋有何差別？
1.6 為什麼人類活動系統有超過一個以上的目的？
1.7 管理支援系統的目的為何？
1.8 何謂災難復原？對企業組織為什麼重要？
1.9 商業目標、資訊系統策略及資訊科技策略三者之間的關係為何？
1.10 何謂資訊，其與資料有何不同？
1.11 描述知識與資訊的不同。
1.12 舉例說明一項你具備的知識，並說明這項知識的用處。

☑ 案例研究作業、練習與專案

1.A 考慮三個或四個尚未電腦化的資訊系統（不管是過去的或是現在的），找出（或想像）電腦化的相同產品；對於每一對簡短描述範圍邊界及主要的輸入和輸出。電腦化與非電腦化版本的主要差異為何？
1.B 再讀一次關於 McGregor 線上購物系統的描述，假設它所描述的一切（電腦軟

體、硬體、人員活動等）是單一系統，請找出其主要的子系統及控制機制。你認為它們將使用哪些前饋及回饋資訊呢？不要被本章先前的敘述限制住你的想法，運用你的想像力！記住，有些控制可能不是電腦化的。

Chapter 2

資訊系統開發的挑戰

學習目標 在本章中你將學到：
☑ 資訊系統專案的主要參與者。
☑ 資訊系統開發的問題。
☑ 這些問題的成因。
☑ 利害關係人的概念如何在資訊系統開發中釐清道德爭議。
☑ 問題與道德爭議的代價。

2.1 簡介

　　許多資訊系統非常成功，失敗只是例外而非常態，但失敗的後果可能很嚴重，從不必要的支出到嚴重威脅組織存亡，甚至在極端的案例中威脅到人身的安全。失敗的類型也很多樣，在某些情況，專案團隊無法交付任何可以運作的軟體，這通常意味著大量的投資卻沒有好的結果；有些系統成功安裝但卻無法滿足使用者的需求；其他的系統出現雖然符合需求規範，但卻證明是沒有效率或難以使用的。這些都無法產生出高於開發成本的效益。

　　我們可以用一段旅程的比喻來形容資訊系統開發過程 (Connor, 1985)，如圖 2.1 所示。這強調這樣的事實：在向前邁進的過程中有許多選擇可選，我們必須避免走進岔路，有些路徑可以前往到所規劃的目的地，換句話說，客戶可以得到符合預期的系統，但也有些路徑會去到錯誤的地方，有些是沒有出口的死路，我們必須加以認清並且避免。專業的系統開發人員自然會專注於避免問題以及達到好的結果，而這只能靠了解什麼會出錯來達成。

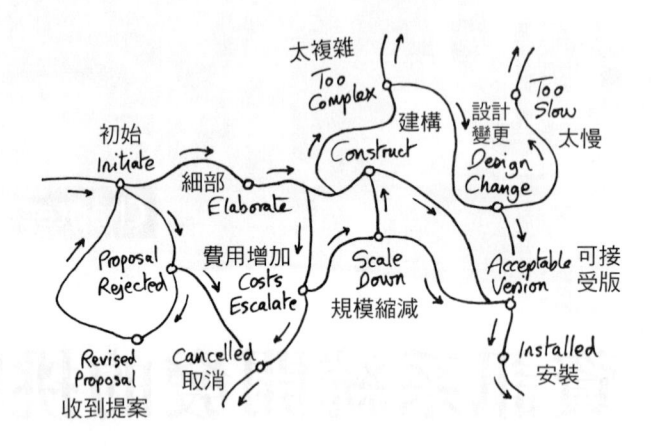

圖 2.1 系統開發旅程可能的路徑

我們首先將從每一位主要成員的角度來探討專案失敗的問題。專案中結合許多不同族群的人，而它們每個人對於可能會出錯的事情有著自己特殊的看法，我們所考慮的主要族群為使用者、客戶及開發者。在下面的章節我們將一一探討。

2.2 有哪些挑戰？

根據一項針對英國 102 家頂尖企業經理人的調查顯示，幾乎一半最近都遭遇到 IT 專案失敗 (Kelly, 2007)，規格不佳是最常提到的原因，而業務部門與 IT 部門之間彼此缺乏了解也是一項重要的因素。另一項由經濟學人智庫 (Economist Intelligence Unit) 進行的調查發現英國大多數公司有超過一半的 IT 專案不符預期 (Veitch, 2007)。

在英國這樣的景象不是唯一案例，許多年來，CHAOS 報告對美國的 IS 專案進行調查，最新的 CHAOS 報告顯示情況日益惡化，只有三分之一的專案可以判定為成功，而有四分之一的專案不是在完成前就被取消就是軟體交付之後從未使用過 (Standish Group, 2009)。

關於這個問題的驚人數字也不是什麼新鮮事。倫敦證券交易所的 Taurus 系統專案估計就耗費約 4 億 8 千萬英鎊，而在 1993 年時尚未安裝即明快地中止 (Drummond, 1996)；在 1990 年代及 2000 年代初期，許多英國公部門新資訊系統合約取消或未達成預期效益，而實際耗費的經費往往誰也沒有把握明確地知道；英國護照辦事處、國家觀護局、移民暨國籍局、兒童支援局，以及國家空中交通管制局等在系統專案也發生重大問題。專案管理不當及缺乏財務管控是眾多災難的元兇 (OGC, 2005)。

所有失敗的潛在原因至少在某種程度上是超出開發者的控制，專業人員必須認真面對失敗的可能性並且努力避免，即使有時對風險的意識是有限制的，接下來則是降低損害。不過困難之一是要怎麼回答這個問題：「到底什麼東西會出錯呢？」不同人

有著不同的答案。資訊系統開發是一項複雜的活動,而且總是牽涉到人。在任何組織裡,人們有著不同的觀點會影響他們對事情的看法以及到底應該怎麼做。將專案裡重要的人際關係區分為三種類型是有幫助的。第一種是在資訊系統完成後將會變成終端使用者 (end-users) 的現任員工;第二種是在啟動專案、訂定方向及專案進程擁有控制權(或至少有影響力)的經理人,在此我們稱之為「客戶」(clients);最後是負責資訊系統開發的專業人員,我們在此稱之為「開發者」(developers)。為了簡單起見,我們將忽略每一組其內部的差異。

2.2.1 終端使用者觀點

有各式各樣不同類型的終端使用者,並且與資訊系統存在多樣化的關係。接下來的例子將著重在那些使用消費資訊系統的產出(像是使用資訊系統輸出來幫助完成派遣救護車到事故地點的工作),或負責輸入原始資料到資訊系統裡之使用者的經驗與挫敗感。

ᗑ什麼系統?我從沒見過新系統

終端使用者會遇到的問題之一可以用 1980 年代廣泛使用的一詞生動地說明。「vapourware」一詞描述軟體產品被討論得很多,但不曾釋出給預期使用者;換句話說,還沒實現上市,就蒸發消失無蹤。許多公司不願公開談論資訊系統專案的失敗,因此「vapourware」狀況可能出人意外地普遍發生。在商用軟體領域,這其實非常普遍;有一本線上雜誌「Wired」就把年度獎項頒給那些承諾要公開卻從未上市的軟體與硬體產品。

一些研究調查發現,資訊系統開發專案最後沒有完成任何產品而失敗的比例令人震驚。我們先前提到的 CHAOS 報告發現有 24% 的專案從未完成或從未使用 (Standish Group, 2009)。在英國,威塞克斯地區健康管理局 (Wessex Regional Health Authority) 單一套系統的整體成本就高達 6,300 萬英鎊,可是卻沒有完成任何系統 (Collins, 1998b);這間接地傷害了病患,因為系統目標是幫助更有效地管理全區的醫療資源,進而提供更好、更快速的反應服務。專案沒有完成,使用者及其他受惠者將無法得到預期的效益。

ᗑ它可能有用,但讓人害怕去使用!

這關係到系統是讓人不愉快或難以使用。系統無法滿足可用性準則的可能有很多,包括介面設計不良、不適當或不合邏輯的資料輸入順序、不完整的錯誤訊息、毫無幫助的提示訊息、不當的回應時間,以及不可靠的運作,圖 2.2 提供幾個例子(這些例子的意義以及如何避免將在稍後章節再做更多的解釋)。

本書作者之一日前買了一雙鞋,鞋店店員十分費力地才將銷售紀錄正確輸入,因

系統徵狀	範例
介面設計不良	背景為白色的網頁卻使用黃色字體
不適當的資料輸入順序	系統的倒退鍵有時候會刪掉整串字
不完整的錯誤訊息	系統訊息以使用者無法理解也無法據以因應的方式「說明」問題
毫無幫助的提示訊息	系統訊息顯示「資料格式錯誤──請再試一次」
不當的回應時間	加護病房的護士抱怨新的電腦化病歷系統比起人工系統要花費更長的時間儲存與讀取資料，這讓她們離開病患更久 (Goss et al., 1995)
不可靠的運作	一間國際汽車保袋公司因為系統錯誤而流失大部分客戶保單的電子紀錄，辦事員無法送出續保通知，被迫改為寫信給客戶請求他們來電告知保單細節

圖 2.2　系統可用性不佳及相關實例

為這筆交易有促銷折扣而新的收銀系統無法處理，購買這款鞋子的客人也將獲贈一雙免費的襪子，因為襪子是正常的存貨品項，必須正確記錄庫存情形，這表示襪子必須是被賣掉的，即使實際上是免費贈送。對助理來說一個簡單的處理方式是在銷售時把襪子的售價改為 0 元，助理試著這麼做但軟體特別設計防止將存貨品項以 0 元「銷售」，助理只好呼叫經理來協助；在經過一番試驗之後，似乎處理這筆交易唯一的方法是減少鞋子的售價 1 英鎊，然後把襪子以 1 英鎊賣出，這樣就可以有正確的銷售總額。這麼一來，店員們知道該如何處理這個問題，並且在未來不會再造成困難，但這變成處理日常作業不必要的尷尬方式。關於這類不佳的設計有著許多例子，對使用者造成了很大的挫折還有時間的浪費。

它非常漂亮，但它有任何用處嗎？

　　系統可能看起來設計良好而且容易使用，但仍然沒有做到「正確」的事情，這可能會對系統能夠完成的工作造成質疑。以圖書分類檢索系統為例，系統可能存著必須完整且正確拼寫出書名或作者名稱時方能取得該書館藏架位資訊。當讀者搜尋的時候，經常不知道書名，即使知道作者的姓名，也可能拼錯。另一個系統無法滿足使用者需求的情況是效能不佳（這與在先前小節討論過的可用性問題有所重疊）。

　　因為系統需要使用者以顯得荒謬的方式作業讓系統對使用者的價值產生疑問，有個例子是一套設計用來局部增加管理者對倉儲內寶貴儲存空間控制權的倉儲管理系統，工作人員發現新系統移除了他們如何最佳化使用空間的裁量權，這個案例雖然現在已經很老但依然很有價值，因為作者把它描述得非常清楚：

……因為他們發現這些地方可以如何改善來為公司節省經費，他們找到系統的替代方法。

　　……他們因為不佳的態度遭到管理階層責難，但他們對於這間在當地社區是主要雇主公司的承諾，導致他們對於那些自認為不需要且有損無益的規定與程序感到挫折。

(Symons, 1990)

當軟體錯誤和故障造成危及生命的災難時更是教人擔心，一個極端的例子是倫敦消防局電腦輔助派遣系統，它在 1992 年完成後旋即被廢棄，造成整體開發費用損失估計達到 4,300 萬英鎊。系統應該是設計用來加速救護車派遣到事故現場的過程，然而系統實際上拖慢了反應時間，系統在幾次造成病患等待救援過程死亡的投訴後被中止，雖然這些投訴從來未獲證實，但繼續運作這套系統的風險是難以接受的 (Barker, 1998)。

關於究竟是不是軟體錯誤而導致 1994 年英國皇家空軍契弩克直昇機在津泰爾海岬墜毀的爭論，到今天依然持續著，當時機上 29 名成員全數罹難，包括一些高階軍警情報人員。至今政府所接受的正式調查報告表示是駕駛非常粗心而導致直昇機墜毀，但先前調查委員會的最後結論是機組員受到重大科技（例如軟體）故障干擾而分神；《電腦週刊》(*Computer Weekly*) 的系列報導及英國電視的第四頻道新聞 (Channel 4 News) 特別報導均宣稱國防部內部報告已經提升該型直昇機在某些條件下引擎控制軟體的可靠度，英國上議院專案調查特別委員會報告建議國防部的觀點應予駁回撤銷 (Collins, 2001)，但迄今英國政府拒絕重啟調查並還是持續指責飛行員 (Knapton, 2008)。

2.2.2　客戶觀點

在這裡，**客戶** (client) 是指負責付錢來發展一套新的資訊系統的個人或群體。客戶通常在專案開始之前對是否給予認可有一定的影響，某些客戶（但不是全部）甚至握有即使專案已經進行，仍可要求停止的權力。客戶可能也是使用者；如果是的話，我們可以假設他們在可能造成問題的事物上與使用者觀點相仿。舉例來說，他們可能只會間接使用系統的輸出，而不會有不當介面設計的使用經驗。雖然客戶與終端使用者的考量可能重疊，然而客戶還包括了其他關於付款、所有權及估價等事務。

✏ 如果知道真正的價錢，我絕對不會同意

對許多公司來說，資訊系統專案超支預算幾乎成為家常便飯。依據一份我們先前提過的調查發現，全英國有一半的專案無法達到預期成果 (Veitch, 2007)，在許多的情

況下，這意味著預算透支或進度落後，或者兩者皆是。有些專案在完成時其整體成本已經高於原先預期效益，而超過這個平衡點時不是總是會被發現，導致的結果是與其耗費鉅資完成系統，其實如果取消的話會更好。另外，專案可能會因為管理者認為它的成本持續上升乃至失控，或發現可預期效益不會如原先承諾的那麼大而取消。這個決定可以用我們熟悉的說法來做總結：「不要賠了夫人又折兵。」本章先前提到倫敦證券交易所的 Taurus 系統正是這句話的明顯例子。

在 1990 年代後期竄起的電子商務，是公司將經費花費在資訊系統上的新途徑，但有時候這樣的結果並沒有比維護現行使用中的系統做得更多。舉例來說，2000 年 8 月，一些客戶登入線上銀行服務後發現他們可以看到其他客戶的帳戶，這讓巴克萊銀行 (Barclays Bank) 陷入嚴重的尷尬處境 (BBC, 2000)。

❧ 現在才完成已經沒有用了──我們去年 4 月就需要它了！

一個延後完成的專案可能不再有任何用處。舉例來說，一家實體零售商店面臨競爭者在網路上以較低價格販售的威脅時，電子商務網站還有一點用處，這種情況會持續到所有客戶已經背叛而宣告破產為止。

其他許多類型專案則是面臨時間壓力，而這可能來自於影響組織環境的新法令。英國在 1998 年 4 月撤銷電子供應市場管制就是一個例子。新措施要求電子公司進行電腦系統額外的變更，好讓他們可以處理客戶在供應商間轉換的自由。幾年前，當英國中央政府改變地方稅賦的基本計算方式時，所有的地方單位在三年之內面臨兩次類似的挑戰，每次改變都需要上百次會議來制定、發展（或採購），並且成功安裝新電腦系統，讓他們能精確地處理發票以及記錄納稅人的收入。在新稅制開始的那年，無法準時完成新系統造成了大量金流問題造成潛在風險。

商業上的壓力同樣也會有影響。這有時可以轉換成以下的說法：公司的成功取決於是否是第一個在市場上提供新產品或服務，雖然這優勢並非總是存在。有時候，亞馬遜網路書店 (Amazon.com) 所取得的持續成功，部分多少來自於成為這類市場之前導者的競爭優勢。一些像是邦諾書店 (Barnes and Noble) 等競爭者發現不得不跟隨亞馬遜網路書店的引領。就跟隨者來說，承擔新科技的風險需求是不一樣的，但若要吸引客戶離開前導者，可能意味著要在某些方面進行差異化，也許提供新服務，也許在前導者已經做得很好的地方有所超越。在本書撰寫的同時（2009 年夏天），亞馬遜書店似乎做得更好，而一些線上書店競爭對手則在全球經濟衰退中掙扎求生，最近公布的財務報告顯示亞馬遜持續強勁成長，而 2009 年第一季淨利較 2008 年同期增加 24% (Stone, 2009)。

❧ 好吧，它的確有用──但安裝作業真是一團混亂，我的員工不會再相信它

一旦新系統造成不好的印象，就很難去克服使用者的抗拒，在有替代方案時更是

如此。以下的場景是基於真實情境，由本書作者第一手觀察所得。雖然所使用的技術有些過時且這系統主要為 IT 而非 IS，但得到的教訓一樣適用。

一家小型公司採用區域網路 (local area network, LAN) 來連接辦公室間的個人電腦，鼓勵員工將檔案儲存在區域網路的磁碟機上，讓其他員工同樣可以存取檔案（先前所有資料是存放在本機磁碟機，只能由單一個人電腦存取）。大多數人都能了解分享資訊的雙向利益，並且遵循這項措施。管理階層宣稱區域網路磁碟機每日會將資料備份到磁帶上，因此不再需要將個人的資料備份到磁片上。之後發生了一次機械錯誤，區域網路磁碟機上的資料全部消失。當工程師試圖以磁帶回復時，才發現磁帶機已經好幾個星期沒有正確運作，導致過去六週所有的磁帶資料損毀，員工因此耗費許多時間重新建檔。儘管損毀的磁碟與磁帶已經更新，而且現在磁帶在每日備份後會進行確認，但許多員工仍回到將所有重要資料保存在本機硬碟的做法，大部分還將個人資料備份儲存在磁片上。也許，再也沒有什麼可以說服他們再次相信區域網路了。

↳ 我不希望它是首要的

公司基本上是複雜而充滿政治的。在這裡我們所考量的政治，是指衝突的意見與野心，以及公司內部的權力遊戲。管理階層及員工往往存在不同的意見，如同先前章節所提的倉儲管理系統案例。在個別管理者之間及管理群之間也會有著爭論，結果之一可能是管理者有時並非一個專案的潛在用戶。下列場景是作者觀察到的另一個真實情況。

一家多國公司的總部決定將世界各地分公司的單一銷售訂單處理系統標準化，但香港辦公室已經有連結到新加坡、台灣及其他東南亞地區客戶的電子化資訊系統，顯然現存連結將不會在新系統上運作。對香港的管理階層而言，這意味著讓新系統運作需要額外的成本，而且打斷他們已經建立完畢、運作順暢、不需要改變的關係，因此他們較不期待看到專案在此區域運作成功，但他們別無選擇。如果不是因為許多顧慮，他們也許會試著破壞專案的進行，不管是希望專案一起被廢棄，或至少自己可以豁免於全球規定。

↳ 現在一切都改變了──我們需要截然不同的系統

任何資訊系統專案幾乎無可避免地在系統完成時，需求已不如開始時所設想的。需求會因為許多原因而改變。

❖ 專案時程可能非常冗長（Taurus 專案運作了三年），而業務需求在這段期間可能改變。

❖ 當使用者發現系統可以多提供些什麼的時候,他們自然會傾向要求更多。
❖ 外部事件會有戲劇化的衝擊,舉例來說,2008、2009 年時的全球經濟衰退迫使許多企業削減開支,而 IT 專案也縮減規模以節省經費。

這不僅會對現在發展中的新系統產生作用,已經運作一段時間的系統也同樣會受到影響。這是維護、修改、更新及最終更換等所有資訊系統過程的一部分。從客戶觀點來看,動機通常是讓資訊系統更符合商業行為,也因此對商業活動提供更好的支援。

2.2.3 開發者觀點

開發者的觀點與終端使用者觀點及客戶觀點非常不同,因為開發者採取「供應商」對「顧客」(客戶或終端使用者)的角色。基於此,當問題發生時,開發者會比較處於防禦位置來評斷專案過程中所使用的方式。因為在這個階段我們只探討問題,所以許多由開發者界定的問題傾向於將核心放在指責及逃避上。

ᗌ 我們建造的是他們說他們想要的

基於合理的經營理由,對一套系統而言,要求的改變從客戶的觀點看起來總是完全合理;然而對開發者來說,建立符合那些要求的系統之責任著實教他們頭痛。如果將開發者感受的種種要素加以濃縮,就會像下面的情況:

> 不管你具備多少技能,除非使用者、客戶等告訴你他們要的是什麼,否則你永遠無法完成任何事,而且剛開始他們甚至沒有任何共識。最後,靠著技能與毅力,你完成讓每個人相當高興的規格書。你花費數個月產生符合規格的系統,並且安裝它。很快地,使用者開始抱怨那不是他們需要的。你對照規格檢查軟體之後,發現它就是預期的樣子,問題在於使用者改變了他們的心意。他們不了解不能在專案後期才改變心意。到那時,完成多少是由還剩下多少來決定,只要有任何改變,就表示你幾乎必須全部重來一次。這可能是他們不了解當初自己所認可的規格,或者在意思表達上有模稜兩可的地方,而你做了不同的解讀。不管什麼原因,都是你的錯,即使你已經嘗試所有辦法去達到他們想要的。

在現實中,分析師與程式設計師等人經常能理解為何使用者及客戶在專案中或在專案結束後改變心意,但是當此情況發生時,他們還是很難不覺得沮喪。

ᗌ 沒有足夠的時間(或經費)把它做得更好

每個專案都有來自外部的壓力,進而限制開發團隊追求卓越的能力。第一是專案幾乎都有預算限制,或者可以解釋為要在有限的時間內進行工作,也許還有一個外加

的期限（舉例來說，開發學生註冊系統專案必須在學年開始前準備好）。另一個外部壓力導因於不耐煩、急於看到實際成品的使用者以及客戶，這也同樣可以理解，因為他們是如此關心資訊系統，如同資訊系統可以帶給他們的好處——更簡單地進行冗長乏味的工作、更快地得到日常資訊等。但如果因為專案團隊的壓力而去縮短分析，並快速完成某些事物（或任何事物）好讓使用者高興，將會產生不良的後果。在這些情況下匆促完成的結果，經常是僅符合使用者些許需求的糟糕產品。開發者當然知道這點，但當壓力產生時，他們也無力抗拒。

ᗢ別責備我，我之前從沒做過 Linux 網路！

在一個成功的資訊系統開發團隊中，成員必須具備調和各項適合專案需求的技能，這可能包括技術的使用（例如物件導向分析）、關於方法論的知識〔例如統一軟體開發程序 (Unified Software Development Process)〕、程式語言技能（例如 VB.Net 或 Java）、使用塑模軟體來建立分析與設計模型的經驗，或對於硬體效能（例如網路裝置）的詳細知識等，必須有一組技能可以彼此互補的團隊專案才能成功，專案缺少了對所需要的技能有足夠經驗的成員難免會發生問題。

在 2005 年時，伯明罕市議會終止了一項專案，這個專案將 1,500 個使用者從 Windows XP 轉移到開放原始碼的 Linux 作業系統，專案經理承認主要問題之一是對於開放原始碼網路領域專業的缺乏，而這個專案的整體成本超過 50 萬英鎊 (Thurston, 2006)。

即便今日，業界一些擁有高度技能與經驗的分析師或程式設計師仍然對物件導向分析與設計只有一點甚至毫無經驗。有些擁有高度專業人力的專案因為成員缺乏經驗與所需特定技能，只好以較差的方式執行；技能問題仍不明顯。

ᗢ我要如何修復它？——我不知道它應該如何運作

這些抱怨經常來自曾經被要求修改現有程式，然後發現沒有說明顯示這是做什麼，或是它如何運作的程式設計師。修改或修復任何人工製品，不管是電腦系統或是腳踏車，通常需要了解它被預期如何運作，以推導某些功能會改變什麼。曾經嘗試修理電子或機械設備（例如機車、洗衣機或行動電話）的人，就會知道那是要花多少時間才有辦法了解各部分的功能，以及它們之間如何互動。即使手上有維修手冊，這種情況依然如此。對電腦軟體而言，情況並沒有不同，但軟體可能比行動電話更無形體而難以捉摸，在軟體的操作中甚至沒有絲毫的機械裝置。

ᗢ我們說過這是不可能的，但沒人在聽

系統開發者往往就像業務經理，有時因公司政策專案被強加於沒有意願的團隊上，因而不知所措，因為他們不相信可在技術上達到專案目標，或者不相信專案可以在時限內達成。但換個角度來看，專案團隊將發現自己會努力去達到先前認為無法做

⇨系統很好──使用者才是問題所在

資訊系統專家通常是那些對企業與組織了解不多的人，有時容易把每件事情歸咎於使用者，抱持這樣態度的人相信在使用軟體時無可避免會發生問題，因為多數使用者非常愚笨或無知，無法正確使用系統。另一方面，他們認為軟體的設計與執行不會面臨嚴重的問題。許多這樣的技術人員當然非常有才幹，但這樣的觀點明顯不合理，因為這假設問題的答案在調查完狀況之前是已知的；簡言之，這是一種偏見。對此，我們除了做出「任何希望學習關於情況真相的人，必須同樣準備好嚴格地檢驗自己的成見」評論之外，無話可說。

2.3 事情為何會出錯？

Flynn (1998) 提出一個分析架構將專案失敗加以分類，如圖 2.3 所示。

完全失敗是問題最極端的呈現狀況，但 Flynn 的架構同樣可以運用在規模較小的失敗情形。在 Flynn 看來，專案失敗通常不是因為無法接受的品質，就是糟糕的生產力。不管是哪一種情況，所提出的系統可能從未達成，可能被使用者拒絕或者接受了，但是仍然無法滿足需求。

這些分類有時稱為**理想類型**(ideal types)，意味著期望它們可以幫助解釋現實中那些已然達成的部分，所有細節經過驗證將會精確地與其中一種分類相符，不過這不表示任何實例都能解釋。真正的專案是複雜的，而且問題難以簡化為單一原因，在後續章節裡許多案例將會呈現成因不只一種這樣的特性。

2.3.1 品質問題

產品品質最普遍的定義之一是「符合適用目的」(fitness for purpose)，為了將產品

失敗類型	失敗原因	說明
品質問題	針對錯誤的問題 忽視了更廣泛的影響 執行分析不正確 進行專案的原因不正確	系統與經營策略衝突 可能忽略了組織文化 專案小組技能不佳，或是資源分配不當 科技的拉力或政治因素的推力
生產力問題	使用者改心意 外部事件改變環境 實行方式不可行 專案管控不良	 新的法規 在專案開始之前可能無從得知 專案經理缺乏經驗

圖 2.3　專案失敗的原因 (改編自 Flyn, 1998)

品質應用到電腦系統品質，有必要了解：1. 系統想要達成何種目的；以及 2. 要如何衡量達成程度。這兩部分有時可能都是不確定的。

↳ 錯誤的問題

如果新系統對組織目標貢獻一文不值，那麼就是資源的浪費，而且可能分散對真正重要事務的注意力，最糟的情況是資訊系統目標與組織的經營策略直接相互衝突，造成真正的損害。然而困難點在於：擬定專案目標時，如何採取正確的觀點？如果組織目標整體來說渾沌不明，或是沒有與負責計畫資訊系統專案的人員溝通，專案總有可能發生錯誤；接著，它可能被開發者及使用者認為完全成功，但當從較寬的準則來看則會顯露失敗之處。

有些專案開始時對於真實現狀及客戶公司目標沒有明確的想法，接著失敗或至少無法成功幾乎無可避免。如果組織本身不了解這點，接下來會很難定義及發展支援實現公司目標的資訊系統。

↳ 忽略環境背景

這部分強調資訊系統實現其目的之適當性。因為設計者對於使用者工作環境或偏愛的工作方式考慮不當，系統呈現難以使用的形式。根據對情況的種種假設，本章先前的一些例子可以對其進行解釋。就先前引用的案例（第 2.2.1 節）來說，管理者相信他們需要更緊密地管控作業員的活動，可是系統設計用來進行這項作業同樣會產生副作用，因為阻礙作業員以有效率的方式完成工作，對公司整體將造成損害。

↳ 不正確的需求分析

針對此，我們傾向不僅包括分析，還包括設計及實作等解釋。此處的焦點同樣放在系統對達到目的之適切性，更甚於目的本身。即使開始時目標明確，沿路仍存在許多意想不到的困難，特別是如果開發團隊沒有正確的技能、正確的資源或足夠的時間來做好工作時。然而，即使這些沒有顯現困難處，若開發團隊運用的技術不當，專案依舊會失敗。

一般而言，這類失敗的結果存在大部分從使用者觀點即可見到的系統問題中，這也許是因為它們影響著系統的外部設計（例如螢幕畫面的內容或格式）、系統將執行任務的選取（例如可能未涵蓋基本功能），或軟體的運作（撰寫程式後的系統運作方式可能不如分析師與設計師所預期）。

↳ 執行專案的原因錯誤

這裡再次強調系統的預期目的，舉例來說，1990 年代後期許多公司急於進入電子商務活動，這明顯對某些公司帶來很大的成功，但其餘公司則只得到些許或根本沒有益處。在某個時間點有許多電子商務公司倒閉，英國《衛報》(*Guardian*) 網站以深

陷問題或已經失敗的網際網路公司為主角刊登了一篇名為「達康公司瀕死」(Dot.com deathwatch) 的專欄。

該專欄指出，許多公司對於以下由 McBride (1997) 提出的關鍵問題考慮得不夠仔細：

- ❖ 企業致力追求以網際網路呈現什麼？
- ❖ 企業必須如何組織再造，來利用網際網路所提供的機會？
- ❖ 企業可以如何確保它投入網際網路是有效益的？

直到今日仍是如此，任何從傳統走向線上營運的組織首先應該釐清自己對於這些問題的答案，不是建立有著目錄及付款功能網站就期待它可以奏效，要邁向成功的線上交易還有一大段路要走。然而有些公司只是跟隨潮流走向電子商務，它們並不了解電子商務可以為他們的公司做些什麼，但唯恐他們被拋在潮流之後的苦果。

兩個可能的潛在原因可以解釋為什麼傳統公司會出現這樣狀況。首先，可能是組織內部有著政治性的推力，例如一個強而有力的經理團隊希望公司看起來現代化，即使沒有找出明確的利益也要強勢而為；另一個則是新科技的拉力，如果資深經理對於資訊科技的了解不足，在廠商對他們最新產品的說詞有著誇大傾向時，缺乏理性基礎來評估，組織非常容易遭受傷害。這兩個原因在實務上經常結合為一股不可抵抗的力量。

一些開創電子商務的人（通常是在現實世界沒有交易經驗的網路新創公司）簡單地認為網際網路是以往既存經營法則不再適用的新經濟，人們現在普遍接受企業在網際網路上某些方面顯然是不同的，尤其是事情發生的速度——包括公司倒閉，但現在很少人會認為商務本質已然改變，謹慎地規劃與設計、注意成本與收入、確保專案適當地控制等仍然如同以往一樣重要。

許多導致達康公司倒閉的天真和草率想法可能不再那麼顯而易見，但核心重點對現今的影響如同對過去造成的一樣多。

2.3.2 生產力問題

生產力問題關係到專案的進行效率以及沿途所消耗的資源（包括時間與金錢）。如果品質是使用者和客戶的第一考量，那麼生產力是其他必須考慮的關鍵點。關於生產力，經常可能會提出如下的問題：

- ❖ 產品能完成嗎？
- ❖ 能準時完成並且有用嗎？
- ❖ 能夠負擔得起嗎？

需求浮動

需求總是隨著時間改變，通常是因為使用者從雛型系統中學習到許多，而懂得要求更多或要求不同的東西。當改變的過程沒有善加管理，我們稱為**需求浮動** (requirements draft)，這可能會導致整個專案失控，不只對進度也會對成本造成影響，在極端的狀況甚至專案團隊會完全忽略當初之所以開發系統的原因。

要避免全部的變更請求是不合理的，因為許多都有充分的理由，例如：保險公司的員工可能會要求系統有儲存影像片段的能力以記錄車禍理賠申請所需的細節，由理賠人員在事故現場拍攝的影像紀錄對於理賠申請評估將大有助益，但這可能在員工當初被詢問關於系統需求時所不曾想到的。然而，請求變更對專案是個困擾，甚至會阻礙專案完成。專案進行得越久，產品及文件都將變得更為複雜，最終系統的每個部分可能會取決於其他部分，而這相互依存的關係會變得更為龐大也更為複雜，這又讓問題混雜在一起。因為對某一部分做了改變將會需要對許多其他部分做修改以維持共同運作，因而在系統開發時逐漸變得難以修改，因對使用者提出的變更要求進行修改而又導致其他變動，專案因工作量大增，達到了極限而停滯。此時，管理者只有兩種選擇：取消專案並且認賠截止目前為止的耗費，這是 1993 年倫敦證交所及 2005 年伯明罕市議會所做的決定；或者努力將專案帶回正軌，而這幾乎是既困難又昂貴，而且需要高度的管理能力，因為到目前為止仍有許多人存在不切實際的期望。

外部事件

專案團隊及較高管理階層超出正常控制是造成失敗的原因。隨著組織運作環境的不同，具決定性的外部事件甚至無法預料。然而，任何專案至少要小心謹慎地評估專案對於外部事件的弱點，因為有些外部事件較其他更危險。舉例來說，一個建造運作於新穎且新進、透過公眾電話迴路通訊之電腦上的分散式資訊系統專案，可能對於諸如電信網路可靠度及通話成本之類的外部因素特別敏感；相對而言，如果一個資訊系統專案是在同一建築內現存且通過考驗與測試的硬體上打造，那就可以忽略這些因素。

專案管理不佳

專案經理最終都必須為專案的成功負責，因此專案失敗就是專案管理失敗。在某種程度上，這樣的說法是正確的，但有些案例可鑑別的失敗原因整體而言只是管理的失敗。不是因為在一開始便規劃不佳，不然就是對於違反計畫的進展缺乏謹慎的監督。導致的結果就是管理者允許專案搖擺，或准許費用以不受控制的方式增加。

✤ 實作方式不可行

一些專案的技術目標太野心勃勃，可能直到實作系統時才會顯現出來，這種情況尤其發生在當系統打算與其他系統一同工作時，而不管這些系統是否正在使用。當注意力集中於一個比一個還要大的子系統時，對新系統進行測試與除錯的問題會不斷增長而更為複雜，有時候，銜接數個大型且複雜的軟體系統、以不同程式語言撰寫、安裝在不同主機，以及在不同電腦硬體上執行的工作，都證明是不可能達成的。

在系統完成之後，執行上的技術問題並不一定非常明顯，倫敦消防局的緊急救護派遣系統就是一個例子。工作人員所遭遇到實務上的困難是使用高科技，尤其經過精密設計的數位電子地圖；數位電子地圖的介面對使用者而言是不受歡迎的，因為它難以正確定位某部救護車，因而被認為是危險的 (Barker, 1998)。對整體系統而言，這造成無法快速派遣救護車到事故現場；究其原因，是應用在關鍵工作的新科技無法被大眾有效了解所致。

2000 年 5 月，因實作問題造成線上運動服零售商 Boo.com 倒閉。該網站所使用的軟體發展落後許多，但即使能趕上進度，也被證明是一場災難。只有非常少數的家用電腦能有效地執行複雜的 3D 視覺化顯示而不當機。即使軟體執行沒有當機，大部分的圖片下載速度也非常緩慢，增加使用者的挫折感，因此只有非常少數的顧客在網站上購物。在超過六個月、耗費 8,000 萬英鎊，而銷售額不可能提高到足以養活公司的情況下，公司只好進行資產清算 (Hyde, 2000)。這類的問題通常可以藉由紮實的設計實務來加以避免。

2.4 道德層面

道德可以大略定義為哲學的分支，其關乎為人處世的對錯，同時也建立指引我們行為的道德規範或信條。實際上來說，思索關於道德通常意味著我們嘗試建立評斷某人加諸在他人之行為後果的方法。

所有以電腦為基礎的資訊系統都會對某個人的生活有著直接的影響，要確切考慮在它的設計、建造或使用中顯得不明顯的道德層面是有困難的。公司裡將某些活動自動化的系統可能取代人力而導致員工失業；一個目標是幫助人們與朋友分享個人資訊的社群網站可能會造成霸凌或騷擾；使用者介面設計不當的系統可能會讓身心障礙人士無法進行工作而造成歧視；在測速照相機自動辨識車牌號碼的系統中，從車輛註冊資料比對出的車牌號碼必須精確、可靠，否則將會造成無辜駕駛受罰。

沒有把資訊系統倫理議題列入考慮的專案將會遭致問題。有時，這些問題當下非常醒目，專案勢必加以處理否則將導致整個專案失敗；但有些時候對專案、組織、全體系統開發人員，甚至是社會大眾是看不見的傷害。然而，到底哪些是有害的而哪些

不是總是有著不同的意見，這往往是爭議所在。以最近的例子來說，Google 街景張貼了市中心還有一般住宅街道的照片引起的爭議，有些人認為這對個人隱私構成了侵犯，但也有其他人不能理解為何要大驚小怪。某個英國村莊的居民阻擋攝影車進入，因為他們認為關於他們家園的影片將鼓勵犯罪的發生 (Moore, 2009)；希臘的資料保護局下令在隱私爭議尚未釐清之前禁止 Google 街景在希臘街頭攝影 (BBC, 2009)；在接獲來自日本學者與律師們的投訴後，Google 同意以較低的鏡頭高度重新拍攝東京影像 (Reuters, 2009)；Google 認為建置在街景上將人臉模糊化及移除爭議影像的隱私防護措施已然足夠 (Google, 2009)；英國的資訊專門委員會傾向於同意街景僅只相對有限度地侵犯民眾隱私，而尚未違反任何法令 (ICO, 2009)。

在評估專案中道德議題的困難之一是：有問題的人不一定是系統開發者、使用者，客戶或與專案有關聯的任何人都可能是。在這方面要面對的一個首要問題是辨別會影響到系統的所有人，通常稱作**利害關係人** (stakeholder)，因為每個人都以不同形式參與專案產出的一部分。

為了說明與專案相關之利害關係人的多樣性，以下考慮在連鎖超級市場各分店導入銀行自動櫃員機網路的情況。圖 2.4 顯示初步勾勒這套系統可能的效應以及受影響的群體。

在這分析中，不是每組群體都受到專案同樣影響，而在某些情況下影響是非常小的，然而，除非等到這樣的分析進行完成，否則要談新資訊系統會有什麼樣的衝擊及程度是不可能的。要進行完整的軟體專案道德面向鑑定方法之一是遵循系統開發衝擊聲明處理 (Software Development Impact Statement process, SoDIS) 規範，並且有 SoDIS 專案稽核軟體工具支援此項規範 (Rogerson & Gotterbarn, 1998)。

受影響的利益關係人	系統的可能結果	對利害關係人影響的情形
銀行行員	現行以人工處理的銀行活動自動化	減少人力需求——重新配置人力或裁員
銀行客戶	更便於取得銀行服務	改進服務
超級市場客戶	更多人使用超級市場的停車場	減少服務項目
銀行股東	更多人受到吸引而使用銀行，因此有更大的商業成果	增加股利
超級市場股東	更多人受到吸引而使用超級市場，因此有更大的商業成果	增加股利
當地市民	更多前往超級市場使用自動櫃員機的路程	增加污染

圖 2.4 銀行自動櫃員機網路可能的利害關係人

2.4.1 專案中的道德議題

任何資訊系統開發道德討論的第一線是職業道德議題。資訊系統專案由於本身的性質對許多軟體的未來使用者以及在某方面受軟體使用影響的人們之生活及工作有深入的影響，其原因如下：首先，資訊系統專案往往是客戶公司的主要投資，花費在這上面的金錢必然無法用在其他值得進行的專案上；第二，資訊系統專案往往關係著重要商業活動的達成方式，因而它們對組織的整體成功或失敗有直接影響；第三，引進或改造資訊系統往往對員工的工作方式，以及與主管、同事和客戶之間的關係造成劇烈變化。考量這些責任，專案團隊成員表現出專業行為是很重要的；在某種程度上，這表示開始意識到行為應該符合專業行事規範，然後接著要遵循它。

舉止合乎道德規範並不只是直率而機械地運用規則，當沒有人的做法似乎完全正確時，我們常常可以發現自己面臨道德困境，但我們必須找到某些基礎來做出決定。當我們的行動在不同方面影響不同的利害關係人時，這將變得更為複雜。

當專案不在個別開發者直接控制之下，將產生一些道德影響。舉例來說，Sachs (1995) 提到了一個「有問題的票務系統」，原想藉由追蹤修繕流程及分配下一步工作給空閒測試員，嘗試改善測試員（電話修護工）工作效率，然而該系統打斷員工之間的非正式溝通，損及他們的效率，而非改善效率。依據 Sachs 的說法，錯誤是起因於沒有對測試員的工作實務發展有足夠的了解，特別是他們之間非正式的溝通方式有助於找出排除困難的障礙問題。不過，個別開發者很少可以自由選擇應該分析哪一方面的情況。

法律規範將資訊系統專案團隊成員帶入進一步的道德層面。在英國，相關法律包括 1998 年資料保護法、1990 年電腦濫用法及 1992 年健康與安全（顯示螢幕）規定等。使用網際網路做為資訊媒介及交換日益增加，同樣帶來跨越國界的糾葛。例子之一是被廣泛報導的「網際網路收養」案例，一對英國夫婦涉嫌收養在美國網站上所廣告的雙胞胎女嬰，英國法庭後來宣判收養不合法，並且將這對雙胞胎送還給美國的生父。當資訊與服務藉由網際網路提供給某國家國民，但服務提供者或資訊內容的主機是設置在其他國家時，會產生許多難以釐清該適用哪些法律的情況。

2.4.2 更廣泛的道德議題

一個和資訊科技與資訊系統相關最長時間的爭辯是在於 IT 與 IS 已經造成全球眾多的失業人口。有些作者聲稱：在可預見的將來，資訊科技的擴散效應是史無前例的，整體失業人口將持續增加而留下難以估計的遊民與窮人 (Rifkin, 1995)；不過其他人則質疑：雖然 IT 的確摧毀某些工作機會（過去十年在英國銀行業有成千上萬的工作流失），但它同時也創造新的工作機會，亦即會在世界經濟被忽視而落後的地方帶

來新的機會。目前這兩者都沒有明確的證據可以證明。

多年來，對於網際網路及已經擁有基礎建設而即將管制大部分內容的大型企業利益的道德爭論，在自由倡議者（亦稱為無政府主義者）間形成浪潮。網際網路的歷史雖然短暫，但網際網路已然成為圍繞著自由存取許多爭論的中心，包括已被廣為關注、再三強調的隨時可傳送色情、政治資料及其他有爭議的內容等的爭議。不過，對許多人而言，這種混亂局面帶來了前所未有、與遍布世界各地志同道合的人在虛擬情境下接觸和溝通的機會。

一個可能接受到更多關注的爭議是在未來數年裡，許多公司使用新的資訊科技應用，來取得大量的個人詳細資訊。舉例而言，在籌備本書初版的同時，南非銀行開始在每天早晨，透過行動電話顯示來通知客戶目前的帳戶餘額；透過監控所有撥出的電話號碼，將之加入銀行中的個人客戶檔案資料；將客戶進行分類，「鼓勵」那些最無利可圖的客戶離開銀行，例如收取較高的服務費用。該銀行表示正在考慮增加可以追蹤客戶每日移動情形的地理資訊系統，以及與網路供應商連結以得知客戶拜訪了哪些網站 (Collins, 1998a)。

存取電腦與電腦化資訊的問題已經造成廣泛影響。關於電腦使用或可取得性，男性是否已經超越女性、中產階級是否超越勞動階級，以及在全球來說富裕北方的人是否超越貧窮南方的人等爭論已經持續多年，有些人甚至認為電腦與網際網路已經開始在世界人口創造新的分界，將各地民眾區分為資訊豐富與資訊貧乏。

今日許多事情改變得如此之快，要確定這些問題在若干年後看似如何是不可能的，但可以確定的是，未來的世代會將此一年代視為一個巨大的轉變。在這樣的年代，我們設計與應用科技的方式所帶來的影響，不可避免地會引發深刻的道德問題。

2.5 失敗的代價

本章討論了許多專案，特別是幾個代價慘重的著名案例（例如倫敦消防局救護車派遣系統 Taurus 及 Boo.com），私人公司普遍被認為不願意接受失敗，因為這反映出整體企業不佳的部分，也許會降低顧客或投資人的信心。基於這個原因，我們都知道顯眼的失敗代表著那只是更大的冰山之一角，但專案失敗的代價不一定只與專案本身問題有關，即便專案因為各種原因不能完全滿足需求、只有部分失敗，仍可能會在其他方面造成許多的費用。

設計不佳或是功能受限的系統會對使用者產生重大影響。如果我們以介面設計為例，一個強迫使用者輸入資料時必須在兩個螢幕間來回切換螢幕配置方式，將會造成些許困擾而增加錯誤率、請病假，甚至較高的人員流動率。每一項都跟成本有關，但難以精確衡量，甚至可能根本不會察覺到；離職員工換新工作時不太會告訴別人他離

開的原因是因為他或她對於設計不佳的電腦系統感到不快。現在許多公司會上網線上銷售，它們的顧客就是使用者，使用者不喜歡網站訂購或購物系統的介面的話，可以很輕易地就投奔到另一個線上零售業者，因為這樣原因流失的客戶可能就永遠失去，而公司不太可能去計算到這項成本。

在決定整體費用時，系統可靠度是十分重要的。回顧先前提過圖 2.2 的汽車保險公司，在電腦系統癱瘓造成許多客戶資料流失，而要求客戶重新寄送個人的詳細資料，這不僅喪失保險公司想要給予客戶的可靠形象，而且毋庸置疑，許多客戶會因而轉換到另一家保險業者，有些甚至會告訴朋友和同事，未來不太樂意使用這家公司的服務。因流失客戶所導致的損失將難以估計，在 Boo.com 的案例中不恰當的實作技術也導致生意徹底失敗。

一些更常見的可能後果整理於圖 2.5。這些後果並不是全部，特別是強調在問題發生之前把事情做對的重要性，而即便我們忽略一些在開發中或今日已經使用的資訊系統應用其道德上的後果，這些依然成立。在第 2.4 節描述的一些道德議題，其整體社會成本也是無法估量的。

雖然，經過我們對於那些運氣不佳（或不夠小心）的前人們走過的死路投入這麼多的關注，這個章節似乎可以畫上休止符，我們還是接著來看兩個先前討論過的失敗，現已經變為成功的故事。

倫敦證券交易所成功地安裝線上股票交易系統，新系統遠比先前的 Taurus 系統簡單許多，雖然不是所有的用戶都對它的功能完全滿意，但它滿足了最基本的需求；它如預期且在預算內於 1997 年 4 月導入 (Philips, 1997)。

倫敦消防局 1997 年也成功地導入新的救護車派遣系統，其前身是在經歷了五年的慘重窘境後報廢，這次專案可以如此成功是因為它引起了世界各地緊急救護服務組織的注意，甚至還在英國計算機學會贏得了令人羨慕的獎項（資訊系統管理菁英團體獎）(Barker, 1998)。

設計面向	例子	立即影響	其他後果
使用者介面	不合邏輯的螢幕畫面設計 難以閱讀的螢幕畫面 毫無幫助的提示訊息	浪費時間 增加挫折感 增加錯誤率	對系統失去信心 增加不舒服感 增加曠職率 提高人員流動率
程式執行	系統反應緩慢	同上	增加作業成本
資料儲存	資料流失 不正確輸出	額外的再次輸入資料工作 額外的檢查輸出工作	減少收入 失去客戶信心 失去銷售業績

圖 2.5　設計不佳造成的一些隱藏成本

我們也可以提醒自己現代資訊系統對我們的生活做出許多正面的貢獻，讓我們可以做到許多前人無法做到的事情，很難想像在今日社會如果沒有了電腦化資訊系統的幫助生活會是什麼樣的情況。因此，我們的目標應該是藉著過去的成功確保日後的資訊系統可以避免問題與失敗，而這也是我們目前所做的。

2.6 總結

在本章，我們從許多不同的觀點來檢視專案失敗的議題，包括使用資訊系統、購買資訊系統及建立資訊系統的人。我們也描繪了某些專案及系統失敗的進一步原因，並且考慮成本及更廣泛的道德議題。

資訊系統的開發失敗為我們上了寶貴的一課。此外，忽略一個難處並不會使它消失不見，反而增加了重複過去錯誤的可能性。所以，儘可能地了解資訊系統開發專案中哪裡會出錯是重要的，能夠避免錯誤又更好。

☑習題

2.1 為什麼使用者、客戶及開發者對於資訊系統開發中問題的現象與成因意見不一？

2.2 資訊系統開發問題的主要潛在成因為何？

2.3 定義何謂品質。

2.4 品質問題與生產力問題的主要差別為何？

2.5 為什麼一旦專案進行後，需求還是會浮動？

2.6 忽略資訊系統的組織背景可能會導致什麼結果？

2.7 定義利害關係人。

2.8 建置一個連結到組織管理資訊系統的線上購物系統，它可能會產生什麼道德議題？

☑案例研究作業、練習與專案

2.A 研讀一些資訊產業雜誌或期刊，並找出最近一些專案失敗或者陷入困境的例子。畫出一個有四欄的表格，標出下列標題：「問題性質」、「誰認為這是問題」、「可能成因」、「Flynn 分類」。將這些專案填入表格，用你的直覺完成第三欄，接著使用 Flynn 的分類法（見圖 2.3）完成第四欄。你認為的成因與 Flynn 的分類結果相較如何？

2.B 英國電腦學會 (British Computer Society, BCS) 為其數千位英國電腦與資訊系統專業人士會員印發行為準則 (Code of Conduct)；在美國，計算機協會 (Association for Computing Machinery, ACM) 及電子電機工程師協會 (Institute of Electrical and Electronic Engineers, IEEE) 也發行類似的準則。世界上包括印度、辛巴威及新加坡等許多其他國家也有類似的國家級職業道德守則。請寫下與開發協助人員分派救護車到支援醫療緊急事件之資訊系統有關的道德議題，並找出你預期會列入資訊系統開發人員職業道德守則的議題清單，接著取得一份 BCS 行為準則（BCS, 2009；如果你是其他國家的讀者，採用最接近的類似文件），比較它與你的議題清單之主要差異。

2.C 寫出全部你認為與緊急救護分派系統有關的利害關係人，他們如何受到的影響？

2.D 檢視你在 2.B 列出的道德議題，找出一個或更多從某位利益關係人的觀點來看會是問題、但從另一位利益關係人的觀點來看卻不是問題的議題。

2.E 找出你的國家在資訊系統開發活動方面所適用的法規，這對於開發人員有何意涵？第 2.4.2 節描述南非銀行的客戶記錄系統在這些法律下是否完全合法？系統有哪些特殊層面讓它在道德上受到質疑？而這又是從誰的觀點來看？

Chapter 3 迎接挑戰

學習目標 在本章中你將學到：
- ☑ 如何因應第 2 章討論過的各項挑戰。
- ☑ 雛型式生命週期及漸增式生命週期。
- ☑ 專案管理的重要性。
- ☑ 使用者如何參與專案。
- ☑ 系統開發中軟體開發工具的角色。

3.1 簡介

要成功地開發資訊系統我們需要針對第 2 章所提的各項挑戰採取因應策略與措施，導致這些挑戰的問題癥結可以用許多方式歸類，我們選擇將它們分為：生產力問題、品質低落問題、安裝與運作問題等類型，這些類型之間並不一定壁壘分明、彼此互斥，也可以加入更多、更廣泛的類型，例如：回應時間不佳可能導致設計或軟體建造時品質問題或者導致安裝不良的結果。圖 3.1 列出了這些問題以及可加以改善的方法，有些解決方案難免是複雜且涉及種種策略與程序問題，在本章中所討論的各種解決方案中有一個共通點就是有效的分析與設計。

資訊系統的成功開發取決於許多因素，這些因素在不同類型開發專案中可能有些變化，我們認為物件導向方法增加了大多數資訊系統開發專案的成功機率。困難的主要來源之一是軟體開發的內部複雜度，在物件導向方法使用了物件導向語言來進行實作，在這樣的方式下複雜度受到控制而有助於解決這個問題；本章暫時不考慮這些較一般的議題，將會在第 4 章後再進行討論。

問題類型	問題	如何降低風險
品質問題	錯誤的問題	策略性資訊系統規劃、企業塑模、系統化方法
	因為錯誤的原因承接專案	策略性資訊系統規劃、企業塑模、系統化方法、雛型法
	忽視了更廣大的影響	系統化方法、需求、雛型法
	功能缺漏或不恰當	
	需求分析不正確	系統化方法、RUP、AUP、EUP
	使用者改變心意	雛型法、使用者參與、RUP、AUP
	外部事件改變環境	
	介面設計不佳	雛型法、使用者參與
	資料輸入方式不當	
	軟體導致作業方式不當	系統化方法、使用者參與
	難以理解的錯誤訊息	使用者參與
	說明訊息毫無助益	
	專案交付前需求變更	系統化方法、RUP、敏捷方法、AUP
安裝與運作問題	安裝不當	系統化方法、測試、部署
	運作不可靠	
	運作方面問題	系統化方法、測試
	回應時間不佳	
	文件紀錄不足阻礙維護工作	系統化方法、軟體開發工具
	對新系統的抗拒	使用者參與
生產力問題	實作不可行	雛型法
	目標不可能達成	
	時間限制	系統化方法、敏捷方法、AUP、DSDM
	需求變動	
	專案控管不當	
	延遲交付	
	無法交出任何系統	管理資訊系統開發、重複使用
	費用透支	
	開發者不熟悉物件導向	管理資訊系統開發、教育訓練

圖 3.1　資訊系統專案失敗的原因與對策

3.2 回應問題

針對第 2 章所界定出的問題,以下將介紹解決方法,其中不同問題有著類似的解決方案將一起討論。本章後段的主軸則圍繞這些解決方案做更深入詳細的討論。

3.2.1 品質問題

品質問題主要可以透過對系統開發採取系統化方法來加以管理,為了便於管理,通常可以劃分為一系列獨立的階段與活動。瀑布式生命週期模式 (waterfall lifecycle model) 即是系統化方法的一個例子,近四十年來仍持續使用中,但它也有許多缺點使得許多公司改採其他方法,這部分我們留待本章後段再做討論。針對瀑布式生命週期內在的難題已經發展出藉由使用者更多的參與及開發過程對需求潛在的變動更加回應的方法來予以克服,現在許多這些方法在開發軟體時採取物件導向的觀念,像是 IBM 的統一過程 (Rational Unified Process, RUP) (IBM, 2009)、敏捷統一過程 (Agile Unified Process, AUP) (Ambler, 2009) 及企業統一過程 (Enterprise Unified Process, EUP) (Ambler et al., 2005) 等皆是近代的軟體開發方法的例子。這些方法的重點與範圍各有不同,舉例來說,EUP 著重的是資訊系統的停用或退場,而 AUP 減少了活動的數量,好讓開發過程中可以在軟體交付之前對使用者需求的變更妥為因應。不同的系統化方法對不同類型資訊系統專案的適用各有不同,然而,對特定方法其適用範圍仍多有爭辯。以下將依序探討每項問題。

錯誤的問題 這類的爭議通常是因為資訊系統並未依據組織策略或目標訂定而產生,了解組織目標的方法之一在資訊系統開發之前先進行**策略資訊系統規劃** (strategic information systems planning),如同第 1 章所討論過的,經營策略決定了資訊系統策略,而後決定了資訊科技策略。資訊系統在某一組織情境下運作必須滿足它現有的需求並對未來可能需要提供基礎,這有助於確保影響層面廣大,對組織影響與文化產生效應而不會被忽視。在 Agate 公司的案例中,可以訂出朝向多國公司進行國際性行銷活動的策略決策就是一個例子,對行銷活動管理及支援性資訊系統均產生後續效果。

策略資訊系統規劃並非針對全部的問題,需要進行一些形式的**業務塑模** (business modelling) 以決定資訊系統可以怎麼支援某一特定商務活動,這對了解活動如何執行以及活動如何對組織目標產生貢獻非常重要。對 Agate 公司來說,行銷活動管理是很重要的一項業務,應該要被塑模以決定它是如何進行,從而提供一些參數用於之後的資訊系統開發。資訊系統必須審慎地了解與分析以符合目標,避免用於錯誤的問題而不自知,這可以藉由確保需求有效地擷取來達成。這些應該在組織目標情境下進行分析。

因為錯誤的原因承接專案　必須了解並遵守組織的目標與策略，確保資訊系統開發專案聚焦其上，以對組織產生益處。有些時候對潛在使用者來說，系統可能會如何運作並不是那麼明顯易懂，針對這個問題，這時候就可以採取雛型法。在軟體開發中雛型是一套系統或一套部分完成的系統，快速建立以探索使用者某些方面的需求，雛型讓使用者在開發過程有機會提早體驗系統某些部分的運作方式，因此它們可以決定是否符合當初的目標。成功雛型的一個關鍵特點是使用者參與了雛型的評估。

忽視了更廣大的影響　在需求擷取階段必須考慮資訊系統即將在什麼情境下運作，然而預見系統將會在特定的工作文化或環境下運作，並不總是那麼容易，如先前所討論過的，雛型法可以讓使用者體驗及影響系統的開發。

需求分析不正確　需求分析不正確會造成對需求的解讀不正確或不完整，結果做出不適當的設計決策而導致所交付的系統無法滿足使用者需求，需求分析不只僅是系統開發過程中的唯一未正確執行會造成負面影響的活動，不正確的需求擷取、設計、實作以及測試也應在此一併考慮。系統化方法整合了這些活動應該如何進行以降低錯誤執行風險提出指引（RUP 或 AUP 就是個例子）。

使用者改變心意、外部事件改變環境　使用者只有在外部事件改變了需求或使用者已經更清楚了解他們的需要因此必須修改需求時才會改變心意，要避免這樣的事情發生是不可能的，但是有機會對專案的負面衝擊降到最低。在專案過程中使用者的持續參與是其中關鍵之一，這勢必在前期必須將雛型納入，至少可以了解系統將會如何運作；雖然這可能只是在不具功能性的介面層次，但模型可以讓使用者更深入洞悉整套系統將會提供哪些功能。採用像是 RUP 或 AUP 等方法也讓開發團隊有更佳的機會有效地對需求變動做出回應。

介面設計不佳　系統介面設計不佳包括了不適當的資料輸入方式、難以理解的錯誤訊息、無用的說明功能以及不當的作業方式等，必須再三強調適當人機介面的重要性，如果介面無法支援使用者以及他們的作業方式，將會明顯降低資訊系統的成功，不佳的介面設計可以藉由採用公認較佳的實務做法（詳見本書第 15 章）以及確保使用者在開發過程中早期參與介面提案的審閱來加以因應，這可以採取雛型法或漸增式開發法或兩者兼採來達成。漸增法目的是在開發過程中較早給予使用者一部分系統功能，逐漸增加所交付開發中系統的份量。

專案交付前需求變更　不佳或不完整的需求擷取是導致專案交付前需求變更的原因之一，如同先前所述，這可以透過採取像是雛型法或漸增法以及有效的使用者參與等系統方法來補救。這特殊的問題也被列為瀑布式生命週期模式的可能後果之一（如圖 3.3），在瀑布式生命週期中每一階段都必須完成並通過客戶的認可才能進到下一階

段,這往往會增加需求擷取到系統交付之間的時間,因而增加了需求變更的機率;這個困難可以透過在開發過程中使用者更廣泛的參與以及更早交付系統新增部分等來加以克服。像是 AUP 等敏捷式開發法藉由聚焦於儘可能地早點開始系統的製作來幫助解決這個問題。

3.2.2　安裝與運作問題

　　安裝與運作 (installation and operation) 相關的問題可能在開發過程導致品質有問題的後果,許多問題會發生是因為沒有充分考慮安裝或操作問題(或皆未考慮),可能是因為沒有擷取到像是回應時間或可靠度目標等非功能性需求,或是所打造的系統無法滿足需求。

安裝不當、運作方面問題　沒有效率或不正確的安裝會導致系統效能低落,例如回應時間過長或其他會讓系統完全無法使用的運作問題,安裝規劃是系統開發整體的一部分,應該考慮部署時的硬體與作業系統平台。成功安裝的關鍵因素之一是檢測系統是否在預先規劃的硬體與軟體平台上正確運作,能夠應付使用者活動尖峰與最大的交易量,這稱為壓力測試,可以藉由建構一套雛型加以安裝來得到安裝所需的最佳參數。系統化方法開發將會將焦點涵蓋部署新系統以及從開發到運轉之間的轉換。

回應時間不佳、運作不可靠　這些問題可以藉由確保系統無論是在開發期間或是完整運轉之前進行徹底的測試,檢測系統達到全部的客戶需求是很重要的。第 6 章將探討需求擷取與記錄來幫助解決此一方面的問題。

文件記錄不足阻礙維護工作　許多電腦資訊系統在實作完成後還需要修改(這稱之為維護),不管是修正問題或是增加新的功能。如果系統沒有完善的文件勢必造成無謂的時間浪費。產生有用文件的有效做法之一是依據系統化方法(例如 RUP)採用軟體開發工具,這可以讓製作適合的文件變得更容易,也更能隨著專案進展保持更新。

對新系統的抗拒　這在某一特定資訊系統解決方案在沒有取得使用者同意或支持卻由管理階層強行實施的情況下會發生,也會在對使用者來說資訊系統看來不適合或不相關時發生。在各種情況中,與當地的管理階層合作來降低當地的敵意是很重要的,這可能會需要使用者參與專案,如此一來,可以找出替代方案,更可被接受或更合適的解決方案,或至少可以更佳地展現所研議的資訊系統其價值。

3.2.3　生產力問題

　　與生產力有關的問題通常牽涉到系統開發所使用的系統化方法,現有軟體或其他已開發成品等元件的重複利用是許多系統開發方法的特點,這連帶地朝向了服務導

向架構邁進，藉由對應用程式提供的軟體元件服務來幫助減少開發的時間與費用。生產力問題也牽涉到所採行的專案管理技術，專案管理技術在本書網站第 22 章將作介紹。

實作不可行　一些專案只有在出現明顯的時間與金錢耗費後才會發現實作並不可行；避免的方式是在專案前期找出困難可能潛藏的地方，並且透過雛型建構來確定實作的可行性，接著可以決定看是改變專案的範圍來讓它得以完成或是取消這個專案。

目標不可能達成、時間限制　對不可能達成的目標持續做為專案目標而不當一回事是最糟糕的因應作為，這會導致延遲交付及使用者不滿意，與專案使用者及主持人開始討論專案在時間限制下交付的困難度會是較佳的做法，看是增加時間與可用資源或是減少需求好讓系統可以在可用的資源下於原本的時限交付；太常增加時間或可用資源並不是可行的選項，因為這會增加成本，或無可用資源，或系統交付時限受限於外部因素是固定無法更動等，需要審慎地與使用者及主持人溝通才從專案中將最不重要的需求忽略，必須如此方能準時交付有用的產品。管理所須達成的需求是許多方法的特點，而在動態系統開發方法 (Dynamic Systems Development Method, DSDM) 有著明確的描述。

需求變動（範圍擴增）　在系統開發過程中潛在使用者發現新需求是很常見的，如果所有的額外需求都納入專案的話，很有可能專案的交期將會延誤或甚至完全停止。額外的新需求必須加以管控，使用者與專案主持人需要知道如果要加入新的需求恐會導致延後專案或成本增加或兩者皆是。像是 DSDM 或 AUP 等敏捷方法對增加新需求提供較大的彈性，但同樣存有潛在的問題。應該加入變更控制的程序來管理需求的變更。

專案控管不當、延遲交付、無法交出任何系統、費用透支　這四個問題是專案管控不當的特徵。電腦化資訊系統的延遲交付可以歸咎於許多因素：可能是專案中需求擷取的不當造成重作系統以致延遲、不當的專案管理或時間控制、未能發現過度宣稱的交付期限、遭遇到意料之外的技術問題等等；延遲交付可能導致費用透支（必須付給開發者更長時間的費用），針對專案延後運轉或克服特定的技術問題加入額外的開發人力，或低估開發資訊系統所需軟體及硬體資源或其運轉時的費用等；可以藉由一些適當的專案管理技術來避免專案控管不當，其中包含了風險識別與管理，而除了好的專案管理之外，也需要遵循適合的系統化方法來進行開發。

開發者不熟悉物件導向　軟體開發已經越來越多採用物件導向方法與技術，現在許多程式語言是物件導向，然而，仍然有眾多的比例是使用非物件導向技術進行開發，也還有不少開發者對物件導向並不熟悉。在使用物件導向進行軟體開發之前，這些開發

者給予適當的訓練甚為重要，如果不這麼做會導致重大的問題，因為這些開發者難免會嘗試以不合乎物件導向的方式使用物件導向開發環境及開發語言，這不僅會推翻使用物件導向的益處，並且會顯著地降低專案成功的可能。

3.3 專案生命週期

先前所討論的解決方案指引有一個共同的主題是當開發資訊系統時需要使用系統化方法，有許多不同的方法但從某些方面來說最多人用的是問題解決法 (problem-solving approach)。圖 3.2 呈現了一般問題解決模式，這是取自 Hicks (1991) 而區分為六個階段：**資料獲取** (Data gathering) 與**重新定義問題** (Problem redefinition) 階段著重了解問題事關哪些，**創意發想** (Finding ideas) 階段試圖找出可以幫助我們更了解問題本質與可能解決方案的想法，**尋找解決方案** (Finding solution) 階段關注於提供問題解法，而**實作** (Implementation) 階段將解決方案付諸實行。這問題解決方法將任務切割為許多子任務，每個子任務有特定的焦點與目的。

資訊系統開發過程可以簡化分為三項主要工作：了解問題、選擇與設計解決方案，以及最後建造出解決方案。還有許多其他細分資訊系統專案的方式，而它們皆包含找出系統應該如何做的分析活動、決定用多好的方式去做的設計活動，以及一些依據設計建立系統的建構過程。涵蓋這些活動的階段有許多不同的名稱，但核心活動仍然相同。

細分開發過程可以更簡單地管理較小的任務，這有助於達到適當的品質標準而讓專案管理與預算控制更容易些。我們已經概略提到從有效管理軟體開發過程可以得到的好處，並且明確地界定不當專案管理會是許多問題的來源。建立軟體系統與建立其他任何人造物有顯著的不同；軟體是無形的，無法加以估量，它的效力難以量測，耐用性也無法評估，而它對實際壓力的負荷能力亦無法估算。當然我們會嘗試尋找（並

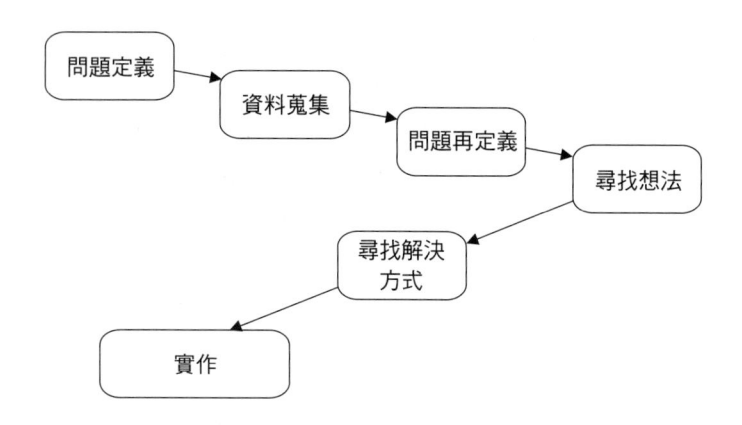

圖 3.2 問題解決模式 (改編自 Hicks, 1991)

且有部分成功）軟體系統衡量指標，以對它的大小、複雜程度、建立所需的資源等做出評斷，但這些衡量指標比起建立實體人造物（例如建築物）的設計與建構更難理解。

3.3.1 瀑布式生命週期模式

有些人認為電腦化資訊系統正如動物一樣，是經由從構思到滅亡的一系列成長階段，許多各式各樣的生命週期模式可以運用在電腦化系統的開發，我們將會探討一些最常用的。

圖 3.3 展示了瀑布式生命週期的一個版本，嚴格說來這不能涵蓋完整的生命週期，因為它缺少了資訊系統的停用或退場階段，或是較其他版本更為完整的生命週期。先前在第 3.2 節我們認識了資訊系統開發重要的前置作業：策略資訊系統規劃與業務塑模，而這也可視為兩個初期階段。成功完成這些活動應能確保所開發的資訊系統對組織是合適的，這些活動可以說是資訊系統開發生命週期的一部分；然而，這些活動的焦點並不是在於電腦化，而是在界定組織需求。主要聚焦於軟體建構的「軟體開發」雖然也涉及了人類使用者與於其上執行的硬體，但與「系統開發」可能會涉及到人、軟體與硬體元素的系統還是有所區隔，這也許是觀點所致。因此，根據定義，軟體開發專案只專注於產出一套可以滿足使用者需求的軟體系統，而嚴格來說，系統開發專案有較廣的範圍甚至軟體可能不包含在解決方案的一部分。

瀑布式生命週期有許多變化版本，例如：Pressman (2009)、Sommerville (2007)

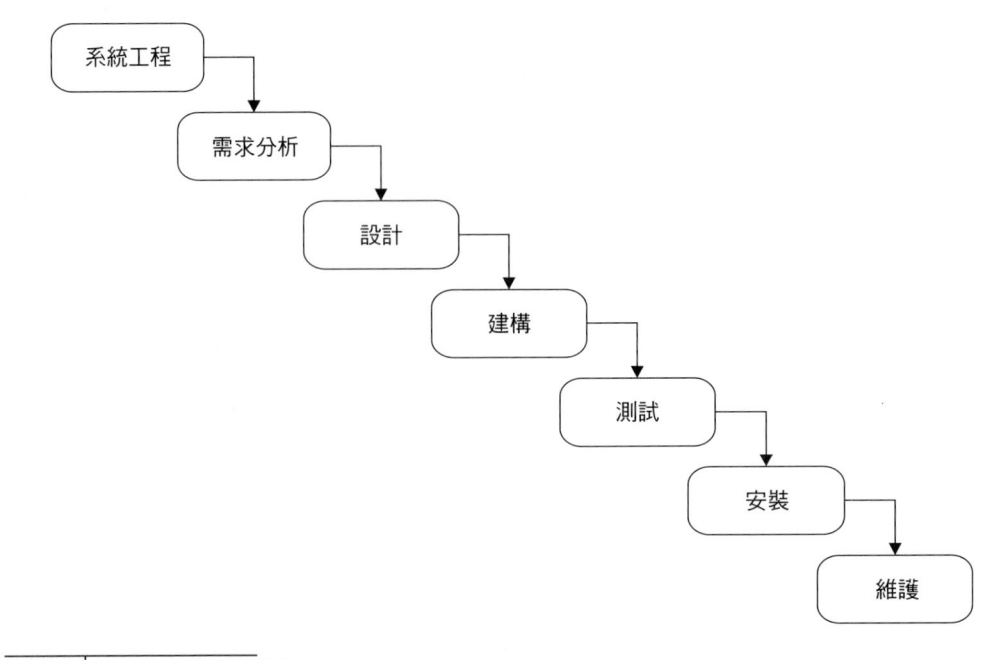

系統工程 → 需求分析 → 設計 → 建構 → 測試 → 安裝 → 維護

圖 3.3 瀑布式生命週期模式

階段	產出物
系統工程	高階架構規格書
需求分析	需求規格書 功能規格書 驗收測試規格書
設計	軟體架構規格書 系統測試規格書 設計規格書 子系統測試規格書 單元測試規格書
建構	撰寫程式碼
測試	單元測試報告書 子系統測試報告書 系統測試報告書 驗收測試報告書 完成系統
安裝	安裝系統
維護	異動申請 異動申請報告書

圖 3.4 生命週期各階段產物 (改編自 Sommerville, 1992)

等,主要不同之處在於階段的數量與名稱,以及其間所安排的活動。使用生命週期模式的好處之一是各階段明確定義了產品或產物;Sommerville (1992) 提出了一系列開發過程中不同階段交付的產出物,如圖 3.4 所示。

這些產出可以用來監控進行活動的生產力及品質。有些階段具有一個以上的產出物,如果我們需要呈現較為精密程度的細節以協助監測與控制專案,可以切割這些階段,讓每個子階段只有單一產出物。從另一方面來說,一個階段也可以視為由一系列活動構成,每個活動具有單一產出物,因而可以個別管理。不同型態的專案及不同風格的組織可能適合不同類型的專案生命週期。當組織著手於系統開發專案時,應該制定系統開發程序的各個階段、相關的產出物,以及使用適合組織背景與已經發展之系統現況的方式之生命週期類型。

如前所述,瀑布式生命週期已使用多年,也遭受了許多批評:

❖ 真實專案鮮少依據如此簡單的循序生命週期。專案階段是重疊的,而且活動可能會重複。
❖ 有些工作必須重複這幾乎是無法避免的,舉例來說,需求分析不足之處可能在設計、建構或測試期間變得更為明顯,因此需要更進一步的需求分析,有些可能重新設計後進一步進行軟體建構與測試。這樣的週期循環重複工作稱之為反覆推展 (iteration)。

❖ 在系統工程初期及最後安裝期間,大部分的時間可能浪費。需求幾乎無可避免地會在這段期間改變,而使用者可能會發現一些在系統中可以滿足昨日需求,卻妨礙今日使用之處。

❖ 在專案過程中客戶需求或科技的變化往往是難以因應的,舉例來說,如果在系統工程時架構已經決定的話,那麼將難以再做改變。在專案已經進行一段時間後,科技的演進可能讓整個系統的不同部分更適合而得以自動化;反之,不太可能將新科技納入而不重新進行許多已經完成的分析與設計工作。

瀑布式生命週期是系統化方法的一個例子,確實提供了系統開發專案一個結構來改善一些於第 2 章探討過的問題,但並不是全部。一個方法的有效性取決於專案的型態以及適用的技術(例如像是資料流塑模等分析技術,於本書網站簡要介紹),瀑布法較適合需求穩定而在開發過程不太可能會改變的專案,較不需要使用者參與也不須在開發過程見到資訊系統交付某些部分(例如漸增或雛型等)。然而,這些是成功開發必須具備的特點,因此許多開發專案已經揚棄瀑布式生命週期,現在採用的方法鼓勵使用者更多的參與、交付漸增部分、反覆推展及可能的雛型等。

3.3.2 雛型法

使用者會發現要去想像他們的需求會怎麼轉換成工作系統是很困難的,當使用瀑布模式時,最終的工作系統是在專案結束時才產生,這樣的方法有個明顯的困難,就是使用者只有在系統交付之後會真正體驗到系統是如何運作的。雛型法克服了需求中許多潛在的誤解與模糊不清之處。

在軟體開發中,雛型是快速建立來探索系統需求中某些面向的一個系統或部分完成的系統,並且不被預期做為最終系統。雛型系統與最終生產系統的不同,在於初期的不完備及較少的彈性。如果在滿足目標之後隨即丟棄雛型,建造具有彈性之雛型的努力將會白費。雛型通常都缺乏完整的功能性。受限於資料處理能力,可能會暴露較差的效能特性,或可能以受限制的品質保證進行開發。雛型開發通常使用快速的開發工具,不過這類工具也可以用在生產系統的開發上。

雛型可能會隨著各種目的而建立,如同第 5 章將介紹的,雛型可以用來探索使用者需求。例如:雛型可能會把焦點放在人機介面,來決定應該呈現何種資料給使用者,以及應該向使用者擷取何種資料。雛型也可能用來探索介面最適合的形式,或用來決定特定的實作平台是否可支援目前的處理需求;也可能用來決定特定語言、資料庫管理系統或通訊基礎建設的效率。雛型法的生命週期如圖 3.5 所示。

準備雛型所需的主要階段如下:

❖ 進行初步分析。

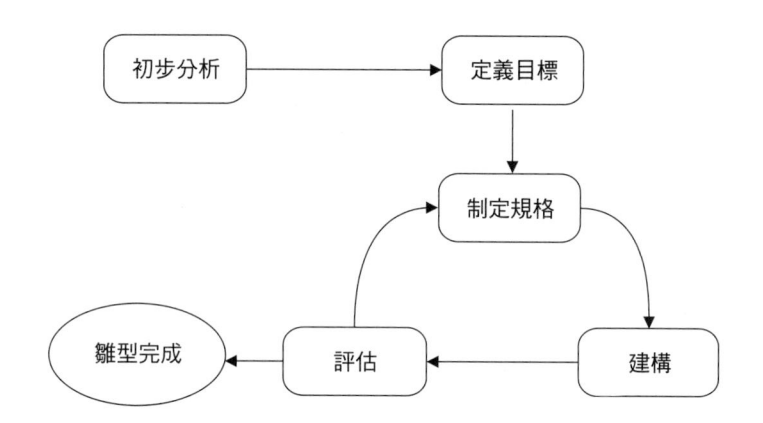

```
                初步分析 ───────► 定義目標
                                      │
                                      ▼
                                   制定規格
                                   ╱     ╲
                                  ╱       ╲
          雛型完成 ◄── 評估 ◄──────── 建構
```

圖 3.5 雛型法生命週期

- ❖ 定義雛型目標。
- ❖ 制定雛型規格。
- ❖ 建構雛型。
- ❖ 評估雛型及建議修正。
- ❖ 如果雛型尚未完整,從制定雛型規格階段重複進行。

更詳盡的說明敘述如下:

⇨ 進行初步分析

所有的軟體開發活動都會運用深具價值的資源。若雛型法中沒有一些初步分析,可能會導致焦點錯誤或非結構化活動,而產生設計不良的軟體。初步分析應該確認資訊系統的整體需求,而讓雛型法得以找出特定面向的需求。

⇨ 定義雛型目標

雛型法應該明確地描述目標。雛型法會涉及許多次反覆,而每次反覆都會對雛型產生一些改善。對雛型法的參與者而言,決定是否值得繼續進行雛型法是困難的。然而,有明確定義的目標應該可以判斷哪些目標是否達成。在大多數的情況下,雛型活動的目標應該得到使用者同意,以消弭對於將會達成哪些功能的誤解。舉例來說,如果雛型用於探索人機介面需求的話,便不應該引導使用者期待得到應用程式的某個部分,如果建立雛型只是用來測試系統在某些技術層面是否能夠運作,那就完全不適合把使用者加進來。

⇨ 制定雛型規格

雖然不期望雛型能夠擴大運作,但將必要的行為具體化仍是很重要的。修改雛型幾乎是可以肯定的,而如果軟體係依據健全的設計原則來建立,將使雛型的修改更為簡單。需要依據雛型的類型選擇適合的規格制定方法,用來制定雛型規格的技術主要

聚焦於測試使用者介面（參閱本書第 15 章）與那些目標是測試系統架構與實作某些技術層面的雛型有所不同（參閱本書第 16 章）。

ᗌ 建構雛型

既然快速開發雛型是一件重要的事，所以非常適合使用快速開發環境，例如：若要對一個互動系統進行雛型化，在 Delphi 或 Visual Basic 等環境下將會最有效率。

ᗌ 評估雛型及建議修正

雛型的目的是測試或探索規劃之系統的某些方面。雛型應該針對實施之初所定義的目標進行評估。若沒有達成目標，則應當為雛型制定修改規格以達成目標。最後三個階段將會一直重複，直到達成雛型實施的目標為止。

雛型法具有下列優點：

- 系統功能的早期展現有助於找出開發者與客戶之間的誤解。
- 找出被忽略的客戶需求。
- 確認介面遭遇的困難。
- 即使雛型尚未完成，系統的彈性及可用性仍可進行測試。

但雛型法也有一些問題，在進行雛型之前，這些問題對於特定專案造成的影響應加以評估：

- 客戶可能認為雛型是最終系統的一部分，因此無法理解產生可運作生產系統所需的努力，而期待系統會迅速完成。
- 雛型可能會將注意力從功能上轉移到僅著重介面問題。
- 雛型需要重要的使用者參與，但這不見得可行。
- 管理雛型生命週期需要謹慎的決策。

雛型法可以做為較大型開發生命週期方法的一部分來避免第 2 章所提到過的一些問題，對一些專案來說，整個生命周期方法使用雛型法是很適合的，舉例來說，如果專案的需求並沒有明確釐清，那麼可以重複進行細部雛型探索，以有效地產出最終系統。

3.3.3 反覆推展與漸增式開發

在目前許多軟體開發方法中，共同的想法是採取反覆推展式生命週期。反覆推展法是由一系列反覆進行的開發活動組成，每次的重複就是一個反覆週期 (iteration)，可以看做是一個有自己產出新或更佳、更完整作品的小型專案。Gilb (1988) 提出成功的大型系統可以從逐漸增長之小型而成功的系統開始，採用漸增式進行一些初步分

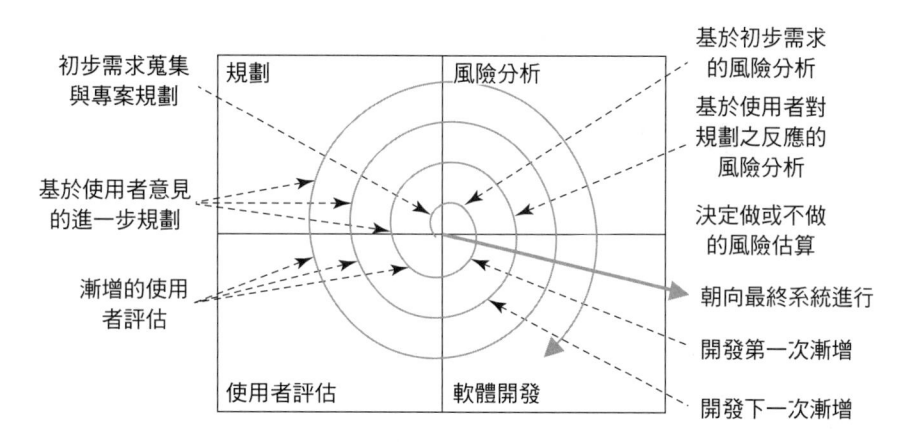

圖 3.6 ｜ 雛型法生命週期 (改編自 Boehm, 1988)

析,可以界定問題範圍並找出主要需求,選擇對客戶最有利的部分來達成需求,將開發與產出的第一次漸增焦點置於其上。每次漸增皆會對開發團隊提供回饋,並且告知後續漸增的發展。Boehm (1988) 的螺旋模型被視為可支援漸增式產出。

圖 3.6 呈現 Boehm 的螺旋模式如何調整以適應漸增式產出,注意在風險分析或開發週期的軟體開發部分可以使用雛型法。

反覆推展式開發過程確實造成漸增式產出,但一些方法只會產生開發團隊內部使用的漸增版本,而不是給客戶的外部版本(例如:需求文件或一些進行中的軟體)。目前眾多方法可以分類為反覆推展式與漸增式,以反映開發過程的反覆推展現象及系統產生的漸增現象。

3.4　方法論

方法論是由系統開發方法、支援此方法的一些技術與圖示法、建構開發過程的生命週期模式以及統一的步驟與哲學所構成,舉例來說,RUP 是一套使用 UML 的物件導向方法,遵循反覆推展式與漸增式生命週期。方法論是採取連貫而一致的系統化方法進行開發,針對資訊系統開發專案採取合適的方法論是將第 2 章所探討過的種種問題最小化的重要因素之一。在本書中我們不擁護特定的方法論,但在物件導向技術基於統合與理論風潮則使用 UML,在此我們採用一些重要的案例來講解方法論如何解決第 2 章中的種種問題。

對開發系統品質的主要影響之一是所採用的軟體開發方法,如果使用的方法不適合特定類型的應用程式,可能會限制製造出來的系統品質。我們相信理論方法的採用應該基於物件導向,物件導向提供以抽象化方式描述真實世界問題使軟體可以有效地開發,資訊系統日益增加的複雜度讓物件導向方法的使用更形重要。物件導向提供概

念架構藉由切割系統為較小、較不複雜的區塊來幫助處理複雜資訊系統的開發，也朝向提供支援程式碼、設計與分析模式再利用等來幫助改善品質與生產力的目標前進。

3.4.1 統一軟體開發過程

統一軟體開發過程 (Unified Software Development Process, USDP) (Jacobson et al., 1999) 起源於 1990 年代，希望產生出單一而通用的物件導向軟體開發理論方法及最佳實例，在訂定統一過程的浪潮中也定義出統一塑模語言 (Unified Modelling Language, UML)，UML將於第 4 章開始做深入介紹。統一軟體開發過程反映了 1990 年代所強調的反覆推展式與漸增式生命週期法的重要，是建立在 Jacobson 等學者 (1992)、Booch (1994) 以及Rumbaugh 等學者 (1991) 所提方法的基礎上，統一軟體開發過程採用了 UML 和許多軟體開發非常好的建議。IBM 公司的統一過程 (Rational Unified Process, RUP) 採用了許多 USDP 內含的實務做法，並且發展與當初Jacobson等人在1999年所制定的規格截然不同。

圖 3.7 說明統一軟體開發過程的開發週期由四個階段構成：

❖ **初始** (inception) 決定專案的範圍與目的。
❖ **細節** (elaboration) 聚焦於需求擷取及決定系統結構。

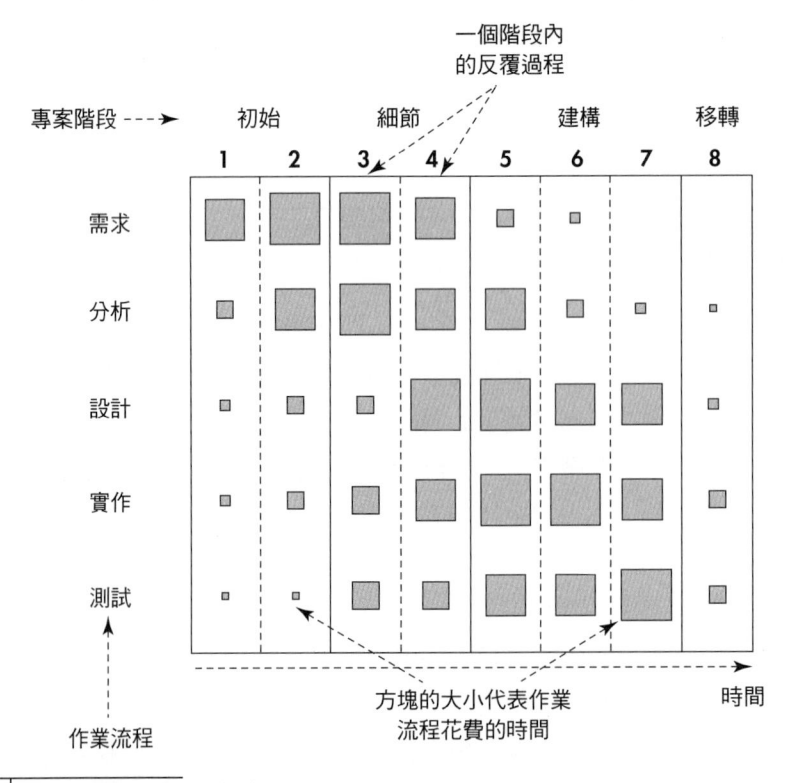

圖 3.7 統一軟體開發過程 (改編自 Jacobson et al., 1999)

- **建構** (construction) 的主要目的在建立軟體系統。
- **移轉** (transition) 處理產品安裝及展示。

開發週期可能由許多反覆推展過程構成。在圖 3.7 中，初始階段有兩個反覆推展過程，而在建構階段有四個，這些純粹只是說明每一階段反覆推展的次數會因專案本質而異。在每個反覆推展過程結束時，產生範圍可能從需求模型元素到系統某部分作業中程式碼不等的新增部分。在統一軟體開發過程中，漸增不一定是附加的，可能是前一次漸增的重複運作版本。

圖 3.7 也解釋一個階段可能會涉及一系列不同的活動或作業流程。這是與瀑布式生命週期不同的地方，其每個階段主要包括單一活動。初始階段可能包括所有作業流程的元素，儘管設計、實作（即建構軟體）及測試的焦點是放在任何必要的探索性雛型上。然而最常見的是，初始階段會涉及需求與分析作業流程。

統一過程 (RUP) 跟統一軟體開發過程 (USDP) 的階段相同，但有更為延伸的工作流程或活動（稱之為 RUP 準則），包括：

- **業務塑模** (business modelling) 著重於了解業務、目前的問題以及可能可以改進的地方
- **需求** (requirements) 描述如何找出與記錄使用者需求
- **分析與設計** (analysis and design) 關注所欲打造的系統其分析與設計模型的建立
- **實作** (Implementation) 負責處理程式碼撰寫與系統建造
- **測試** (tesst) 負責驗證所開發的產品是否滿足原訂的需求
- **部署** (deployment) 處理產品的釋出及交付軟體給終端使用者

這些準則針對圖 3.1 表列的許多問題具體呈現了步驟與技巧，舉例來說，依據「策略資訊系統規劃」進行「業務塑模」有助於確保問題基於正確的原因而修正，「需求」和「分析與設計」為確保有效進行需求擷取提供詳細指引，從而進行全面而詳盡的分析與設計。

「測試」準則包括了可靠度測試、功能性測試、應用程式效能與系統效能等，每一項都對系統運作效益大有助益；「部署」準則對系統的軟體安裝與運作好滿足使用者需求提供指引與技巧。

還有三項支持性準則：「組態管理」、「專案管理」與「環境」。這些活動對於控制與管理開發專案提供指引與建議，將於第 3.5 節討論。

RUP 的延伸版是企業統一過程 (Enterprise Unified Process, EUP)，在移轉之後納入了兩個額外的階段：「作業」與「退場」。**作業** (production) 是著重資訊系統運作期間的各項操作，**退場** (retirement) 則在系統不再被認為有用時將其退役。

3.4.2 敏捷方法

2001 年 2 月,一群軟體開發者以及方法論學者舉行會議並且產生了**敏捷** (Agile) 軟體開發宣言,它們的目標是引進不那麼繁瑣、不那麼注重文件而要更注重使用者互動,並且較現行重量型方法更早交付進行中軟體的方法,這份宣言完整列於圖 3.8。在這份宣言中提到了客戶合作優先於合約談判,意味著採取新形式的客戶關係來回應在軟體開發過程中的需求改變,這反而強調強力客戶或使用者參與的關鍵重要性。

1980 和 1990 年代一些方法論以及瀑布式生命週期都有包括無法回應改變以及分析與設計的官僚方法(亦即過於重視文件)等問題,統一軟體開發過程 (USDP) 和統一過程 (RUP) 也有些開發者認為要求太多文件以及太過官僚,為了克服這些問題,反覆小幅推展方法應運而生,通常適用於小型到中型的企業資訊系統,因其它們在專案生命期間的需求改變是可以預估的。極限程式設計 (Extreme Programming, XP) 是這類方法的早期例子 (Beck, 2004),極限程式設計不強調早期分析與設計的文件化,是一種反覆而漸增的方法,是現在稱為敏捷 (Agile) 的輕量型理論方法例子之一。敏捷方法的基本特點之一,是允許使用者需求在開發期間改變,而這勢必要適應開發流程;動態系統開發方法 (Dynamic System Development Method, DSDM) 被視為敏捷方法的另一個例子 (Fowler, 2004)。

統一過程 (RUP) 也可採敏捷方法進行 (Pollice, 2001),敏捷統一過程 (Agile Unified Process, AUP) 是統一過程的精簡版 (Ambler, 2009),而且如同它字面上的意思是被視為敏捷方法的一種。敏捷統一過程在某些部分與 RUP(以及 USDP)相同,但結合了業務塑模、需求、分析與設計於單一領域,稱之為模型;基本統一過程 (Essential Unified Process, EssUP) 則更進一步簡化 AUP。這些敏捷方法的目的是解決在圖 3.1 所列出的品質問題,以及採用輕量型方法的種種生產力問題。

在許多方面,敏捷方法與以瀑布式生命週期為基礎的方法論相反,瀑布式假設需

敏捷軟體開發宣言

藉由開發軟體及幫助其他人開發軟體,我們發現更好的軟體開發方式。
藉由這樣的工作,我們得知:

個人及互動勝過流程與工具
可用的軟體勝過完整的文件
與客戶合作勝過合約談判
回應改變勝過遵循計畫

也就是說,當右邊的項目具有價值,我們則在左邊賦予更多價值。

圖 3.8 敏捷軟體開發宣言

求較為固定，在軟體開發期間每個專案的需求程度皆不同，認為目前使用的方法應該能夠應付這種程度的改變是合理的。但是，必須了解有效的需求擷取、文件化、分析與設計等重要性與專案規模大小無關。學者 Boehm (2002) 區分以計畫為基礎的方法與敏捷方法的不同，並認為兩者各有價值（正如人們可能會預期每個敏捷方法論對於專案中早期規劃的重視程度均不同）。系統要可靠地傳達被認可的需求，表示規劃、有效的分析及伴隨適當文件化的設計在軟體開發上扮演重要角色。敏捷方法一個可能的批評是它們極度仰賴開發團隊的經驗與能力，像是 RUP（AUP 可能也算）等方法藉由提供關於要產生什麼成品、要遵循哪些程序以及需要哪些專案角色等更為詳盡的指引來克服這項問題。

3.5 資訊系統開發的管理

好的管理可以讓資訊系統開發專案降低許多包括了需求變動、延遲交付，以及費用透支等問題發生的可能性，舉例來說，統一過程 (RUP) 的三項支援規範就可以幫助管理開發專案：

- **組態管理** (configuration management) 是牽涉到文件及半成品的版本控制，以及變更要求的管理。
- **專案管理** (project management) 在專案整體各個面向以及每個階段反覆推展的細節進行規劃與控制。
- **環境** (environment) 則關注開發過程的種種調整，確保專案及其支援工具確實適合這個專案。

針對需求變動的問題，組態管理藉由在過程中對變更要求加以管理與控制，這可以確保在開發期間潛在的需求變動對交付時程與專案成本衝擊是經過檢驗的，接著方能與專案主持人討論變更帶來的好處是否大於延誤或成本透支。

有效的專案管理是確保專案依時程進行並且成本在控制範圍內不可或缺的一環，在統一過程 (RUP) 方法中，專案管理領域著重在專案整體與每個階段反覆推展的規劃，也包括了了解專案進展情形的專案監督，以及找出任何風險並採取因應行動的風險管理。這是專案管理比較狹隘的觀點，進一步來看，對於人力與工作分派等人力資源的管理、不同工作項目與活動間的資源分配，甚或支援開發所需的軟硬體合約等都是不可或缺的，而管理客戶關係也非常重要。有一些方法涵蓋了這些專案管理活動若干面向，不管分類方式如何，人力資源管理、預算管理及合約管理等對專案的成功甚為重要。

3.5.1 反覆推展生命週期

反覆推展生命週期 (iterative lifecycle) 是許多現代系統開發方法（例如 RUP）的基礎，提供下列幾項優點：

❖ 風險減緩。
❖ 變動管理。
❖ 團隊學習。
❖ 品質改善。

❧ 風險減緩

反覆推展的過程確保可以在專案早期找出潛藏的風險與問題，早期在此強調的是架構及建造、測試、部屬等活動的細節，早點啟動可以有機會找出技術問題並且採取行動以降低衝擊，子系統早點進行整合降低了在最後一刻才發現讓人不快的意外而必須廢棄的風險。

❧ 變動管理

使用者需求在專案過程中常會變動，通常是因為不確定他們想要的是什麼，直到專案進展到某個程度而使用者看見一些成果才發覺。有時稱為最後的這個時間點為 IKIWISI（當我看到的時候就會知道了，原文為：I'll Know It When I See It）。在瀑布模式生命週期中，需求改變是個大問題，而在反覆推展生命週期中則預期直到專案後期仍會有一些需求活動持續進行，這讓因應變動變得容易些，也得以在專案過程中修正關於技術方面的決定，像是在專案過程裡幾乎確定會變更的硬體與軟體。

❧ 團隊學習

包括負責測試及部署等團隊成員從專案開始即參與，這讓成員們更容易知道及了解需求與解決方案，而不會突然提出全新而且不熟悉的系統，也可以使開發者還在進行系統某一層面時即先發現培訓需求並提供訓練。

❧ 品質改善

成品測試可以較早開始且在整個專案中持續進行，這有助於避免在最後進行全部測試時才發現大問題而只剩些許時間可以解決已知錯誤的窘境。

成功的管理軟體開發專案是成功的基礎。

3.6 使用者參與

在整個專案過程中，使用者持續及有效的參與是專案力求成功的重要關鍵。傳統

瀑布式生命週期較少要求使用者全程參與整個專案，因而較少隨著使用者的需求變化而變動。雛型法通常依靠使用者的持續參與及其本身性質來鼓勵使用者參與。然而，要確保使用者有足夠的時間有效地扮演他們的角色。在雛型法中，雛型的評估需要使用者的大量時間。

使用者可以參與專案的不同層次，並且扮演不同角色。有些軟體開發方法（例如動態系統開發方法）是讓使用者直接參與開發團隊，以獲得影響專案進行的機會，也許是藉由找出困難處及建議更容易接受的方案。很重要的是，對於專案方向有相當影響力的使用者應該了解組織需求及同儕使用者所需。如果使用者被視為專案團隊成員，而且真正獲得授權代表組織並在明確定義的作業參數下做出決策，則使用者的直接參與更有可能成功，因為他們開始將自己視為團員，而非只是使用者代表。然而，使用者成為專案團隊成員總是存在某種風險。克服這種風險的方式之一是讓一群使用者輪流進入開發團隊，但這會導致不連貫性。因此，一種更讓人滿意的方式是界定每個活動，讓使用者團隊成員可以在合理的短暫時間內完成，像是三個月內。

另一個極端是那些在專案中只參與事實蒐集的使用者。這類使用者可能提供與目前作業實務有關的資訊，但是對新系統的設計只有些許或沒有任何影響力。在這種情況下，使用者可能對專案感到擔心，並且憂慮會對工作造成影響。這可能會讓他們不願合作，新系統安裝後的操作意願也會降低。

即使當使用者並未受邀參與專案團隊，仍然可以藉由協調方式鼓勵有效參與。設定程序讓使用者可以檢視目前某些方面的系統開發，提供回饋意見，提出他們對於系統的觀點，接著也能看到專案團隊對於這些回饋意見的回應。在某些情況下，需求擷取工作的很大一部分可以下放給使用者。只要滿足所制定的需求，他們可能會對所交付的系統感受到強烈的親和力。

無論使用者參與專案的形式為何，重要的是要小心解釋他們的角色並給予訓練。一些大型組織已經在訓練使用者，讓他們了解系統開發者所使用的專業術語及模型。此外，必須給予使用者時間去參與。如果使用者只有午休時間才能進行，則我們不能期待使用者會有效地檢視需求文件。

利用各種方式選擇參與系統開發專案的使用者，也可以由管理階層指定最適合的代表或由同儕間推選。不論是哪一種情況，選出的使用者必須能真正代表使用者觀點。

對於專案中角色與責任的劃分責任一個很有效的做法是責任分配矩陣 (responsibility assignment matrix, RAM)，通常在矩陣左手邊的直欄列出任務或交付項目，而在上方的橫列列出各個角色。其中，角色與專案團隊中的個人應該加以區別；某個特定角色是可以由許多人來進行，一個人也可能扮演許多角色。RACI 矩陣是負責、當責、諮詢與通知四個不同責任程度的縮寫，是責任分配矩陣的一種形式，圖 3.9 即是

角色 交付	專案主持人	專案經理	應用程式開發	分析師	使用者代表	開發經理
專案啟動文件	A	R	I	C	C	C
專案計畫	C	A	C	C	C	C
使用案例圖	C	A	I	R	C	C
優先需求清單	A	I	I	R	C	C
軟體開發進展	I	I	R	C	I	A

Key：R-負責
　　　A-當責
　　　C-諮詢
　　　I-告知

圖 3.9 ｜ RACI 矩陣

RACI 矩陣一個簡單的例子，圖 3.9 例子裡矩陣中所指派的各種責任程度列出如下：

- ❖ **負責** (responsible)：這個角色負責任務的執行工作或生產出可交付的成品，例如：應用程式開發角色持續增進打造軟體。【譯註：負責執行。】
- ❖ **當責** (accountable)：這個角色對任務的完成或成品的生產負完全的成敗責任，每個任務或成品只會有一個當責角色。舉例來說，專案主持人是專案啟動文件的當責人，必須確保專案經理完成這份文件。【譯註：負責成敗。】
- ❖ **諮詢** (consulted)：可以提供意見、諮詢的人，例如：可以就使用案例圖 (Use Case Model) 諮詢使用者代表。
- ❖ **告知** (informed)：進展需要持續更新讓這個角色知道，例如：關於軟體開發每次的增進必須告知使用者代表。

3.7　軟體開發工具

電腦輔助軟體工程 (Computer Aided Software Engineering, CASE) 工具在 1980 年代中期開始廣泛使用，現在對許多軟體開發者必須進行的工作提供支援，CASE 最廣泛的定義包括了任何技術、行政或管理上軟體開發層面的軟體應用工具。軟體開發工具的範圍從發展分析與設計模型（通常是以圖的形式呈現）的塑模工具、撰寫程式碼的開發環境，到專案管理工具均涵蓋其中，現在的軟體開發工具還提供了日益廣泛的功能並且大範圍的涵蓋生命週期大部分活動，主要特點將於本節依序討論。

3.7.1　模型與技術支援

支援塑模的軟體開發工具提供繪圖及準備其他模型的能力，許多軟體開發工具提供對像是 UML 等圖示符號標準的支援，這些工具通常提供了許多功能，包括：

- ❖ 語句正確性檢查。
- ❖ 儲存庫支援。
- ❖ 一致性及完整性檢查。
- ❖ 點選圖或模型的連結瀏覽。
- ❖ 分層。
- ❖ 可追蹤性。
- ❖ 產生報告。
- ❖ 系統模擬。
- ❖ 效能分析。

這些功能依序描述如下：

語句正確性

軟體開發工具檢查圖形中是否正確使用圖示符號，以及是否以允許的方式連接。這能確保使用的是正確的字彙，但不保證具有意義或能表達出客戶需求。

儲存庫

儲存庫可能包含圖形、圖形的說明，以及系統中所有元素的規格書，有些軟體廠商會使用「百科全書」一詞，而非儲存庫。

一致性及完整性

大部分的軟體開發工具支援各種圖形化模型，以捕捉系統不同的面向。由於全部都與相同的系統有關，所以很重要的是，任何一個出現在許多圖形或模型（也許來自不同觀點的看法）的元素應該保持一致。大部分的分析和設計方法規定某些圖形必須完成，而且與那些圖形有關的元素應該全部記錄在儲存庫中。任何具有相當規模的系統，以人工檢查一致性及完整性皆是非常繁重、耗時且可能出錯的工作。良好的軟體開發工具能夠在幾秒鐘內檢查大型模型的一致性及完整性，並且能將任何不一致及遺漏的完整報告提供給開發者。

點選圖的連結瀏覽

複雜系統可能需要許多圖形化模型來描述其需求及設計。要讓軟體開發工具變得可用，連結圖間的簡易引導是不可或缺的。例如，在某抽象化程度元件上連續點擊兩次，可能會自動打開描述程度更詳盡的圖。此外，能夠直接從包含特定元素的觀點移動到包含同一元素的另一個觀點，也很有幫助。

分層

任何具有規模的資訊系統在本質上都是複雜的，所有元件間的關係不可能在單一

圖上呈現。正如同地圖是以不同比例、不同詳細程度繪製，系統模型也以各種抽象化程度產生。高階的圖示展示出子系統等大型元件間的關係，較低階的抽象化圖示則詳細地描述特定元件的元素。為了處理複雜性，我們將系統切割為容易管理的區塊，並且分層加以連結。良好的軟體開發工具提供將系統模型以不同抽象化程度分層的能力。之前討論過的一致性與完整性檢查，也應確認同一個元素在不同抽象化程度的表示是一致的。

↳ 可追蹤性

資訊系統開發過程中建立的大部分元素是來自於其他元素，而它們之間的聯繫應該加以維持。它必須能夠從儲存庫描述特定需求的輸入，追蹤到提供滿足此一需求之功能性程式碼。假如需求改變，若可以快速找出所有實作那些需求的程式碼，則維護活動將會簡單得多。我們應該能夠從所有來自分析文件的需求，經由設計文件追蹤到實作的程式碼。這個功能稱為需求可追蹤性。

↳ 產生報告

複雜的系統涉及到塑模許多元素。藉由確保開發者可容易地以適當格式獲得系統的模型資訊，完整報告能力改善了軟體開發工具的可用性。事實上，如果軟體開發工具無法立即提供所保存的專案資訊，不管在其他方面多有效用，用處仍然有限。

↳ 系統模擬

若軟體開發工具植入某一應用程式的模型，應該可以模擬某些方面的系統行為。例如：系統應該如何回應特定事件？有些軟體開發工具可以讓軟體開發者驗證設計決策的結果，而不需要真的建立這套軟體。

↳ 效能分析

系統的效能是成功與否的重要因素。例如，支援直接處理客戶詢問之工作人員的系統，必須快速回應某些產品是否存有現貨，如果客戶等待過久，可能會導致業績流失。在多工處理器上採用複雜通訊基礎建設的應用程式，其效能分析特別困難；有些軟體開發工具提供進行「若……則……分析」(What if analysis) 來檢驗替代實作架構的影響。

3.7.2　軟體建構

軟體開發工具可以提供一系列功能來支援軟體的建構及維護，包括程式碼產生器及維護工具。

↳ 程式碼產生器

對開發者而言，直接從設計模型產生程式碼的能力具有重大優勢，原因如下。第

一,可運作的系統或許可以更快產生;第二,當程式碼自動化產生時,可以大幅除去錯誤的來源而與設計一致;第三,當需求改變時,對於設計文件後續的改變可以由自動程式碼產生器來進行。如果應用程式邏輯完整且精確地在設計模型中定義,產生完整的程式碼是可能的。如果設計模型包含詳細的操作規格書(定義了系統將有哪些功能),則可能可以產生程式碼架構,讓後續程式碼附加其上。為了減少設計模型所需的詳細程度,程式碼產生器能做出某些關於執行情況的假設。對於許多不同語言及開發環境,皆有程式碼產生器,而且這些產生器可能具有產生大型商業資料庫管理系統之資料庫綱要的能力。

維護工具

軟體維護是一個重要的議題。所有系統都可能隨著企業變革而改變,也可能會因應法規而做修正。今日有各式各樣的工具來協助系統維護。對於某些程式語言來說,反向工程工具也能從程式碼產生設計文件(但如果程式碼結構不佳,產生的設計文件可能作用不大)。此外,也有一些工具可以分析程式碼,並找出那些最可能需要修改的部分。

3.7.3 使用軟體開發工具的優點與困難

軟體開發工具對開發活動帶來許多好處,它們協助將專案使用的標記法及圖形化標準進行標準化,而這有助於團隊成員間的溝通。它們可以在由分析師與設計師製作之模型的許多品質面向上進行自動化檢查。軟體開發工具產生報告的能力,減少了分析師與設計師在檢索系統上資料所需耗費的時間與精力。當軟體開發工具可以自動產生程式碼,就能進一步減少產生最終系統所需的時間與精力。最後,模型的電子化儲存庫對於模型或模型元件,或對於相似分析或設計問題專案的元件重複利用,是不可或缺的。

就像任何其他科技一樣,軟體開發工具也有缺點,包括所提供文件彈性上的限制。然而,有些軟體開發工具包含制定及修改文件範本,來適應特定報告需求的能力。這種開發方法也受限於必須以特定方式進行,以滿足軟體開發工具的能力。軟體開發工具能檢查所有模型的一致性、完整性及語句正確性等功能反而可能造成危險,開發者可能會因為他們看到的模型在各個條件下都是正確的,因此做出了不正確的假設,因此軟體開發工具必須與使用者需求密切相關。此外,也有某些成本附加於軟體開發工具的安裝上。撇開軟體與手冊的費用,對於預期會使用 CASE 工具的開發者之額外訓練,可能也有可觀的開銷。

整體來說,軟體開發工具可以對軟體開發活動提供有用且有效的支援,但需要適當的管理,以避免任何破壞性的副作用。

3.8 總結

　　我們已經探討如何避免在資訊系統開發過程中經常出現的問題，也探討了一些策略。生命週期模型為開發過程提供結構與管理上的平衡。使用者參與對於確保相關性及符合所完成系統的目的相當關鍵。更進一步來說，如果規劃系統的所有權人在開發過程能有效參與，將可以減少許多安裝過程中遭遇的困難。物件導向對於涉入軟體開發活動的塑模需求提供完善的支持。資訊系統開發有著一系列的方法論演進，而符合專案及組織需求的最適合方法是成功的關鍵因素。最後，我們探討了能夠支援軟體開發者的軟體開發工具其重要性。

☑ 習題

3.1 傳統瀑布式生命週期有何優點？
3.2 傳統瀑布式生命週期有何缺點？
3.3 你在習題 3.2 所列的缺點應如何克服？
3.4 何謂雛型法？
3.5 雛型法與漸增式開發有何不同？
3.6 在資訊系統開發活動中，使用者的參與方式有何不同？其中可能的問題各為何？
3.7 如何區別「語句正確性」、「一致性」及「完整性」？
3.8 何謂需求可追蹤性？
3.9 對圖形而言，為什麼語句正確性、一致性及完整性是不足的？
3.10 儲存庫的目的為何？

☑ 案例研究作業、練習與專案

3.A 針對你所熟悉的 CASE 工具，探索並批判性地評估其所提供的一致性及完整性檢核能力。
3.B 針對你所熟悉的 CASE 工具，探索並批判性地評估其系統生成能力。
3.C 從圖書館找尋三份與本章未討論的生命週期模型之參考資料，簡短地審視每一個生命週期模型。
3.D 研究至少一個敏捷方法，並探索其對大型資訊系統開發的能力。

Chapter 4

何謂物件導向？

學習目標 　在本章中你將學到：
☑ 物件導向的基本概念。
☑ 物件導向方法的評價。
☑ 物件導向如何運用於實務。

4.1 簡介

　　物件導向是能夠幫助避免許多問題與隱憂的系統開發方法，這在前面章節介紹過；在本章，我們藉由說明其主要觀念來對了解物件導向方法奠定基礎。如同字面上所看到的，最重要的觀念是物件，使用物件是一個發展電腦程式特別的方法，在物件導向程式中，資料是與其相關作用的動作（函數）封裝（或結合）在一起，這是與其他大部分較早期程式語言架構根本上的不同，過去往往強調資料與函數分離。物件也是分析與設計中最小的概念單元，因此相同的概念單元串連了分析到設計與實作，這比任何其他事情重要，這讓物件導向專案得以採取反覆推展生命週期。

　　最重要的觀念除了物件本身之外，還有類別、實例、一般化與特殊化、封裝、資訊隱藏、訊息傳遞與多型。本章我們將解說物件導向系統的各個部分，以及它們如何從系統中獨立的某一部分其變化造成的效應透過訊息傳遞傳到另一部分，這大多可以歸結為藉由維持子系統間介面儘可能簡單來控制系統整體的複雜性。可以使用實務以及類似案例來說明其之所以合適的理論觀點。即使經驗豐富的開發者在剛接觸物件導

向時，有時也會難以轉換，在可以有效運用物件導向技術之前，你需要穩穩把握這些基本觀念。

4.2　基本觀念

本節最重要的觀念著重在**物件** (object) 本身，而這是我們第一次注意到它。本節所討論的其他觀念彼此都強烈相關，而且對了解物件互動方式及它們對於資訊系統的重要性有所助益。

4.2.1　物件

在 Coad 與 Yourdon (1990) 所著有關物件導向分析與設計的書裡，對「物件」定義如下：

> 物件將問題領域的某些事物抽**象化** (abstraction)，反映系統所存自身資訊、其間互動或兩者兼具的能力。

抽象化在此情境下意味著從特定觀點僅呈現重要或感興趣的形式，地圖就是一個抽象化表示常見的例子，沒有一份地圖會將所涵蓋地域的每個細節一一呈現。（除非它和該地域一樣大，並且以相近材料製成，否則在任何情況下都不可能！）地圖的預期目的是引導選擇想要呈現及隱藏的細節。道路地圖關注在呈現道路及地點，並且忽略對導航沒有幫助的地標特徵。地理地圖呈現岩層及其他地層，但通常忽略城鎮與道路。不同投影圖及比例尺也用來強調地域的某個部分或某些特別顯著的特徵。每一份地圖就是一種抽象化，部分來說，是因為它所顯露（或強調）的相關特徵，也因為它隱藏（或降低重要性）不相關的特徵。物件也以非常相似的方式進行抽象化。某一物件只呈現被認為與目前目的相關的特徵，並且隱藏不相關的部分。

Coad 與 Yourdon 指的系統即是後來提出的物件導向軟體系統，當時仍在發展當中，然而，我們應該注意還牽涉到其他的系統，特別是人類活動系統，在可以明確訂定一套適合的軟體系統之前我們必須了解此點。物件用於需求與分析工作流程，以對應用領域（基本上是人類活動系統的一部分）所了解到的部分加以塑模；物件也在設計與實作工作流程中被認為可以做為軟體系統預期結果的模型（而非只是其中一部分）。這些目的有所不同，我們需要釐清關於其潛藏意義。

Rumbaugh 等學者 (1991) 明確辨別這雙重目的：

> 我們將物件定義為一種有乾淨俐落的邊界，並且對於手邊問題具有特定意義的概念、抽象化或事物。物件有兩個目的：促進了解真實世界，以及為電腦實作提供實踐基礎。

在 Agate 案例研究中，有一個概念是「廣告活動」(campaign)。雖然它非常重要，但「廣告活動」一詞是隱晦而難以精確定義的，而且是客戶（例如 Yellow Partridge 珠寶公司）、會計經理、一些其他工作人員、某些廣告商，以及各式各樣即將產生廣告之組成元件間的關係。

將人、組織與像是契約、銷售或協議等事務之間的關係加以塑模往往是必要的，雖然關係是無法看到的，但其中一些關係是長期持續而且對人與其他事物在特定應用領域間如何作為有複雜的影響。

讓我們來看一個簡單的例子。想像你在當地一家超級市場購買一支牙膏，某個層面來看，這是一筆銷售，一場以金錢換取物品的交易；而從較深層次，你可以進入商店與製造商之間的複雜關係，這可能取決於某些因素，例如保固期可能會因為購買的所在國家而有差異，且這筆銷售可能會增加你的會員卡點數，或者包裝中會提供下次購買的扣抵折價券，或是附上活動入場券。假如發現這支牙膏有些不對勁，你可以申請退貨或換貨，甚至會為了受到的損害控告商店。重點是，我們不可能在不清楚這些可能銷售結果的情況下，對此商務有適當的了解。在此，真實世界的「銷售」幾乎必然會塑模為系統中的一個物件。

從完全抽象化的層次來看，當選擇希望塑模的物件時，我們必須問：「這是哪種類型的地圖？應該呈現哪些細節？哪些應該隱藏？」而事實上，這個層級相當於地圖繪製者。在真實世界裡，全部物件的共通特徵可能是：它們都存在。然而在模型或資訊系統中，所有物件與其他物件有著某些相似性，Booch 在報告中宣稱物件「有著狀態、行為及辨識性」(Booch, 1994)。在這裡「辨識性」簡單地指的是每個物件都是獨一無二的，而「狀態」與「行為」兩者密切相關。「狀態」代表物件在特定時間點的情況，也就是物件的狀態將決定對特定事件進行何種行為或行動予以回應。對軟體物件來說，「狀態」是物件資料值（廣義解釋包含它與其他物件的連結）的總和，而「行為」代表物件可以對事件採取回應行動的方式。由物件的狀態決定哪些操作可用，但一般來說物件只能藉由改變其資料或送出訊息給其他物件來進行動作。軟體物件的許多「行為」將會導致其狀態改變，但不是全部。

圖 4.1 列出一個人、一件襯衫、一次銷售及一瓶番茄醬的某些特性。假如希望將這些塑模為物件，我們可以定義出一些足以分辨的辨識性、行為與狀態（但注意，這

物件	辨識性	行為	狀態
一個人	胡姍‧波斐	說話、行走、閱讀	研習中、休息中、合格的
一件襯衫	我最喜歡的領扣厚棉白襯衫	縮水、髒污、撕裂	熨過、髒的、穿過
一次銷售	銷售編號 0015，2010/02/15	獲取會員點數	開立發票、銷帳
一瓶番茄醬	這是一瓶番茄醬	運送中摔落	未售出、已開封、空的

圖 4.1 一些物件的特性

些只是用來講解，不表示任何特定系統觀點）。

領域物件與軟體物件之間的相似程度可能過度誇大，雖然軟體物件有時被當做刺激物件在真實世界領域中所代表的行為，領域物件通常並不會完全以它們被塑模時的方式作動。舉例來說，一瓶番茄醬並不會真的「儲存」關於它內容物或情況的資料，也不會在淋出時「更新」這些資料。然而，當目標是了解它，且可能開發一套幫助人類在該領域工作的資訊系統時，對領域塑模是很有用的方式。

在一些教科書〔例如 Wirfs-Brock 等人 (1990)〕中，審慎地將物件特徵化，猶如每一個物件都是人類一般，並根據下列三個問題的答案定義它在系統中的角色：

- ❖ 我是誰？
- ❖ 我可以做什麼？
- ❖ 我知道些什麼？

物件的責任與其知識這樣的觀點是類別—責任—合作 (Class-Responsibility-Collaboration, CRC) 技術的基礎，CRC 技術我們將在第 7 章加以介紹。

4.2.2 類別與物件

類別 (class) 是描述一群以相似方式制定規格的物件之一種概念，在此我們說物件是資訊系統（不管是模型或軟體成品）中的抽象化，而不是這些物件在現實世界所代表的。

同一類別全部的物件就其特點、語義與限制有著共通的規格。（在一般用法，語義關係到字詞或符號的意義，但對電腦科學家通常指的是可以程式語言執行的操作其正規數學表示法，在此它可以粗略地視為物件的行為，或是換一種方式，在應用領域中作業的人指派予某事物其所代表的意義。）這並不真的意味某類別的所有物件在每個層面都是一樣的，但確實表示它們的規格一致。彼此之間特別相似的物件可以歸屬於同一類別；換句話說，類別是這些物件間特定之邏輯相似性的抽象描述者。

類別的概念起源於物件導向程式設計，舉例來說，在 Java 程式中，類別扮演一種模板，需要時可用來建立個別物件。（這並不是事情的全貌，而軟體類別也可以做其他此處不需關心的事情。）

單一物件也稱作**實例** (instance)，帶有物件所屬類別的涵義，每個物件都是某類別的一個實例。

圖 4.2 呈現一些可以在 Agate 公司案例研究中分辨出來的類別（第 7 章將介紹實務上辨別類別的方法）。

類別及其實例在以下行為是相關的：對 Agate 公司的工作人員來說，「廣告活動」的想法是一種抽象化，可以表示數個特定廣告活動的其中之一。在物件導向軟體

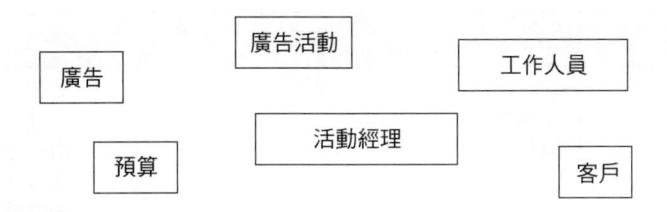

```
                廣告活動              工作人員
        廣告
                  活動經理
            預算                      客戶
```

圖 4.2 | Agate 公司案例中一些可能的物件類別

系統中，Campaign 類別代表全部廣告活動共有的相關性特點，每個真實世界中的廣告活動都由這個類別的一個實例來代表。廣告活動的例子包括：2010 年春天在許多衛星與有線電視頻道上強力播送一系列 Yellow Partridge 珠寶產品的廣告；2010 年 8 月 Soong Motor 公司的 Helion 多功能運動休旅車上市時，在各國展示一系列的電視節目、電影、雜誌及網際網路廣告。

類別的每個實例都是唯一的，如同每個活在世界上的人也都是唯一的，然而更貼切地說，它們像是其他某個人。即使一個實例與另一個實例共享識別特徵，它仍然是獨一無二的。舉例來說，在 Agate 公司中可以有兩個工作人員皆名為 Ashok Patel，這是非常普遍的名字；他們甚至可能（雖然不太可能）在同一天同時加入公司，並且在同一個部門工作。然而每一個仍是不同的個體，因此以 StaffMember 類別的不同實例表示。

4.2.3 類別成員身分

類別的成員身分是基於物件狀態與行為之間的邏輯相似性，我們已經注意到物件的狀態是由其資料所定義，更通用地說，同一類別所有的物件都享有共通的**性質** (property)。性質是描述性的特徵，接下來我們很快就可以看到對一個類別來說性質共有：包含了資料的**屬性** (attribute) 及規範行為的**操作** (operation)。

當 Agate 公司的工作人員記錄客戶的公司名稱、地址、電話號碼、傳真號碼、電子郵件信箱等。每個項目包含在一個列表中，是因為它在某些方面對系統的使用者是有用的，而完整的列表則給予客戶完整的描述。在不同的客戶間，每個項目的值（例如實際的公司名稱）都會變化，雖然值可能不同，但每個客戶的資訊結構 (structure) 是一樣的。

再舉另一個例子，Agate 公司系統的使用者也會需要知道哪個工作人員被指派為某客戶的聯絡窗口。工作人員可能會以名稱、員工編號及到職日來描述。再次地，此完整的列表描述某位工作人員。同樣地，對於不同的工作人員，每個項目的值（例如名稱）通常也不相同，但全部工作人員的資訊結構是相同的。

現在我們比較圖 4.3 的兩個敘述。

工作人員及客戶都有名稱，但其他部分只有些微類似。用來描述客戶的資訊結構

類別	特徵	類別	特徵
工作人員	名稱 員工編號 到職日	客戶	名稱 地址 電話號碼 傳真號碼 電子郵件信箱

圖 4.3 兩個類別的資訊結構比較

無法用來描述工作人員，反之亦然。將全部客戶視為某一類別的成員，以及將所有工作人員視為某一類別的成員是合理的，但將這兩群視為同一類別可能不是那麼適當。當兩個物件無法由單一組特點加以描述時，不能歸於相同類別。

同一類別全部的物件也共享相同的合格行為，例如，客戶可以開始一個廣告活動、被指派給一位工作人員負責聯絡、可能支付一個廣告活動的款項、中止目前廣告活動等。也許在現實中沒有一位客戶實際進行上述所有動作，但那並不重要。任何客戶可以進行任何上述事情，而資訊系統必須加以反映。

工作人員有著一組不同的合格行為，工作人員可以被指派到某個廣告活動中工作、可以被指派為廣告活動的聯絡人、可以更改等級、也可能可以做一些我們還不知道是什麼的事情，比起客戶，這可能更像是工作人員將會真正進行相同順序的行為，但這也不重要，重要的是工作人員可以進行這些工作。

接著，全部客戶都有一組相似的可能行為，全部工作人員也是，但客戶可以做一些工作人員不能做的事情，反之亦然。再一次的，我們同樣將客戶視為一個類別，而將工作人員視為另一個類別，但將客戶及工作人員視為同一類別的實例是不合理的。在此整理一下：Client 是一個有效類別，而 StaffMember 也是一個有效類別。這可以更非正式地強調，正如第 4.2.1 節所述，類別中的所有成員對「我知道什麼？」及「我可以做什麼？」的問題有相同的答案。

有時候物件與類別這兩個專業名詞的定義不是那麼完全地明確，有些作者交互使用「物件」與「類別」來指稱一群相似的物件，但精確來說，「物件」指的是單一個別物件，而「類別」保留給定義一群相似物件。物件與類別兩者都可以意指應用領域的物品或概念，如同它們在物件導向模型中所代表的；我們應該記得英文中的「地圖」並不是「領土」，即使當同樣的詞語可以用於兩者。另一個可能會搞錯的地方是當注意在分析與設計活動間切換的時候，緊接著應用領域的分析模型將轉換為軟體元件的設計模型。

在類別及其**類型** (type) 之間應該再做進一步的區別。類型跟類別很像，但意義上更為抽象，不是操作的實際實作也不是操作的實體規格；類型可以被一個以上的類別實作，例如：利用不同的語法與特性在兩個不同的程式語言上。有些作者建議分析模

型可以只涵蓋類型而不需要類別（例如 Cook & Daniels, 1994），然而，「類別」一詞已經成為帶有下列意涵的標準用法：在真實世界中具有相似性的一群物件、在分析或設計模型中具有相似性的一群特定物件；以及軟體依物件導向程式語言建構（可以參閱 Maciaszek, 2005）。同時，「物件」與「實例」同義，雖然後者更常用於討論屬於某類別的某一物件之情況。

4.2.4　一般化與特殊化

一般化 (generalization) 與特殊化是相輔相成的概念，跟每個人都很熟悉的階層式分類方式類似，就像是我們用於植物與動物的分類法。舉例來說，貓是哺乳類動物的一種，而哺乳類動物是動物的一種，在這例子中，「貓」是較特殊而「哺乳類」及「動物」則較為一般。一般化與特殊化對物件導向非常重要，它們幫助程式設計師、設計師與分析師再利用 (reuse) 先前的工作成果而不是重複再做（稍後對再利用的重要性有更多的闡述，尤其是在第 8 章），他們也可以更容易理解的方式幫助規劃複雜的模型與系統。

在 UML 規格書中，一般化的定義是指可以應用在包含其他介面、資料型態與元件，以及類別（它本身即是一般化的例子）等**類別化** (classifier) 塑模概念的通則；在此，我們專注於類別。當兩個類別有分類關係時將產生一般化，意指某一類別的規格更通用而可以應用到其他類別，而後者所指的規格會比較特定，並且包含一些前者不適用的細節。另一種表達的方式是，任何較特殊類別的實例也間接是較一般化類別的實例。較特殊類別繼承了較一般類別的所有特性，同時也加入自己獨有的特性 (OMG, 2009b)。

讓我們將定義分解成幾個主要組成，並檢視其每個部分。我們首先將焦點放在一般性原則來看一個特定分類方式的例子（注意這是僅是為了講解一般化的概念，而不是對現代生物分類的專業解說）。

⇨ 分類關係

「分類」(taxonomy) 從字義上來看是一種層級類別的系統方法，不管是一群實用的分類法，或是用以建構這些分類法的方法。這個字原本是用在植物與動物等物種的層級系統分類，如圖 4.4 所示。

在此層級架構中，介於標示為「貓」及「哺乳類」間的分類學關係可以簡化成「貓屬於哺乳類類別」，或者甚至簡化為「貓是一種哺乳類」。許多其他關係也可以在此圖中看到。例如，家貓是貓的一種，老虎也是貓的一種，而這兩者都是動物與生物。我們可以整理成：在每個案例中，共通的關係是一個元素是其他元素的一種。然而，我們應該注意避免常見到的模稜兩可；人們常用「貓是一隻動物」來簡稱「貓是一種動物」，但「波斯貓是一種貓」意味著波斯貓是貓的子類別，而「菲力貓是貓」

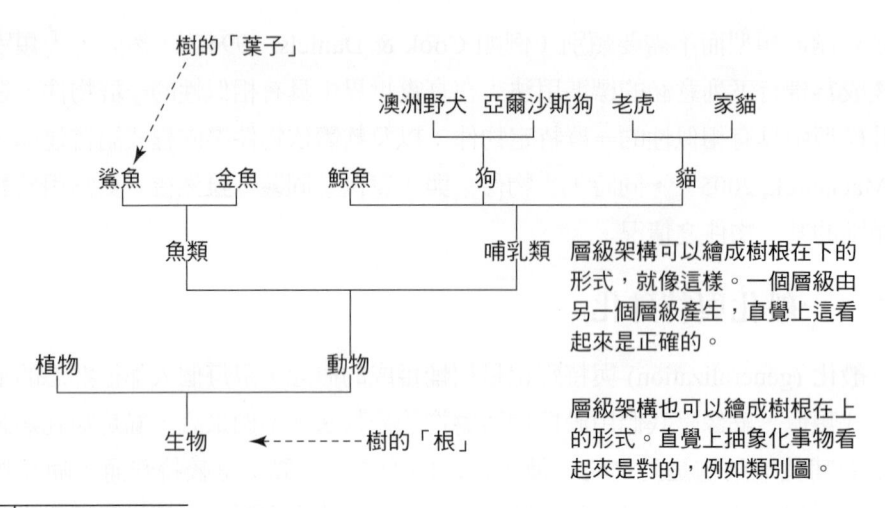

```
        樹的「葉子」
                            澳洲野犬  亞爾沙斯狗   老虎      家貓
                              └──┬──┘           └──┬──┘
    鯊魚    金魚          鯨魚      狗              貓
     └──┬──┘              └───────┼───────────────┘
       魚類                     哺乳類           層級架構可以繪成樹根在下的
        └────────┬───────────────┘              形式，就像這樣。一個層級由
                                                另一個層級產生，直覺上這看
       植物              動物                    起來是正確的。
        └────────┬───────┘
                                                層級架構也可以繪成樹根在上
                生物  ◀─────── 樹的「根」        的形式。直覺上抽象化事物看
                                                起來是對的，例如類別圖。
```

圖 4.4 │ 一個非常簡略的物種分類

傳達了菲力貓是貓這個類別的個體成員，不是子類別。成員身分與子分類都是抽象化的類型，但它們是完全不同的概念。

較一般化的類別

「哺乳類」是我們用來將任何具有某些特徵之動物加以分類的一個詞。舉例來說，所有哺乳類都是溫血、為幼兒哺乳、身體上有毛髮等。「貓」是用來對哺乳類之子類別加以分類的一個詞，牠們通常有著濃密的軟毛及可縮回的腳爪，許多也有鳴叫的能力。較貓而言，哺乳類是較一般化的類別，同樣地，貓是較家貓或老虎更一般化的類別。任何有關哺乳類的描述可以套用在許多不同的動物上，例如家貓、老虎、狗、鯨魚等。「一般」哺乳類的描述真正代表的是所有哺乳類共有的特徵，可能相當簡短，也許只有包含一或兩個特徵，例如：所有哺乳類動物都會為牠們的幼子哺乳、在身體上都會有毛髮等（即便是鯨魚也是有一些毛髮，雖然許多人以為鯨魚沒有毛髮）。在此樹狀圖中，較接近樹根的是較一般化的元素。

較特殊化的類別

「貓」是比「哺乳類」更特殊化的類別，而「家貓」也比「貓」更特殊化。在任何一對相關類別間，「更特殊化」一詞傳達更多資訊。若知道有一隻動物是貓，我們可以猜測一些關於牠的食物、大致身體形狀、大小（伴隨某些限制）、腳的數量（除了意外事故）等事情。如果只知道牠是哺乳類，我們能猜測的有限，頂多就是對於牠的實體描述或食物。層級架構中較特殊化的是離樹根較遠且離樹葉較近的元素，而全部中最特殊化的元素是樹葉的部分。在圖 4.4 中，樹葉均是個別物種。

任何特定類別的實例間接也是較一般化類別的實例

對哺乳類動物來說成立的條件，對家貓也同樣成立。如果哺乳類動物的基本特徵

是哺育牠的幼輩，那麼家貓也會，老虎、狗、鯨魚也是。這是任何階層分類的重要特徵。舉例來說，我們可以想想如果動物學家發現哺乳類動物的基本特徵並不適用在先前認為是哺乳類動物的某種動物上時，會發生什麼事情。假設有個研究計畫有確切的證據顯示，普通田鼠是卵生而非胎生，那將有多令人驚愕與備受爭議！動物學家將必須決定是否重新分類田鼠，或重新定義哺乳類動物與其他動物的區別，也許會特別發明一個全新的分類方式來包含卵生老鼠。這也就是 17 世紀在澳洲發現鴨嘴獸和針鼴發生的事，這些是單孔目動物，與大多數哺乳類動物類似，不同之處在於牠們是產卵，而不是生下新生命。動物學家現在把單孔目視為哺乳類動物的一個單獨的子類別。

⇨ 特殊化增添附加資訊

家貓的完整描述將包含遠比哺乳類類別之一般成員所需更多的資訊。舉例來說，我們可能會藉著描述家貓會為牠們的幼輩哺乳、具有某種骨骼結構和內部器官的特殊排列、肉食性牙齒和習性、濃密的皮毛、能夠鳴叫的能力等來定義家貓。除了哺育幼輩，沒有一項特徵可以套用在其他所有的哺乳類上。沒有任何一隻鯨魚會發出咕嚕聲，而鬚鯨沒有牙齒等；相反地，在牠們的上顎有某種篩檢機制可以讓牠們用來從水中過濾出食物。任何物種的完整動物學描述包括至少一種特徵（或數種特徵的唯一組合），因而可以用來與其他物種區隔，否則原先一開始即將之視為物種會變得不合理。

⇨ 一般化的實務運用

在物件導向中，**一般化** (generalization) 主要用來描述類別間相似性的關係。物件類別可以如同物種例子一樣安排在層級架構中，這會有兩個主要優點。

第一個優點來自於使用物件類別來表示我們希望了解之真實世界情況的不同樣貌。使用一般化，我們能建立邏輯結構，讓類別間的相似或相異程度更為精確，這是模型**語義** (semantic) 的重要面向，換句話說，它可以幫助傳遞本身的資訊。舉例來說，要了解一家公司之時薪員工及月薪員工彼此間的共通性，或許與了解他們之間的差異同樣重要。前者可以幫助了解必須以相似方式記錄這兩種員工的一些資訊類型。圖 4.5 以一個可能適用於薪資系統的例子來加以說明。

在此模型中，每個員工會以到職日、生日、部門、員工編號、部門經理姓名，以及他們是時薪員工或月薪員工等細節（唯一呈現顯著差異之處）來表示。層級架構模型使得緊密的相似性可以清楚呈現，而也凸顯月薪員工與時薪員工之間的差異。

第二個優點來自層級架構可以延伸，使得適應變動狀況相對簡單。如果該公司決定需要新的週薪員工型別類別，要增加新的子類別到層級架構中以符合需求是一件簡單的事情，如圖 4.6 所示。

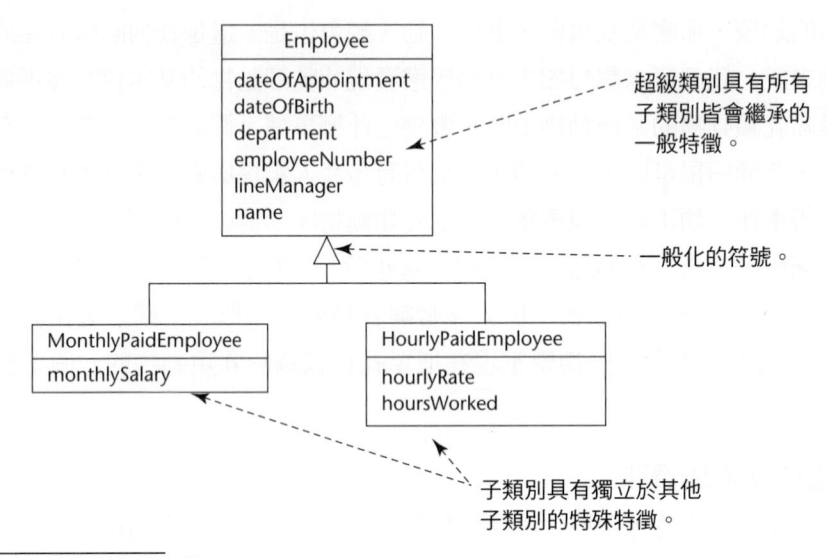

```
              Employee
         ────────────────
         dateOfAppointment
         dateOfBirth
         department
         employeeNumber
         lineManager
         name
```

超級類別具有所有子類別皆會繼承的一般特徵。

一般化的符號。

```
  MonthlyPaidEmployee         HourlyPaidEmployee
  ─────────────────           ─────────────────
  monthlySalary               hourlyRate
                              hoursWorked
```

子類別具有獨立於其他子類別的特殊特徵。

圖 4.5 │ 員工類型的層級架構

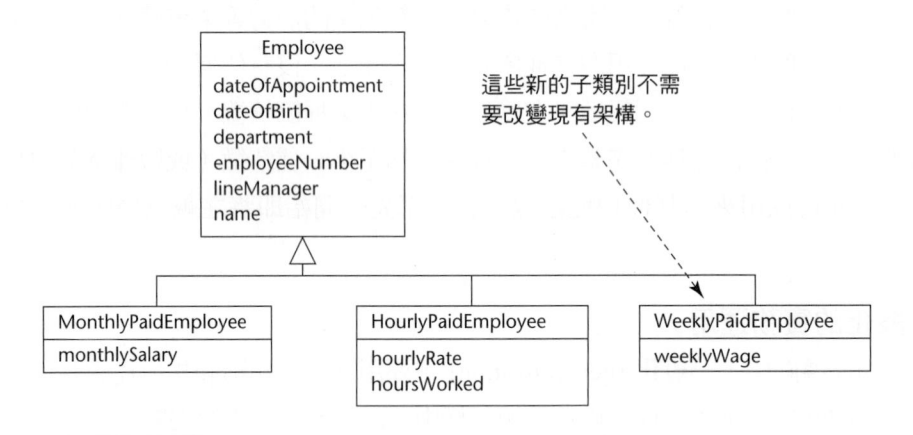

```
              Employee
         ────────────────
         dateOfAppointment
         dateOfBirth
         department
         employeeNumber
         lineManager
         name
```

這些新的子類別不需要改變現有架構。

```
 MonthlyPaidEmployee    HourlyPaidEmployee    WeeklyPaidEmployee
 ─────────────────     ─────────────────     ─────────────────
 monthlySalary          hourlyRate            weeklyWage
                        hoursWorked
```

圖 4.6 │ 層級架構容易擴展

❧一般化的其他特點

先前所給予的定義中，有一些未明確提到的一般化特點其實相當重要，此時應當加以討論，包括**繼承** (inheritance) 的機制、**繼承遞移操作** (transitive operation of inheritance)，以及一般化層級架構的**互斥性** (disjoint nature)。

繼承　繼承是在物件導向程式語言中實作一般化與特殊化的機制。當兩個類別因繼承機制而相關時，較為一般化的類別稱為**超級類別** (superclass)，較特殊化的則稱為**子類別** (subclass)。初步來看，物件導向的繼承原則大致如下：

1. 子類別繼承超級類別的所有特性。
2. 子類別的定義永遠包含至少一項不是由超級類別所得到的細節。

繼承與一般化的關係非常緊密。一般化描述共享某些特徵的元素間之邏輯關係，而繼承描述則允許發生共享的物件導向機制。

需要注意的是物件導向的繼承與生物學與法律上的繼承概念只有些許相似，一些關鍵的差異列舉如下：

- 生物學上的繼承（至少在哺乳類動物中）是由孩子繼承來自雙親的特徵而且複雜化，它的特徵是來自雙親，部分是隨機、部分是由基因與染色體運作方式決定。
- 法律上的繼承主要是涉及財產原所有權人死亡後的轉移，而非所有權人的特徵；法律上的繼承規定因地而異，而且往往很複雜，不過，大多數國家法律上的繼承人並不一定是生物學上的後代。
- 在物件導向的繼承中，類別通常有單一的父類別（超級類別）而它繼承了父類別（超級類別）的特性，但有兩種情況例外：**多重繼承** (multiple inheritance) 與**覆蓋** (overriding) 繼承特徵。多重繼承指的是子類別同時是一個以上層級架構的成員，而從它的各層級架構的超級類別們繼承了特徵；覆蓋指的是在子類別中重新定義了繼承到的特性，在不同子類別中當操作需要加以定義時這非常有用，在這種情況下，操作可能會在超級類別以粗略或預設方式訂定，而後在每個子類別再重新訂定不同的細節。

遞移操作 遞移操作是指架構中相鄰層級的兩元素間之關係，會繼續存在於後續較特殊化的層級。因此，在圖 4.4 中，動物的定義可以依序套用到所有哺乳類上，並以一連串的邏輯步驟套用至家貓。於是，我們可以重寫上述所給的繼承規則如下：

1. 子類別永遠繼承其超級類別、其超級類別的超級類別、……等層級上各直系祖先的特性。
2. 子類別的定義永遠包含至少一項不是由任一超級類別所得到的細節。

互斥性 在層級系統中，樹的分支從樹根偏離，進一步更接近樹葉而發散，它們不被允許趨於聚集。舉例來說，這表示貓不會同時是哺乳類與爬蟲類。換言之，層級中的每個元素在任何特定的階層裡只能是一個分類的成員（當然，它可以是層級架構中其他階層、其他分類的成員，這取決於關係的遞移性）。

一般化的互斥觀點是指我們有時需要注意選擇用來強調一般化的特徵。例如，我們不能用「有四隻腳」來定義哺乳類的特徵，即使這可能對所有哺乳類都成立；因為許多爬蟲類也有四隻腳，這麼一來可能會將爬蟲類分類為哺乳類。綜言之，類別必須就層級中所在階層與其他所有類別區別的唯一一組特徵來定義。

一般化層級不會相交的說法，不應理解為一個類別只能屬於一個層級。一般化結構是我們所選擇採用的抽象化，因為它們代表我們對於應用領域某些面向的了解。這

意味著對於同一領域，我們也可以選擇採用多於一種一般化結構來代表某狀況的相關面向。因此，一個人可能會同時被歸類為動物（人類）、公民（縣市選舉委員會的選舉人）及員工（Agate 公司創意部門的會計經理）。如果其中每一個都代表物件導向模型中的層級，這個人的情況可能會是多重繼承的例子。

真實世界結構無法強迫遵照應用物件導向塑模的邏輯條件。有時候它們不是互斥性或是遞移性，因而無法完全地塑模。不過，這不會減損層級結構在物件導向開發中的效益。

4.2.5 封裝、資訊隱藏與訊息傳遞

這三個概念是密切相關的，因此我們將它們一起討論。封裝是物件導向程式設計的特色之一，在分析塑模時也可以運用，它指的是將物件內的資料與運用這些資料的操作放在一起，物件真的較資料與處理資料的一些程序加在一起略勝一籌。資料是儲存在物件的屬性，這些共同構成了我們在第 4.2.3 節所介紹物件的資料結構；處理程序就是物件的操作，而每個操作都有特定的**簽章** (signature)。操作簽章定義了訊息可以合格呼叫所必須要有的結構與內容，由操作的名稱以及操作需要執行的參數（通常是資料值）所組成；要**呼叫** (invoke) 某一操作，必須給予它的簽章。簽章有時也稱做**訊息協定** (message protocol)，而一物件其整套完整的操作簽章則稱為它的介面，所以每個物件有著一個介面來讓系統的其他部分得以透過發送訊息來呼叫它的操作。操作能夠存取儲存在物件內的資料，介面則與資料及操作的實作隔開；這樣的想法是資料應該只能由同一物件的操作存取或修改（不過大多數物件導向程式設計語言提供略過封裝的方式）。資訊隱藏與之相關，但設計準則更強力要求物件或子系統不應該曝露它的實作細節讓其他物件或子系統知道。封裝與資訊隱藏使得物件如果要相互合作的話，必須交換訊息。

物件通常代表真實世界系統中進行協同工作的事物，透過彼此發送訊息協調人事物。舉例來說，我們對朋友與家人說的每一件事情、登入網路時讀取的電子郵件、公車上的廣告海報、電視上的遊戲節目與卡通、交通號誌燈號的顏色、筆記型電腦的電源指示燈，甚至我們穿的衣服、我們的音調及心情等，這些都是訊息的一種。讓全部這些訊息有用處的原因是它們遵循一套廣被了解的協議，而讓我們能夠解讀它們的含意，一個明顯的例子是國際上協議紅燈代表「停止」而綠燈代表「通行」。軟體物件也需要一套認可的協定好讓它們得以互相溝通。

直到不久之前，軟體仍不是以此方式建構。早期系統發展的方法，傾向於將系統中的資料與會影響資料的程式分開來。這是為了分析上穩健的原因，目前仍然適用於某些應用，但它可能提高困難度。主要是基於人們想要了解所使用資料的組織方式，而設計一個程序去滿足這個需求；針對這樣的系統，程序則取決於資料的結構。

程序對於資料結構的相依性可能會導致問題。資料結構的改變常會導致用到這資料結構的程序跟著改變，這讓建造可靠、可以升級或可以修改、如果失效可以修復的系統變得更難了！

相反地，一套精心設計的物件導向系統是模組化的，因此每個子系統是依其他子系統已經設計及實作的方式獨立運作，封裝可藉由找出每個程序以及它所用到的資料來幫助達成。

實務上，程序通常不能完全位於它們必須存取的全部資料上，因此資料與程序分散在許多物件上，要特別撰寫一些操作來存取封裝在物件中的資料，一個物件要使用另一個物件的操作時必須發送訊息。

資訊隱藏較封裝更進一步，並且很理想化地讓某一物件除了透過呼叫另一物件的操作之外，不可能以其他任何方式存取另一物件的資料，這讓每個物件無從需要知道其他物件的任何內部細節。

基本上，物件只需要知道它自己的資料及操作，然而，許多處理程序是複雜且需要物件間的協同合作，因此，某些物件就必須知道如何向其他物件要求**服務** (service)。服務是一種物件或子系統執行另一物件或子系統的動作，在此包括擷取儲存在其他物件的資料，這種情況下，該物件必須知道要求其他物件什麼以及如何講述問題，但該物件並沒有必要知道關於另一物件提供服務方式的任何細節。這樣的「知識」需要程式設計師負責實作一個物件來具備已經實作的第二物件如何運作的細部知識。

我們可以把物件想成像是洋蔥包覆許多保護層般。封裝界定資料可以由哪些操作直接使用，資訊隱藏讓物件的內部細節無法被其他物件存取，對別的物件來說要存取某物件的資料必須發送訊息。當物件接收到訊息時它可以分辨訊息是否與之相關，如果訊息含有符合其操作之一的合格簽章，那麼物件才予以回應；如果沒有，那物件就不予回應。一個具備合格操作簽章的訊息只能呼叫一個操作，物件的資料位於內部更深處，而且只能由操作來存取。因此，操作運作的方式以及位於物件內的資料架構都可以修改而不會影響到任何相關物件；只要操作簽章不變，內部的修改從外部是看不見的。圖 4.7 呈現了**封裝** (encapsulation) 與資訊隱藏的對照。

這樣設計軟體的方式有著實務上的優點。試想一個印出員工薪資支票的簡單系統：假如有一個類別 Employee，其伴隨一個實例來表示薪資帳冊上的每個人，每個 Employee 物件負責知道它真正代表之員工所獲得的月薪；此外，也假設每個 PaySlip 物件負責印出每個員工的薪資單。為了印出薪資單，每個 PaySlip 物件必須知道對應的員工得到多少薪資。對此，物件導向方式是讓每個 PaySlip 物件發送訊息給相關的 Employee 物件，詢問應該支付多少薪資。PaySlip 物件不需要知道 Employee 物件如何運作來產生薪資及存放哪些資料，只需要知道它可以向

封裝：物件的資料位於操作方能使用的地方

資訊隱藏：對其他物件來說只有物件的介面是看得見的，其他物件發送訊息是來要求服務

每一操作簽章都是訊息可以經由它呼叫操作的介面，因而得以存取物件的資料

操作位於物件內部

資料經由那些也位於物件內的操作存取

物件的操作僅能被具有合格操作簽章的訊息呼叫

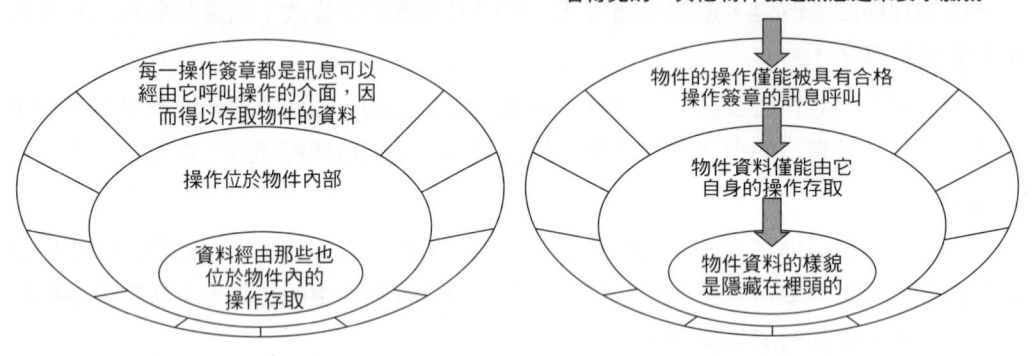

物件資料僅能由它自身的操作存取

物件資料的樣貌是隱藏在裡頭的

圖 4.7 封裝與資訊隱藏：圍繞物件的保護層

Employee 物件詢問薪資數字，並得到適當的回應。訊息傳遞允許物件從系統的其他部分隱藏內部細節，因此可以將設計或實作上的修改所造成之衝擊效應降至最低。

4.2.6 多型

多型 (polymorphism) 在字義上代表「一種能夠以許多形式出現的能力」，是指能夠辨別發送到不同類別的物件、每個物件以不同但仍然適當的方式回應的訊息。這意味著源頭物件不需要知道在特定時機哪個類別將會接收訊息，對此關鍵是每個物件知道對於所收到的合格訊息該如何回應。

這跟人類溝通的方式有點像；當一個人發送訊息給另一個人的時候，我們經常忽略其他人如何回應的相關細節。例如，母親可能會使用同樣的語句告訴小孩「現在要上床睡覺」，但隨著他或她的年紀以及其他人格特性，每個小孩上床時進行的確切任務可能不同。5 歲小孩可能會自己朝床鋪出發，但接著可能需要人家幫他洗臉、刷牙及換上睡衣，也可能預期聽到一篇睡前故事；而一旦說服 13 歲小孩現在真的是上床時間，可能就不需要任何進一步的幫助。

多型是物件導向方法鼓勵子系統分離很重要的元素之一。圖 4.8 使用溝通圖來解說企業場景中的多型（溝通圖會在第 7 章再次出現，而其標記法會在第 9 章完整說明）。圖中假設有不同計算員工薪資的方式。全職員工將依據年資給予薪資；兼職人員同樣是依據年資，但必須考慮工作時數以給予薪資；臨時人員不會扣除退撫金，其他薪資計算則比照全職員工。用來計算給付這些員工薪資的物件導向系統可能包括每一類型員工的類別，每個都可以產生適當的薪資算法。然而依據多型原則，所有 `calculatePay` 操作的訊息簽章可以是相同的。假使此系統的某個輸出是印出當月發放的薪資總額（彙整總合），其將發送訊息到每一個員工物件，要求計算各自的給付額。因為每個的訊息簽章都相同，發出要求的物件（在此稱為

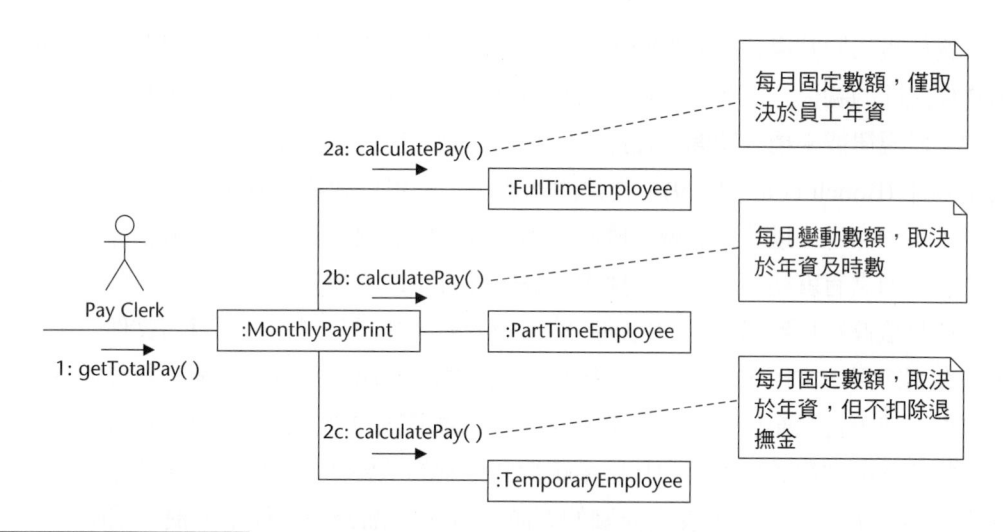

```
                                                            ┌──────────────┐
                                              每月固定數額，僅取
                                              決於員工年資
                                                            └──────────────┘
                            2a: calculatePay( )       ┌─────────────────┐
                        ┌──────────────────────────→ │ :FullTimeEmployee │
                        │                              └─────────────────┘
                        │                                     ┌──────────────┐
                        │                                 每月變動數額，取決
   人                   │                                 於年資及時數
   ┬                    │  2b: calculatePay( )               └──────────────┘
   │ ┌──────────────┐  ├──────────────────────────→ ┌─────────────────┐
   │ │:MonthlyPayPrint│                              │ :PartTimeEmployee │
 Pay Clerk            │                              └─────────────────┘
   │ └──────────────┘  │                                     ┌──────────────┐
   └─1: getTotalPay( )─┘                                 每月固定數額，取決
                        │                                 於年資，但不扣除退
                        │                                 撫金
                        │  2c: calculatePay( )               └──────────────┘
                        └──────────────────────────→ ┌──────────────────────┐
                                                      │ :TemporaryEmployee │
                                                      └──────────────────────┘
```

圖 4.8 | 多型允許即便不同物件間達成機制不相同仍可讓訊息達到相同結果

MonthlyPayPrint）需要知道每個接收物件的所屬類別，但不需知道每個計算如何進行。

多型對資訊系統開發者來說是一個強大的觀念，搭配封裝與資訊隱藏可以允許以不同方式處理任務表層相近的子系統間有著明確的區隔，這表示這既然執行修改的人員只需要知道類別間的介面即可，那麼系統就可以輕易修改或擴充來涵蓋額外的功能，對開發者來說除了他們所將處理的部分之外，不需要知道系統其他任何一部分是如何實作的（內部結構及行為等）。

為了達到軟體高度模組化，程式設計師已經奮鬥多年。物件導向比任何先前產品給予更大的希望可以實行成功。

4.2.7　物件狀態

物件**狀態** (state) 的定義涵蓋了物件內的資料現有值以及與其他物件之間的關係；每個狀態重要性並不一定相同，但狀態的某些差異將導致物件截然不同的行為，對同樣訊息產生不同回應。

在真實世界裡，人們與物件對於相似的刺激不會總是以完全相同的行為回應。舉例來說，如果剛吃完一頓美味的午餐，你會傾向拒絕接受一份大塊而黏膩的蛋糕。然而，如果你非常飢餓，這項提議將具有強力的誘惑力。我們可以說在特定時間內你將只會是飽足或飢餓這兩種狀態其中之一。每個狀態由描述你情況的資料所構成，在此例中指的是飢餓的程度；而狀態也包括了行為上的不同，你依據內部資料目前的值而對於特定訊息有不同的回應。當你飽足時，你拒絕再進食，但當你飢餓的時候，你會接受進食。刺激也會改變你的狀態，導致行為上的改變。在吃完大塊蛋糕之後，你的狀態從飢餓變成飽足，而你現在將拒絕更多的食物。

物件也依據其現有狀態來回應訊息，每個狀態代表著物件內資料現有值以及與其他物件之間的關係，這些隨著物件回應訊息的行為而依序改變。因此，狀態是物件生命中一段規律或平穩的期間，在此期間進行活動、等待某些事件發生，或者滿足某些特定條件 (Booch et al., 1999)。物件的狀態決定它可以對訊息做出什麼回應、在什麼情況下可以回應，以及不能做什麼回應等。電腦印表機的行為就是一個很好的例子，它的狀態通常有就緒、列印中、離線、缺紙等等；印表機對於「列印文件」要求的回應將會是依據它接到訊息時的目前狀態來做改變。如果是就緒，那就將文件印出；如果正在列印另一文件，那就先將它排程等候；如果缺紙，那就回傳錯誤訊息並且在列印文件之前等待補充紙張；如果是離線，那回傳不同的錯誤訊息並保持離線。

物件狀態用對於物件導向軟體系統行為控制的重要性，最明顯的可能是對例如飛機上的引擎與飛行控制等安全攸關的即時系統，大部分的航程是由機上電腦完全自動駕駛，只有在起飛及降落時由駕駛員及飛行組員進行操控，但即使這樣，引擎節流閥、升降舵等仍然由軟體直接操作。如果在最後接近陸地時，關閉飛機上所有的引擎將會造成一場災難，而軟體是設計來避免這些情況發生。不過，有時候在緊急情況下，飛行員必須推翻這些限制。軟體設計也必須能允許這種情況發生，並區別情況的差異。為了確保安全，控制軟體必須設計為只有適當控制行為（關閉引擎、節流閥全開、爬升、下降、轉向）能夠在飛機各種可能狀態（停飛、爬升、自動水平飛行駕駛、降落）發生，也必須考慮到所有會觸發行為或狀態改變（飛行員操作節流閥、亂流導致航向偏移、艙壓突然降低等）的外部事件。

辨別物件狀態也是企業資訊系統正確運作的關鍵。在此，發生錯誤的後果通常不會直接威脅到生命，但會威脅到組織生存，並對客戶、員工、投資人及其他企業相關人士等的生活與生計造成衝擊。舉例來說，DVD 出租店會員如果罰款尚未繳清的話，可能在欠款尚未結清前將不再允許借出 DVD，如果出租店的資訊系統無法正確執行這項規則，那麼可能會導致難以補救的金錢損失。

4.3　物件導向的起源

物件導向是電腦歷史中許多進展融合下的產物，軟體開發如何以合乎物件導向方法進行有良好的認識，將有助於認識物件導向到底是什麼。

抽象化的增加

在整個計算機的歷史上，程式設計師所進行的工作其抽象化的程度持續增加。抽象化在此意味著程式設計師從程式所執行的電腦其實體細節抽離，他或她撰寫單一指令，通常是接近英文而可辨識的字詞而可以轉換為一長串的機器碼指令；在此同時，電腦運用的目的也變得非常複雜而且要求高，大幅增加了系統本身的複雜度。對最早

期電腦的程式設計師來說通常對電腦下指令是拔出電線然後設定處理器上真空管的開關，例如在早期的 Colossus 密碼破解機即是如此。電腦實體上的設定是很有效率的程式方式，這是最早的機器碼，而且被認為是第一代的程式語言。囿於篇幅在此無法將那些早期程式語言複雜的歷史納入，總而言之，相較於先前像是 COBOL 或 C 等已較機器碼更為抽象的語言來說，物件導向語言是以更高的抽象化層次運作。

事件驅動程式設計

投注在電腦模擬的研究直接引領了物件導向的獨立、物件經由訊息溝通而合作的典範。典型的模擬任務是尋找最快且安全的方法，將車輛裝載到大型渡輪上。此模擬可以在不同假設下執行許多次，舉例來說，規劃車輛裝載到貨棧甲板的順序、車輛駛入渡輪的速度、車輛之間的間隔時間等。已然被塑模的真實世界情況非常複雜，並由一群獨立的代理人組成，每個事件的回應易於在個別代理人層次塑模，但很難在大型、有多個代理人同時彼此互動的狀況中做預測。這類任務很難使用程序語言（例如：Pascal，許多世代的大學生他們學的第一套程式語言就是 Pascal）來有效地撰寫程式，因為程序語言的程式設計是基於程式結構控制執行流程的假設。因此就一個程序程式而言，要處理上述模擬任務，必須有個別程序來測試及回應大量的選擇條件。

這個問題的解決方案是以類似方式將問題結構化到問題狀況本身：如同一群獨立的軟體代理人，每個都代表將要模擬之真實世界系統的代理人。此一深入的了解發展成像是 Simula 67 的模擬語言，並保留物件導向軟體開發的一個重要觀念：軟體的結構應該反映所欲解決問題的結構。從這方面來看，解決了應用領域模型與軟體模型之間的拉力（見第 4.2.1 節），將潛在的缺點轉為優點。

圖形化使用者介面的擴展

圖形化使用者介面 (graphical user interfaces, GUIs) 在 1980 年代及 1990 年代快速發展，對當時的發展方法造成特別的難度。圖形化使用者介面帶來一些稍早在模擬程式設計到主流商務應用時遭遇的問題。原因是圖形化使用者介面在使用者電腦螢幕上呈現高度的視覺介面，它會突然提供許多選項，每個都需要不斷地點擊滑鼠。但透過下拉式選單、清單方塊及其他對話技術只需要最多二或三次的點擊，即可達到同樣的功能。介面發展者自然對利用這項新技術所提供的機會做出反應，導致今日的系統設計師幾乎無法經由系統介面預期使用者採取的路徑。這意味多數的桌面應用程式很難用程序方法來設計或控制。物件導向典範提供自然的方式來設計軟體，每個元件提供明確、可以被系統其他部分使用的服務，且完全獨立於任務順序或控制流程。

模組化軟體

資訊隱藏 (information hiding) 在設計完善的物件導向系統中意味著類別有兩類定義。從外部觀點來看，類別是依據其介面來定義，這表示其他物件（以及它們的程式

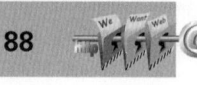

設計師）只需要知道此類別之物件所提供的服務，以及用以要求每項服務的簽章；從內部觀點來看，類別可以根據知道什麼以及哪些可以做來定義──但只有該類別的物件（以及它的程式設計師）需要知道關於內部定義的一切。這造成所建構的物件導向系統，其每個部分的實作大幅地獨立於其他部分的實作，而這正是所謂的模組化，對解決資訊系統開發過程中最棘手的一些問題大有助益。在第 2 章我們看到了這些事實，包括了在開發過程與實作完成後需求都可能改變，在許多方面模組化方法有助於解決這些問題。

- ❖ 維護以模組化方式建立的系統比較容易，因為當子系統改變時，能減少許多對系統其餘部分造成「波瀾」的可能性。
- ❖ 基於某些原因，要升級模組化系統會比較容易。只要依循先前版本的介面規格替換模組，系統的其餘部分將不受影響。
- ❖ 較容易建立使用上有可靠度的系統，因為子系統可以個別進行更完整的測試，並在整個系統組裝時留下較少待處理的問題。
- ❖ 模組化系統可以小幅、容易管控的進度實作。只要每個模組是被設計成提供有用且一致的功能組合，可以一次導入一個。

ᛔ生命週期問題

1980 年代與 1990 年代早期，大部分的系統開發方法是基於瀑布式生命週期模式。瀑布式生命週期模式及其困難點在第 3 章已做過討論；物件導向透過鼓勵反覆推展式生命週期解決這些問題，這部分同樣也在第 3 章做過介紹。在反覆推展開發過程中，分析、設計等等活動必須重複進行直到每個人都對軟體品質感到滿意──當然這還受到時間與經費的限制。反覆也建立將使用者回饋整合到開發週期上，這在實務上確實可行，讓使用者可以對看得見的有形產品（通常是軟體）做出回應，因而即使最早先的反覆過程也通常會產生一些進行中的軟體版本，而後續的反覆過程可以透過使用者輸入、更詳盡的分析等等來改正產品，直到它符合可接受的標準。

此現象與前面章節所描述之物件導向系統的高度模組化特性密切相關，也與物件導向生命週期模型的「無縫」發展十分相關，後者將在下一節探討。

ᛔ模型轉換

早期資訊系統開發方法建立分析模型（例如資料流程圖），而與設計模型（例如結構圖及更新過程圖）的關係較為間接；這表示新系統的設計儘管很好，卻已經難以回溯原始的需求。然而，設計成功之處是能滿足功能、效率、經濟等各方面的需求（參閱第 12 章），這意味著從最終版系統功能回溯到當初預期將要滿足的特定需求是很重要的。

物件導向分析與設計藉由使用一個貫穿及分析與設計的核心模型、在每個階段加

入更多細節，以及避免當一個模型需要廢棄而由另一個不同且不相容的結構替代時的不當間斷增多，來避免轉換問題。在 UML 中，基本的分析模型是使用案例及類別圖（分別在第 6 章與第 7 章描述），且它們陸續成為設計的骨幹，伴隨直接或間接衍生的其他設計模型。

ᗡ 可重複利用的軟體

資訊系統是非常昂貴的，過去開發者對於舊的問題傾向重複發明新的解決方案，十分浪費時間與金錢，因此引發重複利用軟體元件的需求。重複利用軟體元件可以避免做白工。物件導向開發方法（還未完全實現）對於發展可在其他不是原先設計之系統重新使用的軟體元件提供更大的潛力。這是物件導向軟體高度模組化的結果，也是物件導向模型組織的方式。繼承在這個情境下特別重要，我們會在第 8 章談論更多關於繼承的部分。

4.4　今日的物件導向語言

現今有許多物件導向語言，它們的能力及符合物件導向典範的程度有顯著的不同。圖 4.9 列出一些常用語言的主要特徵，其中熱門度是取自由 TIOBE 軟體公司出版的線上排行。（TIOBE 是依據每個語言在幾個廣被使用的搜尋引擎上被搜尋的點擊數加以排序，提供了全球的程式設計師、教育訓練課程以及各語言相關的專業廠商指引參考。）本書不是程式設計教科書，因此我們僅對這些特徵提供簡短介紹。

強型別 (strong typing) 意指當宣告變數時語言強迫程式設計師的嚴格程度。在強型別語言中（大部分現今語言都是強型別），每個資料值及使用物件的內容必須屬於適當的型態。靜態型別語言 (static typed language) 在編譯時會進行型別檢查來要求此點；動態型別語言 (dynamic typed language) 則在執行時檢查型別，但有些語言提供混合方式以允許在執行時載入類別的彈性。垃圾蒐集 (garbage collection) 對於在執行期

功能特點	Java	C++	PHP	VB.NET	C#	Python	Perl	Ruby
支持率 (July 2009)	20.5	10.4%	9.3%	7.8%	4.5%	4.4%	4.2%	2.6%
強型別	✓	視情況而定	✗	✓	✓	✓	✗	✓
靜態或動態型別 (S D)	S	S	D	S	S + D	D	S + D	D
垃圾蒐集	✓	✗	✓	✓	✓	✓	✓	✓
多重繼承	✗	✓	✗	✗	✗	✓	✓	✗
純物件	✗	✗	✗	✗	✗	✓	✗	✓
動態載入	✓	✗	✓	✓	✓	✓	✓	✓
標準類別函式庫	✓	✗	✓	✓	✓	✓	✓	✓

圖 4.9　一些常用物件導向語言的特性

間建立及刪除許多物件之系統的記憶體管理很重要。如果物件刪除時而物件未從記憶體中移除，系統將會在執行時耗盡記憶體。當可以自動提供時，即可免除程式設計師對這項工作的責任。多重繼承 (multiple inheritance) 之所以重要是因為它將程式碼重複的數量降至最低，因而減少不一致所造成的維護問題。在靜態型別語言中，多重繼承可以允許新類別去填補任何自身的超級類別，減少在系統其他地方需要特殊案例程式設計的數量。

所有建構是實作成類別或物件的語言，稱為「純」物件導向語言。有些語言允許資料值不是物件，這將對程式設計師帶來額外的複雜情況。其他語言允許未封裝型別，給懶散的程式設計師跳過類別的安全封裝之機會。這兩種情況都會造成系統難以維護及擴充。

動態載入 (dynamic loading) 意指語言在執行時載入新類別的能力，可以用來讓軟體對自身重新設定，例如：配合硬體或環境的變動，藉由幫助發布更新及修正錯誤而專注主機端的維護工作，這在實作像是允許網頁瀏覽器播放影音內容等的外掛程式廣為使用。

標準類別庫 (standardized class libraries) 給予程式設計師存取已知在各種硬體平台及各種作業系統成功執行的類別。當上述都不可得時，要修改一個應用程式將會面臨困難，導致它將在另外一個平台執行，或是與使用不同類別庫的應用程式做連結。

最後，在本書先前版本我們比較了各種語言的正確建構部分，然而，僅有 Eiffel 提供此項，而其普及性日益降低，在此我們刪除了這項比較；這是件讓人覺得受到侮辱的事情，因為正確建構式程式語言中很有價值的功能，允許程式設計師在方法定義前置條件 (pre-conditions) 與後置條件 (post-conditions)，從而在涉及要求與提供服務的兩個類別之間形成強制契約。契約對於軟體的健全發展是很重要的，這將會在第 10 章討論。

↳ 物件導向的限制

某些應用程式並非完美地適合物件導向開發，本節將對此做出評論。在此舉兩個主要的例子。第一類包括強烈資料庫導向的系統，此處我們所指包括以紀錄為主要結構的資料而適用於關聯式資料庫管理系統 (relational database management system, RDBMS)，以及主要處理需求集中在儲存與取出資料（例如主要用於查詢資料庫中資料的管理資訊系統）。這類應用程式要採用物件導向實作，而不流失使用關聯式資料庫管理系統儲存資料的許多好處並不容易。商用的關聯式資料庫管理系統在技術上非常成熟，它能夠依據穩健的數學原理組織資料，在確保擷取的效率、順應改變及使用彈性之間保持良好的平衡。然而，關聯式資料庫管理系統受限於儲存與擷取某些複雜資料結構類型的能力，像是多媒體資料。形成地理資訊系統 (geographic information system, GIS）基礎的空間資料（以地圖為主），即是不適用於關聯式資料庫管理系統的特別例子，但它極適合物件導向開發。

倚重演算操作的應用程式較不適合物件導向開發方法。對一些涉及大型且計算複雜（例如衛星軌道計算）的科學應用程式，可能不適合也不值得將計算切割成較小部分。這樣的系統如果以物件導向方法發展，可能會包含極少的物件，但每個都會極端複雜。這不是良好的物件導向設計，所以建議改採程序性方法或者功能性方法（這些是程式語言的替代稱呼）。

4.5 總結

本章介紹物件導向中最重要的一些觀念，特別是物件與類別、一般化及特殊化、封裝、資訊隱藏、訊息傳遞、物件狀態及多型。了解這些是後續章節進行物件導向分析與設計技術的實際應用不可或缺之基礎。我們也找到了一些採用物件導向方法的主要優點，像是軟體與模型再利用、系統模組化易於修改與維護、以及專案較其他方法更快地逐步交付有用的漸增部分。不同基本概念的大量協同合作對於物件導向的成功極有貢獻。舉例來說，訊息傳遞與多型同時在系統達到穩健模組化過程中扮演重要角色，但過去並未清楚地顯露；相反地，最廣為人知的物件導向特點是最早可以回溯到電子化數位電腦年代逐步演進程序的結果。此演化過程絕對尚未結束。當應用程式與電腦環境成長得更複雜，對於可靠、可維護、可修改之資訊系統的需求將會持續下去。

☑習題

4.1 定義物件、類別及實例。

4.2 你認為「語義」所指為何？

4.3 物件導向觀念中的訊息傳遞如何協助物件及其自身資料的實作封裝？

4.4 何謂多型？

4.5 一般化及特殊化的差異為何？

4.6 描述子類別與超級類別間關係的規則為何？

4.7 「物件導向系統是高度模組化」代表什麼意義？

4.8 對於設計師來說，為什麼要預期使用者使用圖形化使用者介面應用程式進行任務時的順序特別困難？

4.9 「物件狀態」所指為何？

4.10 何謂操作簽章？

4.11 指出「封裝」與「資訊隱藏」的差異。

☑ 案例研究作業、練習與專案

4.A 第 4.2.1 節提到人類活動系統以及所研擬的軟體系統都是特別重要的系統，但這些不是分析師會遭遇到或進行唯一的系統。製作一份清單，列出你想到可能會參與軟體開發過程其他任何的系統，在它們之中存在何種介面？

4.B 再讀一次第 4.2.4 節對於一般化的描述。物件導向繼承與父子之間的繼承 (i) 在生物上與 (ii) 在法律上有何差異？

4.C 將下列所述依據它們相對一般化或特殊化分配到層級架構中：人、事、綠色、形狀、小學教師、立方體、北極熊、方形、法律、兒童、顏色、動物。添加更多必要的分類，讓每一層中的一般化或特殊化更為明確。

Chapter 5

塑模概念

學習目標 在本章中你將學到：
- ☑ 模型的意涵。
- ☑ 模型與圖之間的不同。
- ☑ UML 概念的模型。
- ☑ 如何繪製活動圖來塑模流程。
- ☑ 本書所採用的系統開發方法。

5.1 簡介

系統模型是系統分析師及設計師所製作。商業分析師 (business analyst) 會從建構一個組織如何運作的模型開始；系統分析師會建構更為抽象的模型，來描述企業活動裡的物件，以及物件間的運作關係；設計師將製作一個描述新的電腦化系統如何在企業組織裡運作的模型。在 UML 中，「模型」這個名詞有特別的意義，我們會解釋模型的 UML 概念，以及其與其他 UML 概念的關聯，例如套件 (package) 的觀念。圖常與模型弄混，圖是模型針對某特定目的圖形化觀點。

想要了解模型的意涵，最好的方法是先從範例著手。在統一過程（Unified Process，由 UML 開發者推動的系統開發方法）中，活動圖示用來描繪組織內或組織間系統行為觀點的一項技術，其於系統分析及設計上的使用在第 10 章有更詳盡的介紹，該章將活動圖視為一種規格化操作的方法。在本書中我們使用 UML 圖法做為範例來塑模開發過程。

系統分析與設計專案需要遵循一些過程，我們已經基於統一過程採取相對輕量的過程進行介紹。

5.2 模型與圖

在任何以製造有用產品為目標的開發專案中,分析及設計活動的主要焦點都在模型上(雖然最終目的是一個可行的系統)。在興建高速公路、太空梭、電視機組或軟體系統等方面,道理皆相同。飛機設計師先建造木質或金屬的新飛行器模型,並在風洞裡測試它們的特性。有經驗的家具設計師可以只靠在腦中描繪模型,不需畫下任何構圖,便可將一件新的家具具體化。

在軟體開發中,模型通常是抽象與具象兼具。一方面,許多產品本身的特性是抽象的;大部分軟體對使用者而言是非實體的。另一方面,開發一件軟體的團隊成員中,必須了解彼此負責的模型。然而,即使在只有一位成員獨立開發的情形下,有形模型的建構仍是較為明智的選擇。畢竟軟體開發是一項複雜的工作,單靠一個人的記憶來執行所有必要的細節,相當困難。

5.2.1 何謂模型?

模型是真實或想像中某事物的抽象化表示,就像任何一份地圖一樣,模型可以代表其他物件。模型在許多方面都易於使用,因為它們和所要表現的物件本身不同:

❖ 模型可以快速且容易地建造。
❖ 模型可以用來做模擬測試,以方便我們了解實際物件的特性。
❖ 在學習更多任務或問題後,就能針對模型做改善。
❖ 我們可以選擇必須表現出或忽略模型的哪些細節。模型是抽象概念。
❖ 模型可以用來代表任何專業領域中實質或想像的事物。

許多不同的物件都可以建造模型,政府部門工程師製作橋樑的模型、城市規劃師針對交通流量建構模型、經濟學家針對政府政策的影響設計模型,作曲家在音樂的創作上也有模型。本書則是做為讀者將來從事物件導向之分析與設計活動上的模型。

一個有用的模型必須有相當的細節和架構,並且可以表現任務中重要的部分。在 Douglas Adams (1980) 所著的《宇宙盡頭的餐廳》(*The Restaurant at the End of the Universe*) 一書中,至少有一位角色不了解這樣的道理:一群外太空殖民者迫降在一個陌生的星球,試圖重新研發他們所需的工具,不過卻在車輪的設計上發生歧見使計畫無法順利進行,原因竟然是他們無法在使用什麼顏色上達成共識。

在這種不必要的細節上,如果無法謹慎地排除一些不相關的考量,實際計畫很容易陷入泥沼之中(雖然這個例子有些極端)。通常軟體開發人員建構模型所面對的是相當複雜的情況,這通常發生於人類活動系統中。我們可能必須根據不同利害關係人對各種情況的看法來製作模型,這樣模型才具有意義。我們必須表現出各種功能性與

非功能性的要求（見第 6.2.2 節）。最重要的是，模型能夠達到的要求必須是準確、完整且清楚的。如果無法做到，程式設計師接下來的工作將會更加困難。同時在新系統的開發上，任何為了滿足使用者需求的草率或過早決定，最好不要納入模型中，否則程式設計師在後期能夠發展的自由空間會因此受限。當今大部分的系統開發模型皆採用圖的形式，並且輔以文字的敘述，以及流程與資料的邏輯與數字標示說明。

5.2.2　何謂圖？

圖是模型某部分的視覺化呈現；分析師及設計師使用圖來建構系統模型，就好像建築師利用製圖與圖表來表現建築物的模型。系統分析師及設計師使用大量的圖形化模型以便於：

❖ 溝通想法。
❖ 產生新的想法與可能性。
❖ 測試想法並做出預測。
❖ 了解結構與相互關係。

模型可能是目前既有的企業系統，也可能是新的電腦化系統。如果是相當簡單的系統，建構模型可能只需要用單一的圖表加上輔助的文字敘述，然而大部分的系統都非常複雜，因此需要許多圖表才能完整地擷取到模型的複雜面。

圖 5.1 是圖的一個範例（UML 活動圖），這是過去用來呈現書本製作過程的圖。其實單單這張圖並不是完整的模型，完整的書本生產過程還必須有其他的活動圖，以展示契約協定、行銷活動等完整系統的部分流程。這張圖甚至並未呈現製作過程中作者及其他參與者所從事活動的細節。如同圖 5.1 中的圓矩形所示，許多活動還可以延伸出更多的細節，例如「撰寫章節」這項活動就可以細分成圖 5.2 所示的其他活動。

我們可以將圖 5.2 的活動分成更多細項，然而要進一步呈現細節是件困難的工作，例如「編寫一個段落」、「增加一張圖表」、「修正一個段落」、「刪掉一張圖表」等細項活動，要在活動圖中用流程圖符號來表現其實並不容易。在這種圖中所呈現的活動往往也有限制，例如「煮咖啡」、「換張 CD」、「向窗外看」等寫作過程中常有的過程，便是無關緊要的細節，不必出現在圖中，如同先前提到《宇宙盡頭的餐廳》中車輪顏色的例子。

圖 5.1 和圖 5.2 中的圖是系統分析與設計中的典型圖表。抽象形狀是用來表現真實世界的事物或動作，針對特定類型的圖表，皆有一套規則來決定該選用哪種形狀。在 UML 中，這些使用規則可以在《OMG 統一塑模語言規格書 2.2 版》(*OMG Unified Modeling Language Specification 2.2*) 中找到 (OMG, 2009)。遵循這些規則相當重要，

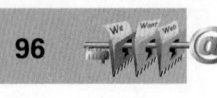

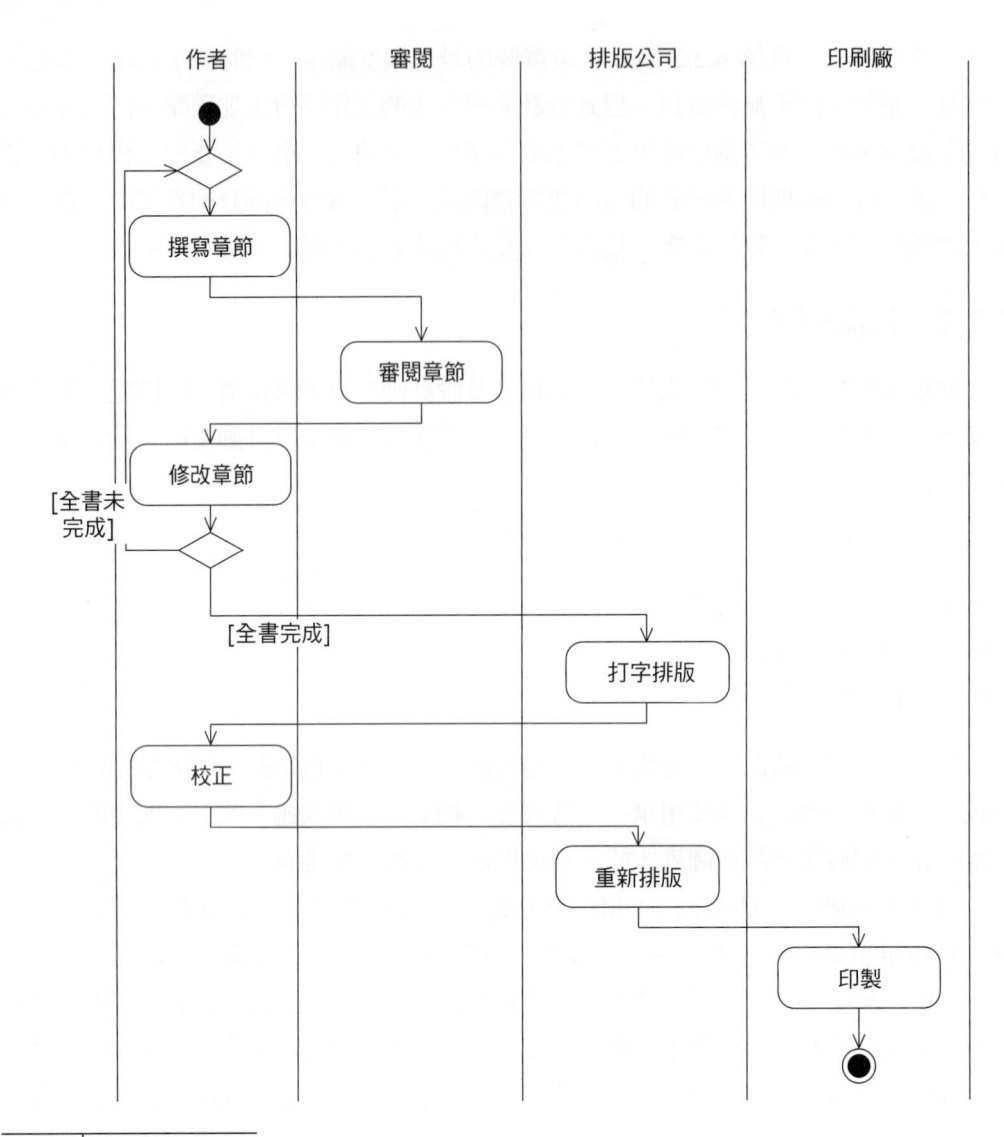

圖 5.1 活動圖：製作一本書

否則完成的圖表便不具意義或毫無道理，其他人可能無法理解。在促進溝通時，標準在某些方面就像是共通語言。唯有將資訊以標準形式記錄，開發小組成員間才可能達到有效溝通。這樣的溝通不因時間的變遷而改變，即使在使用多年後其他成員為了維修再進入此系統，仍然可以了解該模型的內容。除此之外，標準化也可以讓好的實務做有效交流，什麼該記錄以及該如何記錄等經驗會隨著時間建立起來，並且在他們所使用的技術上展現出來。

塑模技術會隨著時間不斷演進。當使用者從工作中得到經驗時，圖表的呈現以及圖表如何對應真實世界或是新系統裡的事物也會隨之改變。然而，對於塑模技術的設計者而言，仍然必須掌握（以及要求）某些要點：

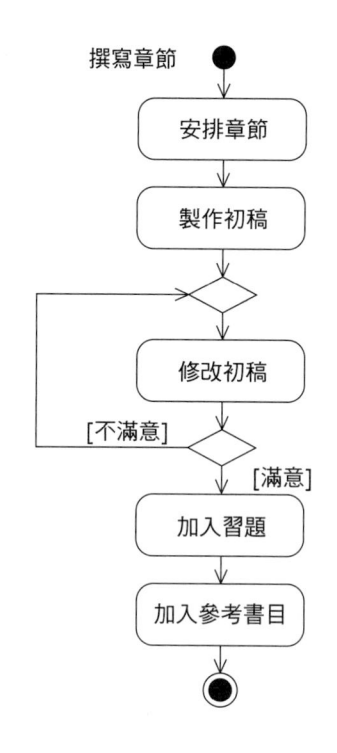

圖 5.2 ｜ 活動圖：撰寫章節

- **表達的簡化**：只呈現必要的部分。
- **內部的一致性**：在同一組圖表中必須一致。
- **完整性**：所有必要的部分都必須呈現。
- **分層的表達**：將系統細分並呈現進一步的細節。

　　圖 5.3 是服飾標籤上的符號。這些圖示是阿根廷成衣製造商所使用的共同標準，讓瑞典的購買者知道這件服飾必須以低於 40°C 的水溫清洗、不可漂白，以及可設定低溫烘乾。

　　雖然不遵循 UML 規定並不會造成你的上衣縮水，但會造成你與其他分析師及設計師之間的溝通問題——因為至少他們目前正在使用 UML。本書選擇使用 UML，是因為 UML 已經成為產業中資訊系統塑模的標準。

　　UML 將圖分為**結構類圖** (structural diagram) 與**行為類圖** (behavioural diagram) 兩大類。結構類圖呈現元素之間的靜態關係，包括：套件圖、類別圖、物件圖、組合結構、元件圖及部署圖等；行為類圖呈現所塑模系統的動態行為觀點，包括：使用案例

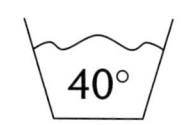

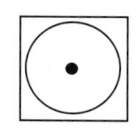

圖 5.3 ｜ 圖示標準的例子

圖、活動圖、狀態機圖、溝通圖、循序圖、時序圖及互動概觀圖等。

UML 主要是由代表概念的圖像語言構成，我們在物件導向的資訊系統發展上會用到這些概念。UML 的圖表由以下四個元素組成：

❖ 圖示符號 (icon)。
❖ 二維符號 (two-dimensional symbol)。
❖ 路徑 (path)。
❖ 線段 (string)。

這些名詞曾在 UML 1.X 的規格書裡使用，現在 UML 2.2 已經不再使用。不過，這些名詞有助於我們解釋 UML 圖表的圖形化呈現方式。

UML 圖表是一種**圖** (graph)，包含各種不同形狀〔稱為**節點** (node)〕，以及將它們連結在一起的線條〔稱為**路徑** (path)〕。圖 5.1 和圖 5.2 的活動圖可闡釋以上說明。兩個圖都是由代表活動的二維符號所組成，由箭頭代表從某一活動至另一活動的控制流程 (control flows)，以及所塑模之處理中的控制流。每項活動的開始與結束都有特殊的符號標記──圖示符號，也就是標示最初節點的點以及末端節點圓圈中的點。另外，會利用線段來標示活動；線段也被用在決策節點（菱形）上，表示已經被測試過的情況。

UML 規格書 (OMG, 2009) 提供了 UML 的正式文法〔語法 (syntax)〕，和元素的意義及元素與元素間如何結合的規則〔語義 (semantic)〕。UML 規格也可以更深入地解釋不同圖表，並且提供圖表的組成與使用範例（雖然比起先前的版本範例較少）。

在本書原文網站有一個解釋一個 UML 規格如何定義語法及語義的例子。根據目前你對 UML 的了解，要知道其中的內涵也許很困難，你可以先跳過這部分，直到對 UML 理解更詳盡後再回到這裡。

5.2.3 模型與圖之間的不同

我們之前已經看過圖的例子。一張圖可以描繪或記錄系統的許多面向，不過一個模型則是站在特定立場，從特殊的角度來提供系統的完整觀點。

例如一個系統的需求模型 (requirements model) 將給予我們對於系統需求的完整看法，此模型或許會使用一種或數種圖表，並且很有可能會包含數組圖表來涵蓋所有需求的面向。另外，這些模型裡的圖表有可能會被加以分組。在使用 UML 的方案中，一個需求模型或許是由使用案例模型 (use case model) 所構成，其中又包含使用案例圖表、使用案例敘述與一些使用案例的原型（參見第 6 章），以及顯示子系統的初始架構模型（architectural model，參見第 5.2.4 節）。注意，模型可以包含圖、資料與文字等資訊。圖 5.4 中，在圖的左手邊是一個 UML 圖，它的內容包含了模型與

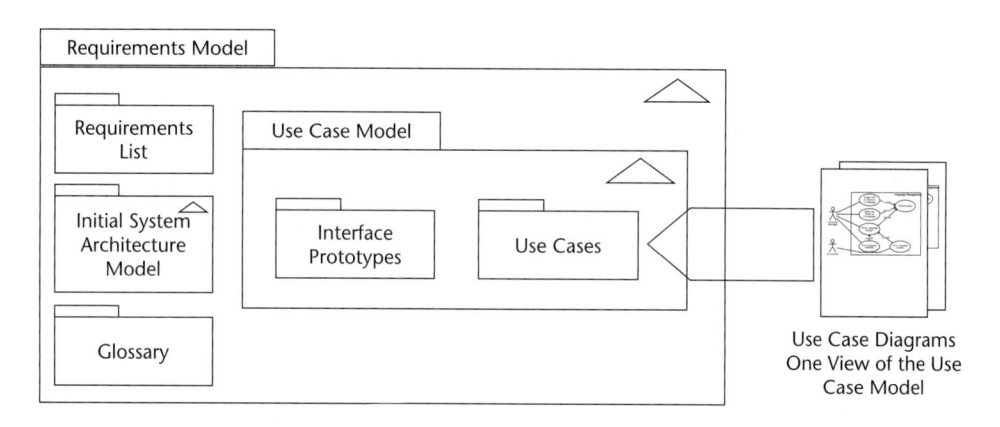

圖 5.4 以圖來說明 UML 模型與其間關係

套件（參閱第 5.2.4 節），而圖的右手邊則示意說明了使用案例圖是使用案例模型內容中一個的可能觀點。

另一方面，一個系統的行為模型 (behavioural model) 則顯示有關系統行為的面向，也就是系統對於外在發生事件及時間經過如何做反應。在一開始的專案分析活動中，行為模型可以是很簡單的，亦即使用溝通圖 (communication diagram) 來顯示哪些類別可以相互合作地對外在事件做反應，以及在各類別間傳遞非正式定義的訊息。當專案持續進行且展開更多的設計活動後，行為模型的內容會變得非常詳盡，並使用互動循序圖 (interaction sequence diagram) 來細部呈現物件的互動，其中，每個訊息將被定義為一個事件或是一項類別的操作。

如果模型非常簡單，可能只需要單一的圖即可；不過大多數的模型並非如此，而是由許多圖組成（這些圖彼此之間有連結），並且有許多輔助資料與文字紀錄。大部分模型之所以需要由很多圖構成，是因為如此才可以將複雜的系統簡化至一定的程度，好讓人們能夠了解並且切入。例如，Java 的類別庫 (class library) 是由上百個類別組合而成，但是介紹這些類別的相關書籍很少在一份圖表或概念上相關的圖集中列出超過二十種類別。

5.2.4 UML 模型

UML 2.2 頂層構造規格 (Superstructure Specification, OMG, 2009b) 對於模型有以下定義：

> 一個模型會擷取實體系統的觀點。它不但是實體系統的抽象概念，而且存在特定的目的。此目的決定哪些東西要放在模型中，而哪些不相關。因此，模型才能完整地描述實體系統中與模型目的的相關面向，並且掌握到所有細節。

在 UML 中，有許多概念可以用來敘述系統本身，以及敘述系統如何被細分且據

此來建構模型。**系統** (system) 是指所有可以被塑模的整體事物，例如用在處理客戶及客戶廣告活動的 Agate 公司系統。**子系統** (subsystem) 是系統的一部分，由相關的元素所構成，例如 Agate 公司系統中的活動子系統。至於**模型** (model)，由特定的角度與**觀點** (view) 來看，即是系統或子系統的抽象概念。例如活動子系統中的使用案例觀點，由包含使用案例圖表的模型來表現。整體而言，模型必須是完整的，而且在所選擇的抽象概念上必須具有一致性。系統中的不同觀點可以藉由不同的模型來敘述，而**圖表** (diagram) 是定義為模型系統中一套元素的圖像呈現。

不同的模型會陳述不同的系統觀點。Booch 等人於 1999 年提出五種可以使用在 UML 中的觀點：使用案例觀點 (use case view)、設計觀點 (design view)、過程觀點 (process view)、實作觀點 (implementation view) 以及部署觀點 (deployment view)。根據這些觀點來選擇塑模的圖時，必須考量模型的特性及系統的複雜程度。的確，你可能不必使用所有的系統觀點。例如所要開發的系統只會在單一機器上運作時，便不需要實作觀點及部署觀點，因為這兩種觀點只和哪種零件必須安裝在哪種機器上有關。

UML 提供了塑模過程中子系統使用的符號。另外，模型也可能用到 UML 中套件符號的延伸。**套件** (package) 是指將模型元素組織起來並組合在一起的方式。套件本身並不代表塑模系統中的事物，而是一種將系統中沒有代表事物的元素組合包裝在一起的便捷方式。在電腦輔助軟體工程工具中，會將套件視為管理產出之模型的方法。舉例而言，使用案例可以被分類成一組，並放入「使用案例套件」(Use Cases Package) 中。圖 5.5 顯示套件、子系統及模型的符號。透過將模型元素包含在更大的元素中，我們可以在圖表中呈現套件、子系統，以及涵蓋其他套件、子系統及模型的模型。圖 5.6 的例子便是一個系統中包含兩個子系統時所使用的符號。

圖 5.5 套件、子系統與模型的 UML 圖示標記

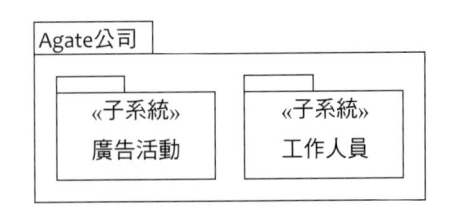

圖 5.6 系統包含子系統的 UML 圖示標記（以包含表示）

5.2.5 模型發展

在專案進行的過程中,系統開發時所建構的模型往往會有所更動,這樣的變動最主要可以分成三個層面:

- ❖ 抽象概念。
- ❖ 形式的要求。
- ❖ 細節的著重程度。

在專案進行的特定階段,當我們對於即將建構的系統有更深入的了解後,可能會延伸模型或者嘗試讓模型更為精美。當每一個階段結束時,在不違背限制下,我們希望能有一個完整且一致的模型。這樣的模型顯示在專案的特定時點,我們對於系統本身的認知與了解。

有些專案的開發系統有反覆式生命週期。在這類專案進行過程中,不同觀點的模型也許能以不同的細節程度被開發出來。例如,系統的使用案例模型可能只會顯示出需求擷取之首次反覆中明顯的使用案例。在經過第二次反覆後,從需求討論中衍生出更多細節與其他的使用案例,將使使用案例模型更趨完善。此外,或許可以加入部分原型,並且測試使用者如何與系統互動的想法。在第三次反覆之後,模型將加上更多結構性的敘述,其中包含使用者如何與使用案例互動,以及這些使用案例之間的關係(使用案例將在第 6 章介紹)。圖 5.7 描述在持續不斷的反覆中,增加更多細節至模型的過程。必須強調的是,反覆的次數並不只限於三回。專案中的任何階段都會有數次的反覆。反覆的次數是由被開發系統本身的複雜程度而定。

另一種可能的情形是,所產出的模型本身包含很多細節,但是為了簡化系統各面

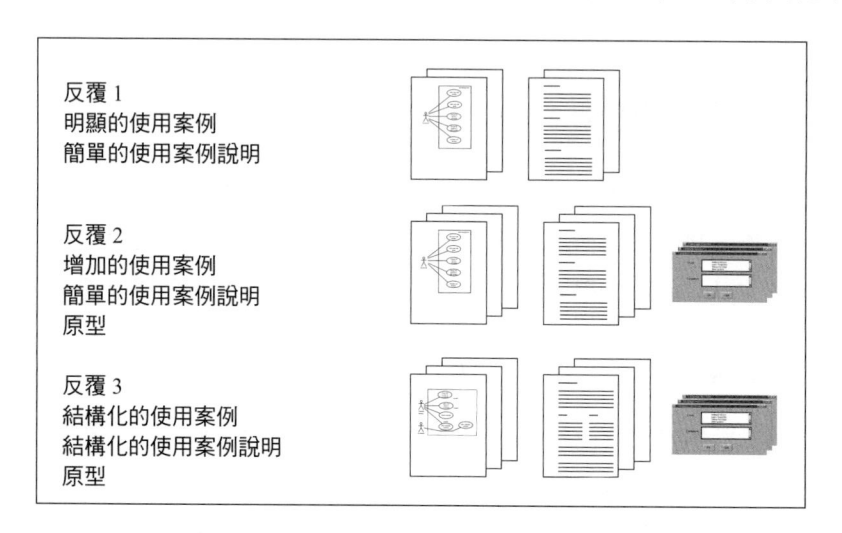

圖 5.7 經由持續不斷反覆推展的使用案例模型發展

向的概觀，我們可以選擇隱藏或省略部分細節。舉例而言，在類別圖（將在第 7 章介紹）中可以看到一些區隔出的部分，其中包含為求簡化而省略的屬性 (attribute) 與操作 (operation)。這通常有助於呈現各類別間的結構關係，只使用每個類別的名稱，屬性與操作等細節則不贅述。以下的例子是 Java 類別庫（參見第 5.2.3 節）中的圖表，用意在於顯示各類別及各類別間的結構關係，而不是其他細節。

在系統分析與設計的進行過程中，模型中的元素會變得更加具體明確。舉例來說，在一開始時，有許多代表企業活動中各類元件的類別，如 `Campaigns`, `Clients` 等，這些類別名稱是由它們所涵蓋的職責來定義。一直到設計過程的尾聲且準備好運用這些類別時，清楚的屬性及操作讓我們有更具體明確的類別，而且該範疇中的類別會有額外的類別來輔助說明，例如在儲存領域類別 (domain class) 機制中使用的集合類別 (collection class)、快取區 (cache)、仲介者 (broker) 以及代理人 (proxy) 等。

同樣地，當專案持續進行，操作、屬性、限制等定義的正式程度也會隨之增加。在一開始，類別會有粗略定義，並以英文命名（或其他專案開發時使用的語言）的職責。當設計活動到達尾聲、準備實作這些類別時，它們已然使用活動圖、物件限制語言、結構化英文或虛擬程式碼（見第 10 章）等定義好操作，而每個操作都有其個別事前與事後的條件。

在專案進行時，反覆推展式方法比瀑布式模型更具優勢，因為前者的模型可以持續改進而更趨完善；然而，此方法也有其他缺點。首先，要知道何時應停止再進一步改進模型並不容易；其次，在專案後期出現額外資訊時，是否要更改先前的模型也是個問題。這些議題在方法論或專案管理方法（參考相關網站）中會有解決的方案。目前，我們先看一個 UML 圖的例子，並且了解它如何開發。

5.3　繪製活動圖

本章先前曾使用活動圖來說明圖表，本節將更進一步解釋 UML 中活動圖的基本標記法，並且舉例說明如何使用。在此我們首先介紹活動圖，一來是提供 UML 一種類型的圖，二來是我們可以用活動圖來講解我們本書所使用的開發過程。

5.3.1　活動圖的目的

活動圖可以被用來針對系統的不同面向來塑模。在一個較高的層次時，它們可以用來為企業活動的現存及潛在系統建立模型。為此，活動圖會使用於系統開發生命週期的早期。它們可以針對使用案例所表示的系統功能建立模型，並且可能會運用物件流程 (object flow) 來顯示哪些物件被包含在使用案例中。當系統的要求更加強化時，

上述過程在生命週期的階段便會完成。此外，活動圖也可以使用在較低的層次，來對於如何執行特定的操作進行塑模，而且為此目的而可能發生在後期的分析或系統設計活動。活動圖也可能在統一軟體開發過程中使用 (Jacobson et al., 1999)，以說明統一軟體開發流程的活動組織方式，以及這些活動在軟體開發生命週期裡的相互關係。在往後的章節，我們為了相似的目的，也會使用活動圖來顯示本書所採用的簡化流程活動如何配適（這些過程將會在第 5.4 節說明）。

總結來說，活動圖的使用有以下幾個目的：

❖ 為一套過程或工作建立模型（例如在業務塑模時）。
❖ 敘述由使用案例所代表的系統功能。
❖ 在操作的指令上，敘述一項操作的邏輯。
❖ 在統一軟體開發過程中，為構成生命週期的活動建立模型。

系統分析與設計的風潮不斷改變，新方法（例如物件導向分析與設計）取代舊方法，並導入新的圖表及標記法。其中有一種圖表類型常常被新方法的發明者否定，但最後仍會不知不覺地出現在流程中，那就是流程圖 (flowchart)。活動圖本質上就是一種物件導向版的流程圖。

UML 2.0 修改了活動圖的基礎模型，在 UML 1.X 中它們是基於狀態機（參閱第 11 章）為主，但現在則與狀態機有所區別，是以派翠網路 (Petri nets) 為主。

5.3.2 活動圖的符號

最簡單的活動圖是由一組相互以流程連結的活動所組成，這些流程的正式名稱為「活動連接」(ActivityEdges)。每個活動是由圓矩形表示，活動的名稱寫在此二維符號裡。此外，名稱必須是有意義且可以概述此項活動的。圖 5.8 展示一個由控制流程連接兩個活動的例子。

活動的存在是為了執行某些工作。在圖 5.9 的例子中，第一個活動是在本書第 A1 章提到的 Agate 公司系統裡加入一個新客戶。至於連結到第二個活動的流程，則表示一旦第一個活動完成，下一個活動會接著開始。另外，有時候會有不只一個可能的流程連結兩個活動。

在 Agate 公司系統的例子中，我們以一位 Agate 公司董事的訪談來概括彙整工作

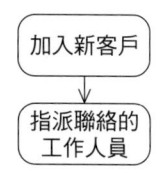

加入新客戶
↓
指派聯絡的工作人員

圖 5.8 ｜ 透過控制流程連接兩個活動的例子

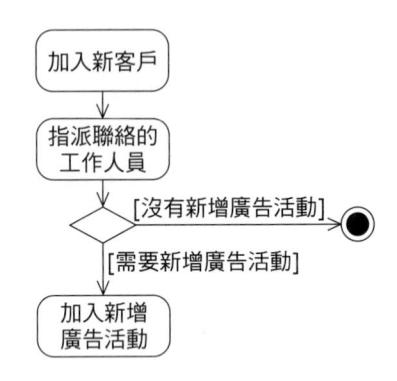

圖 5.9 ｜ 有決策節點的活動

流程：

當增加一位新客戶時，我們會立刻指派一位專員做為這位客戶的聯絡人。如果這是一位重要的客戶，此聯絡人的角色很可能會由經理或資深員工來擔任。增加一位新客戶通常是因為我們和他同意一項企劃活動，之後也將在此企劃活動中增加一些細節。不過，事情並不全然如此，有時候我們會在企劃活動的細節尚未確立前就加入新客戶，如此一來，一旦加進該客戶，工作便宣告完成。如果要增加企劃活動，則必須記錄細節，如果知道哪些員工負責該項企劃活動，我們也會在企劃活動中指定他們。

這段訪談的文字紀錄敘述了一些我們所做的選擇，而且這些選擇會影響所要執行的動作。我們可以用一個清楚的**決策節點** (decision node) 來呈現活動圖的活動。圖 5.9 中的菱形圖示符號即為決策節點。

在 UML 1.X 中，並不需要使用如此清楚的決策節點。圖中可以只顯示「指派聯絡的工作人員」動作之後的選擇性流程，如圖 5.10 所示。

然而，這在 UML 2.0 之中已經不再適用。在 UML 1.X 中，如果活動之後有一個以上的流程，它會被當成 OR 來處理；也就是說，只有其中一個流程會被選擇。但是在 UML 2.2，它會被當成 AND 來處理；換言之，所有的流程都會被採納。

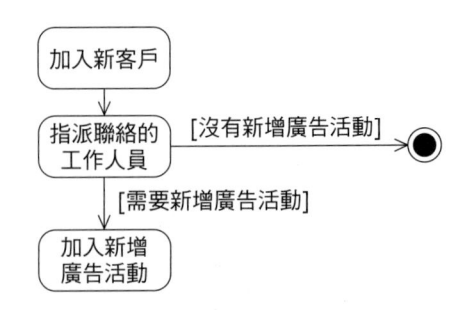

圖 5.10 ｜ UML 1.X 中未有明確的決策節點表示選擇

這種選擇性流程被歸類為**警戒條件** (guard condition)。警戒條件會顯示在方括弧內，並且必須衡量為是或否。從單一決策節點出發的其他警戒條件之間並不需要互斥，但如果它們不是互斥的話，就必須用某種方法來具體指定警戒條件衡量的順序，否則結果將無法預測。因此，我們建議警戒條件之間存在互斥關係。

圖 5.9 及圖 5.10 顯示活動圖標記法的其他元素：當一項活動已經完成，特定圖表中的活動順序也隨之結束，此時必須有一個控制流程 (control flow) 接到**末端節點** (final node)。末端節點以一個外面由黑框和白色圓圈，且內含一個黑色圓圈的圖形來表示。每個活動圖都必須從另一個特殊的圖示符號開始，也就是代表活動開端的一個黑色圓圈。圖 5.11 顯示在圖 5.9 中加入**起始節點** (initial node) 的結果，以及其他增加的動作（指定一名員工從事活動）和額外控制的流程。

圖 5.11 也呈現了 UML 圖從 2.0 版起的一個特點：每個圖都可以繪於**框架** (frame) 內，框架是在左上角有標題的矩形，標題包括了圖的類型（可以省略）、圖的名稱以及選擇性參數，在本例中活動圖類型縮寫為 act。只有像是訊息會從由框架表示的邊界輸入的循序圖等才真的需要框架，如圖 9.6。

注意，圖表底端有一個迴圈 (loop) 或反覆 (iteration)，其中「為廣告活動指派工作人員」的活動會不斷重複，直到沒有多餘的工作人員可以指派至特定的廣告活動為止。

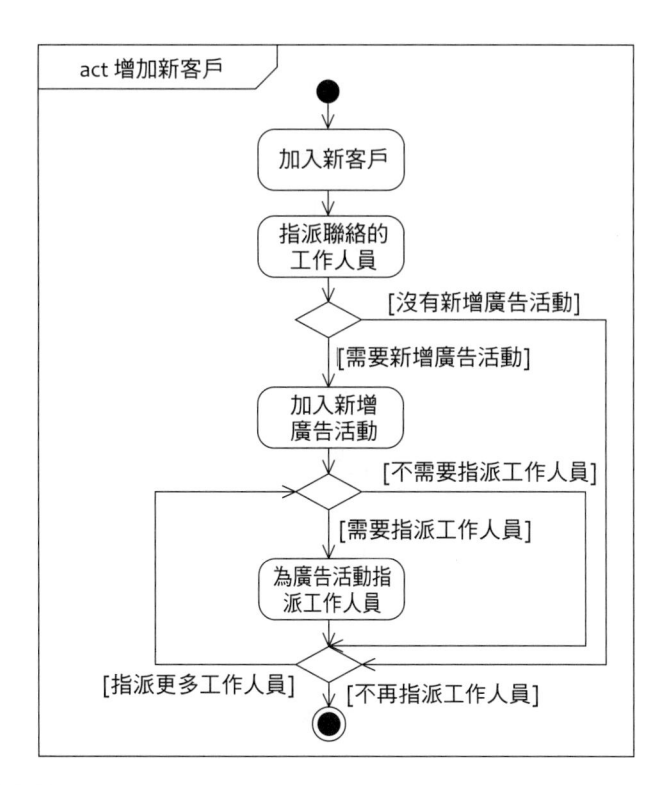

圖 5.11 在框架中有起始節點的活動圖

活動圖可以表現出所有程序程式語言的三個結構元件：順序、選擇以及反覆。這種能力對於業務塑模的過程特別實用，也有助於類別操作的塑模。UML 2.0 加入了大量類型的動作來描述活動圖的結構，這些動作是某種可以取代為程式碼的動作，包括像是 AddVariableValueAction 及 CreateObjectAction 等，試圖讓建立可以用來塑模操作實作的活動圖變得更為容易，以塑模操作的實作，並且可以編譯成程式語言：可執行的 UML (Executable UML)。

然而在物件導向系統中，主要焦點是放在物件能夠執行整體系統的必要程序來達到目標。以下是物件可以在活動圖中呈現的兩種方法：

❖ 操作名稱及類別名稱可以當成動作的名稱。
❖ 一個物件可以顯示成提供一項動作的輸入或輸出。

圖 5.12 顯示這些物件在活動圖中首度使用的情形。在這個例子裡，廣告活動的總成本是活動各自的宣傳費用，加上活動支出的人事費用。相關的類別名稱顯示在動作名稱下方括弧中的雙冒號之前。如果動作的名稱與操作的名稱不同，則操作名稱可以放在冒號後面。這也是支援可執行 UML 特殊化動作之一的 CallOperationAction。

活動圖裡第二種呈現物件的方法是使用**物件流程** (object flows)。物件流程是在一個物件及一個促成改變的動作之間的箭號。物件的狀態可以顯示在象徵物件符號的方括弧裡。圖 5.13 以 Record Completion of a Campaign 為例來說明，此項活動會對從 Active 到 Completed 中的 Campaign 物件造成改變。〔物件與類別將在第 7

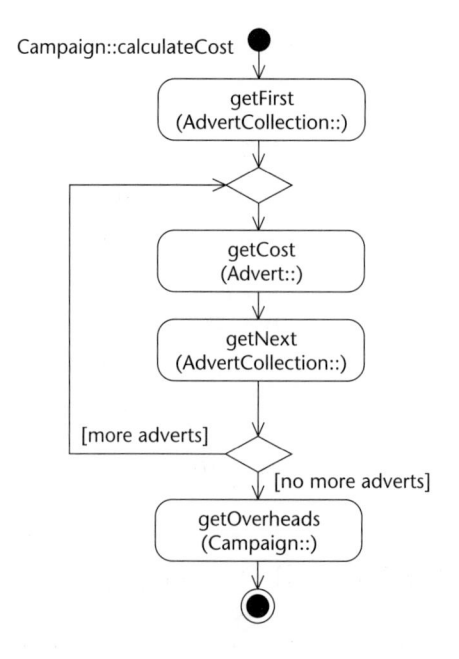

圖 5.12 有類別操作及動作的活動圖

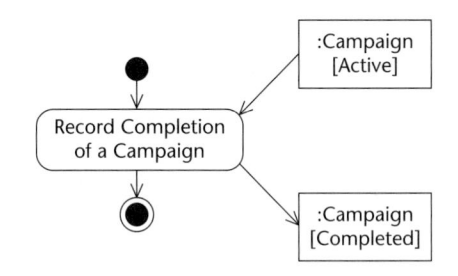

圖 5.13 有物件流程的活動圖

章及第 8 章中有更深入的討論。另外，**狀態** (state) 及**狀態機圖** (state machine diagram) 的概念將在第 11 章解釋。〕

在本階段，最後一個有助於了解活動圖符號的元素是**活動分區** (activity partition) 的觀念，它在 UML 1.X 中稱為**水道** (swimlanes)，也是一般大家所熟悉的名稱。活動分區對於呈現系統中事情如何發生特別有幫助，而且可以用來表示動作發生的位置或是執行動作的角色。

在 Agate 公司系統中，當廣告活動結束時，廣告活動經理會記錄該項活動已經完成。這項動作將促使完成表格的紀錄傳送至公司的會計人員。接著當客戶付款時，發票會送至客戶端，同時也會產生付款紀錄。（這類的活動使用案例紀錄可以參考圖 A2.2。）

為了能夠對系統當下運作的方式建立模型，我們可以繪製如圖 5.14 的活動圖，

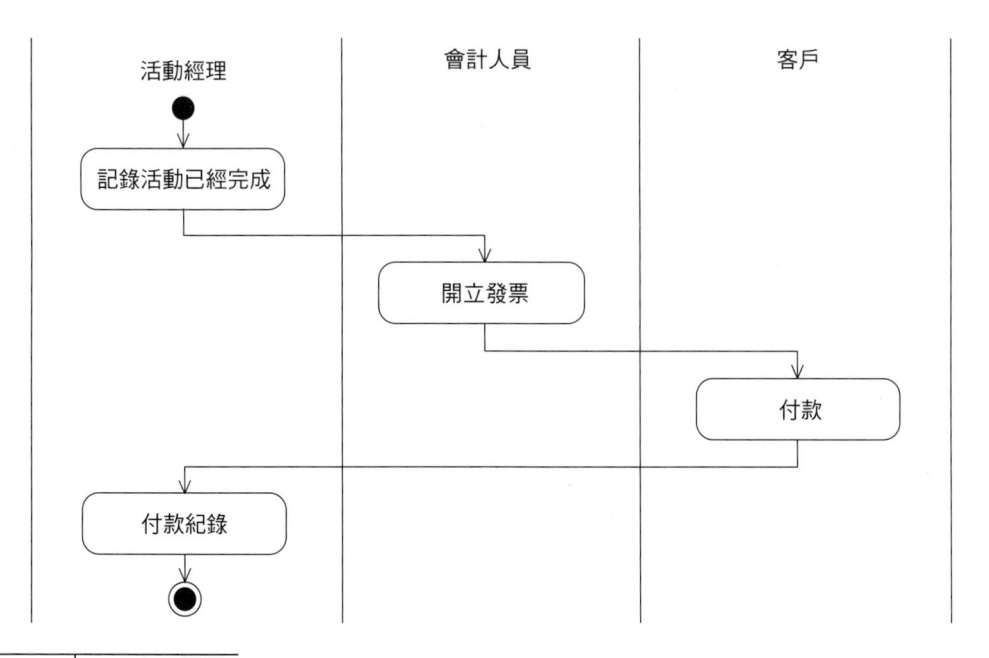

圖 5.14 有活動分區的活動圖

來呈現這些動作的發生。概要來說,這項專案是與廣告活動管理連結,因為公司已有會計系統存在。然而,繪製此圖表的動作會引起另一個問題,那就是——客戶付款時會發生什麼事情?

❖ 客戶的付款是給會計人員嗎?是否有方法可以讓廣告活動經理被通知?
❖ 客戶的付款是給廣告活動經理嗎?該經理是否記錄該筆付款,然後再轉給會計人員處理呢?

釐清這些重點隸屬於需求擷取的過程,在第 6 章會更詳細地說明。

此處介紹活動圖的一個原因,是統一軟體開發流程中會使用活動圖來記錄軟體活動開發生命週期裡的活動。在統一軟體開發流程中,圖表是被**模板化的** (stereotyped),亦即標準的 UML 符號會被代表動作與這些動作的投入產出等的特定圖示符號所取代。在下一節中,我們將敘述本書所採用的簡化流程模型,也將使用活動圖來彙整後面章節案例研究中的流程。

5.4 開發過程

一套開發過程應該指定必須完成什麼、何時完成、應該如何完成,以及由誰完成來達到要求的目標。專案管理技巧是用來管理及掌控個別專案的流程,其中廣為使用的軟體開發過程是 Rational 統一過程 (Rational Unified Process),這是 IBM 擁有專利的開發過程,不過也是以統一軟體開發過程為基礎 (Jacobson et al., 1999)。統一軟體開發過程最初是由創造 UML 的團隊所研發,而且收錄許多目前資訊系統開發所接受的最佳慣例,包括:

❖ 反覆推展式與漸增式的開發。
❖ 以元件為基礎的開發。
❖ 需求驅動的開發。
❖ 可配置性。
❖ 架構中心主義。
❖ 視覺化塑模技術。

統一軟體開發過程經常被簡稱為**統一流程** (Unified Process)。

統一軟體開發過程並不會依循如圖 3.3 的瀑布式生命週期來運作,而是在四個主要階段中採用一種反覆推展式方法,這些階段反映系統發展過程裡工作所強調的不同重要性(圖 5.15),這些不同處又會由一連串在發展流程中的**工作流程** (work flows)來擷取。每個工作流程定義一組活動,當作工作流程的一部分來執行,並且指定執行

這些活動的人員角色。我們必須牢記，在瀑布式生命週期中，活動與階段只有一個，而且是相同的；然而在反覆推展式生命週期之中，如同統一軟體開發過程，活動是獨

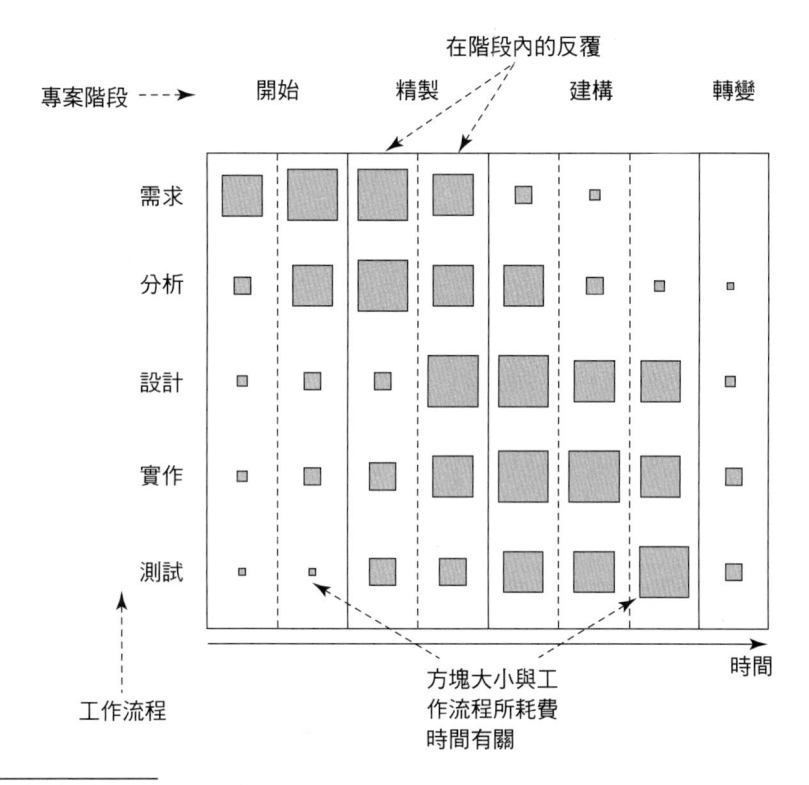

圖 5.15 統一軟體開發過程各個階段與工作流程

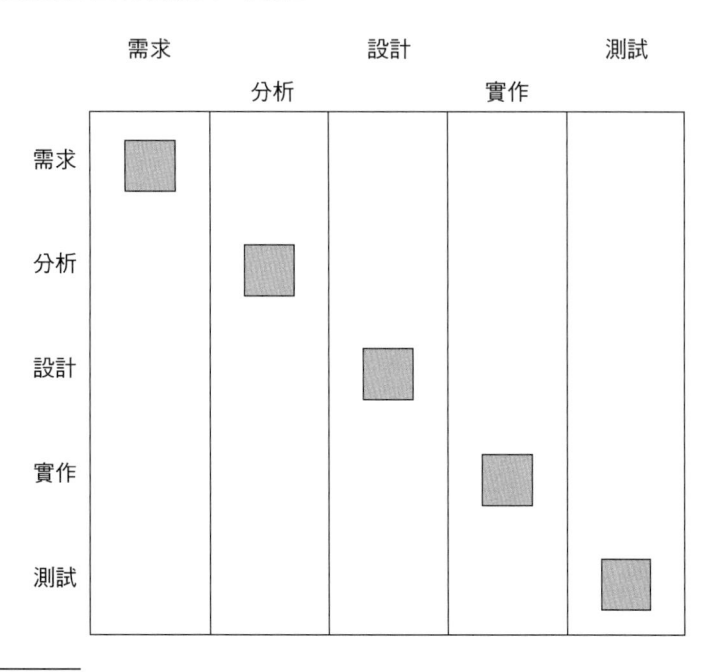

圖 5.16 簡化版瀑布式過程各個階段與工作流程

立於階段之外，而且混合著隨著專案進行而改變的活動。圖 5.16 使用和圖 5.15 同樣的圖表風格，來呈現一個簡化的瀑布式生命週期樣貌。

5.4.1 基本原則

為了討論本書所介紹過的技巧以及模型，我們假設一套基本的系統開發過程，不過目的不在嘗試發明另一種方法。這裡所描述的主要活動，以不同的形式出現在大多數的系統開發方法中。我們所採用的系統開發過程大致和統一軟體開發過程一致，不過併入了不同來源的觀念。這個方法包含下列特性：

- 反覆推展式的。
- 漸增式的。
- 需求驅動的。
- 以元件為基礎的。
- 有架構的。

這些原則在許多常用的方法中都可以發現，而且被視為最佳實務的元素。

5.4.2 主要活動

系統開發過程包含以下主要活動：

- 需求擷取與塑模。
- 需求分析。
- 系統架構與設計。
- 類別設計。
- 介面設計。
- 資料管理設計。
- 建構。
- 測試。
- 實作。

這些活動彼此之間互有關聯且相互依賴。在瀑布式開發過程中，這些活動會接連被執行（見圖 5.16）。不過對於反覆推展式開發過程，雖然一些活動很明顯地接在其他活動後發生，可是情況卻有所不同。例如，在任何需求分析能被使用之前，至少有些需求擷取以及塑模必須發生。我們會使用各種不同的 UML 技巧和符號，並彙整於圖 5.17。

只有關鍵的可交付項目會在表格中列出，而且可能會由一連串的反覆產生並逐漸

活動	技巧	關鍵可交付事項	使用圖表
需求擷取與塑模	需求引出 使用案例塑模 架構塑模 雛型	使用案例模型 需求列表 初始架構 原型	使用案例圖 套件圖
需求分析	溝通圖 類別與物件塑模 分析塑模	分析模型	類別圖 物件圖 溝通圖
系統設計	部署塑模 元件塑模 套件塑模 架構塑模 設計樣式	綜覽設計與實作架構	套件圖 元件圖 布置圖 類別圖
類別設計	類別與物件塑模 互動塑模 狀態塑模 設計樣式	設計模型	類別圖 物件圖 循序圖 狀態機圖
介面設計	類別與物件塑模 互動塑模 狀態塑模 套件塑模 雛型 設計樣式	具有介面規格的設計模型	類別圖 物件圖 循序圖 狀態機圖 套件圖
資料管理設計	類別與物件塑模 互動塑模 狀態塑模 套件塑模 設計樣式	具有資料庫規格的設計模型	類別圖 物件圖 循序圖 狀態機圖 套件圖
建構	程式開發 元件再用 資料庫 DDL 程式開發用語 手冊撰寫	完成建構的模型 使用說明	
測試	程式開發 測試計畫與設計 測試	測試計畫 測試案例 完成測試的系統	
實作		完成安裝的系統	

圖 5.17 系統開發過程活動清單

交付,接著會有每一項活動的簡要彙整。產出的模型及產生這些模型所需的活動,在接下來的幾章中將有更詳細的解釋。

↳需求擷取與塑模

各種不同的事實發現技巧用來確認需求,我們將在第 6 章討論。需求會記錄在使

用案例中，而使用案例會擷取功能性元素。另外，需求模型可能會包含許多使用案例，例如在 Agate 公司案例研究中，會計人員必須能記錄系統中新員工的詳細資料，這樣的需求便是使用案例的例子。如下所述：

使用案例：增加一位新員工

當一位新進員工加入 Agate 公司，他的詳細資料會被記錄下來，並被指定一組員工編號，到職日也會記錄。到職日會預設成今天，開始的成績也同樣會被記錄。

使用案例也可以用圖表來塑模。使用案例模型已改進得更完善，能夠做到確認一般程序以及使用案例之間的相依性。改善的目的在於產生精簡卻完備的需求解釋。並非所有的需求都能在使用案例中被擷取，一些應用到整體系統的需求會在需求名單中出現。考量系統能有多好的表現，而非著重在系統做了什麼的需求（即非功能性需求），則會另外擷取。此外，擷取個別文件中反映企業經營表現的法則（企業法則）是很平常的，我們會從使用案例中交叉參考。

一些關鍵使用者介面的雛型可以用來協助了解使用者對於系統的需求。

初始系統架構（參考圖 5.18 中的 Agate 公司系統）可以幫助引導開發過程的後續步驟。這樣的初始架構會再進一步改善，並且隨著開發不斷進行而調整修改。

✎ 需求分析

這項活動分析需求，基本上每個使用案例描述一個使用者主要需求，分別分析每個使用案例來確定物件所需支援的使用案例，分析使用案例也可以確定物件如何互動以及每個物件對所支援的使用案例有多大的責任。溝通圖（圖 5.19）用來塑模物件互動，每個使用案例的模型加以整合之後產生一分析類別圖，如第 7 章與第 8 章的介紹。圖 5.20 展示了一個分析類別的例子。最初的系統架構可以依據這些活動再加以精簡。物件圖可以用來分析物件間的連結以確認類別之間的關聯。

✎ 系統架構與設計

這個活動會產生各式各樣設計流程的相關決定，包含適當系統架構進一步的規格化，例如在 Agate 公司案例中，一個可能的系統架構如圖 5.21 所示。這個架構具有四

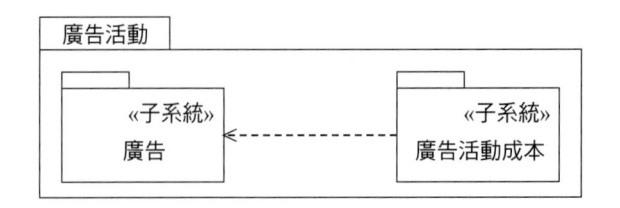

圖 5.18　Agate 公司系統部分的初始系統架構

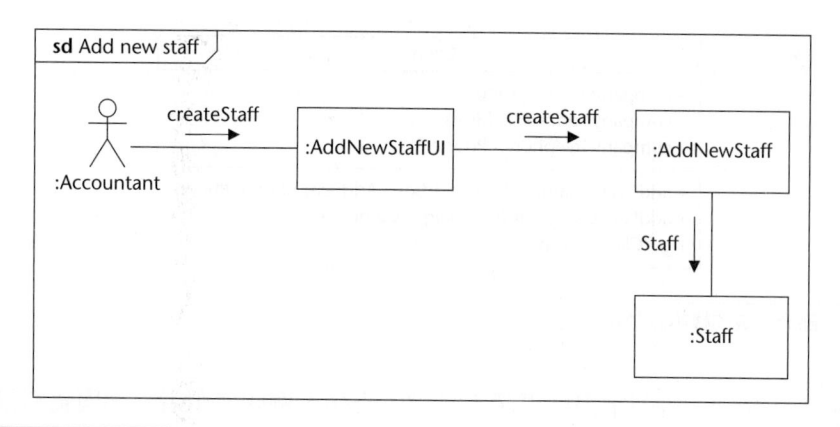

圖 5.19 使用案例 Add New Staff 部分的溝通圖

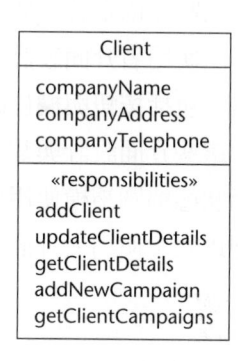

圖 5.20 部分完成的樣本分析類別

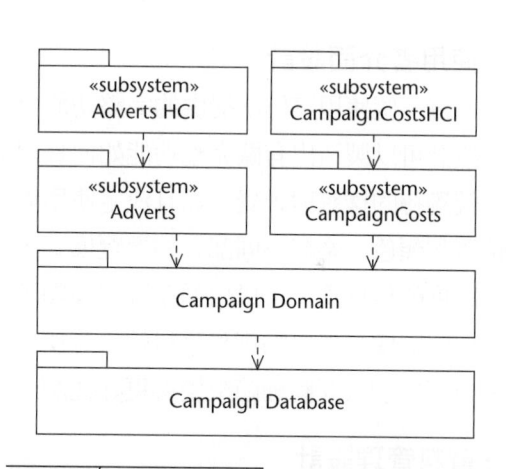

圖 5.21 Agate 公司系統部分的可能架構

層，底端兩層提供了企劃活動成本與宣傳計畫子系統兩者的一般性功能，以及資料庫的使用，此處部分的架構規格可能包含確認所使用的特定科技。在這種情形下，我們可以決定使用主從式架構，透過網路瀏覽器來操作子系統介面的伺服器架構，以賦予操作最大的彈性。

元件圖和套件圖一樣用於塑模系統的邏輯元件，而部署圖則用於呈現處理器及運作其上的軟體它們的實體架構。

系統設計也為專案的其餘部分考慮識別及記錄適合的開發標準（例如介面設計標準、程式碼標準）；系統設計將在第 13 章中說明。

↪ 類別設計

現在，每一個使用案例分析模型皆詳盡地涵蓋了相關的設計細節。互動循序圖可以顯示細節的物件溝通（第 9 章）；狀態圖則可以為具有複雜狀態行為（第 11 章）的物件做準備。接著，個別模型再進一步整合，產生一個詳盡的設計類別圖。設計類別具有特定的屬性與操作（圖 5.22），可以取代分析活動（圖 5.20）找出較不明確的

```
                    Client
─────────────────────────────────────────
– companyName: String
– companyAddress: Address
– companyTelephone: Phone
─────────────────────────────────────────
+ addClient(name: String, address: Address, phone: Phone)
+ addNewCampaign(campaign: Campaign)
+ getClientCampaigns( ): Campaign[ ]
```

圖 5.22 | 部分完成的樣本設計類別

職責。詳細的類別設計通常需要更深入類別的支援，例如使用者介面與資料儲存系統（通常是一個資料庫管理系統）的使用等。類別設計將在第 14 章再做說明。

⇨ 使用者介面設計

每一個使用案例所提供的完整功能特性，在需求分析中已經加以定義。使用者介面設計可以製造出有關完整功能如何實現的詳細規格。另外，使用者介面設計也給予系統獨特的樣貌與感覺，並且決定使用者所感受的互動風格，包括按鈕與欄位的相對位置和顏色、系統不同部分的導覽模式，以及線上協助等，這些介面設計與類別設計有高度的相依性。可以用循序圖塑模類別實例間的互動，用狀態機圖塑模使用者介面如何回應像是滑鼠點選和資料輸入等使用者事件，類別模型以表示使用者介面的新類別更新並加入互動細節來變得更好理解。

⇨ 資料管理設計

資料管理設計的重點在於資料庫管理系統實作所適用機制的規格。正規化及實體關係塑模 (entity-relationship modelling) 等方法，在使用關係資料庫管理系統的情形下會更有用。另外，資料管理設計與類別設計兩者是相依的；循序圖是用來塑模類別實例間的互動，而狀態機圖則是隨著時間來塑模物件回應真實世界事件的狀態改變，類別模型以新類別更新來呈現資料管理架構及資料儲存的方式。

⇨ 建構

建構是指使用適當的開發技術來建立實際的運用。系統不同部分可以用不同的語言來建立。例如 Java 可以用來建構使用者介面，同時利用 Oracle 這類的資料庫管理系統來管理資料儲存，並掌控常用的例行流程。類別圖、循序圖、狀態機圖、元件圖及部署圖等提供開發者相關規格。

⇨ 測試

在系統交付給客戶之前，必須先做全面的測試。測試腳本必須來自客戶先前已同意的使用案例敘述。即使是系統元件開發的同時，也必須執行測試。建構工作進行時

也進行各種不同測試，測試並不是全部留到最後才做。

實作

系統的最後實作包括安裝在各種不同電腦上，也包括客戶從舊系統轉換到新系統的管理。這些執行都需要相當謹慎的風險管理及員工訓練。

5.5 總結

就像在許多種開發專案中，我們使用模型來表示要記錄的事物及想法，而不用真正地建造出一套系統。當然，我們的最終目的是建構系統，而模型則有助於達到這個目的。模型可以讓我們從不同的面向創造出對於系統的不同觀點，在資訊系統開發專案裡，多數模型都是以圖形化呈現真實世界事物，以及資訊系統中所使用的軟體製品。

這些圖形化呈現就是圖表，它可以針對物件與流程來建立模型。UML 定義了許多圖表，並且記錄這些圖表應如何繪製。UML定義了兩種類型的圖表：結構類型圖與行為類型圖，圖表通常也支援文字內容，有些文字的使用可以是非正式的，例如使用自然語言；有些也可以是正式的，例如使用物件限制語言。

在專案進行過程中會建立各種不同的模型，以表現系統的不同面向。從特定觀點來看，模型是系統一個完整且一致性的觀點，特別是經由圖表來建立的模型。活動圖便是使用 UML 圖形符號的例子，針對系統所執行的活動來建立模型，包括動作的順序、不同的路徑、重複的動作。除了在系統開發專案中使用，活動圖也可用在統一軟體開發過程以記錄工作流程中的活動順序。

統一軟體開發過程提供可以用來開發軟體系統的流程規格，它是由許多階段構成。在這些階段中，系統模型透過接連不斷的反覆推展而更臻完善，同時會加入額外的細節，直到系統得以在軟體裡建構並進行實作。就本書的目的而言，我們已經將軟體的開發過程進一步分成許多開發系統所需的活動，這些活動將在接下來的幾個章節裡有更深入的敘述。

習題

5.1 圖與模型之間有何不同？
5.2 圖的四個元素為何？
5.3 為什麼在開發電腦化資訊系統及其他工具時需要使用模型？
5.4 為什麼在圖中圖像化元素的使用上需要標準？

5.5 套件、子系統及模型的 UML 標記法各為何？
5.6 如何在 UML 中顯示某項東西被其他東西包含，例如一個子系統在另一個子系統中？
5.7 在 UML 活動圖中，活動所使用的符號為何？
5.8 何者可連結活動圖裡的活動？
5.9 在 UML 活動圖中，如何表示決定？
5.10 活動圖裡的兩個特別節點為何？
5.11 何謂警戒條件？
5.12 何謂物件流程？
5.13 物件流程的符號為何？
5.14 統一軟體開發過程與瀑布生命週期在活動與階段上的關係有何不同？

☑ 案例研究作業、練習與專案

5.A 有些人認為資訊系統是真實世界的模型或模擬，將資訊系統以這種方式思考有何優缺點？
5.B 想想其他類型開發專案所使用的模型。對於每種類型的專案列出你認為可行的不同類型模型。
5.C 選擇一件你可以執行、也了解的工作，例如：準備一份學院或大學的作業或是進行中的工作等，畫出活動圖來敘述構成這件工作的活動摘要。如果工作涵蓋由其他人進行的行動，則可採用活動分區。
5.D 從你的活動圖中選取一些行動，並將它們更進一步拆解成個別的圖。
5.E 閱讀關於 Rational 統一過程 (RUP) 的相關資料，找出其與統一軟體開發過程之間的差異。

Chapter 6

需求擷取

學習目標 在本章中你將學到：
- ☑ 現有系統與所需系統之間的區別。
- ☑ 何時及如何應用五種主要的事實發現技術。
- ☑ 記錄需求的必要性。
- ☑ 如何繪製使用案例圖來記錄需求。
- ☑ 如何撰寫使用案例敘述。

6.1 簡介

　　無論是否正在開發一些簡單的程式供自己使用或是正為商業客戶著手進行大規模系統開發，找出新系統應該能夠做些什麼是開發的第一步。系統必須做到哪些規格是築基於使用者需求上，從使用者那兒獲取這些資訊是系統分析師或商業分析師關鍵的工作；需求將包括現有系統做到哪些以及新系統必須做到哪些現有系統沒做到的。為了要獲取需求，分析師必須閱讀了解組織、進行訪談、觀察人們作業方式、蒐集文件範本，可能還要發放問卷等，這些調查工作的對象包括了許多利害關係人，而不僅只是系統的使用者而已，所有對新系統有興趣的人他們的需求也必須考慮進去。UML提供一種可以用來記錄利害關係人需求的圖示技術，也就是使用案例圖，那是一種使用案例敘述表單裡的書面資訊支援的相對簡單圖示法。

6.2 使用者需求

開發新的資訊系統旨在滿足人們使用資訊系統的需要。為了達到這個目的，我們必須清楚地理解所有系統中的個別用戶想要在工作上達成的目標。除非是替新組織發展系統，否則需要理解目前的企業如何經營及人員如何工作。現有系統有許多方面需要整合進新系統，因此蒐集和記錄人員做事的資訊很重要。這些需求是由「現有系統」衍生。發展新資訊系統的動力通常是為了處理現有系統不適當之處，因此有必要了解使用者無法從舊系統獲得支援，而需要使用新系統的理由。這些是「新的需求」。這些需求必須為買方或建造者明確地指出新系統的好處，包括「商業案例」或「成效分析」，這常用來衡量新系統帶來的好處及花費。

6.2.1 現有系統

現有系統可能是文件、表單或檔案等人工系統，也有可能已經電腦化或是人工與電腦化參半。無論是哪一種，大部分的現有系統已符合使用者的需求，它勢必經過一段時間的發展去迎合企業需求，並讓使用者熟悉它的操作。同樣地，系統中的某些部分也會不再符合企業需求，且無法處理某些事務。

對於將蒐集資料視為發展新系統第一步的分析師來說，清楚地了解現有系統如何運作非常重要，因為現有系統的某部分還是可以做為新系統的一部分。新系統必須避免和克服現有系統的缺點，這點也非常重要。要取代現有系統並不簡單，因為這些舊系統 (legacy systems) 已經經過一些時間的發展，可能會包括一些已增加或修改許久且數量高達數百萬行的程式碼。因此，一種解決方法就是建構一個新的前端程式，使用較好的圖形化使用者介面和物件導向語言，並且使用新軟體進行包裝來升級舊系統。若是如此，就必須了解舊系統的介面，讓新包裝能順利與其連結。

舊系統要保持現狀或只以新的程式碼包裝並非總是可行的。有時舊系統的提供者會不再支援更早版本的應用，或者目前的技術已被淘汰或不再被支援。在這些例子中，系統會因為資訊科技上的因素而被取代，而不是因為企業對新技術的需求。這些問題在世紀轉換中是不可忽視的，許多公司發現，一些系統面臨毀滅性的危害起因於利用兩個十進位數字儲存年份的決策。然而，改變這些系統程式碼的過程取決於對現有系統內部運作的了解，而非蒐集組織和成員如何工作的資訊。

並不是每個人都認為了解現有系統的細節是重要的，以敏捷法開發軟體的提倡者認為重點應該在於了解使用者對新系統的需求，而不是舊系統的功能。

我們相信下列將有助於研究現有系統：

❖ 現有系統的部分功能在新系統中可能也會用到。

- ❖ 現有系統的資料是有價值的，必須一併整合進新系統。
- ❖ 現有電腦系統的技術文件可以提供新系統所需演算法的細節。
- ❖ 新系統應該避免再次出現現有系統的缺失。
- ❖ 研究現有系統有助於全面性地了解組織。
- ❖ 現有系統只有部分會被保留。資訊系統計畫是一種「環保性」計畫，以人工為主的舊系統運作方式會被電腦系統所取代，而會有更多需要建立介面的現有系統。
- ❖ 我們試圖了解人們如何進行工作，以描繪新系統使用者的特性。
- ❖ 我們可能需要獲取用來對照設定及測量新系統效能目標的基準資訊。

根據這些原因，對於現有系統的了解程度應該成為分析過程的一部分。然而，系統分析師不能在發展新系統上失去客觀性。在之後有關功能性、非功能性以及可用性需求的章節，將解釋我們要蒐集何種資訊。

6.2.2 新需求

多數組織今日都在一個變化迅速的環境中運作。世界各國的經濟在短時間內可能會有戲劇性的變化；大型公司的資產（可能是某組織的供應商、顧客或競爭對手）都會在一夜之間改變；新技術的引進改變了生產流程、運送網絡和與顧客之間的關係；政府和（特別是歐洲的）超政府組織的立法都會對企業的經營產生影響。部分作者提出，發展企業策略有助於應付此種混亂。Tom Peters 在《混沌中的生機》(*Thriving on Chaos*, 1988) 一書中，說明我們應該學習喜愛改變，並發展具彈性和有回應功能的組織，以應付變化多端的商業環境。一個因應環境變化多端的明顯結果就是組織改變產品和服務，並改變進行商業活動的模式。此一影響就是他們改變對資訊的需求。即使是在反應較慢的組織中，資訊系統也會變得過時而需要改進和擴展。組織合併和分解創造了新系統的需求。汰換的過程提供一個延伸系統功能性的機會，以獲得新科技發展的益處，或增加其對管理者與員工的用處。很多組織藉由此內部因素驅動，獲得成長並改變原本的經營方式，而這也提供一個新資訊系統發展的動機。

無論你是否正在了解現有系統的運作或新系統的要求，這些蒐集的資訊將屬於以下三種之一：功能性需求、非功能性需求和可用性需求。在系統發展計畫中，可用性通常會被忽略，而功能性需求和非功能性需求會是一般常用之系統分析和設計的種類。在許多大學的課程中，有關可用性系統的議題會被安排在人因 (human factor) 和人機互動系統 (human-computer interaction) 之後，或者只在系統發展程序設計階段中討論。然而，人因研究的課題是指可用性考量應與系統開發生命週期整合在一起，因此此處也會加以討論。

❖ 功能性需求

功能性需求 (functional requirement) 描述一個系統在做什麼或者預計要做什麼，通常也稱為**功能性** (functionality)。在物件導向方法中，我們會在一開始時以使用案例記錄系統的功能性。當進展到分析階段，有關於功能性的細節將會被記錄在資料中，包括物件、屬性和運作方式。

在此階段，我們將開始建立系統所需，而功能性需求包括：

- 描述系統必須完成的程序。
- 從紙本表格與文件、人與人之間的互動（例如電話）及其他系統得到的系統輸入細節。
- 從列印出的文件與報告、螢幕顯示和轉換到其他系統得到的系統輸出細節。
- 系統必須維持的資料細節。

❖ 非功能性需求

非功能性需求 (non-functional requirement) 描述系統各方面如何妥善提供功能性需求，包括：

- 性能準則，例如系統更新資料或接收資料時的預期回應時間。
- 系統應付眾多使用者同時高度存取的能力。
- 系統停機時間最短下的可用性。
- 從系統失效復原所需的時間。
- 預期資料量，不論是指產出量或是必須儲存的資料。
- 安全考量，例如抵抗攻擊以及偵測攻擊的能力等。

❖ 可用性需求

可用性需求 (usability requirement) 可讓我們確定發展的系統和系統使用者及工作之間有良好的配合。國際標準組織 (International Organization for Standardization, ISO) 定義產品的可用性為：「特定使用者可以在有效用、有效率，以及滿意的情況下達成特定的使用目的之程度。」可用性能利用可測量的目標來指定，將在第 15 章人機互動做更詳盡的說明。為了從一開始在系統裡建立可用性，我們需要蒐集以下幾種資訊：

- 未來系統使用者的特性。
- 使用者的任務，包括試圖達到的目標。
- 描述可以透過系統使用提升的處境因素。
- 使用者判斷系統的接受標準。

Booth (1989) 對此系統可用性議題有更加完善的描述。

6.3 事實發現技術

分析師利用五種主要的事實發現技術來調查需求。此處我們將描述每一種事實發現技術，然後解釋預期將從中蒐集到的資料類型、優缺點和適合使用的情況。

6.3.1 背景調查

如果組織雇用一位分析師來進行事實蒐集，他將會準備好對組織和其商業目標進行全面了解。然而，他如果是以外部顧問的形式來進行，那麼首要任務之一是試著獲取對該組織的某些了解。背景調查或研究是此過程的一部分。其中，合適的來源資料包括：

- 公司報告
- 組織圖
- 方針手冊
- 工作描述
- 報告
- 現有系統的說明書

雖然閱讀公司報告或許可以提供組織任務的相關資訊及可能成為未來需求的指示給分析師，不過這些技術主要是提供現有系統的資訊。

優點與缺點
+ 在與員工訪談之前，背景調查會幫助分析師了解組織。
+ 允許分析師準備其他事實調查，例如組織的商業目標。
+ 現有系統的說明書也許會提供現有系統正式定義的資訊需求。
− 文件撰寫通常不符合現實，可能已過時或只反映出官方政策，與實際情況截然不同。

適合的情況
當分析師對組織一點都不了解時，背景調查是適合的，這在調查的初始階段非常有用。

6.3.2 訪談

訪談可能是事實發現技術裡使用最廣泛的，也最需要技巧和敏銳度。因為上述原因，我們設置了幾項訪談的準則，包括禮儀方面的建議（參見專欄 6.1）。

系統分析訪談是一個有結構的會議，由分析師和通常身為正在被調查組織裡員工

的被訪談者組成。這個訪談可能只是一連串的訪談之一，範圍跨越不同的工作領域，或對被訪談者所負責的任務有更深一層的了解。架構的程度可能有所差異：有些訪談計畫是一組固定的問題，其他則包含重要議題，但也保持足夠的開放性，讓訪談者對於感興趣的事可以繼續深入。對於被訪談者的回覆保持靈活回應的能力是訪談被廣泛使用的原因之一。

訪談可以用來蒐集資訊，包括從管理者得知組織和新資訊系統的目標、從員工得知有關目前工作和他們對資訊的需求，以及從顧客和會員得知可能的系統使用者。當引導一個訪談時，分析師也可以利用此機會蒐集被訪談者在工作中使用的文件。

問卷通常被視為訪談的替代品，尤其當潛在的被訪談者分散在世界各地的分公司時。視訊會議的廣泛使用可能會改變現狀，並使訪談世界各地的員工變得可行。儘管如此，問卷仍然可以接觸到更多的人。

分別訪談不同的系統潛在使用者會讓分析師從不同的人員獲得不同的資訊，而往後在解決這些差異時可能會遭遇困難，且相當費時。一種替代方案是使用群組訪談，讓使用者對議題能達到共識。動態系統開發方式 (Dynamic Systems Development Method, DSDM) 是一種採用群組討論去達成系統發展的方式 (DSDM Consortium, 2007)，這些討論就像進行研討會一般，其中會有一位促進者致力於匯集使用者的知識，並對發展計畫有一致性的想法。

ᗷ 優點與缺點

+ 一對一的接觸允許分析師對使用者所說做出適當的回應，也因此可以獲取高品質的資訊。
+ 比起其他方式，分析師可以更深度地了解員工的工作。
+ 如果被訪談者已經沒有想說的，則可以結束會議。
− 訪談十分費時，而且可能是最花錢的事實蒐集方式。
− 分析師需要整理訪談的結果，例如錄音帶謄錄和筆記的內容。
− 如果訪談者對於問題不願多談，則訪談可能會受偏見影響。
− 如果不同的被訪談者提供衝突的資訊，往後將難以解決。

ᗷ 適合的情況

訪談適合大部分的計畫。它們可以提供有關現有系統的深度資訊，以及人們對新系統的需求。

專欄 6.1　訪談準則

引領一個訪談需要好的計畫、好的人際技巧、警覺性和有條理的回應。這些準則包含幾個在計畫和引領訪談時應該謹記在心的要點。

訪談之前

在訪談之前必須先排好時間，而且要讓被訪談者知道訪談時間和訪談主題等資訊。

訪談時需要員工離開工作崗位，所以要確認他們覺得花費這些時間是值得的。

按照慣例，在訪談前必須獲得直屬上司的同意。通常分析師會先訪談主管，並試著徵求他們的同意。

在大型專案中，應該訂定訪談行程，並且公告被訪談者、訪談的頻率與訪談時間長度。剛開始時應指定被訪談者的工作職位，而非個人，並且應該由管理者決定需訪談哪一位員工。

訪談要設定一個清楚的目標，計畫你的問題並寫下來。有些人也會在問答之間寫下問題。

確定你的問題與他的工作有關。

訪談之始

介紹自己和訪談目的。

訪談必須準時進行，並遵守訂定的時間，千萬不要超時。

詢問被訪談者是否介意你做筆記或錄音。即使訪談可以錄音，仍然建議做筆記，因為機器可能會故障。同時，你的筆記也可以使你回想起在訪談中說了什麼，並回溯那些你覺得有興趣的事情。

請記得，人們可能會對攜帶文件夾板及碼表的外部顧問存有疑慮；許多資訊系統的成本-效益分析證明這些投資可以節省許多工作。

訪談之中

你必須對議程負責，應該控制訪談的方向，並對此有一定的敏感度。如果被訪談者遠離主題，必須將他們引導回問題重點。如果他們告訴你的事情是重要的，請告知他們稍後將會回到這個主題，並且做筆記提醒自己。

使用不同種類的問題以得到不同的見解。問題可以是開放式的（例如「你可以試著解釋如何完成工作時間紀錄嗎？」），也可以是封閉式的（例如「多少人員使用這個系統？」），但切記不要問太開放的問題（例如「可以試著告訴我你在做什麼嗎？」）。

傾聽被訪談者告訴你什麼並且鼓勵他們延伸到關鍵重點。

可能的話，盡量保持正面的看法。藉由總結被訪談者的答案來確定你的確了解他們所言。避免訪談變成被訪談者抱怨某人或某件事情。

你可能發現到現存系統的可能問題，但是應該避免在提問時對議題做出判斷，這將會讓你太專注在問題上。蒐集事實就好。

你應該謹慎地使用之前訪談中經由引導而得到的資訊，尤其是當評論是負面或關鍵的。

使用這個機會蒐集人們在工作中使用的文件範例，詢問他們是否介意給你空白表格的樣品和完成文件的影印複本。

訪談之後

感謝被訪談者撥空參與。如果必要的話，為更進一步的訪談預約時間，提供你的筆記複本讓他們確定你已詳實記載訪談內容。

在訪談結束後，趁你還記得訪談內容時，迅速地謄錄錄音或者寫下筆記中的資料。

如果你曾告訴被訪談者會複製一份筆記給他們，則應該盡早寄送。須不斷更新筆記內容，以反映他們的意見。

6.3.3 觀察

比起使用訪談，在自然的狀態下觀察員工如何解決工作上的問題，分析師更能了解他們的工作，因為員工通常會專注於平常的工作而忘記例外的狀況和障礙，但這些就是系統未來要需要面對的。藉由觀察，同樣也可以使分析師看到員工使用哪些資訊來解決問題。無論他們是否必須自己去蒐集資料，但這可以告訴你他們參照的是哪份文件，並了解現有系統如何妥善地處理他們的需求。作者之一觀察到員工所使用的電話銷售系統與庫存查詢畫面和訂貨資料登入畫面是沒有連結的。這些電話銷售員工在桌上放置一些小紙條，方便寫下所有查詢過的貨品條碼，接著才能在訂貨流程畫面中輸入。這些類似的資訊不會總是在訪談中浮現。

人們並不擅長估計數據，例如花費多少時間去處理某些任務，而焦點觀察可以提供分析師足夠的量化資料，其中不只是基本的任務執行時間，也包括這些時間的統計分配。

在某些例子中，當資訊或物品正透過一個系統移動且由多人同時處理，觀察可以允許分析師全程掌握整個過程。這個觀察的類型可以用在由電話下訂單，並傳送到倉儲以挑選、包裝和發送給客戶的組織。分析師可能想要追蹤整個交易流程，而藉由系統去獲得流程概況。

觀察可以是一種開放的過程，分析師能簡單地觀察發生什麼並將它記錄下來；觀察也可以是封閉的過程，分析師希望觀察工作上特別的方面，並設定觀察的時刻表或格式以記錄資料。這可能包含員工處理一項任務所花的時間，以及他們執行的是哪一類型的任務，或是如員工在使用現有系統時產生問題的原因，以此做為有用性設計的基礎。

✤ 優點與缺點

+ 觀察員工在現有系統運作的工作狀況可以提供第一手資料。
+ 如果是著重在如何使用技術，就可以即時蒐集資料，並具有較高的有效性。
+ 觀察可以驗證多種不同來源的資訊，或者尋找標準程序的例外。
+ 可以蒐集現有系統或使用者的表現以做為基準資料。
− 多數的人不喜歡被觀察，而且所表現出來的行為會不同於平常。這可能會扭曲調查和影響效度。
− 觀察法需要一個受過訓練和有技巧的觀察者，才會更加有效。
− 對分析師來說或許有邏輯上的問題，例如員工時常改變工作地點或到外地工作。
− 如果被觀察的員工負責的是比較敏感的隱私或個人資料、直接與公共大眾有關的資料，例如醫生進行手術，也許會有道德上的問題。

✎ **適合的情況**

觀察法在蒐集員工工作的量化資料上很重要。可以經由受訪問者的意見來判斷真假,而且當不同的受訪問者所提供的系統資訊有衝突時,觀察法是有幫助的。在某些自始至終的程序中,觀察法或許是追蹤項目的最好方式。

6.3.4 文件抽樣

文件抽樣有兩種不同的使用方式。首先,分析師會蒐集空白表格,並在訪談和觀察期間完成它們。這些會用來決定人們在工作中所使用的資訊,以及人工或使用現有系統在完成過程中的輸入和輸出。理想上,若已有一個現有系統,應該也要蒐集螢幕畫面擷取資料,以了解現有系統的輸入和輸出。圖 6.1 顯示一個從 Agate 公司案例所

Agate
廣告活動摘要

日期	2009 年 2 月 23 日
委託人	Yellow Partridge Park Road Workshops Jewellery Quarter Birmingham B2 3DT U.K.
廣告活動	2009 年春天精選
貨幣單位	GBP £

項目	幣別	數量	匯率	帳單金額
廣告備事項:照片、藝術品、佈置等	英鎊 £	15,000.00	1	15,000.00
佈置法國風情	歐元 €	6 500,00	1.08	6,018.52
佈置葡萄牙風情	歐元 €	5 500,00	1.08	5,092.59
佈置美國風情	美元 $	17,000.00	1.51	11,258.28
總計				37,369.39

這不是附加稅發票,詳細附加稅發票將另外提供。

圖 6.1 Agate 公司案例的文件樣本

蒐集的文件樣本。

其次，分析師可能進行一個資料的統計分析，以找出資料數據的模式。例如，許多文件（像是訂貨單）包含一個標頭，而詳細內容有許多行（圖 6.1 的文件樣本顯示這類架構）。分析師或許想要知道在訂單中每一行的數字分布，這有助於評估系統中的資料容量，也可以幫助決定有多少行需要同時顯示在螢幕上。儘管這類統計樣本可以提供資料容量的雛型，但分析師應該注意活動的各季模式，因為需要處理的資料量可能會有高峰和低峰。

ᛰ 優點與缺點
＋可以蒐集量化資料，例如發票的平均行數和數值的範圍。
＋可以找出紙本文件的錯誤率。
－如果系統有巨大的改變，現有文件將無法反映未來的情況。

ᛰ 適合的情況
文件樣本的第一個類型幾乎總是適合的。以紙本為基礎的文件對現有系統所發生的情況提供一個好的想法，也可以對從訪談或觀察所得到的資訊提供佐證。

這個統計方式也適合在需要處理大量資料時的情況，當錯誤率很高時，減少錯誤是提高有用性的準則之一。

6.3.5　問卷

問卷是一種研究工具，可以用在系統發展計畫的事實調查上。問卷是一系列的問題。問卷設計者通常會限制回答者只能在所給定的選擇範圍內作答（圖 6.2 顯示一些問題的類型）。是非題只給回答者兩種選項（有時也需要「不知道」這個選項）。如果有許多選項且答案是確定的，通常會使用選擇題；如果答案包含主觀的元素，則會使用量化問題。有些問題並沒有固定的答案，就必須設計成開放式問題，讓回答者可以充分回答。當使用電腦軟體來分析這些回答時，若答案侷限在某些選項，通常可以將這些答案編號，以提升資料輸入的速度。如果你計畫在需求蒐集時使用問卷，就要非常謹慎地設計。專欄 6.2 列出一些使用問卷時需要列入的議題。

ᛰ 優點與缺點
＋一種蒐集大量受訪者資料的經濟方式。
＋如果問卷設計得好，結果可以很容易地用電腦進行分析。
－很難建構好的問卷。
－沒有自動做後續調查或者更深度追蹤的機制，而如果需要的話，可以藉由電話或面對面的訪談來進行。

專欄 6.2　問卷準則

使用問卷需要良好的計畫。如果你寄送 100 份問卷，但是卻沒有用，便很難要求回應者再次填寫。這些準則包含一些當你使用問卷時必須謹記在心的要點。

編碼

你要如何將結果編碼呢？如果你想要使用光學標記閱讀機，則每個問題的答案都必須編碼成空格標記。如果你預期結果將會鍵入資料庫以供分析，那麼你需要為每個可能的回應決定代碼。如果是開放式問卷，那麼要如何蒐集與分析不同類型的回應呢？

分析

無論你想要用哪一種分析方式，都應該事先決定。如果你預計進行一個回應的統計分析，在完成問題之前必須先請教統計學家。對於設計不良的問題，很難用統計技術產生回應。

你可以使用特定的統計套裝軟體、資料庫，甚至試算表去分析資料。

預試

你應該先在一群回應者中的先測者或樣本上試用問卷，以找出受測者不清楚、誤解或無法作答的問題。

如果你打算使用統計軟體、資料庫或試算表分析資料，可以建立一套測試用的資料去測試你的分析技術。

樣本大小與結構

如果你計畫使用嚴謹的統計技術，或許會對樣本大小有些許限制。如果你想要確保選到的樣本具有代表性，那麼根據年齡、性別、部門、地理位置、工作等級和現有系統的經驗，可以幫助你確定要包含多少人在內，否則在所有可能的回應者中，要選擇合理比例的回應者可能會擊垮你。

發放

要如何讓填答者拿到這些問卷？他們如何將答案寄回給你？

在大型組織中，你可以郵寄問卷、使用內部郵件，也可以傳真、寄送電子郵件或在公司內部網路裡建立網路型式的問卷，並且藉由電子郵件通知你所選定的目標。如果你使用內部網路，要給每一個填答者一組特別的密碼，確保只有他們可以完成問卷。

填答者可以利用郵寄、傳真或寄送電子郵件回覆，或者在內部網路裡面完成。

填答者資訊

當你蒐集填答者的意見和需求時，你想要蒐集有關填答者的什麼資訊呢？如果你想要以年齡、工作類別或地區來分析填答者，就必須詢問這些資訊的相關問題。

你可以使用不記名的問卷或要求填答者填入他們的名字；如果問卷採記名方式，你需要考慮機密性。如果回答時可以不記名，則他們的回答會更誠實。

在英國，如果你要求填答者署名並且儲存這些資訊，則必須留意資料保護法的規定（詳見第 12 章），其他國家也有類似的要求。

聲明書或電子郵件

在聲明書中，你應該解釋目的，並聲明這份問卷已獲得管理者的支持。評估一份問卷的填答時間，並且給予最後的繳交期限，最後感謝填答者的參與。

架構

小心地架構問卷、給定標題，並且以解釋內容及注意如何完成問卷做為開始，接下來是填答者的相關資料（如果需要的話）。依照主題將問題分組，避免過多的指令，像是「如果你回答『是』，請跳到第 7 題，現在請到第 13 題。」

> **專欄 6.2　問卷準則（續）**
>
> 請盡量簡短。
>
> **回覆率**
>
> 不是每個人都會回應。你應該對此進行計畫，可以採用多於所需的樣本數，或者提醒回應者。如果是使用內部網路，你應該知道誰尚未回應，接著寄送電子郵件加以提醒。同樣地，你可以寄送電子郵件感謝那些有回應的人。
>
> **回饋**
>
> 這需要小心謹慎地處理，宣布公司中 90% 的人無法再使用現有系統將沒有人會接受，但人們確實想知道到底什麼是根據他們的回應所做成的。他們或許花了半個小時填寫問卷，且也期望被通知結果。報告的摘要可以送往各分公司，分發到各部門，並且寄送給記名的回應者，或置放在公司的內部網路上。

```
是非題
你是否會從現有系統列印報表？              是　否        10
（請圈選適合的答案。）

選擇題
你在一年裡會獲得多少新客戶？          a) 1-10   □      11
（請勾選一個答案。）                  b) 11-20  □
                                   c) 21-30  □
                                   d) 31+    □

量化問題
你有多滿意庫存更新的回應時間？（請圈選一個選項。）
1. 非常滿意   2. 滿意   3. 不滿意   4. 非常不滿意              12

開放式問題
你需要從系統中獲得哪些額外的報表？
_____
_____
```

圖 6.2　問卷中使用的問題類型

－郵寄問卷的回應率很低。

適合的情況

當需要獲得相當多數人的觀點和知識，或者員工分散各地時，問卷通常是最有用的方式，例如一間公司有相當多分公司或者辦公室分散在各個城市或者世界上時。問卷也適用於當資訊系統的使用者是一般大眾時，分析師需要從中去了解使用者的類型和系統需要處理的用途。

6.3.6 重組這些技術

對於喜歡記憶術的人來說，這些技術有時稱為 SQIRO，意指取樣 (sampling)、問卷 (questionnaires)、訪談 (interviewing)、閱讀 (reading)〔或研究 (research)〕和觀察 (observation)。這個組合的順序是為了讓縮寫可以發音，而不是它們被使用的順序。使用順序將根據使用那些技術的狀況和組織而定。

6.3.7 其他技術

某些系統需要特別的事實發現技術。專家系統 (expert system) 是一種電腦系統，可具體化人們的專業經驗來解決問題，包括醫學診斷系統、股票市場交易系統和礦物探勘的地質分析系統。這些專家知識的擷取過程稱為知識獲取 (knowledge acquisition)，它與建立平常的資訊系統需求不同，會應用相當多的特殊技術，其中有一些會和以電腦為基礎的工具一起使用。

6.4 使用者參與

系統開發專案的成功不只基於分析師、設計師及程式開發者等工作團隊的能力，或是專案經理的專案管理能力，也包括使用者在專案生命週期各個階段的有效參與。**利害關係人** (stakeholders) 已在第 2 章介紹，用來描述所有對系統的成功開發感興趣的人。利害關係人是指所有會從實施新的系統而得到（或失去）的人，包括使用者、管理人員和預算控制人員。分析師處理組織裡各階層的人員。在大型專案裡，有權力的指導委員會常常被安排從使用者端進行管理，包括以下人員：

- 高階管理人員──對組織負有完全責任者。
- 負責專案預算控制的財務經理。
- 使用者部門經理。
- 傳送專案的 IT 部門代表。
- 使用者的代表。

使用者在專案過程中將扮演不同角色：

- 建立需求的訪談對象。
- 專案委員會代表。
- 參與評估雛型的人員。
- 參與測試的人員。
- 訓練課程的對象。
- 新系統的終端使用者。

案例研究範例

接下來會將本章至目前為止所提到的內容應用到案例研究上。

目標	方法	對象	時間
獲得對公司和廣告產業的初步了解。	背景調查	公司報告、交易日誌	0.5 天
建立企業目標。同意新系統的可能範圍。檢查非英國辦公室的涉入情況。	訪談	二位領導者	2 人，每人 1 小時
為了了解每個部門的角色。檢查創意部門的直屬管理和團隊架構。同意成員中的受訪者。	訪談	各部門主管（只有一位會計經理）	2 人，每人 1 小時
找出核心業務的運作方式。	訪談	一位會計經理 一位製圖設計 一位作家 一位編輯	每人 1.5 小時
追蹤業務了解的發展。	觀察	二位創意人員	每人 0.5 天
確定支援／行政人員的角色及其與核心業務的關係。	訪談	二位行政人員（根據以往在公司的經驗）	每人 1.5 小時
建立必須保存何種紀錄與資源。	訪談／文件抽樣	檔案員 資源館館員	2 人，每人 1 小時
確定現有電腦系統做了什麼。確定現有系統的功能。	訪談	電腦經理	2 人，每人 1 小時
建立對新系統的額外需求。	訪談	二位會計經理 三位來自創意部門的成員	3 人，每人 1 小時
建立對新系統的會計需求	訪談	會計師 信用管制者 一位採購助理 一位會計人員	每人 1.5 小時

發現事實的首要任務之一是擬定一個計畫，其中會列出搜尋哪些資訊、使用哪些技術、涉及哪些人，以及花多久時間發現事實。上面的表格顯示 Agate 公司的一個事實發現計畫草案。

6.5 將需求加以文件記錄

　　資訊系統專業人士需要記錄有關正在研究的組織和其需求。一旦分析師開始蒐集事實，他們需要一些方法來記錄。過去主要是使用書面方式，但是對於現今的大規模專案來說，仰賴紙上文件作業非常罕見。正如我們在第 5 章所解釋的，系統分析師和設計師會同時使用圖表和文字來塑模新系統。記住，在專案內應該遵守一套標準，可能是組織實行分析和設計專案的標準，或者是組織對於完成工作的要求。舉例來說，

政府和軍方的專案通常會要求開發者符合一套特定的標準。而我們正從不同的角度，使用統一塑模語言 (UML) 來製作系統的模型。電腦輔助軟體工程 (CASE) 工具經常被用來繪製圖解模型，並且使用儲存庫存放圖中各式各樣物品的相關資料。

然而，並非所有文件都適合 UML 的架構，因此也有其他類型的文件。在大型專案中，資源館館員或配置經理可能會被要求找出這些資料，保證資料能安全地儲存，以便在需要時可以查閱。這些文件包括：

❖ 訪談和觀察的紀錄。
❖ 問題的細節。
❖ 現存文件的複本以及會在何處使用。
❖ 需求的細節。
❖ 使用者的細節。
❖ 會議紀錄。

即使較小型專案無法編制資源館館員，使用一個對於文件如何歸檔，以及記錄誰從檔案系統中取出品項有一致慣例的檔案系統，仍然是很好的做法。

在許多專案中，這些文件會由文件管理系統或版本控制系統以數位化的方式儲存。手寫文件和文件樣本可以掃描成數位化的檔案。在這種情況下，很多人可以同時使用同一份文件。系統在資料可以更新時會進行控管，以確保同時間不會有超過一個人取走文件並做修改。

並非所有文件都有上面列舉的需求，但保持某種形式的要求列表或資料庫是必要的。有些軟體工具持續提供需求給資料庫，有些可以連結 CASE 工具和測試工具。不論需求是否被滿足，這使得記錄從最初的需求到分析與設計模組、實施和測試案例測試的要求成為可能。

在下一節裡將介紹的使用案例經常被用來塑模需求，但是因為它們只專注在系統功能，所以並不擅長記錄非功能性需求。Jacobson 等人在 1999 年建議使用案例模型應該用來記錄功能性需求，以及列出「補充需求」（那些未被使用案例提出的）。他們認為，使用案例和列出補充需求構成傳統需求規格說明。Rosenberg 和 Scott（1999）則認為使用案例和需求不同：使用案例係描述各種系統行為，需求則是管理系統行為的準則；多個使用案例可能滿足一個需求，也有可能一個使用案例滿足多個需求；而一些非功能性需求則難以歸屬於任何特定的使用案例。

有些人嘗試以撰寫冗長使用案例敘述來記錄使用案例中的需求，並使用樣版以包括功能性需求與非功能性需求。

我們贊成利用使用案例來塑模功能性需求，但是應該另外列出所有系統的需求，包括功能性需求及非功能性需求。當特定使用案例與特定需求之間存在關係，應當

被記錄下來。除此之外，有些需求描述非常高階的行為組合，而需要將之打散為低階需求，以更精確地描述要完成哪些事情；任何需求的資料庫應當保存這類層級結構的需求。

有些軟體工具有助於記錄需求，基本上，它們提供不同類型的要求與這些要求的標準屬性之資料庫，並且通常可以對某一特別專案或組織進行客製化，允許使用者為特定專案或組織記錄其他需求的屬性。在某些情況下，這些工具可以整合 CASE 工具或塑模工具，提供「可追溯性的需求」，這表示傳遞需求的模型元素可以連結考慮中的需求。如果之後需求發生改變，即可以找出因需求改變而對全部模型元素所產生的影響，例如使用案例和類別。

在特定的專案中，有時蒐集需求的過程會找出比原本更多的需求。它們可能超出該專案的範圍、過分龐大、實施起來太昂貴，或者在此階段並非真的有需要。建造系統需求模型的過程包括調查所有的候選需求，並列出將成為目前專案一部分的清單。圖 6.3 為活動圖。

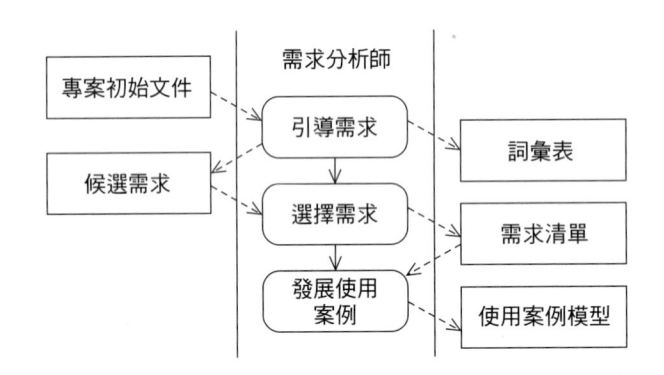

圖 6.3 需求擷取相關活動的活動圖

6.6 使用案例

使用案例 (use case) 是從使用者的角度來描述系統的功能。使用案例圖會顯示該系統提供的功能，以及哪些使用者會與系統聯繫以使用這些功能。圖 6.4 是使用案例圖的範例。這是一個比較簡單的圖解技術，其標記法會在第 6.6.2 節解釋。

使用案例圖 (use case diagram) 是由 Jacobson 等人於 1992 年開發而成，而他們所著的書籍副標即為《使用案例驅動的方法》(*A Use Case Driven Approach*)。Jacobson 等人提供一個物件導向軟體系統發展的完整方法，而使用案例圖是遵循此法的出發點。

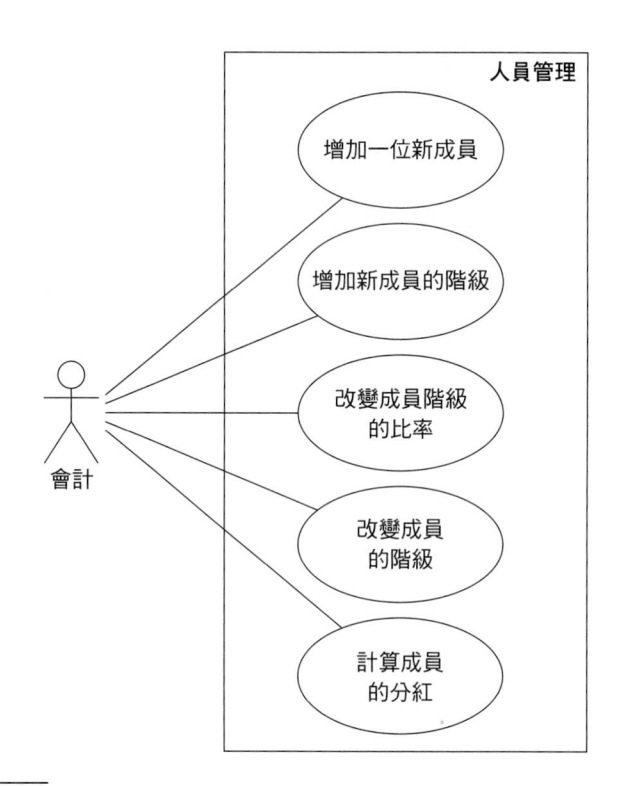

圖 6.4 使用案例圖範例

6.6.1 目的

使用案例模型是 Jacobson 等人 (1992) 所謂需求模型的一部分，需求模型裡也包含問題領域物件模型與使用者介面敘述。使用案例從使用者觀點記錄系統的功能。它們被用來記錄系統的範圍以及開發者對使用者需求的了解。

使用案例可以由**行為規格** (behavior specification) 支援，利用 UML 圖形或文字做為使用案例敘述 (use case description)，來說明每一個使用案例的行為，其中，UML 圖形包括活動圖 (activity diagrams)（參閱第 5 章），溝通圖（communication diagram）或循序圖 (sequence diagram)（參閱第 9 章），而文字形式則有使用案例敘述。

文字的使用案例敘述提供系統使用案例間系統使用者〔稱為**參與者** (actor)〕與系統高階功能的互動描述。這些參與者和使用案例之間的互動，可用循序漸進的方式在一個總結表格或更詳細的表格裡描述。無論使用哪個方法，都應該記住：使用案例是用來描述觀察使用者的互動，而非系統內部流程的定義或程式說明書。

6.6.2 標記法

使用案例圖顯示系統的三個方面：參與者、使用案例和系統或子系統邊界。圖 6.5 顯示標記法的元素。

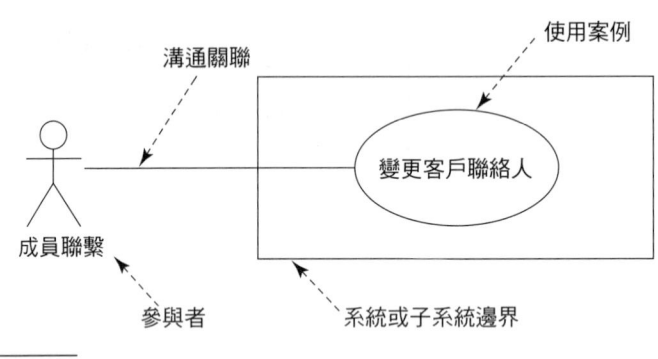

圖 6.5 │ 使用案例圖的標記法

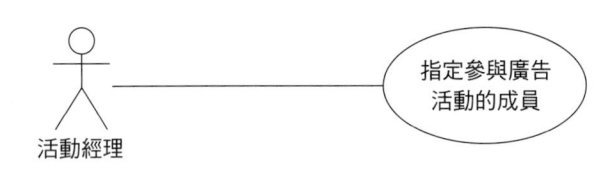

圖 6.6 │ 參與者：「活動經理」的使用案例

　　參與者代表了人員、其他系統或設備在系統中與特定使用案例溝通時所扮演的角色。圖 6.5 顯示 Agate 公司案例研究的參與者「成員聯繫」。在 Agate 公司裡，沒有任何「成員聯繫」的職位：領導者、會計經理或創意團隊的成員都可以扮演與某特定客戶公司的成員聯繫角色，所以一個參與者可以表示許多不同的人或職位。同樣地，在使用案例圖中，一個特定的人或職位可以由一個以上的參與者代表，參見圖 6.5 和圖 6.6。領導者或會計經理可以是某一特定客戶活動的「活動經理」，也可以是一個客戶或一個客戶以上的「成員聯繫」。

　　每一個使用案例的使用案例敘述可以非常簡短：

指定參與活動的成員

　　　　活動經理選擇一項特定活動。有一份尚未參與活動的成員清單，活動經理從中選擇成員參與這項活動。

或者，它也可以提供使用者和特殊使用案例的系統間一連串循序漸進的互動。下面提供一個延伸的範例：

指定參與活動的成員

參與者動作	系統回應
1. 參與者輸入客戶的名稱。	2. 列出該客戶的所有活動。
3. 選取相關的活動。	4. 展示未參與活動的所有成員清單。

5. 標示出指定參與此活動的成員。
6. 顯示該成員已被指定到該活動的確認訊息。

其他方式
步驟 1-3：參與者知道活動的名稱並直接輸入。

Constantine (1997) 區別出本質使用案例與實際使用案例。本質使用案例敘述使用案例的本質，也就是任何技術或實作上的細節；反之，實際使用案例敘述使用案例的具體細節，亦即其設計。在分析階段，由於設計尚未決定，所以使用案例幾乎都是本質的。在實際使用案例中，步驟二為「指定參與活動的成員」，可以描述成「列出該客戶的所有活動，依照活動的字母順序排列」。

使用案例敘述是參與者在特定交易或功能中常用的方式。其他可行的主要替代路線可以列為替代方式；**情境** (scenario) 一詞就是使用一種非常詳細的替代方式來描述使用案例，包括錯誤的可能對策。使用案例代表一般的情況，而情境則代表特定的路徑。

和使用案例描述一樣，文件應該包括使用案例的目的或意圖，也就是說，使用者試圖透過使用案例的方法取得工作細節，舉例來說：

> 活動經理希望記錄參與特定活動的成員。此資訊可用以驗證時間表，並計算成員的年終紅利。

一種記錄使用案例的方法是利用樣板（一份可以填寫的空白表格或文字處理文件），其可能包括下列部分：

❖ 使用案例名稱。
❖ 前置條件（使用案例發生之前應該成立的事實）。
❖ 後置條件（使用案例發生之後應該成立的事實）。
❖ 目的（使用案例預期實現的事）。
❖ 敘述（摘要或上述形式）。

Cockburn (2000) 提供了樣板的例子，以及指導如何撰寫好的使用案例。關於他的方法更詳細的解說將在原文書官方網站線上章節第 6A 章介紹。

另外有兩種關係可以顯示在使用案例圖上，分別是**延伸關係** (Extend relationship) 和**包含關係** (Include relationship)。它們以一種 UML 標記法：**「模板型別」** (stereotypes) 表示，你也會在其他圖中發現這種標記法。

模板型別是模型元素的特殊用途，其中限制模型元素以特定方式發生行為。模板型別可以用引號括住關鍵字來顯示，例如「延伸」或「包含」可以表示成 «extend»。（在法文及其他一些語言中 «extend» 引號稱為 guillemet，用法就如

同 «extend» 引號；另一個很像的英文字是 guillemot，指的是北大西洋及北太平洋常見的一種海鳥。）

　　延伸關係和包含關係很容易混淆。當你希望表示一個使用案例提供的功能是另一個使用案例所需之時，可以使用 «extend»。在圖 6.7 中，使用案例「列印活動摘要」延伸「檢查活動預算」。這表示在「檢查活動預算」中，特定時點使用者可以選擇呼叫「列印活動摘要」的行為，而在「檢查活動預算」所完成事項之外進行某些作為（在此是印出資訊）。可能有不只一個延伸特別使用案例的方法，這些可能性也代表使用者使用該系統多變的方式。你可以記錄其中一種核心功能，並延伸到其他功能，而不是試圖捕捉使用案例的變化。你可以在圖裡標出延伸點，如同圖 6.7 中的「檢查活動預算」。延伸點的標題分別顯示在使用案例橢圓形中的間隔，並標上延伸點的名字。如果延伸點存在，一定有名字。條件可以於附加在關係上的 UML 註解中呈現。註解是用來增加圖表的資訊，該資訊並非圖中其他圖像元素的一部分。對延伸關係而言，發生在特定使用案例的實例其條件必然是成立的。

　　«include» 的使用時機是當有順序的行為時，也就是在幾個使用案例中有一連串的行為不斷發生，透過 «include» 可以不必在每一個使用案例中複製相同的敘述。圖 6.8 顯示使用案例「指定參與活動的成員」與「尋找活動」有一個 «include» 關係，這意味著當參與者使用「指定參與活動的成員」時，也將包含「尋找活動」這項行為以選擇相關活動。注意，例子裡包含關係和延伸關係的箭頭方向，而箭頭總是指向被包含或延伸的使用案例。

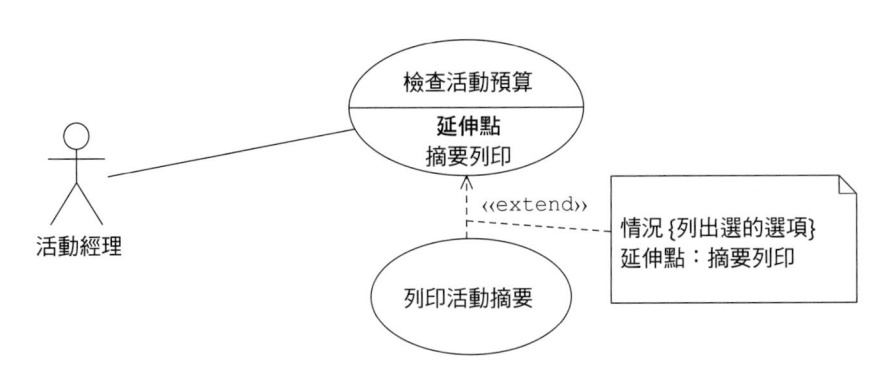

圖 6.7 ｜ 顯示 «extend» 關係的使用案例圖

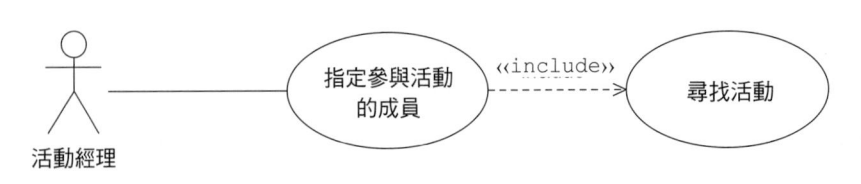

圖 6.8 ｜ 顯示 «include» 關係的使用案例圖

重要的是，不要過度使用包含關係和延伸關係。過度使用會導致使用案例的功能將分解成許多小型使用案例，如此一來，對系統的使用者就不能提供任何實際價值。

如同使用案例一樣，參與者的職稱或他們與系統的互動模式也是值得描述的。雖然在這個階段我們把焦點放在需求上，但之後將會需要知道使用案例中每個高階功能的實際使用者是誰。這將有助於細詳說明安全的不同功能或評估可用性的功能。

記住，參與者不需要是系統的使用者，他們也可以是與系統開發專案對象溝通的其他系統，例如其他電腦或自動化的機器或設備。

圖 6.9 顯示使用案例圖中，活動管理子系統同時具有延伸關係和包含關係。注意，你不必畫出圖裡延伸點的全部細節：使用案例中的「延伸點」區隔可以隱藏。當然，如果你使用 CASE 工具來繪製和管理圖表，你也許能夠保留這些區隔，即使資訊不會在特定的圖上顯示，但仍然會儲存在 CASE 工具的儲存庫。

第 4 章已介紹過一般化、特殊化和繼承的概念，這些在第 8 章會更詳細解釋。一般化和特殊化可應用於參與者和使用案例，例如，假設我們有兩個參與者：「成員聯繫」和「活動經理」，而「活動經理」可以完成「成員聯繫」的工作及更多工作。若不顯示「活動經理」和「成員聯繫」可以使用的使用案例的溝通關聯，可以將「活動經理」視為一個特殊的成員聯繫，如圖 6.10 所示。同樣地，可能有相似的使用案例其共同功能一般化為「超級使用案例」，並個別顯示以做最佳呈現。舉例來說，我們可能會發現 Agate 公司有兩個使用案例：「指定參與活動的個人成員」以及「指定參

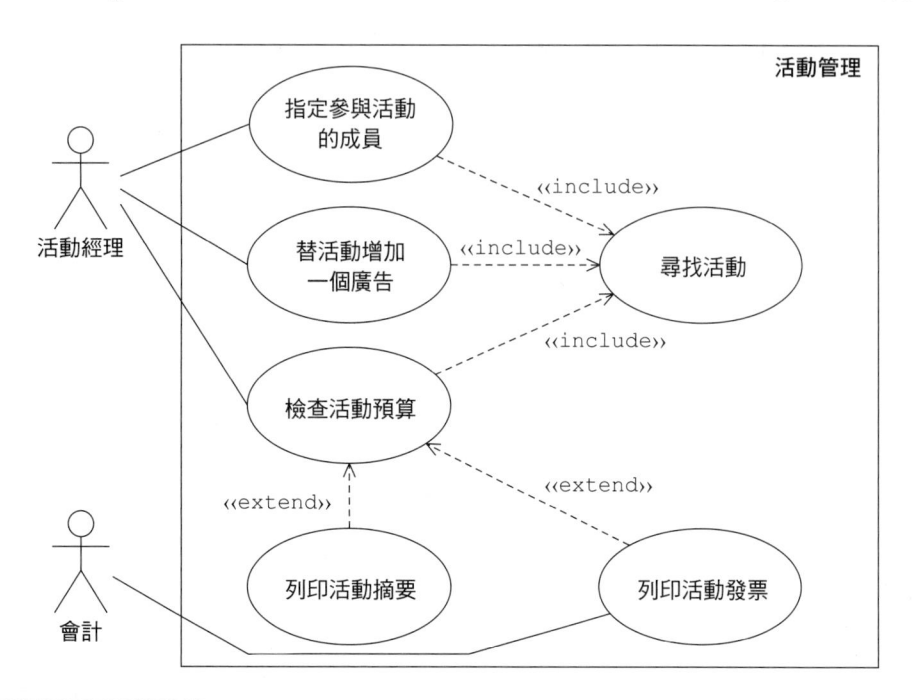

圖 6.9 | 顯示 «extend» 關係及 «include» 關係的使用案例圖

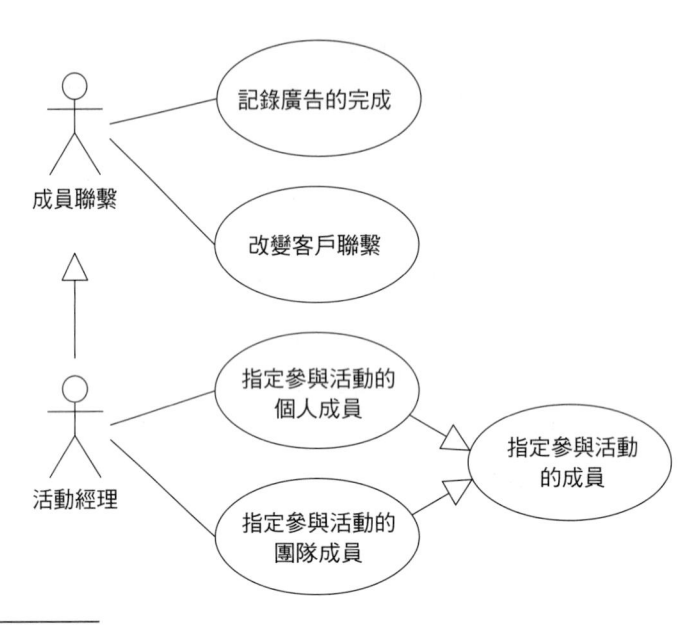

圖 6.10 參與者及使用案例的一般化

與活動的團隊成員」，這兩者提供相似的功能。我們將其共通性整合成一個使用案例「指定參與活動的成員」，不過這是個抽象的使用案例。它幫助我們定義其他兩個使用案例的功能，但此使用案例不會自行單獨存在，同樣參見圖 6.10；在使用案例中的名稱使用斜體表示它是抽象化。

6.6.3 以雛型法支援使用案例

當系統的需求以使用案例的形式出現，採用使用案例建立簡單的雛型有時是有幫助的。雛型是系統部分的工作模型，通常是用有限的功能來檢驗系統如何工作。（我們已在第 3.3.2 節討論過雛型，並將在第 15 章詳細地介紹使用者介面設計。）

雛型可以用來激發需求。讓使用者看看系統可能如何提供使用案例，通常比展示一連串的抽象圖表能激起使用者更強的需求反應，而他們的反應或許會包含有用的需求資訊。

例如，在 Agate 公司的「活動管理」子系統中有一些使用案例，其要求使用者選擇一項活動，以進行一些商業功能。圖 6.9 透過「尋找活動」使用案例在 《include》關係中反映了這一點。「尋找活動」使用案例將被大量使用，以確定我們得到的是正確的需求。我們可以製造雛型，來確認系統內的清單包括所有的活動。一個可能的版本顯示於圖 6.11 中。

將雛型介面設計呈現給使用者，可能會產生許多關於以此方式尋找活動並不可行的迴響。系統中可能有數百個活動，要逐一查閱將十分繁瑣。不同客戶的活動名稱

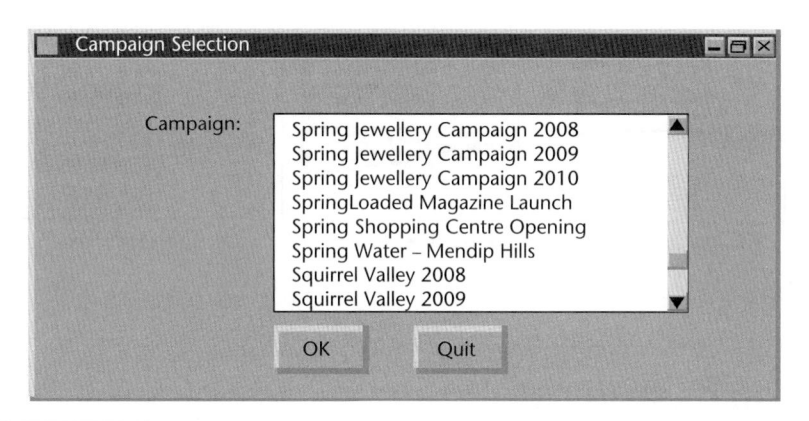

圖 6.11 「尋找活動」使用案例的介面雛型

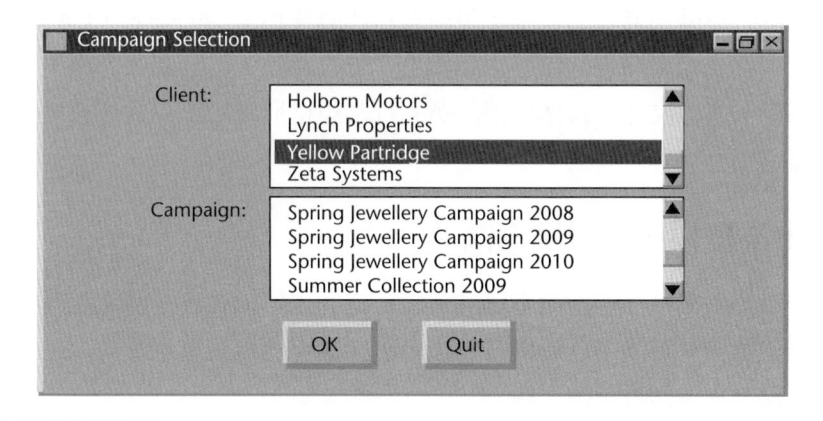

圖 6.12 「尋找活動」使用案例的介面雛型（修訂後）

可能非常相似，如果使用者不知道活動屬於哪些客戶，會很容易弄錯或選到錯誤的活動。基於此，使用者可能會認為第一步是要找到正確的客戶，然後只顯示屬於這個客戶的活動，而這會導致許多不同的使用者介面，如圖 6.12 所示。

來自雛型訓練的資訊成為系統需求的一部分。這個特殊的需求是有關可用性，但也有助於滿足其他與速度及錯誤率相關的非功能性需求：可以較快地先選擇客戶，然後經由一個較短的列表選擇活動，而非搜尋數以百計的活動；也可以減少使用者在選擇合適活動進行一些功能時發生的錯誤次數。

雛型可以利用視覺程式設計工具製造，例如 TCL/TK 等 scripting 程式語言，或是 Microsoft PowerPoint 等套裝軟體，甚至是採用 HTML 網頁。

雛型的發展並不像程式。我們可以在紙上勾勒出螢幕和視窗設計，並且顯示給正式或非正式的使用者。一連串可能的畫面設計顯示了使用者與使用案例進行互動的步驟，也可以同時使用腳本，如圖 6.13 所示。

圖 6.13　雛型腳本

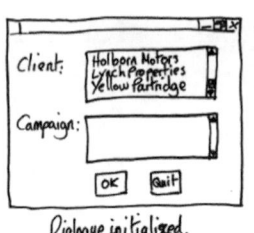

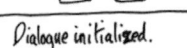

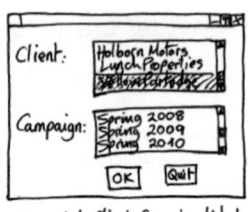

6.6.4　支援 CASE 的工具

利用 CASE 工具繪製圖表和維護相關的文件非常容易，如同第 3.8 節所描述的。

除了允許分析師在適當的子系統製造顯示所有使用案例的圖表，CASE 工具也應該提供保存與圖表元素關聯的儲存庫和產生報告之設施。自動產生的報告可以合併到為客戶組織所製作的文件。每個使用案例的行為規格形成一部分的需求模型或需求規格說明，這必須獲得客戶同意。

6.6.5　企業塑模與使用案例圖

我們曾以使用案例圖來塑模系統的需求，它們也可以在專案前期用來描述組織及其運作。企業塑模有時候用於新業務設立、現有業務再造或複雜專案，以在開始引發需求之前確保業務運作被正確了解。

在先前已經舉過的例子中，參與者全都是實際上與電腦化系統有互動的公司員工。在企業塑模中，參與者是公司外部的人員和組織，會與公司內部的功能互動。舉例來說，圖 6.14 顯示「客戶」為參與者，而使用案例代表企業功能，而非電腦系統的功能。

值得注意的是在企業使用案例圖中，用於企業使用案例與企業參與者的符號是特殊的，你可以看到它們的用法如同以 UML 進行企業塑模一般，通常是以左手邊的圖例顯示，雖然 IBM 關於此一主題的原始論文 (Johnston, 2004) 顯示它們應該是右手邊的圖例才對。

Agate 公司的完整企業模式將顯示該公司的所有功能，參與者是與 Agate 公司組織互動的其他人員或組織，例如 Agate 公司購買廣告時間和空間的媒體公司（電視台、雜誌和報紙出版商），以及 Agate 公司合作的設計及印刷承包商。此外還有其他企業塑模的方式，其中最突出的是使用類似活動圖的流程圖。儘管這樣的商業流程塑模已經存在數十年，直到最近才在網路服務與服務導向架構的發展上獲得新的意義，其想法有可能塑模成商業流程，然後直接透過工作流程工具與服務的使用進行自動化。Business Process Modelling Notation (BPMN) 等標記法以及 Business Process

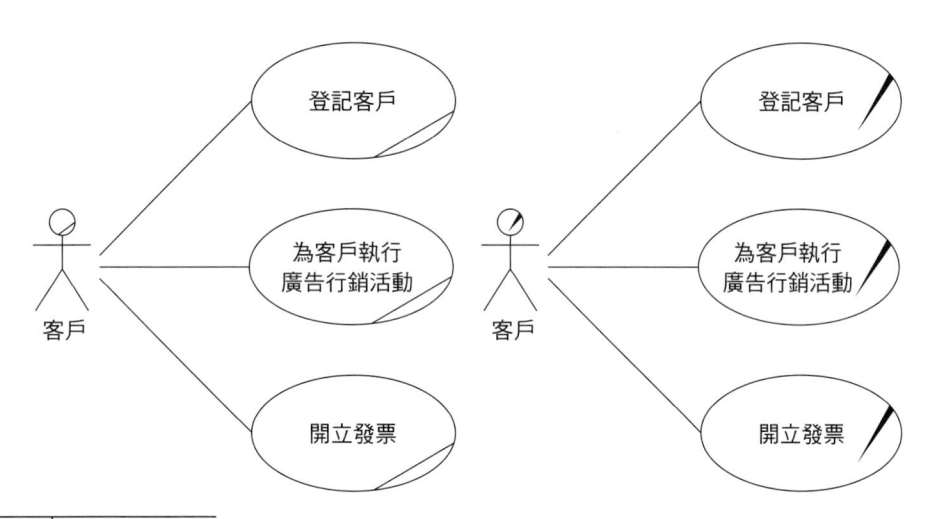

圖 6.14 以使用案例進行企業塑模的例子

Execution Language for Web Services (BPEL4WS) 等以 XML 為基礎的語言，已經發展成企業流程自動化的結果。

6.6.6 測試與使用案例

發展使用案例來做為將要實作的系統其規格的一部分，好處之一是當系統開發完畢時他們可以做為用來測試案例情境的基礎，如果你更深入了解第 6.6.2 節中使用案例「指定參與活動的成員」的使用案例描述，你會發現如果你將對初步交付的系統進行測試，你可以透過在這使用案例中的步驟搭配受認可的測試資料來檢核系統運作是否達到需求。單僅使用案例並沒有完整規定哪些需要測試，但它提供了發展測試案例良好的基礎。

6.7 需求擷取和塑模

大部分專案的第一階段都是擷取和塑模系統需求。正如本書的進展，我們應加入活動圖的討論，以說明每一個階段的主要活動和產品。這些圖表可見於圖 5.17，其中摘要了本書所提及的方法。圖 6.15 顯示第一個這類的圖。

在這種情況下，我們並未中斷「需求擷取與塑模」活動而向下進行更細節的塑模，但可以為了需求擷取（訪談、觀察等）和需求塑模（使用案例塑模、雛型等）再細分成單獨的活動。

我們使用物件流程來顯示活動的輸入與輸出之文件及模型，而以活動區分來顯示負責活動的角色。在這種情況下，將由「需求團隊」角色的一個或一個以上的人實行活動。在小型專案中，可能是由一個人展開許多其他的分析與活動設計；在大型專案

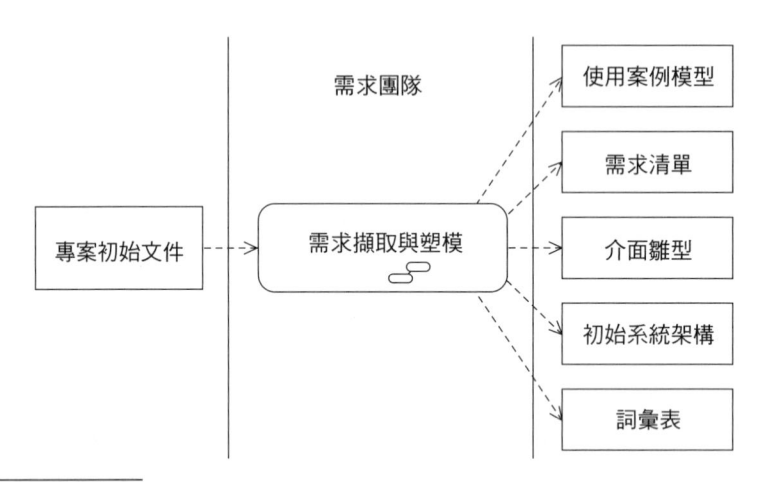

```
                              ┌─────────────┐
                        ┌────▶│ 使用案例模型 │
                        │     └─────────────┘
                        │     ┌─────────────┐
         需求團隊        ├────▶│   需求清單   │
                        │     └─────────────┘
┌──────────┐   ┌──────────┐   ┌─────────────┐
│專案初始文件│──▶│需求擷取與塑模│──▶│  介面雛型   │
└──────────┘   └──────────┘   └─────────────┘
                        │     ┌─────────────┐
                        ├────▶│ 初始系統架構 │
                        │     └─────────────┘
                        │     ┌─────────────┐
                        └────▶│   詞彙表     │
                              └─────────────┘
```

圖 6.15 「需求擷取與塑模」的活動圖

或組織中，則可能是由需求分析專家團隊來扮演此一專業的角色。

6.8 總結

　　分析師在研究組織對於新資訊系統的需求時，可以使用五種主要事實發現技術：背景調查、訪談、觀察、文件抽樣及問卷。分析師利用這些方法來了解現有系統和操作情況，藉以增強使用者對於現有系統的需求以及對新系統的新需求。

　　使用商定的標準記錄需求可以讓分析師與其他專業人士和使用者溝通需求。使用案例圖是一種圖表技術，它使用新系統的高階方法來摘要使用者的功能性需求。

案例研究範例

在本章中，你已經看到數個案例研究。使用案例來自於分析師從事實發現過程中蒐集到的文件。以下是一段訪談的簡短摘錄，顯示分析師應注意並需用使用案例圖產生相關文件的重點所在。這段訪談的對象是系統分析員 Dave Harris 和 Agate 的會計經理 Peter Bywater。訪談的目的是「為新的系統建立更多的要求」（內容來自於本章先前的案例研究中的事實發現計畫）。評語註釋以括號標示。

Dave Harris（以下簡稱 DH）：你先前曾談到概念說明，指的是什麼呢？

Peter Bywater（以下簡稱 PB）：目前，當我們想出一個活動時，會使用文書處理器去建立所謂的概念說明。對於一個特定的活動，我們將所有的說明檔案放在一個目錄裡，但往往難以追溯，也很難找到特定的檔案。

DH：所以，這是你想要在新系統裡做到的嗎？

PB：是的。我們需要一些方法，在輸入概念說明後仍可以找到這些說明。

（這聽起來像是兩個使用案例。參與者是誰？）

DH：那麼你想讓誰來做這些事呢？

PB：我想讓在該活動中工作的成員能在新系統中建立新的註解。

DH：只有他們嗎？（不需要其他參與者？）

PB：是的，只有實際在該活動中工作的成員。

DH：再次找到它們是為了查閱，或者讓成員也能進行修改？

PB：事實上，我們現在不更動它們，只是需要增加。觀看概念如何發展是很重要的，所以我們將只進行查閱。不過，我們需要一些簡單的瀏覽方式，直到找到適合的概念為止。（參與者是誰？）

DH：任何人都可以閱讀概念說明嗎？

PB：是的，每一位成員或許都需要看一下。

DH：除了概念本身的文字以外，你還需要其他資訊嗎？（預習第7章！）

PB：是的，若能為每一個概念加上標題當然更好。當我們瀏覽時，可以使用這些標題嗎？噢！還要建立這些標題的日期、時間與成員。

DH：好的，所以你想要在選擇一個活動後，可以看到所有與該活動相關的說明標題，並從中選擇一個並閱讀嗎？（思考使用者和系統之間的互動。）

PB：是的，是這樣沒錯。

……

（根據這些資訊，Dave Harris 準備發展這兩個使用案例的使用案例敘述：

- ◎ 建立概念說明
- ◎ 瀏覽概念說明

使用案例圖可參見圖 6.16，使用案例敘述如下所示。）

建立概念說明

在活動中工作的成員可以建立概念說明，記錄使用於一個廣告活動的想法、概念和主題。說明是以文字形式呈現。每個說明都有一個標題，而建立說明的成員、日期和時間也會被記錄。

瀏覽概念說明

任何成員都可以查看活動的概念說明。首先必須選出活動，然後會顯示所有相關說明的標題，使用者能夠選擇一個說明，並在螢幕上查看。在檢視一個說明後，可以再選擇其他說明進行觀看。

（這裡的互動是相當直覺的，因此我們不需要詳盡地分解使用者與系統間的互動。）

注意在圖 6.16 中，因為「活動成員」是「成員」的特例，我們不需顯示「活動成員」參與者和「瀏覽概念說明」使用案例之間的溝通關聯。

圖 6.16 「廣告活動前置作業」子系統的使用案例

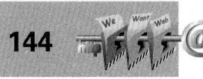

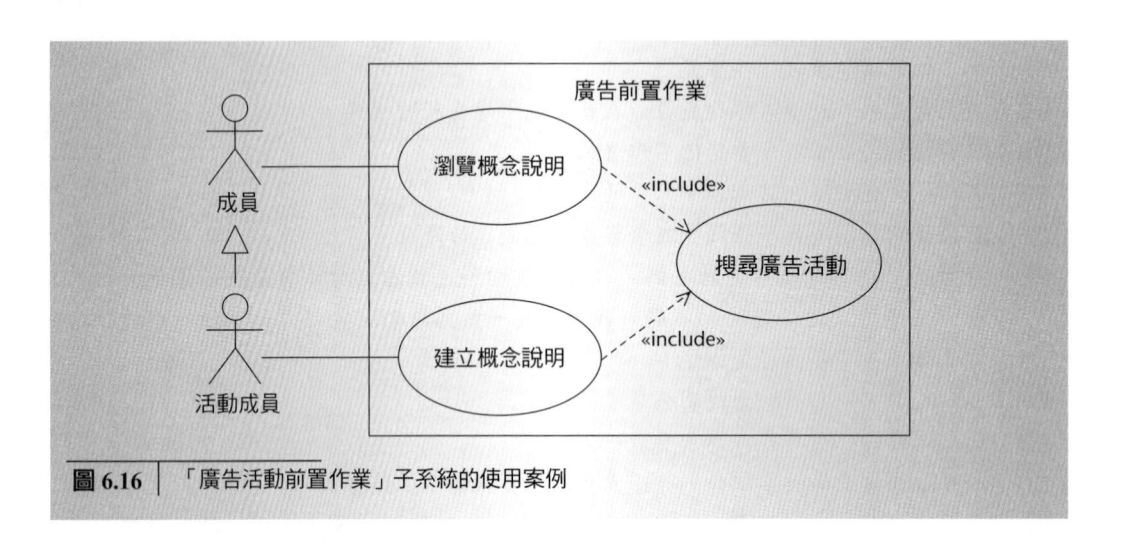

☑習題

6.1 閱讀以下 FoodCo 的需求敘述，並決定哪些是功能性需求，哪些是非功能性需求。

　　將成員分配至生產線的大部分工作應為自動化。一週應執行一次流程，並根據技能和操作經驗進行分配。休假和病假也應列入考慮。每週五中午十二時會列印出下週的第一份草稿分配名單，只有生產規劃的成員能夠修改自動分配的名單來進行微調。一旦完成修訂，最終的分配名單必須在下午五時列印出來。該系統必須能夠處理100名操作員的分配工作，而且應該能夠擴展成處理兩倍數目。

6.2 列出五個主要事實發現技術，並各舉出一個優點和一個缺點。

6.3 想像你將訪問 FoodCo 生產規劃三名員工的其中一名。寫下十個你想問的問題。

6.4 製作使用案例的目的為何？

6.5 在使用案例圖中，用你自己的話語形容 <<extend>> 和 <<include>> 之間的差異。

6.6 「本質」使用案例與「實際」使用案例之間的差別為何？

6.7 參考第 6.6.2 節「指定參與活動的成員」之範例，寫出一個延伸形式的使用案例敘述，無論是「建立概念說明」或「瀏覽概念說明」均可。

6.8 思考圖書館電腦系統的各種可能用途，並繪製代表這些使用案例的使用案例圖。

6.9 在圖書館電腦系統（如同習題 6.8）中，列舉一些你不會利用使用案例進行塑模的非功能性需求。

6.10 企業塑模的使用案例圖在什麼情況下會有不同？

案例研究作業、練習與專案

6.A 閱讀下列摘錄自一位FoodCo公司產品規劃人員的訪談紀錄，畫出使用案例圖，並使用你所找到的資訊對使用案例建立使用案例敘述。

Ken Ong（以下簡稱KO）：所以當你開始計劃下週的配置時會做哪些事？

Rik Sharma（以下簡稱RS）：嗯，要做的第一件事是確認哪些人不能來。

KO：是因為他們休假嗎？

RS：是的，他們可能休假或因病休息。因為這些人員直接處理原始食材，我們對於任何疾病必須非常小心，所以比起辦公室員工，工廠員工經常必須停止上班。

KO：所以你如何知道誰是病假，而誰是休假？

RS：如果他們想要休假，必須填寫一份假單，並將假單送交工廠經理，由工廠經理核可，然後交給我們；我們會影印一份並將內容輸入系統，接著將假單送回給員工。

KO：你輸入哪些內容？

RS：包括誰休假、休假開始日期，以及能夠再開始工作的第一天。

KO：那病假呢？

RS：員工因病休假的第一天必須打電話到公司做通知，我們必須找人來頂替他當日的空缺，如果找得到的話。

KO：讓我們一分鐘後再回到這個話題。你如何為下週的生產計畫記錄他們因病休假的事實？

RS：我們會在系統建立一筆輸入，記錄那位員工是誰、病假何時開始、原因及估計可能休息天數。

KO：所以當你完成下週配置時要如何得到資訊？

RS：嗯，我們印出三份清單，輸入星期一的日期，印出第一份顯示誰可以整週工作的清單；第二份清單顯示誰整週不能工作；而第三份清單顯示誰該週可能可以部分時間工作。

KO：然後？

RS：接著我們從誰可以整週工作開始依序進行。我們在螢幕上叫出每個員工的紀錄，觀察兩個主要指標：首先是他們的技能與經驗，第二是他們目前工作的生產線及在此線上的工作資歷。接著，我們將他們分配到三個工廠中某一生產線的某一部門。

KO：所以你可以將他們分配到三個工廠中的任一個。你對每一個工廠都輸入同樣的資料嗎？

RS：不，主要因為歷史因素，每個工廠的螢幕配置有些許不同。
……

6.B 找出你所知道可以支援需求擷取的套裝軟體，它是否有整合了塑模工具？提供哪些類型的需求追溯？

Chapter 7

需求分析

學習目標 在本章中你將學到：
☑ 為何要分析需求。
☑ 類別圖所使用的技術名詞。
☑ 分析類別圖如何詳細表示使用者需求模型。
☑ 如何以溝通圖和類別圖了解使用案例。
☑ 如何以穩健性分析來實現使用案例。
☑ CRC 技術如何幫助界定類別並分配它們的職責。
☑ 如何評估及審查分析類別。

7.1 簡介

需求分析的目的是要針對所將進行的應用程式產生出分析或邏輯模型。分析模型可以看做是需求模型與設計模型間必要且重要的步驟，分析模型與設計模型在第 6 章及第 12 章分別加以介紹。然而，在反覆漸增式生命週期中，這三種模型代表著研擬系統不同的面向，而非開發過程的不同階段，分析模型著重於研擬系統的行為邏輯，主要是由包含在分析類別圖中的一些分析類別所構成，一同以與不受限於其他特定實作方法的方式來塑模系統所需要的應用。我們將介紹該如何製作可以在軟體設計與建構過程中幫助減少錯誤和矛盾的分析模型。

如果領域模型存在的話，分析模型與之極為相關。然而，領域模型是主要概念及與組織整體相關邏輯元素的高階觀點；分析模型是特定於某個單一系統以及該系統開發之生產形式部分。

一些敏捷方法的支持者質疑製作分析模型並非必要。事實上，有經驗的開發人員可能不建立具體模型，而直接選用類似的樣式和框架。然而，我們相信除了較為簡單的軟體系統不需要之外，製作分析模型對於開發所有新軟體系統來說很有用處，特別是對於剛入行的開發人員。

我們從考慮分析模型與前面提到過其他 UML 模型到底如何不同開始，接著我們解說類別圖的圖示符號，這是分析工作過程中主要的產物。我們也介紹兩種用來為使用案例建立分析類別圖的方法，一種是稱作使用案例真實化（它通常也稱作穩健性分析）；另一種領先於 UML 多年的非 UML 技術，稱為類別責任合作 (CRC) 卡，這種技術廣泛地應用於分析中。最後，我們介紹因 CRC 和使用案例實現技術而使得由整體分析類別圖偏離到許多部分類別圖的狀況。

7.2 分析模型

分析模型是分析工作過程的產物，著重於深入了解問題領域，以及得以滿足需求模型訂定的需求之應用系統其邏輯行為。

7.2.1 分析模型與其他模型如何區別？

分析模型在完整性、問題情境的詳盡程度與邏輯結構以及其邏輯元素互動方式等均較需求模型更為深入。舉例來說，需求模型中的一個使用案例在分析模型中可能由一組合作類別來表示，統合了必須用來滿足使用案例目標的屬性、操作及關聯等等。

同時，分析模型幾乎可以補足在設計模型所忽略關於需求要如何達成的實體與實作細節。舉例來說，分析類別圖可以用單一類別來呈現某一使用案例的使用者介面觀點（換句話說，也就是視窗、按鈕、文字方塊以及其他使用者可以看到、可以按壓的介面小工具，讓使用者能夠輸入資料等等），而對應的設計類別圖可以包含大量用來精確呈現在 Java 或其他已被選定用來實作的程式語言中實際使用者介面的類別。

分析模型也與領域模型不同，雖然這兩者極為相關。領域模型是與組織整體相關的主要概念與邏輯元素的高階觀點，不是所有組織都保有領域模型，但在那些之中通常由一組代表重要經營概念的類別所構成，例如像是顧客、訂單、產品等等。這些如同在分析類別訂定同等詳細程度規格，但將只包括那些不需參照到其他特定應用程式系統的屬性與操作。領域模型做為「組織感興趣的事物」的參考模型可以用來消除重複並且做為許多其他不同應用程式系統的基礎。

分析模型之所以重要是因為它定義了需求，這意味著它不僅只是從使用者獲取與記錄的事實與要求，使用案例模型提供了使用者需求觀點，而模型本身也就代表著軟

體系統可以做些什麼來幫助使用者進行他們的工作（或娛樂）。要設計出能派上用場的軟體，我們必須分析問題狀況的邏輯結構，以及邏輯元素之間如何互動。此外，還必須探討可能互相衝突的需求如何影響彼此。只有這麼做，我們才能確定知道實際上會發生什麼事。接著必須清楚地傳達這種狀況來做為設計模型的基礎，也為之後的實作模型提供指引。

這也是物件導向方法的概念基礎之一，被開發來符合某種需求的軟體必須具有能夠反映需求產生背景的結構，而 UML 類別圖就是為此而設計的。一個分析類別圖的結構正是一個需求的模型，可以直接經由設計轉換為軟體元件。一個成功的分析模型必須符合下列需求：

❖ 必須包含一個關於軟體功能的整體描述。
❖ 必須表現所有從分析者角度看來對於應用層面功能而言很重要的人、事及概念。
❖ 必須能顯示這些人、事及概念之間的連結與互動。
❖ 必須能顯示用來分析可能之設計的商業狀況細節。
❖ 理論上，必須可以為設計模型提供穩固基礎的方式來加以組織。

在下一節我們將討論要達到這些目標牽涉到哪些事物。

7.2.2 良好分析的要素

資訊系統修正錯誤的費用隨著系統在系統發展生命週期的演進而增加，如果錯誤是在系統的分析階段發生，那在早期階段修復費用將會比較低廉，勝過後期當錯誤已經在設計與實作階段衍生出眾多的問題才來處理。而在系統已經部署之後錯誤可能會在系統的許多不同部分出現，修復的費用是最昂貴的，因此，設計的品質有很大的程度是仰賴於分析的品質。

一些方法論已經明確訂出可以應用於生命週期每個階段產出的品質規範，但這些規範通常是在語法層面加以檢核，亦即無從判斷圖是否正確地表達組織的需求。分析應該符合以下四項條件以提供設計穩固的基礎：

❖ 正確的範圍。
❖ 完整性。
❖ 正確的內容。
❖ 一致性。

以下將做更深入介紹。

正確的範圍

系統的範圍決定了哪些應該包含在系統裡而哪些應該加以排除。在專案之始對系統所涵蓋範圍明確地了解、記述，並獲得客戶認可是很重要的，在許多組織這將會定義在稱作**專案啟動文件** (project initiation document, PID) 的正式文件裡；另一項也很重要的是確保分析模型裡的每樣東西都屬於系統範圍內。在 Agate 系統的案例中，更換現有用來開立收據給客戶的會計系統並不算是需求，而是新系統應該與會計系統界接以提供關於廣告活動財務方面相關資料的轉換。因此，系統的範圍排除了會計部分的使用案例，但應該包含將會轉換到會計系統的資料處理以及如何轉換這兩部分。Coad 等學者 (1997) 將一個「非屬此時」組成元件到他們的另外四個組成元件（分別是問題領域、人類介面、資料管理及系統互動）中，這個組成元件是用來記錄在分析階段出現但此時非屬需求的類別與商業服務，這是一個很有用的方式來迫使審慎考慮系統範圍。

完整性

正因有一個要求是分析模型裡的每樣東西都屬於系統範圍內，所以每個在系統範圍內的東西都應該在分析模型中記錄，從需求擷取得知關於系統的一切都應該記錄及包含在適當的圖中。分析的完整性往往是仰賴分析師的技能與經驗，知道要問什麼問題來引導出需求要靠時間與經驗。然而，如 Coad 等學者 (1997) 及 Fowler (1997) 所提，分析樣式與策略可以幫助經驗較少的設計師來找出可能的議題（依據過去的經驗，使用樣式是用來確保分析有效的好方法）。

非功能性需求即使可能不會直接影響分析模型，仍然應該要加以記錄。Rumbaugh (1997) 認為在分析階段找出的一些需求並非分析需求而是設計需求，這些應該加以記錄，但開發團隊可能只有在設計階段開始才需要考慮它們。在 Agate 系統中的例子是系統應該能夠在世界各地不同辦公室使用及必須能夠處理多國貨幣等的需求，這應該在分析階段加以註記，在設計階段則表示系統應該設計來支援地區化（符合當地需求）並顯示不同國別貨幣符號（或許採用 Unicode 標準）。

正確的內容

分析文件應該正確而精確地記述，這不僅適用於文字資訊、邏輯、商業規則及各個圖表，也適用於非功能性需求的量化特徵，例如正確地描述屬性以及在此階段已知的各項操作、正確地表達類別間的關係（尤其是關係的多重性），以及精準的資料量資訊等。不應該把精確與精細搞混。FoodCo 公司擁有 1,500 英畝的土地（進位到 100 英畝），若說這家公司擁有 1,700 英畝是不正確的，而說這家公司擁有 1,523 英畝則是更精細的；若說這公司擁有 1,253 英畝同樣也是不正確的，雖然精細造成了較精確的假象。

⇨ 一致性

分析文件包含了意指同一事物的不同模型（使用案例、類別、屬性或操作等），對相同事物應該使用相同的名稱以保持一致，一致性的錯誤將導致設計者出錯，例如：建立兩個有不同名稱、在系統不同部分使用但卻應該是相同的屬性。如果設計人員察覺到不一致，他們可以自己嘗試解決，但也可能出錯，因為設計人員對於系統所具備的資訊全部取決於他們所接收到來自於分析師的系統規格。

範圍或完整性的錯誤通常會反映在最終產品未能達到使用者的要求；產品不是包含了不需要的功能就是缺少了需要的功能。正確性與一致性的錯誤通常會反映在最終產品未能正確地執行。完整性與一致性的錯誤最常對開發人員造成困擾；在面臨不完整或不一致的規格時，他們得試著去決定哪些是必要或者回頭詢問設計師。

排練法 (walkthrough) 是一種常見用來確保分析模型反映了需求的方式。Yourdon 在 1985 年闡述了排練法（也在 1989 年增補），排練法由其他開發人員來進行結構化的審核，可以用在系統發展生命週期中許多的時間點來確保產品的品質。舉例來說，排練法可以用在程式設計與開發階段來檢核程式碼的正確性。

7.3　分析類別圖：概念與圖示

7.3.1　類別與物件

分析類別圖含有用來表達應用領域更固定面向的類別，特別是那些與開發中應用程式相關的部分，例如：若某公司持續在廣告業中營運，其業務行為就可能包括辦公室、電腦、客戶、廣告活動、預算、收據、付款、廣告、各種不同類型的作業人員（包括在創意、會計及資訊等部門）、總經理、許多類型的經理（負責財務、行銷及廣告活動），以及他們之間錯縱複雜的關係。假如 Agate 公司有套領域模型的話，那麼這麼模型可能就包含了用來表達全部這些人、物與概念的類別。在這些類別當中，有些會特別關聯到所感興趣的應用，例如在原文書 A1.4 節中我們可以很容易從與需求特別相關的部分來找到客戶、廣告活動、預算、付款、廣告、創意人員與廣告活動管理者等，因此我們可以期待這些全部將會在分析模型中以類別出現。

7.3.2　屬　性

屬性是類別之基本描述的一部分，也是表示類別中成員可以「知道」之事物的常用結構。針對每個屬性（如果該屬性是陣列，則是數值），每個物件會有自己的數值，有時甚至是唯一的。

圖 7.1 顯示 Agate 案例研究中 Client 和 StaffMember 的數種可能屬性。

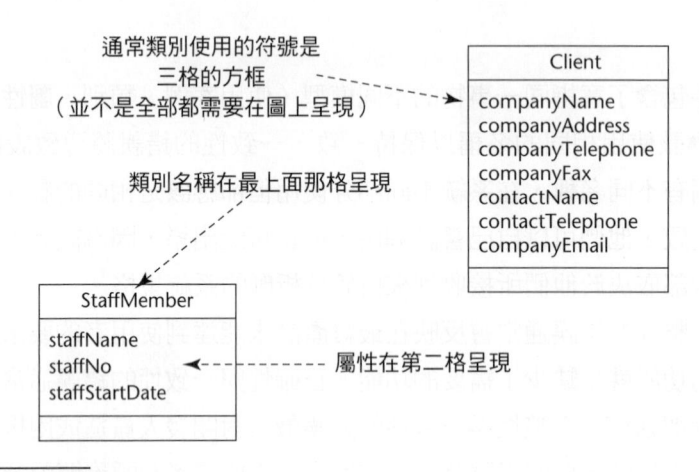

```
                           通常類別使用的符號是
                              三格的方框              ┌─────────────────────┐
                         （並不是全部都需要在圖上呈現）│       Client        │
                                                    ├─────────────────────┤
                                                    │ companyName         │
                                                    │ companyAddress      │
                                                    │ companyTelephone    │
                              類別名稱在最上面那格呈現  │ companyFax          │
                                                    │ contactName         │
                                                    │ contactTelephone    │
                                                    │ companyEmail        │
                                                    └─────────────────────┘
              ┌──────────────────┐
              │   StaffMember    │
              ├──────────────────┤
              │ staffName        │
              │ staffNo          │ ◄─── 屬性在第二格呈現
              │ staffStartDate   │
              └──────────────────┘
```

圖 7.1 將屬性納入類別圖中

注意，類別的符號又細分為三種區隔。最上方的區隔有類別名稱，而第二層有屬性名稱（以小寫字母開始），第三層此時還是空的。

通常類別是部分以屬性結構定義的，而實例是以其屬性值描述。我們會給每個屬性適當的數值來描述特定客戶。舉例來說，像「FoodCo」是給予實例 Client 的公司名稱屬性的數值，而這代表真實世界中的客戶 FoodCo。要完整地描述一個實例，我們會像圖 7.2 那樣給予所有屬性一個數值。

一些屬性值會在物件生命週期中改變。例如，FoodCo 的經理人可能會改變其電子郵件位址、電話號碼或地址，甚至可能會更改公司名稱。在這些狀況下，代表 FoodCo 的物件屬性值應該要更新，其他屬性值可能不會改變；例如：每位客戶可能被分配到一個客戶號碼。只要一開始就正確記錄，往後可能不再需要改變其值。

7.3.3 屬性與狀態

物件的狀態將影響它如何對事件加以回應（狀態的概念我們在第 4.2.7 節做過解釋）。物件的狀態部分是由其屬性的實例數值來描述，當屬性值改變，物件本身就可能會改變狀態。不是每個屬性值變動都會對物件及整個系統的行為造成明顯的影響，

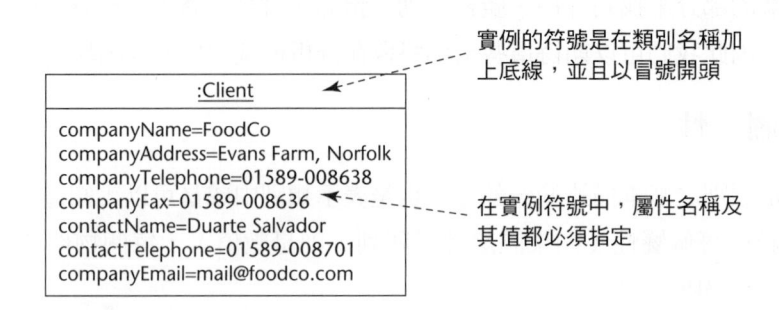

```
                                              實例的符號是在類別名稱加
                                              上底線，並且以冒號開頭
              ┌────────────────────────────────┐
              │           :Client              │
              ├────────────────────────────────┤
              │ companyName=FoodCo             │
              │ companyAddress=Evans Farm, Norfolk │
              │ companyTelephone=01589-008638  │
              │ companyFax=01589-008636        │ ◄─── 在實例符號中，屬性名稱及
              │ contactName=Duarte Salvador    │      其值都必須指定
              │ contactTelephone=01589-008701  │
              │ companyEmail=mail@foodco.com   │
              └────────────────────────────────┘
```

圖 7.2 將屬性值加入實例圖

但有些屬性則對物件和系統行為的確有著重大的影響，而這些改變是以狀態圖來加以塑模（狀態圖在第 11 章將做詳細介紹）。

大多數銀行在自動櫃員機提款卡上採用的每日提領限額就是一個簡單的範例。針對此項作業，自動櫃員機系統必須知道你的每日限額以及必須保有你在這一天當中全部提款的累計總額，要求提領金額如果沒有超出你每日提領限額則予以同意，並且更新提領累計總額；倘若要求提領金額超出限額則加以拒絕，通常會以訊息告知你尚可提領多少金額；一旦你達到你的每日提領限額，則不再允許更進一步的提領要求。當交易日結束，總額重設為零而同樣程序再次開始（注意！以上這些過程是經過大幅簡化，真正的銀行系統遠為複雜得多）。

要了解這關於物件狀態的部分，可以先想像有一個帶有 dayTotal 與 dailyLimit 屬性的物件 yourCard，它的屬性值在任何時候都是依照物件的狀態而決定。在每日營運開始時，dayTotal 的值設為 0，這讓物件進入 Active 啟動狀態。只要 dayTotal 的值低於 dailyLimit 的值時，yourCard 都保持在 Active 啟動狀態；如果 dayTotal 的值變為與 dailyLimit 的值相等時，yourCard 的狀態改為 Barred（禁用）。yourCard 物件要如何回應 withdraw(amount) 訊息則依照它當時的狀態而定，在 Active 狀態，合格的要求（也就是那些不導致超出限額的提款要求）將會被允許，而不合格的要求（也就是那些會導致超出每日提款上限的要求）則會導致錯誤訊息而不會發出現金。然而，在 Barred 狀態，所有現金提領要求都會被拒絕，而且會有不同的錯誤訊息。圖 7.3 以狀態圖的方式來顯示這個過程。

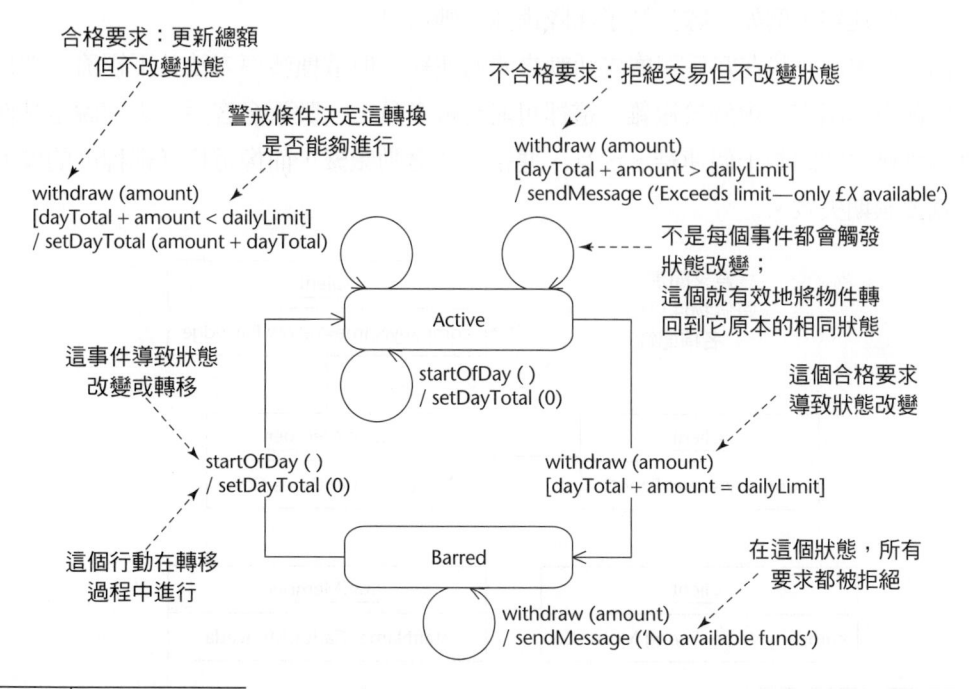

圖 7.3 | ATM 提款卡的狀態與轉移（簡化版）

這個例子不是用來說明狀態圖，只是可以有效解釋當物件改變狀態時所發生的事情。在實例的層次上，這只是屬性值的更新，然而，結果可能超越軟體系統的界線而延伸到使用者的日常生活中，例如一些銀行客戶所遭遇到的經驗。

7.3.4 連結與關聯

連結是兩個或以上物件之間的邏輯關係（在大多數塑模情況中，連結指僅只連接兩個實例，雖然連結可以連接三個或更多實例，但這非常少見而我們在此暫不考慮）以 Agate 的例子而言，FoodCo 和「World Tradition」電視活動之間的關係，可以解釋為「FoodCo 是 World Tradition 活動的客戶」，如圖 7.4 所示。

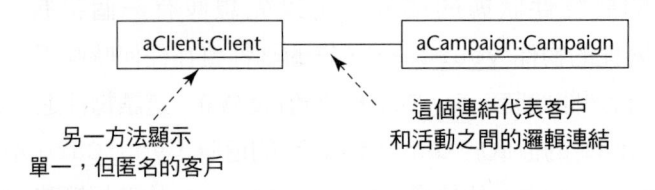

```
        aClient:Client ────── aCampaign:Campaign
              ↖                    ↖
       另一方法顯示              這個連結代表客戶
       單一，但匿名的客戶         和活動之間的邏輯連結
```

圖 7.4 兩個實例之間的連結

連結的實例可以來自不同類別，或如圖 7.4 所示來自相同類別。例如，可以用管理者和其他員工間這個 `supervises` 連結來做範例，但兩者都屬於 Staff Member 實例。連結有時甚至可以將自己與其他實例連結，但這種狀況並不常見。如同一支曲棍球隊伍中的隊長和球員，隊長可以選擇球員。假定隊長也是球員之一，她和自己就可能有一個連結，例如「隊長為了球隊選擇了她自己」。

圖 7.5 顯示一些在客戶與廣告活動之間的連結，但這種塑模方法並不經濟，把每個連結都表示出來，會過於複雜。這裡可能有很多員工、數百名客戶，更別說是其他類別的實例之間的數千個連結。況且，連結可能變動頻繁，而像這樣詳細程度的模型很快就會過期失效。

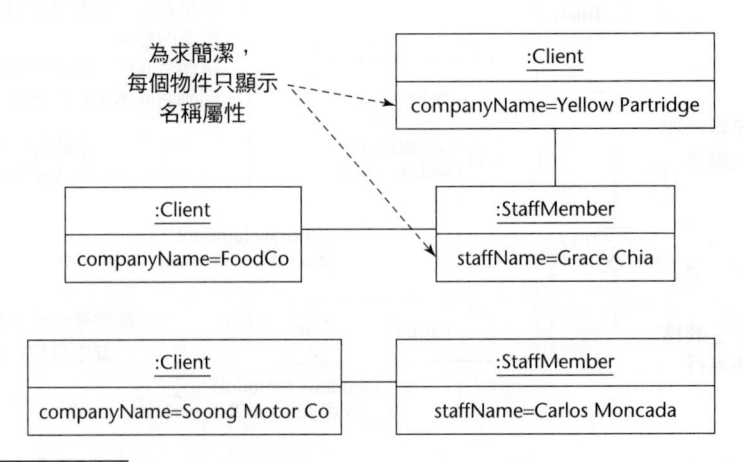

```
                                    :Client
為求簡潔，                    ┌──────────────────────────┐
每個物件只顯示 ─ ─ ─ ─ ─ ─ →  │ companyName=Yellow Partridge │
名稱屬性                      └──────────────────────────┘
                                           │
        :Client                            │      :StaffMember
┌──────────────────────┐                   └──┌──────────────────────┐
│ companyName=FoodCo   │──────────────────────│ staffName=Grace Chia │
└──────────────────────┘                      └──────────────────────┘

        :Client                                    :StaffMember
┌──────────────────────────┐                ┌──────────────────────────┐
│ companyName=Soong Motor Co │──────────────│ staffName=Carlos Moncada │
└──────────────────────────┘                └──────────────────────────┘
```

圖 7.5 `StaffMember` 和 `Client` 實例間的連結

7.3.5 類別間的關聯

關聯是兩個類別間連接的抽象化，代表它們實例之間可能的連結（關聯可能連接超過兩個類別，但就像連結一樣，這非常少見而我們在此暫不考慮），例如在 Agate 公司中，每個客戶都被分配到一位聯絡人。這將由一組連結來實現，每個連結連接到一特定的 :Client（類別名稱前加上冒號表示這是類別的無名實例，換句話說可以是任何客戶）到對應的 :StaffMember，但連結只有在支援某種需求時才會被塑模。我們從使用案例中得知，活動經理必須能夠分配和改變客戶聯絡人。因此模型必須允許這種連結，否則就無法設計出符合這些需求的軟體。同樣的方式，類別描述一組相似的物件，關聯描述一組相似的關聯（某些作者稱連結為關聯的實例）。

有些關聯可以被清楚地識別，不需要任何特別的連結。舉例來說，客戶與每一項它們的廣告活動之間的關聯明顯就是，Agate 公司的員工只需要記錄有關客戶的資訊，因為他們透過活動的形式來獲得生意，而且除非為了特定客戶，否則不太會進行活動。其他關聯是透過溝通圖中塑模的連結的存在來確定，是使用案例實現活動的一部分（這我們會在本章稍後介紹）。一般來說，只要兩個物件之間存在連結，兩者所在的類別之間就會有相對應的關聯。就像物件一樣，連結在這個階段並不會經常明確地在類別圖上塑模。

圖 7.6 顯示包含所有客戶與員工之間可能有「liaises with」連結的關聯（雖然這並沒有告訴我們哪個實例是連結到的，如果有的話；關聯應該是抽象而一般的，而非特定），關聯是兩個類別符號間的那條線，在靠近線中央的文字「liaises with」是這關聯的名稱，每個關聯一定會有個有意義的名稱（雖然這在圖上並不強制要呈現出來），在關聯尾端的文字給予類別實例在關聯尾端角色一個名字，與類別實例在關聯另一端加以區隔。連結扮演的角色如同限制，只有那些

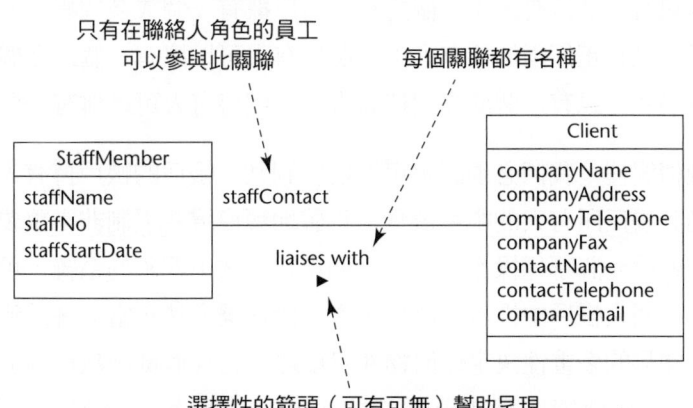

圖 7.6 StaffMember 和 Client 間的 liaises with 關聯

StaffMember 的實例經由「liaises with」關聯連結到 Client 的實例會參與涉及 staffContact 角色的合作。在之後的階段，我們將會看到這關聯尾端的名稱代表資料值，而不像是屬性，這只有在用來保存參照到其他領域類別實例而非像是整數或字串等值時發生。在設計與實作階段，關聯尾端的名稱將會變成屬性。

7.3.6 關聯與狀態

在第 7.3.3 節，我們看到狀態有一部分是由物件的目前屬性值而決定，這有部分也是由它目前的連結所定義，當建立或移除與另一個物件的連結時，物件就會改變狀態，當屬性值的更新時，某些對連結的變更是很重大而且代表狀態變更。一個建立連結的例子是當活動經理指派一位員工擔任新客戶的聯絡人，這連結的建立可能都是廣告活動被視為已受委託所必須，準備開始進行廣告籌備工作。這反映了 :Campaign 物件應該回應特定訊息並且以轉移到 Commissioned 狀態來加以塑模。

其他連結的建立就不是這麼重大，也不會代表狀態改變。舉例來說，當廣告活動經理指派一位工作人員來擔任廣告活動聯絡人，這不會影響 :Campaign 物件的行為，因此不需要將之塑模為狀態改變。

7.3.7 多重性

關聯的**多重性** (multiplicity) 是描述有多少物件可以可以參與這個關聯，它反映了企業（或營運）規則，這些是真實世界對於所允許發生業務活動方式的限制。注意！企業規則總是成對出現，因為一個對關聯的完整描述牽涉到從兩端不同的說法。

一個為人熟知的例子是所謂的聯名帳戶，這項企業規則依據帳戶類型而有不同運用，如下所示：

❖ 個人帳戶只有一個持有人；一個持有人可以擁有一個或多個帳戶。
❖ 聯名帳戶可以有正好兩個持有人；一個持有人可以擁有一個或多個帳戶。
❖ 商業合資帳戶可以有一個或多個持有人；一個持有人可以擁有一個或多個帳戶。

在每一種情況裡，我們必須制定可以連結到某一帳戶的帳戶持有人數量，也必須制定可以連結到帳戶所有人的帳戶數量。正確地塑模這些限制非常重要，因為這些限制可能會決定軟體允許哪種操作方式。一個指定方式不明確的系統，可能會讓未被核准的第二個人從個人帳戶中提款；此外，也可能會讓合法正當的客戶無法從聯名帳戶中提領現金。關聯的多重性決定任何物件可以連結之其他實例數量的上下限。

從 Agate 案例研究中我們已經知道，每位客戶都被分配到一位聯絡人員工 staffContact，而每個員工則會被分配零到多個客戶。如圖 7.7 所示，每個關聯的

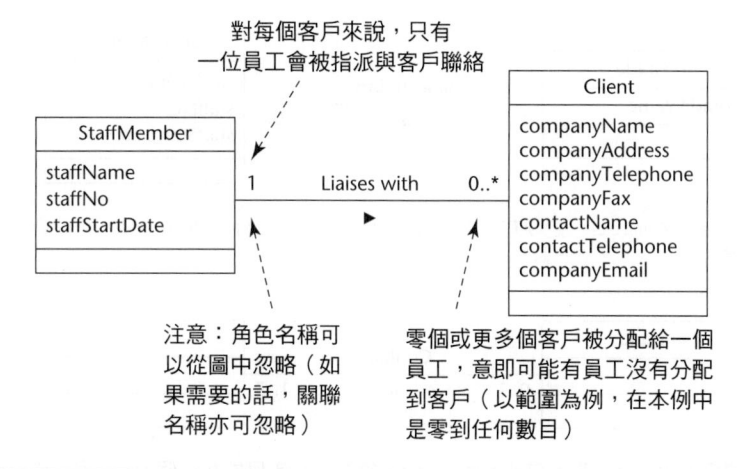

```
                        對每個客戶來說，只有
                        一位員工會被指派與客戶聯絡
                                                        ┌─────────────────────────┐
                                                        │         Client          │
                                                        ├─────────────────────────┤
┌─────────────────────┐                                 │ companyName             │
│    StaffMember      │                                 │ companyAddress          │
├─────────────────────┤                                 │ companyTelephone        │
│ staffName           │  1      Liaises with    0..*    │ companyFax              │
│ staffNo             │ ────────────────────────────────│ contactName             │
│ staffStartDate      │            ▶                    │ contactTelephone        │
│                     │                                 │ companyEmail            │
└─────────────────────┘                                 └─────────────────────────┘

       注意：角色名稱可                     零個或更多客戶被分配給一個
       以從圖中忽略（如                     員工，意即可能有員工沒有分配
       果需要的話，關聯                     到客戶（以範圍為例，在本例中
       名稱亦可忽略）                       是零到任何數目）
```

圖 7.7 Client 和 StaffMember 之間關聯的多重性

端點都具有多重性。因此，分配給一個員工的客戶數量可能由零到任何數目，而分配給一個客戶的員工數量一定只能一個。

在關聯的每個端點標示的多重性標註稱之為**多重性字串** (multiplicity string)，為了具有效用，標記法必須顯示出所有多重性，而不只是「唯一」或「零個或以上」。還有許多例子，允許特別標示出各種範圍的數值，例如 0..3, 1..5, 2..10, 3..*，或離散數值，例如 3, 5 或 19，或兩者的組合，例如 1, 3, 7..*。一般來說，除非是必要狀況，否則最好不要限制多重性。多重性字串在 UML 規格中是以 BNF 語法定義（請注意為了簡單起見，我們省略了定義中序號與唯一值等選擇性功能的部分），如圖 7.8 所示；圖 7.9 至圖 7.11 顯示可能發生的不同狀況（雖然這些例子並不是十分詳盡）。

關聯多重性傳達出關於問題領域結構重要的資訊，關於多重性的不同假設對軟體

```
<multiplicity>       ::= <multiplicity-range>
<multiplicity-range> ::= [<lower>'..'] <upper>
<lower>              ::= <integer> | <value-specification>
<upper>              ::= '*' | <value-specification>
```

圖 7.8 多重性字串的 BNF 定義語法

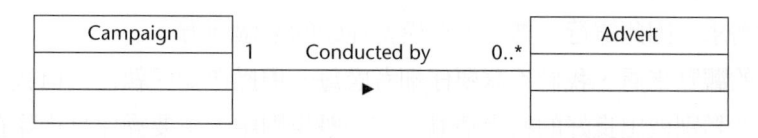

```
┌──────────────┐                              ┌──────────────┐
│   Campaign   │  1      Conducted by   0..*  │    Advert    │
│              │ ─────────────────────────────│              │
│              │            ▶                 │              │
└──────────────┘                              └──────────────┘
```

圖 7.9 一個 Campaign 可以有零到多個 Advert，而每個 Advert 只屬於一個 Campaign

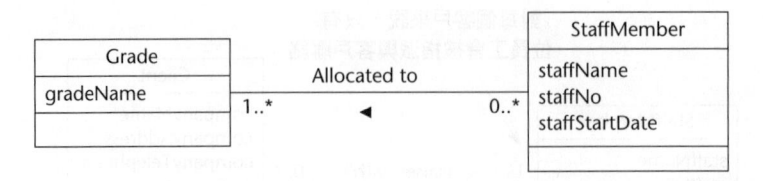

```
┌─────────────────┐                    ┌──────────────────┐
│     Grade       │    Allocated to    │   StaffMember    │
│  gradeName      ├───1..*─────◄──0..*─┤  staffName       │
│                 │                    │  staffNo         │
│                 │                    │  staffStartDate  │
└─────────────────┘                    └──────────────────┘
```

圖 7.10　每個 `StaffMember` 一定要有一到多個 `Grade`，而對於每一個 `Grade`，可能會有零、一對多個員工屬於它

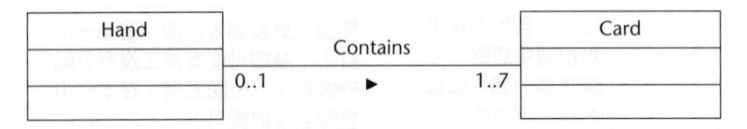

```
┌─────────────────┐                    ┌──────────────────┐
│      Hand       │     Contains       │      Card        │
│                 ├───0..1─────►──1..7─┤                  │
└─────────────────┘                    └──────────────────┘
```

圖 7.11　用於撲克牌的 `Hand` 最多包含七個 `Card`，每個 `Card` 只能在一個 `Hand` 裡（雖然整副牌可能還有些牌在牌盒未發出），但前提是在沒有作弊的情況下

設計有顯著的影響。如果關聯多重性未能被正確地塑模，之後會造成軟體無法達到使用者希望達到的功能。

7.3.8　操作

　　操作是某類別之全部實例所共享的共通行為元素，是可以藉由物件或在物件上執行的動作。在需求分析中所塑模的類別代表真實世界的物體與觀念，因此其操作可代表相同物體與觀念之行為觀點。然而，物件導向系統的基本概念是它應該包含獨立、合作的物件，將操作理解為對應用領域作方式的模擬可能會更容易理解。另一種表達方式是操作可能會被其他物件來要求進行的服務。

　　例如，在 Agate 案例研究中，`StaffMember` 具有為員工計算額外獎金總額的操作，因為其他物件可能要求這項資訊。另外，因為員工額外獎金部分來自於員工所負責活動的利潤，一個 `:StaffMember` 物件將會向相關的 `:Campaign` 物件要求這項資訊。因此 `Campaign` 需要計算每個活動利潤的操作。

　　決定將 `StaffMember` 以一項用來計算它所擁有紅利的操作來塑模並不代表我們認為一位真正的工作團隊人員必須負責計算自己的紅利，不管是真實的（或抽象的）廣告活動或其他任何事物都不需要自己來計算利潤這樣的事情，這是以適當的方式來模擬真實世界的行為，但並不意味這模型與真實完全相同。然而，有能力處理這些任務是系統的需求，因此這行為勢必落在模型裡頭的某個地方。

　　從分析的觀點來看，我們不需要仔細考慮每一項操作如何執行，但我們必須對於應該包含哪些類別做出良好的初步猜測。在一般規則中，主要操作是排除在分析模型之外，包括：用來產生類別新實例的建構子操作、負責對來自其他物件的訊息回傳屬性值的 `get` 操作，以及更新屬性值的 `set` 操作。

我們也必須對於將操作置放於類別的哪裡做出初步的決斷,這主要是依據思考關於類別的責任,而不一定意味著類別必須以同樣的方式來實作。從設計觀點來看,對於哪裡是操作的最佳位置我們可以得到不同結論。有些可以委派部分或全部給其他類別的物件,本章稍後會介紹 CRC 卡以及在第 9 章會介紹互動圖,這兩種技術可以用來幫助以連貫一致的方式將責任分配到類別。

操作是類別行為的規格書,因此可以定義類別的操作對於每個類別的實例皆有效。圖 7.12 顯示 Agate 案例研究中一些操作的範例。

操作名稱置於矩形類別符號的第三個區間。至於屬性,操作名稱以小寫字母開頭。因此,操作不像屬性和關聯,它們對於實例而言意義完全相同,如同它們對於類別一般。

操作的作用可能包括改變物件的特徵,例如更新屬性值。另一個作用也許是改變與其他物件的連結,例如指定 :StaffMember 去負責 :Campaign(這個連結的建立對於讓員工獲得活動的獎金而言,將是必要的)。

有些操作指派一部分的工作給其他物件。一個我們先前提過的例子是 StaffMember.calculateBonus(),這項操作需要對每個關聯廣告活動進行呼叫 Campaign.getCampaignContribution() 來得到資料。每個單獨操作也許代表

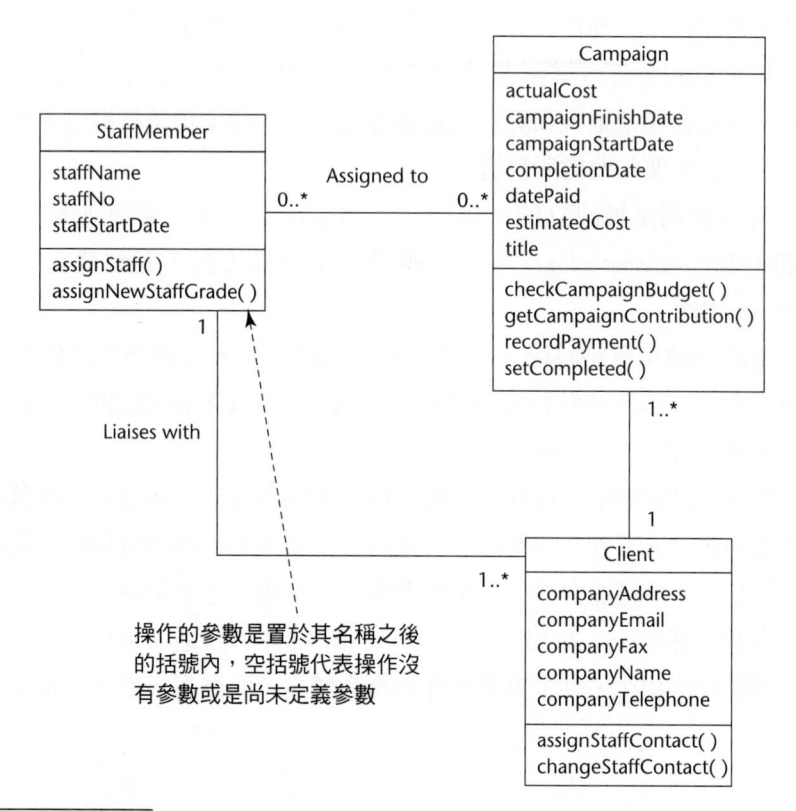

圖 7.12 Agate 案例的部分類別圖,含有一些屬性及操作

分布在許多物件之中一項較大任務的一小部分。計算的相對平均分布被認為是值得的，對建立模組系統而言，是很重要的一步。

7.3.9 操作與狀態

物件的操作及其所定的狀態的關聯情形有兩種。第一，除非執行操作，否則物件不可能改變它的狀態。事實上，這只是另一種說法，即屬性不可能儲存或更新自己的數值，而且連結也不可能建立或破壞自己，這也解釋了行動中的封裝，因為它只能經由呼叫物件的操作，為了得到物件去執行任何事，我們可以改變它的資料、建立或破壞連結，甚至回應簡單的詢問。第二，當操作被某一訊息呼叫時它所能做的回應通常依據物件目前的狀態而定。在先前所述 ATM 提款卡的例子中，withdrar() 操作的行為是依據 yourCard 是在 Active 或 Barred 狀態決定；換句話說，它依據 dailyLimit 與 dayTotal 這兩個屬性目前的值而定。

操作另外的一課以及如何在它們之間選擇將包含在操作更詳細的定義部分（我們將在第 10 章介紹）。

7.3.10 分析類別圖的穩定性

每個類別的描述（其屬性、操作及關聯，也就是它所知道和可以做的）可能是相對穩定的，可能只在會導致業務進行方式重大改變時修改。相對地，物件實例經常改變，使得系統需要經常維護和更新對這種變化迅速的商業環境的描述。在系統執行中，實例受到三種主要的改變所影響。

首先，這些實例是被建立的。例如，當 Agate 公司進行新活動時，細節會儲存在一個新的物件 Campaign 中；當聘請一位新員工後，就會建立一個相對的 StaffMember 物件。

其次，這些個體可以被移除。例如，在活動結束而所有發票都已付款後，對公司來說，終究會有一個時間點對這個活動失去興趣。藉由移除相關的 Campaign 實例，所有與該活動有關的資訊就會被移除。

最後，物件可以被更新，也就是改變一個或多個屬性值，或者它意味著改變自己與其他物件間的連結。不管在哪種情形，這麼做主要是為了維持每個物件和其代表事物的關聯。例如，客戶可能會增加活動的預算，讓電視廣告在電視上播得比原定時間更久。為了反映這種狀況，在相對的 Campaign 物件中設定的預算值也要改變。與邊界物件和控制物件相比，許多實體物件的壽命較長，而且很多都會經常更新。

7.4 使用案例實現

實現 (reulization) 是在 UML 中對於發展一個抽象模型或元素到另外一個模型或元素使之更接近實作所賦予的名稱，使用案例是經由一系列模型在軟體實作淬鍊以適切滿足使用案例所界定的需求而加以實現。由初始使用案例到能夠確切達到使用案例所界定需求之軟體實作的過程中，從需求塑模到實作的開發工作至少包括一次反覆。在本章，我們著重於分析模型的製作，而這主要包含了分析類別圖，在一開始，我們將個別地對每個使用案例依據合作來發展分析類別圖，並使用溝通圖來修正我們對類別的屬性與操作的分配，這些個別的使用案例類別圖接著可以一起結合為更大張的圖來將包括這應用程式整體而單一的類別模型。

在本節中，我們首先要看的是實現一個使用案例的數個初始階段。我們將用圖 6.9 的使用案例 Add a new advert to a campaign 來說明。圖 7.13 重複該使用案例圖，而接著的一系列圖表顯示可以呈現使用案例的數種不同方式，包括從不同的角度和不同程度的抽象化來看。圖中所用的標記法可能還不具什麼意義，但不需擔心，這會在本章稍後逐步介紹。

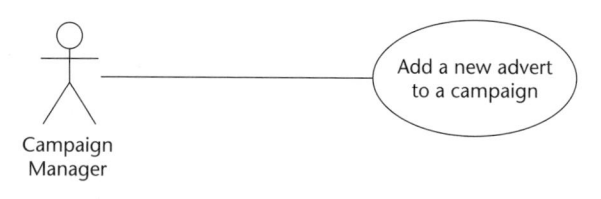

圖 7.13 Add a new advert to a campaign 的使用案例圖

此外，使用案例實現包括要確認一組可能的類別，以及了解這些類別可能會如何互動來表現使用案例的功能。這組類別稱為**合作** (collaboration)。最簡單的合作表現如圖 7.14 所示。

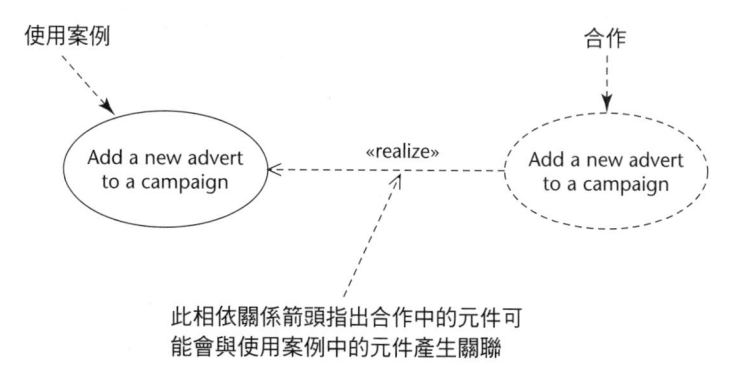

圖 7.14 合作可以實現特定的使用案例

你當下所能了解的，除了知道合作和使用案例有關外，其他甚少。然而，這其實大有用處。特別是**相依關係** (dependency) 的箭頭是表示該合作的規格（以及其所包含的任何類別或其他元件的規格）一定要和使用案例保持關聯。稍後，我們會看到許多其他模型元件彼此之間相依關係的範例（這種標記法在當元件於不同套件中時特別有用）。

圖 7.15 描述更多合作的細節，也列出參與合作的物件及其間的連結。這些就是當實作軟體時，會彼此互動來達到使用案例所描述之結果的物件。這種合作的觀點仍然無法告訴我們這些物件如何互動，也不能表現出它們如何與模型的其他部分產生關聯。所有不直接與合作相關的細節皆會被隱藏。

溝通圖 (communication diagram) 是最能看出合作內部細節的方式之一，因為它能清楚顯示物件之間的互動。除了圖 7.15 的合作之外，圖 7.16 還加上互動。不必擔心現在無法全然了解這種圖的內容（溝通圖更深入的圖示法在第 9 章介紹），重要的是，要注意這種圖顯示出參與合作的物件如何與彼此互動。

溝通圖中顯示的互動是以物件彼此傳遞之訊息的模式來表現，而這裡的範例表現出對於個別物件行為相當程度的了解。初始溝通圖未必會如此詳細，我們在本章稍後會提到。

最後，合作可以用類別圖來表現。圖 7.17 是本範例的一個類別圖（而且在需求分析的第一次反覆時，我們只需要這麼做就好）。這和圖 7.15 的合作及圖 7.16 的溝通圖都有結構和標記法上的相似之處。每個物件都有一個類別，而有些類別之間有類似物件之間連結的關聯在溝通圖裡，而在溝通圖中類別有對應到訊息的操作。

然而在本例中，即使是最明顯的差異，可能都比實際狀況接近現實。例如，這個類別圖中包含許多類別的內部細節。需要的話，合作和溝通圖可以包含一些（雖然不是全部）細節。另外，圖 7.15 中物件之間的一些連結在類別圖中並沒有相對應的關

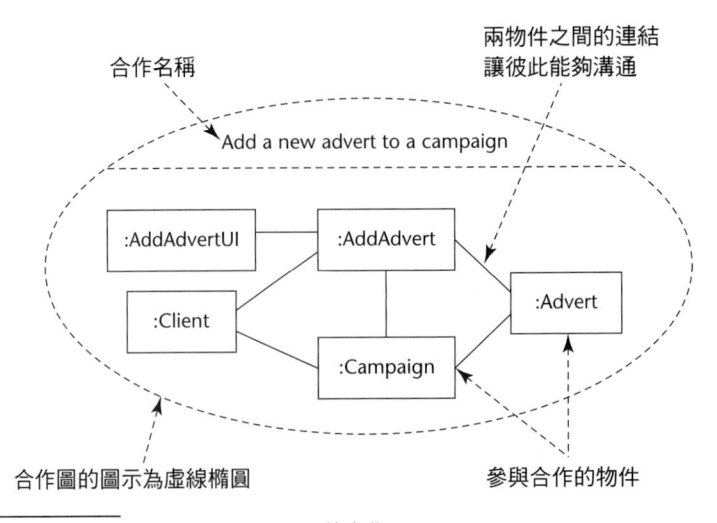

圖 7.15 Add a new advert to a campaign 的合作

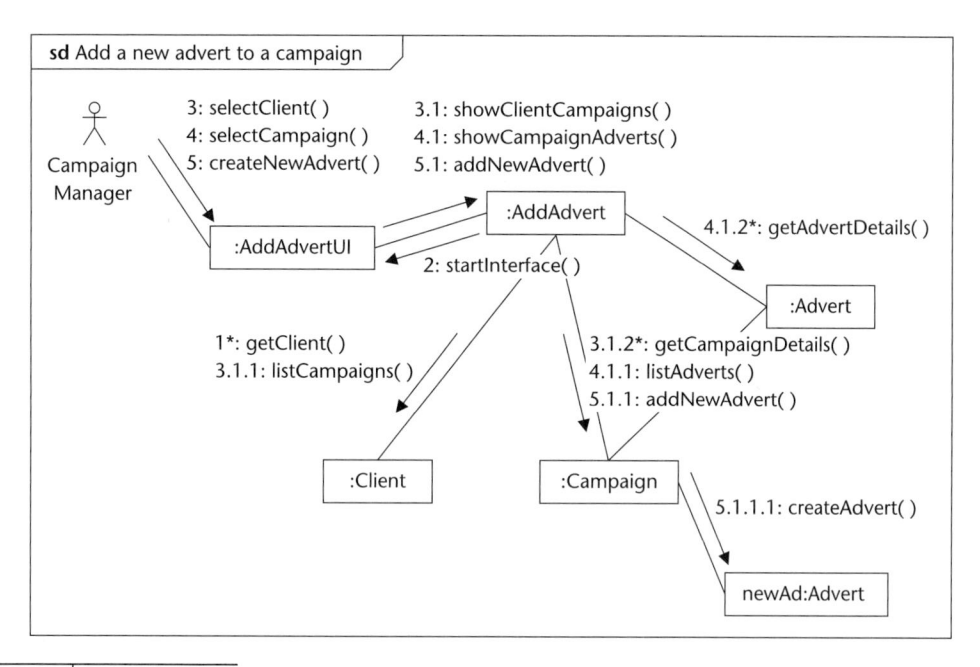

圖 7.16 ｜ Add a new advert to a campaign 的溝通圖

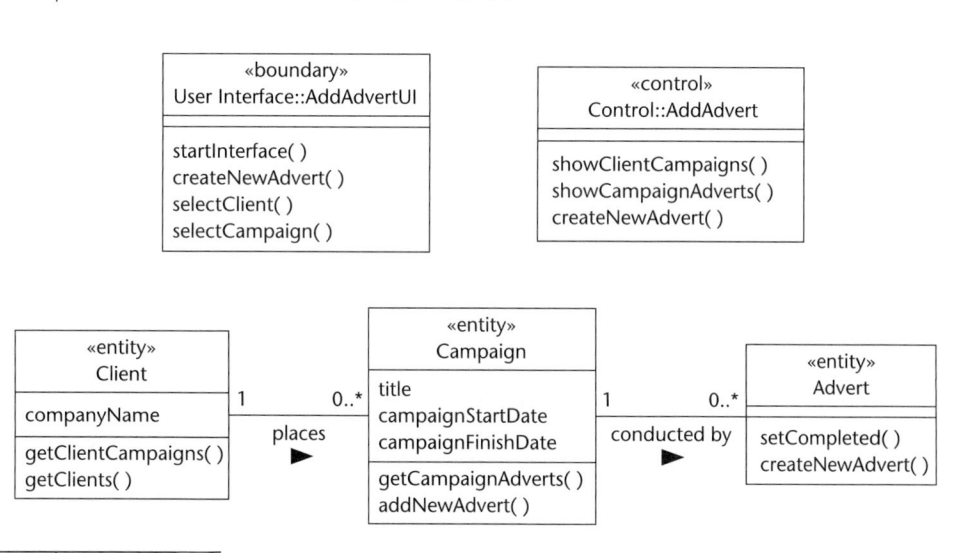

圖 7.17 ｜ Add a new advert to a campaign 的分析類別圖

聯，原因稍後在本章中將會解釋。

此時可以多提一些這些圖的用途。圖 7.14 的合作圖示只是一種高度抽象化的符號，可以用在任何其他形式上。圖 7.15 到圖 7.17 是一些在軟體漸增式和反覆式開發過程中，用來實現使用案例的中間形式。這些系列中的每一個形式都更接近可執行程式碼，也都採取特定的塑模觀點。例如，一個合作會定義出參與物件和其間的連結，但會忽略物件之間的訊息和內部細節。溝通圖強調一組合作物件之間的互動，但若合作相當複雜，將會難以閱讀訊息序列。類別圖雖然忽略互動，卻能顯示更細部的結

構，而且通常能表現出類別中的許多內部特性。此外，合作也可以用其他從需求分析觀點來看與我們較無關係的方式來表現。例如，互動循序圖隱藏大部分的結構，但卻能更清楚地顯示出訊息順序（循序圖會在第 9 章介紹）。大多數這些其他的表現方式與系統模型的設計、測試或實作觀點有關。

7.5 繪製類別圖

7.5.1 穩健性分析

要將使用案例製作出分析類別圖有許多種方式，但我們主要將依據一種稱之為穩健性分析的方法，這是由 Rosenberg 於 1999 年首先提出的方法。穩健性分析的本質正如它之所以這麼命名，是希望定義一些足夠穩健的類別來滿足使用案例全部的需求。我們將會在第 7.5.3 節詳細講解發展分析類別圖的過程，之後在第 7.6 節我們將介紹類別—責任—合作 (Class Responsibility Collaboration, CRC) 卡技術，CRC 卡技術可以自身單獨使用或用來與穩健性分析法搭配互補。然而，在繼續前進之前，有必要解釋分析類別樣板的概念。

7.5.2 分析類別樣板

在分析時會不斷遇到的數種特定類別，而它們使用在塑模使用案例是穩健性分析法很基本的部分（UML 樣板在第 5 章已做過介紹）。

一個樣板化類別的實例都會特別著重某些任務，這些任務能夠區分它們與其他樣板的實例之間類別的差異。這對建構模型非常有幫助。這裡所指的樣板，與我們日常生活所用的大同小異。例如，如果你的朋友說阿諾·史瓦辛格在電影中扮演的角色都很典型，你大概可以了解他們認為阿諾所扮演的角色都很類似，就算是劇本和脈絡並不一樣。所以，如果你即將要看的電影是由阿諾所主演，那麼你大概可以知道那部電影的某些構想，而且必定和李奧納多·狄卡皮歐的電影會有某種程度的不同。

UML 是被設計來擴充的，開發者可以在必要時加入新的樣板。在此，我們只需要考慮三種廣為使用的分析類別樣板：**邊界類別** (boundary class)、**控制類別** (control class) 和 **實體類別** (entity class)。這幾個前 UML 時期的類別樣板是由 Jacobson 等人 (1992) 所發展，而在今日已有為數眾多的先驅作者建議將它們運用在分析塑模上，包括方法中有部分是依據 Rosenberg 與 Scott (2001)，以及 Ambler (2004) 的這些樣板。

但是類別樣板並非總是必要的。如果類別成為樣板，也並非總是得在圖上表現出類別樣板。當類別樣板可以給模型帶來有用的意義，才需要表現出來，但也不是必需的。本書稍後所提到的許多圖都省略了樣板，因為從脈絡中就可以看出它們的存在，或者其存在與否與圖的目的並無特別關聯。

邊界類別

邊界類別「塑造了系統與其中參與者之間的互動」(Jacobson et al., 1999)。由於是需求模型的一部分，邊界類別相對來說較為抽象。它們不直接表現使用於實作語言之介面工具集的所有不同種類。之後的設計模型或許可以這麼做，但從分析觀點，我們只對找出與使用者及其他系統之間的主要邏輯介面感興趣，這可能包括與其他軟體或硬體（例如印表機、馬達和感應器）間的介面。把這些劃為邊界類別模板，強調了它們的主要任務是管理跨系統邊界的資訊轉移。這些類別也可以協助系統劃分，讓任何介面或系統溝通層面的改變可以從系統提供資訊儲存或商業邏輯的其他部分獨立出來。

`User Interface::AddAdvertUI` 類別（顯示於圖 7.16 的溝通圖與圖 7.17 的類別圖）是典型的邊界類別。這種名稱的寫法表示其類別為 `AddAdvertUI`（UI 是使用者介面的縮寫），而它屬於 `User Interface` 這個套件（第 5 章中介紹過套件的概念）。我們把套件名稱寫在類別名稱前，代表這個類別是由不同於目前所使用的其他套件中所輸入的。在這種狀況下，目前的套件是 Agate application 套件，包含應用需求模型，因此也只包括領域物件及類別。如同它的名稱所說的，`User Interface` 套件只包含使用者介面類別，當某些使用者介面類別將針對目前應用程式進行特定開發時，它們將會放入不同的套件以利管理。

如果這是分析過程前期的一段反覆過程，我們不太可能知道使用者介面看起來將會是如何、不知道它將有哪些行為，甚至不知道它在軟體中將以何種程式語言或應用程式套件來撰寫，這些全部都是設計抉擇。但我們知道可能需要某種介面來管理參與物件及電腦資訊系統之間的溝通，而且也已經可以定義其主要工作，在此被塑模為操作。事實上，在分析模型中所呈現的邊界類別是不僅只是為將會在設計模型中訂定更詳細規格的「真的」邊界類別預留位置。

在類別圖與溝通圖中，類別模板可以用不同的方式來表現。圖 7.18 為一些用來

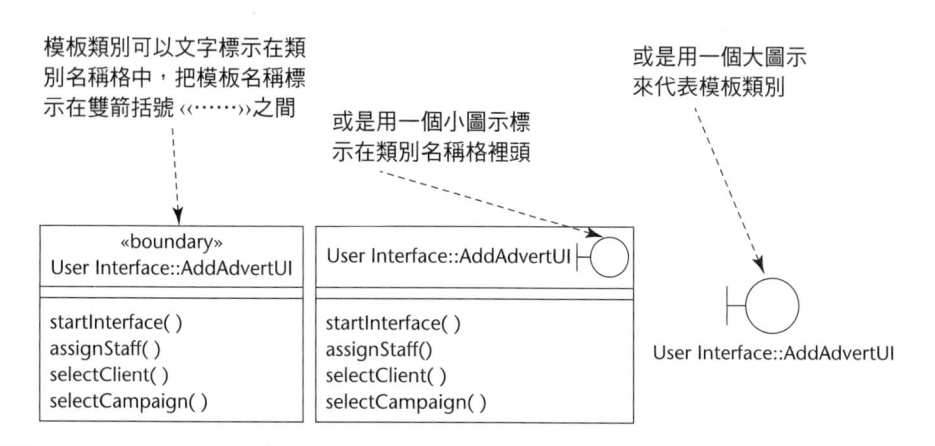

模板類別可以文字標示在類別名稱格中，把模板名稱標示在雙箭括號 «……» 之間

或是用一個小圖示標示在類別名稱格裡頭

或是用一個大圖示來代表模板類別

«boundary»
User Interface::AddAdvertUI

startInterface( )
assignStaff( )
selectClient( )
selectCampaign( )

User Interface::AddAdvertUI

startInterface()
assignStaff()
selectClient()
selectCampaign()

User Interface::AddAdvertUI

圖 7.18 邊界類別模板的不同表示法

表現邊界類別的不同符號。

➪ 實體類別

實體類別是用來塑模「一些狀況或概念（例如個人、實際物件或實際事件）的資訊及相關行為」(Jacobson et al., 1999)。圖 7.17 所示的三個類別 Client、Campaign 和 Advert 等均為實體類別的案例（注意這些類別都存在於目前的套件中，因此套件名稱不需要特別標明）。一般來說，實體類別表現的是應用領域的某種事物，這些事物是在軟體系統之外的，而系統必須儲存一些關於它們的資訊。這些事物可以是抽象的（例如一個活動），或是具體的（例如一個員工）。

實體類別的**實例** (instance) 通常需要永久儲存其相關資訊。有時這可以幫助我們決定該實體類別是否可以建構出適當的模型。例如，參與者通常不會被表示成一個實體類別，但某些狀況下可以。參與者都屬於同一個應用領域、都在軟體系統之外，且對系統運作很重要。但大部分的系統不需要儲存關於使用者的資訊或塑模其行為。在有顯著例外時，例如為了安全考量而監控使用者存取的系統，或是因為稽核目的必須儲存那些使用者的資訊等。在這案例中，參與者可能會被適當地塑模為實體類別，因為這種系統的基本需求包括儲存使用者資訊、監控使用者對電腦系統的存取，以及追蹤他們連結到網絡上的行為。有些時候這些他們自身最特殊的應用，在任何情況下當參與者也被塑模為實體類別正是因為軟體需要儲存關於那些人使用它的資訊，而不僅是單純地因為他們是與系統有關的參與者。圖 7.19 顯示在實體類別中使用的符號。

圖 7.19 實體類別的不同標記法

➪ 控制類別

控制類別「代表其他物件的協調、序列、執行與控制」(Jacobson et al., 1999)。圖 7.17 所示的 Control::AddAdvert（注意套件名稱）為一範例。圖 7.20 列出一些控制類別的符號。在統一過程中通常會建議每個使用案例都應設有一個控制類別，有些作者 (Ambler, 2004) 會建議給每項業務規則一個控制類別，但最終可以得到實作的控制類別數量將會是個設計抉擇。控制類別代表使用案例邏輯的計算和排程——至少對於針對特定實體類別行為和針對特定使用案例是如此。同時，邊界類別代表的是與使用者的互動，而實體類別代表的是在應用領域事物的行為，以及與這些事物有直接

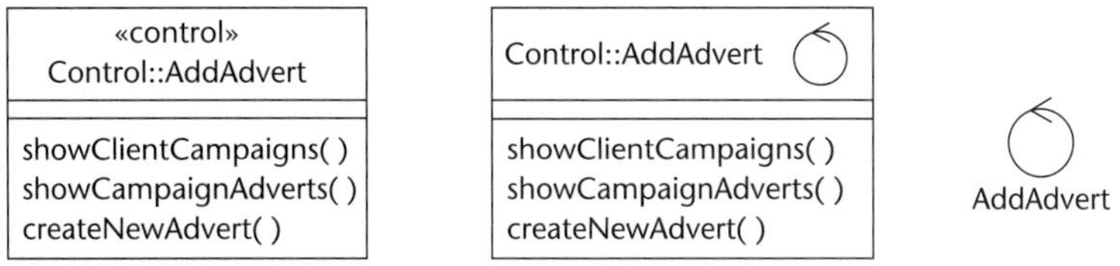

```
        «control»                    Control::AddAdvert
    Control::AddAdvert
    ─────────────────            ─────────────────
    showClientCampaigns( )       showClientCampaigns( )
    showCampaignAdverts( )       showCampaignAdverts( )              AddAdvert
    createNewAdvert( )           createNewAdvert( )
```

圖 7.20 | 控制類別的不同表示法

關聯的資訊儲存（可能包括一些計算與排程元件）。

本節將探討繪製類別圖的實際層面，特別是至何處尋找有用的訊息，以及為了執行多種任務而推薦的序列。然而訊息來源和任務序列並無規定，我們也不知道每個專案的可能情況。有經驗的分析者會自行判斷如何在特定情況下進行。

7.5.3 識別類別

在使用案例實現化中很實際的第一步是找出那些可能可以提供所需要功能的類別，在本節我們說明要如何遵循穩健性分析法來達到此一目的。

在分析類別圖上的靜態結構時，我們也對類別之間的動態互動感興趣。這同樣也來自於使用案例，並顯示於溝通圖上。互動通常進一步利用循序圖來探索，特別是當互動非常複雜的時候。實際上，這些經常與類別圖一起開發。本章將重點集中在類別圖的標記法與開發上，物件互動將於第 9 章介紹。

剛開始辨識牽涉合作的物件是困難的，而且在分析者能真正地對過程感到滿意之前，需要一些練習。許多文本鮮少指導初學者如何進行這個工作，包括統一軟體開發流程的權威性書籍 (Jacobson et al., 1999)。這些作者建議合作（亦即其所包括的整組類別）可以直接由使用案例來辨認，另外一旦了解類別後，下一步將考慮類別之間的互動，並建立溝通圖。我們相信透過考慮與其他靜態結構的互動，辨識類別將更為容易。但是要再次強調的是，初步模型經常是暫時性的，經過之後的反覆可能會進行不只一次的精煉和修改。

我們的起點是使用案例，下面將重複一個使用案例描述的延伸版本（簡言之，我們忽略替代的做法）。

此一任務是找出一組能互動並實現使用案例的類別。這意味著，考慮那些在應用領域中對於已經確立的系統目標甚為重要的事物及概念。我們從使用案例圖中知道活動經理是這個使用案例的參與者。使用案例描述告訴我們，當活動經理選擇一個客戶名稱時，系統必須列出該名客戶的所有活動。這個使用案例的目標是允許活動經理將員工分配給活動。

我們先從挑選應用領域中的重要事物或概念的描述開始。第一張列表也許包括活動經理、客戶名稱、活動、客戶、員工，但是我們只對系統為了達到目標而必須存

放訊息或知識的事項感興趣。活動經理將被塑造成參與者，因為我們知道他或她是使用者。系統可能不需要任何活動經理的相關資訊，舉例來說，為了確保只有一方獲得授權可以執行這個使用案例，但此時我們將這項顧慮放到一邊，因為客戶名稱只是客戶描述的一部分，因此我們也可消除它。在合作中，只保留 Client、Campaign 和 StaffMember。

其次，我們可以試著使用這些類別繪製溝通圖。這有助於檢視這些類別是否都是必要的，以及其他任一較不明顯的類別是否也是必要的。此外，它也幫助我們辨認它們的結構。（注意，在本章溝通圖的使用僅限於辨認使用案例的類別，以上將在第 9 章詳細說明。）

圖 7.21 顯示使用案例的初始合作。這只是成為溝通圖的一部分（因此圖 7.16 顯示從增加廣告的高度發展圖到一個活動之細節和結構的差異，我們在後續幾頁將看見進一步的分析結果）。到目前為止，我們尚未辨識參與的實體物件、物件的類別，以及一些可能含有合適訊息的連結。

在圖 7.21 中，我們只顯示實體物件圖像和連結，部分原因是我們不考慮之後所增加的其他細節。一旦類別圖來自於相對簡單的溝通圖，最後都會變得相當複雜。儘管如此，從一些可能糾纏而不相關的事實中提取出一些有用的細節，會是個好的開始。當更多細節增加到類別圖，相較於對應的文本－主體，對於塑模者的技巧和領悟而言，會很快了解且較不模稜兩可。當然，在實際生活中，即使是初步模型也會比這還要複雜，並且需要更多努力才能達到初步理解。

圖 7.21 並未顯示任何邊界物件與控制物件，而這些是必須增加進去的。它也是以物件之間如何產生互動的假設為基礎，我們必須讓這些假設更為明確，並提出疑問。此圖指出會有直線流動的訊息沿著下列線條流動。最初的訊息可能針對那些假設已知道其 Campaigns 的 Client。每個 Campaign 也假設知道被分配到哪些 StaffMembers，以及哪些未被分配。

雖然我們目前主要考慮分析問題，但這個場景產生一些嚴重的設計問題。特別是，它有效地在客戶物件內標定使用案例的控制點，此控制點將給予這個類別一個與 Client 不直接相關的任務責任。引入控制物件將允許這個責任可以從實體類別所代

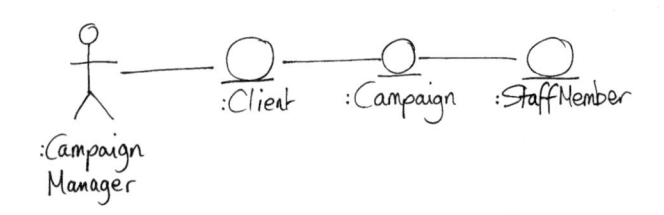

圖 7.21　Assign staff to work on a campaign 的初始合作
（還不是溝通圖，因此沒有顯示任何訊息）

表的應用領域知識分別封裝。圖 7.22 顯示精煉後的合作，而且所有連結現已經藉由控制物件來匯集。這意味實體類別不可能直接從其他實體類別找出任何東西。取而代之的是，每個實體物件需要詢問控制物件有關不同類別的物件所需資訊，因為只有控制物件具有可獲得資訊的連結。例如，控制物件需要記錄哪些 Client、Campaign 和 StaffMember 物件參與目前的互動。圖中也會加入邊界物件，負責擷取來自使用者和呈現的輸入，並顯示結果。在有限的意義下，我們開始設計軟體架構，以允許系統在實作時有更大的彈性。

在圖 7.22 中，此一合作仍然使用物件的典型圖示符號描繪，但也可以使用矩形物件符號呈現，如圖 7.23 所示。這個版本也加入溝通圖框架、一些訊息，以及 :Client、:Campaign 與 :StaffMember 之間的連結。這些連結表示了 Client 如何負責去了解其 Campaigns 的問題，或 Campaign 如何知道被分派到的 StaffMembers。在合併後，圖 7.23 的訊息序列顯示互動是如何進行的。

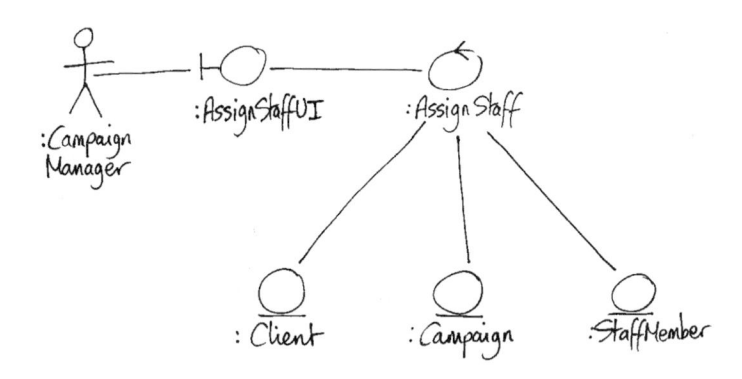

圖 7.22 邊界物件和控制物件加入合作，給予有關互動將如何實行的不同觀點

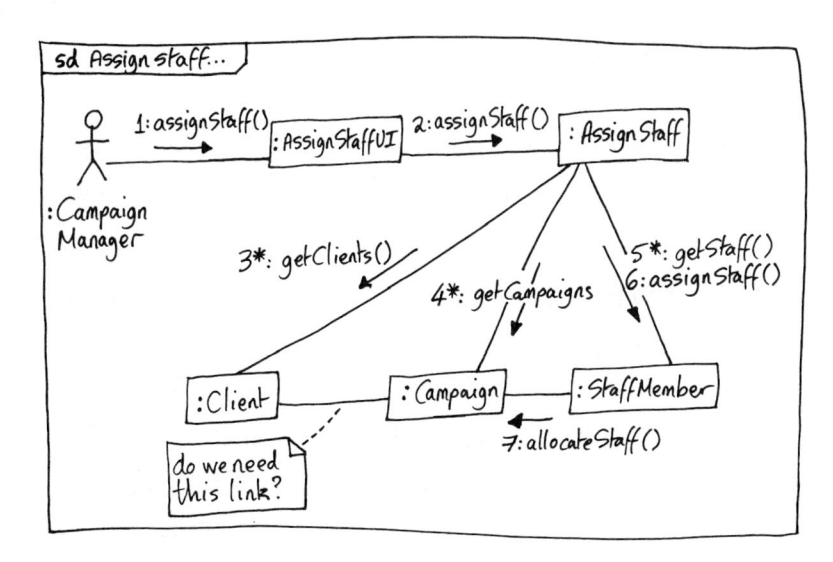

圖 7.23 此溝通圖顯示為更詳細的合作

我們可以擴展如下：首先，從使用者介面開始，接著會產生出控制物件。然後，控制物件會得到 Clients 列表，而且我們可以假設控制物件請求顯示邊界物件，雖然這個訊息在圖中並未出現。接下來，它向 Client 要求其 Campaigns 名單。這個連結推測 Client 也許能直接從 Campaign 物件本身得到訊息（或許是與 Client 有關聯的物件，包括其名稱或狀態），但是這個訊息並未顯示。然後，控制物件直接詢問被選擇 Campaign 本身的資訊。其次，它向 StaffMembers 詢問一些細節（或許是為了找出哪一個已被分派到 Campaign）。在每一個點，因為許多資訊流通過控制物件，我們可以假設它要求邊界物件顯示大量或整組訊息。最後，控制物件藉著傳送訊息給 Campaign，指示被選擇的 StaffMember 分配它自己。

圖 7.23 闡述一些常用的圖示。合作中的物件符號代表單一物件實例的生命線，而不是類別。慣例的表示法是在類別名稱之前加上一個冒號，表示這是此類別的一個實例，而非類別本身。雖然有許多員工、活動、廣告等，但類別名稱永遠表示成單數。這個慣例強化類別的觀點，做為物件彙集的描述符號，而不是彙集本身。另一個慣例（來自物件導向程式風格）是將多數名稱表示成小寫，但類別名稱的首字母為大寫。將多個字組合一起時，為了改善可讀性，以大寫強調每個新詞的首字母，例如控制類別 AssignStaff。然而請注意，使用案例的名稱會寫成句子，例如 Assign staff to work on a campaign，而操作名稱第一個詞之後的首字母則會是大寫，例如 getClients。星號 (*) 代表訊息可以是重複的，舉例來說，3*:get clients() 指的是對超過一個客戶要求更多細節，第 9 章將進一步解說循序圖與合作圖中的反覆。

圖 7.24 使用典型圖示符號顯示十分相似的合作，而其他的改變較小。我們在 Client 和 Campaign 之間，以及在 Campaign 和 StaffMember 之間增加訊息。對於這個介於各合作物件之間的使用案例，我們已經完成對如何分配責任的初始判斷（以序列和訊息標記顯示）。

（該階段）最後的圖請參見圖 7.25。在這個版本中，第一個訊息是由控制物件送出要求客戶清單，這允許介面物件可以立即依據實例情形填入客戶清單，圖 7.23 呈現互動的初步版本，圖 7.24 著重於實體類別能夠如何分享責任，而尚未充分地針對從參與者流進與流出的資訊加以處理。其他幾個訊息順序變動則依據對情境更仔細的分析。即使此圖仍然是在完整互動中較簡化的版本，但仍有許多細節留待進一步的分析來決定。例如，我們仍然需要考慮訊息會呼叫的操作簽章。這對了解整體互動是很重要的。但是有些問題仍待釐清，而要達到容易理解的層級，我們需要開發一個健全類別模型以充分支援使用案例。但是同樣要記住，在這個階段所做出的決定不一定是最終的，在達到充分的理解之前，我們在這個活動中可能需要進行數次反覆過程。

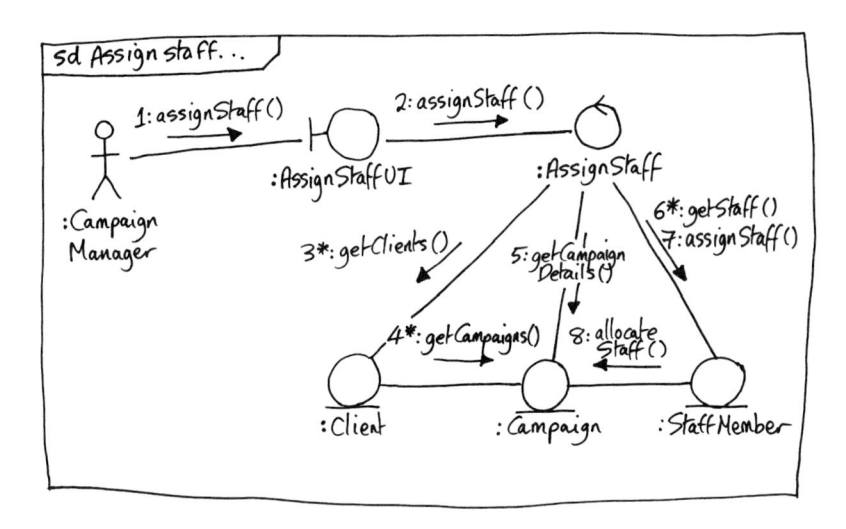

圖 7.24 稍微修飾版本之替代性圖示標記法

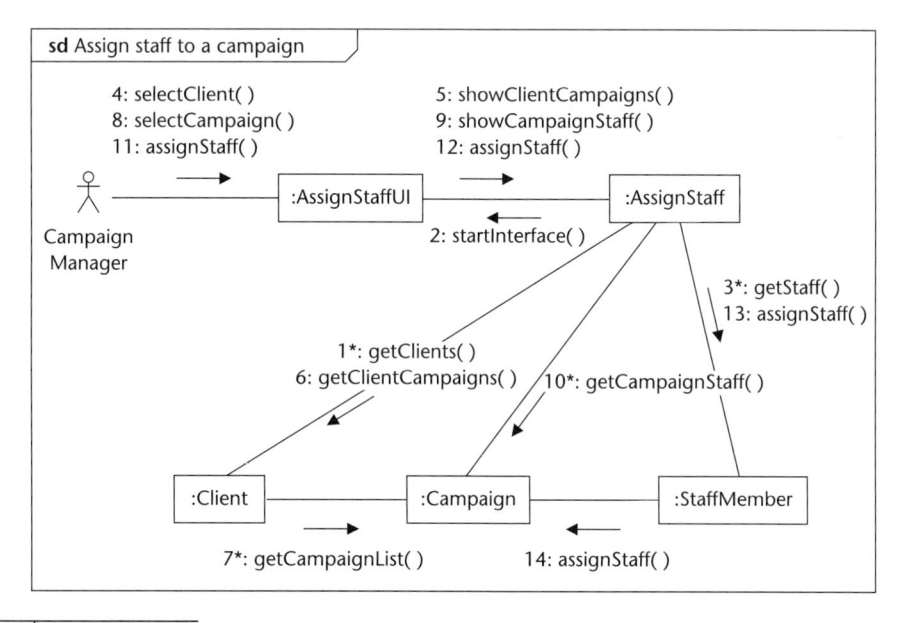

圖 7.25 Assign staff to work on a campaign 的將近完成之溝通圖

7.5.4 從溝通圖到類別圖

下一個步驟是製造一個對應於溝通圖的類別圖；換言之，溝通圖為使用案例的實現。對應於 Assign staff to work on a campaign 使用案例的類別圖參見圖 7.26。

溝通圖本身正提供合理而謹慎分析的結果，轉換通常並不困難。首先，在兩張圖之間有某些明顯的相似，但也有一些重要的差異。

請先考慮相似性。兩個圖皆顯示由線條所連接的類別或物件符號。通常，一個類

```
        «boundary»                          «control»
User Interface::AssignStaffUI         Control::AssignStaff

startInterface( )                 assignStaff( )
assignStaff( )                    getClientCampaigns( )
selectClient( )                   showCampaignStaff( )
selectCampaign( )
```

```
    «entity»                «entity»                         «entity»
    Client                  Campaign                         StaffMember
                   1   0..*                         1   0..*
companyName       ─── places ──   title               ─── assigned to ──   staffNo( )
getClientCampaigns( )              campaignStartDate                        staffName( )
getClients( )                      campaignFinishDate                       staffStartDate( )
                                   getCampaignStaff( )                      getStaff( )
                                   assignStaff( )                           assignStaff( )
                                                                            getStaffDetails( )
```

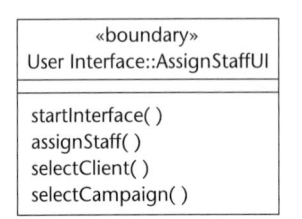

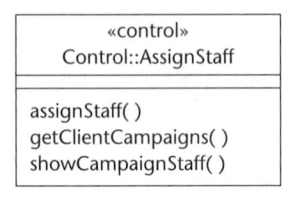

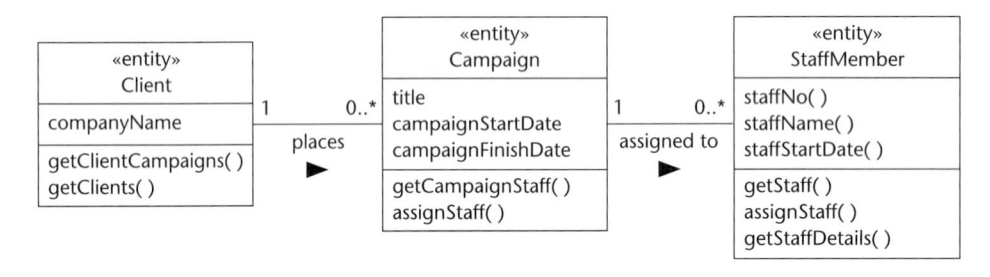

圖 7.26 ｜ Assign staff to work on a campaign 使用案例的類別圖

別圖和相對應的溝通圖或多或少具有相同的結構。特別是，兩個圖都應該顯示相同型別的類別或物件。一個類別有三種分析模板型別圖示來表示，任何一種都可以使用於類別圖或溝通圖，而且模板型別標籤（如果有使用）不論是在單一類別或是整個圖裡皆可以省略。

　　接下來，我們檢驗差異性，其中有一些是較不明顯的。最明顯的差異也許是參與者通常顯示在溝通圖，而較少出現在類別圖。這是因為溝通圖呈現特定的互動（例如，藉由單一使用案例來支援特殊路徑），而且參與者是此一互動重要的一部分。必要時，參與者可以顯示在類別圖或物件圖中，而且如果參與者被表示為類別，通常也是會如此──我們稍早在第 7.5.2 節討論實體類別時便曾提過這個可能性。然而在這些類別之間，類別圖表現出關聯的更多相容結構，而且常常支援數個代表不同之使用案例的不同互動。

　　一些微妙的細節會與觀念的強調重點有所關聯。首先，溝通圖只包含物件實例，而類別（顧名思義）通常只包含類別。這可由每個圖中類別與物件符號的名稱上看出來（但是可能不明顯）。類別圖也可能包含實例，但實際上較不常見。另一個差異是，在溝通圖上物件符號的連接代表連結，而類別圖上類別的連接代表關聯。這就是為什麼有些連結不在類別圖上顯示，例如在 AssignStaffUI 和 AssignStaff 之間以及在 AssignStaff 和 Client 之間的連結。瞬變邊界物件和瞬變控制物件只在軟體執行期間有需要時才建立，實體物件和其連結通常會持續一整個執行的週期，而且可能因此而需要持續儲存。但是，生成邊界和控制物件的類別是需求的重要面向之一，因此仍然會包括在類別圖中。當模型發展時，我們可以預期這些類別會位在不同的套件，但是因為類別圖在本質上是靜態結構的模型，我們認為在分析類別圖上不

需要塑模瞬變連結，因此在這個點上會被省略。與此相較，溝通圖顯示一組物件的動態互動，而當每個訊息通過所需的連結時會被顯示。

其次，沿著連結被標記的箭頭代表在物件之間的訊息。在類別圖上，關聯通常會被標記，但是不顯示訊息。

最後，類別和物件的符號也有差異。雖然任一典型符號在每個圖形皆可以使用，但在表示法上有所差別。在溝通圖上使用可調整的方框時，它代表物件實例（而非類別）的生命線，通常是未劃分的，而且只包含類別名稱（隨意地與物件名稱放在一起）。在類別圖上，符號通常被劃分成三個區隔，依序包含類別名稱（隨意地與模板放在一起）、屬性和操作（如果需要，除了類別名稱之外，其他皆可以省去）。實例名稱的樣式也有一點不同。在類別圖或物件圖上，實例名稱會畫底線，而溝通圖則不會（在只顯示物件的圖上不需區別物件與類別）。

7.5.5　找出物件和類別的其他方法

使用案例是尋找實體物件的最佳方式，而最佳尋找方式是考慮在支援使用案例之間的互動，但是還有其他方法。一種方法是首先開發領域模型。例如，領域模組是 ICONIX 方法的一個重大特點 (Rosenberg & Scott, 1999)。在本書遵循的方法中，領域模型的發展是考慮遵循分析類別圖的發展，而非在它之前（參閱第 8 章）。然而，這主要是為了使它更容易了解。我們不相信某一種方法必定適用於所有情況（的確，作者也是如此認為）。如果領域模型已經存在的話，那麼儘可能地在應用程式分析模型重複使用許多類別是非常合理的。有時在產生任何使用案例前製造一個領域模型有其意義，成功的關鍵是模型的重複精煉，雖然它們在一開始即先產生。

在事實發現階段，回顧蒐集的背景文獻是值得的。在類別塑模的最初嘗試後，第二次讀取能發現更多類別，並對問題的理解更加清楚。

理論上，使用者代表會緊密地參與討論和開發類別圖。現今使用者通常會與專業分析員合作，成為專案團隊的一分子。多數專案是每個參與者的學習經驗，因此就使用者對其所具有之業務活動的了解來增長與發展是不常見的，使用者很可能會找到許多額外的類別，而這在一開始並不明顯。

自己的直覺和同事的直覺是另一個有用的來源。而且你能尋找分析樣式（這個更加進階的技術將在第 8 章介紹）。

雖然這些經驗可能給予指引，但要一再與那些詳細了解企業的人共同檢查你的直覺。如果你被其他專案的相似性混淆，則可以檢視重要的差異。做為分析者，你應該永遠記得使用者是有關企業與軟體系統應該做什麼事的專家。你的角色是讓使用者了解現代資訊系統提供的可能性，並盡可能替系統轉化使用者的請求以符合他們的需求。

然而，當你接近類別的辨識時，它幫助你獲得一個正在尋找的普遍性想法。為了區別可能與不可能的類別，一些指引已經開發多年。Rumbaugh 等人 (1991) 對於比其他更可能需要表示為實體物件或類別的事物和概念進行分類。

在圖 7.27 中，主要的分類是根據它們的類別。最好保存一份可能的類別名單，並附上一段簡短的敘述，粗略的名單也可以，它會隨著時間增加，但多數項目會被刪掉或移除。當你在 CASE 工具儲存庫（CASE 工具於第 3 章討論過）輸入模型時，這些文字敘述和定義將成為圖上的重要補充。而當名單增加時，務必小心檢查。即使是最有經驗的分析員，也可能加入一些初期看來有用、但若保留到後面會造成混淆的潛在類別。

另外，有一些指導方針可以幫助你刪除一些不合適的候選類別。對於列表上的每個項目，對自己提出下列問題。

⇨ 是否超出此一系統的範圍？

你可以納入那些不嚴格要求敘述應用區域的人、事或概念。從你的列表移除這些項目。它們在使用案例描述或合作中會變得更清楚，但不用擔心零散的項目會遺漏，之後會有許多機會可以再擷取它們。記住，最終只有使用者能設定系統邊界。

初學者經常會納入那些代表目前系統操作者的類別，這或許是因為他們的名稱或職稱出現於使用案例描述中。將系統的運算子操作者塑模為類別是不太必要的，而只有在用來滿足需求時是必要，狀況是當他們本身是一個商業活動的對象時。舉例來說，處理公司退休金計畫的員工也是此計畫的成員。在這種情況下，你可能需要將他們塑模為計畫的成員（即一個潛在物件），也是系統的操作員（即參與者）。另一個例子是當系統需求包含了對使用者能否進行某些交易的安全限制，在這情況我們可以將之塑模為一個操作者（名為 Operator 的實體類別，或類似的東西），好讓它能

特別項目	例子
人	Mr Harmsworth（活動經理）、Dilip（廣告編寫人）
組織	Jones & Co（叉架起貨機供應商）、Soong Motor Company、Agate's Creative Department
結構	團隊、專案、活動、組合
物體	叉架起貨機、電鑽、牙膏管
人的抽象化	雇員、主管、顧客、客戶
實體物品的抽象化	有輪載具、手動工具、零售品
概念性事物	活動、雇員、規則、團隊、專案、顧客、執照
其他項目之間的關係	銷售、購買、合約、活動、同意書、組合、雇用

圖 7-27　尋找物件

夠指派存取權限予系統的某些部分或允許某些使用者能夠新增、更新或刪除資料而其他使用者僅能檢視資料。然而，除非系統需求明確地要求將參與者以物件呈現，一般來說是不需要這麼做的。

↳ 是否與整個系統有關？

你可以包括那些代表你正在塑模之系統的項目，或者包含它的部門或組織。對模型而言，包含代表整個系統的類別通常是不必要的。

↳ 是否會複製另一個類別？

你可能會包括兩個實為同義詞的項目。如果你不確定，請使用者確實檢查他們是否了解列表上的項目。這在你撰寫每個類別的描述時應該會變得較為清楚。

↳ 是否太過含糊？

刪除每一個無法寫出清楚描述的類別，除非你確定這是暫時缺乏相關資訊所致。

↳ 是否太過獨特？

除非你正在塑模特定的互動（例如，當繪製一張初始溝通圖時），否則最好塑模類別，而非實例。仔細地考慮名單上所有的單一項目。例如，一家公司目前只有一個供應商，促使你塑模特定的供應商，但供應商可能基於商業上的原因在明天就被更換。命名為 Supplier 的類別不會受此影響，而針對特定公司的塑模則也許需要修改。

↳ 實體輸入與輸出是否太過密切？

避免密切地依據系統現行處理輸入及輸出的方式來塑模。例如，目前系統也許會包括電話詢問和列印指令形式，但此時對於它們在新系統中是否扮演相同角色做出決定則有點太早。試著了解名稱所代表的邏輯意思而不是實體實作：Enquiry 和 Order 是可接受的替代選擇。

在另一方面，實體物件是商業活動必須包含的主要部分。這可能取決於很多背景因素——Truck 也許是系統中一個可以用來協調小量運輸車輛的可接受類別，但是與記錄客戶付款的另一個系統毫不相關，即使發票和付款可能在相同車輛中移動。

↳ 這真的是屬性嗎？

屬性就是類別的特徵。問題是，根據需求的不同，某個區域的屬性也許是另一個區域的類別。某些在潛在列表上的類別，也許塑模為屬性會更好。主要的測試方式是：這個項目是否僅有做為另一項目的描述或資格上的意義？為了加以說明，我們將檢視在不同的應用區域間顯示日期變化重要性的案例。

在 Agate 案例研究中，員工起始日期的重要性是允許適當地發放薪水、獎金和積

分計算。因此，將 `staffStartDate` 塑模為 `StaffMember` 的一個屬性是適當的。但是現在考慮一個天氣預報單位，它必須記錄每日大氣條件，並產生每週、每月及每年的分析。每個日期可以由許多其他變數描述，例如最高溫、最低溫和平均溫度、日照時數、總降雨量、平均風速等。這些分析也許需要星期、月和年等不同的屬性。然後，我們可能選擇塑模 `Date` 類別，其他變數則做為它的屬性。

❧ 這真的是操作嗎？

操作是一種行動，是一個類別的責任。這可能會讓你感到困惑，因為一些行動也許塑模為類別會更好。如果使用案例描述模稜兩可，很容易會混淆你。在此舉一個會被考慮成類別的行動，細想一下銷售交易。每當你在商店購買某件東西（例如一張新的 CD），這次銷售的某種紀錄會被保留。此一紀錄的本質取決於該店如何使用這些資訊。另一方面，這也決定我們是否應該將銷售塑模為類別或操作。將銷售交易做為類別而非操作，有兩個考量。

- ❖ 銷售也許有自己的特徵，最好被塑模為類別的屬性，例如數值、日期等。
- ❖ 也許有系統要求必須將特殊的銷售保留很長一段時間，例如為了回應保單要求或稽核商店的帳戶。

如果不需要記錄每筆銷售的歷程，或根據數值、日期等因素描述銷售情況，將它們塑模成另一個類別的操作也許更有意義，像是 `StockItem.sell()`。如果店主只對各個項目的整體銷售數值和數量有興趣，這樣的方式可能已經非常足夠。對於你的初始類別表上的每個行動，可以考慮是否列入這些標準；如果未列入，可以視為操作而非類別。

❧ 這真的是關聯嗎？

關聯是指兩個類別之間的關係。但是這同樣可能會產生混淆，例如我們或許會傾向於將某些關係表示成類別，銷售交易即為一例（銷售可以是行動，也可以是關係）。我們如何決定哪些關係為關聯？哪些為類別？這有時會非常困難且複雜。你可以對上述那些屬性及操作進行一項類似的測試。如果有一個關聯是我們需要用更進一步的特性來描述（很明顯地，它有自己的屬性），則應該被塑模為類別；如果它僅是兩個類別之間的某種關係，則塑模為關聯。

但最好的答案是在這個階段不要花太多時間即做出區別。需求分析時的重點是確定所有重要的關係皆已被塑模為類別或關聯。當對情況了解更多時，可以再回來檢視我們的評斷。隨著從需求塑模轉變成軟體設計，某類關聯的確可能被轉換成類別，或者更進一步地，某些關聯會加入類別以增進效率（這會在第 14 章詳述）。

7.5.6 增加和找出屬性

許多屬性已經出現在使用案例描述中。當你較詳細地考慮模型時，其他屬性將會變得明顯。一個簡單的原則是屬性應該被置於其描述的類別中，這通常比較不會發生問題。例如，staffNo、staffName 和 staffStartDate 等屬性，全部都明確地描述某個員工，因此必須置於 Staff 類別。

有時要辨認一個屬性所屬的正確類別會更為困難。屬性可能不屬於任何你已經辨別的類別。我們舉一個例子來說明。參考 Amarjeet Grewal（Agate 財務主任）的採訪節錄：

> **Amarjeet Grewal**：Agate 公司的薪資結構是基於明確的職級。主任和經理藉由談判決定自己的薪水，其他員工的基本工資則依職級而定。只有在直屬部門經理評估後，才能改變你的職級。
>
> （每個員工在每個時間只有一個職級，但聽起來他們先前或許會有一些職級，而且某些員工同時有相同的職級。Staff 和 Grade 是可能的類別，而其間有一個關聯。）
>
> 每個職級的基本薪資是固定的，通常會持續一年。每年在關帳後，我會與總經理檢視職級薪資率，並與通貨膨脹同步增加。
>
> （每個職級一次只有一個薪資率，雖然職級是可以更改的，而每個比率有一個對應的金額。職級可能有一個薪資率的屬性。）
>
> 如果公司獲利良好，我們增加的薪資率便會大於通貨膨脹。如果有任何疑問，無論是來自於雇員或稅務局，最重要的是我們保留每個員工職級的紀錄，包括從過去到現在每個職級的薪資率、生效的日期。
>
> （此一部分真的有不少。一個職級或許會有數個之前的薪資率，這會使人聯想到 Grade 具有多個薪資率屬性，或者 Rate 和 Grade 是不同的類別。如果是後者，那麼薪資率必須有一個日期屬性，因為我們要知道何時開始生效。我們也必須記錄員工何時變更職級，並且建議在改變時，盡可能增加一、兩個或更多日期屬性。每個職級都會有一個開始生效的日期──這是另一個屬性。）
>
> 實際上這相當複雜，因為會有雇員多次改變職級，每個職級每年也會改變薪資率。因此針對每位雇員，我必須在他們於就職時的每一天都能正確地知道所在的職級，以及每個職級的薪資率。這和獎金不同，獎金是每年獨立計算的。對於創意性的員工，獎金是基於他們在每一次活動所帶來的利潤；至於其他員工，獎金是基於所有活動利潤的總平均。

這必然是暫時的，但是初步的分析可以得到下列類別和屬性列表：

❖ **類別**：StaffMember、Grade、Rate。
❖ **屬性**：gradeStartDate、gradeFinishDate、rateStartDate、

rateFinishDate、rateValue。

為了符合現實生活，我們可以設定一些前面尚未提到的屬性，例如 staffName 與 gradeDescription，以及一些其他的操作，例如 assignNewStaffGrade 與 assignLatestGradeRate。一個初始但不完整的類別圖參見圖 7.28。有一個問題是要把屬性 gradeStartDate 和 gradeFinishDate 置於何處。它們可以置於 Grade，但這會使得許多起始日期和終止日期被記錄下來。有許多員工可能和這個職級有關。電腦系統必須能夠將每個日期對應到每個員工，如此一來，日期結構也許會變得相當複雜。如果將日期屬性置放在 Staff，也會發生類似的問題。難處是由於這些屬性並非獨立描述一個員工或是一個職級，它們僅有某一個特定員工和特定職級間連結描述的意義。因此，最明確的答案是具體建立其他類別稱為關聯類別 (association class) 來置放這些屬性，如圖 7.29 所示。

對某些讀者來說，也許很熟悉這種稱為「正規化」的關聯式資料庫技術。這種技術提供一個嚴謹的指南來將屬性安置於表格（或關係）中，並確保資料的重複多餘能減到最少。此一案例是正規化的實務例子，但完整的基礎理論超出本書的範圍。正規化應用於物件導向設計，但整體來說，物件導向方法專注於找出整體結構以讓系統使用者了解。因此，非正規化關係在物件模型中經常可以被接受，得以準確反映出使用者對於「它們的商業活動是如何組織的」問題的直覺。

7.5.7 增加關聯

藉由考慮在模型中類別之間的邏輯關係，我們可以找到關聯。關聯或許可以在應

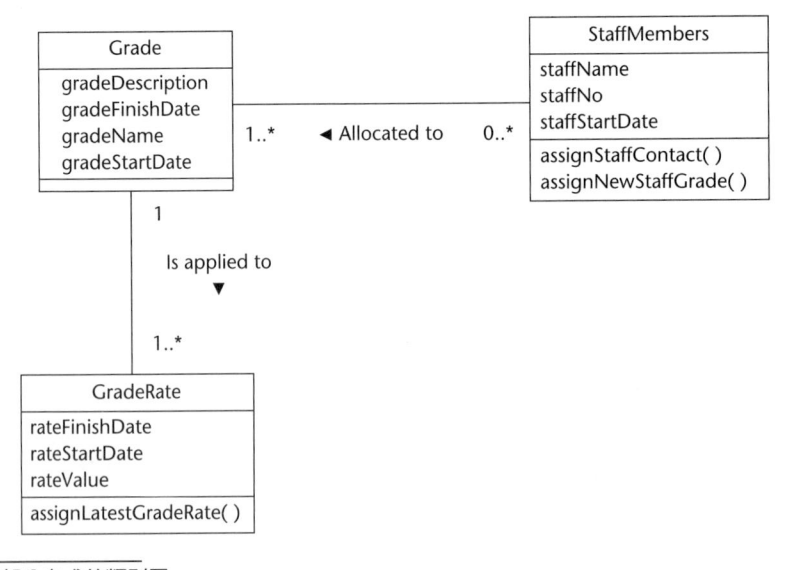

圖 7.28 部分完成的類別圖

```
┌─────────────────────┐                              ┌─────────────────────────┐
│       Grade         │         ◄ Allocated to       │      StaffMember        │
├─────────────────────┤ 1..*                    0..* ├─────────────────────────┤
│ gradeDescription    │──────────────────────────────│ staffName               │
│ gradeName           │              ┆               │ staffNo                 │
└─────────────────────┘       ┌──────┴──────┐        │ staffStartDate          │
         │ 1                  │  StaffGrade │        ├─────────────────────────┤
         │                    ├─────────────┤        │ assignStaffContact( )   │
     Is applied to            │gradeFinishDate│      │ assignNewStaffGrade( )  │
         ▼                    │gradeStartDate │      └─────────────────────────┘
                              ├─────────────┤
                              │assignLatestGrade( )│
                              └─────────────┘
         │ 1..*                         ↖ 關聯類別經由橫線連
┌─────────────────────┐                   結到對應的結合關係
│        Rate         │
├─────────────────────┤
│ rateFinishDate      │
│ rateStartDate       │
│ rate                │
├─────────────────────┤
│ assignLatestGradeRate( )│
└─────────────────────┘
```

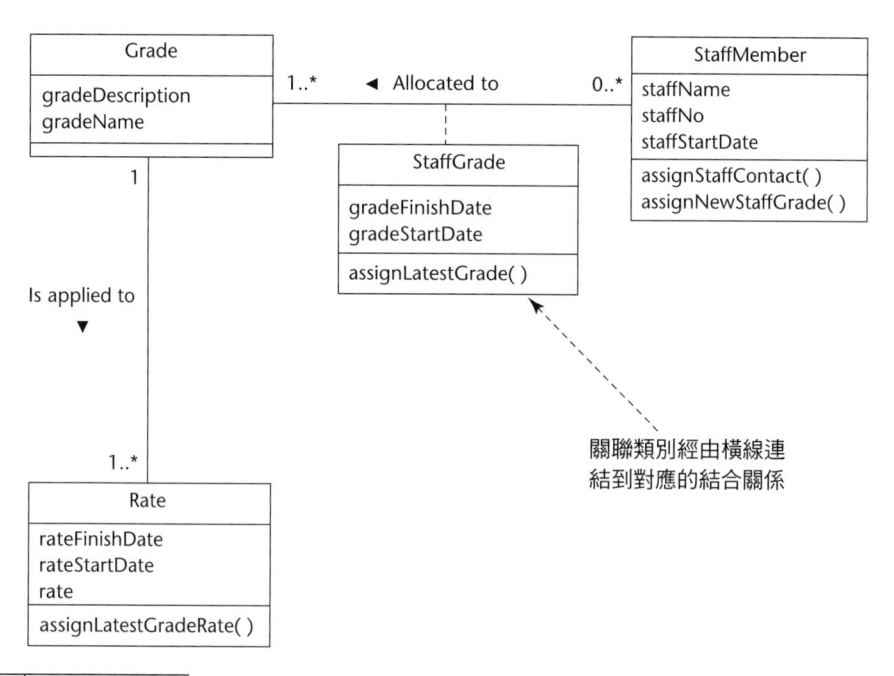

圖 7.29 關聯類別給了兩個物件間連結的屬性適當的歸屬

用領域的使用案例描述和其他文字描述中找到，就像狀態謂詞（表達一個永久或持久的關係）或是系統需要記住的動作。「客戶為自己帳戶的經營負責」即為前者的例子，「採購人員下單」則是後者的例子。

但這不是一個非常可靠的發現關聯的方式。有一些完全隻字不提，而其他也許很容易與類別、屬性或操作混淆。實際上，最重要的部分相當容易發現；而如果有一些漏失，目前也沒那麼重要。在一個類別模型中，僅能藉由分析兩個不同類別間的互動來達到對關聯的充分理解。

7.5.8 決定多重性

由於關聯多重性代表使用者進行業務活動的限制，獲得正確的了解是相當重要的，而唯一方法是向使用者詢問每個關聯。即使由使用者文件可確認關聯的存在和特性，也仍需這麼做。分析人員必須持續檢查文件，以免說明不明確、錯誤或已過時。

Rosanne Martel：所以，讓我弄清楚吧！客戶必須有一個員工聯絡人，但每一個員工可以負責零個、一個或多個客戶。這是否有上限？一個活動必須有一個客戶，但是一個客戶可以有多個活動。是否可以有一個沒有活動的客戶，我的意思是，一個尚未與你合作過的新客戶？

7.5.9 發現操作

在已經被塑模成使用案例的高階系統責任中，操作是被分解出且較為詳細的部分。操作可以想成某個類別的微小貢獻，但達成由整體使用案例代表的較大任務。它們有時可以在使用案例描述中做為動作動詞，但這在類別之間的互動被更深入了解之前，全貌可能相當不完整。第 9 章介紹如何塑模類別互動。因此，只要有關聯，即使你的第一次嘗試不佳也不必擔心。

7.5.10 操作的初步分配

在嘗試分配特定類別的操作之前，必須記住每個實體類別只是代表應用領域中的某一樣事物。身為分析人員，你要嘗試進行建構邏輯模型來幫助了解領域，而不一定是每個細節都完美的副本。有兩個準則能協助決定操作的類別，但這不是唯一解，只是一個較合適的。

1. 想像每個類別是一個獨立的參與者，負責執行或知道某些事情。例如，我們或許會問「在這個系統中，什麼是一名員工需要知道或能夠執行的？」
2. 當資料需要更新或存取時，須在相同的類別中分配每一個操作。不過，這通常會有問題，因為你可能尚無法確定所有的屬性。

在這個階段，最重要的是不要期望在第一次嘗試獲得正確解答。隨著進一步的了解，你會一直需要修改假設和模型。

7.6 CRC 卡

類別責任合作 (Class Responsibility Collaboration, CRC) 卡提供一個有效的技術，以找出將責任分配給類別的可能方式及履行責任時的必要合作。CRC 卡是由 Beck 和 Cunningham (1989) 一起在 Smalltalk 開發專案工作時所發明的，他們發現這有助先針對類別整體的責任來思考，而不是針對其個別的操作。責任是一種關於類別可以進行之事的高階描述。它反映可以提供給該類別的知識或資訊，可能是儲存在自己的屬性，或透過與其他類別的合作，來要求也是可以提供給其他物件的服務。責任可能對應於一個或多個操作。因為有許多選擇，所以很難決定每個類別最適合的責任，每一個選擇皆應該公平地進行評估。

CRC 卡在專案的不同階段會有不同的目的。例如在專案的初期，可以協助產生初始的類別圖，並發展對團隊成員中使用者需求的共識。在此，我們專注於塑模物件互動時的使用。圖 7.30 顯示一個典型的 CRC 卡格式。

類別名稱：	
責任	合作
類別的責任列於此區	與其他類別的合作列於此區，並簡短描述此合作的目的

圖 7.30 CRC 卡格式

CRC 卡可以輔助團體角色扮演活動，這種活動通常非常有趣。一個有用的附加效果是 CRC 卡可以支援團隊建立，並協助產生團隊識別性。索引卡通常以紙張製作，因為紙張的強韌性和大小（大約 15 公分長、8 公分寬）剛好，責任和合作數可以有效地分配到每個類別。類別名稱置於每張卡片的頂部，責任和合作則清楚地列在下方。為了清楚易懂，每個合作旁邊通常會列出所對應的責任。

Wirfs-Brock 等人 (1990) 建議，可以使用 CRC 卡來制定系統對特定場景的回應。從 UML 的角度來看，這對應於使用 CRC 卡來分析由特定使用案例場景所觸發的物件互動。使用 CRC 卡的過程結構通常如下：

❖ 進行腦力激盪會議，決定使用案例會涉及哪些物件。
❖ 分配一個物件給團隊成員，以扮演該物件的角色。
❖ 進行使用案例。這涉及（由團隊成員扮演）物件間的一系列交互談判，以研究如何分配責任，並了解物件間如何互相合作。
❖ 識別並記錄任何丟失或多餘的物件。

在開始 CRC 會議之前，所有團隊成員在會議議程進行簡報是重要的。一些作者 (Bellin & Simone, 1997) 建議 CRC 會議應該在之前個別練習，以找出將要進行分析的應用程式部分其全部的類別。被分配到這些類別的團隊成員可藉由預先考慮責任的初始分配和合作的確認來準備角色扮演活動，其他人則將所有四個步驟合併到單一會議，並在每個使用案例依序執行。無論採用哪種方法，重要的是確保會議的環境不可被中斷，以利於思路順暢 (Hicks, 1991)。

在 CRC 卡會議中，必須有一個詳盡的策略以達成類別之間責任的適當分配。一個簡單但有效的方法是讓每個物件（或角色扮演的團隊成員）盡可能的懶惰，拒絕擔負其他多餘的責任，除非被其他同事物件（其他的角色扮演團隊成員）說服這樣做是符合主旨的。在根據此規則進行的會議期間，每個角色扮演者定義出他們認為最適當擔負各項責任的物件，而且試圖說服該物件承擔此責任。針對每一個分配的責任，一個物件（某個角色扮演者）最後會因為合理的權重而接受。這個過程有助於凸顯在使用案例描述中未明確參照的遺漏物件。

一個替代策略是透過協商，每個物件同等地被賦予最終選定的責任。不論所選擇的策略為何，重要的是所有團隊成員了解需要一個有效的責任分配。當責任可以數種不同的方式分配，那麼以角色扮演來確定最適合的分配非常有用。我們的目標是最小化必須傳遞的訊息和其複雜性，這樣就可以產生具有凝聚力且聚焦完善的類別定義。

我們藉由 Add a new advert to a campaign 使用案例來說明 CRC 活動如何進行。為了方便參考，再次說明如下：

> 活動經理為顧客選擇必要的活動，並在原本的廣告表單加上新的廣告，廣告經理會完成廣告的細節。

這個使用案例涉及的實例包括 Client、Campaign 和 Advert，每一個角色由一個團隊成員扮演。

第一個問題是如何確定哪個客戶涉入其中。為了找到正確的 Client，活動經理（一個參與者，因此是處於使用案例的系統邊界之外的角度）需要存取客戶的名稱。提供客戶名稱和任何其他詳細資訊明顯是屬於 Client 物件的責任。

接下來，活動經理需要一份該客戶正在進行的活動列表，其中應包括每個活動的標題、開始日期和完成日期。雖然一個 Campaign 物件擁有此活動的詳情，但仍然不清楚哪個物件（以及類別）應負責提供該客戶的活動列表。扮演 Campaign 物件角色的團隊成員抱怨儘管知道受委任的 Client 物件，卻不知道有哪些 Campaign 物件也受到該客戶委託。

經過討論後，Client 物件被說服負責提供其活動列表，而 Campaign 物件負責提供有關此列表的資訊。一旦活動經理獲得該客戶的活動細節，她會要求 Campaign 物件提供廣告列表，並加入新的廣告。由於 Campaign 物件負責處理廣告列表，所以由其負責將新的廣告加入列表是合理的。為此，Campaign 物件必須與定義過的 Advert 類別合作，負責建立新的 Advert 物件。這樣就完成使用案例的分析，並將新的責任和已確定的合作加到卡片上，如圖 7.31 所示。我們在圖 7.16 已經看到一個初步的溝通圖，並在圖 7.17 看到此使用案例的類別圖。我們建議讀者重新檢視這兩個圖，以了解 CRC 卡與需求模型發展的關係。

在 CRC 會議上，藉由將索引卡片黏貼在一大塊板子上，並且附加線條或繩子來代表合作，團隊就可以藉此持續追蹤類別之間的關係。在開發生命週期初期，使用 CRC 卡來輔助產生類別圖特別有用。卡片和線條在建構類別圖雛型時非常有效。CRC 卡也可以擴展成數種不同方式。例如，可以在類別名稱下方顯示超級類別和子類別，而某些技術使用者也會在每張卡片的背後列出屬性。

類別名稱客戶	
責任	**合作**
提供客戶資訊	
提供市場活動列表	活動提供活動細節

類別名稱客戶	
責任	**合作**
提供活動資訊	
提供廣告列表	廣告提供廣告細節
加入新的廣告	廣告建構新物件

類別名稱客戶	
責任	**合作**
提供廣告細節	
建構廣告	

圖 7.31 ｜ 使用案例 Add a new advert to a campaign 之 CRC 卡

7.7 彙編分析類別圖

本章最後要討論的，是將所有從使用案例實現得到的不同類別圖彙整成單一的分析類別圖。這可能由一套實體類別組成（領域模型），其中的邊界類別及控制類別一般位於不同的套件。在大型系統中，領域模型可能包括數個不同的套件，每套代表整體系統之不同功能的子系統。

此步驟通常會產生一些小型的概念困難或技術困難。所有我們必須要做的是將各種實體類別圖放入單一的類別圖中。如果發現為了符合不同使用案例的需要，已經使用不同方式來定義相同的類別時，我們會簡單地將所有操作及屬性彙編到一個單一的類別定義。例如，考量 Campaign 類別與 Add a new advert to a campaign 和 Assign staff to work on a campaign 的關係。在不同的使用案例中，我們會建議不同的操作。將這些組合在一起，會得到一個能夠滿足這兩個使用案例之需求的類別。當我們再考慮其他使用案例時，會得到更完整的類別圖。此一階段如圖 7.32 所示。

要整合許多來自不同使用案例的關聯，看起來似乎有一點困難，但事實上這相當簡單易懂。一般規則如下：如果任何使用案例需要一個關聯，就應該包括該使用案例。如果一個關聯有明顯的多重性衝突，那麼了解該組織業務規則的使用者必須進行澄清。

圖 7.32 說明合併的進程。這包括許多需求，大部分是由第 6 章塑模的使用案例所定義。

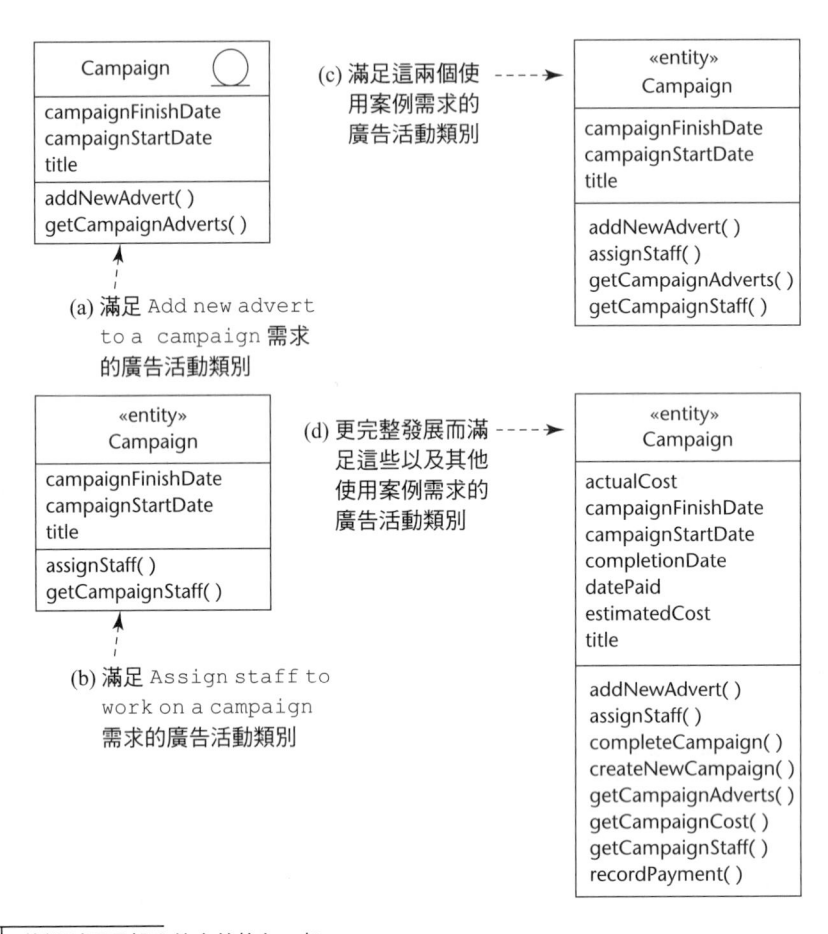

```
┌─────────────────────┐                          ┌─────────────────────┐
│  Campaign      ○    │   (c) 滿足這兩個使       │    «entity»         │
├─────────────────────┤       用案例需求的  ---→ │    Campaign         │
│ campaignFinishDate  │       廣告活動類別       ├─────────────────────┤
│ campaignStartDate   │                          │ campaignFinishDate  │
│ title               │                          │ campaignStartDate   │
├─────────────────────┤                          │ title               │
│ addNewAdvert( )     │                          ├─────────────────────┤
│ getCampaignAdverts()│                          │ addNewAdvert( )     │
└─────────────────────┘                          │ assignStaff( )      │
          ↑                                      │ getCampaignAdverts()│
          ┆                                      │ getCampaignStaff( ) │
       (a) 滿足 Add new advert                   └─────────────────────┘
           to a campaign 需求
           的廣告活動類別

┌─────────────────────┐                          ┌─────────────────────┐
│    «entity»         │   (d) 更完整發展而滿     │    «entity»         │
│    Campaign         │       足這些以及其他 ---→│    Campaign         │
├─────────────────────┤       使用案例需求的     ├─────────────────────┤
│ campaignFinishDate  │       廣告活動類別       │ actualCost          │
│ campaignStartDate   │                          │ campaignFinishDate  │
│ title               │                          │ campaignStartDate   │
├─────────────────────┤                          │ completionDate      │
│ assignStaff( )      │                          │ datePaid            │
│ getCampaignStaff( ) │                          │ estimatedCost       │
└─────────────────────┘                          │ title               │
          ↑                                      ├─────────────────────┤
          ┆                                      │ addNewAdvert( )     │
       (b) 滿足 Assign staff to                  │ assignStaff( )      │
           work on a campaign                    │ completeCampaign( ) │
           需求的廣告活動類別                    │ createNewCampaign( )│
                                                 │ getCampaignAdverts()│
                                                 │ getCampaignCost( )  │
                                                 │ getCampaignStaff( ) │
                                                 │ recordPayment( )    │
                                                 └─────────────────────┘
```

圖 7.32 將類別不同部分的定義放在一起

7.8 總結

　　在本章我們看到了如何實現使用案例，產生初步版本的分析類別圖，這也是分析模型最主要的人工產物。為了要達到這目標，我們接著進行穩健性分析來定義邊界、控制與實體等非常仰賴分析模型中使用案例的類別。我們亦看到 CRC 技術如何協助初步分配類別的屬性和操作。在此階段，分析模型的重要元素是具有屬性和操作的類別，以及顯示類別間關係與其他任何多重性限制的關聯。一旦完成此任務，此模型便具有對系統主要功能性需求的充分了解，負責提供使用者與其他應用系統服務。它也定義一個設計工作基礎的邏輯架構，不過，此時模型尚未結束，在設計可以成功進行之前，我們必須修改需求模型，這是下一章的主題，將說明任何潛在的一般化或結合關係，結合可以成為模式應用的機會。這可以簡化結構，同時也建議重複使用先前的模型。

☑習題

7.1 解釋何謂「使用案例實現」。
7.2 區分屬性與數值的不同。
7.3 何種類別通常會比其實例穩定？為何會如此？
7.4 區分連結與關聯的不同。
7.5 何謂 UML 分析模型？
7.6 何謂多重性？為什麼也稱為限制？
7.7 何謂操作？
7.8 操作如何與訊息建立關係？
7.9 何謂屬性？
7.10 第 7.4.6 節討論連結的建立與解除，但未提到當連結改變時加以更新，為什麼？
7.11 何謂合作？
7.12 溝通圖與類別圖有哪些異同？
7.13 摘要說明針對使用案例發展類別圖的主要步驟。
7.14 當開發一組 CRC 卡時，專案團隊成員扮演物件的各個部分有什麼優點？

☑案例研究作業、練習與專案

以下是 Rosanne Martel 與 FoodCo 之 Beechfield 工廠的經理 Hari Patel 所進行的第一段訪談。請仔細閱讀，再完成以下練習。

Rosanne Martel（以下簡稱 RM）：Hari，為了利於錄音紀錄，如果你可以再次確認你是 Beechfield 工廠的產品經理，我會非常感激。

Hari Patel（以下簡稱 HP）：是的，沒錯。

RM：好的。這次訪談的目的是讓我瞭解生產線的操作，你可以說明一下嗎？

HP：沒問題。你需要知道多詳細呢？

RM：我們可以從一般生產線開始嗎？這可以給我一個大略的概念，若有不同，我們可以再進一步詳談。

HP：好的，其中有很多的相似性。首先有兩種主要的工廠員工：作業員以及管理員。不同作業員會有不同的技巧，當然這不會影響生產線的運作。

RM：一條生產線會有多少名作業員？他們的工作又是什麼？

HP：大約有六名到二十名以上不等，要視產品而定。他們在生產線上進行所有的實

際作業，可能是徒手或操作機器。這可以由半技工投下不同種類的生菜沙拉包，或是由一名更熟練的作業員操作一台自動混合機。這間工廠與 Coppice 及 Watermead 不同，工作內容大多不需技能。

RM：每條生產線有幾位管理員？

HP：只有一位。他們都是專職負責人，每個人負責管理一條生產線。

RM：他們永遠都是負責同一條生產線嗎？

Rosanne 試著尋找這裡的可能類別。你覺得她的問題是在尋找什麼？

HP：讓我們這麼說吧，在過去幾年都沒有人轉換到別條生產線。

RM：那作業員呢？他們是不是也待在同一條生產線？

HP：沒有，通常我們會讓他們在各條生產線上輪班。對他們來說，是否待在同一條生產線不是那麼重要。他們是依據待在生產線上的時間計酬，而酬勞則根據他們工作時數表上的作業編號而定。每次工作的作業編號都不同。

RM：可以的話，請給我一份工作時數表，最好有一份有實際數據的資料。為了保密，我們會劃掉名稱與員工編號。

這是一個明智的要求。含有及時資訊的文件是珍貴的資料來源，為 Rosanne 得到的工作時數表。

HP：沒問題。討論完之後記得提醒我給你一份。

RM：謝謝。另外，每條生產線永遠都是生產同一種產品嗎？

HP：不，通常每週都會更改。生產計劃員每週五會提出一份新的生產計劃，其中包含下週每條生產線的安排。

RM：那會後也請給我一份生產計劃表。這麼說來，生產線管理員會在每週五知道下週的生產計畫？

此時，Rosanne 正在確認資訊來源及包含什麼內容。

HP：是的，沒錯。

RM：很好，我想我弄清楚了。現在來討論員工到班時的狀況。打開所有生產線是早上的第一件工作嗎？

HP：通常來說，是的。我們一般會讓生產線開一整天，有時只開半天。生產計畫會盡量將生產線變化降至最低，以減少生產線閒置。

RM：所以產線不會一直全開？

HP：沒錯，通常會在下午茶時間或用餐時間停線。

RM：生產線管理員在生產時所扮演的角色為何？

HP：生產線管理員必須確認在生產時有足夠的原物料，同時負責處理生產線上的突發狀況。此外，他們也必須監督產出、控制製程，並確認員工的出缺席情形等。

RM：我們可以再整理一次生產線管理員的職務嗎？一個步驟一個步驟來。

　　另一個理性的請求。請求某人從頭確認某件事情，可以清楚顯露出在簡短敘述中較不明顯的一面。

HP：首先，他們會確認生產前的所有準備已經完成，並檢查是否有足夠的原物料。如果是長時間的生產，原物料不需要在開始生產時一次到位，但仍然必須保持生產線充足的數量，直到下次原物料到位。他們也必須確認人力配置，若是一、兩位人員缺席，生產線仍可維持生產，但是在生產線開啟時最好全員到齊。

RM：生產線管理員要如何知道需要多少原物料以及所需員工數？

　　一個好的分析者總是會探究找出如何、什麼、為何、何時、何處及誰等。

HP：每批生產都會將所需原物料寫在一張工作單上，倉庫同時也會拿到一份影本。所以理論上，他們會知道需要什麼原物料、要送到哪條生產線，以及何時需要。

RM：這一套管用嗎？

HP：（笑）有時候！

RM：萬一沒有足夠的人力，怎麼辦？

HP：通常生產線管理員可以在別條生產線找到多餘人力，或是將生產速度減慢。必要的時候，你可以使用有限的人力來生產，但同時也會降低生產力。

RM：所以當一切準備齊全，同時所有員工也準備好上工，接下來呢？

HP：管理員將生產線打開後，主要工作就是解決生產線上發生的問題以及文書作業。

RM：文書作業包含哪些內容？

HP：首先在生產線剛打開時，他們會列出所有的作業員，從工作單上將工作編號謄錄到生產紀錄表及工作時數表。如果這是作業員當週首次當班，管理員會製作一張新的工作時數表。當生產線打開後，會在生產紀錄表註明時間。然後，也會寫上哪一位當班人員在生產中途離開，以及離開多久。

RM：管理員需要處理何種生產線問題？

HP：主要問題就是在生產中發現的錯誤，會讓生產減慢。這時候他們會停止生產線以進行維修，並記錄停止運作的時間。同時，他們必須找出一些工作交給因生產線停滯而在旁等候的作業員。如果原物料用罄，也會導致生產線停止，這時必須催促倉庫提供原物料，或是盡快聯繫貨源或外部供應商。有時人員也會短少，例如早退或生病，管理員就必須盡快找到替代人力。

RM：好的，現在我們來討論生產線末班。其中，需要記錄什麼樣的資訊？由誰負責記錄？

HP：首先，管理員在生產紀錄表上記錄結束時間。

RM：請給我一份。

HP：沒問題。

製一張空白的生產紀錄表。

HP：接下來管理員要請品質管理部門派人來做產品檢驗，並將結果記錄在生產紀錄表上，然後計算缺席人數。如果有人缺席十五分鐘以上，將從生產人數中剔除，除非他可以提出合理的理由，例如醫生證明。然後，他們再計算每位作業員的工作時數。如果有人參加生產線會議，他們可能沒有辦法拿到時間表，此時時數就會另外加上。當所有程式完成，品質管理部門會一一檢驗所有產品，而這個也會記錄在生產紀錄表上。之後就是將沒用完的原物料退回倉庫、整理生產線以方便下一班次使用等。

RM：謝謝，這個資料對我來說很有用。現在我想詢問有關薪酬方面的問題，你可以告訴我是如何計算的嗎？

HP：老實說，我不記得正確的計算公式，你可以詢問管理員或是出納……。

現在請依據訪談結果完成以下練習。

7.A 寫出以下使用案例的敘述：
- 生產線開始運轉
- 記錄參與生產線的員工
- 記錄離開生產線的員工
- 暫停生產線
- 記錄生產線問題
- 生產線結束運轉

7.B 從你的使用案例敘述中，分別繪製溝通圖及類別圖。

7.C 製作一份分析類別圖的草稿，初期只顯示類別與關聯。

7.D 以各種中間模型來檢視你的分析類別圖，加入任何你覺得適合於此使用案例的屬性及操作，做出合理的假設，並且加入其他你認為可能合理的假設，並且加入其他未直接從此訪談紀錄中可推演得到的使用案例所需的假設現在請依據訪談完成以下練習。

Chapter 8

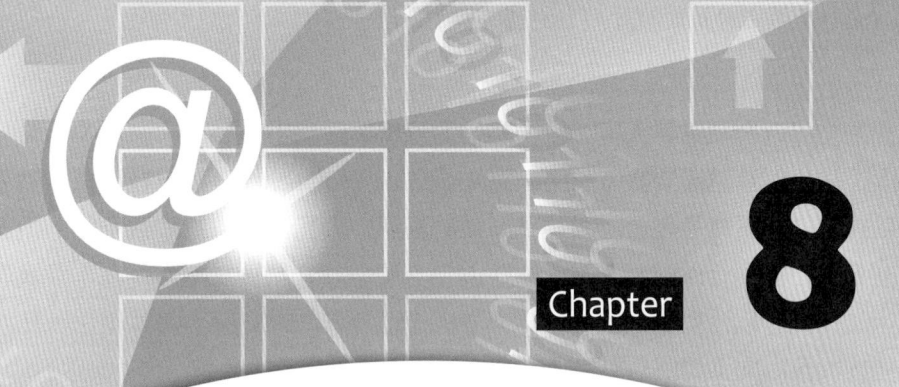

精煉需求模型

學習目標 在本章中你將學到：
☑ 重複利用對軟體開發的重要性。
☑ 物件導向原則如何促成重複利用。
☑ 如何確認並建立一般化及組合。
☑ 建立可重複利用元件的方法。
☑ 樣式對軟體開發的意涵。
☑ 分析模式如何協助建置模型。

8.1 簡介

精煉與增添更多結構到分析模型的目的是為了創造重複利用的條件，這可能意味著重新再利用現有規格或原先為先前系統所撰寫的軟體；另一方面，為現行開發專案建立的新規格或軟體可能在日後其他系統仍有用處。不管是在哪種情況，模型必須以能夠容易辨識出再利用機會的方式加以統整。雖然重複利用在實務上的效益更可能是在設計與建構作業過程中得到，但在分析階段奠定基礎是很重要的，因為邏輯規格是在這個階段產生。物件導向分析提供三個主要的機制來達到重複利用：

❖ 一般化、組合、封裝與資訊隱藏等抽象化基本機制。
❖ 可重複利用的軟體元件規格。
❖ 分析樣式的應用。

抽象化在物件導向中的關鍵角色在第 4 章已經解釋過，在此，我們將考慮如何將

一般化與組合結構導入第 7 章介紹過的分析類別圖中。

以元件為基礎開發 (component-based development) 是建立在可重複利用軟體元件的組合結構規格基礎上，要達到有效的資訊隱藏已需要求物件或結構的內部必須隱藏在介面之後，元件則更需進一步，因為它們是設計為獨立運作。在本章我們將介紹用來塑模元件以及與它們內部細節獨立的介面等其 UML 圖示符號用法，元件同時也是構成服務導向架構法很重要的一環。

自 1980 年代後期，樣式 (patterns) 的風潮對普遍化知識的擷取與交流提供了新的方式，特別是在分析與設計活動中。本章我們介紹樣式的概念並且展示如何應用分析樣式（稍後在第 12 章及第 15 章將分別討論架構與設計樣式）。

軟體與規格再利用需要小心的管理，因為它的用途涵蓋了整個生命週期而非僅限於單一工作流程，我們將在後續章節做進一步討論。

8.2　軟體與規格的重複利用

近年來，軟體開發界發生了一場小規模的革命，許多軟體開發者專注的焦點已從開發一個全新的大型軟體系統，轉為將先前的元件組合成新的系統。透過物件導向的協助，盡量減少新規格及設計工作，已成為開發新系統時努力的目標。理論上，透過完善建立的原則進行抽象化及封裝，物件導向方法可以達成上述目標，然而多年來，許多大型重複利用的結果卻不盡如此，而今終於成真！一方面是因先前提過的相似物件導向原則所致；另一方面，也起源於模式移動過程中產生的新觀念、以元件為基礎的開發，以及服務導向架構。

8.2.1　為何要重複利用？

一般而言，重新製造一件已在別處完善製造的作品，只是在浪費時間與精力。如果你想在房間裡裝上一個燈泡，並不需要自行發明製造。即使你擁有所需的知識、技術及設備，自行製造一個燈泡仍不划算。

對軟體開發而言，上述原理仍然適用。產品製造者從同儕身上獲取的經驗，與自身實作所獲得的經驗同樣寶貴。程式設計員已建立大量的函式庫，小至個人所需的副程式、大到具商業規模的大量元件集合等，應用於微軟視窗系統的動態聯結函式庫 (Dynamic Link Library, DLL) 檔案以及 Java 相關的類別函式庫即是後者的例子；程式設計員已透過分割設計、樣板、樣式及結構，來建立相關的函式庫。對大部分情況而言，重複他人已做過的工作是沒什麼意義的。

8.2.2　為何有時難以達到重複利用？

大部分教科書的作者都認為重複利用所帶來的效益仍有待改進，這又是為什麼呢？

↳ 重複利用並非永遠適當

有一些例外狀況，重複利用並非總是好的。舉例來說，學生常常被要求解決一些別人已經解決的問題。這樣做富有教育意義，因為比起學習解決問題的知識，實地探索的過程更能促進理解。這解釋了為何教育工作者將複製視為威脅：將他人作品佔為己有的學生，無法學到任何東西。

同樣地，展開新計畫時最好能拋開成見。舉例來說，一開始我們並不知道一個新系統的需求。分析員應該把該系統的特性及所處環境納入考量。因此，我們應該儘可能拋開成見，審慎地進行調查。但是，如果假定我們完全不知道如何解決問題，又太過瘋狂。無論如何，應該多加利用那些與我們正在處理的問題有相關性的成功作品。

↳「我要自行設計」症候群

有些程式開發員（有時甚至是整個部門）會忽視先前累積的智慧。為什麼？一個可能的解釋是：「我要自行設計」症候群。這個名詞解釋了某些人的態度：「我不相信別人的設計，再適合的我都不相信，無論如何我都要自己設計。」對那些喜歡尋求挑戰或擁有確實理由不相信他人作品的設計員來說，這種態度是可以理解的，但大體而言並不符合商業效益。

↳ 重複利用難以管理

良好的程序管理是重複利用能否成功的重要因素。首先，對一個尋求重複利用工件（包括模型、樣板、副程式或整個程式等）的程式開發者來說，一個合用的目錄顯得十分重要。這個目錄必須完整、時常更新，並且容易搜尋出所需工件。其次，該工件必須設計成適於重複利用，但這將更難設計，也需要更高的花費。此外，一個特殊設計的工件在重複利用之前往往需要許多修改，而修改時易造成麻煩，有時還不如重新設計新的工件。這些程序管理上的困難使得重複利用在實行上遭遇困境。

↳ 分析作業較設計或軟體皆更難重複利用

基本上，重複利用軟體並不難達成。舉例來說，若想在一個程式中利用函式庫，必須輸入該函式庫，依據名稱呼叫函式，並引入相關參數，這樣程式就能利用其結果。對程式設計員而言，只需要複製函式庫，並了解函式的特徵及作用即可。上述這些動作都屬於程式設計的基本課程。

人工設計的重複利用也可以相當簡單，模板 (template) 是一個在使用者介面設計

中廣為熟悉的例子。模板給使用在受到某些限制的有限彈性下得以個人化它們在社群網站上的首頁；每個模板基本上是一個可以讓不同使用者重複使用多次的設計。

然而，分析模型仍然是相當高階的抽象化，因此是重複利用最不發達的領域之一，因為它本質複雜且任何模型可能只有部分可以重複使用。此外，也必須規劃一個模型，來擷取那些不需要與另一專案之類似需求做有效比較的需求特徵（隱藏）；其次，由於重複利用的目的是為了節省工作，所以一個模型面對新的需求時不需要全面改寫；最後，任兩個相關需求的差異必須是顯而易見的，如此一來，便不需為了觀察差異而改寫整個模型。我們之後會發現「樣式」是一種解決上述困難的方式。

8.2.3 物件導向如何促成重複利用

物件導向軟體開發主要依賴兩種抽象化方式來達成重複利用：其中之一是一般化，另一則為結合資訊隱藏的封裝；如意料中地，不論在軟體開發或其他產業，這兩者的應用皆很相似。

✏ 一般化

一般化是抽象化的一種形式，非僅只關注單一情況，更著重於設計或規格有關的面向，省略不相關的部分（如第 4 章所述）。一般化關注在可適用於多個情況的設計或規格，忽略只適用單一特定情況者。我們多半可以從一項設計或問題的解法中找出一些基本要素，並應用到許多相關的情況。在此做個譬喻，輪子就是一個很好的例子：根據不同用途，輪子可依不同設計或材料做成各種尺寸；滑鼠裡的小塑膠輪可以在滑鼠墊上滾動；單車上的膠輪能隨跑道轉動，並具避震作用；舊式蒸氣引擎上的鐵製平衡擺輪，能緩衝活塞帶來的迅速移動。儘管大小、材質與設計大不相同，上述三種輪子都屬圓形，並繞著一個中心軸旋轉。

設計滑鼠的工程師必須考慮各種情況，例如滑鼠裡的輪子必須輕盈而小巧，而且製造成本低。但輪轉移動此一基本原則並不需要特別的想法，因為這個眾所周知的工程問題早就有解決方案。在本例中，每個輪子的大小、重量等特徵都必須根據不同需求來設計。但渾圓外型的概念則被分離出來，並可在未來重複應用到每個輪子上。

對軟體而言，一般化的目標也是要找出可廣泛應用的特性。在第 4 章裡，我們了解到一個抽象的 Employee 超級類別如何將特定的真實情形（以時薪、週薪或月薪的員工）予以一般化。在本章稍後，我們將透過 Agate 公司案例研究，解釋如何進行一般化。

✏ 封裝與資訊隱藏

就如在第 4 章所探討的，封裝與資訊隱藏同樣代表某種抽象化，著重於外在特性而忽略內部關於行為如何進行的細節，這對模組化的成功是不可或缺的。現代桌上型

電腦系統的組裝提供許多相關的例子，舉例來說，滑鼠可以涉及多種技術，但對使用者而言，其作用都十分相似。在作者的桌上就有三種滑鼠：滾輪有線滑鼠、光學有線滑鼠及光學無線滑鼠。你可以根據外型清楚地區分出它們的差異（根據滑鼠線與紅光的有無）。但在大部分情形中，一個滑鼠是滾輪或光學的，有線或無線的，都不會造成使用上的差異。較重要的是，模組化使得元件之間不需特殊比對，即可互相取代。如果一個有線的滾輪滑鼠故障，可以換成無線的光學滑鼠，無論滑鼠本身怎麼運作，在滑鼠與電腦子系統之間都有依標準定義規範的介面提供其互動，這介面則由接頭及針腳連接（每個腳位傳送的訊號類型、電壓高低等）所定義。軟體模組化的目的是要讓取代變得容易，因此軟體介面必須有一個規格化的標準。此標準通常是以所提供的服務及系統間溝通時的訊號來表示。

組合 (composition) 涉及將一組類別封裝成可重複利用的組件。這來自於一個概念，即複雜的整體是由簡單的元件所組成。這些簡單的元件又可由更簡單的組件或基本元件組成。下一節我們將透過 Agate 公司案例研究來解釋如何應用「組合」。

8.3　加入更進一步的結構

8.3.1　找尋與塑模一般化

圖 8.1 呈現 Agate 案例中的某一次會議紀錄；此會議的目的在於深入了解不同的員工。由於過於倉促，分析師只蒐集部分事實，但我們能藉此找出一些有待適當塑模的有用訊息。

```
3月17日── 與 Amarjeet Grewal（財務主管）簡短晤談
目的── 釐清上星期四的一些觀點

詢問關於工作人員類型
       ── 看起來只有兩種類型與系統相關：創意工作人員 (C) 及管理工作人員
(A) 他們如何區別？
       ── 主要差別在於分紅給付
           1. (C) 的分紅計算是基於活動收益（只有他們所參與的系列廣告活動）
           2. (A) 是基於全部收益的平均值的某個比例
還有其他區別嗎？Amarjeet 說──
       ── C 的能力需要加以記錄
       ── C 會以約聘方式被指派為某客戶的聯繫人員
       ── A 不會指派到特定活動
沒有其他顯著差異
       （注意：下次面談要取得兩種演算法的細節）
```

圖 8.1　分析師對 Agate 公司案例中不同員工類型所做的註解

❖ 員工可分成兩種類型。
❖ 有不同的分紅計算方式。
❖ 兩種員工的不同資料必須分別記錄。

圖 8.2 呈現與此相符的部分類別圖（為求簡單明瞭，只呈現相關的類別）。

重新定義操作

為何圖 8.2 的三個類別中，皆含有 calculateBonus() 操作？這是分析師的疏失，或者 Agate 公司並未充分利用一般化標記法所提供的符號？

合理的解釋是預期超級類別操作將被它的子類別覆蓋（繼承特性的覆蓋在第 4 章介紹過），儘管 AdminStaff 與 CreativeStaff 皆需 calculateBonus() 操作，calculateBonus() 在兩個情況下卻以不同方式運作。由於兩組員工的估算邏輯有所不同，則兩組操作的演算法必須分開設計，撰寫程式碼時也會產生差異。這說明了為何兩個子類別中會存在相似的操作。

然而，如果 calculateBonus() 操作在每個子類別中都必須重新宣告，為何還要將它列入超級類別？答案是為了讓它具有未來性 (future-proofing)。由於可能會有未知的子類別加進超級類別中，因此分析師認為（或說是假定）StaffMember 中所有子類別裡的物件，皆可能需要計算分紅的操作。所以，至少此操作的「骨架」必須包含在子集合中。這樣只需包含簽章，但由於對其他類別而言，介面是最重要的，將之納入超級類別定義中顯得合理。即使超級類別定義完全，某些具特殊操作的子類別也可能選擇不使用超級類別。上述情形中子類別的操作會被視為重新定義或覆蓋。

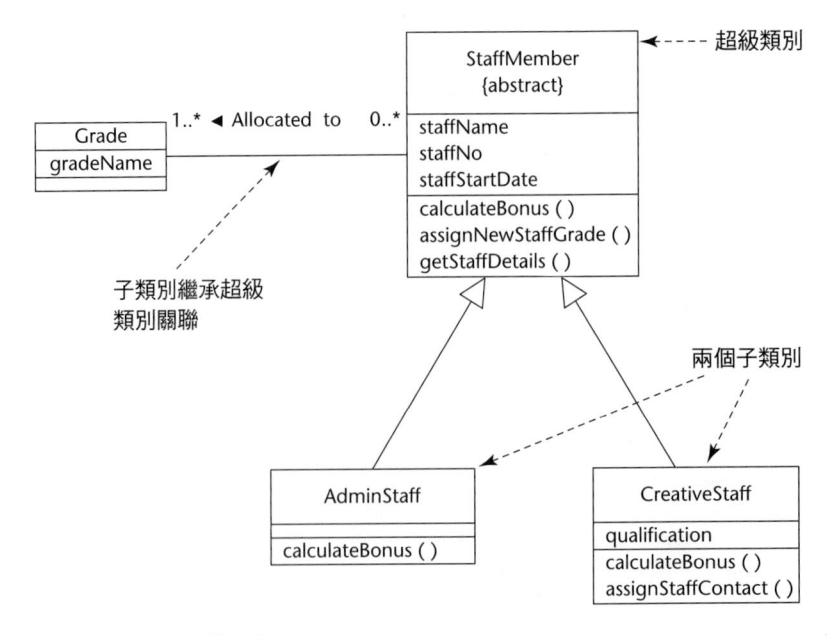

圖 8.2 Agate 公司案例中員工角色的一般化層級結構

✎抽象類別與實體類別

　　`StaffMember` 是抽象的，也就是不包含實例，這表示沒有員工存在於 Agate 公司的「一般」員工成員，而且不是特定子群體的成員，在圖 8.2 中特別以 `{abstract}` 標示在類別名稱下面（另一種標記法是將類別名稱以斜體字表示）加以區隔，在一般化層級中只有一個超級類別可以是抽象的，而其他的類別都必須至少包含一個實例，而且必須為實體 (concrete) 或實體化的 (instantiated)。目前所遇到的員工（與此模型有關的員工），若不是屬於 `AdminStaff`，就是屬於 `CreativeStaff`。如果之後發現另一群有著特殊行為、資料或關係的員工，若有需要，就可以將他們塑模為新的一組，該組在圖示中會以新子類別的方式來表現。超級類別的特點在於它處於比子類別更高的層級，這使得它能應用到其他系統。儘管有時不能將它視為抽象類別，但在多數情況下，我們能將之視為抽象類別，並忽略那些不符規定的例外。

✎一般化如何幫助達到重複利用

　　建立一般化層級的原因是為了讓超級類別的規格能夠在其他情境中重複利用，通常是在目前的應用程式中再利用。

　　想像 Agate 公司系統已完成並正常運作；某天，由於管理者重組公司，使得會計經理因為活動獲利而獲得額外分紅。這份紅利將根據主管及其他員工而以不同方式計算，並且會包含他們所監督活動的要素，以及公司一般獲利的要素；加入另一個子類別來滿足此行為是很容易的，如圖 8.3 所示。

　　另一種標記法也值得注意。在圖 8.2 中，每個子類別皆根據其一般化關聯來連結超級類別，而圖 8.3 的三個子類別則依樹狀結構組織三個一組連上超級類別。這種單一樹狀結構稱為**共享目標** (shared target) 標記法。這兩種方法皆為人所接受，但共享

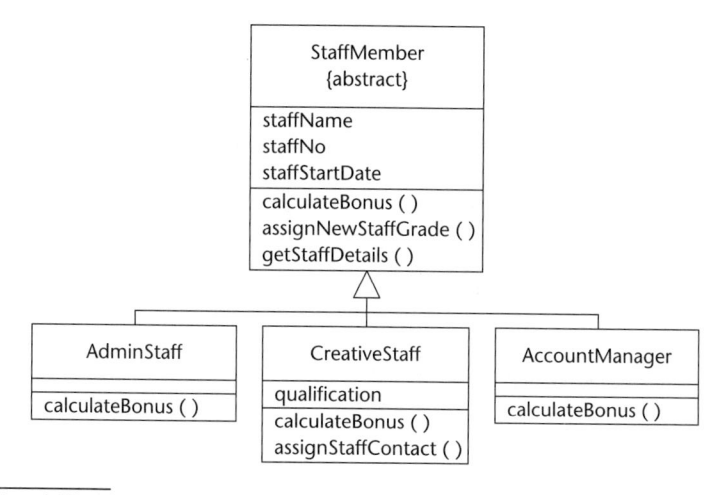

圖 8.3　容易加入新的子類別

目標標記法只用於所有一般化關係皆屬同組的情形。圖 8.3 的例子可以使用這種標記法，因為所有員工的類型可清楚分進子類別中。然而，假設因為一些理由，我們必須將員工區分為 Male 和 Female，此時產生的新一般化關係則屬於不同組的一般化，如圖 8.4 所示，合適的一般化名稱可以標示於關係圖旁。

　　加入 AccountManager 子類別並不會對類別模型的其他部分產生任何影響。此處透過根據現有抽象化類別 StaffMember 的 AccountManager，來達成重複利用。新的類別繼承了本身之外的所有特質與操作——大約佔其規格化的 85%，這還只是單一類別的情形；若應用到大型系統內的許多類別，將更大量節省設計及編碼的功夫。但是，我們能這樣做的原因在於先前即已辨認出員工的一般情況，而這也就是一般化最主要的益處：只需對現有結構付出少許努力，即可擴充階層。

　　一般化也對其他應用程式提供可能的再利用機會，舉例來說，Agate 公司應用程式的開發者可能會發現一個抽象類別 StaffMember 已經存在於先前專案中所記錄一般化層級的某一分類中，因此不需要再去重新撰寫文件，可以讓分析聚焦於對目前應用程式較為特殊的特點，當然，如果這超級類別如同圖 8.3 所示般簡單，那也會有一些好處；但在真正的專案中，類別層級有時候是更為複雜，而繼承類別定義可能會伴隨著複雜的關聯結構，增加了更多屬性及操作規格。

⇨ 利用由上而下法進行一般化

　　當超級類別與子類別兩者都已獲辨識後，便很容易找出一般化。若一個關聯可做經常性描述，則通常能將它一般化成模型。這有時明顯到讓人懷疑，真的有這麼容

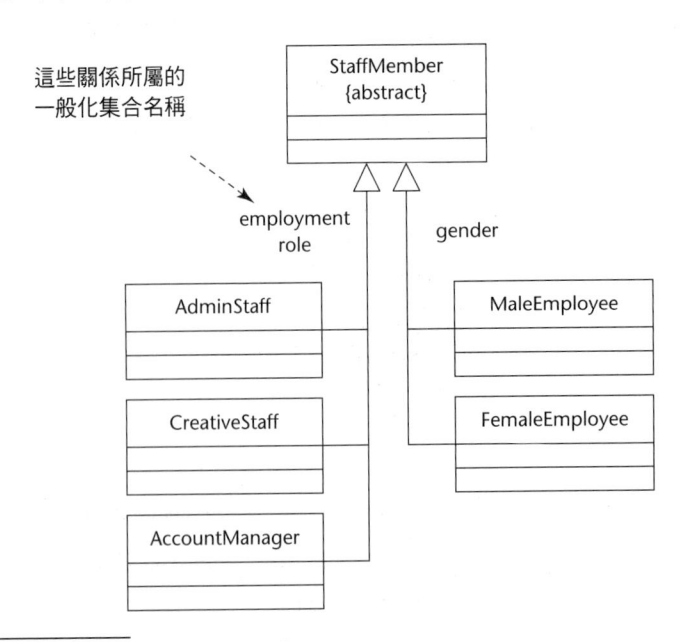

圖 8.4　以不同方式分割超級類別的一般化

易嗎？舉例來說，「管理職員工也是一種員工」，與「直升機與定翼飛機都是飛行器」、「卡車與水牛車都是車輛」，皆屬於相似的一般化結構。

多重層級的一般化並不少見，這意味著某個關係裡的超級類別可能是另一個關係裡的子類別。舉例來說，`Aircraft` 既是 `Helicopter` 的超級類別，也是 `Vehicle` 中的子類別。就實務面來說，在同一個類別模型中，若超過四或五個層級就太多了 (Rumbaugh et al., 1991)，但這多半有設計上的原因。

✥ 利用由下而上法進行一般化

另一種方法則是從模型裡的類別間找出相似性，並考慮是否將模型「清空」，或是要引入能把相似處抽象化的超級類別來進行簡化。這樣處理時必須小心謹慎。這樣做的目的是為了增加模型中抽象化的層級數，但任何新引入的抽象化皆須「發揮作用」。基本原則仍然是：新的一般化必須符合第 4 章裡描述的那些測試。

✥ 何時不應使用一般化

由於一般化可能被濫用，需要一些評估來衡量未來在各部分的效益。舉例來說，Agate 公司的員工及（一些）客戶都是一般人（有些客戶其實是其他企業，但為了解說方便，我們將客戶全視為個人）對欠缺經驗的分析師來說，他們可能認為必須建立一個 `Person` 超級類別，來包含 `Client` 及 `StaffMember` 的所有共同屬性或操作。但很顯然地，`personName` 這項屬性會成為新類別的主要內容，使得一般化階層必須包含很多非常不相似的子類別。

第二，我們不該期待看到不符現有需求的子類別。舉例來說，對 Agate 公司而言，由於屬性及操作不同，`AdminStaff` 和 `CreativeStaff` 屬於兩種不同類別。我們也知道公司內的其他類員工（例如管理者），但不該自動建立一個名為 `Director-Staff` 的子類別。即使管理者與系統有某些關聯，也沒有理由認為應將他們獨立成一個類別。他們也許能被歸入現有的類別（例如 `AdminStaff`），除非我們發現他們的行為或資訊結構有些許不同。

在此有個緊張狀況。在另外一方面，一般化被塑模的原因是為了在遭遇分析師意料之外的情況時，能產生新的子類別，這也是建構一般化階層的主要優點之一。然而，如果一般化太過氾濫，將使模型趨於複雜。這個問題並沒有一個簡單答案，只能藉由經驗來提升自己的判斷，還有藉由你所工作的組織來提出指引。

✥ 多重繼承

多重繼承在第 4 章已做過介紹。一個類別同時為多個超級類別的子類別往往是非常合適的，這在日常分類中十分常見。舉例來說，如果我們以用途做為區分家庭用品的依據，一個咖啡杯可視為一個供飲用的容器；如果同樣的物品我們根據它們的價值與美感來加以分類，咖啡杯可能會是「每天」而非「最佳」；如果我們以對健康造成

的風險而言,咖啡杯可視為危險因子(當它破碎時)。根據不同分類方式,咖啡杯可以同時屬於不同的類別,而不會有邏輯上的衝突。

尤其在設計時,對物件導向塑模而言,讓子類別繼承多個超級類別往往是一個明智之舉。在每個範例裡,所有特徵都是繼承每個超級類別而來。

8.3.2 尋找並將「組合」塑模

組合 (composition)〔或稱為**複合聚集** (composite aggregation)〕是以**聚集** (aggregation) 的概念為基礎,聚集是許多物件導向程式語言的特徵之一,代表各類別間的「整體—部分」關係,組合對其部分之所有權較之整體呈現出較強的形式。

組合的一個應用是任何電腦繪圖套裝軟體的使用者都很熟悉的例子,許多圖形皆依賴繪圖套裝軟體進行準備和編輯,這項應用讓使用者能挑選許多物件,並將之分組;同組的物件可視為單一物件,並透過單一指令加以縮放、旋轉、複製、移動或刪除等功能,如圖 8.5 所示,圖 8.6 則將組合塑模成類別圖。注意,這個組合是一個巢狀結構──組合能包含另一個組合,就如一個組合繪圖物件只能處理單一繪圖元件,我們無法直接存取組合結構中物件的某個部分,對系統的其他部分來說,這個物件整體來看是以單一介面呈現。

在需求分析階段,組合及聚集皆可做確認,但它們主要應用於設計及實作過程,以將一組物件封裝成可重複利用的組件。這不僅只是以單一名稱來標示結構,以密切

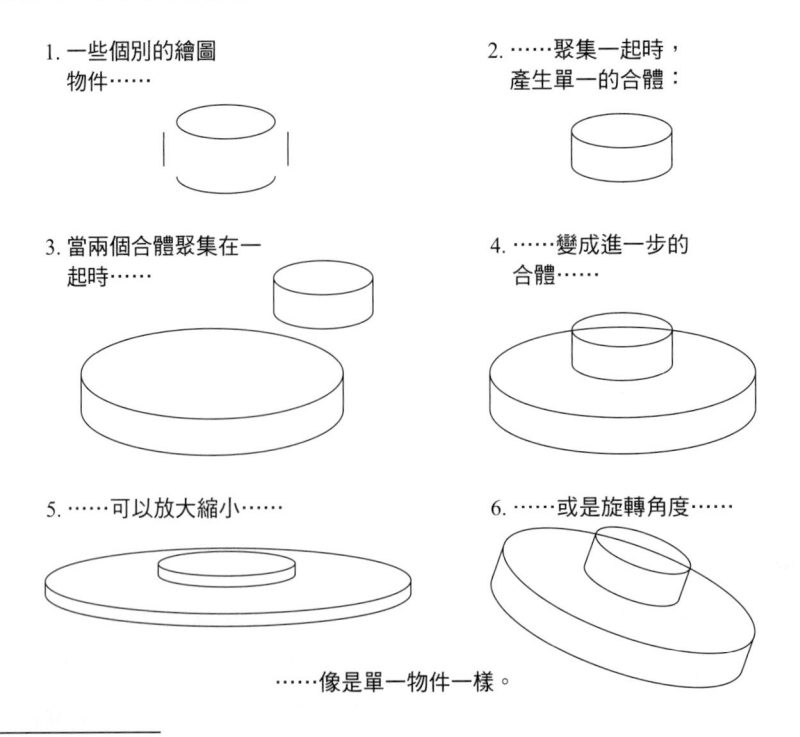

圖 8.5 繪圖軟體中物件的組合

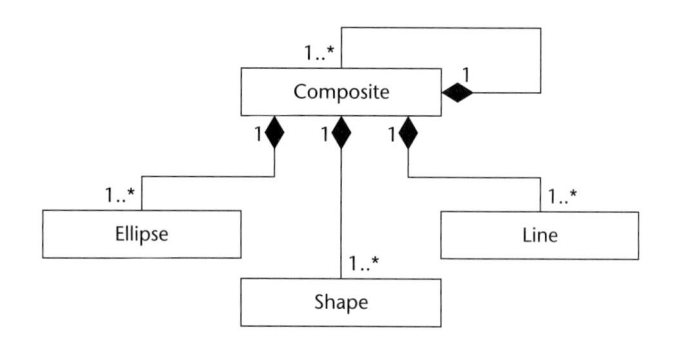

圖 8.6 以 UML 類別表現相同的組合結構

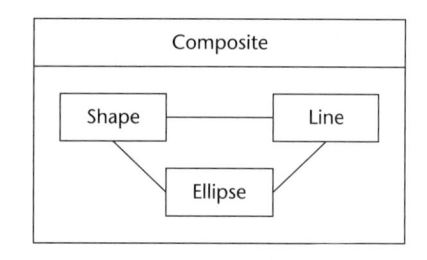

圖 8.7 組合結構的另一種標記法

而凝聚的方式加以模組化封裝更為重要，一個組合以關係的「整個」尾端介面做為其外部介面，內部結構細節（也就是它所包含的其他物件及關係）則會對客戶保密。

這種標記法類似一種簡單關聯，只是「整個」尾端上有一個菱形。實心菱形代表組合，空心菱形則代表聚集。圖 8.7 是另一種組合結構的標記法，清楚地展示出組合物件可以包含自身的某些片段。

組合與聚集的商務導向應用，比應用於繪圖套裝軟體更麻煩，但由於這樣做能傳遞重要的商業資訊，所以仍值得嘗試。下一節將舉 Agate 公司案例研究來說明如何辨識聚集。

8.3.3 一般化結合組合或聚集

Agate 公司案例研究提供至少一個機會來塑模一般化與組合的結合，舉例來說，報紙廣告是一種廣告。為求方便，我們將廣告視為一件設計 (design)，而非一件插入廣告 (insertion)，這樣一來，一份報紙中出現五次的廣告會視為同一個廣告出現五次，而非五個不同的廣告各出現一次。這意味著廣告可以被視為一個超級類別，而報紙廣告等可視為子類別。這能通過第 4.2.4 節的檢驗嗎？雖然必須仔細檢查每個類別的屬性與操作才能獲得可靠的答案，但基本上答案是「能」。

一個廣告也是由許多部分所組成，每種廣告精確的組合都是不一樣的，而因此這樣的關聯結構無法在超級類別層次定義（電視廣告的屬性、操作與組合結構等在某些

方面可能類似於報紙廣告，但將與其他廣告不同）。

我們能從 Campaign 和 Advert 的關聯，或 Advert 和其相關片段的關聯中，看出可能的組合。一個廣告活動包含一個以上的廣告，而一個報紙廣告包含文字、圖畫及照片。

這確實是組合而非聚集嗎？首先，一個廣告是否能屬於一個以上的宣傳活動？儘管案例研究中並未說明，但一個廣告似乎能屬於一個以上的活動。第二，每個 Advert 的生命週期是否與其 Campaign 相同？雖然不明顯，但客戶多半希望高價的廣告能再度使用於其他廣告活動。此論點仍有待澄清，但將之塑模為組合也不盡然恰當。第三，一組文字、圖畫及照片能用於一個以上的報紙廣告嗎？也許圖畫及照片能重複利用，但文字則多半不能。最後，每個元件的生命週期是否與廣告相同？答案應是有些會，而有些不會。以上所述皆有賴進一步確認，但是組合似乎只適用於 NewspaperAdvertCopy 的情況，而聚集則應在別處使用。圖 8.8 展示此一分析所提出的部分類別模型。

8.3.4　組織分析模型──套件與相依性

分析模型可能包含一些自由元件，這將在之後的小節中討論。即使不包含，分析模組仍須設計成足以應付不同需求的形式，而這考驗了分析師的技巧與判斷力。就某個程度而言，這有賴定義各自獨立的分析套件，並同時保持其內聚性（見第 14 章）。在第 7 章我們看到套件（見第 5 章）是一種讓開發者能「析出」(factor out) 類別或結構，使其能用於不同專案的方法。但是當一個模型被分進套件中（或是當現存元件被目前的專案使用時），必須經常追蹤不同類別與套件之間的相依性。

我們發現 Agate 公司案例研究有三個相關但不同的應用範圍：廣告準備、活動管

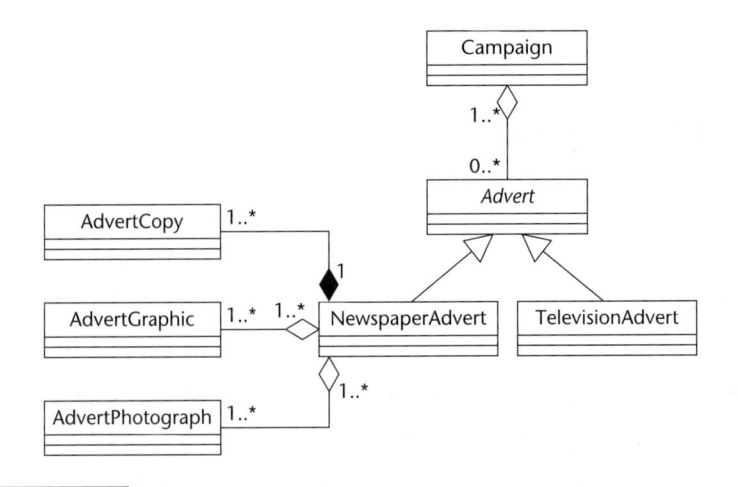

圖 8.8　組合結構的另一種標記法

理與員工管理。儘管此模型只是廣大範圍的一小部分，將它們塑模成獨立的套件仍具意義。根據目前的分析，StaffMember 實體類別在 Campaign Management 與 Staff Management 兩個套件中，均扮演一定程度的角色，這導致一項結構決策。圖 8.9 顯示下述內容的部分變化。

- 我們將此類別置於 Staff Management 套件中。在此情況下，由於 Client 與 Campaign 需與 StaffMember（圖 i）建立關聯，我們必須塑模 Campaign Management 與 Staff Management 的相依性。
- 我們可以將 StaffMember 移入一個獨立套件。當它能做廣泛應用時，這個作法是很合理的。舉例來說，工資、人事、保險與年金等皆需要此類別。在此情況下，我們必須塑模從全部相關套件到包含 StaffMember 類別套件的相依性（圖 ii）。
- 更深入的研究顯示，StaffMember 並非單一類別。以這個例子而言，衍生的類別將保留在對應的套件，但彼此之間仍存在某些關聯，並需要記錄其相依性。
- 此外，我們已在第 7 章裡評估決定要將所有邊界物件納入 User Interface 套件，而所有控制物件納入 Control 套件；這些特殊化套件中的物件將與其他套件裡的物件保持相依性（圖 iii）。

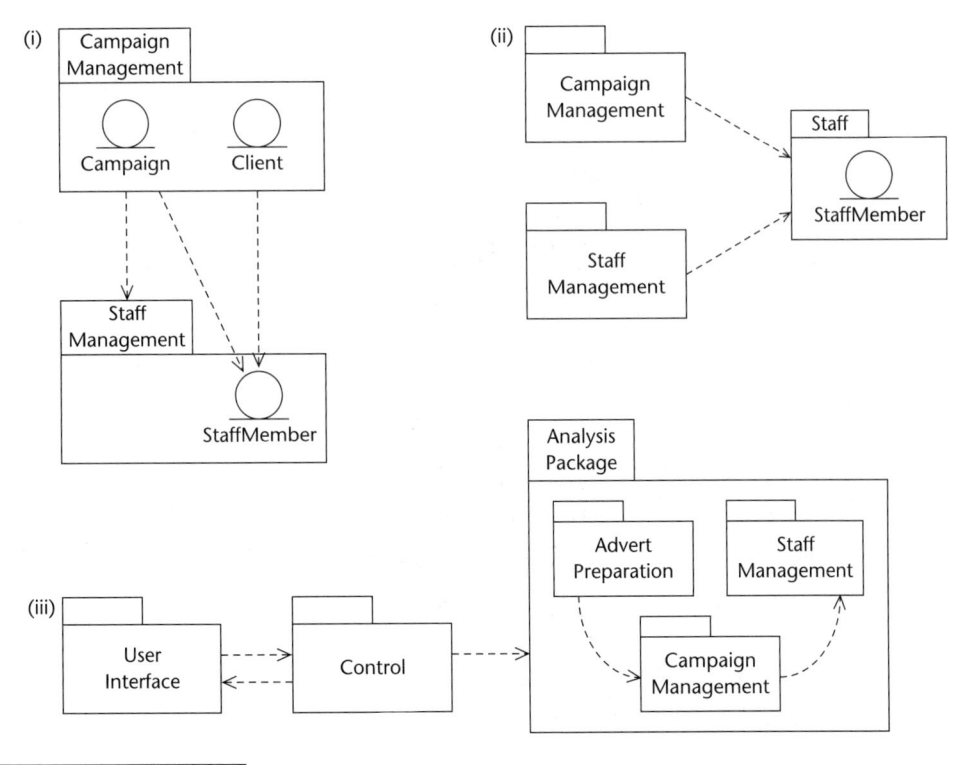

圖 8.9 套件與物件間各種相依姓

面對一個相對簡單的模型（如我們正在處理的這個模型）時，不容易看出記錄套件相依性的重要性。但是當模型更大、更複雜，或是當模型包含可重複利用要素時（不論發生於個別類別或元件層級），記錄套件的相依性就顯得很重要。

8.4 可重複利用之軟體元件

軟體元件是對其他元件或系統提供服務的套件或模組，可重複利用的原件是設計用於多種情境，在某種程度上來說，元件是前述組合結構的一個特例，事實上，某些情況下的單一類別就是一個可重複利用元件。然而，這詞現在一般來說是保留給彼此獨立操作而相對複雜的結構，通常是在不同時間或組織分別開發，而後「組合在一起」來達到所需的全部功能。在此，我們將簡短介紹其概念，並講解其 UML 標記法。

採用標準化元件的原因是明顯且你我熟悉的，其實很難想像哪個產業沒有廣泛使用元件，舉例來說，房屋通常是設計由磚塊、屋頂樑木、磁磚、門、窗框、電器元件、水管、樓板等組裝而成，這些全部都是從目錄中選取出來，建築師可以使用這些元件來設計（營建商去建造）整體外觀、樓面配置以及房間數等各式各樣的房屋，不同點在於標準元件組裝的方式。

對任何會被視為元件（例如像是窗戶）的東西，它必須在某種程度上允許建築師、營造商等可以將之視為單一、簡單的物品來作業，即使實際上並不是這樣；此外，專業設計師處理窗戶設計問題（打造好窗戶需要什麼材質、結構等）而專業營建商則依據設計師的規則建造。一個標準窗的建構細節可能會由於設計變更、新的材質或新的工法而改變，然而，只要像是高度、寬度以及整體外觀效果等關鍵特點不變，在未來需要換新的時候，新的窗戶可以取代相同型式舊的窗戶，而這些關鍵特點事實上也就是窗戶的介面。

同樣的，軟體元件的實作可以對其他要求它服務的元件隱藏，不同子系統因此可以有效地將操作獨立，這大幅減少讓它們彼此互動造成的問題，即使它們是在不同的時間或是以不同語言開發，抑或是在不同硬體平台上執行，只要是提供相同介面也能允許某一元件來替代另一元件，以此方式制定的子系統可以降低彼此的耦合程度。

這方法可以擴展到任何複雜程度的運用，軟體系統或模型的任何部分可以考慮在其他情境重複利用，只要符合下列條件：

❖ 元件滿足明確而通用的需求（換句話說，他提供了一致的服務）。
❖ 元件有一或多個簡單而明確定義的外部介面。

物件導向開發特別適合用於設計可重複利用元件的任務上，精心挑選過後的物件

已經滿足上述兩個條件。物件導向模型以及程式碼以此方式組織將對重複利用大有助益。舉例來說，Coleman 等人 (1994) 指出一般化層級架構是組織元件目錄非常實用的方法，這是因為它鼓勵搜尋的人首先從一般目錄開始，而後逐步修飾他們的搜尋方式來進入到越來越特殊的層次。

繼承允許「軟體建築師」從現有類別衍生出新類別，因而新軟體元件的某些部分往往可以在最小負擔下打造，只有特殊的細節需要再增加。在其他大部分產業對此沒有什麼完全正確的比喻（雖然可能在設計活動有相近的比較），新窗戶的製造工作與先前任何窗戶都相似；維護也是一樣，可以更容易，特別在一般化層級中，在超級類別層次制定的特性可立即讓子類別的實例使用。

8.4.1 元件的 UML 表示法

圖 8.10 說明塑模元件在 UML 中的基本標記法，顯示兩元件的介面以「球—槽」(ball-and-socket) 結合連結符號加以連結。元件 A 的**提供介面** (provided interface) 允許其他元件呼叫服務，而元件 B 的**要求介面** (required interface) 則會向提供介面的元件要求服務。呼叫物件操作的協定形式與要求服務的協定形式相同，需求元件會送出包含操作名稱與所需參數的訊息。

每個介面會提供一定範圍的服務，而每個服務擁有各自的特定協定或標記，並會獨立地進行塑模，不受元件內部類別結構的決定影響。此分析所產生的介面操作，即是 Cheesman 與 Daniels (2001) 所提出之介面的「資訊模型」，並為塑模元件內部設計提供好的切入點。

本節中，我們介紹元件標記法的一些基本要素，並展示如何運用它們以元件為基礎的結構來塑模，以及決定元件介面的重要方向。然而，這並未完全回答遇到以元件為基礎的開發時，應如何分析軟體元件。對這方面有興趣的讀者，應該查詢相關專家的著作，例如 Cheesman 與 Daniels (2001)，我們認為這是講述模型元件最清楚的著作之一。

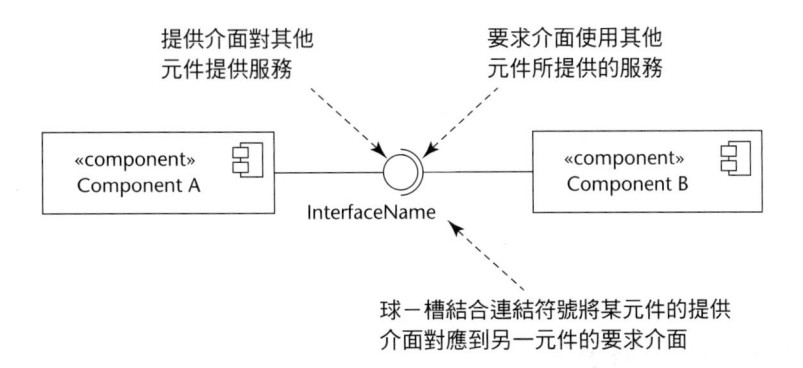

圖 8.10 UML 2.0 用於元件結構圖之基本圖示

8.4.2 元件為基礎開發

元件為基礎開發 (component-based development, CBD) 的相關運作多半與用於別種軟體開發時相同，亦即包含某項元件的類別皆必須予以確認、塑模、規格化、設計與編寫，本書的其他章節會描述如何進行上述動作。元件為基礎開發與其他簡單物件導向分析或設計的差異在於前者將元件架構及元件間的互動規格化，此活動多半與較高層級的抽象化介面及行為有關，而與單一的類別或小規模的組合結構較無關。

元件本身能在不同抽象化層級下予以規格化。Cheesman 與 Daniels 在 2001 年探討了單一元件能呈現的不同形式。首先，如果希望元件組合在一起時能互相合作，則必須遵循一個共同標準。舉例來說，所有電器都遵循一個標準規格來設定插頭的操作電壓、大小及形狀。由於不同國家遵循不同的標準，許多機場皆會販賣轉接器。在特定元件被良好設計去運作的環境下，就能有效地實施軟體元件的標準。

此外，元件功能也很重要。許多電吉他擴音器上的喇叭或耳機插座，通常被設計成只能接上某種尺寸、形狀的特定插頭。如果同時將兩個耳機接上同一個喇叭插座，很容易將耳機燒壞。如果是電晶體擴音器，電晶體供電器也將同時燒壞。插上喇叭插座只能讓你聽見吉他的聲音。一個元件的行為是由其規格來描述，包括它與其他元件間介面的定義。

每種規格都可能擁有許多實作方法。某種規格的實作方法應該能被他種方法替代，就如同一個吉他能接上不同插頭。畢竟，這就是使用元件的原因。

我們可以理解有些元件實作只能設置一次，但是普遍來說，每個實作皆會多次設置，以網頁瀏覽器為例，像是火狐 (Mozilla Firefox version 3.0) 即屬之。我們可以假設該軟體只有單一規格，但每一個作業系統（Windows、麥金塔和 Linux）卻包含不同的實作。每個實作會複製、設置到全球上百萬台電腦中，為了正常運作，就必須向其作業系統註冊。最後，每當開啟軟體，就會開啟新的元件「物件」。至此，我們終於觸及元件實際執行的層級，也就是儲存與處理資料的層級。

元件為基礎開發與傳統系統開發的另一項差異，在於不只牽涉新元件的創造，也包含現有元件的重複利用。這些元件可能在先前計畫進行時由內部所進行開發，也可能在商業考量下由外界提供。在此例子中，目錄必須遵照特定規格來描述元件，開發者才能順利找到合適的元件，或確定適合的元件並不存在。因此，元件為基礎開發生命週期擁有一個能區分元件開發與元件使用的模式，並能辨認元件的週期相關管理，包括規格化與終端使用。接下來的小節將著重於提供範例，說明如何利用 UML 達成規格化。

8.4.3 塑模元件的例子

班機訂位系統提供軟體元件一個派上用場的機會，部分是因為舊系統（見第

6.2.1 節）仍被廣泛利用。這些元件必須與新系統交互操作，利用物件導向方式來開發，並（越來越常見地）與整個網路互動。為這類環境所開發的新系統元件必須能與舊元件（有些舊元件的設計及建構法已經過時）及未來更新的元件整合，因此部分這類的元件尚未進行規格化。

讓我們假定能透過傳統旅行社、線上旅行社與該公司的官方網站等不同方法訂位。在此情況下，元件架構必須讓個別元件的替換不致影響到系統的其他操作才有意義。這使得更新舊元件的工作變得容易，也讓使用單一元件的不同訂位程序及平台間能順利替換。

圖 8.11 展示一種為航空公司設計的元件架構。在簡化的情形中，主要元件是能處理訂位、繳款、記錄乘客資料、機場內登記與飛行資訊（包括安排乘客在機上的座位）的系統。當然，一個真正的航空公司需要更多系統來協助運作。

Bookings 元件提供一個稱之為 MakeBooking 的介面。所有知道如何使用該元件的系統（亦即知道元件相關協定、介面，使之能提供服務的系統）皆可進行操作。元件建置細節的封裝方式，與物件特質及操作的封裝方式一樣。

在此範例中，包括旅行社和航空公司的電子商務系統都可能使用該介面。此介面會將訂位的客戶系統與實際操作的訂位系統元件分離，使客戶能透過其他網路來訂位。此架構顯示也允許可以讓其他平台來實作新客戶，舉例來說，若航空公司希望提供手機訂位服務，現有的訂位系統也無需調整，唯一需要的是讓新系統能傳送正確形式的需求到 MakeBooking 介面。

Bookings 元件能提供 Check-in 元件所需要的介面，以能在機場登記時辨認

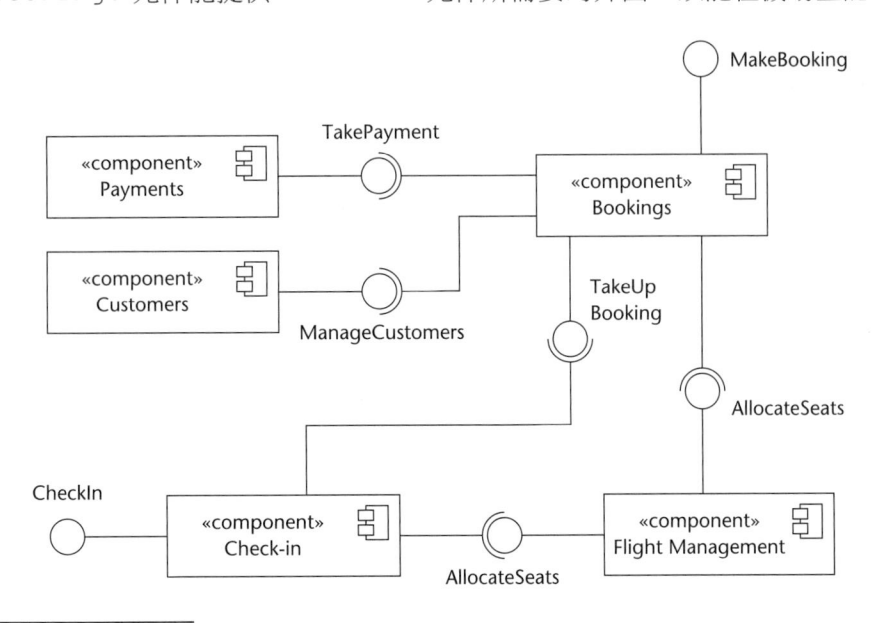

圖 8.11 航空公司系統的元件結構圖

客戶的詳細訂位資訊。它使用 Payments 元件提供的介面，來處理諸如信用卡支付等各種付款程序；Bookings 與 Check-in 兩者使用 Flight Management 所提供的介面，來取得（及更新）有關機上剩餘座位的資訊。最後，Booking 元件使用 Customers 元件提供的介面來取得及更新公司客戶的資訊細節。

　　溝通圖可以用來塑模這些介面間互動的更多細節（第 9 章會詳細介紹溝通圖的概念），圖 8.12 顯示了訂位與旅客報到間的互動關係。注意，個別訊息是透過參數來呈現，使分析師能將操作及建構介面時所需的類別進行規格化；一旦顯示整個互動的模組已建構完成，規格化的元件便能在所有介面下操作。

　　圖 8.13 顯示 Flight Management 元件與它的 AllocateSeats 介面間的 <realize> 相依性，該元件本身是透過由本書其他部分描述的類別所做成的一個（或多個）套件來實現。

　　注意，即使此圖顯示 Flight Management 元件所提供的所有介面，它仍意指某元件的規格化，而非該元件的建置。就如類別規格化一般，元件規格化關注於外部

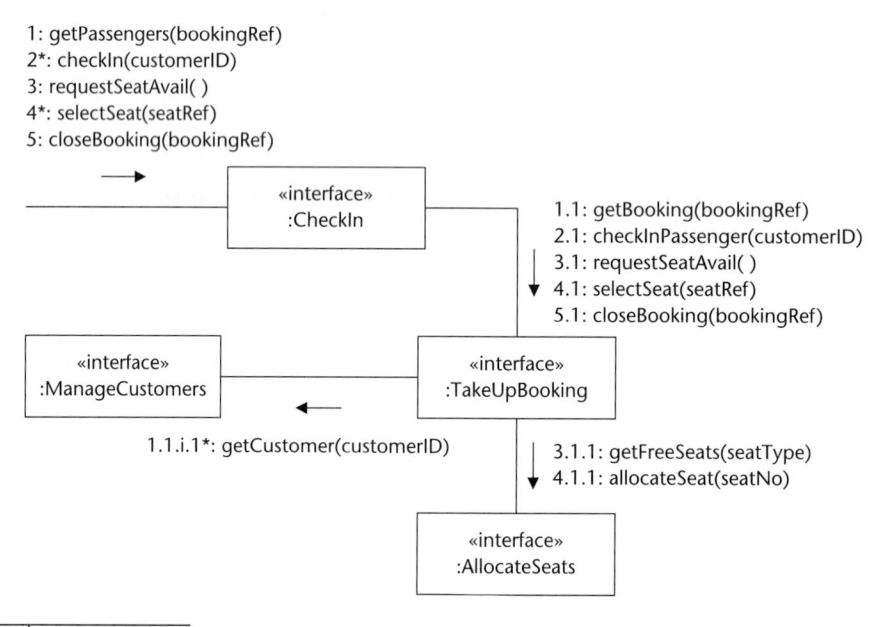

1: getPassengers(bookingRef)
2*: checkIn(customerID)
3: requestSeatAvail( )
4*: selectSeat(seatRef)
5: closeBooking(bookingRef)

1.1: getBooking(bookingRef)
2.1: checkInPassenger(customerID)
3.1: requestSeatAvail( )
4.1: selectSeat(seatRef)
5.1: closeBooking(bookingRef)

«interface»
:CheckIn

«interface»
:ManageCustomers

«interface»
:TakeUpBooking

1.1.i.1*: getCustomer(customerID)

3.1.1: getFreeSeats(seatType)
4.1.1: allocateSeat(seatNo)

«interface»
:AllocateSeats

圖 8.12　可以呈現元件介面的實例間互動之溝通圖

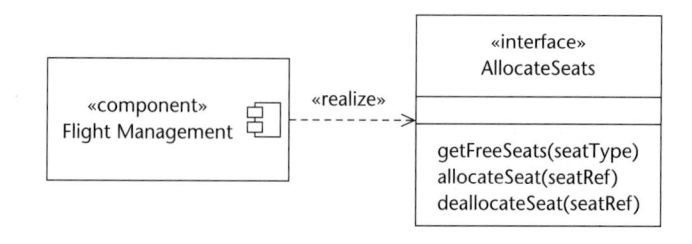

«component»
Flight Management

«realize»

«interface»
AllocateSeats
getFreeSeats(seatType)
allocateSeat(seatRef)
deallocateSeat(seatRef)

圖 8.13　介面與建置介面之套件間的相依關係

操作及特質。實際上的元件建置（也就是元件內部類別及關係的規格化）遠比我們提供的範例更加詳細，但這已超過本章所欲探討的範圍。

8.5　軟體開發樣式

軟體開發樣式 (software development pattern)〔通常簡稱為**樣式** (pattern)〕是經常性問題的抽象解決方案，依據問題特別的爭點可再以許多不同方式處理。樣式廣泛應用在系統開發，其中大部分是用在設計，但也可用於需求分析、專案管理、企業流程設計、測試以及其他更多的地方。在第 7 章介紹過的邊界、控制以及實體物件架構事實上是廣泛運用在需求分析與系統設計的樣式；稍後我們將考慮其他架構也是樣式應用於分析與設計活動的例子。樣式是非常有用的，當樣式捕捉到問題的精華馬上即有可能的解決方案，而不會有太繁瑣的規範。

8.5.1　樣式的起源

在日常會話中，樣式是指一種能再造具重複印象或產品的設計（例如壁紙或衣料）。這意味著樣式是一般化的一種，與軟體開發所用的術語相距不遠。建築師 Christopher Alexander 最先開始使用「樣式」此一術語，來描述建築界經常出現的問題。Alexander 歸納出許多兼具實用與和諧的建築相關樣式，並導引出許多建築上的議題，例如房間中哪裡最適合裝門，或是如何設計合宜的接待空間，使等候成為正面的經驗。他認為，這些樣式能發展出一套設計「語言」，使常見的建築問題能獲得發展與描述。他對樣式的定義如下：

> 每一個樣式描述一個在環境中不斷出現的問題，再描述解決該問題的方法核心，接著便能直接重複使用此一解法，而不必重新思考該問題。
>
> Alexander 等人 (1977)

Alexander 沒有提到大樓或建築，只提到了「我們的環境」，他的意思是我們所生活的真實環境，這跟軟體開發是相當清楚的比喻，早期物件導向社群中許多人採納他的想法。1989 年，Beck 和 Cunningham 為了描述 Smalltalk 程式語言環境中的介面設計，記錄了一些最早期的軟體樣式。接著，1992 年 Coplien 將 C++ 語言中所使用到的樣式進行歸類〔某些特定程式語言中，樣式又稱為**慣用語** (idiom)〕。

Gamma 等人在 1995 年出版的著作《設計樣式：可重複使用物件導向軟體的要素》(*Design Patterns: Elements of Reusable Object-Oriented Software*) 給予樣式的使用很大的動力，而其他作者找出關於分析 (Coad et al., 1997; Fowler, 1997)、組織議題 (Coplien, 1996) 以及系統架構 (Buschmann et al., 1996) 等方面的樣式。軟體樣式也已

經運用在非物件導向開發方法，舉例來說，Hay (1996) 找出一系列有關資料塑模的分析樣式，並討論資訊系統中常見的有關當事人及合約等概念的樣式。

8.5.2 何謂軟體樣式？

Riehle 和 Zullighoven 在 1996 年將樣式描述為：將特定情況中的具體形式一般化為抽象形式，在此「具體形式」(concrete) 的意涵未盡清楚，但也許可解釋為「特別的」(specific) 或「特定的」(particular)。Gabriel (1996) 針對樣式提出更仔細並能表達出其結構的定義：

> 每個樣式都是一種包含三部分的規則組成，表示在某種情境、在該情境下重複發生的系統作用力、以及讓這些作用力自力解決問題的軟體組態等三者之間的關係。

在此定義下，情境可以解讀為一些狀況或先決條件，而作用力是必須處理的議題，軟體組態針對並且解決這些作用力。Coplien (1996) 歸納出樣式的幾個關鍵特點如下：

❖ 能解決問題。
❖ 屬於已獲證實的概念。
❖ 解決方案並不明顯。
❖ 描述某一關係。
❖ 包含一項重要的人類因子 (human component)。

人類因子指的不只是良好的使用者介面，也包括用來建構該應用程式的軟體本質。軟體樣式應帶來合乎人類觀點的設計。有人認為，好的軟體樣式所提供的解法不只應該有效，還應優雅、有美感素質。這裡的美感素質有時又被稱為「無名之質」(quality without a name, QWAN)，可以想見的是，QWAN 包含許多爭論。有關樣式是否優雅的問題，讀者自有定見，本書將不特別探討。

相較於樣式捕捉與記錄已獲驗證的良好實務，**反樣式** (antipattern) 則捕捉證明為不佳的解法。這樣做的理由顯而易見：在確保軟體系統使用有效解法的同時，也必須知道如何避開已知的陷阱。此外，反樣式也涵蓋已證明有效之修訂解決方案 (Brown et al., 1998)。關於軟體開發組織領域的「蘑菇管理」(mushroom management) 就是反樣式的一個例子，它描述在將系統開發者從使用者隔絕出來以限制需求飄移這樣明確的政策其導入過程，在這樣的組織下，需求是透過專案經理或需求分析師等中間人來傳遞，這樣式的負面結果則造成在必要及尚未解決等方面的分析文件均有不足，後來 Brown 等人重新提出一項稱為螺旋程序開發模型（見第 3 章）的解決方法來加以

修正。其他修正過的解法則包括開發團隊中領域專家的參與,如同動態系統開發方法 (Dynamic Systems Development Method, DSDM) 所建議。

Coad 等人 (1997) 從一個樣式中(該樣式可視為一個包含值得模擬之範例的平台)找出一種能用來解決部分特定需求的策略,此一策略與先前描述的樣式有些微的不同,原因在於它不強調單一範圍內的前後關係,此策略的一個例子是「組織與優先化特徵」,其內涵是為需求排定優先順序(已在第 3 章探討)。

8.5.3　分析樣式

分析樣式是一個常在不同模組中出現的類別或關聯結構。每個樣式可用來傳達如何將特定需求塑模,因此不需在相同情況發生時重做一次模型。由於樣式包含整個類別的結構,因此抽象化將用於更高的層級,而非僅靠一般化來實現;另一方面,樣式大幅縮短了細部規格,因此不該與組合結構或元件混淆。

Coad 等人 (1997) 的其中一個分析樣式範例為「處理—處理項目」樣式,如圖 8.14 所示。

圖 8.15 顯示一個可應用到銷貨順序系統的模式。在此,「處理」是指 SalesOrder 類別,而「處理項目」是指 SalesOrderLine 類型。注意,我們已將關聯塑模成組合,這與之前宣布的模式不同,但確實適用於此處。

類似結構可以廣泛應用於各種情形(例如裝運與裝運項目、繳款與繳款項目)。軟體開發新手必須學習這個結構或是自行再造,但後者並不符合效益。將此結構視為模式,意味著它是開發時有用的專門技術,並應為新手所利用。低度互動耦合(low

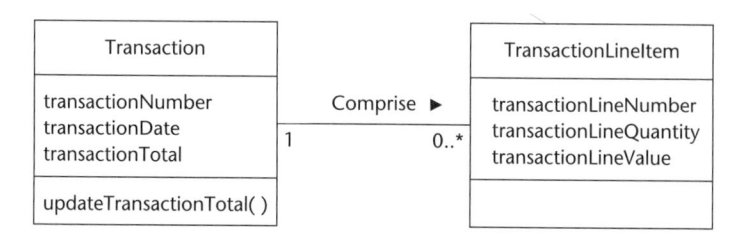

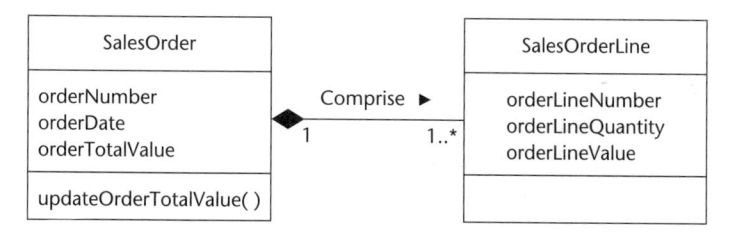

圖 8.14　「處理—處理項目」樣式(改編自 Coad et al., 1997)

圖 8.15　「處理—處理項目」樣式的簡單應用

interaction coupling，見第 14 章）的好處，可做為一個說明樣式有益的例子。

　　Fowler (1997) 描述許多常在商業模型中重複出現的樣式，例如：記帳、買賣和組織結構等，圖 8.16 顯示 Fowler 的責任樣式來說明一個實行中的分析樣式。為了簡化問題，儘管樣式是以更詳細的方式記錄，但我們仍只探討類別結構。責任結構可以有許多類型，例如管理或合約監督；就 Agate 公司的案例來說，此樣式可應用到不同關係：經理與其監督的員工、客戶與其簽署的合約，或客戶與活動經理間的關係。由於此關係中的細節已被抽象化為 `AccountabilityType`，因此，只要納入一組對應相關應用模型類別的屬性、操作與關聯，其他關係也可利用此處的類別結構。同樣地，將 `Person` 及 `Organization` 一般化成 `Party`，可以使此樣式能代表個人、企業或個人與企業間的關係。

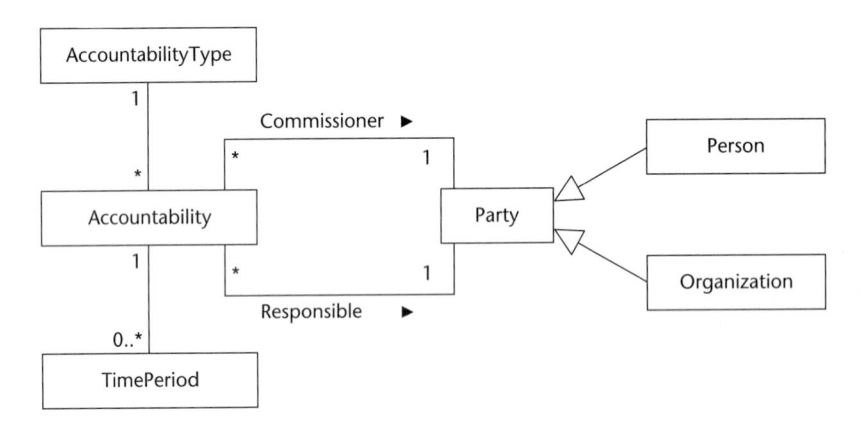

圖 8.16 | 責任分析樣式（改編自 Fowler, 1997）

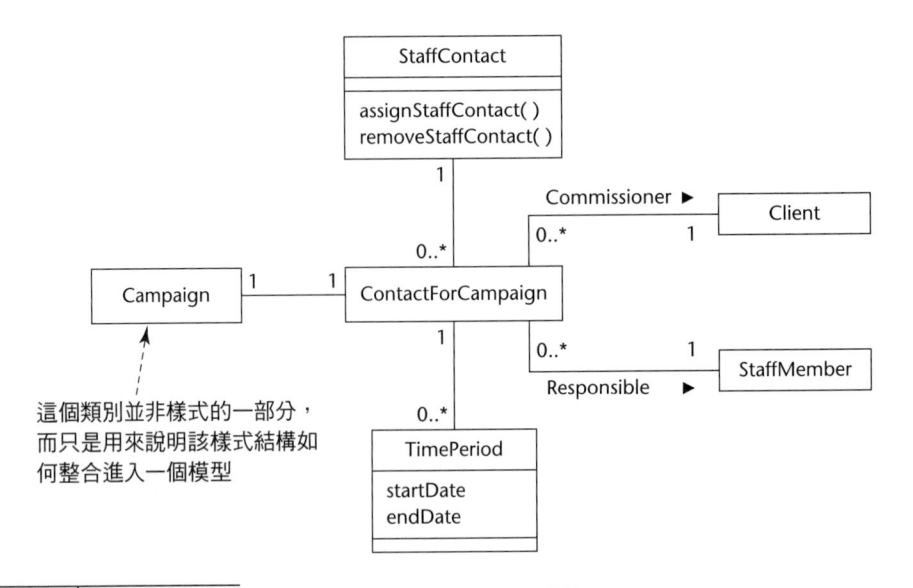

圖 8.17 | 責任分析樣式應用於 Agate 的 `StaffContact` 關係

圖 8.17 顯示了樣式應用到 Agate 公司的 Staff-Contact 關係，在這情境中似乎沒有必要將 Commissioner 與 Responsible 的角色一般化塑模為 Party，這顯示出樣式所建議的結構可以適當修改，以符合實際狀況。

另一個對 Agate 公司在開發過程與分析模型可能有用的樣式是組合樣式（Gamma et al., 1995），然而，這個樣式對分析與設計觀點都有用處。進一步使用分析樣式是更先進的做法，與設計樣式高度相關，主要為有經驗的分析師使用，對此有興趣的讀者我們將提供進一步的文獻以供查閱。

8.6 總結

在本章我們介紹了將分析模型再加以精煉的幾種主要方法，這麼做的原因是為了讓重複利用有最大的機會，而要達到這個目的有三個特別的方式。其中第一個是物件導向方法中的抽象化機制（一般化、組合、封裝與資訊隱藏），它們都相當重要，而且有很大的可能讓先前分析工作有機會再利用，也對另外兩個方式有所助益；另兩個方式則為可重用元件以及軟體開發樣式。組合可以大幅減少開發過程各階段所需的努力，不過仔細的分析與設定規格還是很重要的；樣式扮演知識儲存的角色，包含了已知最佳的實務做法可供參酌。

不論透過哪種形式，重複利用的可能性只來自三方面：首先，現有的元件或結構可能從專案以外的來源輸入；這有賴對現有專案的需求與有用的元件、結構間之共通性，進行仔細評估。第二，新的可重複利用元件或結構可用於現有專案的不同部分；為達此目標，需求模型必須處於適當的抽象化層級，使專案中不同層面間的共同特徵變得明確。最後，新的可重複利用元件或結構必須開發成可輸出到其他專案；為達此目標，需求模型同樣必須能辨識專案中可以被一般化，並為其他情況利用的部分。

將具可替代的軟體元件明確地塑模是軟體開發時的新方法，我們希望這個領域在未來能有更大的突破；樣式在今日已成為軟體開發活動的許多面向中記錄、分享及重複利用的有力工具。本章探討了軟體開發時如何利用元件及樣式，特別是從分析的角度來探討。後續章節將更深入探討樣式及元件在結構與設計議題上的應用。

☑習題

8.1 元件有哪些優點？
8.2 為何會產生「我要自行設計症候群」？
8.3 物件導向提供了什麼功能來協助建構可重複利用的元件？
8.4 比較組合與聚集的不同。

8.5 為何有時子類別中的操作需要重新定義？
8.6 抽象類別的目的為何？
8.7 對建構可重複利用元件而言，封裝為何重要？
8.8 對建構可重複利用元件而言，一般化為何重要？
8.9 何時應避免在模型中使用一般化？
8.10 在軟體開發領域，「樣式」所指為何？
8.11 樣式如何幫助軟體開發者？
8.12 何謂反樣式？

☑ 案例研究作業、練習與專案

8.A 從圖書館找尋關於用來分類圖書、影片、……等的編碼系統，以 UML 圖法像一般化層級架構那般畫出其部分結構。在你的模型中為『類別』想出一些屬性來呈現較低階層是如何更特殊化地進行。

8.B 選擇某一你熟悉的商務活動領域（商業、產業、政府部門等），找出它的產品一些使用一般化的方式，以及使用元件做為輸入來呈現一般化的一些使用方式。

8.C 在第 8.3.4 節中，我們看到一般化可能是塑模 Advert 與 NewspaperAdvert 之間關聯的一個適當方式，試著找出其他 Advert 可能的子類別並對它們逐一反覆檢查，它們之中哪個會通過呢（如果有的話）？你認為在這個層級架構中真的只有兩層嗎？解釋你的原因。重繪 Agate 類別圖來涵蓋全部你覺得合理的一般化。

8.D 對每一個新的 Advert 子類別建議合適的屬性、操作及聚集或組合結構。

Chapter 9 物件互動

學習目標 在本章中你將學到：
- ☑ 如何從使用案例去發展物件互動。
- ☑ 如何利用互動循序圖塑模物件互動。
- ☑ 如何利用溝通圖塑模物件互動。
- ☑ 如何利用互動概觀圖塑模物件互動。
- ☑ 如何利用時序圖塑模物件互動。
- ☑ 如何在互動圖與類別圖中進行交叉測試。

9.1 簡介

物件之間的溝通和協調運作是物件導向的基礎，一個物件導向應用程式是由一群獨立運作的物件所組成，每個物件負責系統整體行為中的一小部分，這些物件透過訊息交換來要求資訊、給予資訊，或要求另一物件執行某些任務等互動來完成整體系統行為。當今社會也是如此，人們生活離不開溝通、互動和合作。舉例來說，生產公司內的每個員工都有自己的專業任務，不同的員工一起工作、互動以滿足顧客需求，彼此交換、分享資訊或尋求幫助。

在第 7 章中，我們分析使用案例以決定物件間的合作和互動，以及之後的類別識別、特性和相關權責。當我們著手設計這些物件互動時，必須詳盡地加以定義，這關乎如何展現操作職責。第 7.6 節曾提過，CRC 卡就像是一種輔助技術，可加強分析、結果識別和職權分配。當設計出的物件互動能更詳細地識別和分配操作，CRC 卡也能更有效率地運作。UML 2.2 提供數種類型的圖和塑模物件互動的豐富語法：互動循

序圖、溝通圖、互動概觀圖和時序圖。**溝通圖** (communication diagram) 在 UML 1.X 版稱作**互動合作圖** (interaction collaboration diagram)，在第 7 章已經介紹過。

9.2 物件互動與合作

當一個物件傳遞訊息給另一個物件，接受訊息的物件已開始運作。舉例來說，在 Agate 公司案例研究中，必須決定一個廣告活動的目前廣告成本。這個職權被設計成歸屬於 Campaign 類別。對某些活動而言，Campaign 物件送出訊息到 Advert 物件，詢問目前費用。在程式碼中，是傳送訊息 getCost 到 Advert 物件，並使用下列語法：

currentAdvertCost＝anAdvert.getCost();

注意在此案例中，變數 anAdvert 會識別 Advert 物件，且回應訊息（也就是回傳值）會儲存於變數 currentAdvertCost 中。

getCost 操作回傳的每個廣告費用會加總在寄出訊息之 Compaign 物件的屬性 currentActualCost 內，這個屬性可以對 Campaign 的操作而言為區域屬性，可用以計算行銷活動中的廣告費用。為了計算活動所有廣告的總費用，需要重複執行詢問每個廣告費用的動作。然而，與其視為操作呼叫，不如使用訊息傳遞描述物件互動，強調物件被壓縮在一起，卻也獨立存在。類別圖可表現出訊息傳遞，如圖 9.1 所示，其中訊息以兩物件之間的箭頭表示。此標記法如同溝通圖（第 9.4 節）的箭頭一樣，說明箭頭所指的下一方是類別圖中自然的延伸。

每個物件應送出哪些訊息很難決定。在此案例中，getCost 操作很清楚地應置於 Advert 類別中，此項操作會使用到 advertCost 屬性儲存的資料，而這些資料一直以來都放在 Advert 裡。我們現在看到要算出 Campaign 費用，必須找到每個相關的 Advert 費用。但這只是簡單的互動，而且這些操作的合作被類別中現有的數個特定屬性所控制。更複雜的需求可能涉及複雜的任務執行（當物件接收到訊息，而它本身必須發送訊息給其他物件時），這可能不像其他物件應當如何參與互動般簡單。

物件導向分析與設計的一個目標，是在類別間適當地分散系統功能。但這並不代表全部類別擁有同樣等級的職權，而是每個類別各司其職。當職權平均分配後，每

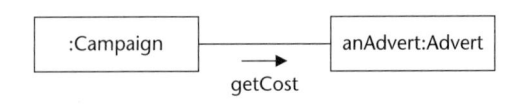

圖 9.1 物件訊息傳遞

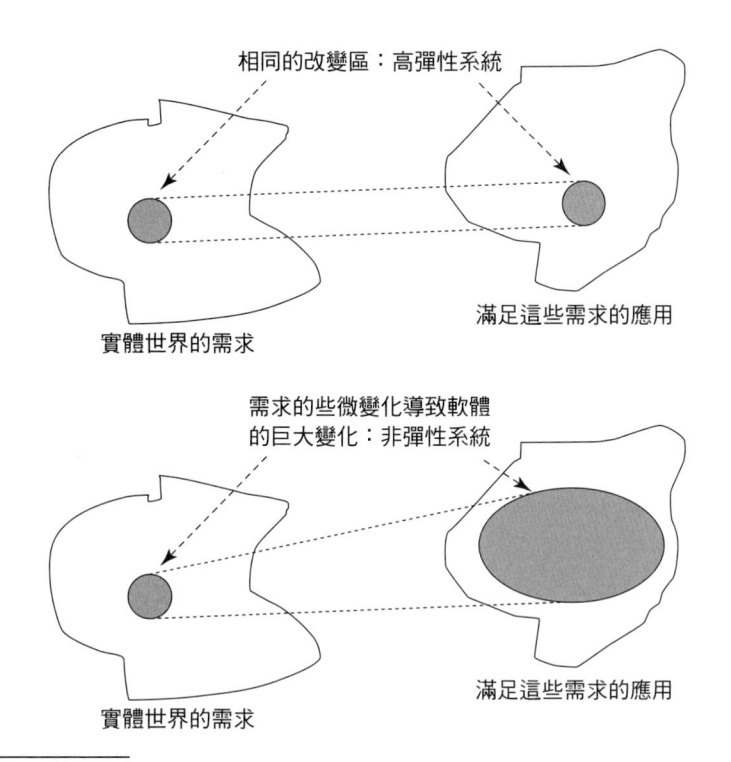

圖 9.2 設計的彈性

個類別的任務就不會過度複雜，而且更容易發展、測試和維護。將類別的職權進行適當分配時，可以產生一個能彈性因應需求改變的系統。當使用者改變對系統的要求，我們會合理地預期此應用也需要一些調整，但理想上應用的改變幅度不會大於條件的改變幅度。一個彈性的程式應用在維護和擴展上的花費應比非彈性應用還要少，見圖 9.2 的說明。

塑模物件互動的目標是為了決定最適當的架構，在物件中傳遞訊息以支持特定使用者的需求。如同第 6 章所提及，首先會將使用者的要求記錄於使用案例，每個使用案例都可視為參與者和系統間的對話，系統讓物件達成任務，並且回應參與者的需求。因此，很多互動圖內含代表使用者介面的物件（邊界物件），以及管理物件互動的物件（控制物件）。但當這樣的物件並未明確顯示時，我們可以假設這些物件會在稍後的階段中識別。邊界物件的識別和說明是分析活動的一部分，也是設計活動之一。當分析需求時，我們要做的是識別對話的本質，也就是識別使用者對資訊的需求或他們需要使用的系統功能。決定軟體應如何理解互動涉及了邊界物件的細節設計，亦即管理對話和其他物件的介紹，讓互動執行更有效率，這些將在第 15 章中探討。

為了說明互動圖的準備工作，我們建立第 7.6 節所討論的 Add a new advert to a campaign 使用案例的 CRC 卡分析。此處列出在第 7 章討論時使用的案例敘述：

活動經理為顧客選擇必要的活動，並在原本的廣告列表加上新的廣告，活動經理會完成廣告的細節。

得到的 CRC 卡可參考圖 7.31。這些將形成互動循序圖的基礎，也是接下來兩節所要討論的內容。

9.3 互動循序圖

循序圖以時間順序顯示物件間的互動；**互動循序圖**〔interaction sequence diagram，或簡稱為**循序圖** (sequence diagram)〕即是 UML 互動圖的一種。對簡單的互動來說，循序圖在語意上相當於溝通圖。一般來說，在需求分析或互動設計中，物件是以它們扮演的角色來塑模且透過訊息傳遞進行溝通。

循序圖可以依不同程度的細節描繪，以符合發展生命週期中不同階段的目的。最常見的循序圖應用是展示發生一個使用案例或操作中物件互動的細節。循序圖用來塑模使用案例的動態行為時，可視為使用案例的詳細說明。在分析時描繪出的結果與以兩個主要面向設計的結果不同：分析循序圖一般不包括設計物件，通常也無法說明任何詳細的訊息特徵。

9.3.1 基本概念與標記法

圖 9.3 是 Add a new advert to a campaign 使用案例的循序圖。垂直部分代表時間和所有相關物件的互動，水平地分布於圖上（水平排列的物件是散亂且無顯著塑模意義的，即使從左至右的互動較易理解）。時間一般標示為縱軸。在循序圖中的每個物件（或類別化角色）都以**生命線** (lifeline) 表示。垂直的虛線上方都有一個物件符號。即使生命線與物件有關，但其名稱並未強調。訊息透過兩條生命線間連續的水平實線箭頭來表示，並且標示出訊息名稱，唯一的例外是物件產生訊息是以虛線表示。

當訊息傳送到物件，便展開物件的操作，訊息名稱通常與這些準備啟動的操作同名。每個訊息名稱可以選擇性地在前以序號表示訊息發送的順序，但在循序圖中並非必要，因為訊息順序已經可以由其對時間軸的相對位置表達。

一旦訊息被接收，操作就會開始執行。執行操作的時間稱為活化期或執行期，在循序圖裡以長方條表示，位於生命期旁邊。操作的活化期包括操作等待另一個已執行操作之回應的延遲期間。

為了便於討論，我們將本章全部的循序圖稍加簡化，沒有將邊界或控制物件納入。在分析階段準備要畫循序圖時，邊界與控制物件並沒有仔細考慮；決定它們應如何運作以及使用案例需要多少這類物件等是細部設計過程中的一環。圖 9.3 是一

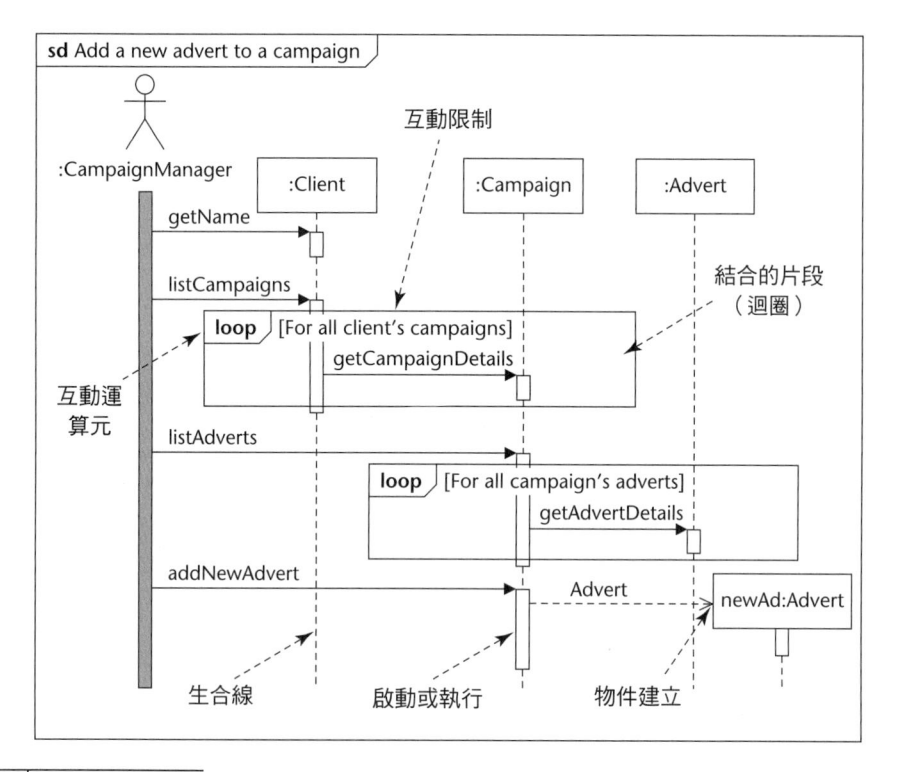

圖 9.3 Add a new advert to a campaign 使用案例的循序圖

個容易理解的循序圖，沒有邊界物件或控制物件。循序圖畫於一個矩形，稱為方框 (frame)，循序圖的名稱與塑模此互動之使用案例的名稱相同，為 Add a new advert to a campaign。

方框標題的一般形式為：

[<kind>] <name> [<parameter-list>]

而

<parameter-list> ::= <parameter> [',' <parameter>]*

括號中的名詞是選擇性的。

在此例中，這種方框就是循序圖，我們通常使用其縮寫 **sd**。名稱領域也是此互動表示的使用案例名稱，而這循序圖則無參數。

getName 訊息是 Client 首先收到的訊息，與選擇 Client 名稱的 Campaign Manager 名稱相符。這個 Client 物件接著會收到 listCampaigns 訊息，第二段操作活動於是開始，可由從訊息箭頭處開始的細長長方條得知。Client 物件依序送出 getCampaignDetails 訊息到每個 Campaign 物件以建立活動表單，這個重複的動作稱為反覆。反覆是在一個框架內包含重複訊息，其標題為**迴圈** (loop)。這類方框中的互動稱為**複合片段** (combined fragment)。關鍵字迴圈是一個**互動運算**

子 (interaction operator) 的例子，它可詳細定義此種複合片段。我們稍後將會介紹互動運算子。停止或繼續反覆的條件顯示在框架的標題旁邊〔稱為警戒條件 (guard conditions)〕。

對於為客戶擷取所有活動細節的迴圈，警戒條件為：

[For all client's campaigns]

這是一個互動限制的例子，有互動限制的複合片段只在限制為真的情況下執行。

Campaign Manager 接下來傳送訊息到 Campaign 物件，要求列出廣告；Campaign 物件代表負責每個 Advert 物件的廣告標語，同時也負責列出全部的清單（由發送訊息該點延伸之生命線表示）。

當廣告加入活動時，Advert 物件便因應而生，並由 Advert 建構箭頭表示（這會啟動建構子操作），箭頭直接指向位於生命線頂端的物件符號。當一物件已經存在先前互動中時，第一個送予該物件的訊息指向生命線頂端三角形之下的生命線。舉例來說，一個 Campaign 物件的案例在接收 addNewAdvert 訊息之前必定已經存在。圖 9.3 的循環圖與圖 7.31 的 CRC 卡上的互動完全一致。實際上，對於同樣的互動，循序圖比較正式，其中的訊息和互動順序皆十分明確。

圖 9.4 是循序圖的基本標記法。我們一直以來納入考量的訊息為同步訊息或阻絕呼叫。當訊息執行而啟動操作時，便中止傳送訊息。這是控制的巢狀流程，其中在呼叫操作重返執行前，完整的巢狀循序圖已完成。這可能是因為在啟動操作執行之前，需要從目標物件回傳資料。正式而言，傳送訊息即為傳送訊息事件 (send message

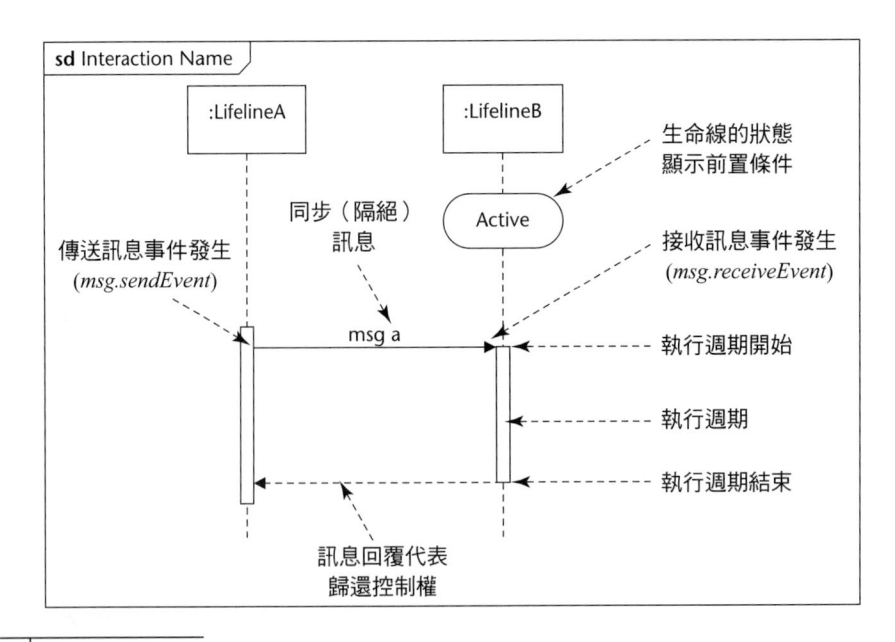

圖 9.4 顯示訊息與事件及狀態執行的循序圖

event) 的例子，而接收訊息為接收訊息事件 (receive message event) 的例子。執行週期隨著執行週期開始事件 (execution occurrence start event) 而開始，隨著執行週期中止事件 (execution occurrence end event) 而停止。圖中的回覆訊息（以虛線表示）就是在執行週期結束後的歸還控制權，在循序圖中回復訊息是選擇性的。

此圖同時也說明循序圖上的生命線可表現出生命線的狀態。這可用來表示在訊息 `msg a` 被接受前，生命線必須保持在 `Active` 狀態的限制。第 11 章將解說狀態如何使用及以 UML 表示。

大部分的使用案例至少包含一個管理參與者和系統之間對話的邊界物件。圖 9.5 是使用案例 Add a new advert to a campaign 的替代循序圖，只是此圖加上邊界物件和控制物件。代表使用者介面的邊界物件是 `:AddAdvertUI`，我們用 suffix UI 代表使用者介面。控制物件為 `:AddAdvert`，它可以管理物件的溝通。雖然圖9.5 並未標示，但互動是由控制物件 `:AddAdvert` 的建立而啟動，在藉由建立邊界類別 `:AddAdvertUI` 而啟動對話之前，互動就可獲得客戶細節。

在互動中，物件可能在不同的階段被建立或摧毀。在循序圖中，物件的摧毀由互動時生命線上的 X 標示。物件可能在接收訊息時被摧毀，或者如果正在執行的操作中有這個要求，它也可能在執行週期結束時自毀。在圖 9.6 中表示 Advert 類別的生命線命名為 `advert[i]:Advert` 來明確表示一些 Advert 物件將會依序參與互動。

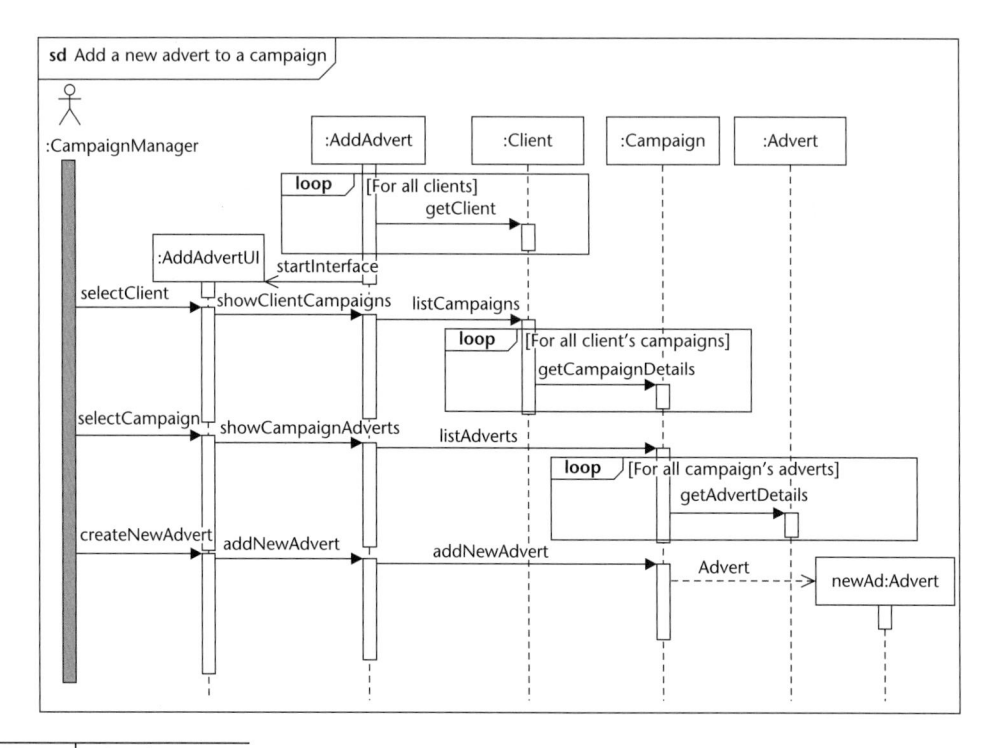

| 圖 9.5 | 使用案例 Add a new advert to a campaign 邊界與控制類別之循序圖 |

```
sd Delete advert
```

　　　　　　　:Campaign　　　　adverts[i]　　　anAdvert
　　　　　　　　　　　　　　　:Advert　　　　　:Advert

listAdverts →

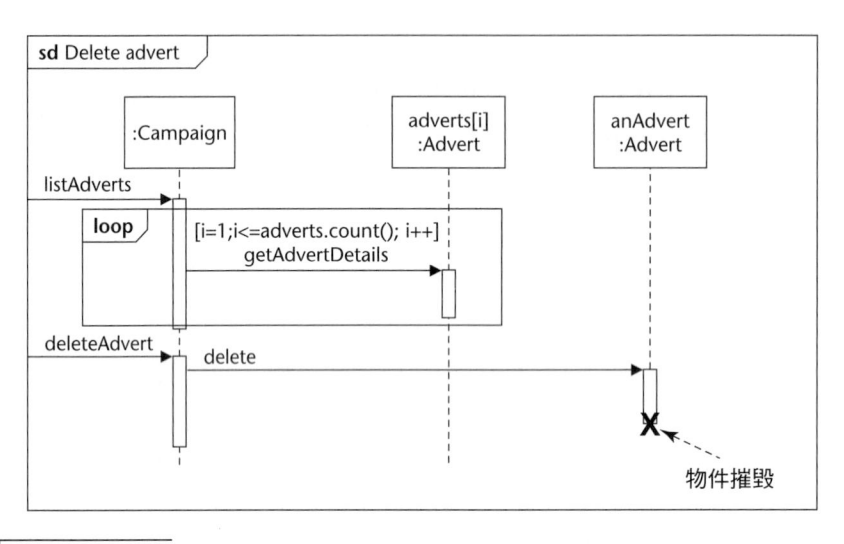

loop [i=1;i<=adverts.count(); i++]
　　　　getAdvertDetails →

deleteAdvert → delete →　　　　　　　　　　✗ 物件摧毀

圖 9.6 物件摧毀

　　　　物件也可傳遞訊息給自己。這就是所謂的**反射訊息** (reflexive message)，亦即在同一條物件生命線內以訊息箭頭表示開始和結束。使用案例 Check campaign budget 包含一個反射訊息的例子。為了方便參照，重複此使用案例描述如下：

　　　　可以查詢活動預算來確保並未超支，目前的活動費用是所有的廣告費用和活動開支的總和。

　　　　對應的循序圖參見圖 9.7，其中包括 Campaign 物件寄給自己的反射訊息

```
sd Check campaign budget
```

:CampaignManager　　:Client　　:Campaign　　:Advert

getName →
listCampaigns →
　　loop [For all client's campaigns]
　　　　getCampaignDetails →
checkCampaignBudget →
　　loop [For all campaign's adverts]
　　　　getCost →
　　　　getOverheads

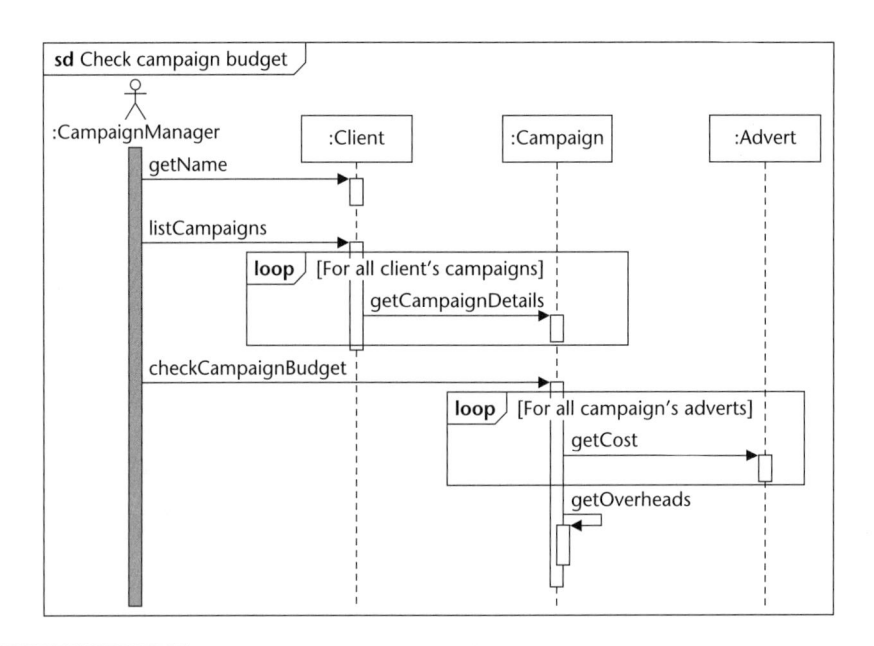

圖 9.7 使用案例 Check campaign budget 之循序圖

getOverheads。

在這個例子中，反射訊息從傳送訊息的操作中啟動另一個操作，而新的活動符號則置入原本的執行事件中（這是第二短的長方條，與第一個執行事件並列）。在特定情形下，某操作會在同一個物件下自我啟動，我們稱之為**遞迴** (recursion)，這可以簡單地表示，此處暫未加以敘述。

直到現在，我們的討論都集中於簡單的使用案例以及相關的簡單互動。這些是許多塑模時的典型情況，但許多系統也會出現更為複雜的互動，有時也必須更詳細地呈現訊息的同步情況。圖 9.8 說明 UML 標示的一些變化，並將說明於後。

當處理發生於物件內時，**控制焦點** (focus of control) 是指執行事件的次數。舉例來說，部分不在控制焦點內的執行事件代表一個操作在等待另一個物件回傳的期間。控制焦點可以藉由對那些對應某一操作之活動中處理的活動三角形標示陰影來呈現。在圖 9.8 中，Check campaign budget 使用案例就以標上較暗的控制焦點進行重畫。checkCampaignBudget 操作的控制焦點從 Campaign 物件開始，隨後轉到 Advert 物件，而當 Advert 物件有控制焦點時，Campaign 物件裡的活動長方條則不會標上陰影。當 getOverheads 操作由反射訊息 getOverheads 啟動時，checkCampaignBudget 活動也不會標上陰影。

回覆 (reply) 是開啟活動訊息之物件的控制回傳。它不是全新訊息，只是啟動一項操作的結果。回覆是以虛線箭頭標示，但並非都會顯示出來，因為我們假設在目標

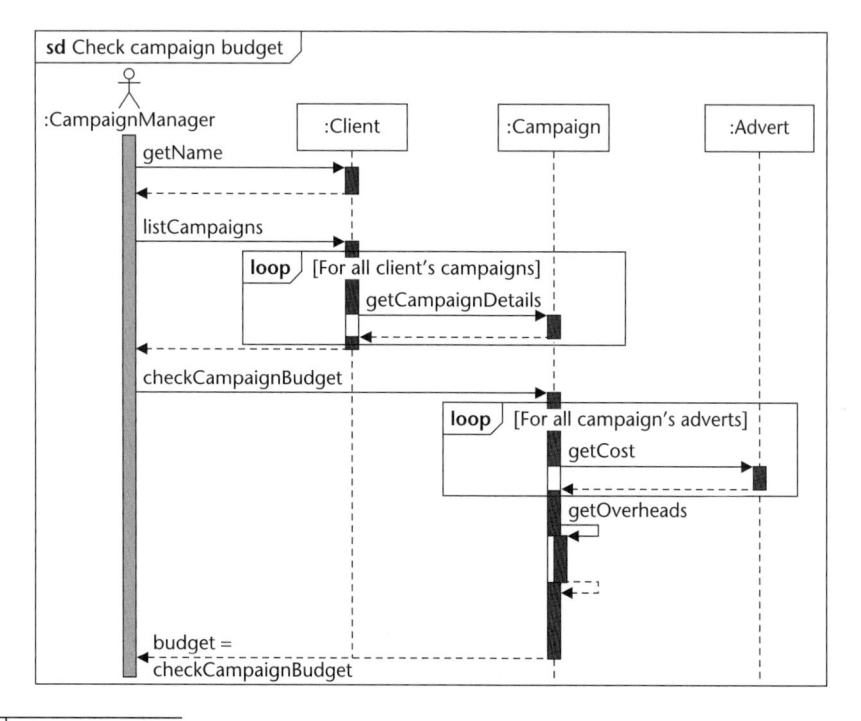

圖 9.8 包含控制焦點與明確回覆的 Check campaign budget 循序圖

物件（非同步訊息例外，可見第 9.3.5 節）的活動結束後，控制會回傳到原物件。回覆通常都會被省略，如圖 9.7 所示；圖 9.8 明確地顯示同一個互動的所有回覆。

回傳值 (return-value) 是操作回傳執行此操作之物件的數值。這些在分析循序圖中並不常見，我們將在第 10 章詳細說明。舉例來說，圖 9.8 中由訊息 getName 啟動的操作會有 clientName 的回傳值，而且沒有參數。如果要顯示回傳值，訊息必須如下：

　　clientName = getName

其中，clientName 是型態 Name 的變數。正式的訊息標籤語法為：

　　[<attribute> '='] <signal-or-operation-name> ['('<argument-list>')'] [<return-value>] | '*'

其中，回傳值和屬性指派只用於回覆訊息。替代訊息的標籤「*」用以表示任何待傳送型態的訊息。

　　根據循序圖的範疇與目的，循序圖中的生命線可以表示不同的 UML 元素，而生命線的選擇與系統塑模工具息息相關。雖然一條生命線可代表一個物件，卻未特別強調生命線的名稱。到目前為止所使用的大部分案例，生命線皆是以物件所代表的事情來命名，例如圖 9.8 中的 :Campaign。在圖 9.5 中，生命線代表最新完成的廣告名稱為 newAd:Advert。如果不需明確標示物件所屬的類別 Advert，可以只命名為 newAd。在圖 9.9 中，代表 Campaign 類別物件的生命線就命名為 campaign[i]:Campaign，以明確顯示一組 Campaign 物件將會在互動中逐一發生。圖 9.14 中，代表子系統 ClientCampaignAds 的生命線就命名為 :ClientCampaigns ref ClientCampaignAds。其中的關鍵字 ref 是將讀者轉介到另一個循序圖 ClientCampaignAds。

　　互動限制亦可以表示成不同形式。在圖 9.7 中，第一個 loop 結合了片段，而且其互動限制為：

　　[For all client's campaigns]

執行的複合片段必須為真，這是一個直接的條件敘述。在圖 9.9 中，相同複合片段的互動限制之表述較為正式：

　　[i = 1; i <= campaigns.count(); i++]

這表示迴圈會從 1 開始反覆到 campaign.count() 的值，此值為特定客戶的活動數目。它與替生命線 campaign[i]:Campaign 命名的物件選擇器有關，其中第一次反覆會包含第一個物件，並依此類推。

在圖 9.10 中，迴圈互動運算子會與參數一起顯示，而為了講解它的表示圖法，我們假設 :Client 物件將有至少一個以上的連結到 :Campaign 物件。第一個參數

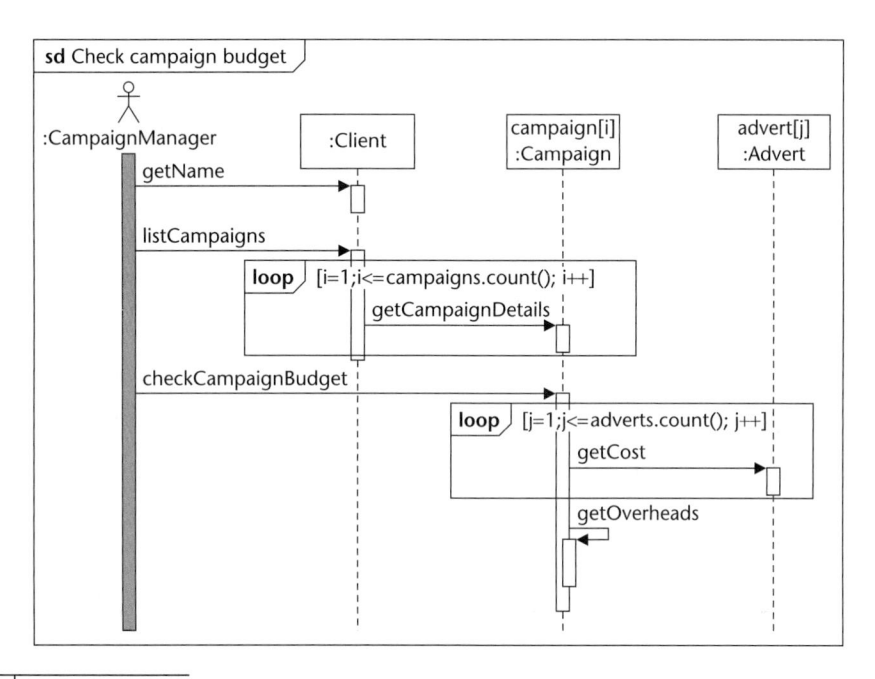

圖 9.9 顯示 Check campaign budget 中物件選擇器圖示的循序圖

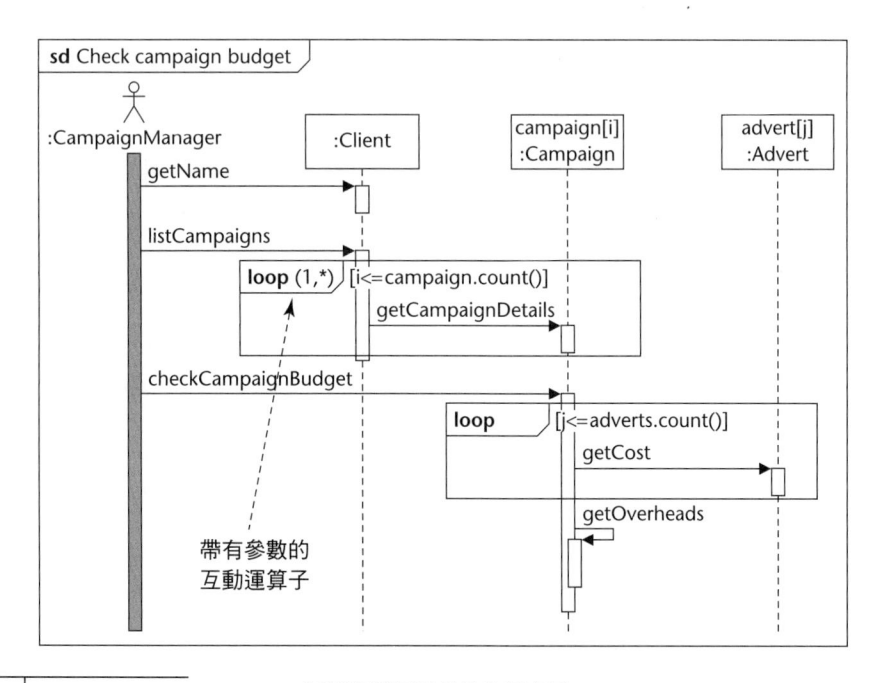

圖 9.10 Check campaign budget 互動運算子及參數的循序圖

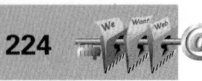

是反覆的最小數目,而第二個是反覆的最大數目。在本例中,互動最小數目為 1,而「*」星號代表最大數目未設定而由互動限制(如果有的話)本身決定。第一個複合片段的互動限制為:

[i<=campaign.count]

當互動限制不為真而且至少已執行最少次時,迴圈運算元將會停止。當然,可能是 :Client 物件並未連結 :Campaigns,導致迴圈運算元一次都不應執行而它的參數應該是「0」跟「*」,這些是預設值而通常不會在第二複合片段這種情況顯示在圖上。

同步訊息 (synchronous message) 或**程序呼叫** (procedural call) 以全箭頭表示(見圖 9.4),可令呼叫停止執行,直到控制焦點傳回原處。在圖 9.8 中,Check campaign budget 互動有程序呼叫和明確的回傳。程序呼叫對互動而言十分恰當,因為每個互相呼叫的操作都是這樣來獲得資料,而且在取得資料之前不會繼續下去。

9.3.2 管理循序圖

在某些時候,以兩個或多個循序圖表示複雜或巨大的互動是必須的。這可能從幾個理由來看,想要在單一循序圖中表示一個互動或許較為複雜,有些互動片段也許會和一些互動相同,一次就塑模這些共同的互動片段會較有效率;另一種可能的情形是部分互動包含數個物件間的複雜訊息,這樣的互動最好分開表示。

以一個以上的循序圖塑模互動的第一個方法就是使用互動事件,如圖 9.11 所示。其中,有兩個互動事件 List client campaigns 和 Get campaign budget。關鍵字 ref 說明它們為互動事件,而且分別代表循序圖 List client campaigns 和 Get campaign budget,這兩個循序圖分別展示於圖 9.12 和圖

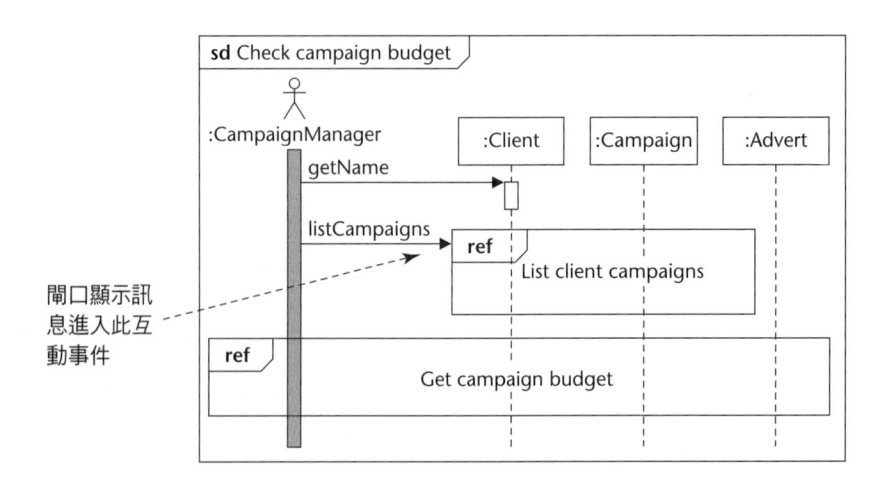

圖 9.11 含有互動使用的 Check campaign budget 互動其循序圖

9.13。每一個**互動片段** (interaction fragment) 可做為一個或更多互動的一部分。在圖 9.12 的互動片段 List client campaigns 無疑可重複用於任何要求列出特定客戶活動的互動。

在圖 9.11 中，訊息 listCampaigns 被傳送到互動事件 List client campaigns。此訊息也會進入圖 9.12 中對應的互動片段，並顯示從方框邊緣進來。

訊息進入互動事件和互動片段的點稱為**閘口** (gate)。

圖 9.11 中的互動事件 Get campaign budget 並無訊息進入，所以在圖 9.13 的互動事件或互動片段內無閘口。互動片段一直以來是做為解說用途，而且有個明顯的缺點。互動片段包含參與者 *:CampaignManager*，因此只能用於活動經理正取得活動預算的互動。如果互動不包含 *:CampaignManager*，就可用於其他互動，例如當會計經理想要得知預算時。

複雜的互動也可用生命線分隔，以表示數個物件及其互動，或表示子系

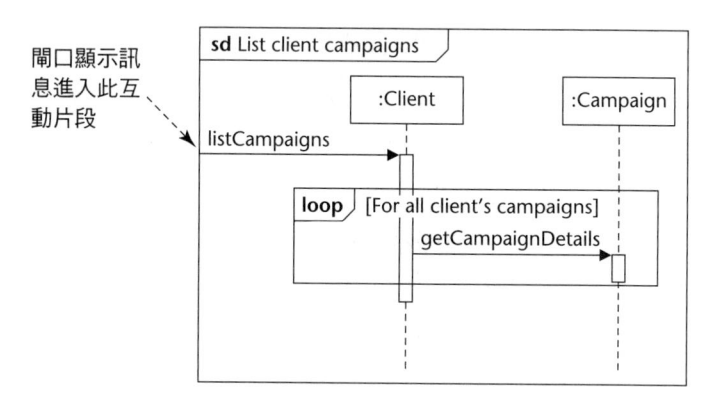

圖 9.12　List client campaigns 互動片段的循序圖

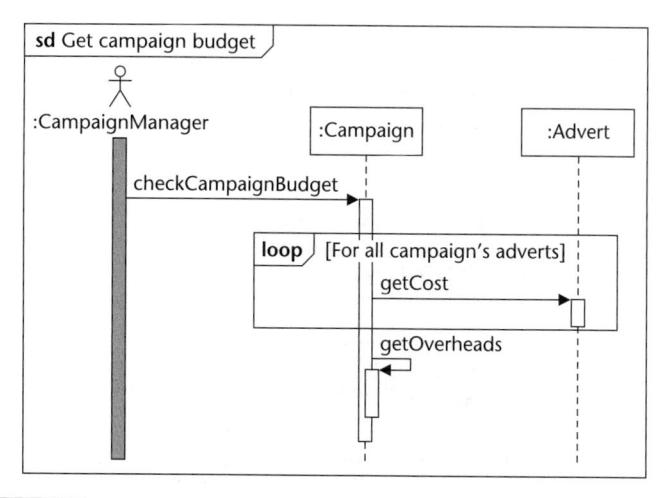

圖 9.13　Get campaign budget 互動片段的循序圖

```
sd Add a new advert to a campaign
```

```
                                              :AddAdvert      :ClientCampaigns
    :CampaignManager                                      ref ClientCampaignAds
                                              loop  [For all clients]
                                                    getClient
                        :AddAdvertUI    startInterface
         selectClient   showClientCampaigns  listCampaigns
         selectCampaign showCampaignAdverts  listAdverts
         createNewAdvert addNewAdvert        addNewAdvert
```

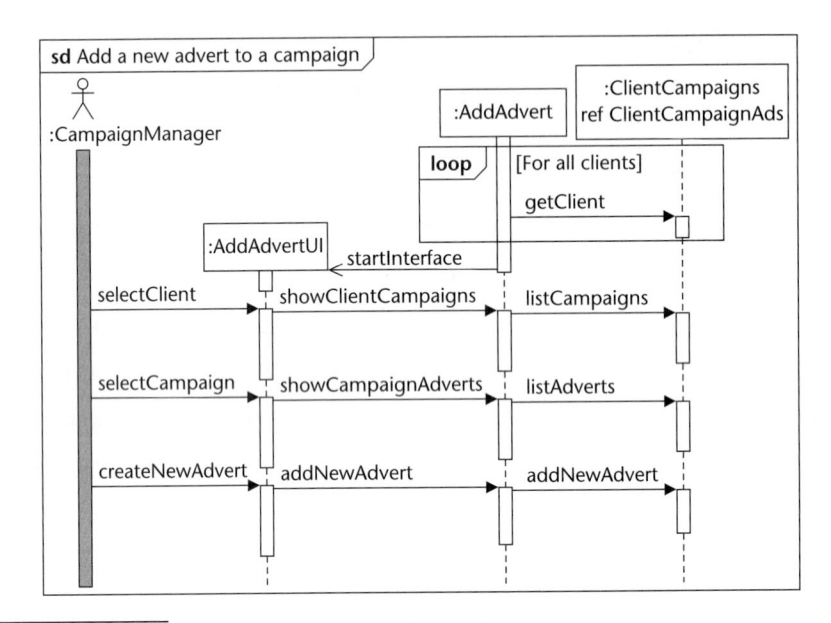

圖 9.14 在 `ClientCampaignAds` 未顯示互動細節的循序圖

統。圖 9.14 顯示互動 Add a new advert to a campaign，其中 :Client 生命線、:Campaign 生命線和 :Advert 生命線中的訊息隱藏於 :Client Campaigns 生命線裡。為了解隱藏的訊息，:ClientCampaigns 生命線參照 ClientCampaignAds 循序圖，如圖 9.15 所示。注意，生命線 :ClientCampaigns 接收的訊息是透過閘口進入互動片段 ClientCampaignAds。

9.3.3 分岔

　　雖然有些互動會於執行時反覆，但目前為止我們納入考量的互動只有一個執行路徑。有些互動有兩個或以上的替代執行路徑，每一條都表示在可能事件順序中的一個分岔。圖 9.16 詳細解說分岔的標示，並說明使用案例 Add a new advert to a campaign if within budget 的循序圖。使用案例敘述如下：

　　　　只有在加入新廣告不會超過預算時，活動經理才會這麼做。如果加入新廣
　　　　告會超過活動預算，則會產生增加預算的要求，這些會被記錄下來以供參考。
　　　　增加預算的需求會列印出來，並在當天快結束時寄給客戶。

　　這個循序圖的第一個部分透過使用在圖 9.11 與 9.12 介紹過的 List client campaigns 以及 Get campaign budget 這兩個互動片段的互動，在複合片段中的分岔以**替代方案** (alternatives) 的簡寫「alt」命名。複合片段中有兩個（或以上）區隔，也就是**互動運算元** (interaction operands)。每個運算元都回應複合片段中的一個替代方案，而且每個運算元都應有一個互動限制以指出何時應執行此運算元。運算元的

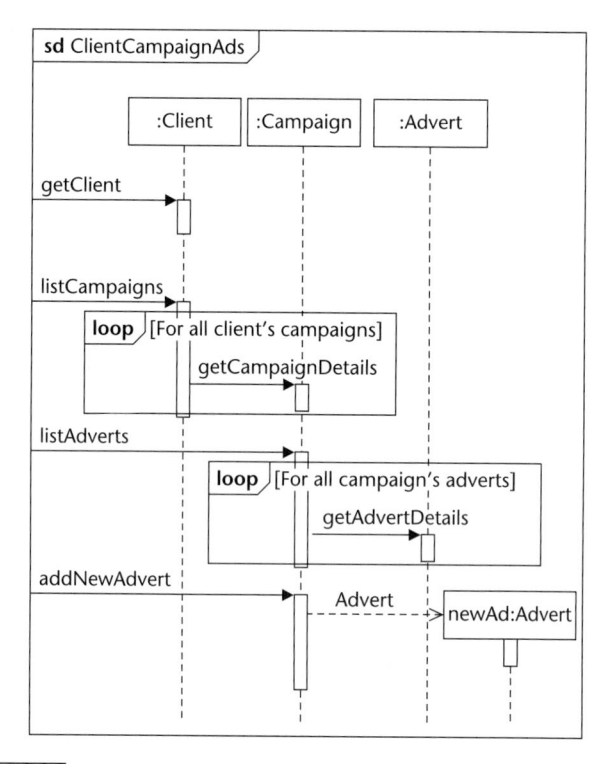

圖 9.15 ClientCampaignAds 互動的循序圖

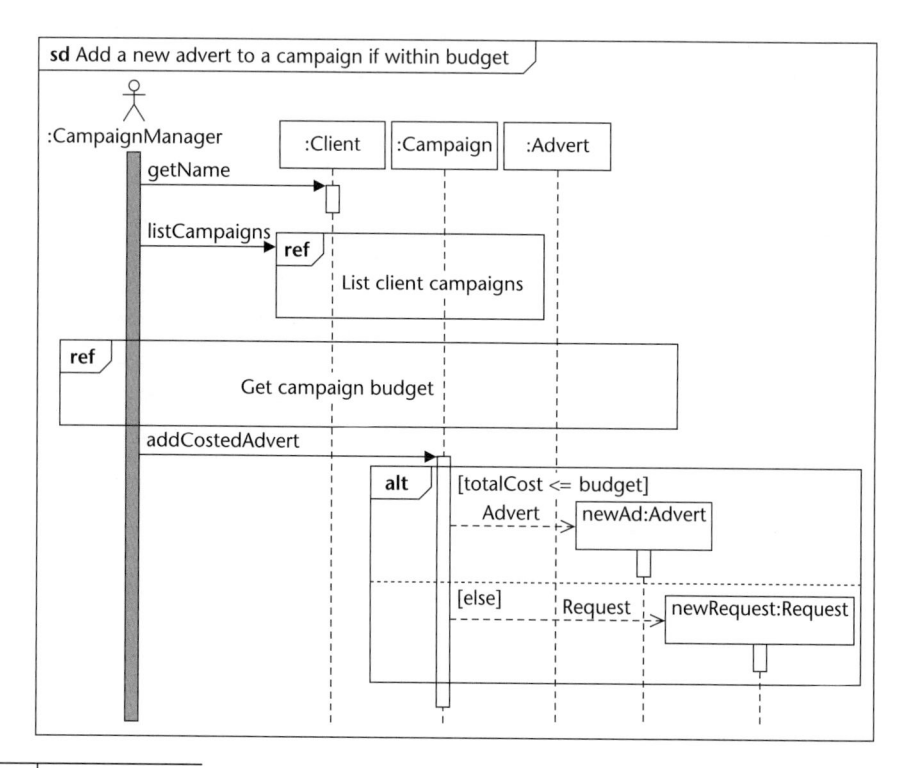

圖 9.16 Add a new advert to a campaign if within budget showing branching 的循序圖

順序並不明確，在此例中只有兩個運算元。[else] 互動限制可用最後一個運算元的預設值。第一個運算元處理的案例為活動不超出預算，以及類別 Advert 的新物件是由訊息 Advert 所建立；第二個運算元處理的案例為預算用盡或超支，以及必須建立一個增加新廣告的要求，這以建立 newRequest 實例的訊息 Request 表示。

分岔的標記法可以用於泛化層面，以建立代表使用案例所有可能互動順序的循序圖。這類的泛化圖就可展現出不知名的物件或角色的溝通，但特定的例子則行不通。一般而言，迴圈和分岔構造分別對應於使用案例中的反覆和決策點。當在繪製圖例層面時，循序圖會展現出特定物件間的特定互動。若互動是在無迴圈構造或分岔構造的使用案例中使用，則這兩種循序圖（泛化層面和圖例層面）是相同的。

9.3.4 接續

循序圖可以透過**接續** (continuations) 加以連結。接續可以在 alt 複合片段中指定，允許連結回所參照的循序圖，在圖 9.17 中 Within budget 及 Budget spent 的接續是用來連結這兩個循序圖。在 Authorize expenditure 循序圖中包含了互動使用 Calculate costs，在此 Authorize expenditure 表示核可在 Calcalate costs（右圖）所示互動的細節；在 calculate costs 中的互動以兩個 getCost 訊息執行，如果費用是在運算內，則在 alt 複合片段中第一個運算子中互動限制將成立，因此接著是互動使用 Identify underspend（這個互動片段只是用來講解，內容並非精確）。互動的流向現在來到了 Within budget 的接

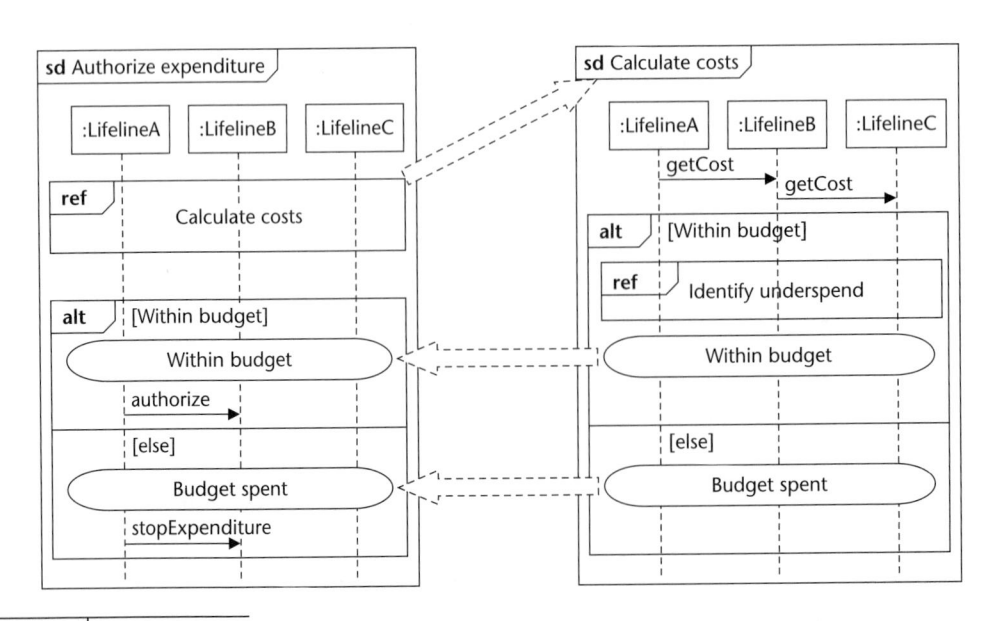

圖 9.17　使用接續的例子

續，這時互動移回到了 Authorize expenditure 循序圖（左圖），接續從這個點同樣名稱加以銜接，而訊息 authorize 送出；類似的方式如果費用沒有合於預算內的話，則符合 Calculate costs（右圖）裡的 [else] 運算元，控制將會回到 Authorize Expenditure（左圖）的 Budget spent 接續，在這兩個循序圖中的虛線箭頭並不是 UML 的一部分，而只是用來說明兩圖之間的執行過程轉換。

9.3.5 非同步訊息

目前為止，我們處理的都是同步訊息。圖 9.18 中的開放箭頭就是指**非同步訊息** (asynchronous message) 或**訊號** (signal)，此訊息在等待回覆時並不會啟動操作以中止執行。當非同步訊息傳送時，兩個物件的操作可能會同時執行。非同步訊息通常用於即時系統，在此系統中，可能是較有效率，或是因為系統刺激實體世界活動，不同物件的操作必須同時執行。當操作結束時，已被同步啟動的操作必須通知啟動它的物件，直接傳送訊息〔也就是要求**回傳** (callback)〕給原物件。

9.3.6 時間限制

循序圖可以不同方式表示以做記錄。標籤可以納入並搭配 UML 中註解圖示的

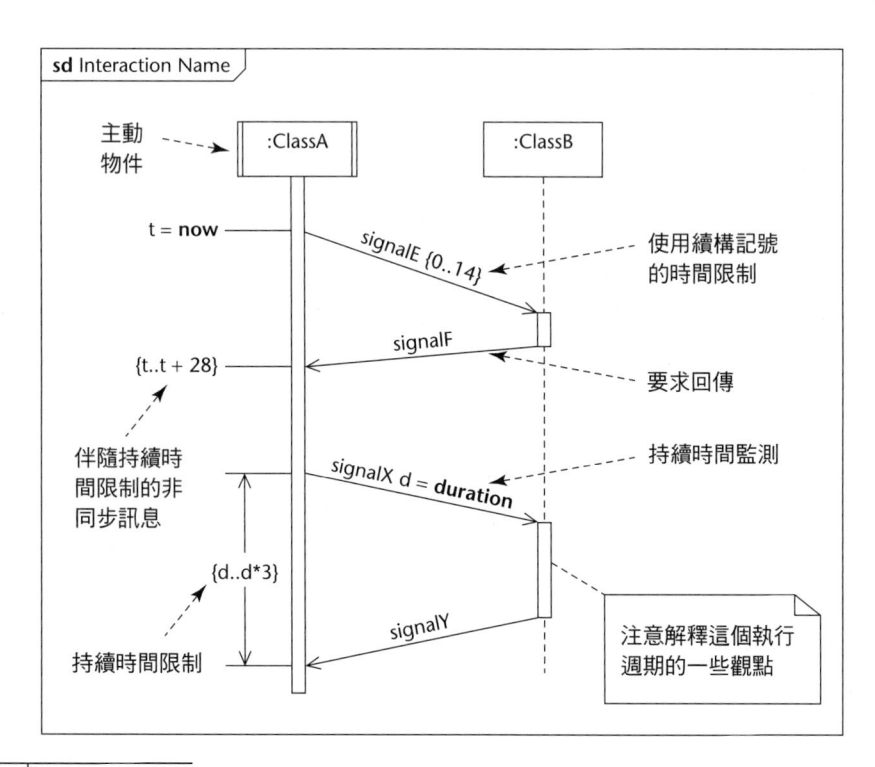

圖 9.18 ｜ 呈現不同訊息類型與時間限制的循序圖

使用，例如可描述或解釋圖或模型的不同面向。時間限制可以應用於操作的執行或互動圖的其他元素。圖 9.18 中，每個訊息只簡單命名為 signalE、signalF 等。時間的標記法與訊息名稱有關，因此期間限制可以透過操作執行和訊息傳遞來詳細說明。結構記號亦可以顯示有限制的時間區間。圖 9.18 顯示傳送 signalE 和接收 signalF 間的區間。時間限制通常用以塑模即時系統，其中因為安全和效率之故，應用程式必須在一定時間內回應。對其他大部分的資訊系統而言，訊息的順序最為重要。

目前為止，我們只考慮循序圖中水平的訊息箭頭及生命線物件的長方條。依此樣式畫下訊息箭頭可標示傳送訊息所花的時間，但與操作執行的時間比較起來並不明確。因此，當訊息正在傳送時，沒有必要塑模另一個活動。在某些應用中，傳送訊息所花費的時間很明確。舉例來說，在分散式系統中，訊息是從一部電腦中的物件透過網路傳送到另一部電腦的物件，如果訊息傳送的時間很明確，訊息箭頭的方向就會斜下，所以箭頭前端（訊息到達處）會在箭頭尾端（訊息產生處）的下方。非同步訊息（例如 signalE）顯示於圖 9.18。在此圖中，訊息 signalE 被期間限制侷限，只能選取 0 到 14 個時間單位。signalX 的期間顯示為 d 個時間單位，期間限制是指傳送 signalX 到接收 signalY 之間的區間。此一期間限制說明此區間必須在 d 和 d*3 個時間單位之內。

9.3.7 塑模即時系統與並行

在緊湊的時間限制中回應外部事件的需求，可大致了解即時系統的特性。也因為如此，這些系統在同時發生的執行路徑或**控制緒** (threads of control) 上，常展現出並行行為。並行執行的應用往往包括一些與控制緒合作或從控制緒開啟的物件，稱為**主動物件** (active objects)。此外，即時應用通常包括許多在控制緒內運作的物件，稱為**被動物件** (passive objects)。在互動圖中，主動物件或類別在每條生命線端點以雙線表示。圖 9.18 中的生命線 :ClassA 就是主動物件的例子，主動物件在沒有其他物件的操作呼叫下也能執行，它們有自己的控制緒，大多由嵌入部分組合而成。

對有並行系統的循序圖而言，在任何時候皆能清楚展示控制緒是很重要的；複合片段在塑模即時系統時用來呈現平行（關鍵字為 par）、選擇性（關鍵字為 opt）以及關鍵活動等事非常有用。圖 9.19 完整列出定義於 UML 的互動運算子，並附加簡短的說明。引入時序圖也讓生命線之間的時間限制、狀態改變與訊息能更清楚地展示，稍後將再作討論。

互動運算子	解釋與使用方法
alt	替代 (alternative) 行為的替代表示法，行為的每個選擇都會展現於個別的運算元上。互動限制為真的運算元即可執行。
opt	選擇 (option) 為運算元的單一選擇，只有在互動限制為真的情況下才能執行。
break	中斷 (break) 是指以複合片段表現，而非封閉互動片段的其餘部分。
par	平行 (parallel) 是指只要運算元中的事件順序被保存下來，複合片段內的運算元可於任何順序中合併。
seq	弱排序 (weak sequencing) 影響每個正在維護之運算元的排序，但不同生命線的不同運算元的事件發生可能以任何順序產生。同一運算元事件發生的順序就和其他運算元的順序一樣。
strict	強排序 (strict sequencing) 對運算元執行強加一個強順序，但不可應用於巢狀片段。
neg	否定 (negative) 是指運算元無效。
critical	臨界區 (critical region) 對運算元強加一個限制，於是在此區內，沒有生命線的事件發生可被交錯 (interleaved)。
ignore	略過 (ignore) 是一種訊息類別，可以視為參數，在互動中應跳過不處理。
consider	考量 (consider) 是指互動中的訊息應納入考量。此訊息等同於表示其他訊息應被略過。
assert	插入 (assertion) 是指運算元中訊息傳遞的序列是唯一有效的延長部分。
loop	迴圈 (loop) 用以表示數次重複的運算元，直到此迴圈中的互動限制不為真為止。

圖 9.19 | 複合片段可以使用的互動運算子

9.3.8 塑模循序圖的導引

在資訊系統發展過程中，塑模互動是十分重要的活動。接下來是針對循序圖的一些重要導引，由 Bennett 等人 (2005) 的著作改編而成。

1. 決定將要塑模之互動層面。它能描述操作、使用案例、組件或系統與子系統間互動的訊息傳送嗎？
2. 識別也是互動中的主要元素。若互動仍在使用案例層面，合作物件可能已透過 CRC 卡識別，而且它們的責任已部分分配完畢。當然，CRC 卡可以在不同粒度 (granularity) 來探索任一組生命線的行為。
3. 考慮可能需要的替代情境。再一次地，CRC 卡的運作或許有助於開發這些情境。
4. 識別任何已塑模成循序圖的現有互動，如此一來就能視為互動使用 (interaction uses)。
5. 畫出圖表的架構輪廓。
   a. 建立適合名稱的框架。
   b. 加入合適的生命線，從第一個發生互動的生命線開始，由左至右排列，這可改

善循序圖的編排。如果參與者的生命線正在塑模，就應該擺在第一；若已塑模完成，就置於邊界生命線旁。

6. 加入細節互動。
   a. 從框架最頂端開始，加入第一則訊息，由上而下陳列結果訊息，在訊息標籤中展示細節的合適層面。
   b. 利用複合片段與合適的互動運算子進行描述，例如：迴圈、分岔和選擇路徑等。互動運算子的完整列表如圖 9.19 所示；若有必要，可加入互動限制。
   c. 識別任一個可在或將在其他互動使用的互動片段，並將其置入循序圖中。為互動片段準備循序圖，如此一來可多利用幾次。把對應的互動事件放入正在繪製的圖中。
   d. 必要時在圖上加註，例如加入前置條件和後置條件，或增進可讀性。
   e. 必要時於圖中加入狀態定數 (state invariant)，如圖 9.4 所示。
7. 檢查已連結循序圖的一致性，必要時進行調整。循序圖可以不同方式連結，這些方式已在第 9.3.3 節描述過。若互動在使用案例層面，考慮其他任何可透過擴充或相依性連結的使用案例。
8. 檢查其他 UML 圖或模型的一致性，特別是相關類別圖（以及現階段已準備完的狀態機圖）更要注意。

一旦完成第一型循序圖，從步驟二再一次遵循這些步驟重整模型便十分重要。對複雜的互動而言，要清楚且不模稜兩可地描述要求的行為以製造模型，這需要反覆數次。

9.4 溝通圖

溝通圖是 UML 標記法中的第二種互動圖，我們已在第 7 章介紹過，主要用以表示使用案例的合作情形。本節將會進一步檢視溝通圖的標記法。

9.4.1 基本觀念與標記法

溝通圖和循序圖有很多共通點。對較直接的互動而言，溝通圖只是以不同格式表達同一訊息，而且如同循序圖一樣，在系統開發過程中，溝通圖也可以依不同細節層面和不同系統發展階段進行繪製。這兩種互動圖的最大不同點，就在於溝通圖直接顯示參與合作的生命線之間的連結（合作已於第7章探討）。不像循序圖，溝通圖沒有明確的時間維度 (time dimension)，生命線僅以長方條表示。圖 9.20 顯示一個溝通圖的例子。

```
┌─ sd Add a new advert to a campaign ─────────────────────────────────────┐
│                                                                          │
│              5: createNewAdvert        5.1: addNewAdvert                 │
│              4: selectCampaign         4.1: showCampaignAdverts          │
│      ☺       3: selectClient           3.1: showClientCampaigns          │
│     ─┬─  ──────────────→  ┌─────────┐  ──────────────→  ┌─────────┐      ┌──────────┐
│      │                    │:AddAdvertUI│                │:AddAdvert│      │newAd:Advert│
│ :CampaignManager          └─────────┘  ←──              └─────────┘      └──────────┘
│                              2: startInterface                            │
│                                                      5.1.1: addNewAdvert  │
│     1 *[For all clients]: getClient                  4.1.1: listAdverts   │
│     3.1.1: listCampaigns                                                  │
│              ←──────────                                                  │
│                                                   5.1.1.1: Advert         │
│      ┌──────┐                    ┌────────┐                    ┌────────┐ │
│      │:Client│  ──────────────→  │:Campaign│ ──────────────→  │:Advert │ │
│      └──────┘                    └────────┘                    └────────┘ │
│         3.1.1.1 *[For all client's campaigns]:  4.1.1.1 *[For all campaign's adverts]: │
│                  getCampaignDetails                       getAdvertDetails              │
└──────────────────────────────────────────────────────────────────────────┘
```

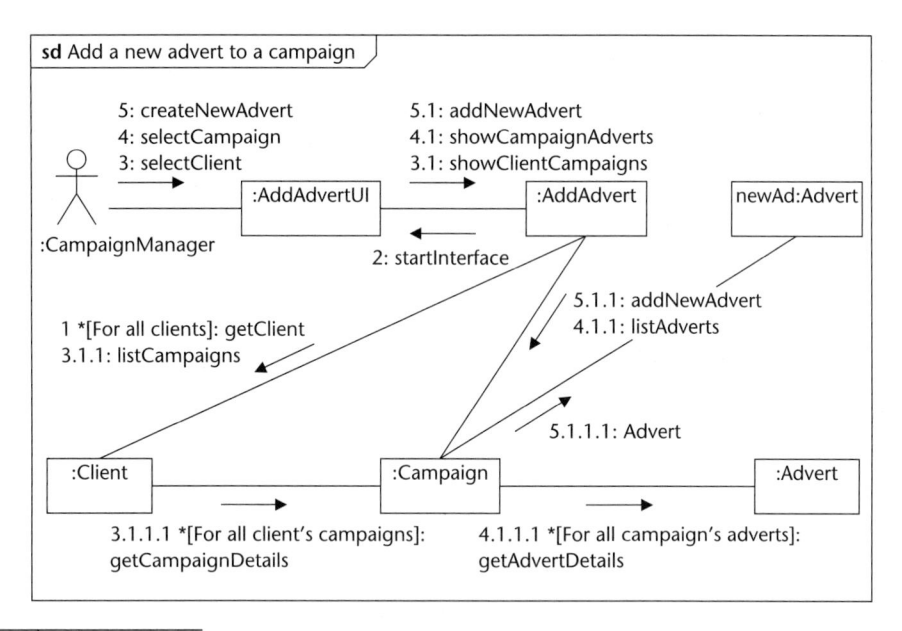

圖 9.20 Add a new advert to a campaign 使用案例的溝通圖

在溝通圖中，互動主要是類別或物件圖中的片段，如圖 9.20 所示。此例的細節層面十分簡單（但注意，它包括代表邊界物件的生命線 :AddAdvertUI，以及代表控制物件的生命線 :AddAdvert），但足以看出互動圖的脈絡。因為此圖無時間維度，所以由序號表示訊息的傳送順序。此圖中的序號以巢狀寫出（例如 3.1 和 3.1.1），指出正在塑模之互動的控制巢狀，所以操作 showCampaignAdverts 會通過控制到操作 listAdverts，此操作有更深一層的巢狀情形。類似的排序也用於表示分岔構造。

溝通圖的反覆標記有點不同，以 3.1.1.1 為例：

*[For all client's campaigns]

其中，* 代表反覆。訊息標籤語法將在下節做進一步的探討。

基本上，特定的使用案例不會只有一種可能的互動，而且每個替代互動都有不同的優點和缺點。之所以需要替代方案，是因為它有更多職權分配的可能。舉例來說，圖 9.20 的互動雖然可行，但仍有一些不妥善的特性。一般說來，從 :Client 到 :Campaign 的訊息 getCampaignDetails 需要 :Client 生命線以回傳細節到 :AddAdvert 生命線。若活動細節只包括活動名稱，則只有少數的資料可以從 :Campaign 到 :Client，然後再到 :AddAdvert，這或許是可以接受的。反之，若活動細節也包括每個活動和活動預算日期的起始和結束，那就會有許多資料通過 :Client。在這種情況下，:Client 負責提供大量的活動資料，但這備受爭議，因為那是 :Campaign 生命線自己的責任。替代互動可讓有關活動的資料直接從

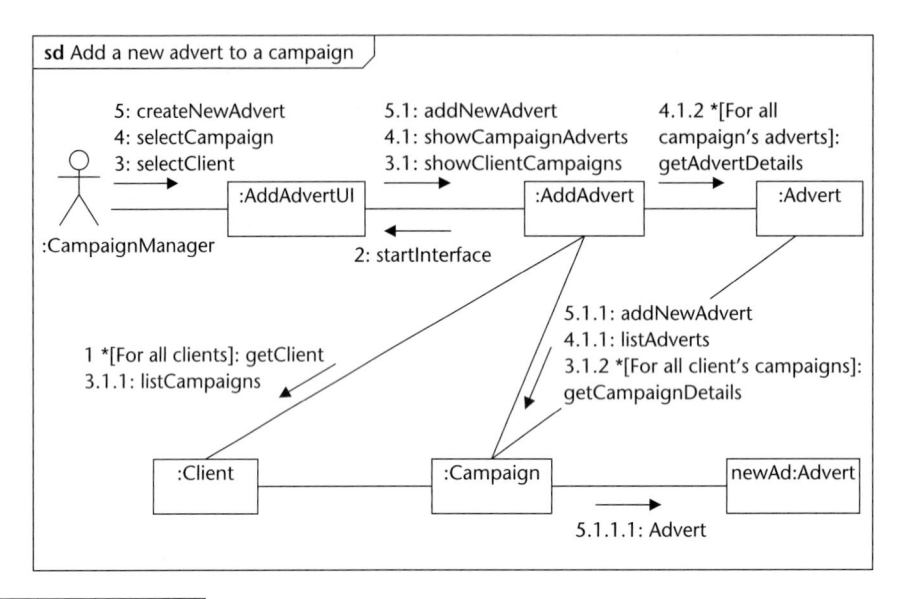

圖 9.21 Add a new advert to a campaign 使用案例的溝通圖替代版

:Campaign 到 :AddAdvert，此替代互動可參見圖 9.21，圖中的 :AddAdvert 負責直接從 :Campaign 生命線取得活動細節。在此互動中，Client 物件只負責提供活動清單給 :AddAdvert，而這才是 :Client 的合適職權。

9.4.2 溝通圖的訊息標籤

溝通圖中的訊息常常以一組符號表示，就如同循序圖中的符號一樣，但內含一些額外元素以顯示排序和循環，因為它們無法透過圖的結構斷定。基本上，每個訊息標籤都內含訊息簽章和反應呼叫巢狀反覆、分岔和並行的序列號碼。正式的訊息標籤語法如下：

<sequence-expression> [<attribute> '='] <signal-or-operation-name>
['('<argument-list>')'] [<return-value>]

警戒條件可以使用物件限制語言〔(Object Constraint Language, OCL)，見第 10 章〕撰寫，並且只呈現當遭逢所定義條件時，某訊息從何啟動。

順序表示法 (sequence-expression) 是以點（'.'）分隔的列表，並以冒號結束：

<sequence-term> '.' [<sequence-term>]* ':'

順序表示法的語法如下：

<integer> [<name>] [<recurrence>]

在此表示法中，整數表示訊息的接續順序。這可能在迴圈或分岔構造中呈巢狀，

所以在此例中，訊息 5.1.3 通常發生於訊息 5.1.2 後，而且兩個訊息都在訊息活動期 5.1 內。在圖 9.21 中，訊息 4.1.1 和訊息 4.1.2 在訊息活動期 4.1 中也是巢狀。順序表示法的名稱用來區分兩種同時發生的訊息，因為它們有相同的順序號碼，舉例來說，訊息 3.2.1a 和 3.2.1b 是在訊息活動期 3.2 中同時發生的。重複發生是反應反覆或某條件設定的執行，語法如下：

分岔：'['guard']'
反覆：*' '['iteration-clause']'

更進一步的訊息標籤列於圖 9.22。

圖 9.23 說明在案例 checkCampaignBudget（見圖 9.7 的循序圖）中溝通圖的使用方法，以展示單一操作的互動。

一些開發者比較喜歡溝通圖，而非循序圖，因為溝通圖提供與主要合作有關的物件互動的畫面，其中生命線的連結十分清楚。不過，溝通圖的語法卻不如循序圖，而

訊息類型	語法舉例
簡單訊息。	4: addNewAdevrt
回傳值的巢狀呼叫。 回傳值置於變數 name 中。	3.1.2: name = getName
條件訊息。 只有在條件 [balance > 0] 為真時才傳。 送訊息。	5 [balance > 0]: debit (amount)
反覆。	4.1 *[For all adverts]: getCost

圖 9.22 各種訊息標籤類型語法的例子

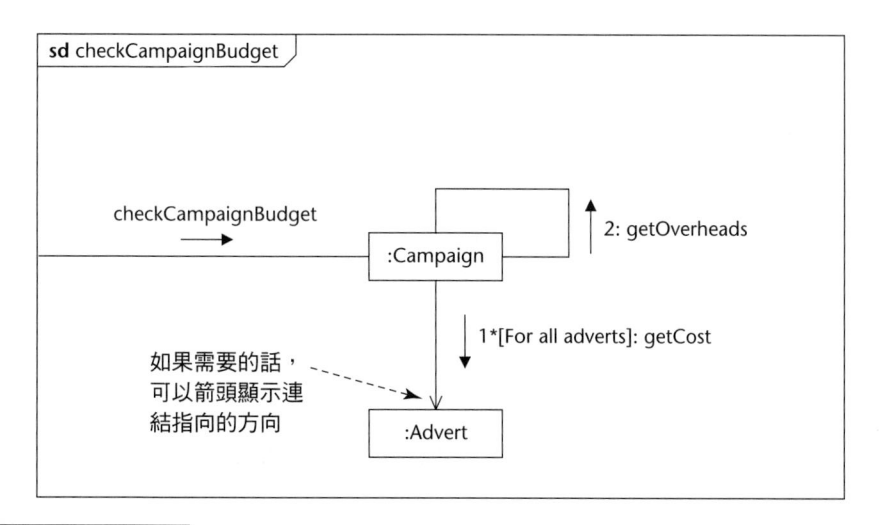

圖 9.23 checkCampaignBudget 操作的溝通圖

且不適合複雜的互動。一般來說，溝通圖較常用於分析活動，而循序圖較適合表現設計細節。溝通圖有助於對使用案例的了解，因為在起始階段訊息還不需詳細說明，但當同一個互動中兩個物件之間有許多訊息要傳遞時，溝通圖就沒有循序圖來得容易理解。循序圖特別提供每個活動時期較直接的視覺線索，而且能更清楚地表示細節設計的互動。若目的相同，我們鮮少需要同時畫出這兩種互動圖。有些開發者將循序圖用於一般的互動模型，在想看特定階段時才使用溝通圖。要選擇適當的圖往往取決於互動的脈絡和圖表想表達的目的。這兩種圖通常都沒有絕對的優勢，全看組織策略來決定該準備哪一種圖。

9.5 互動概觀圖

　　互動概觀圖，是活動圖（已於第 5 章解釋）的變形和合併的互動圖。互動概觀圖的重點在於互動中控制流的概況，圖內的節點是互動或互動事件。因此，互動的詳細訊息傳遞會隱藏於圖中。我們也可使用活動圖的語法，其中包括決策與合併節點。

　　為了製作互動概觀圖，必須將互動分解成關鍵因素。互動 Add a new advert to a campaign if within budget（圖 9.16）已經分解部分內容為兩個互動片段，而 alt 複合片段可再更進一步分解以展現控制流。圖 9.24 新增兩個互動片段，分別

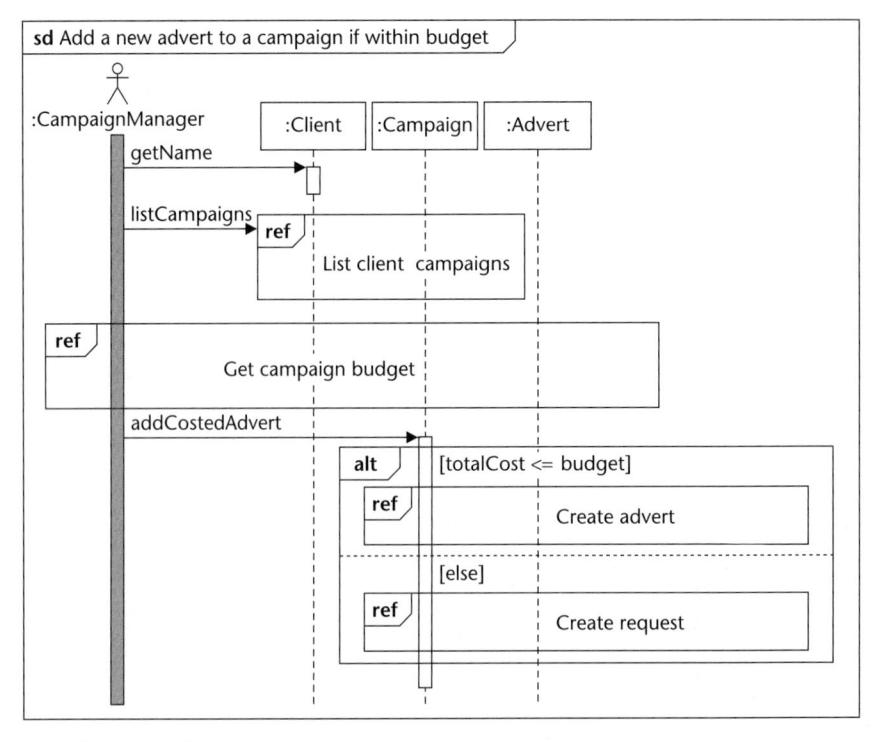

圖 9.24 Add a new advert to a campaign if within budget 互動的循序圖替代版

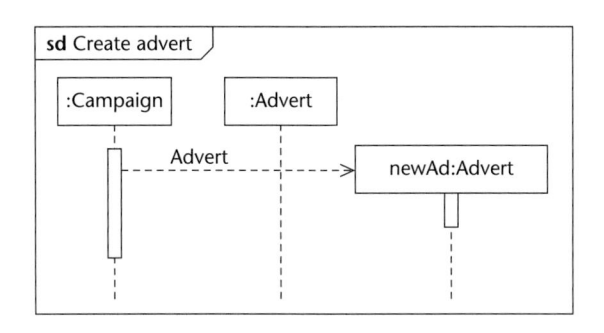

圖 9.25 ｜ Create advert 互動片段的循序圖

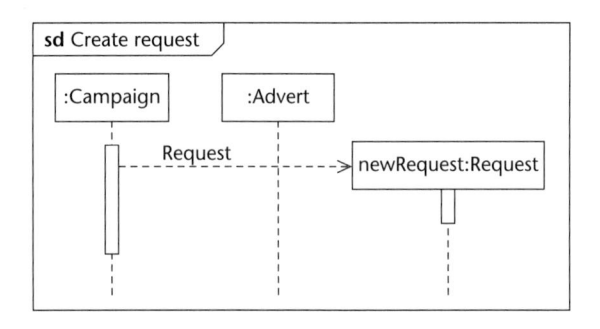

圖 9.26 ｜ Create request 互動片段的循序圖

是 Create advert 和 Create request。其互動片段的細節分別參見圖 9.25 與圖 9.26。

互動概觀圖如圖 9.27 所示。當它是活動圖的變形時，會先從到互動片段 List campaigns for client 的節點開始，下一個節點是互動事件（互動片段請見圖 9.12），節點後面是另一個線上互動片段 Add Costed Advert。有關何時可如節點一樣擁有互動片段或互動事件，是個人判斷不同的問題，它取決於最適合此圖的較細節層面。利用已具體說明的互動片段是很有用的，但這端視互動概觀圖的目的而定。在此例中，互動片段可以像互動事件一般簡單地表示，而互動片段的細節可於個別的循序圖中詳細說明。本來在循序圖中的 alt 複合片段，在互動循序圖表示成有兩個輸出路徑的決策節點，每個都有警戒條件，以產生適當的互動。互動以最終節點來表示結束。

當描述一個複雜的互動時，互動概觀圖是很有用的，特別是當此圖中內含一系列的互動片段，其中的部分片段還能用於數個不同互動。在多數情況下，為同一個互動製作互動循序圖和互動概觀圖的幫助不大。互動概觀圖也提供實用的標記法，以描述較高層的系統互動。

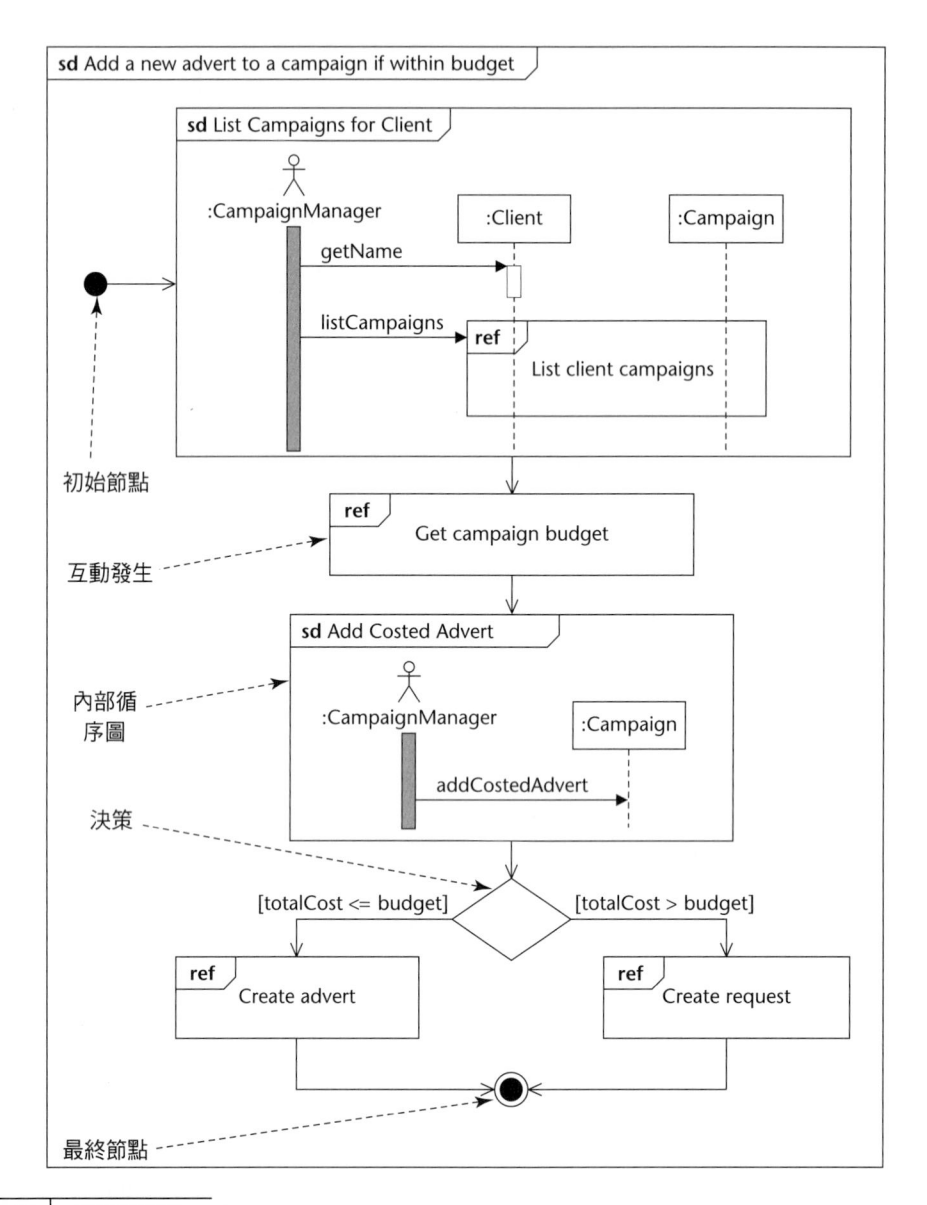

圖 9.27　互動概觀圖

9.6　時序圖

　　時序圖的價值在於可以詳細說明生命線間時間限制如何影響互動，這對於同時為關鍵生命線建立狀態機十分實用。狀態機將在第 11 章說明。

　　時序圖可以有不同的細節層面，其中包括一個或以上生命線的狀態改變；基本上，它也會塑模重要的時間相關行為。當時序圖中有一條或以上的生命線，或許就可顯示生命線之間的訊息。

圖 9.28 描述當車子進入停車場時部分互動的互動片段，它呈現了主動物件所發送的訊息，但不顯示其他的活動。可否進入停車場是由驗票柵欄控制，只有在車主取票後驗票柵欄才會升起，讓車主通過；在驗票柵欄前方有一個重量感測器，當偵測到有車子靠近時，就會啟動售票機。當車子往前移動至柵欄下，售票機停止運作。而在驗票柵欄後方有另一個重量感測器，當檢查通過時，柵欄才會放下。

時序圖有 :TicketMachine 和 :Barrier 兩條生命線，如圖 9.29 所示。此圖可分成兩個案例，每一條生命線是一個案例。:Barrier 生命線從 Lowered 狀態開始，在生命線接收到 raiseBarrier 訊號後，移動到 Raised 狀態。時間 t 是當生命線 :Barrier 接收到 raiseBarrier 訊息的時間設定，而時間限制為 :Barrier

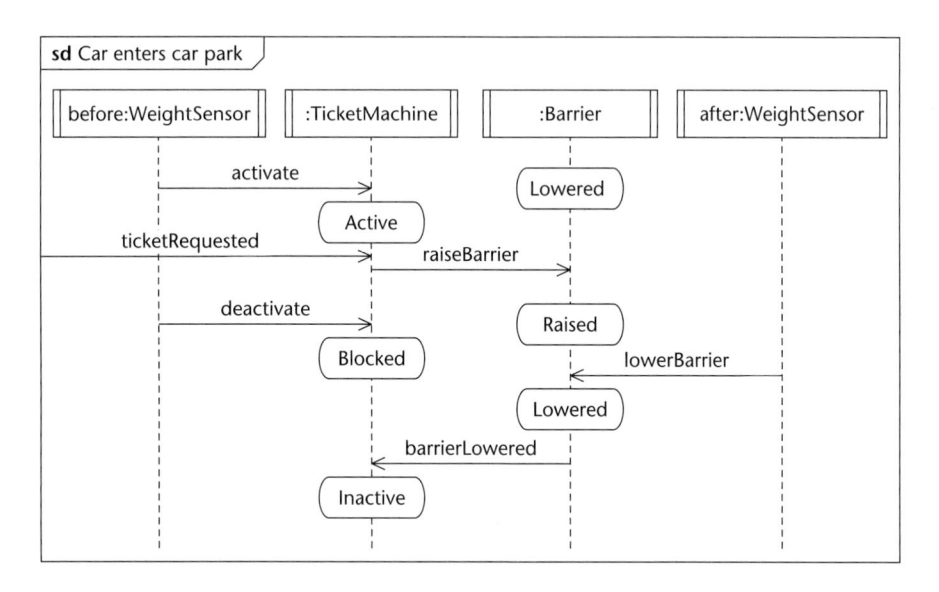

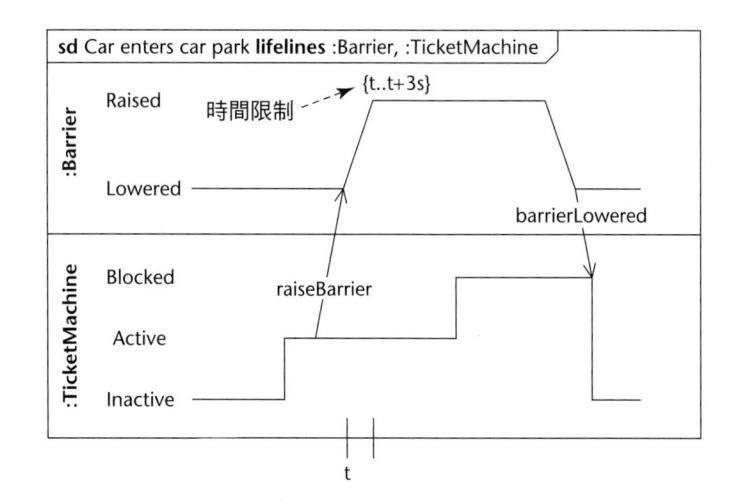

圖 9.28 Car enters car park 互動片段的循序圖

圖 9.29 Car Enters Car Park 互動的時序圖

應在時間 t 後三秒內改變狀態，兩個狀態間的升降斜線表達該期間狀態改變。Blocked 狀態代表驗票機在柵欄處於放下狀態而車輛尚未通過位於柵欄後的重量感測器之前，將無法完成整個作業循環，也無法再發出其他票卡。

9.7 模型一致性

所有 UML 圖與文件應該是相互一致的。順序圖和溝通圖的準備涉及從操作到類別的分配，這些操作應在類別圖中依正確的類別表列，如果操作特性有完整的詳細說明，就能達到一致。循序圖、溝通圖和類別圖應該要彼此一致。在語法層面上，一個良好的 CASE 工具一定要具備一致性，當開發者加入傳送到此類別物件的訊息時，提供一系統近期分配到類別的操作。若對應的操作並未在目標類別中定義，合適的操作就會被自動加入類別定義中。

但為了確保在類別圖和一組相關互動圖中的完整一致性，我們需要一種以上的簡單語法檢查，如上所述。每個互動圖傳送的物件一定要有能力傳送訊息到目標物件，也需要自我識別或目標物件的物件參照。只有兩種方法可讓傳送的物件了解目標物件的參照。其中一種是透過直接連結來傳送物件，此連結就是各個類別到物件所屬類別間的存在關聯。另外一種是傳送的物件可能內含其他物件（通常屬於不同類別）的非直接參照，並且連結到目標物件。表示關聯性之物件參照的表示方式與排列屬於設計議題，將於第 14 章討論。目前經由傳送物件和目標物件的物件連結（從類別圖上的關聯演繹而得）已確定有一些可能途徑。任何在互動圖和對應的類別圖間的不一致，表示其中一定有缺失，可能在連結類別圖時遺失某個必要的關聯。注意，關聯的存在不能保證任何特殊連結的存在。關聯的最小**重數** (multiplicity) 為零時，代表該物件在此關聯中可能沒有連結。若重數為一或更多，代表每個物件一定至少有一個連結途徑。因此，全部的訊息路徑皆應該仔細分析。

當互動事件用於更複雜的互動（描述於循序圖或互動概觀圖）時，在相關的循序圖中，互動發生的描述必須和使用方法一致。當然，互動事件可用於其他數個互動之中。

狀態機（將於第 11 章說明）可記錄一個物件（而非互動）傳送訊息的資訊，而且檢查一個類別之狀態機圖與該類別物件的互動圖之間的一致性，也是很重要的。

9.8 總結

物件互動是系統開發的物件導向方法中很重要的一環。我們常用訊息傳遞比喻物件互動以描述物件間的合作模式。發展互動圖需要仔細地分析使用案例，此外也可

能涉及 CRC 卡的使用（見第 7 章）。UML 提供一套塑模技巧以描述互動，包括循序圖、溝通圖、互動概觀圖和時序圖，每個皆有豐富的標記法。在準備分析使用案例時，較常使用溝通圖。循序圖與互動概觀圖可以有效地表現詳細的互動設計。時序圖在即時系統上尤其實用。若要表示複雜的互動，必須以不同的圖相互連結，UML 為此提供多種標記法的替代方案。同一個使用案例擁有超過一種可能的互動十分常見，而哪一個最適合使用需要務實的判斷。形成這些判斷的設計理念將在第 14 章詳細探討。發展互動圖的整體流程能確保應用的這些圖和類別圖是相互一致的。

☑ 習題

9.1 列出兩項不當物件導向塑模而不建議使用溝通圖的特徵。
9.2 讓所有的類別保持在少量且自給自足的狀態有何優點？
9.3 循序圖和溝通圖的主要差異為何？
9.4 (i) 在循序圖內的訊息標籤的主要部分為何？
　　(ii) 在溝通圖內的訊息標籤的主要部分為何？
9.5 何謂生命線？
9.6 何謂執行事件？
9.7 如何在循序圖中使用複合片段？
9.8 同步訊息與非同步訊息在 (i) 與物件發送及接收之行為和 (ii) 圖示標記上有何不同？
9.9 在何種情形下，溝通圖中的序列號碼會以巢狀型式寫出（例如：3.2.1）？
9.10 互動圖應使用何種一致性檢查？
9.11 描述三種可以運用 UML 來表現複雜互動的方式。
9.12 互動事件和互動片段的差異為何？
9.13 互動概觀圖的目的為何？
9.14 在互動概觀圖中，何者可以節點表示？
9.15 如何使用時序圖？其效用何時最大？

☑ 案例研究作業、練習與專案

習題 9.A 到習題 9.C 是基於習題 7.A 所列的使用案例以及在習題 7.B 所發展的使用案例實現所設計。

9.A 為每個使用案例準備一份循序圖。
9.B 為使用案例 Start line run 找出替代的互動，並且為此互動準備一份循序圖。

9.C 嚴格比較你在使用案例 Start line run 所找到的兩個互動，適當而公正地決定何者較為合適。

9.D 使用你熟悉的 CASE 工具輸入幾個使用案例實現，至少包含一份溝通圖及一份循序圖。

9.E 嚴格評估 CASE 工具對 UML 及在不同圖之間必要的一致性檢查上的支援程度。

Chapter 10 制定操作規格

學習目標　在本章中你將學到：
- ☑ 為什麼操作必須制定規格。
- ☑ 演算式方法與非演算式方法之間的差異。
- ☑ 如何解釋不同方式的制定操作規格。
- ☑ 如何使用方法來制定操作規格。

10.1 簡介

　　操作規格描述系統的細部行為，它們在 UML 中藉由更為詳細精確來支援圖形化模型，好讓使用者可以確認模型的正確性，而設計師可以使用它們做為軟體開發的基礎。但操作規格可能是儲存庫中最為複雜的項目，取決於它們的詳盡程度。在制定操作規格之前，應該先塑模物件互動（參閱第 9 章）以幫助確定在眾多類別間行為的分布，以利將操作配置給類別。

　　操作規格能提供軟體建構所需的精確度，並且可以用許多不同詳細程度加以寫下。我們思考制定操作規格需要什麼，稱之為「契約」風格，是黑箱規格的一種。如果一個操作行為是簡單的，契約可能只需要描述外部介面關於輸入與輸出等所需的細節，而如果行為在每個細節都還未清楚了解，可能全部都是黑箱規格，通常契約也需要描述操作的邏輯或是內部行為。

　　有兩種一般的方式來進行，分別為「演算式」（或稱「程序式」）以及「非演算

式」（或稱「宣告式」）。非演算式方法一般較適用於物件導向開發，但在某些情況下只有演算式方法能有效表達。UML 在制定操作規格時不需要任何特定技術或表示法，但活動圖（見第 5 章）可以圖形化方式來表示操作的邏輯。UML 也有正規語言，即所謂的物件限制語言 (Object Constraint Language, OCL)，它原本是用來規格化模型的一般限制。在最新的版本（2.0 版）中，物件限制語言也允許可應用於模型的查詢、商業規則及其他表示法。

有一些已經存在的非UML技術可以用於操作規格，特別是決策表、前置與後置條件，以及結構化英文等，這些當中沒有一個是特別針對物件導向方法，但都可以用來在UML模型中制定操作規格。完整介紹將超出本書範圍，因此我們將從整體概觀的程度來做介紹。

10.2　操作規格的角色

每個操作規格是開始於使用者針對商業活動的想法，最後產生由合作物件的屬性與方法構成的軟體系統，此一途徑雖渺小但是為必要的步驟。從分析觀點來看，操作規格是建立在當分析師了解應用領域的某些面向可以反饋予使用者之際，確保計畫能夠滿足使用者需求。從設計觀點來看，操作規格是設計規格更詳細的基礎，可指引程式設計師以程式碼撰寫合適的操作實作。操作規格也可以用來驗證方法確實符合使用者所預期的規格（依序說明使用者想要的規格），以確認需求已然達成。

程式設計新手經常未能符合設計的需求，在開始撰寫操作的程式碼之前往往不夠精確。這部分是因為新人往往被賦予簡單的工作，像是撰寫可以計算及顯示三角形面積之類的程式。更重要的是，學生會遭遇到需求分析的阻礙。事實上，教師已經完成這件事，而學生則以教師得到的結果做為起點：「需要一個程式來計算三角形面積」。為什麼？對學生來說，答案會是教育術語中的「這將幫助你發展重要而基本的技能……。」

當然，這個情況是人為的，而且大部分學生對於這點都知道得非常清楚。可是一旦軟體系統的複雜度或規模達到某一門檻，太早產生程式碼會變得極端缺乏效率，而且可能會造成災難。在大型系統中，撰寫相對較小的子工作程式需要稍微了解這些子工作將以何種方式與其他子工作互動。如果不了解，就必須進行假設，而這對系統整體來說是不恰當的，甚至會是一場災難。相較於其他程式設計方法，物件導向程式設計通常不易遭遇這類問題，不過儘可能簡單地描述所籌劃軟體的邏輯操作仍然很重要。

對於應該要產生多少規格，意見相當分歧。許多極致程式設計（Extreme Programming, XP)，在此並不是指微軟作業系統的 XP）的支持者主張使用者與開發者

之間的對談，可以有效地取代傳統在系統開發期間建立的許多文件，包括操作規格。Rumbaugh 等人 (1991) 秉持一般的觀點，認為只有「計算相關」或「非直覺」的操作需要規格化。「直覺」操作（例如建立或移除實例，以及取得或設定某屬性值）不需要規格化；另外，操作規格在形式上應該保持簡單，只由操作簽章及「轉換」（例如它的邏輯）描述組成。另一方面，Allen 與 Frost (1998) 對所有操作規格提出建議，雖然細節程度可能依據設計師的預期需求而有不同，在實務上，這個問題的答案取決於特定專案的需求以及組織當時所採行的標準。

每個操作均存在某些特徵，並且要在分析階段加以制定。使用者必須確認行為的邏輯或規則。負責這個類別的系統設計師與程式設計師將會是這個規格的主要使用者，因為他們需要知道這個操作應做什麼：它會進行計算、轉換資料或回答查詢嗎？系統其他部分的系統設計師與程式設計師也需要知道它的特徵。如果它呼叫其他類別的操作或更新它們的屬性，可能會建立指引這些類別在設計或實作期間應該如何封裝的相依性。

定義操作不應太早開始，也不應太晚開始。對 Allen 與 Frost (1998) 來說，這項工作應該留到類別圖已經穩定之後再進行。在已經於早期階段將開發活動分解給不同子系統的專案中，這可能是指與特定子系統相關的部分類別圖。但對於模型中任何一部分來說，在進行物件設計活動之前建立全部的操作規格十分重要。

10.3　契約

「契約」一詞是刻意仿效人們或組織之間的法律或商業契約。簽署（或成為某一方）契約涉及對提供彼此議定了品質標準的特定服務做出承諾。舉例來說，一家小型草地照護公司簽約負責 Agate 公司總部大樓前的草坪，其中規定除草的頻率（4 月到 10 月間每兩週一次）、除草之後的草皮最大高度（不超過三公分），以及 Agate 公司將為這項服務支付的金額（每次 80 英鎊）。這份契約並未說明工作如何進行，例如應該使用何種類型的除草機，或以何種方向進行除草。

在系統理論的語言中，契約是兩個系統之間的介面。本例中，Agate 公司是一個商業系統，而草地照護公司是為 Agate 公司草坪除草的系統。契約定義了輸入與輸出，而且將草坪除草系統視為一個黑盒子，以隱藏不相關的細節。決定哪些細節不相關永遠都是難事，而任何契約都可制定一些其他系統必須看見的實作細節。舉例來說，Agate 公司的經理可能不希望草地照護合約商使用毒性殺蟲劑或是除草劑，這就可以加入合約中列為限制。

Meyer (1988, 1991) 是第一個使用商業契約來類比物件間服務關係的人之一，因為強調模型中類別與子系統的封裝，這個詞現在已經廣泛使用於物件導向開發。

Cook 與 Daniels (1994) 在 Syntropy 方法論中延伸使用這個概念；它現在被應用在 SELECT Perspective方法論中 (Allen & Frost, 1998; Apperly et al., 2003)；藉由契約來設計是 OCL 很重要的一部分 (Warmer & Kleppe, 2003)。

Meyer 以契約來類比的主要論點之一是，透過契約設計有助於正確達成需求的軟體設計。在需求分析階段，我們尚未需要設計規範所需的完整技術要求，但採用之後可以從設計直接延伸到實作的方法仍明顯有益。藉由契約制定規格，意指操作主要依據所傳遞的服務以及所獲得的「輸入」（通常只是操作簽章）來定義。

契約也可以應用在更高層次的抽象化，而不只是個別操作。Larman (2005) 描述了使用契約來定義系統提供的服務。無論是為單一操作、系統整體行為或一些中介套裝軟體元件的契約，結構均非常相似。商業契約通常寫明參與各方、範圍（即所適用的情境）、議定的服務，以及採取的任何績效標準。類似這樣的方式在物件導向塑模中，我們定義了由伺服器物件所提供服務的性質，以及客戶物件必須提供什麼來獲得這些服務。以上的不同面向可以歸納如下：

- ❖ 操作的意圖或目的。
- ❖ 操作簽章，包括回傳形式（可能在互動塑模期間建立）。
- ❖ 適當的邏輯描述（後續小節將提出一些描述操作邏輯的可行方式）。
- ❖ 在相同物件或其他物件中其他操作的呼叫。
- ❖ 傳送到其他物件的事件。
- ❖ 在操作執行期間設定的屬性。
- ❖ 對於例外的回應（例如，如果某參數不合法應如何處理）。
- ❖ 任何非功能性需求。

這份特徵列表是改編自 Larman (2005) 以及 Allen 與 Frost (1998)，其中大部分不言自明，但操作規格的關鍵部分是邏輯描述，這正是下一節之所以回到此點的原因。

10.4　描述操作邏輯

Rumbaugh 等人 (1991) 提出一個非正式的操作分類法，是考慮各種描述操作邏輯方式的有益起點。首先，部分操作具有副作用。可能的副作用包括建立或移除物件實例、設定屬性值、形成或中斷與其他物件間的連結、處理計算、發送訊息或事件到其他物件，或是任何上述的組合。一個複雜的操作可能進行許多這類事情，而且當工作十分複雜時，操作也需要許多其他物件的合作。因此我們在詳細制定操作規格之前，應該找出物件合作樣式。其次，有些操作確實沒有副作用。它們是單純的查詢，需要資料但不會改變系統的任何事物。

就像類別一樣，操作也有做為 {abstract} 或 {concrete} 的性質（雖然這個決定經常是設計思考的結果，也因此當操作第一次制定規格時並非永遠會產生）。抽象操作由至少一個簽章組成，有時是完整的規格，但不會是實作〔亦即它們將不會有方法 (method)〕。一般來說，抽象操作位於繼承層級架構的抽象超級類別中，而實體子類別的實體方法永遠優先於它們。

規格可能會受限於只定義操作外部及顯而易見的影響，因此我們可能會選擇演算式或非演算式技術。規格也可以定義內部細節，但這實際上是一個設計活動。

10.4.1　非演算式方法

非演算式方法著重於將操作邏輯描述為一個黑盒子。一般在物件導向系統傾向於此的原因有二：第一，類別的實作相對於系統其餘部分應加以隱藏，因此系統設計師及程式設計師只需考慮特定類別的內部實作細節，系統不同部分之間的合作是基於實作為操作簽章（或訊息協定）的類別與子系統間之公開介面，只要簽章未曾改變，類別實作（包括操作方式）的改變不會對系統的其他部分造成影響；第二，一般而言，在物件導向系統的類別之間，工作份量分布相對均勻，造成操作是小型而單一的，因此任何一個操作的進行過程往往十分簡單，不需要複雜的規格。

即使在非物件導向方法，宣告式方法早已被人們認為在像是做出結構化決策時特別有用，決定輸出的條件可以很快地界定，而真正達成決策的步驟順序並不重要。對於這類情況，結構化方法採用像是決策表及前置條件、後置條件等非演算式技術（後續小節將詳細介紹）。

◈決策表

決策表是一個呈現在不同決策下的條件、可能產生的行動，以及兩者相關性的矩陣。它們最適用於多重結果或行動，而且每個結果或行動又根據輸入條件的特定組合而定。一個呈現條件的常見形式是以「是」或「否」回答問題；而行動則是列出來，並且使用核選符號（譯註：在國外用☒表示，在台灣常用☑表示）來呈現它們與條件如何對應。接下來是 Agate 公司案例研究中一個可能的應用，圖 10.1 呈現對應的決策表。

當廣告預算超支時，通常需要事先獲得客戶認可，否則 Agate 公司不太可能吸收超支的費用。當活動經理發現可能的問題時，可以遵循一套已經建立的規則：如果預算預期超支不超過 2%，寄發信函通知客戶；如果超過 2%，除了寄發信函，工作人員也要致電邀請客戶進行預算審查會議；如果活動不會超出預算，則什麼都不必做。

輸入 Y、N 及 X 的垂直欄位稱為**規則** (rule)。每條規則是以垂直方式由上而下閱

條件及行動	規則 1	規則 2	規則 3
條件			
預算是否可能超支？	N	Y	Y
超支是否可能超過 2%？	—	N	Y
行動			
不採取行動	X		
寄發信函		X	X
召集會議			X

圖 10.1 有兩個條件與三項行動，產生三個不同規則的決策表

讀，而 Y 與 N 的分布代表該項規則何時條件成立。當對應條件成立（亦即當答案有 Y）時，應採取的行動則以 X 表示。我們可以將這個表格轉化為以下文字：

- **規則 1**：如果預算沒有超支（顯然在此情況中，超支的程度是不相關的，以短橫線代表這個條件），不需要採取行動。
- **規則 2**：如果預算超支，而超支幅度不超過2%，應寄發信函。
- **規則 3**：如果預算超支，而超支幅度可能超過2%，應寄發信函並召集會議。

單一規則的結果可能會與其他規則重疊。決策表對於需要非演算式的邏輯規格很有幫助，它反映出一系列可能的行為。但在物件導向系統中，其相對用處並不大，物件導向系統透過物件合作分析，將單一操作的複雜度降至最小。

前置條件與後置條件

顧名思義，這個技術著重於提供下列問題的答案：

- 在操作進行之前必須滿足什麼條件？
- 在操作完成之後必須適用什麼條件（例如系統可能處於何種狀態）？

讓我們考慮 Agate 公司的例子。在第 8.2 節首次討論到操作 `Advert.getCost()`，我們假設它有下列簽章：

`Advert.getCost():Money`

這個操作沒有前置條件。（我們注意到，發送訊息的物件必須知道包含這個操作的物件，但它本身並沒有讓操作在呼叫時正確執行的前置條件。）後置條件應該表示完成操作後的合法執行結果，在本例中，是傳回金額（為了簡化，我們忽略檢核廣告費用值的合法性，但應該注意在現實中，根據業務的限制，這個值只能落在某一個有限值域範圍）。

前置條件：無

後置條件：傳回一個合格的金額

藉由使用案例敘述可以輕鬆地建構更為複雜的例子，如果現有敘述不夠清楚，也可諮詢使用者。考慮使用案例 Assign staff to work on a campaign，它涉及對每位成員呼叫 Campaign.assignStaff() 操作。我們假設這個操作的簽章如下：

Campaign.assignStaff(creativeStaffObject)

這個例子有一個前置條件：呼叫訊息必須支援合法的 creativeStaff 物件；另有一個後置條件：在這兩個物件間必須建立連結：

前置條件：creativeStaffObject 是合法的

後置條件：在 campaignObject 與 creativeStaffObject 之間建立一個連結

讓我們再看一個條件更複雜的例子。這是取自使用案例 Change the grade for a member of staff（我們假設這個使用案例是為創意成員所呼叫）。此一使用案例包括下列數個操作：

CreativeStaff.changeGrade()

StaffGrade.setFinishDate()

StaffGrade()（建立此類別之新實例的建構子操作）

我們只檢驗 CreativeStaff.changeGrade() 的細節，但在執行期間，規格必須辨識出其他操作的呼叫。我們假設這個操作簽章如下：

CreativeStaff.changeGrade(gradeObject, gradeChangeDate)

這個前置條件相當簡單易懂，只由有效的 gradeObject 與 gradeChangeDate 組成。後置條件則較複雜，一旦操作完成，我們應該預期將會出現數個效應。其中會產生一個新的 StaffGrade 實例，並且會連結到適當的 creativeStaffObject 與 gradeObject（透過 staffOnGrade 連結）。此外，新的 staffGradeObject 也會連結到先前的 staffGradeObject（透過 previoustGrade 連結）。新的 staffGradeObject 的屬性值會被自身的建構子操作所設定（包括 gradeStartDate，會設定成與提供的參數 gradeChangeDate 相等）。在先前實例中的 StaffGrade.gradeFinishDate 屬性也會經由呼叫 StaffGrade.setFinishDate 操作的訊息所設定。完整的邏輯描述如下：

前置條件： creativeStaffObject 是有效的

　　　　　　gradeObject 是有效的

　　　　　　gradeChangeDate 是有效的日期

　　　　　　gradeChangeDate 是大於或等於今天日期

後置條件： 存在一個新的 `staffGradeObject`
新的 `staffGradeObject` 會連結到 `creativeStaffObject`
新的 `staffGradeObject` 會連結到先前的那一個
先前 `staffGradeObject.gradeFinishDate` 的值設定為
`gradeChangeDate - 1 day`

對於物件導向模型中的許多操作來說，這樣的規格將會更有效率地描述細節。

一般來說，任何操作規格必須通過下列兩項測試：

❖ 使用者應該能夠檢查是否正確地表達商業邏輯。
❖ 類別設計師應該能夠產生詳細的操作設計，讓程式設計師得以撰寫程式。

雖然宣告式方法對於操作規格通常能滿足所有物件導向開發需求，但有些情況仍採取演算式方法。例如，涉及處理一個計算的需求，其步驟順序非常重要，但無論是系統設計師或程式設計師，都無法想出能產生正確結果的計算式。

10.4.2 演算式方法

演算法 (algorithm) 藉由將程序或決策拆解成較小步驟來描述內部邏輯（這個詞源自 al-Kwarazmi，9 世紀的阿拉伯數學家）。它所達到的詳細程度差異之大，取決於當時可用的資訊以及定義的原因。演算法也制定步驟的執行順序。在計算機與資訊系統領域，演算法用於描述運算任務目前的進行方式（這是它們在操作規格中的目的），或是做為將工作自動化之程式的指令。這個雙重意義再次反映分析（了解問題及決定進行什麼來解決問題）與設計（想像系統實作解決方案的創意行動）的不同觀點。在方法設計時，幾乎總是使用演算式技術，因為設技師考慮需求的有效實作，因而必須選擇最佳而可行的演算法來達到目的。但是，演算法也可用於分析意涵。在此主要的差別是對分析師而言不需要擔心效率，因為演算法只需要闡明操作真正的結果。

↳ 演算法中的控制結構

一般而言，演算法是有程序地進行組織，換言之，它們使用循序、選擇與反覆等基本程式控制結構。我們舉 Agate 公司案例研究中計算活動全部費用的操作為例，在使用案例 `Check campaign budget` 期間呼叫這個操作。為了便於參考，使用案例的說明重複如下：

> 我們可以檢查活動的預算，以確保尚未超支。目前活動費用是所有廣告的總費用加上活動超支費用。

我們假設這個計算有一個精確（但很簡單）的算式，只要將各個廣告的總費用加上廣告活動超支費用即可。為進一步簡化，我們假設計算的超支費用為全部費用的總和乘上超支費用率（這非常接近一般的會計實務）。為了計算上的理解，我們可以數學式來表示：

total_campaign_cost = (sum of all advert_costs) * overhead_rate

這並未明確界定所有步驟，但可以推斷出一個順序。事實上，可以推斷出幾個可能的順序，而任何順序皆會產生即將得到的正確結果。一個簡略的可能順序包含以下步驟：

1. 加總所有個別廣告費用。
2. 總和乘以超支費用率。
3. 加總結果即為整體活動費用。

對於像這樣相對簡單的計算，運算式本身幾乎可以做為規格，但有些更為複雜。當必須更詳細地制定計算順序時，我們可以採用結構化英文。

結構化英文

這是書面英文的一個「方言」，介於日常生活中非技術性語言與正規程式語言之間。當必須程序性地制定操作，這是最有用而通用的技術。它的優點包括只要些許努力，即可能保留日常英文大量的可讀性與理解性，也允許建構正規邏輯結構以簡單轉譯為程式碼。在詳細程度日益增長下，結構化英文非常容易重複撰寫，並且在不需要大量的改寫下，可易於拆卸成元件而以不同結構重新組合。藉由使用關鍵字及縮排，可以使邏輯結構非常精確，而字彙可以儘可能地保持接近日常商業背景下的用途。最重要的是，可以避免特定程式語言的特有表示式及關鍵字。理想的結果是，必要時非技術使用者能夠了解或做修改，這對設計師來說也同樣有用。這表示它必須能夠進一步發展成詳盡的程式設計，而不會遭遇太多的困難。

結構化英文的主要原則如下。規格是由一些簡單句子組成，每個句子包含簡單祈使敘述或方程式。敘述只能以對應的次序、選擇與反覆等結構化程式語言的控制結構加以限制的方式組成。這種最簡單的規格只包含順序，並且和日常英文僅有些許差異，除了它們使用較受限制的字彙及風格之外（許多組織有自己的結構化英文內部風格）。以下是一些展現典型結構化英文的敘述：

```
get client contact name
sale cost = item cost * ( 1 - discount rate )
calculate total bonus
description = new description
```

選擇結構呈現了行動的可行路線，做何選擇往往取決於當時的條件。舉例來說，if-then-else 構句只有兩個可能結果，如下所示：

```
if client contact is 'Sushila'
   set discount rate to 5%
else
   set discount rate to 2%
end if
```

如果這兩個選項不是真正不同的行動，而是在做與不做某事之間做選擇，則「else」分支可以省略。以下片段顯示較簡單的形式：

```
if client contact is 'Sushila'
   set discount rate to 5%
end if
```

注意在每個案例中，結構結束的地方是以 end if 做結。這個重要的記號不能省略，它讓整個結構在邏輯上被視為一個元素，就像是順序中的單一敘述。

多重結果可以使用 case 構句或 nested if，以下說明 case 結構。

```
begin case
   case client contact is 'Sushila'
      set discount rate to 5%
   case client contact is 'Wu'
      set discount rate to 10%
   case client contact is 'Luis'
      set discount rate to 15%
   otherwise
      set discount rate to 2%
end case
```

如果不需要 case 結構中的「otherwise」分支，則可以忽略，不過一般良好的實務會包含全部以確保完整性。下列顯示採用 nested-if 構句的相同選擇。

```
if client contact is 'Sushila'
   set discount rate to 5%
else
   if client contact is 'Wu'
      set discount rate to 10%
```

```
        else
            if client contact is 'Luis'
                set discount rate to 15%
            else
                set discount rate to 2%
            end if
        end if
    end if
```

這也說明了縮排如何有助於規格的可讀性。每一組對應的控制敘述（行首為「if」、「else」及「end if」），其從左邊界算起的縮排距離會相同，有助於顯示哪個順序敘述（「set discount rate to 10%」等）屬於哪個結構。

第三種控制結構類型是反覆，用於當一個敘述或一組敘述需要重複時。通常這適用於一組物件的單一操作。邏輯上，一旦某些事物開始重複發生，必須有一個條件來停止重複（除非這個重複是無限期持續的）。反覆有兩種主要的控制形式，差別在於在第一次迴圈開始前或後是否會檢驗重複的結束條件。下面兩個例子呈現此一結構的應用。第一個例子是在進入迴圈之前檢驗，因此如果是一個空白清單，將不會計算紅利：

```
do while there are more staff in the list
    calculate staff bonus
    store bonus amount
end do
```

第二個反覆的例子是在迴圈已經存在後才進行檢驗，這確保行動至少會進行（或嘗試）一次。注意，最後是以 until 代表結構結束的符號，就像之前的 end do：

```
repeat
    allocate member of staff to campaign
    increment count of allocated staff
until count of allocated staff = 10
```

結構化英文中的複雜結構。不同類型的結構可以彼此巢狀其中，如下所示：

```
do while there are more staff in the list
    calculate bonus for this staff member
    begin case
        case bonus > £250
            add name to 'star of the month' list
```

```
      case bonus < £25
          create warning letter
      end case
      store bonus amount
  end do
  format bonus list
```

本節一開始時提到的操作 Check campaign budget 也展現這三種控制結構的使用，不過沒有巢狀。

```
  do while there are more adverts for campaign
      get next advert
      get cost for this advert
      add to cumulative cost for campaign
  end do
  set total advert cost = final cumulative cost
  set total campaign cost =
          total advert cost + (total advert cost × overhead rate)
  get campaign budget
  if total campaign cost > campaign budget
      generate warning
  end if
```

結構化英文規格可以依需要而趨於複雜，也可以採取反覆、由上而下的方式寫成。舉例來說，一個演算法的初步版本以較粗略層次之精緻程度定義；接著，提供整體結構的合理性，更詳細的部分便可容易地逐步增加。在精煉詳細程度時，結構可以任何複雜程度彼此巢居，不過在實務上不太可能做到，因為即使最複雜的操作也頂多需要兩到三層。在任何情況下，限制複雜度是合理的。人們經常引用的準則是結構化英文規格最長不應超過一頁 A4，如果是在 CASE 工具環境下閱讀，不應超過一個畫面，不過在實務上，螢幕文字的可接受長度取決於文意。

上述例子所採用的風格主要是根據 Yourdon (1989)，但這不應該被視為必要的觀點。每個組織可以接受的風格與另一個組織大不相同，而且在實務上，無論內部風格屬於哪一種，分析師皆應遵循。

虛擬碼

虛擬碼與結構化英文的差異在於它更接近特定程式語言的字彙與語法，因此有許多不同的虛擬碼語法，每種都可對應到特定的程式語言。彼此在字彙、語法及風格上

都不同。結構化英文排除語言特殊性以避免太早觸及設計問題的結論。有時候似乎沒有適當的理由來排除前述的語言特殊性，例如在專案早期就決定最終的實作語言。這會讓人誤解，以為會在之後階段以不同程式語言重建系統。如果操作已經以特定語言虛擬碼制定，那麼勢必要重寫。

雖然虛擬碼可能是針對特定語言，不過它僅保持程式的構架，只闡述邏輯結構而不包括完整的設計與實作細節。換句話說，它並非完整開發的程式，而是稍後可以用來發展成程式碼的指引。可以比較下列 Check campaign budget 的虛擬碼與先前的結構化英文版本：

```
{
  { while more adverts:
    next advert;
    get advertcost;
    cumulativecost = cumulativecost + advertcost;
  endwhile;
  }
  { campaigncost = cumulativecost + (cumulativecost × ohrate)
  get campaignbudget;
  case campaigncost > campaignbudget
    return warningflag;
  end case
  }
}
```

注意，這個虛擬碼的語法類似 C 語言，但不是真的以 C 語言寫成。虛擬碼需要進一步處理才能轉換成程式碼。

↳ 活動圖

活動圖可以用來制定程序複雜的操作邏輯。活動圖的表示法已在第 5 章介紹過，本節我們將介紹它們在操作規格上的角色。當用於此目的時，圖中的行動通常代表操作中的邏輯步驟。這可以在任何抽象化層次進行，因此，如果適合的話，操作的初始高階觀點可以在之後分解到較低的詳細層次。

活動圖在使用上非常靈活，因此當用於操作規格時只需要稍微注意。活動圖可以代表物件的單一操作，但較常代表數個物件之間的互動（例如實現使用案例的互動），圖 10.2 顯示使用案例 Check campaign budget 的活動圖（與圖 10.4 的循序圖比較）。

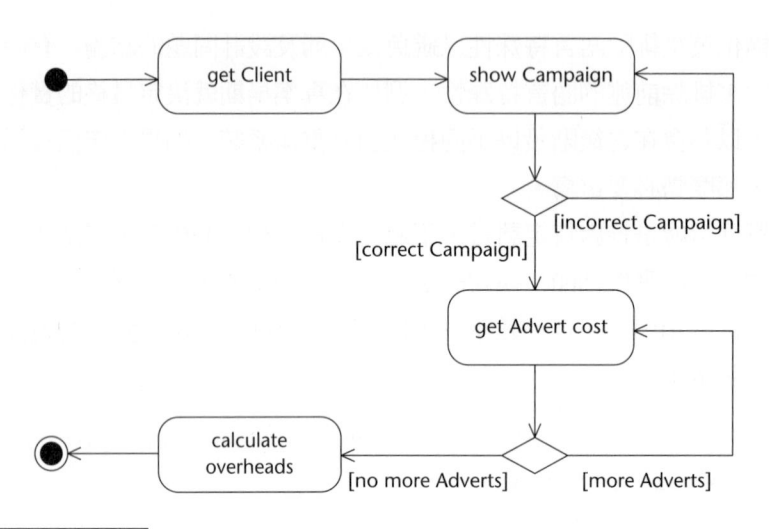

图 10.2　使用案例 Check campaign budget 之活動圖

　　活動圖也可以描述系統大型元件間或整個系統間更抽象的合作。單一個圖表不一定要轉譯為單一操作；不論是否轉譯為單一操作，本質上它是個設計決策。

10.5　物件限制語言

　　在繪製類別圖時，大部分的時間與努力是花費在制定應用哪些限制。舉例來說，關聯的多重性代表一個類別有多少物件可以連結到其他類別物件的限制。這個特殊例子能以類別圖的圖形化語言充分表達，但並非所有的限制都適用。在那些不適用的限制之中，有許多是操作規格中的限制。舉例來說，在契約中，許多前置條件與後置條件是物件的行為限制。有時候這些限制的定義可以使用相對較不正式的方式來進行（如同在第 10.4 節的例子），但當需要較高的精確度時，OCL 提供正式的語言。

　　OCL 表示式是從蒐集預先定義之元素及型別來建構，而且語言有精確的文法，對模型元件的性質及彼此之間的關係能夠建構清楚的敘述。OCL 的最新版本（2.0 版）(OMG, 2003) 已經加以延伸，而可用於定義查詢、參照數值及描述商業規則（Warmer & Kleppe, 2003）。詳細內容已超出本書範圍，本節只簡介 OCL 用於支援模型的一些方式，特別是針對操作規格。

　　大部分的 OCL 敘述由下列結構化元素所構成：

- ❖ **情境** (context)，定義合法表示式的領域，通常是特定型別的實例，例如類別圖中的物件。連結（也就是關聯的實例）也可能是 OCL 表示式的情境。
- ❖ **性質** (property)，即該表示式情境的實例。性質包括屬性、關聯終點及查詢操作。

❖ 應用於這個性質的 OCL **操作** (operation)，操作包括（但不限於）算術運算子（例如 *、+、−、/）、集合運算子（例如 `size`、`isEmpty`、`select`），以及型態運算子（例如 `oclIsTypeOf`）。

OCL 敘述也包括關鍵字，像是邏輯運算子（例如 **and**、**or**、**implies**、**if**、**then**、**else** 及 **not**）、集合運算子（例如 **in**），以粗體顯示，來與其他 OCL 用詞和操作區隔。結合上述的非關鍵字操作，這些可以用於定義一個操作中複雜的前置條件與後置條件。OCL 表示式可以制定屬性的初始值及衍生值，並且可以用來檢查各種操作結果，例如在操作執行期間是否建立物件或發送訊息。

圖 10.3 提供一些 OCL 表示式的例子，其中有些改編自 OCL 2.0 規格書 (OMG, 2006)；全部都有某類別的一個物件做為情境。

因為OCL可以制定無法直接以圖形化圖示表示的限制，所以將其做為操作前置條件與後置條件的精確語言非常有用。OCL表示式也可以制定查詢操作的結果。這與後置條件不同，後置條件制定操作的副作用。然而，查詢沒有副作用，因此，它們在模型或系統中不需要做任何改變。操作規格的一般語法如下：

context *Type::operation(parameter1:type,parameter2:type):*
        return type
pre: *parameter1 operation*
        parameter2 operation
body: *-- an OCL expression that defines the query output*
post: **result** *= /* some OCL expression that defines the effect*
        of the operation, for example in terms

OCL 表示式	解釋
comtext Person self.gender	在特定對象的情境下，這個人的「性別」性質的值，亦即某人的性別。
context Person **inv:** self.savings >= 500	這是模型的常數，考慮某人的「存款」性質必須大於或等於 500。

context Person
  self.husband->notempty ()
  implies self.husband.gender
  = Gender::male
	如果某人的相關「丈夫」集合不是空值，則丈夫的「性別」性質的值必須是男性。（這個例子假設 Gender::male 是 Gender«enumeration» 型態的列舉值。）

context Company **inv:** self.CEO->size () <= 1	公司之「CEO」性質的集合大小必須小於或等於 1；也就是公司的執行長不能超過一個。

context Company
  self.employee->
  select (age < 60)
	公司裡年齡小於 60 歲之員工的集合。

圖 10.3 │ 一些 OCL 表示式的例子

of attribute values, objects created or destroyed, and so on */

注意，**type** 在文意上是以操作做為特徵的類型（就我們的目的而言，通常是類別），**pre:** 表示式是操作參數的功能，而 **body:** 與 **post:** 表示式則是本身、操作參數或兩者皆有的功能。OCL 表示式必須以明確的 **context** 宣告寫成。

注意先前例子註解的不同風格，單行註解是以雙槓（也就是 --）加以標示，而橫跨超過一行的註解則以 /* comment text */ 表示開始與結束。

下面的例子說明 **inv:** 標籤用於表示常數：

context Person
inv: self.age>=0

常數在此僅只是一個人的年紀必須總是大於或等於 0，我們可以認為這不需要制定在規格中，但規格粗略的電腦系統經常招致明顯的錯誤。完整的關鍵字列表可以參閱 OCL 規格書第 8 節 (OMG, 2006)。

這個例子顯示在 Agate 公司案例研究中定義屬性初始值的 OCL 表示式：

context Advert::actualAdvertCost
init: 0

OCL 另一個有用的功能是你可以加上 @pre 字尾對單一性質定義兩個值。如同你預期的，這意指屬性先前的值，而且只允許出現在後置條件的條文中，因此能夠限制屬性值在操作發生前與發生後之間的關係。舉例來說，圖 10.1 所制定的決策會依據活動的預估費用變化與其預算的比較而定義不同的行動。如果新預估費用大於先前的預估，但超出預算不超過 2%，則屬性值設為 true，旗標設定為需要產生警告信給客戶。我們可以使用加入一個 Campaign.clientLetterRequired 屬性的簡單方式進行塑模。以 OCL 撰寫部分邏輯如下：

context Campaign
post: self.clientLetterRequired = 'false'
    if self.estimatedCost > estimatedCost@pre **and**
      self.estimatedCost > budget **and**
      self.estimatedCost <= budget * 1.02 **then**
      self.clientLetterRequired = 'true'
    endif

這個表示法有助於定義測試，檢驗當活動預算改變時系統是否顯示正確行為。（然而，這個範例只說明標記法；在實務上，不太可能這麼做，這只是我們如何塑模此一需求的方式。）

操作規格通常包括常數。與操作規格相關的常數描述的是物件永遠保持成立的條件，因此必須不能被操作的副作用更改。常數的正式定義是很有價值的，因為它們提供軟體執行的嚴格測試。

舉例來說，Campaign.estimatedCost 的值應該永遠等於所有與 Advert.estimatedCost 相關值的總和乘以目前的超支率。在 OCL 中，可以寫成如下：

context: Campaign
inv: self.estimatedCost = self.adverts.estimatedCost->
sum() + (self.adverts.estimatedCost->sum() * ohRate)

本例中，情境是 Campaign 類別。要在操作規格使用一個常數，可以簡單地寫成額外的 **inv:** 子句：

context: Class::operation(parameter1:type, parameter2:
type):return type
pre: parameter1...
parameter2...
post: result1...
result2...
inv: invariant1...
invariant2...

根據 Agate 公司案例研究的例子，我們再次回到在第 10.4.1 節制定邏輯的操作 CreativeStaff.changeGrade()。為了讓這個規格更合理，值得重新檢視分析類別圖（圖 A3.14）。尤其要注意從 StaffGrade 到它自己的遞迴關聯。但同樣記得，如我們在第 8 章所看到的，CreativeStaff 是 Staff Member 的子類別，因此繼承同樣的關聯與角色。在此以 OCL 改寫操作規格主要部分：

context: CreativeStaff::changeGrade(grade:Grade,
gradeChangeDate:Date)
pre: grade oclIsTypeOf(Grade)
gradeChangeDate >= today
post: self.staffGrade->exists() **and**
self.staffGrade[previous]->notEmpty() **and**
self.staffGrade.gradeStartDate = gradeChangeDate **and**
self.staffGrade.previous.gradeFinishDate =
gradeChangeDate - 1 day

10.6 建立操作規格

圖 10.4 顯示第 9 章首次介紹之使用案例 Check campaign budget 的循序圖（這個使用案例已在第 10.4.2 節再次描述，活動圖顯示於圖 10.2）。在這個特別的例子中，訊息 `checkCampaignBudget` 呼叫 `Campaign.checkCampaignBudget()` 操作。

`Campaign.checkCampaignBudget()` 的規格表示如下。我們已經採用兩種不同字型來區分下述的規格：以**特明體**字型標示規格結構，而以 Courier 字型強調內容。至於規格背後的緣由意見，則以標楷體字型表示。

操作規格：`checkCampaignBudget`

操作目的：`return difference between campaign budget and actual costs.`

這個呼叫不需要任何參數，但必須有回傳型別，讓我們可以預期將會包含數值。我們假設有一個可用的 Money 型別，這個簽章顯示如下，接著是前置條件與後置條件。

操作簽章：`Campaign::checkCampaignBudget()`
　　　　　　`budgetCostDifference:Money`

邏輯描述（前置條件與後置條件）：

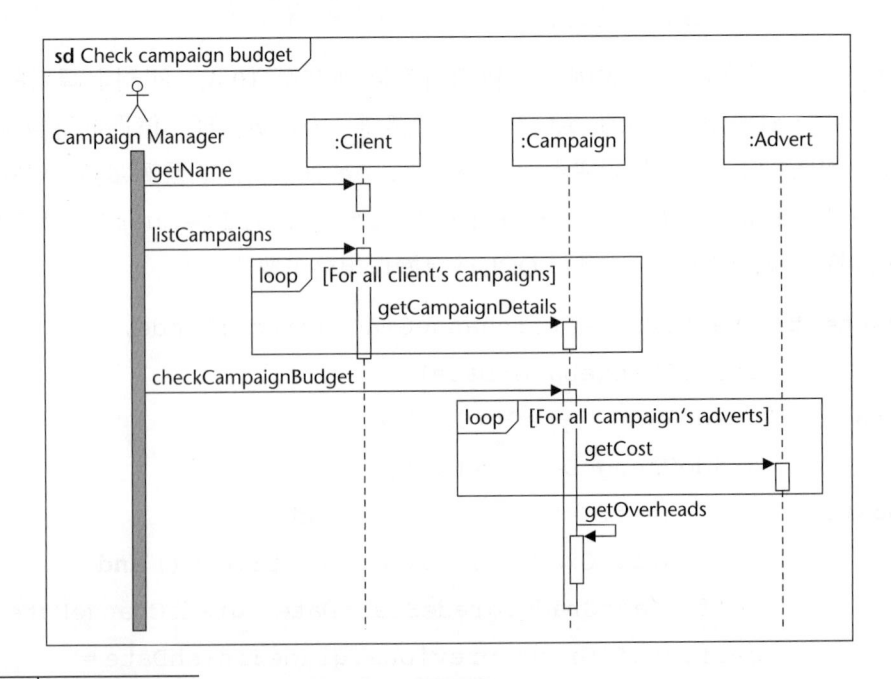

圖 10.4 使用案例 Check campaign budget 之循序圖

```
context   Campaign
pre:      self->exists()
post:     result = self.originalBudget - self.estimatedCost and
          self.estimatedCost = self.adverts.estimated Cost-
          >sum()
```

從循序圖中可以看到，這個操作呼叫其他兩個操作，而這些操作必須列出。在完整的規格中應該記錄完整簽章，但在此我們略過這些細節。

其他呼叫操作：`Advert.getCost(), self.getOverheads()`

傳送到其他物件的事件：無

唯一的訊息是呼叫剛提到操作所需的訊息，其傳回值是這個操作所需要的。「事件」是開啟另一個不同處理緒的訊息（見第 11 章）。

屬性集：無

這是一個查詢操作，其目的只在傳回系統的既存資料。

例外回應：未定義

這裡我們可以定義操作應該如何回應錯誤條件，像是如果呼叫訊息使用不合法簽章應該傳回何種錯誤訊息。

非功能性需求：未定義

有許多非功能性需求可能與操作相關，但這些需要與使用者討論之後才能決定，包括在現場運作時（進行查詢時通常需要較快回應）的回應時間或輸出的格式（例如，若有一個內部標準，規範超出預算需以紅色顯示）。然而，這些都是真實的設計議題，只有在那時資訊發生而可用時才會在這個階段加以標示。

10.7 總結

操作規格是系統模型行為最詳細的描述，因此也是專案儲存庫中較為重要的元素之一。系統使用者通常必須詳細了解所需要的系統行為，而系統設計師與程式設計師負責將其實作到軟體中，操作規格則提供他們之間的重要連結。如果軟體程式要正確地撰寫，準確的操作規範至關重要。

在本章，我們介紹「契約」做為操作規格的架構，亦即類別之間的服務關係。因為契約聚焦在每一個物件行為的正確性上，所以是操作規格中特別有用的元素。

此外，我們也介紹一些描述操作邏輯的技術。非演算式技術（例如決策表及前置條件、後置條件）採取黑箱方法，只專注於制定操作的輸入規格（前置條件）及操作的潛在結果（後置條件）。在許多情況下，特別是當操作本身十分簡單時，這是程式

設計師唯一需要正確撰寫程式的規格。

演算式技術（例如結構化英文、虛擬碼及活動圖等）採取白箱方法，意味著它們專注於定義操作的內部邏輯。當操作是複雜的運算時，這些技術特別有用。另外，當我們需要塑模一些尚未分解到可以指派到特定類別的個別操作層次之較大系統行為元素（例如使用案例）時，這些技術也很有幫助。

操作規格的許多元素可以用 OCL（UML 的物件限制語言）撰寫。OCL 較傾向於正規語言，用來制定物件模型的限制與查詢，包括操作的前置條件、後置條件以及常數。

☑ 習題

10.1 操作規格的兩個主要目的為何？
10.2 決策表特別適合何種情況？
10.3 為什麼同時制定操作的前置條件及後置條件十分重要？
10.4 對於操作規格而言，演算式方法及非演算式方法的主要差別為何？
10.5 為何物件導向開發一般傾向使用非演算式（或宣告式）方法？
10.6 為何物件導向專案中的操作規格可能較小？
10.7 結構化英文的三種控制結構為何？
10.8 結構化英文規格的合理長度限制為何？
10.9 OCL 表示式的主要三個元件為何？
10.10 何謂常數？

☑ 案例研究作業、練習與專案

10.A 考慮圖 10.1 的決策表，假設你已經學會考慮額外條件：目前表中規則只針對總預算為 5,000 英鎊或以上的活動，但對較小型的活動來說，每個活動的臨界值是不同的；較小型活動的臨界值如下：對預算預期超支小於 10% 者，不需進行任何動作；對於預算預期超支 10% 至 19% 者，發函通知；對於預算預期超支 20% 或以上者，發函通知並安排會議。根據上述資訊，針對較小型活動繪出新版決策表。

10.B 將圖 10.1 原本的決策表重繪為活動圖，也將你在習題 10.A 產生的新決策表重繪成活動圖。

10.C 考慮圖 10.1 的決策表，三個控制結構中哪一個需要將之轉換為結構化英文規格？重新以結構化英文格式製作決策表。

10.D 找出決策樹與決策表的不同；針對圖 10.1 中的決策表繪製相對應的決策樹。決策樹、決策表與結構化英文三者相對的優點與缺點分別為何？

Chapter 11

制定控制規格

學習目標 在本章中你將學到：
- ☑ 如何找出應用程式的控制需求。
- ☑ 如何以狀態機塑模物件的生命週期。
- ☑ 如何從互動圖中開發出狀態機圖。
- ☑ 如何在物件中塑模並行行為。
- ☑ 如何確保與其他UML模型的一致性。

11.1 簡介

　　制定系統關於控制方面的細節主要是處理系統應該如何對事件加以回應，對某些系統來說這可能相當複雜，對於事件的回應方式大幅取決於經過的時間與已經發生的事件而定。

　　因為有即時系統，對於根據狀態而對某一事件做出系統回應將很容易理解。譬如，當飛機飛翔或在跑道上滑行時，飛行控制系統對不同事件（例如引擎失效）會產生不同的反應。販賣機是一個更常見的例子，亦即直到投入正確金額，物品才會從販賣機中落下；販賣機投入金額是否足以購買消費者選擇的物品等狀態決定了行為的變化，事實上，真實情況會比這個例子更複雜。譬如，就算投入正確金額，已銷售完畢的物品也不會落下。因為這些狀況代表系統執行方法的限制，所以塑模行為中這類與狀態有關的變化非常重要。

　　不只即時系統，在各種系統中物件都可以依據它們的狀態而有類似的行為變化。

UML 使用狀態機來塑模物件和互動的狀態以及狀態的有關行為。使用於 UML 的標記法是以 Harel (1987) 的研究為基礎，並且被 OMT（Rumbaugh et al., 1991）及 Booch 方法 (Booch, 1994) 第二版所採用。UML 2.2 介紹了行為狀態機及協定狀態機的區別，行為狀態機可用來制定個別實體的行為規格，例如類別實體；而協定狀態機可用來描述類別、介面及埠的使用協定。

互動圖與狀態機之間有一個重要的連結。在狀態機中的狀態行為模型會捕捉單一物件對於參與其間全部的使用案例之一切可能回應。相反地，循序圖或溝通圖則記錄與單一使用案例或其他互動有關之所有物件的反應。狀態機可視為類別中物件所遵從的可能週期之描述，也可視為類別的詳細觀點。

狀態機是一個多功能模型，在物件導向方法中可用來描述模型實體的行為。

11.2 狀態與事件

所有物件都有**狀態** (state)，我們在第 4 章介紹了狀態的概念（第 4.2.7 節），也在第 7 章討論了狀態與屬性之間的關係（第 7.3.3 節）。物件的目前狀態是發生在物件上所有事件的綜合結果，而且是由物件屬性的現值及與其他物件的連結共同決定，物件的某些屬性和連結與狀態有關，其他則否。例如在 Agate 案例研究中，`StaffMember` 物件的 `staffName` 和 `staffNo` 屬性的值不會影響其狀態，但一個員工在 Agate 的起聘日決定了他的試用期何時結束（例如六個月後），在該員工聘期的前六個月，此 `StaffMember` 物件會是 `Probationary` 狀態。在此狀態下，員工會有不同的聘雇權利，被公司解雇時也得不到資遣費。

狀態描述了一種特殊情況，其中被塑模的元素（例如物件）在等待某事件或**觸發** (trigger) 時可能會佔用一段時間。類別限制了物件可能佔用的狀態。某些類別的物件只有一種可能狀態。例如在 Agate 案例研究中，`Grade` 物件只能存在或不存在。若 `Grade` 物件存在，表示其可被使用；不存在則表示不能被使用。這種類別的物件只有一個狀態，我們稱之為 `Available`。其他類別的物件則會有一個以上的可能狀態，例如 `GradeRate` 類別的物件即有數種可能狀態。若是在開始日之前，它是處於 `Pending` 狀態；若正好是開始日或介於開始日到結束日之間，是 `Active` 狀態（假設結束日比開始日晚）；若是晚於此階段的結束日，則為 `Lapsed` 狀態。若目前日期距離結束日超過一年以上，則將此物件由系統中移除。我們可以檢驗兩個日期屬性的值，來決定 `GradeRate` 物件的目前狀態。其中，`GradeRate` 類別可能會用數值表示物件目前狀態的單一屬性（列舉型態——每個可能狀態都有一個整數值）。持有物件目前狀態值的屬性，有時稱為**狀態變數** (state variable)。需要特別注意的是，隨著時間發生的事件會影響 `GradeRate` 物件由一個狀態到另一個狀態的移動。圖 11.1 展

```
state machine GradeRate
```

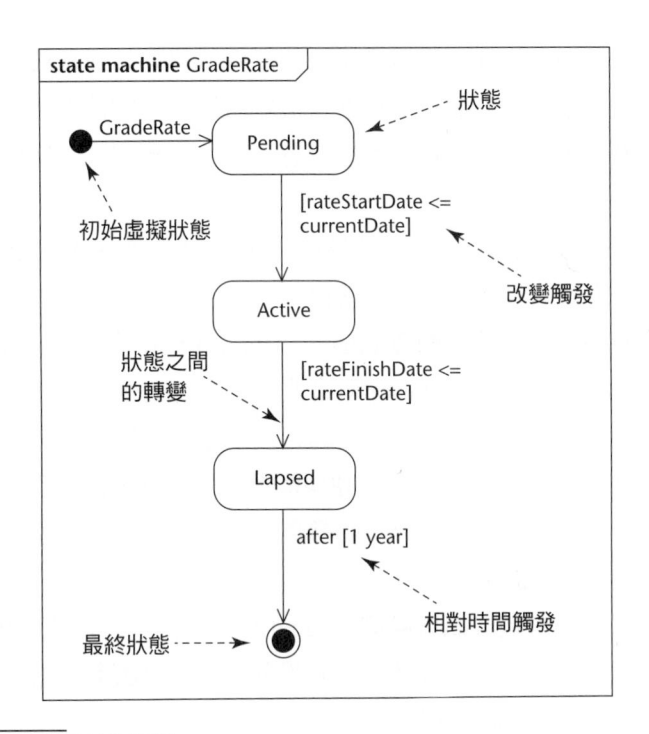

GradeRate ●────→ (Pending)   ←--- 狀態
初始虛擬狀態 ↗   │
                        │ [rateStartDate <= currentDate]   ←--- 改變觸發
                        ↓
狀態之間   (Active)
的轉變 ---↘   │
                        │ [rateFinishDate <= currentDate]
                        ↓
                    (Lapsed)
                        │
                        │ after [1 year]   ←--- 相對時間觸發
                        ↓
最終狀態 ---→ ●

圖 11.1 GradeRate 類別的狀態機

示了 GradeRate 的狀態機。此狀態機以種類 state machine（以縮寫 sm 表示）的方框來表現。UML 2.2 對於方框的使用有很大的彈性，而且當圖的邊界清楚時，也不一定需要使用狀態。

由一個狀態到另一個狀態的移動稱為**轉變** (transition)，而轉變是由觸發引起的。觸發是一個與物件（或塑模元素）有關且能造成狀態改變的事件。因觸發事件而造成轉變，被稱為**啟動** (fire)。以原始狀態到目標狀態間的開放式箭頭表示轉變，在 Agate 中取消廣告是一個將 Advert 物件的狀態改變為已取消的觸發。就像類別定義的一組物件都是實例，以**事件種類** (event type) 定義的事件也是實例。舉例來說，取消 CheapClothes jeans 活動中的廣告是一事件的實例，而取消 Soong Motor Co Helion 活動中的廣告則是另一個實例。兩者都被定義成事件種類 cancellationOfAdvert。因為此事件造成狀態改變，所以被當作觸發。

11.3　基本標記法

所有狀態機皆需要一個開始狀態（至少在標記時會用到）。我們以實心小圓表示狀態機的**最初虛擬狀態**（initial pseudostate，或稱開始點）。這真的只是為了表示上的方便，物件並不能存在於它的最初虛擬狀態，必須立即移到另一個已命名的狀態。圖 11.1 中，GradeRate 物件在產生後馬上進入 Pending 狀態。由開始狀態產生的

轉變可選擇性地以創造此物件的觸發標示。狀態機的終點（或稱最終狀態）則以牛眼記號標示。這也是圖示上的方便，一旦進入最終狀態，此物件即無法離開此狀態。其他所有狀態都以圓角矩形表示，並且應以有意義的名字標記。狀態機圖中的每個節點都稱為頂點。

圖 11.1 的所有轉變，除了第一個和最後一個之外，都會改變觸發；觸發可以分成幾種一般類型，而且可以有參數及回傳值。

當條件成立時將會造成**改變觸發** (change trigger)，這通常會以布林表示式來加以描述，其值只會是真 (true) 與假 (false) 兩者之一。這樣有條件事件的形式跟警戒條件大不相同，通常是依據它與相關事件啟動的時機來加以評估。

當物件收到呼叫它的操作時會造成**呼叫觸發** (call trigger)，不管這呼叫是來自另外一個物件或是來自它自己本身。呼叫觸發負責確認接收呼叫訊息，並且以操作簽章做為轉換的觸發來加以註記。

當物件收到訊號時會造成**訊號觸發** (signal trigger)。如同在呼叫觸發中事件是以牽涉的操作簽章加以註記，呼叫觸發與訊號觸發並沒有語法上的差別，這樣的命名慣例是假定可以做為它們兩者的區別。

相對時間觸發 (relative time trigger) 是因時間在特定事件後（通常是目前狀態的新進輸入）經過指定期間所導致。相對時間觸發是以轉換附近的時間表示式來標示，時間表示式以括號框起而且應該評定予一段期間，前面冠以關鍵字「after」，而如果沒有指定開始時間的話，表示從目前狀態最近的新進輸入開始起算。圖 11.1 中從 Lapsed 狀態到最終狀態的轉換就是一個相對時間觸發。

GradeRate 物件因為進入每個狀態都僅只一次，所以它的狀態機非常簡單；有些類別有著更為複雜的生命週期而更甚於此，舉例來說，在圖書館系統中的 BookCopy 物件會在 OnLoan 與 Available 這兩個狀態間移動許多次。

圖 11.2 為另一種可用於組成狀態的狀態標記法。圖 11.3 顯示類別 Campaign 有兩個狀態之狀態機的基本標記法，以及它們之間的轉變。我們應以**轉變線** (transition string) 指出觸發此轉變的事件。

對於請求及訊號事件來說，轉變線的形式如下所示：

trigger-signature '[' constraint ']' '/' activity-expression

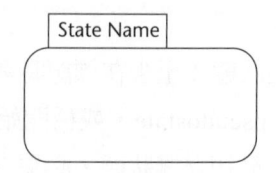

圖 11.2 狀態的另一種標記法

```
                  此觸發必須能對應到
  Commissioned    campaign 類別中的
                  一個操作
       │
       │ authorized(authorizationCode) [contractSigned]
       │ /setCampaignActive
       ▼
     Active
```

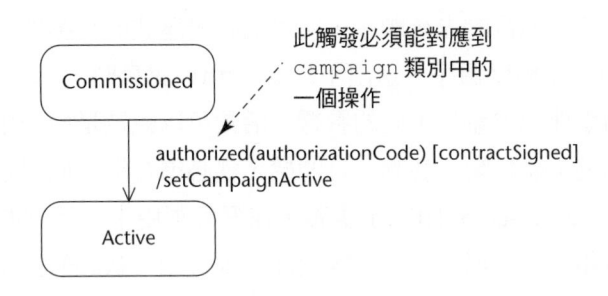

圖 11.3 │ 類別 Campaign 狀態機的片段

觸發簽章則有下列形式：

　　`event-name '(' parameter-list ')'`

其中，事件名稱可能是請求或訊號名稱，參數列表則包含下列以逗號隔開形式的參數：

　　`parameter-name ':' type-expression`

以冒號隔開（在單引號中的**字符** (literal)，例如「(」，視為事件的一部分）。注意，只有在未列出參數時，才會使用空的括號「()」。

　　限制是在觸發啟動時被評估的 Boolean 表示法，通常稱為**警戒條件** (guard condition) 或**警戒** (guard)，當警戒條件為真時，才能進行轉變。警戒條件是一個和擁有狀態機的物件之觸發、屬性或連結等參數有關的限制。我們以中括號「['...']」表示警戒。

　　在圖 11.3 中，警戒條件是在類別 Campaign 對 contractSigned 屬性的測試，因為屬性是 Boolean，其可能如下所示：

`[contractSigned]`

　　此表示法只有在 contractSigned 為真才為真。警戒條件也能用於測試目前物件的並行狀態，或其他可接觸物件的狀態。第 11.4.2 節將會解釋並行狀態。

　　觸發啟動轉變時會執行**活動表達式** (activity-expression)。和警戒條件一樣，它可能和觸發的參數有關，也可能和擁有物件或塑模元件的操作、屬性以及連結有關。在圖 11.3 中，活動表達式始於「/」定義字母，並執行 Campaign 物件的 setCampaignActive 操作。

　　活動表達式可能包含一系列的行動，並且包括可能產生訊息傳遞或起始操作等事件的行動。在行動線中，每個行動以分號與前面的行動分開。在一轉變線中包含許多行動的活動表達式範例，如下所示：

`left-mouse-down(location) [validItemSelected] / menuChoice`
`= pickMenuItem(location); menuChoice.highlight`

因為活動序列決定活動執行的先後順序,所以活動表達式的行動序列十分重要。如同前一個範例,若活動為相反順序,送出 `highlight` 訊息時,`menuChoice` 的值可能會不一樣,因而事件也會產生不同的影響。活動可以視為是原子化的(亦即無法被分割),一旦開始就不能打斷。活動一旦開始,就必須在另一個活動之前執行完畢,稱為**「執行到底」**(run-to-completion) 語義。在真實應用中,活動的執行需要時間,但只和程式碼的複雜度或處理器的速度等內部原因有關。狀態的持續期間通常和應用環境的外在事件有關。

而另一個狀態可能會延遲觸發的影響。在觸發後面加上「/defer」狀態符號可表示**延遲事件** (deferred event)。舉例來說,如果一個人在經過一個半自動門時壓觸關門鍵,直到那人不再阻礙門口通道前門都不應該關閉,這表示門只有在狀態從 `OpenObstructed` 改變為 `OpenClear` 狀態後才會對 `closeDoorButtonPressed` 事件加以回應,自動門對事件的回應受到 `OpenObstructed` 狀態到 `OpenClear` 狀態間的延遲後才轉換到 `Closed` 狀態。

到目前為止,我們只考慮和轉變有關的活動表達式。活動表達式對塑模與狀態有關的內部活動相當有用。不會改變狀態的事件、造成進入某一狀態的事件或造成目前狀態的事件,都可能觸發這些活動。狀態頂點可以分割成不同部分:名稱部分、內部活動部分,以及內部轉變部分。圖 11.4 顯示名稱部分和內部活動部分的狀態符號,而在圖 11.5 中則呈現了三個部分。

名稱部分 (name compartment) 就是狀態的名稱,狀態可能是未命名或匿名的。通

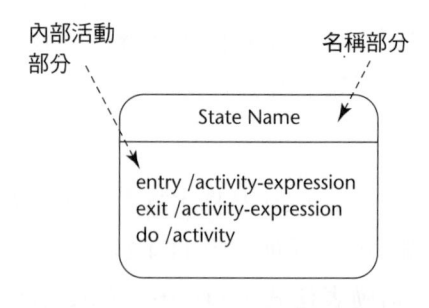

圖 11.4 狀態的內部活動

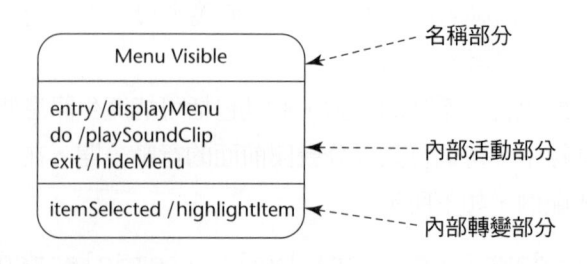

圖 11.5 `DropDownMenu` 物件的 `Menu Visible` 狀態

常，一個狀態只在狀態機圖上出現一次（最終狀態除外）。

內部活動部分 (internal activities compartment) 列出在狀態下執行的**內部活動** (internal activity) 或**狀態活動** (state activity)。每個內部活動皆會標示規定在哪個情況下執行活動表達式。有三種內部事件具有特別的標記法，其中兩者是**進入活動** (entry activity) 和**離開活動** (exit activity)，分別以關鍵字「entry」進入和「exit」離開表示。這些事件沒有警戒條件，因為它們分別由物件進入狀態中或由狀態中離開而啟動。進入或離開活動表達式也可能和即將進行之轉變的參數（假設這些出現在所有轉變上），以及擁有物件的屬性與連結有關。值得強調的是，所有進入狀態的轉變都會啟動進入活動，而所有離開狀態的轉變都會啟動離開活動。

`'entry' '/' activity-name '(' parameter-list ')'`

`'exit' '/' activity-name '(' parameter-list ')'`

狀態活動之前有一個關鍵字「do」，以下列語法表示：

`'do' '/' activity-name '(' parameter-list ')'`

狀態活動可能「持續」一段時間，也許是狀態的整個期間。例如在圖 11.5 中，只要音效剪輯或物件停留在 Menu Visible 中（看哪一個持續時間較短），playSoundClip 狀態活動就會一直持續。

內部轉變部分 (internal transitions compartment) 列出內部轉變，並以描述觸發的方式來描述每個轉變。內部轉變不會造成狀態改變，也不會啟動離開活動或進入活動。

圖 11.5 顯示包含三個部分的 DropDownMenu 物件之 Menu Visible 狀態。內部轉變及內部活動有時會放在狀態下的同一個區隔中。這是一種標記形式。在此範例中，進入活動造成選單展開。進入活動在狀態 do 活動起始前完成。當此物件仍在 Menu Visible 狀態時，狀態 do 活動開始音效剪輯，而且若事件 itemSelected 發生，就會啟動行動 highlightItem。值得一提的是，當事件 itemSelected 發生，就不能進入或離開 Menu Visible 狀態，也因此無法啟動進入活動或離開活動。當狀態真的為離開時，選單就會隱藏起來。

圖 11.6 顯示類別 Campaign 的狀態機。由最初虛擬狀態到 Commissioned 狀態的轉變，僅以一個含有操作 assignManager 及 assignStaff 的活動表達式標示。這些操作的執行確保了活動會有管理者，以及至少有一名員工會被分派給此活動。產生 Campaign 物件的事件會觸發這些操作。由 Completed 狀態到 Paid 狀態的轉變有一個警戒條件，就是只有在付清所有應支付給 Campaign 的金額後 (paymentDue)，此轉變才能被啟動（注意，當客戶溢付款項時，此警戒條件也容許 Campaign 進入 Paid 狀態）。

```
                    /assignManager;
                    assignStaff
              ●────────────────▶┌──────────────┐
                                │ Commissioned │
                                └──────┬───────┘
              Authorized(authorizationCode)
              [contractSigned]
              /setCampaignActive
                                       ▼
                                ┌──────────────┐
                                │    Active    │
                                └──────┬───────┘
              campaignCompleted
              /prepareFinalStatement
                                                    paymentReceived(payment)
                                                    [paymentDue – payment > zero]
                                       ▼
                                ┌──────────────┐
                                │  Completed   │⟲
                                └──────┬───────┘
              paymentReceived(payment)
              [paymentDue – payment <= zero]
                                       ▼
                                ┌──────────────┐
                          ●◀────│    Paid      │
                                └──────────────┘
              archiveCampaign
              /unassignStaff;
              unassignManager
```

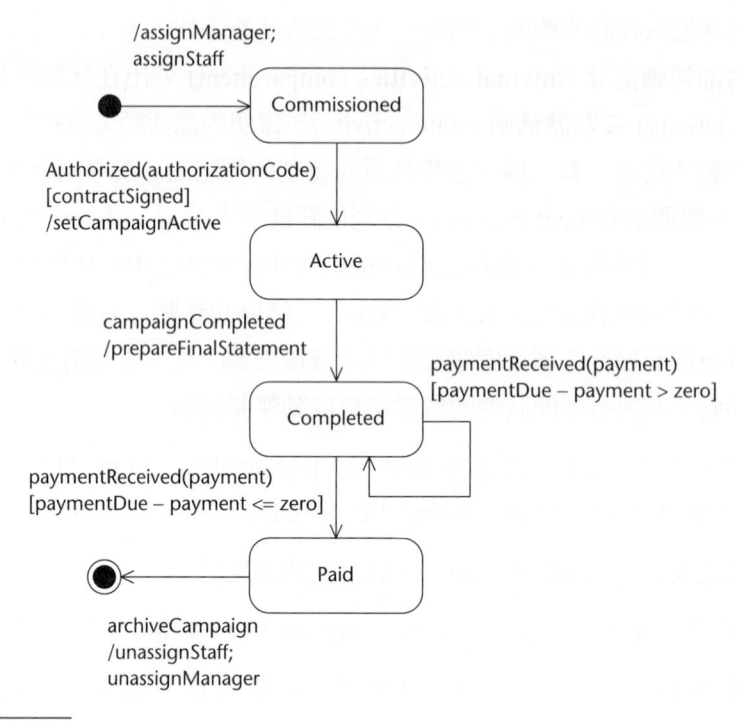

圖 11.6 類別 Campaign 的狀態機

Completed 狀態產生的反身轉變塑模了任何未將金額減少到零以下的支付事件。Completed 狀態會產生兩個轉變，只有其中之一能被 paymentReceived 事件觸發，因為兩者的警戒條件是互斥的。建構一個事件能觸發同一狀態之兩種不同轉變的狀態機十分實用。只有在每個狀態的所有轉變都互斥的情況下，狀態機才是明確的。

若使用者需求必須改變為在溢付款項時自動產生退款，狀態機也可以被改變。因為溢付款項產生的行動和將 paymentDue 減少至零之支付款項的行動不同，從 Completed 狀態到 Paid 狀態間需要一個新轉變，同時也必須調整 Completed 狀態的警戒條件。圖 11.7 顯示符合此需求的狀態機。值得注意的是，圖 11.6 和圖 11.7 的狀態機並不相等，但是可以符合使用者的不同需求。

11.4 更詳細的標記法

狀態機標記法可用來描述高度複雜的時間相關行為。如果單一的狀態機圖變得太過於複雜而不易解讀或不易繪製，狀態層級可以是變成巢狀的，因而得以用不同的圖塑模不同的細節程度，這樣的標示法也可用於表示並行行為。

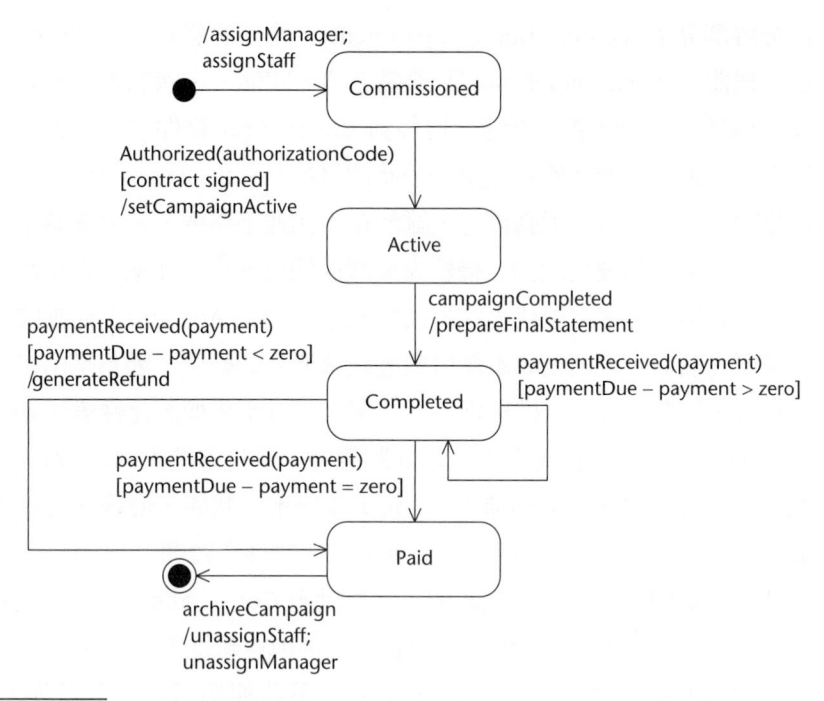

圖 11.7 修正過的 Campaign 類別狀態機

11.4.1 組合狀態

當物件或互動的狀態行為很複雜時，可能需要以不同程度的細節來呈現應用中的狀態層級，例如：在 Campaign 狀態機中，狀態 Active 包括數個**子狀態** (substate)。圖 11.8 顯示這些子狀態，其中總共有三個未連接在一起的子狀態：Advert Preparation、Scheduling 及 Running Adverts，這些子狀態都置於

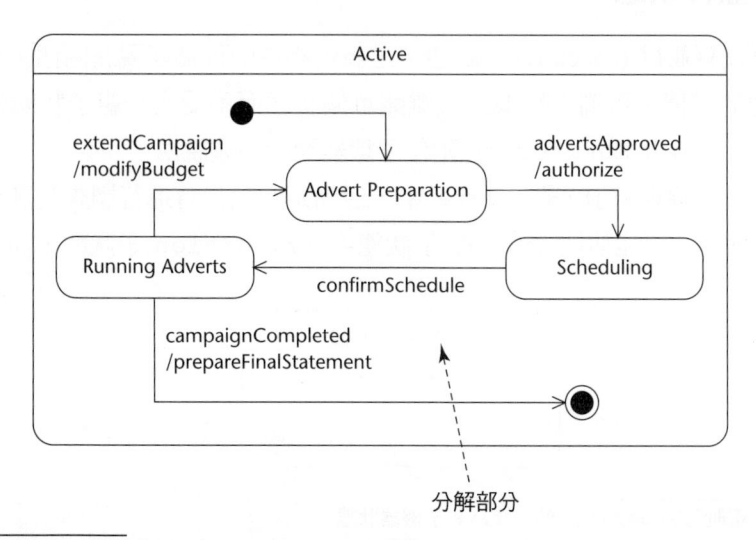

圖 11.8 顯示巢狀子狀態之 Campaign 的 Active 狀態

狀態的**分解部分** (decomposition compartment)，而分解部分有一個區域。此圖顯示包含一個**子機器** (submachine) 的巢狀狀態圖之單一狀態。在狀態 Active 的巢狀狀態機中，有一個最初虛擬狀態，伴隨一轉移到 Campaign 物件變成活動時所進入的第一個子狀態。由最初虛擬狀態進入第一子狀態 (Advert Preparation) 的轉變不應以事件標記，但也許可以活動標記，雖然在本例並不需要。此轉變暗示它是由任何進入 Active 狀態之轉變所啟動。最終虛擬狀態的符號也可能顯示在巢狀狀態圖中。進入最終虛擬狀態的轉變符號代表在附加狀態中（例如 Active）活動的完成，而且除非有特殊優先觸發，否則完成事件可觸發此狀態外的轉變。因為是由完成事件暗示此事件的觸發，只要不會造成模稜兩可的情況，可以不用標記此轉變（見圖 11.11）。

在圖 11.8 中，當活動進入 Active 狀態時，首先會進入 Advert Preparation 子狀態，在核准廣告後，活動進入 Scheduling 子狀態，最後在行程表同意後，進入 Running Adverts 子狀態。若活動完成，物件會離開 Running Adverts 子狀態，同時也會離開 Active 附加狀態，而移動至 Completed 狀態（見圖 11.7）。若在 Running Adverts 子狀態中的活動延長，則重新進入 Advert Preparation 子狀態（圖 11.8）。類別 Campaign 的高階狀態機可在主要狀態的細節中顯示 Active 狀態的巢狀狀態機。若在更高階狀態機中，不需要子機器的細節或在一張圖中畫不下，則可如圖 11.9 所示，在更高階狀態機中標記隱藏指示標誌（兩個連結在一起的小狀態符號）。狀態名稱部分可參考子機器 Running，使用以下語法：

```
state name ':' reference-state-machine-diagram-name
```

因為包含一個子機器，Active 狀態稱為**子機器狀態** (submachine state)。

11.4.2 並行狀態

物件可以有**並行** (concurrent) 狀態。這表示物件的行為能視為兩個（或以上）不同組子狀態的乘積，可獨立地進入或離開每個狀態而不受另一組子狀態的影響。圖 11.10 以 Running 及 Monitoring 兩個子機器圖示上述說法。

假設進一步調查顯示，在 Agate 中，活動是在執行時進行調查及評估。活動在 Active 狀態時，可能佔據 Survey 子狀態或 Evaluation 子狀態，而這兩個狀態

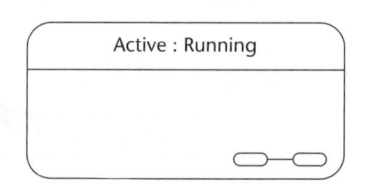

圖 11.9 隱藏細節之 Campaign 的 Active 子機器狀態

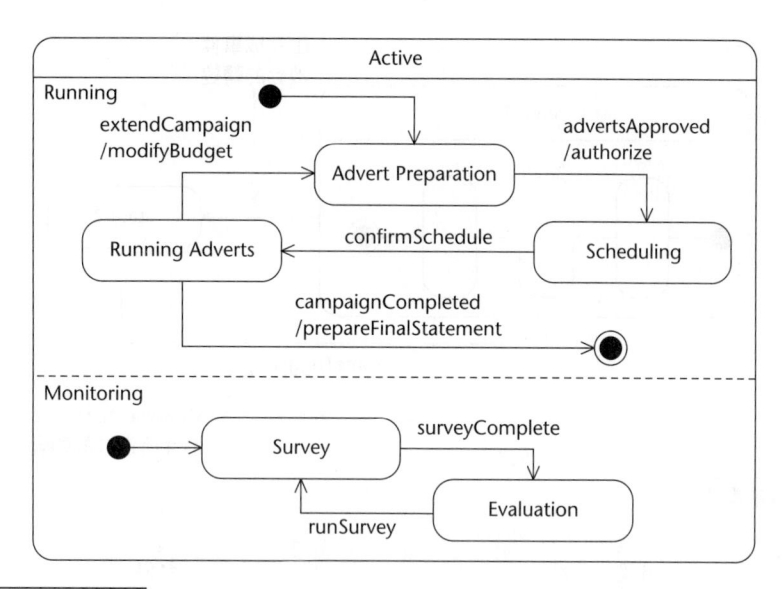

圖 11.10 具有並行子狀態的 Active 狀態

的轉變並不會被活動準備或執行廣告的目前狀態影響。我們將 Active 狀態分割為兩個並行巢狀子機器 Running 及 Monitoring，以塑模上述情況，而每個子機器均位於 Active 狀態機分解部分的不同區域。上述說法如圖 11.10 所示，以虛線將分解部分一分為二，並行狀態以直角描述，表示它們互不干擾。

　　類似這樣進入複雜狀態的轉變，等於每個並行子機器同時進入最初狀態的轉變。為了避免每個並行區域中不知需先進入哪一個子狀態的困擾，應將每個巢狀子機器的最初狀態訂定規格。Active 狀態內的轉變表示啟動任何執行狀態的進入事件後，Campaign 物件同時進入 Advert Preparation 及 Survey 子狀態。轉變現在可能發生在其中一個並行區域，但不影響在另一個並行區域中的子狀態。然而，Active 狀態之外的轉變卻適用於所有子狀態（無論它們巢狀得多深）。就某種意義來說，因為轉變適用於所有子狀態，我們可以稱子狀態由 Active 狀態繼承 campaignCompleted 轉變（如圖 11.7 所示），這等於是說是事件觸發一自 Active 狀態離開的轉移，也觸發了自目前所佔據的任何子狀態離開的轉移。子機器 Monitoring 沒有最終狀態，而且在離開 Active 狀態時，子機器 Monitoring 會佔據 Survey 或 Evaluation 其中一個狀態。若其中一個巢狀狀態機出現相同觸發的轉變，則繼承而來的轉變可能會被隱藏（例如圖 11.10 中 Running Adverts 狀態中的 campaignCompleted 轉變）。

　　一般而言，有數種方式可以離開組合狀態，圖 11.11 顯示其中兩種。當觸發 someTrigger 發生時，無論子機器佔據哪一個子狀態，State 1 都會離開。或是當 State 1 的子機器完成並產生一個完成事件時，State 1 也會離開。此完成事件造成由 State 1 到 State 2 的未標示轉變。

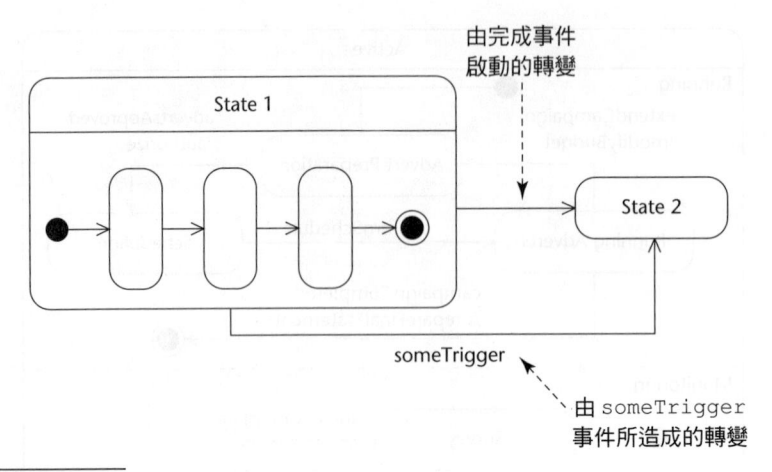

圖 11.11 完成事件

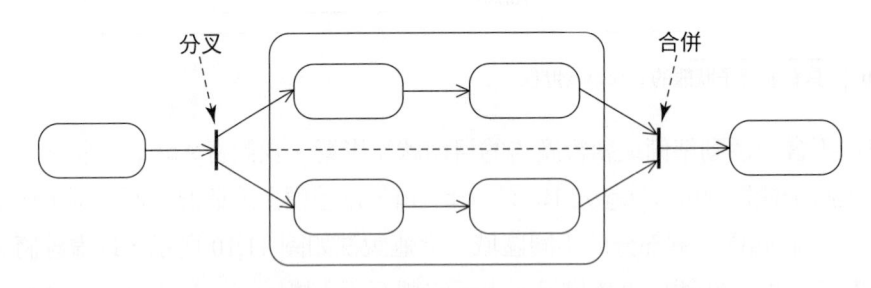

圖 11.12 使用分叉與合併的平行狀態

圖11.12顯示將轉變一分為二的**分叉虛擬狀態** (fork pseudostate)，每條路徑都通向一個特殊並行子狀態。這也顯示直到兩個並行巢狀子機器伴隨結合為**合併虛擬狀態** (join pseudostate) 的轉移離開後，包含狀態才開始存在。

11.4.3 虛擬狀態與離開虛擬狀態

塑模進入或離開子機器狀態的例外情況有時很有用，我們可以使用進入**虛擬狀態** (entry pseudostate) 及**離開虛擬狀態** (exit pseudostate) 來達成這個目標。圖 11.13 顯示此標記法的使用範例。狀態機 Advert 共有 StoryBoard、AdvertPrep 及 AdvertRunning 三種狀態。AdvertPrep 是進入及離開虛擬狀態已被定義的子機器狀態。狀態機 AdvertPrepSM 也有相同的進入及離開虛擬狀態（它們的名稱相同，分別是 Advert Reworked 及 Advert Aborted）。在 AdvertPrepSM 中，這些虛擬狀態出現在方框邊界上，但也可能已經置入方框裡。觸發 abort 造成狀態機 AdvertPrepSM 經由 Advert Aborted 離開，接著轉變成狀態機 Advert 中的最終狀態。由 AdvertRunning 到 Advert Reworked 的轉變造成子機器開始由連接狀態進入虛擬狀態。

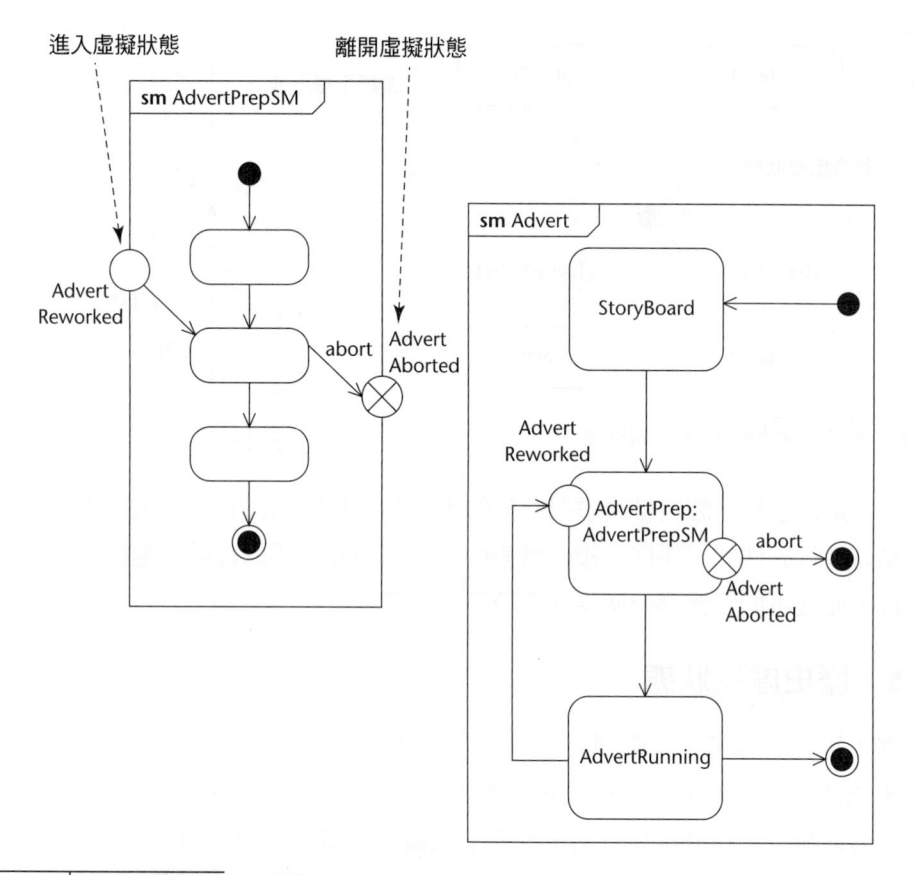

圖 11.13　進入虛擬狀態與離開虛擬狀態

11.4.4　結合虛擬狀態與選擇虛擬狀態

UML 提供一種在狀態機圖上顯示決定點的標記法。雖然在語義上有些微不同，但結合虛擬狀態與選擇虛擬狀態都可達到此目的，參見圖 11.14。該圖顯示由 StateA 到 StateB 以及由 StateA 到 StateC 的轉變，此為複合轉變。一般來說，複合轉變有一個以上的原始狀態以及一個以上的目標狀態，而且會使用結合、選擇、分叉或合併虛擬狀態。

結合虛擬狀態（junction pseudodate，其標記法與最初虛擬狀態相同）具有一個或更多的進入轉變，以及一個或更多的離開轉變。當存在許多進入轉變及一個離開轉變，我們稱之為**合併** (merge)。當存在許多離開轉變，而只有一個進入轉變時，即稱為**靜態條件分配** (static conditional branch)。每個離開轉變都有一個警戒條件。當警戒條件被評估為真時，就會啟動轉變。這些警戒條件會在複合轉變啟動前被評估。若只有某些警戒條件被評估為真，則只有警戒條件為真的轉變能被啟動。

選擇虛擬狀態 (choice pseudostate) 允許轉變分成數個離開轉變。每個離開轉變都有一個警戒條件，如圖 11.14 所示，若它們共有一個參數，此參數可能會放在菱形選

```
            StateA         StateD            選擇虛擬狀態
                                                  │
                                                  │
結合虛擬狀態 ----→  ●                              ◇ X
              [condition1]  [condition2]        ╱   ╲
                 ↓              ↓         [<15]╱     ╲[>15]
              StateB          StateC          ↓ [=15] ↓
                                              ↓       ↓
```

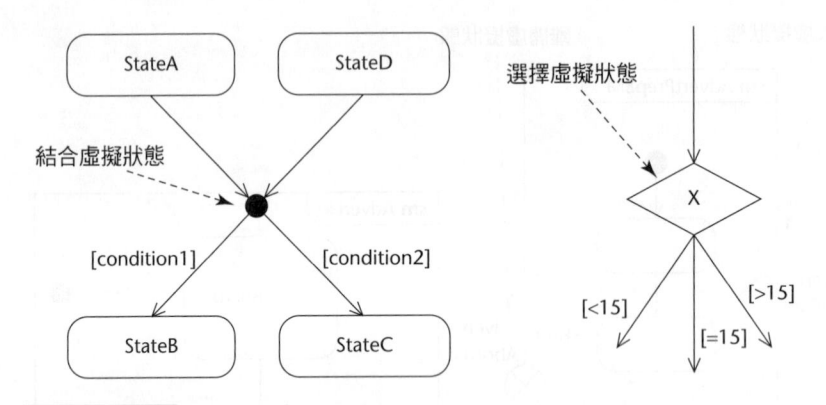

圖 11.14　結合虛擬狀態與選擇虛擬狀態

擇符號中。選擇虛擬狀態與結合虛擬狀態的不同點，在於選擇狀態的警戒條件是在達到選擇點時進行評估的。任何與複合轉變中第一個轉變有關的行動（選擇狀態前）將會被執行，而且可能影響哪一個條件會被評估為真。

11.4.5　歷史虛擬狀態

要進入組合狀態可以有數種方式。我們已經討論過進入虛擬狀態的使用法，它允許在事先決定子狀態下進入組合狀態的子機器。若進入一個組合狀態，並在其子機器完成前就離開，在最後執行的子狀態下繼續完成組合狀態可能很有用。圖 11.15 的**淺層歷史虛擬狀態** (shallow history pseudostate) 以及**深度歷史虛擬狀態** (deep history pseudostate) 可用來表示上述事件。

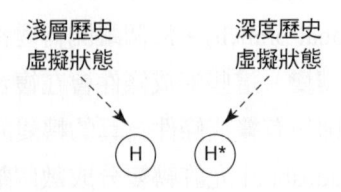

舉例來說，在圖 11.16 中，Active 狀態中的 Campaign 可能因 suspendCampaign 觸發而暫時中止，並移到 Suspended 狀態。當造成中止的事件解決後，可由活動離開處重新開始執行活動。在此範例中，Active 狀態有兩個平行子機器，兩者皆須由其暫時中止前最後執行的子狀態重新開始進行。上述事件以 Suspended 中的 resumeCampaign 的轉變顯示。進入分叉虛擬狀態時會分成兩條路徑，一條走入 Running 的淺層歷史虛擬狀態，另一條則走入 Monitoring 的淺層歷史虛擬狀態（一個區域或許只會有一個歷史虛擬狀態）。接著，每個歷史虛擬狀態都會啟動其區域中暫時中止前最後執行的子狀態。由淺層歷史虛擬狀態中未標記轉移指出預設淺層歷史子狀態。若暫時中止前最後執行的子狀態是最終狀態或之前未

```
        淺層歷史        深度歷史
        虛擬狀態        虛擬狀態
           ┆               ┆
           ↓               ↓
          (H)            (H*)
```

圖 11.15　歷史虛擬狀態

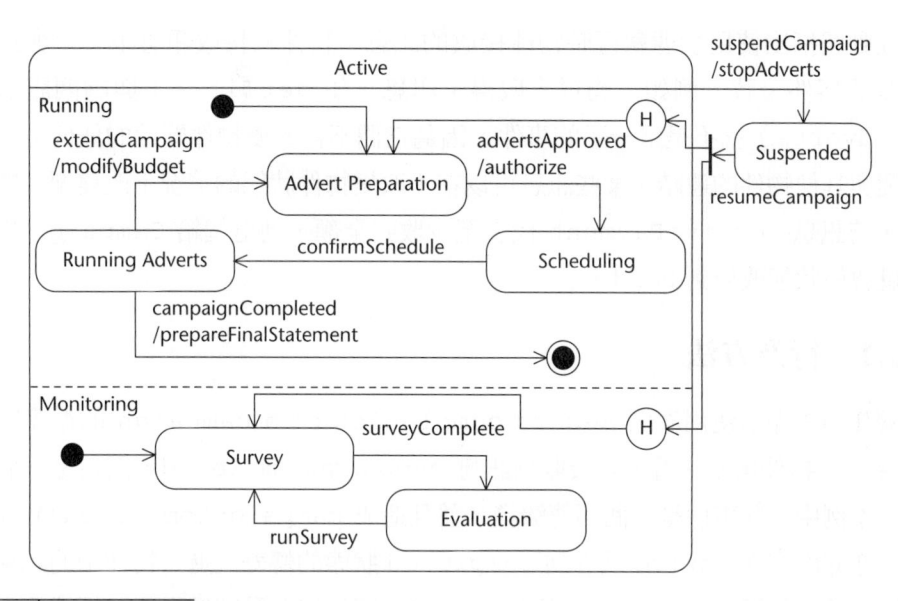

圖 11.16 ｜ Active 狀態的虛擬狀態

啟動的組合狀態，則狀態就會被啟動。對 Running 來說，預設的淺層歷史子狀態是 Advert Preparation，對 Monitoring 來說則是 Survey。

組合狀態可能會有輪流組合諸如此類的子狀態，因此可能需要任意地深度巢狀子狀態。深度歷史虛擬狀態和淺層歷史虛擬狀態有相似的工作方式，但會讓組合狀態可在區域中每個巢狀子機器中止前的最後執行狀態下重新開始，無論這些子機器巢狀有多深。圖 11.16 中，因為只巢狀一層，所以淺層歷史虛擬狀態與深度歷史虛擬狀態有同樣的影響。

11.4.6　制定狀態機規格

狀態機是用來塑模某類別的物件其行為，類別可以擴展生出特殊化子類別，因此狀態機也能夠擴展；狀態可以制定為 {final} 來表示它們無法再特殊化。轉換也可以擴展，但來源狀態及觸發必須是固定不變的。例如：Agate 可能需要識別 International Campaign 這個新類別，這個新類別物件的狀態機會以 Campaign 狀態機的規格呈現，並且可以加入新的類別及轉變。

11.5　準備狀態機

我們可以用數個不同角度來準備狀態機。類別狀態機可以視為對於使用案例可影響類別中物件方法的描述。使用案例產生互動圖（循序圖或溝通圖），這些圖可以當作準備狀態機的起始點。

互動圖指出使用狀態執行時物件接收的訊息。物件的接收訊息不一定與造成狀態改變的事件一致。例如，簡單「取得」訊息（如 `getTitle`）與詢問訊息（如 `listAdverts`）就不是這一類的事件，因為它們不會改變物件屬性的任何值，也不會改變與其他物件的連結。某些訊息可以在不改變物件狀態的情況下改變屬性的值，例如，若訊息 `receivePayment` 代表至少收到全額，則這個給 Campaign 物件的訊息就會使狀態改變到 Paid。

11.5.1 行為方法

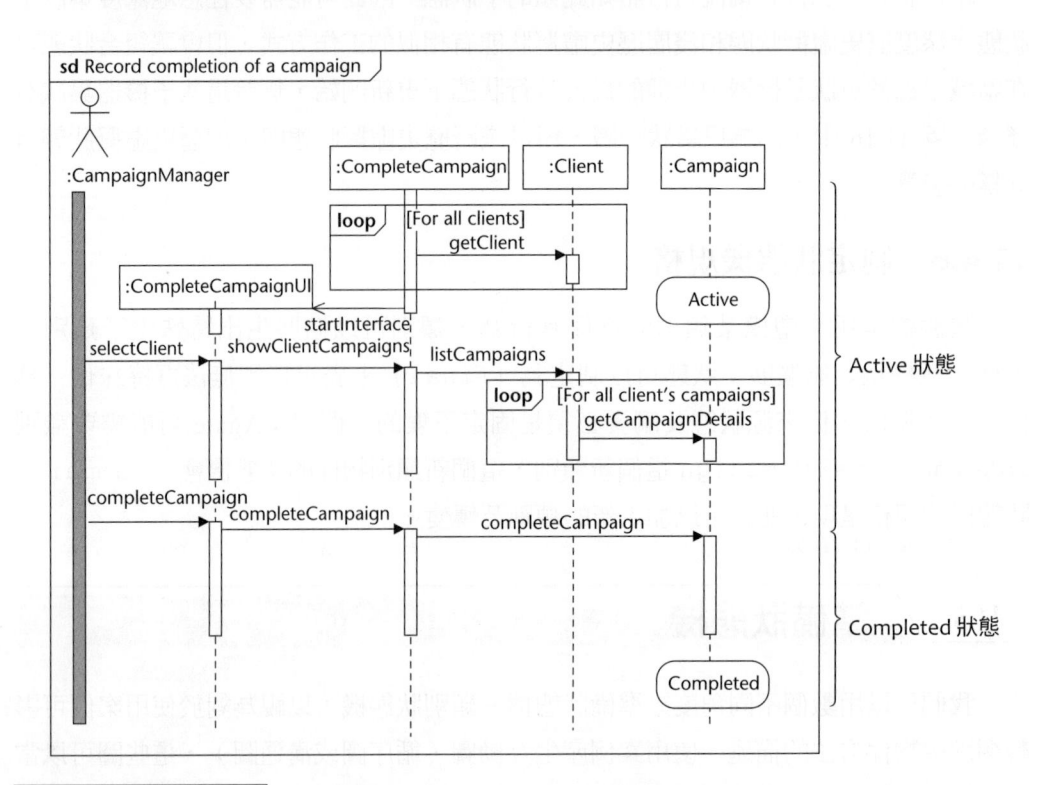

圖 11.17 顯示使用案例 Record completion of a campaign 的循序圖。從 Campaign 物件角度來看，其接收到訊息 campaignCompleted，而這是一個要求事件。本例中，此事件是一個回傳觸發，並且造成 campaignCompleted() 操作的啟動，亦即觸發從 Active 狀態到 Completed 狀態的轉變。進入物件中的訊息通常會與啟動轉變的觸發一致。Allen 及 Frost (1998) 將使用互動圖於發展狀態機的方法描述為一種行為方法。

從一組互動圖中採取這個行為方法來製備狀態機的步驟順序如下：

1. 檢驗所有與擁有大量訊息之類別有關的互動圖。

圖 11.17 使用案例 Record completion of a campaign 的循序圖

2. 依步驟 3 至步驟 9 建構每個類別的狀態機。
3. 識別每個互動圖中可能與考慮類別事件一致的訊息，同時識別可能造成的狀態。
4. 在狀態機上記錄這些事件和狀態。
5. 製作必要的狀態機，以滿足更多明顯的互動，並增加任何例外情形。
6. 發展任何巢狀狀態機（除非已於先前步驟完成）。
7. 檢查狀態機以確保其與使用案例一致，應特別檢查任何合適狀態機的限制。
8. 重複步驟 4、步驟 5 及步驟 6，直到狀態機取得足夠的細節。
9. 檢查狀態機與類別圖、互動圖及任何其他狀態機的一致性。

　　圖 11.17 中的循序圖被標記以指出事件 campaignCompleted 觸發的狀態改變。為了辨識所有可能觸發物件狀態改變的訊息，應檢驗所有影響物件的互動圖（在此情況下，循序圖比溝通圖容易使用，但這是個人偏好的問題）。互動圖的分析產生所有觸發狀態改變之物件（進入訊息造成）初剪表，也產生物件因事件而可能進入之狀態初剪表。若只塑模主要互動，那麼將會產生不完整的表，但是不完整的表依然能提供一個有效的起點。

　　下一步是準備類別的狀態機草稿。圖 11.18 顯示的細節程度可能會出現在 Campaign 類別的初剪狀態機中。為了反映任何未由互動圖中被辨識出來的事件，以及納入任何例外，應延伸 Campaign 類別的初剪狀態機。此時，可以精煉複雜的巢狀狀態。圖 11.18 中，狀態機的檢查使 Active 狀態增加了 Advert Preparation、Scheduling 及 Running Adverts 狀態（見圖 11.19 中修改後的狀態機）。

　　接著比較狀態機與使用案例，以確定出現在狀態機中的類別行為限制滿足記錄於使用案例中的需求。本例尚未包含狀態 Surveying 及 Evaluating，這些可能會在最後檢查狀態機是否完成時被辨識出來，然後以並行狀態形式加入 Active 狀態中。

　　讓我們假設深入的調查行為會影響活動，因此在某些情況下活動會被取消。活動完成後無法取消，但可以在 Commissioned 狀態或 Active 狀態時取消活動。無論在哪個狀態，取消活動的花費都會計入客戶的帳單。若活動已執行，則廣告行程也應該取消。圖 11.20 顯示包含此額外要求的最終狀態機。在這個版本中，將並行子狀態 Running Adverts 嵌入狀態 Completed，清楚地顯示出 campaignCompleted 轉變。當一個類似這樣的轉變啟動時，物件會進行任何並行子狀態的離開活動。

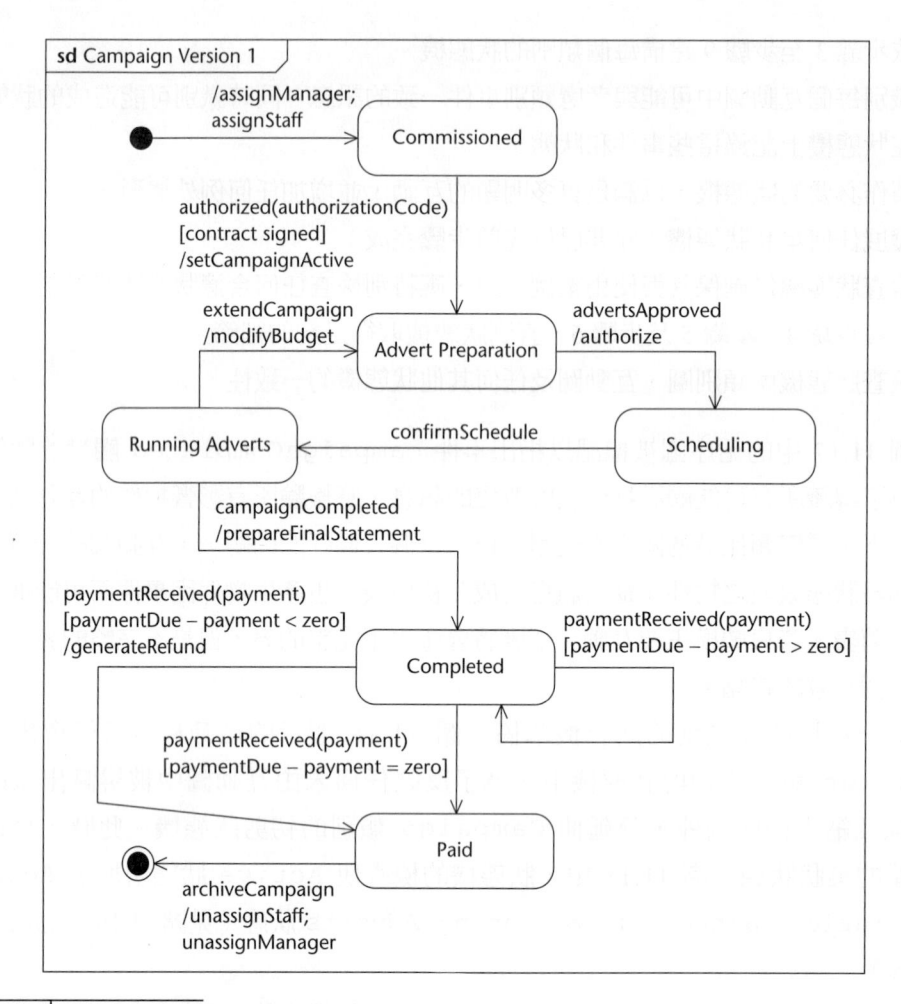

圖 11.18 Campaign 類別的最初狀態機──行為方法

11.5.2 生命週期方法

我們也可以根據每個類別物件的生命週期來準備狀態機。這個方法並非把互動圖做為可能事件及狀態的原始來源，而是直接由使用案例及其他可能得到的需求紀錄中辨識出它們。首先，列出主要的系統事件（在 Agate 中第一個要考慮的可能是 'A client commissions a new campaign'），然後檢驗每個事件以決定哪個物件最可能有根據回應產生的狀態。

以生命週期方法進行狀態塑模包括下列步驟：

1. 辨認主要系統事件。
2. 辨認每個可能對事件產生狀態相關反應的類別。
3. 考慮類別實體的典型生命週期，以產生這些類別的初剪狀態機。

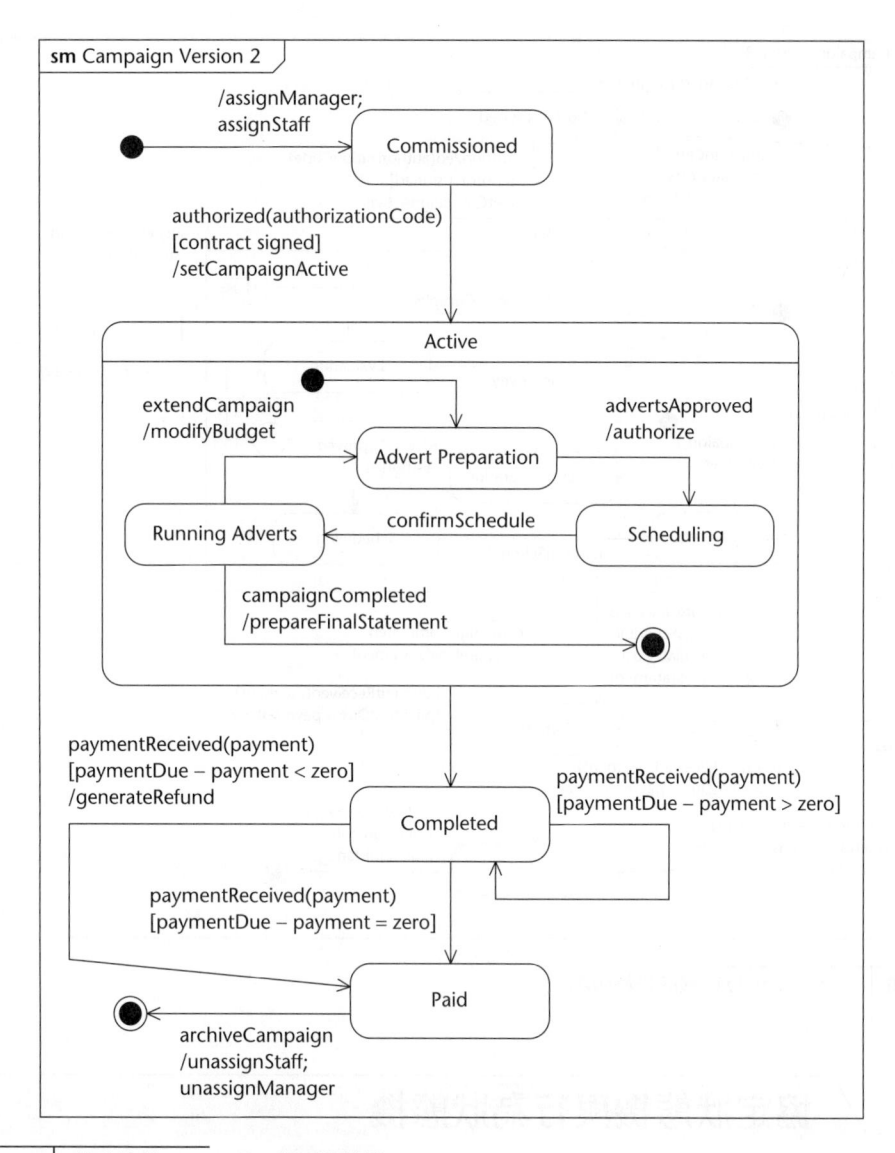

```
sm Campaign Version 2

                        /assignManager;
                         assignStaff
              ●─────────────────────────▶  Commissioned

                              │
                              │ authorized(authorizationCode)
                              │ [contract signed]
                              │ /setCampaignActive
                              ▼
      ┌─────────────────────────── Active ───────────────────────────┐
      │                                                              │
      │   extendCampaign                      advertsApproved         │
      │   /modifyBudget        ●              /authorize              │
      │                        │                                     │
      │                        ▼                                     │
      │               Advert Preparation  ────────▶  Scheduling       │
      │                        ▲                         │            │
      │               Running Adverts ◀── confirmSchedule             │
      │                                                              │
      │               campaignCompleted                               │
      │               /prepareFinalStatement          ●               │
      └──────────────────────────────────────────────────────────────┘
                              │
                              ▼
 paymentReceived(payment)                    paymentReceived(payment)
 [paymentDue – payment < zero]               [paymentDue – payment > zero]
 /generateRefund          ┌──────────┐
         ┌───────────────│ Completed │◀────────┐
         │                └──────────┘         │
         │                     ▲               │
         │   paymentReceived(payment)          │
         │   [paymentDue – payment = zero]     │
         │                     │               │
         │                     ▼               │
         │                  ┌──────┐           │
         │                  │ Paid │───────────┘
         │                  └──────┘
         │                     │
         │   archiveCampaign   │
         │   /unassignStaff;   │
         ●◀───unassignManager──┘
```

圖 11.19 修改後的 Campaign 類別狀態機

4. 檢驗狀態機及詳述狀態機，以盡可能包括所有細節。
5. 增強狀態機以包括各種可能發生的情形。
6. 檢查狀態機以確保其與使用案例一致，應特別檢查任何合適狀態機的限制。
7. 重複步驟 4、步驟 5 及步驟 6，直到狀態機取得足夠的細節。
8. 確認類別圖、互動圖及其他狀態機的一致性。

生命週期方法在一開始就辨認事件及相關類別，比起行為方法是較不正式的方法。因為可以用一個方法檢查另一個方法，所以通常會使用兩者的組合。生命週期方法可能會產生圖 11.16 這種 Campaign 類別的最初初剪狀態機，但深入的詳述仍會產生如圖 11.20 的狀態機。

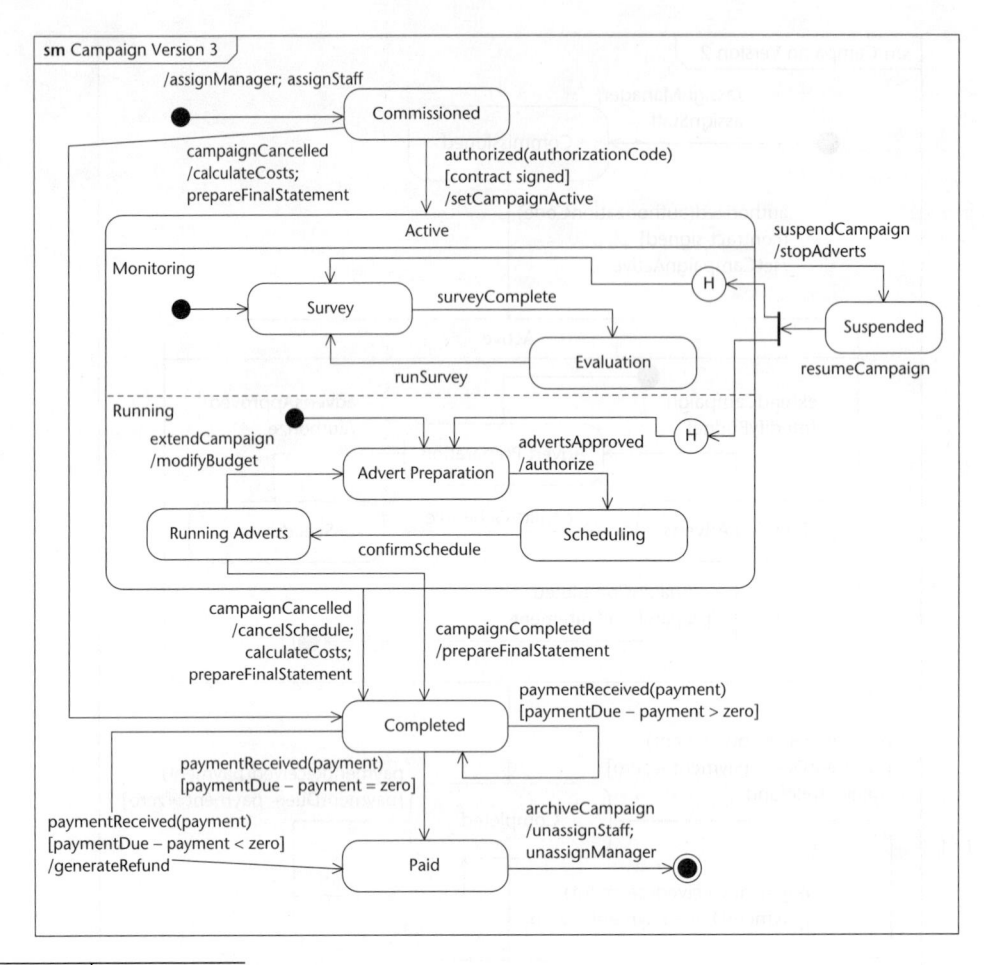

圖 11.20 Campaign 狀態機的最終版本

11.6 協定狀態機與行為狀態機

到目前為止，我們已經發展了行為狀態機。協定狀態機與行為狀態機的不同，在於協定狀態機只顯示出所有合法轉變以及它們的前置條件與後置條件。協定狀態機的狀態沒有進入、離開或執行活動部分，因此沒有深度歷史狀態或淺層歷史狀態，而所有轉變必須是協定轉變。

協定轉變標籤的語法如下：

'['pre-condition']' trigger '/' '['post-condition']'

和行為轉變不同，協定轉變並沒有活動表達式。

圖 9.28 顯示使用案例 Car enters car park 的循序圖，而圖 9.29 顯示 :Barrier 及 :TicketMachine 生命線的互動時序圖。圖 11.21 則顯示對應於

```
                    sm Barrier {Protocol}

                              ●
                              │
                              ▼
                          ┌───────┐
                       ┌─▶│Lowered│◀──┐
                       │  └───────┘   │
                       │      │       │
   [barrierState = Lowered]   │   [barrierState = Raised and
   raiseBarrier/              │    barrierRaisedTime > 20s]
   [barrierState = Raised]    │   lowerBarrier/
                              │   [barrierState = Lowered]
                              ▼
                          ┌───────┐
                          │Raised │
                          └───────┘
                              │
                              ▼
                              ●
```

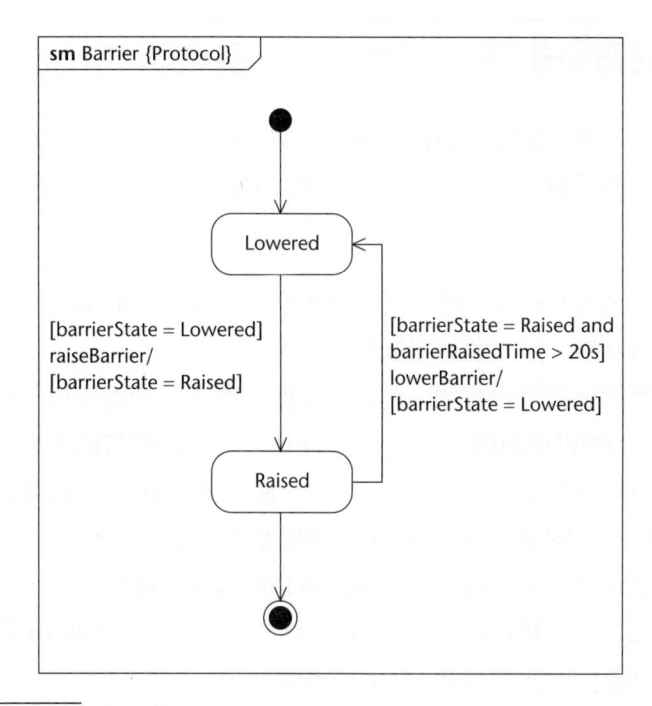

圖 11.21 Barrier 的協定狀態機

Barrier 類別的協定狀態機，它提供在 Barrier 類別中被允許的轉變，以及那些使它們有效的情形。例如，若前置條件

    [barrierState = Raised and barrierRaisedTime > 20s]

為真，則可降下柵欄。柵欄可以被降下之前的狀態，應該是它已升起，而且已至少升起 20 秒。

11.7　一致性檢查

我們已在第 9 章討論互動圖時提過，不同模型間應具一致性。狀態機也應該與其他模型一致：

❖ 每個合適物件的進入訊息之觸發應出現在互動圖上。
❖ 每個觸發必須對應到適當類別的操作（但是要注意，並非每個操作都有對應的觸發）。
❖ 每個動作必須對應到適當類別的操作執行，可能也必須發送訊息給另一個物件。
❖ 每個由狀態機送出的訊息必須對應到其他類別中的操作。

準備模型的完整組合時，一致性檢查是非常重要的工作。這個過程強調遺漏和錯誤，並且鼓勵釐清任何模稜兩可或不完整的需求。

11.8 品質指引

準備狀態機是一個不斷反覆進行的過程，需不斷地精煉模型，直到模型取得物件或是塑模元素行為的語義。以下列出一系列可以幫助產生具有良好品質狀態機的通用準則：

- ❖ 每個狀態的命名應具有獨特性，以反映出狀態期間發生的事或狀態在等待什麼。
- ❖ 不要使用組合狀態，除非狀態行為非常複雜。
- ❖ 不要把單一狀態機寫得太複雜，若超過七個狀態，可考慮使用子狀態。就算只有幾個狀態，若狀態中的轉變太多，也可能會產生太過複雜的狀態機；換言之，圖 11.20 的狀態機最好以三個圖表示，其中一個隱藏 Active 狀態細節的高階狀態機，另外兩個圖分別是 Running 子狀態機及 Monitoring 子狀態機。
- ❖ 謹慎地使用警戒條件，以確保狀態機能清楚地描述可能的行為。

狀態機不應該用來塑模步驟行為，而是用活動圖（見第 6 章及第 10 章）來塑模。狀態機因為包括下列原因的典型症狀而太像流程圖：

- ❖ 狀態完成啟動大多數轉變。
- ❖ 有許多送給「self」的訊息，這反映編碼的重複利用，而非事件觸發的活動。
- ❖ 狀態無法擷取和類別連結的狀態相關行為。

當然，一個企圖成為狀態機的模型最後卻變成描述步驟流程的活動圖，也可能是一個有價值的模型，但它終究不是狀態機。

11.9 總結

一個應用程式其動態及行為的規格訂定對分析與設計來說都很重要，我們可以多次使用互動圖來描述它們，但是一次只集中注意於一個使用案例或操作。為了擷取每個類別的全部行為限制，我們必須塑模事件對類別的影響，以及塑模達到行為極限而造成的狀態改變。此時，只需要準備行為有狀態相關變化的類別狀態機。UML 狀態機標記法使我們可以建構可能含有巢狀狀態，以及使用並行狀態以擷取複雜行為的詳細模型。

我們必須檢查狀態機與其他相關類別及互動圖的一致性，而這可能會強調需要修正其他模型。

UML 提供的標記法非常詳細，使用時應特別注意。產生使用每個 UML 特徵的狀態機並無好處，除非被塑模的應用非常需要如此詳細的狀態機。最理想的狀況是狀

態機越簡單越好，但是仍需有足夠細節讓它們不會模稜兩可，並能提供足夠資訊。使用多重巢狀狀態無法增進清晰度，除非被描述的行為本身很複雜。

☑習題

11.1 定義事件、狀態以及轉變。
11.2 警戒條件的影響為何？
11.3 為什麼同一狀態的所有警戒條件必須互斥？
11.4 何謂組合狀態？
11.5 「一個物件能處於並行狀態」，這句話所指為何？
11.6 並行狀態與巢狀狀態有何不同？
11.7 何時應使用進入虛擬狀態與離開虛擬狀態？
11.8 淺層歷史虛擬狀態與深度歷史虛擬狀態有何差異？
11.9 狀態機可以描述哪一個 UML 塑模元件的行為？
11.10 何謂觸發？
11.11 狀態機未被用於塑模狀態改變的意義為何？
11.12 描述行為狀態機與協定狀態機的差異。
11.13 狀態機應與哪個 UML 圖交互對照檢查？
11.14 進行交互對照檢查的理由為何？

☑案例研究作業、練習與專案

11.A 使用你在習題 9.A 至習題 9.C 所製作的互動循序圖，列出影響 `ProductionLine` 物件的事件，並為此類別找出適合的狀態。
11.B 為類別 `ProductionLine` 製作狀態機。

Chapter 12

邁向設計之路

學習目標 在本章中你將學到:
- ☑ 分析與設計的不同。
- ☑ 邏輯設計與實體設計的不同。
- ☑ 系統設計與細部設計的不同。
- ☑ 良好設計的特質。
- ☑ 在設計過程中如何加以取捨。

12.1 簡介

系統分析及設計新手常問的兩個問題是:「分析和設計有何差異?」以及「為什麼將分析和設計視為兩個不同的活動?」在開發資訊系統時,就如同開發許多其他系統,分析和設計的步驟是分開的。分析通常和系統的「什麼」有關,而設計則被認為與「如何」有關。設計可以在決定用來實作系統的軟體及硬體的決策之前或之後開始。實作獨立或邏輯設計與實作相關或實體設計不同。設計可以在企業及其資訊系統架構範疇進行,也可以針對將會影響整個系統的結構面向與標準等方面進行系統設計與架構設計等不同層次,以及描述類別設計與系統工作細節的細部設計。

在進行系統的設計時,設計者將會在一般品質標準的架構內工作,也會試著達到設計針對特殊系統所設定的可量測目標。

12.2 設計與分析有何不同？

Rumbaugh (1997) 將設計描述為「如何在不真正建立系統的狀況下建構系統」。設計活動所產生的模型顯示系統內許多部分如何一起工作；分析活動產生的模型則顯示系統內有什麼，以及這些部分和其他部分的關係。

12.2.1 朝設計前進

分析 (analysis) 這個字來自一個希臘字，意思為分解成各元件。當我們分析一個組織及其對新系統的需求時，分析活動被特化為了解目前系統發生什麼事以及新系統裡需要什麼。分析是一個了解組織、調查需求及塑模的程序。分析活動的結果是一份根據需求而產生的建議系統規格。

設計是針對分析所得到需求來產生符合需求的解決辦法，零散瑣碎的各部分組合起來可能是許多不同的解決方案。設計活動關心如何規格化符合需求的新系統。雖然有許多可能的解決辦法，但目標是產生一個在環境中最有可能的解決辦法。這些環境可能反映出一些限制，例如花費在新系統上的金額，或新系統需要和現有系統一起工作。Jacobson 等人 (1992) 認為設計與實作都是建構過程的一部分，系統設計者著重於新系統的實作，而系統分析師則著重於業務組織的方式及更好的組織法；兩種活動的焦點很不一樣。

在 Agate 案例研究中可以看到上述說明的簡單範例。分析識別出每個 Campaign 都有一個 `title` 屬性的事實，並將其記錄在類別模型中。設計決定這個事實如何進入系統、顯示在螢幕上，以及與其他 Campaign 屬性和類別一起儲存在某種資料庫中，這部分如圖 12.1 所示。

設計可被視為系統開發生命週期中的一個階段，或系統開發中發生的一個活動。在遵循瀑布式生命週期模型（圖 3.3）的專案中，分析階段會在設計階段開始前結束。然而，在遵循反覆式生命週期的專案中，設計並不是一個清楚的階段，反而是進化系統模型所應進行的活動。Rumbaugh (1997) 將瀑布式生命週期中的設計視為階段，而將需要在系統模型中不同時間進行數次的設計視為程序。

在統一流程 (Jacobson et al., 1999) 中，設計被組織為一系列輸入及輸出等活動的工作流程，而此工作流程與專案階段無關。在 Rational 統一過程 (Kruchten, 2004) 中，分析活動因應需要產生概要模型，但著重於設計，分析和設計被併入單一工作流程中，此工作流程同樣與專案階段無關。第 5 章提到的流程中，我們已採用類似統一流程的方法。一個專案係由主要階段（開始、精製、建構及轉變）構成；每個階段需反覆一次或多次，在反覆時，貢獻給活動的努力隨著工作流程逐漸增加，而後隨著專案進行而衰退。此種方法與傳統瀑布式模型的不同之處在於，在瀑布式模型中，分

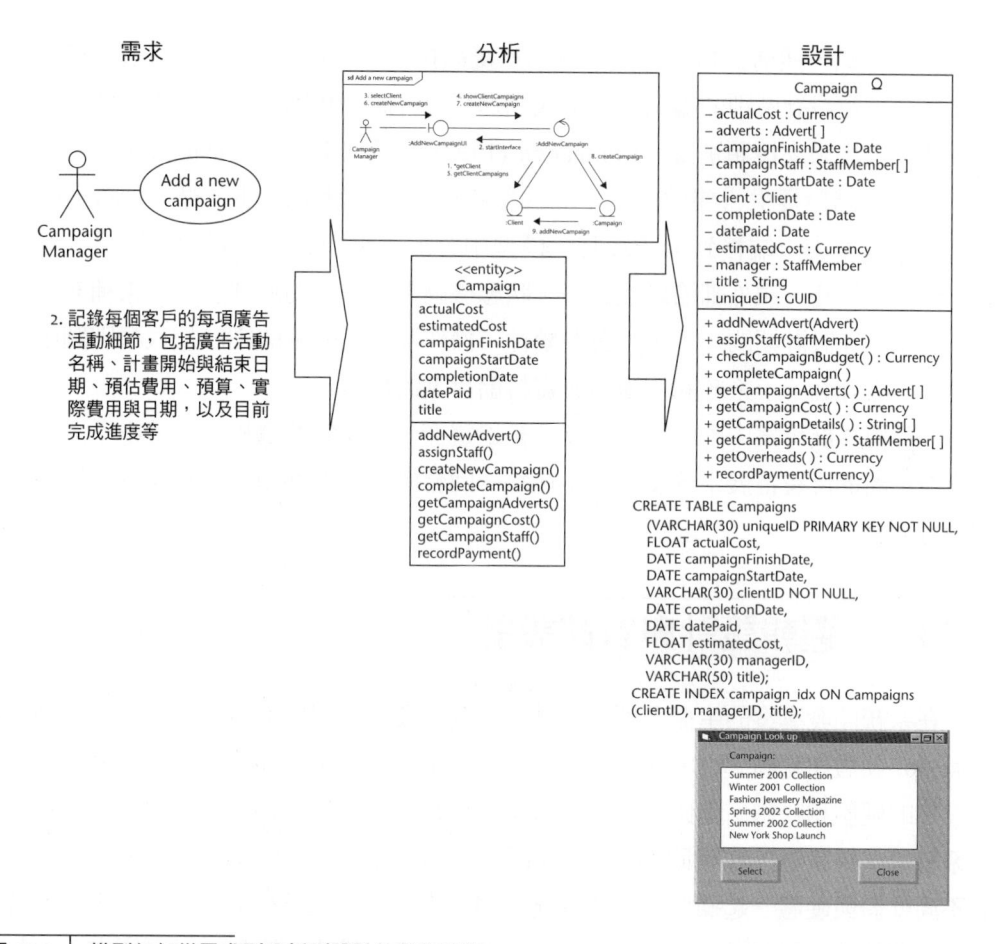

圖 12.1 模型如何從需求到分析到設計的變化過程

析、設計、建構及其他階段同時是活動，也是階段；例如在分析階段，所有分析活動都應該進行。但真實的專案並非如此：在專案早期，這個階段也許稱為分析，並可能發生某些設計活動；但在專案晚期，這個階段也許稱為設計，也可能發生某些分析活動。統一流程等流程模型辨識到這一點，並給予階段不同名稱以區分階段與活動。只要當專案開發時產生越來越少的分析及越來越多的設計（以及之後的實作），此專案就是在進行中。儘管這樣，許多專案依然將分析和設計視為不同階段，而非活動，因為當專案進行時，模型越來越詳盡，這對專案管理有一些好處，例如系統所涵蓋的範圍在設計開始之前已經過分析並且獲得同意，因此要進行規劃及預估費用將容易得多。然而，需求經常改變，最好能體認這一點並且採用反覆推展式開發方法。

12.2.2　反覆式生命週期中的設計

對於物件導向方法的使用出現一個論點，即在整個專案期間都使用同一個模型（類別圖或物件模型）。分析辨識類別、在設計中精煉這些類別，並以類別的角度寫

出最後的程式，通稱為物件導向方法的**無縫銜接** (seamlessness)。這看起來可能像一個減弱分析及設計區別的論點，但當我們進行設計時，類別圖中會有不同的資訊，其他圖也會被用來支援類別圖。Rumbaugh (1997) 以模型中所含的細節數來區分分析和設計。分析階段提供「要做什麼」的抽象模型，而設計階段則記錄「實際上如何去做」。當專案由一端移到另一端時，模型中會加入更多細節，直到能提供「如何去做」的清楚規格。額外細節以互動圖、狀態機圖及部署圖的形式加入，來補充類別圖中的資訊。在設計期間，也可將有關屬性、操作及額外類別的細節加入類別圖中，以處理使用者介面、子系統間的溝通與資料儲存等的實作。

在反覆推展專案中整個系統並沒有經過這樣一起演變的過程，系統中不同的部分將會在不斷的反覆推展中逐步處理；在每一回合的反覆推展中，一組使用案例將會用來進行開發。

12.3 邏輯設計與實體設計

在系統開發專案的生命週期中，某一時刻需要決定用來開發及傳送系統的硬體和軟體──硬體和軟體平台。在某些專案中，這是從一開始就知道的。許多公司擁有正在投資的硬體和軟體，因此新專案必須使用現有系統軟體（例如程式語言及資料庫管理系統），並且應能在相同的硬體上執行。然而，服務導向架構（第 13 章）以及允許不同軟體與硬體一起操作的開放系統標準，表示就算在這樣的公司裡，平台的選擇性是更開放的。對許多新專案來說，平台的選擇相對較沒有限制，並且需在專案生命週期的某一時刻決定將來使用的平台。

系統設計的某些層面和平台的選擇有關。這些將會影響系統結構、物件的設計，以及系統許多元件的介面。以下為上述說明的範例。

- 使用可以在不同機器執行的系統元件建立分散式系統，需要使用某些的**中介軟體** (middleware)，使得物件可以在整個網路內互相溝通，這勢必會影響物件的設計以及用以溝通的訊息。
- 以 Java 編寫程式及使用支援 ODBC (Object Data Base Connectivity) 的相關資料庫，需要使用 JDBC (Java Data Base Connectivity) 以及可能像是 Java Persistence API 等骨架，或是建立類別來對應物件與關聯式資料庫。
- 選擇以 Java 做為軟體開發語言，表示開發者可以選擇使用標準 Java AWT (Abstract Windowing Toolkit)、Java Swing 類別、Standard Widget Toolkit (SWT)，或自己的介面類別來設計介面。
- Java 並不支援多重繼承，但支援如 C++ 等物件導向語言。若開發系統時發現需

要多重繼承，則需以 Java 的介面機制實作 Java。
- ❖ 若系統需要連接條碼掃描器等特殊硬體，則必須設計介面，並以 C 做為**原生方法** (native method)，然後以 Java 類別封裝，因為 Java 不能直接存取硬體的低階特徵。

這裡是以 Java 為例，但不管選擇哪一種平台，都會發生一樣的問題。

當然也有許多設計決定，可以在不知道硬體或軟體平台時進行。

- ❖ 為了提供特殊使用案例功能而進行的物件互動可以使用互動圖或溝通圖設計。
- ❖ 為了提供建立或更新物件的資料，須以領域設計資料進入螢幕的陳列法，因此決定出現在螢幕上的次序。然而，測試盒的真正本質以及其是否為 Borland C++ TEdit、Java TextField、C# TextBox、Visual Basic TextBox 或其他等，可以留到之後再決定。
- ❖ 在不需要設計訊息的確實格式時，決定由特殊硬體或其他系統傳送與接收到的指令與資料的本質。

因此，設計有時會分成兩個階段。第一階段是實作無關設計 (implementation independent design) 或邏輯設計 (logical design)，第二階段為實作有關設計 (implementation-dependent design) 或實體設計 (physical design)。邏輯設計主要考量在不知道實作平台資訊時仍可進行的設計，實體設計則處理與實作平台有關的設計。

如果你期待一個系統可以在不同平台進行設計上有些微改變的再實作，擁有實作無關設計可能很有用，例如 Windows 轉換到麥金塔作業系統及 Linux，或者是必須在不同類型手持裝置或使用 Windows Mobile、Symbian 或 Android 系統的智慧型手機上執行的程式。

在許多專案中，會先決定硬體及軟體後才進行設計。若非如此，專案經理必須確認此專案的工作計畫考慮過這件事，並及早著手從事邏輯設計活動。在反覆式專案生命週期中，可能在早期設計反覆中進行邏輯設計，或者若系統被分為子系統，每個子系統的邏輯設計將比實體設計更早進行。

OMG 提倡一種稱之為**模式驅動架構** (Model-Driven Architecture, MDA) 的反覆推展方法，這方法是基於系統可以用 UML 來塑模的想法來建立**平台無關模型** (platform-independent model, PIM)，而這模型之後可以用自動化塑模與程式工具轉換為某特定平台之**平台有關模型** (platform-dependent model, PDM)，同樣的 PIM 可以轉譯為許多不同平台上不同的 PDM。

12.4 系統設計與細部設計

系統設計發生在兩個層次：系統設計及細部設計，這些設計活動發生在企業整體架構以及系統架構的情境下，圖 12.2 以概要的方式說明了企業架構、系統架構、系統設計與細部設計之間的關係。

企業架構負責組織運作的方式，包括人、地、策略、資訊科技與資訊系統如何支援組織等，確保組織內部所有的 IT 專案符合這高階的架構。

系統架構負責單一系統或是在企業架構所提供框架中一群相關聯系統的架構，子系統間的結構與關係是屬於系統架構師的地盤，在一個專案裡，系統架構師扮演使用者利益的倡導者，確保系統的架構功能皆滿足功能性與非功能性需求。

系統設計著重於系統元件的設計及設定標準，例如像是人機介面的設計。在企業架構語系統架構的條件限制下，系統設計者選擇適當的科技並且設定將會在系統內使用的標準。設計樣式可以用於系統架構、系統設計與細部設計，但實作所用的使用樣式其選擇與系統設計最為相關。

細部設計則著重於設計個別元件，以符合架構並遵守標準，並且為有效用且有效

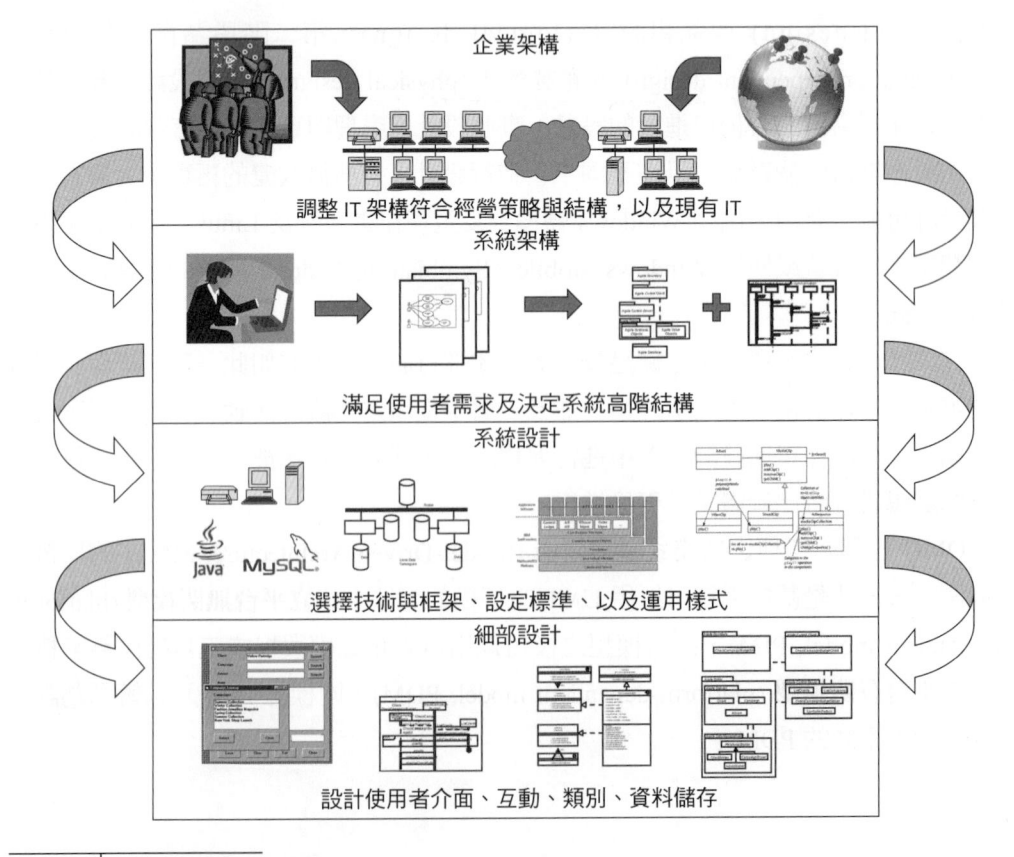

圖 12.2　架構與設計之間的關係

率的實作提供基礎。在物件導向系統中，細部設計主要著重於設計物件及類別，細部設計也針對使用者介面與資料庫設計。

現實情況是大多數組織並沒有奢侈地為全部這些角色聘用人力，即使是大型公司也僅有少數企業聘用企業架構師，大多數則對於系統架構與系統設計的分別搞不清楚，細部設計甚至可能留給了開發者。我們在第 13 章一起涵蓋了系統設計與系統架構，簡短地討論了企業架構框架如何影響系統層次工作；細部類別設計將會在第 14 章出現，而第 15 章主要討論使用者介面設計。

12.4.1 系統設計

在系統設計期間，設計者的決定將會影響整個系統，其中最重要的是系統的整體架構（第 13 章）。許多現代系統都使用主從架構，在此架構中，系統工作分為客戶（主要是使用者桌上的個人電腦）及伺服器（通常是可提供服務給眾多使用者的 Unix、Linux 或是 Windows 機器）。這會產生一些有關流程和物件應如何分散到不同機器的問題，而應由系統設計者或系統架構來做決定。設計將會被分成子系統，並且被分配到不同的處理器上。這需要處理器間的溝通，而系統設計者需要決定用來提供此溝通的機器。在多重處理器上，分散系統也使不同子系統同步或並行啟動變為可能。並行啟動的需求應清楚地設計到系統裡，而非隨機安排。

許多組織的系統已有現存標準。這些標準可能牽涉到螢幕陳列方式、報告陳列方式，或如何提供線上協助等介面設計議題。有關應用到整個系統的標準決定是系統設計的一部分，而單獨的螢幕及文件（與這些標準一致）則是細部設計的一部分。

將一個新系統介紹給組織時會影響人們及他們現在進行的工作方式。工作設計通常包括在系統設計中，來說明工作將會如何改變、如何維持他們的興趣及動機，以及為了從事新工作他們應接受哪些訓練。人們如何使用特殊使用案例將會納入人機介面的細部設計中。

12.4.2 細部設計

傳統上細部設計是有關於輸入、輸出、流程及檔案或資料庫結構等的設計，這些同樣的面向也用於物件導向系統的設計中，只不過它們將會改以類別來加以組織、統整。在專案的分析階段，已經找出業務過程中許多粗略的概念，進一步以類別來詳加描述，也找出使用案例並加以說明，類別圖所涵蓋的類別反映了業務需求，但它們只包含非常簡略的觀點來處理與使用者的介面、與其他系統的介面、資料的儲存，以及其他類別的統整等轉化為程式。這些將加入設計中的類別其詳細程度將依據新系統所使用的硬體與軟體平台而有所不同。

12.5 設計的品質與目標

一個良好設計有許多標準，第 12.5.1 節及之後的小節將會討論這些標準。完成的應用程式是否具有高品質也許最能明顯判斷設計品質，這是假設設計工作之前的分析本身也具有高品質（分析品質已於第 7 章介紹過）。然而，使用這個方法來了解品質是相當模糊且曲折。有一些準則可以用來決定設計是否符合目標，以下列出一些良好設計的準則，將會對開發者帶來助益，而其中有些則是對系統最終使用者有所幫助。在第 12.5.2 節我們將探討為何礙於在單一的設計中要達成全部的準則是不太可能的，總是必須在不同設計準則間加以取捨。第 12.5.3 節我們可以用哪些方法來衡量是否已經達成企業目標。

12.5.1 目標與限制

從資訊系統開發的早期開始，系統設計者就在尋求能達成許多已被辨識為良好設計特徵的目標。Yourdon 與 Constantine (1979) 舉出效率、彈性、一般性、維持性及信賴度；DeMarco (1979) 提出效率、維持性及可建立性；Page-Jones (1988) 則建議一個良好設計應有效、有彈性、可維持、可管理、令人滿意且有生產力。後面兩者提出和人機互動有關的問題，並提醒設計者需要產生可用的系統。良好設計的其他特徵為此設計應是功能性、可攜帶、安全及經濟的；在目標導向系統中，第一目標為重複利用性。良好設計將會對 Agate 系統的設計發生影響，其特質如圖 12.3 所示。

✤ 功能性的

當使用電腦系統時，我們希望電腦能正確且完整地進行其應具備的功能。為一個組織開發資訊系統時，組織員工將會期待此系統能根據規格完全符合他們記錄的需求。因此，例如 Agate 公司的員工會期待系統能提供他們記錄廣告活動、記載相關活動的紀錄，以及儲存使用於活動中的廣告相關資訊。根據 Rumbaugh 的定義，設計是「如何在不真正建立系統的狀況下建構系統」，一個具有功能性的設計應顯示需求系統中每個元件如何運作。

✤ 有效的

系統只執行客戶要求的功能性還不夠；亦即在時間或資源上，系統的執行應有效率。這些資源包括磁碟儲存、處理器效能及網路傳輸能力。這就是為什麼設計不只是要產生解決辦法，而是要產生最理想的解決辦法。這個目標可運用於 Agate 公司對儲存有關活動及廣告概念之文字紀錄的需求。一份兩行而包含 20 個字的文字樣本，以文字格式將佔 100 個位元組，但以常見的文書處理軟體儲存，將佔 13,800 個位元組（這是在未使用特殊字型或樣式的情況下）。一個品質不佳的設計可能使用物件連結

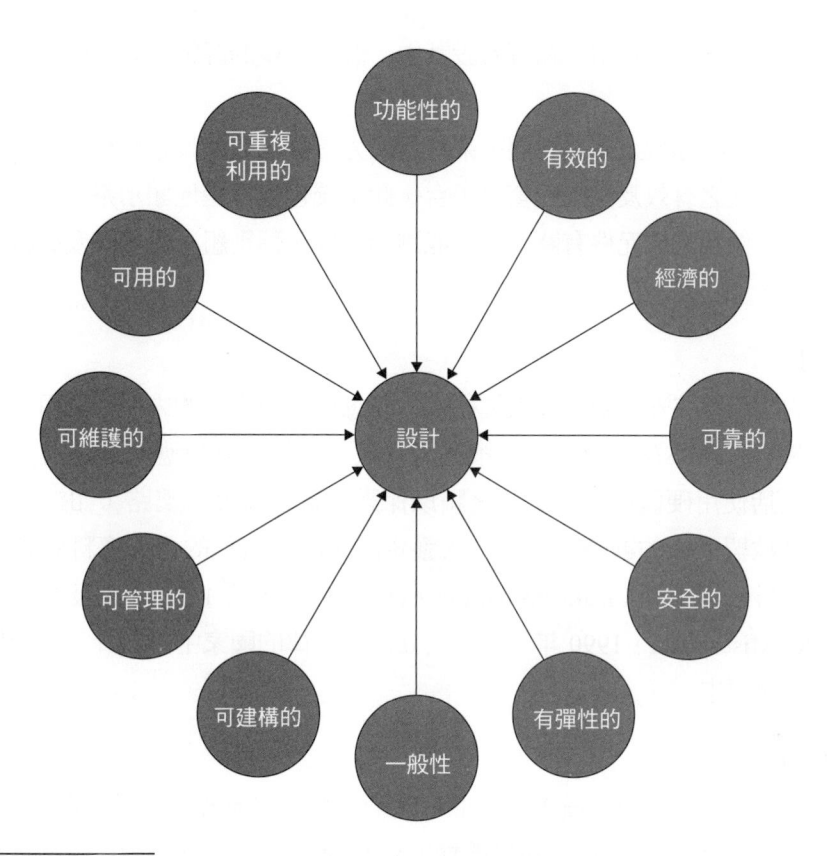

圖 12.3 ｜ 良好設計的特質

及嵌入 (object linking and embedding, OLE) 來處理紀錄的文字，而這會提高對儲存空間的需求。

↳ 經濟的

效率連結是設計應該節省的一個概念。這不僅應用於執行硬體和軟體所需的固定成本，也能應用於系統的運作成本。和二十年前比較起來，記憶體和磁碟儲存的花費低了很多，比起儲存資料的磁碟，許多使用微軟 Windows 的小型企業現在需要更多用來儲存程式的磁碟空間。然而，商業目的的多媒體系統成長一度使仔細計算系統儲存的需求更為重要。對大型企業來說，仔細計畫儲存需求以及預期成長仍是很重要的。

↳ 可靠的

系統在兩個方面上必須是可靠的：第一，硬體或軟體失敗不應影響系統；第二，其應可靠地維持系統中資料的完整性。系統可以使用以下方式維持硬體完整性：製造者在系統中設置當進行某功能的元件失敗時，能同時進行或接手其工作的重複元件；RAID（磁碟陣列）技術可以提供使用者由陣列的驅動處恢復磁碟儲存。設計師必須

將軟體可靠度設計於系統中。在實體設計中，開發環境的詳細知識可能有益於確保可靠度。

可靠度在某種程度上與完整測試系統的能力有關。一個良好分析及設計的系統將規格化可被處理之有效及無效的資料組合。此系統也會清楚地顯示系統的結構，以及系統中哪些元件和其他元件有關，因此能透過類別、類別組、子系統及最終在整個系統中進行測試。

✤ 安全的

系統的設計應該安全到足以抵抗外來的惡意攻擊與內部的未授權使用。系統設計應將如何授權使用系統者及密碼政策納入考量。系統設計也應包含可對抗外界的系統保護，包括使用硬體或軟體的防火牆以保護系統遠離公共網路（如網際網路）的存取。身為歐盟成員的歐洲國家立有保護資訊系統之資料的個人資料保護法律，例如英國的資料保護法案（Data Protection Acts，1984 年及 1998 年）及電腦濫用法案（Computer Misuse Act，1990 年）。在設立這些法律的國家中，設計者應確保系統的設計符合法律要求。

✤ 有彈性的

有些作者將彈性視為系統對因時間經過而改變之業務需求的適應能力。Yourdon 與 Constantine (1979) 將之稱為**可修改性** (modifiability)。彈性意指可以調整系統設定來處理不同情況，這是藉由沒有編譯在系統中，但可以讓使用者在執行期間設定的控制值達成。在 Agate 系統中，ODBC 被當作進入資料庫的工具反映了以上的說法。這提供一個進入資料庫以及改變使用之 ODBC 驅動器的標準機制。此機制使系統可進入當地或遙遠之版本的資料庫，或使系統晚一點能遷移到不同的資料庫引擎中。另一個可能性是確保系統使用的所有提示或錯誤訊息都放在外部資料檔案中，當程式執行或回應工作表選擇時，外部資料檔案可被上傳。這可建立訊息的多重檔案，並讓使用者設定他們想使用的語言。使用提供包含表意字型（例如中文、日文及韓文）以及世界字母之字型設定的統一碼，能使系統被開發為 Agate 公司所需的系統，以在每個使用地被在地化。

✤ 一般性

一般性描述系統通用的程度。比起大型資訊系統，一般性更適用於通用程式。然而，一般性包含**可攜性** (portability) 的問題，將可攜帶性應用到以 Java 開發的 Agate 系統中，該系統就可在不同硬體上執行（個人電腦及蘋果麥金塔電腦）。此系統可能以開發者的角度展現一般性，因為開發者或許希望廣告界的其他客戶也能使用相同的系統。重複利用的相關問題將會在之後討論。

可建構的

由編寫程式碼以建構系統的程式開發者角度來看，設計的清晰度及避免不必要的複雜性是很重要的。特別是實體的設計應和開發語言中可得之特徵環環相扣。並非所有物件導向語言都有相同的特徵，例如屬性與操作的能見度（公開的、私有的、保護的、夥伴的等）、處理多重繼承的能力，或是效用類別的可得性（像是蒐集或在基礎語言中的連結表等）。若使用的語言並非設計者的預期，依賴以上這些特徵的設計將會強迫程式開發師根據它們來進行開發。

可管理的

一個良好的設計讓專案經理可以估計實作多種子系統的工作量。這也應提供給相對較自給自足的子系統，而且被標示為已完成，並且不必擔心系統其他部分的修改仍在開發中而出現難以預料的後果，無懼地通過檢測。

可維護的

組織的資料處理預算有高達 60% 用在維護上。維護活動包含修復錯誤、修改報告及螢幕設計、增強程式以處理新的商業需求、移動系統到新硬體中，以及修復因上述活動而產生的新錯誤。一個設計良好且有紀錄的系統，比設計不良且有紀錄的系統容易維持，花費當然較低，更重要的是，開發程式碼及設計密切相關可讓負責維護程式的程式設計師較容易了解設計者的意圖，並能確保系統不被新的程式碼破壞；負責維護程式的程式設計師有將近 50% 的工作時間是耗費在試圖理解那些程式碼上。

可用的

可用性涵蓋許多方面，包括先前提過系統應同時令人滿意且具生產力的概念。建議人們應享受使用他們的電腦系統，並認為這是一個令人滿意的經驗可能很奇怪。然而，如果你想到你曾使用電腦系統的不滿意經驗時，也許可以想像一個令人滿意的系統。許多對使用者滿意度有貢獻的特徵是良好人機介面設計的特性。例如，**可提供性**（affordance，表示介面上的物件指出其功能）可以減少使用者製造的錯誤。減少錯誤率，並確保使用者在犯錯時能清楚地得知錯誤之處，以及如何彌補錯誤以提升使用者的滿意度。透過確保使用者希望使用系統來完成的任務可以順利完成，並且不需要一直敲鍵或按滑鼠，而可以提高生產力。若已經擷取到可用性需求（見第 6.2.2 節），則設計應將這些列入考量。第 15 章將會更詳細地探討可用性。

可重複利用的

重複利用是物件導向開發的聖杯。物件導向系統的許多特徵是為了提高重複利用的可能而設計的。重複利用在三個方面影響設計者：第一，設計者將考慮如何經由繼承物的使用，來將重複利用設計到系統中以節省花費；第二，設計者將尋找使用設計

樣式的機會，設計模式提供重複利用元件設計的模版；第三，設計者將直接或將其子類化以重複利用已存在的類別或元件。已存在的類別可以是為了其他專案所開發的類別、在類別庫中和開發語言（例如 Java AWT）有關的類別，或由外部廠商帶入的類別。到目前為止，物件導向發展的重複利用程度尚未達到人們的期望。為了重複利用軟體類別，設計者必須能察覺類別的存在，並決定其介面與設計者所需的類別介面，以及類別方法是否符合所求。為了決定一個可得的類別是否符合需求，所需類別必定已經設計完成的概念是有爭議的。重複利用的經濟效益因此出現在軟體的建構期間，而且需要改變成能夠支持重複利用的專案管理文化；這表示專案管理者必須能夠了解由非編寫及測試編碼線所節省的努力（因為類別是重複利用的）。

很清楚地可以看到以上列出的分類之間有些重疊：維持性和彈性重疊，一般性和重複利用重疊，有效性和經濟重疊。然而更常發生的是，有些設計目標會和其他目標衝突。相較於上面描述的一般目標，這更常發生在特定目標的層次。然而，還是有可能看到功能性、可靠度及安全性皆和經濟有所衝突。許多衝突來自使用者非功能性需求所加諸在系統上的限制。

12.5.2　設計的取捨

設計通常牽涉到如何選擇最適合的共識，設計者經常面對互不相容的設計目標或限制，此時就必須決定哪個目標比較重要。

設計限制來自專案內容及使用者需求。客戶對專案的預算、期待系統送達的時間表、執行專案員工的技巧、新系統與現存硬體或系統的整合需求，以及做為部分系統設計程序的標準，都會限制新系統能達成的目標，解決需求及限制間的衝突會導致設計中妥協或取捨的產生，有一些範例能解釋這些是如何發生的。

❖ 如果 Agate 公司的新系統使用者需要在編寫有關活動和廣告的紀錄中改變字型的能力，那麼他們將會希望能在文字處理器中發現與編輯紀錄相同類型的功能。如同先前在第 12.5.1 節中討論效率所指出的，這個功能將嚴重影響紀錄的儲存需求。此功能也對網路傳輸量有所影響，因為當使用者瀏覽紀錄時需要傳送大量的資料。設計者需要考慮此需求的影響。結果可能是使用者必須接受功能減少，或是 Agate 的管理者必須了解，比起一開始設想的系統，他們的系統需要在儲存上花費更多金錢。妥協的解決方法可能是當使用者瀏覽紀錄時只傳送紀錄內容（不傳送所有格式化資訊），只在需要檢視或編輯時才傳送整個檔案，但這會增加伺服器的處理負擔。另一個妥協方法則可能是使用 RTF（rich text format，豐富的文字格式）等不同的檔案格式，而非文字處理器格式。對上述討論的簡短內容檔案來說，可以在仍保有格式化資訊的情況下，將位元組減少到 1,770 個。

❖ Agate 公司希望系統是可組態的,所以能將即時訊息、幫助訊息及錯誤訊息以使用者的語言陳列。這表示每個即時訊息及錯誤訊息可由資料檔案或資料庫中讀進程式中。當設計者設計介面元件時,進行良好軟體設計並使系統更有彈性會增加設計者的工作負擔。若無此需求,每個設計者只需要規格化「Campaign」或「Not on file」等出現在螢幕上的訊息;此時,設計者間的聯絡程度最小。若有此需求,設計者需要繪製一串能以數字或其他圖例所代表的即時訊息、標籤訊息及錯誤訊息,如此一來,無論應用於何處都能一致地使用相同訊息。這表示程式設計者不需辛苦地將訊息以編碼方式放入系統,而是把它們當作訊息陣列中的一個元素即可。這增加了系統的彈性以及某些程度的可維持性,但可能提高設計階段的花費。

把這些程式設計決策清楚記錄下來,並合理化妥協及記錄交易是很重要的。持續通知客戶這些決策,以確保這些決策與客戶的需求一致,這點一直都很重要。

需求模型可能指出不同目標或限制的優先順序,若未訂出,則準備一份通用指南將會很有幫助。這些指南必須經由客戶同意,因為它們決定了系統的本質及系統會履行哪些功能。設計交易的指南可確保不同開發階段決策的一致性,也確保不同子系統的一致性。然而,並沒有一個指南能適用於所有案例。為了解決無法預期的狀況,其中有些幾乎發生在每個專案中,設計經驗及與客戶進一步討論非常必要。

12.5.3 設計中的可測量目標

我們在第 12.5.1 節裡討論過系統開發專案中設計者的某些一般目標。特殊專案具有某些特定目標,而評估是否達成目標很重要。一個評估的方法是確保這些目標能以可測量的方式表示,它們可以藉由設計階段間的模擬、為此目標建立的雛型或是最終系統來檢驗。

可測量的目標通常代表第 6 章裡所稱之非功能性需求。它們也反映了資訊系統並非為了自身利益來建構,而是為了符合某些組織的企業需求。系統應對企業的策略性目標有所貢獻,而有助於達成以下目標:

❖ 提供顧客更快的反應。
❖ 提高市佔率。

然而,這樣的目標很模糊且難以評估。若以可測量方式表示這些目標,則針對設計或最終系統是否達成這些目標進行評估是可能的。理想上,應以顯示這些目標如何歸屬於系統的方式來描述目標。若公司因使用新電腦系統而期待提高市佔率,但並未達成此目標,公司就可分辨究竟是新系統失敗,或是出現系統開發者無法控制的其他因素

（例如：經濟衰退）。系統可能經由提供更佳資訊或更有效率的程序，而對上述之企業目標有所貢獻，但為使目標成為可測量的，需以可量化的操作目標來表達，例如：

❖ 一年內減少三分之一的發票錯誤。
❖ 在高峰期多處理 50% 的訂單。

這些為設計者設定清楚的目標，並檢查是否達成這些目標（在系統限制下），以及系統一旦開始及執行後是否能達到這些目標的方式。

12.6 總結

分析著重於企業業務運作以建立需求，而設計則著重於用來實作這些需求的技術。一個有效的設計將符合一些一般目標，使系統更容易建構，而且對最終使用者來說能更有用、更具功能。系統的設計也應符合與使用者業務需求有關的特定目標，這些目標應以可量化、可操作的名詞來描述，並進行測試。設計的程序來自於使用者、預算與現有系統、可用的技術，以及設計和開發團隊的技巧與知識等之限制。

系統設計著重為系統決定適合的架構結構（於第 13 章討論），並定義其餘設計活動進行的內容。

我們將在第 14 章講解在所需系統中類別如何細部設計，在第 15 章則著重於介紹人機介面設計。

☑習題

12.1 將專案的分析階段及設計階段分開的優點為何？

12.2 將專案中分析與設計活動分開有什麼好處？

12.3 Agate 的使用者需要未付款活動的報告。下列報告的哪一個方面代表分析、邏輯設計以及實體設計？
☐ 報告的紙張大小及每個領域的位置。
☐ 使用者希望得到客戶尚未付款但已完成活動的報告。
☐ 報告所使用的業務物件選擇及它們的屬性。

12.4 下列哪一個句子描述的 FoodCo 系統元件代表分析、邏輯設計以及實體設計？
☐ 由紀錄線停止對話視窗 (Record Line Stop dialogue window) 的列表陳列的數值中，選擇一個做為停止執行的理由。
☐ 生產線在執行中停止時，會記錄停止的原因。
☐ 停止執行的理由會從有效理由列表中以選擇的方式輸入系統。

12.5 在物件導向系統開發中,何謂無縫銜接?

12.6 系統設計及細部設計有何不同之處?

12.7 列出良好設計的十二個品質規範。

12.8 Agate 公司希望新系統可以讓世界上每個辦公室皆能存取相同的資料。維持一個持續與所有辦公室連結之網路的花費太高,然而使用撥接網路連結所需之遠端辦公室的反應時間則太慢。針對這個問題,你能想出什麼妥協的解決方法?

☑ 案例研究作業、練習與專案

12.A 設計應用在廣泛的人造物上,例如汽車、建築、書本及包裝。選擇一項你所使用的人造物,試著找出在此一背景下什麼會是一個好的設計?有哪些方面還未應用到系統設計上?有哪些方面的系統設計也許應該應用在你所使用的人造物的設計上?

12.B 你的國家有什麼法律(如果有的話)可以保護電腦系統免於駭客的惡意攻擊?這些法律對系統的設計有何意涵?

12.C 在第 12.5 節,我們指出在良好設計品質上的一些準則將為設計師帶來好處,而其他則會對系統最終使用者帶來助益。試著決定在第 12.5.1 節討論過的哪些特徵會帶給設計師及終端使用者好處。

Chapter 13

系統設計與架構

學習目標 在本章中你將學到：
- ☑ 系統設計主要的顧慮。
- ☑ 資訊系統開發的架構意涵。
- ☑ 影響系統架構的因素。
- ☑ 包括分層與區分等架構形式適用的範圍。
- ☑ 如何應用「模型－視圖－控制器」架構。
- ☑ 分散式系統適用何種架構。

13.1 簡介

系統設計活動定義了細部設計所需的情境，在第 5 章中，我們描述統一軟體開發過程（Jacobson et al., 1999）為「架構中心」，並在先前的章節多次提到產生所規劃資訊系統之架構模型的觀念。系統設計主要的部分就是定義出系統的架構，然而，直至目前我們尚未定義資訊系統中的架構，也尚未解釋如何設計一個系統架構。

每個系統都有一種架構。如果設計者和開發者沒有花時間或是缺乏製造系統中明確架構模型的技能，系統還是會有一個架構。不過，此架構可能並不明確，也可能被許多因素影響，例如程式語言、資料庫和平台的選擇，以及開發團隊的技術和經驗。這種不明確的架構可能會讓系統無法達到非功能性需求，也很難維持或加強。製造一個明確的架構表示這個架構需要考慮到非功能性需求、系統的內容，以及系統與元件如何使用和未來的進一步開發。

在本章中，我們將解釋系統架構的意涵、影響架構開發的因素，以及其他與架構

相關的議題。架構是設計工作骨幹的一部分，設定後續系統細部設計相關事宜，在系統設計期間必須確認以下活動：

❖ 設定設計取捨時的優先順序（第 12 章）。
❖ 確認子系統及主要元件（第 13 章）。
❖ 確認任何既有的並行（第 13 章）。
❖ 子系統配置予處理器（第 13 章）。
❖ 確認可以使用的設計樣式。
❖ 對人機互動策略與標準的選擇（第 15 章）。
❖ 選定資料管理策略。
❖ 擬定程式碼開發標準（第 16 章）。
❖ 擬定系統測試計畫（第 16 章）。
❖ 確認實作需求（例如資料轉換）（第 16 章）。

13.2 架構的意涵為何？

在資訊系統的開發中，架構這個術語的使用明顯是由在建構環境的架構實行所衍生出來。英國皇家建築師協會對於「建築師做些什麼？」描述如下。

> 建築師被訓練成擷取你所提出的重點，而且看出大方向的輪廓——他們不只是看到立即性需求，而是進一步建立有彈性的架構，可以適應任何企業的需求轉變。
>
> 建築師以具創意的方法解決問題——當參與最早的計畫階段，他們會獲得更多機會來了解你的企業、開發有創意的解決方式，並且建議降低成本的方法。

如果我們使用「架構」這個名詞來取代「資訊系統」，許多系統設計師和軟體設計師將會欣然簽署他們所做事情的定義。這兩個句子的關鍵特徵通用於系統設計師與架構設計師。

❖ 系統設計師代表客戶。他們扮演的角色部分是了解客戶的企業，以及資訊系統如何最佳地支援企業。然而，客戶可能會對新的資訊系統提出矛盾的需求，因此有些系統設計師必須解決這些矛盾。
❖ 系統架構描述大方向的輪廓。資訊系統的架構是對系統的高階層觀點：利用主要元件及其互相連結的方式來塑模，而不只是提出系統的設計細節，雖然它可能設定了即將應用的標準。

- ❖ 假設彈性是重要的，則系統設計師會生產一個傳送這種特性的架構。在現今快速轉變的商業環境趨勢下，彈性經常是採取某種系統架構的原因。然而對於特定的客戶來說，有些資訊系統的其他特性更被重視，此時在架構上就會強調這些特性。
- ❖ 系統設計師關心的是解決問題。在資訊系統開發中，問題本身明顯就是專案成功的風險；統一過程採取架構為中心的原因正是專注於架構，讓專案生命週期中架構相關決策更容易進行，而可以降低或減輕風險。
- ❖ 降低成本不是系統設計師的首要目標。不過，提出任何不必要且昂貴的解決方案從不討喜，而為新系統製造一個明確的架構，意味著加上特定要求且排除非必要特性。這代表風險會在專案生命週期的早期被消除，因而最小化在專案後期才發現系統無法達到需求發生的機會，以及需要付出高額代價去變更設計或重新製作的可能。

當然，最重要的是此架構已經接近大方向的輪廓。分析是必要的細節：企業分析師需要了解並清楚記錄每個需求；系統分析師必須考慮使用案例及其他需求，並將之轉換為所需類別的完整模型，以支援那些使用案例及其屬性和責任或操作，以及那些類別的實例將如何互動的初步觀點。設計是將每個分析模型轉換成設計模型，以有效率地實作需求：設計師必須考慮每一個屬性的型別及設計每個操作，以取得必要的參數、回傳正確值，並有效率地執行屬性的工作。另一方面，架構著重於系統的大規模特性，以及這些特性如何共同運轉：設計團隊將類別組成套裝、將系統塑模成一組互動元件，並考慮在哪個平台部署這些元件，以傳送系統的需求。

在資訊系統開發中，對於架構有許多不同看法。此處，我們只將焦點放在系統架構和軟體架構上。在第 13.4 節，我們將會討論企業架構和技術架構，以及它們和系統架構與軟體架構的關係。

針對大規模軟體架構，Garland 與 Anthony (2003) 在著作中使用電子電機工程師協會 IEEE 1471-2000 標準 (IEEE, 2000) 對於架構的定義，他們提出以下關鍵名詞的定義。

- ❖ **系統** (system) 是完成一個特定功能或一組功能的一組元件。
- ❖ **架構** (architecture) 是一個系統的基礎組織，藉由其元件、它們對於彼此和環境的關係、引領設計和進展的原則而具體化。
- ❖ **架構描述** (architectual description) 是一組記錄架構的產物。
- ❖ **架構觀點** (architectual view) 是代表特定系統或從特定觀點來看的部分系統。
- ❖ **架構見解** (architectual viewpoint) 是如何建立及使用架構觀點的範本。此見解包含名稱、利害關係人、這些見解所關注的事物，以及塑模和分析所構成的集合。

架構種類	元素範例	關係範例
概念	元件	連結者
模組	子系統、模組	輸出、輸入
程式	檔案、目錄、程式庫	包含、概括
執行	任務、執行緒、物件互動	使用、呼叫

圖 13.1 依據 Soni 等人之軟體架構的四大面向（引自 Weir & Daniels, 1998）

根據給定的架構定義，**軟體架構** (soft architecture) 是就軟體元件而言的系統組織，其中包含子系統和彼此的關係與互動關係，以及引導軟體系統設計的原則。

IEEE 定義的重要性在於，相同系統在強調不同角度時可以有不同的觀點。Bass 等人 (2003) 指出，架構常被定義為「系統的整體結構」，但這意味著一個系統只能有一個結構。他們建議詢問任何在這個職位上的人「此架構代表系統的哪個結構」。

Soni 等人 (1995) 指出軟體架構的四個不同面向，如圖 13.1 所示。

就物件導向發展而言，概念架構被認為是靜態類別模型及模型元件的連結。模組架構闡述系統如何分割為子系統或模組，以及它們如何藉由輸出及輸入資訊進行通訊。程式架構定義程式碼如何組織成檔案與目錄，以及如何組成程式庫。執行架構著重於系統的動態觀點，以及任務與操作等元件在執行時的通訊。

Rational 統一過程使用系統的五個觀點，也就是所謂的「4 + 1 觀點」(Kruchten, 2004)。這四個觀點是**邏輯觀點** (logical view)、**實作觀點** (implementation view)、**程序觀點** (process view) 以及**部署觀點** (deployment view)，而將上述四個觀點緊密相連的是使用**案例觀點** (use case view)。這五個觀點如圖 13.2 所示。

這五個觀點符合 IEEE 1471 定義中構成一個觀點的要素，它們利用特別的深入洞察提供系統描述。在邏輯觀點上，類別和套件之間的靜態結構關係呈現了程序觀點中執行時間程序間動態關係的不同角度。一個簡單的圖表或模型是無法輕易地結合這些洞察方法的。

不同觀點就像是一個國家的不同地圖。我們不難找到顯示山坡、小溪、湖畔的地形圖，顯示城鎮、城市、道路及鐵路網的人文地理圖，顯示農耕、林地、工業和殖民

觀點	解釋
使用案例觀點	系統和場景中重要的使用案例，其劇本是形容有意義的架構行為。
邏輯觀點	套裝結構中重要的設計類別和介面，包括合成結構圖。
實作觀點	根據子系統和元件及其間的關係，為了實作而下的架構性決策。
程序觀點	使用型別類別之程序的描序（作業系統程序和執行緒）以及程序內通訊。
部署觀點	使用部署圖來部署平台、節點上元件，以及它們之間通訊頻道的實體節點。

圖 13.2 4 + 1 觀點

地的陸地使用圖，以及顯示主要城市間大量運輸流量的圖。然而，若是試著在單一地圖上結合所有觀點，地圖將會變得混淆且難以理解。

為了呈現一個國家的地理，就會發展出符合特定慣例的地圖。舉例來說，地形圖使用等高線、顏色和陰影，或是結合這三點來呈現海拔特徵和海水位置。明確地說，呈現一個系統的不同觀點之模型也必須符合某些慣例，讓這些不同的特徵也能在模型上顯現。使用慣例協助系統設計師和利害關係人討論系統，並提供方針給設計者和開發者，**架構描述語言**（architecture description language, ADL）是繪製架構模型的一套慣例。Bass 等人 (2003) 使用 UML 做為 ADL。在 UML 2.0 加上特定的特徵，目的是更適合塑模架構、製造分析和設計模型。UML 2.0 計畫書徵求 (OMG, 2000) 是對於對規格書應該進行哪些改變進行企劃書邀集，它的特定目的之一如下：

> 讓像是以元件為基礎開發及執行期間架構規格等結構樣式的塑模變得可行。

這導致組合結構圖的引進以及元件圖標記法的修改。

13.3　為什麼要製造架構模型？

軟體設計師使用基於不同觀點的結構模型來推導所研擬的系統，以及從不同面向來看它如何運作。尤其，這可以評估系統傳遞非功能性需求的效果。Bass 等人 (2003) 不喜歡非功能性需求這個名詞。他們主張自己所稱系統的**品質屬性**（quality attribute，例如性能、安全及容錯）皆與系統行為及其回應輸入的方式有關。他們深信，定義一組與系統功能性行為無關的非功能性需求是很危險的，這表示可以在一開始先加上系統的功能，而在開發過程快結束時再附加非功能性需求。我們使用「非功能性需求」這個名詞，是因為它廣泛地被了解，也因為在需求蒐集時，它將焦點放在系統如何有效地傳送功能的各個層面上。然而，我們不相信如此可以直到開發程序結束還忽略這類需求。

基於統一過程的開發流程是架構中心的。這意味著必須先取得架構，接著在專案一開始，設計師就要於系統中設法增加非功能性需求，因為此架構提供框架以實現系統的品質屬性。早一些使架構正確無誤，多少也可以降低專案風險。如果新系統的需求之一是可以處理龐大的尖峰處理量（例如線上訂單處理系統），那麼證明在專案中架構可以支援尖峰達成量是非常重要的。如果前期作業僅只著眼於處理訂單的能力，而非確保設計可以延展以處理尖峰負載，就會面臨在專案後期才發現系統無法處理工作量的風險，屆時才重新設計軟體來符合尖峰工作量，將會導致延遲。

利用架構模型，設計師可以評估系統架構實現品質屬性（例如高性能）的能力。系統的 4 + 1 觀點中，不同觀點有助於評估績效，參見圖 13.3。

觀點	對評估效能的貢獻
使用案例觀點	可以找出需要高效能的使用案例，以及用來演練其他觀點將會如何影響效能需求的場景。
邏輯觀點	類別的邏輯觀點將會顯示像是建立輕量型物件或價值物件的技術，是否會用來降低與傳送和週遭數值相關的負載。
實作觀點	愈多元件或子系統參與，將有愈高的通訊成本，所以實作觀點必須顯示過程中的一些元件。
程序觀點	程序觀點可以用來評估將會存多少執行程序，以及同一程序是否會有多重實例，而讓作業可以分攤給用來處理負載平衡的特殊程序。所使用的內部處理通訊會影響資料如何有效率地在程序中傳送。
部署觀點	部署觀點顯示各種部署的不同元件，以及資料是否需從一台機器傳送到另一台，或者所有傳送高性能使用案例的程序是否都位於同一台機器。

圖 13.3 ｜ 4＋1 觀點對評估效能的貢獻

　　了解圖 13.3 中一些增加效能的特點將不會對其他品質屬性的達成造成影響是很重要的。舉例來說，增加輕量型的類別版本意味著每個企業類別有兩個版本，每個企業種類的改變就是與輕量型版本有關的改變，這讓此一程式更難維護。同樣地，減少程序所涉及的元件數量，可能意味著並非自然附屬的功能性會群聚在相同的元件或子系統，這降低了系統的彈性。

13.4　系統架構的影響

　　為新系統開發架構的系統設計師並非獨立運作。任何組織都會有現存系統，並對架構產生限制和影響。許多大型組織現今皆在開發或者已開發一個**企業架構** (enterprise architecture)，提供所有系統開發的框架。一個企業架構會連結用來支持企業的企業設計和資訊系統。無論是部分企業架構或獨立框架，許多組織皆有技術標準或是**技術參考架構** (technical reference architecture)，其中列出一套技術，通常包括可被接受的特定產出以及它們應如何使用。

　　在下列各小節中，我們依次解釋各個影響及其對架構的效應。在第 13.5 節，我們解釋**架構形式** (architectural style) 的範圍。架構形式是組織資訊系統的典型應用，設計師可以選擇架構形式來開發新系統。

13.4.1　現存系統

　　在許多案例中，組織的新系統架構將會以符合現存系統為目的來設計。這也適用於科技層面，例如作業系統、資料庫和程式語言的選擇，也適用於新系統中哪些元件會被選擇、設計和交互連結的方式。使用 Java 2 企業版 (Java 2 Enterprise Edition,

J2EE) 或是 Microsoft .NET 的組織會希望開發的新系統來適用此框架。J2EE 和 .NET 等框架已在書上或網路資源完善地記錄，但是任何採用它們的企業也同樣必須維持一套技術標準或技術參考架構，以解釋該公司如何使用這些框架。

有了現存系統，任何新系統皆可以重複利用這些系統中的元件，特別是當新舊系統使用同一個架構時。在第 8 章，我們已介紹可重複利用元件的概念。在計畫重複利用軟體時，組織將會使用可供查詢的儲存庫來儲存可重複利用的項目。OMG（亦即管理 UML 標準的團體）也替**可再用資產規格** (Reusable Asset Specification, RAS) 維持標準，它提供一套有關可重複利用項目之結構、內容和描述的準則。LogicLibrary 的 Logidex 和 Select Business Solutions 的 Select Asset Manager 等產品，皆提供有助於管理元件集合的工具。

遺留系統

有時候現存系統不會提供開發新系統的樣式。開發的技術可能已經過時，也很難繼續支援。系統可能還可支援企業的運作，但仍會選擇採用新技術。**遺留系統** (heritage system) 一詞有時候也用在現存系統，形容使用過時技術，但是卻依然讓企業明顯獲利，或甚至是營運關鍵的系統。如果遺留系統尚未被取代，則新系統需要經由某些介面存取資料。企業應用程式整合 (Enterprise Application Integration, EAI) 工具是連結系統以和其他系統整合的軟體工具。如果遺留系統使用知名的技術，則會有一個銜接機制，它可以連結 EAI 工具，並讓 EAI 工具能夠從舊系統中取得資料，而且新系統可接收新舊資料以使用其功能。

服務

一種連結遺留系統的技術就是將它們包裝為軟體中的一層，讓所需的功能以服務的形式暴露在外。**網路服務** (web service) 是解決此問題的最新技術，但是**服務導向架構** (Service-Oriented Architecture, SOA) 想法的出現遠比網路還早。

封套扮演服務代理人的角色，所以對於啟動服務操作的客戶端系統來說，它看起來與其他服務相同，如圖 13.4 所示。

既有系統有許多種介面。雖然程式語言的選擇有限，但有時候介面會被設計為可提供應用程式介面 (Application Programming Interface, API)，在這樣的情況下，很有可能會使用既有系統。既有系統經常出現沒有 API 的情況，但會提供其他的介面：它們變成 TCP/IP 的聯絡接口，或者確認檔案是否放在正確的目錄，並且將檔案視為輸

圖 13.4 將既有系統包裝成服務

入。有時候封套存取既有系統的唯一方法是假裝成終端機並進行連結，接著如同使用者在輸入資料一樣傳送內文及終端碼，然後讀取傳回的資料，並從提示、正確資料值和控制序列的混合中取得所需，這就稱為**螢幕片段** (screen-scraping)。

✣ 反向工程與模型驅動架構

模型驅動架構 (Model-Driven Architecture, MDA) 是 UML 進化到 2.0 版的理由之一。MDA 的構想是將企業和系統應用程式邏輯從潛在平台技術中分開。這個系統的抽象觀點就是我們熟知的**平台獨立模型** (platform-independent model, PIM)；接著，PIM 和平台架構的定義結合，產生可以在一個特定平台上建立和執行的**特定平台模型** (platform-specific model, PSM)。為了產生 PIM，將系統中的活動精確地詳細說明是必要的。採用這個方法應能建立系統的平台獨立規格，接著使用不同的標準繪圖，將其轉換成一個特定平台模型。PSM 就這樣被進一步轉換成實作碼，使用已經可以從模型建立軟體的自動化工具。因此，一個單一的 PIM 可以不同方式進行實作：J2EE、.NET、CORBA。

OMG 也已經開始推廣 MDA。UML 是 MDA 的中心。雖然 UML 早期的版本提供塑模結構（類別圖）、反覆（循序圖）和生命週期（狀態機圖），但活動圖中的行動規格並不是用於明確定義類別應該如何處理操作的任務。UML 2.0 的開發者在程式語言中增加了一種精確的**行動語義** (action semantic)，結合活動圖的標記法（在 UML 2.0 中更準確地定義）讓 UML 成為生產 PIM 之語言選擇。

和轉換 PIM 來建立應用程式一樣，OMG 也提出反向工程的想法，將現存應用程式導入 PIM。這個想法是，如果既有系統的企業和應用邏輯可以與實作細節分開，並以一種抽象規格語言（UML 和行動語義）呈現，則 PIM 可以用來重新實作在不同且更先進的平台上之系統功能。像 InteractiveObjects 的 ArcStyler 這類產品，不只提供產生 PIM 實作的方式，也提供反向工程以將現存應用程式碼導入 PIM。

13.4.2 企業架構

在大型且複雜的組織，特別是在許多國家營運且由不同部門掌管不同市場的組織，若系統開發不協調將會造成極大的風險。若沒有人對於企業有通盤的了解，的確是一個風險，更不必說是支援企業的系統。當新系統的專案被提出時，很難分析新系統的效應。以下是可能的問題。

- ❖ 這個系統在組織中如何與其他系統部分重疊？
- ❖ 系統將會需要如何與其他系統接合？
- ❖ 系統將會幫助組織達到目標嗎？
- ❖ 系統的花費合理嗎？

企業架構提供塑模企業的方式和掌管企業的角度，以及當觀念轉變為實際問題時，資訊系統將如何支持企業。美國聯邦政府許多部門已經建立他們自己的企業架構框架，在政府以外的世界，最廣為人知的框架就是 Zachman 框架 (Zachman, 1987)，它由 John Zachman 原創開發，並與 John Sowa 合作進行延伸 (Sowa & Zachman, 1992)，從那時起 Zachman 框架已經經歷了演變的過程，而今可以在 Zachman 公司的網站上取得簡潔的定義 (Zachman, 2008)。

Zachman 框架希望能夠用兩種觀點來建立明確的企業模型。第一個觀點詢問：建立什麼？如何建立？在哪裡建立？什麼時候建立？為什麼要建立？第二個是用不同層次檢視這個系統，包括從最概念的企業觀點到實際實作系統的觀點。這兩個維度經常被視為一個矩陣，而矩陣中的 36 個值就是不同標準和不同觀點觀察的企業實際模型。

企業設計者 (enterprise architect) 的任務是使用這些類型建立企業的整體輪廓。企業的整體輪廓及其系統支援確認任何 IT 投資皆符合企業目標的程序。對於大型組織來說，這的確是讓人氣餒的工作，而且對於 Zachman 框架的批評之一就是對企業架構來說，它是負擔較重的方式。

一個採用任一種企業架構框架的組織，首先應由框架開始定義新系統架構的限制。

13.4.3 技術參考架結構

企業架構顯示出整個組織及其系統，而**技術參考架構** (technical reference architecture) 則著重在企業所使用的技術、技術標準，以及如何應用技術的指導原則之上。這可能是標準文件、允許的技術列表，或是顯示如何在典型系統裡應用不同技術的架構模型。

針對沒有時間或資源自行發展技術標準架構的組織，The Open Group 在 1995 年提出開放小組架構框架 (The Open Group Architecture Framework, TOGAF) (The Open Group, 2002)，目前的版本是 9.0 (The Open Group, 2009)。

TOGAF 包括三個主要部分：

❖ 架構發展方法 (Architecture Development Method) 描述一種發展企業 IT 架構的方法。
❖ 企業延續 (Enterprise Continuum) 顯示結構的延續，從一般基本架構到特定組織的特殊架構。
❖ 資源 (Resources) 提供架構樣式、原則和其他指導的有用資訊和範例。

The Open Group 必須維護線上的標準資訊基地 (Standards Information Base, SIB)，

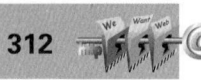

根據基礎架構模型的建構區塊來分類上百個 IT 標準。

13.5 架構形式

建築設計師在被指派新任務時，不會每次都重頭規劃。他們的設計會與先前的設計或其他人的設計相似，並且了解哪些東西有用、哪些沒有用。系統設計師也非常相似：他們在系統架構反覆工作，設計符合時代潮流與標準的系統，就像是哥德式教堂的飛扶壁或是建築物外部的電梯那般。

在系統架構中，**架構形式** (architectural style) 一詞使用於應用符合普遍潮流的系統設計方式。這些潮流通常是技術上變化的結果：例如，在個人電腦出現之前，要使用個人電腦連接到迷你電腦去實作主從式系統是不可能的。架構形式也適用於軟體架構。Bass 等人 (2003) 描述五種主要類型：獨立元件、資料流量、中心資料、虛擬機器、呼叫及傳回，每個皆有子類型。每一種形式擁有一些特性，使之更符合或更不符合應用程式的某些類型。我們將考慮一些主要的替代選項。值得注意的是，軟體架構已經使用 Buschmann 等人 (1996) 與 Schmidt 等人 (2000) 提出的樣式加以記錄。

13.5.1 子系統

一個子系統會將一些擁有共同特性的系統元素結合。一個物件導向的子系統會封裝一組連貫的責任，以確保具有整合性，而且可加以維護。例如，一個子系統的元素只處理人機介面，另一個子系統的元素只處理資料管理，而第三個子系統的元素只處理特殊功能需求。

將一個資訊系統細分成子系統具有以下優點：

❖ 產生更小的發展單位。
❖ 有助於元件的重複利用。
❖ 有助於開發者處理複雜度。
❖ 改進可維護性。
❖ 有助於可攜性。

各個子系統應該有一個明確的界限，以及和其他子系統間充分定義的介面。子系統的介面規格定義了子系統與系統其他部分互動的精確本質，但未描述其內部結構（這是契約的高階用法，已於第 10 章介紹）。子系統可以獨立於其他子系統而進行設計和建構，來簡化發展程序。子系統可以因應開發的漸增，如同漸增生命週期中的部分而個別地交付（如果開發者使用螺旋生命週期模型，或者像是統一過程之類的反覆和漸增法）。

將系統劃分成子系統是有效處理複雜度的策略。有時候這只適合依據開發廠商針對應用程式本質所做出的子區隔，來將大型複雜系統逐步塑模。將系統分成子系統也有助於重複利用，而每個子系統可能對應於某一適合在其他應用程式重複利用的元件。在設計期間，選擇正確的子系統可以降低需求改變對整體系統的衝擊。例如，考慮一個含有處理人機介面 (human-computer interface, HCI) 之展示子系統的資訊系統，其資料顯示格式的改變並不會影響其他子系統。當然，仍然也有一些需求改變會影響一個以上的子系統。因此，目標是局部化變動的結果，如此一來，發生於某個子系統的變動就不會觸發其他子系統的改變（有時稱為漣漪效應）。如果軟體架構是適當的，那麼從一個實作平台移動應用程式到另一個實作平台可能會更加容易。一個例子是轉換 Windows 應用程式，以便在 Unix 環境下執行。這會需要實施人機介面軟體的改變。如果由專業子系統處理，那麼整個軟體的改變會只侷限在那些子系統。結果，系統整體將更容易移植到不同的作業環境。

各個子系統會為其他子系統提供服務，目前有兩種不同的通訊模式來實現此一模式，即為廣為人知的**主從式** (client-server) 通訊和**點對點** (peer-to-peer) 通訊，如圖 13.5 所示。圓圈代表子系統暴露在外的介面，而虛線箭頭代表這些介面的相依性。

主從式通訊要求客戶了解伺服器子系統的介面，但是這種通訊方式是單向的。客戶子系統向伺服器子系統要求服務，反向則不行。點對點通訊要求各子系統了解其他管道，因而連結的介面有很多管道。由於每一個點對點子系統會要求其他子系統的服務，因此是雙向通訊。

一般而言，主從式通訊較易實施和維護，因為比起點對點通訊，前者的子系統較不密合。在圖 13.5 中，子系統使用套件來表示，以顯示它們的角色。元件圖和部署圖也可以用來塑模子系統的實作。

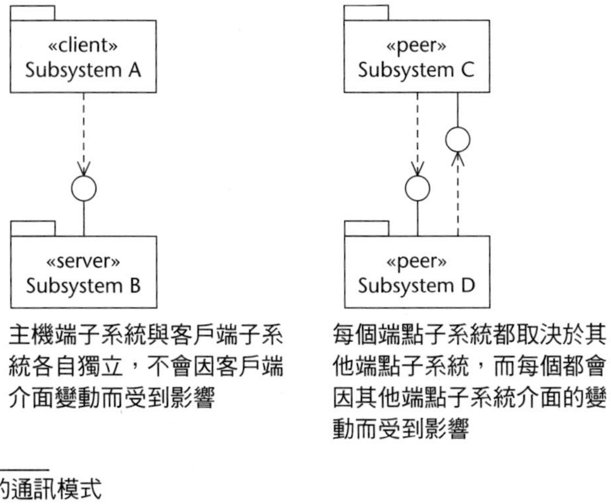

圖 13.5 子系統間的通訊模式

13.5.2 分層法與區分法

將軟體系統分離成子系統有兩種常用的方法，其中較為人知的是**分層法**（layering；之所以如此命名，是因為不同子系統通常代表不同層次的抽象化）以及**區分法** (partitioning)，因為此方法的每個不同子系統著重於整個系統的一種功能。實務上，這兩種方法經常共同使用於一個系統，以致於某些子系統是分層的，而其他是區分的。

➪ 分層子系統

分層架構是系統中最常使用的高階層結構，圖 13.6 描述一個一般結構的概要。

每一層會對應到一個或多個子系統，這可能因為處於不同的抽象化階層或著重於不同的功能焦點而有所差異。結果會如此作用：上層可以立即使用下一分層所提供的服務，並依此類推到需要下一個分層的服務。分層的架構可以是同時開放或關閉的，而且每一個樣式擁有特定的優點。在封閉式分層架構的某些分層中（稱為 N 分層），只可以使用下一層（N－1 分層）的服務。在開放式分層架構中，N 分層可以使用在該分層之下任何一層的服務。

封閉式分層架構最小化分層之間的相依性，並且降低每一個分層之間介面改變的衝擊。在開放式分層架構中，因為較高分層不需要額外的程式就可存取較低分層的服務，所以產生更加緊密的程式碼。但是，這打破了分層的封閉性，增加分層之間的依賴性，也提高分層改變的困難度。

網路協定為分層架構提供一些很好且眾所周知的例子。網路協定定義了電腦程式如何執行電腦之間的溝通。協定可能被定義成數個抽象標準層次，每一個層次對應一個分層。OSI（Open Systems Interconnection，開放式系統互連）七層模式由國際標準組織 (International Organization for Standardization, ISO) 定義為網路協定中的標準架構模型 (Tanenbaum et al., 2002)。這個架構提供了改變的彈性，因此一個分層內部更

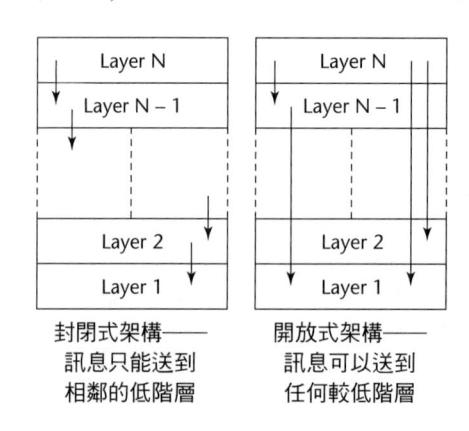

圖 13.6 分層架構的圖解

```
┌─────────────────────────────┐
│     第七層：應用層            │
│   為一般活動提供各種協定       │
├─────────────────────────────┤
│     第六層：表示層            │
│   將資訊結構化並附加語義       │
├─────────────────────────────┤
│     第五層：交談層            │
│   提供對話控制及同步的能力     │
├─────────────────────────────┤
│     第四層：傳輸層            │
│   將訊息切割為封包，並且確保   │
│          得以傳輸            │
├─────────────────────────────┤
│     第三層：網路層            │
│   選擇從發送端到接送端的路徑   │
├─────────────────────────────┤
│    第二層：資料連結層          │
│   偵測及修正在位元序列中的錯誤 │
├─────────────────────────────┤
│     第一層：實體層            │
│   傳送位元：設定傳輸速率、位元 │
│         編碼、連接等          │
└─────────────────────────────┘
```

圖 13.7 ｜ OSI 七層模式（改編自 Buschmann et al., 1996）

動時不會影響其他分層，而且分層元件可以重複利用。OSI 七層架構的架構如圖 13.7 所示。

Buschmann 等人 (1996) 提出，當在一個應用程式裡應用分層架構時，需要解決一系列的問題，包括：

❖ 維持每個分層介面的穩定。
❖ 其他使用部分較低分層之系統的構造。
❖ 子系統有各種適合的粗細程度。
❖ 複雜分層的進一步細分。
❖ 封閉式分層架構的效能降低。

OSI 模型只有七個分層，因為它涵蓋兩個應用程式之間溝通的各個面向，從應用程式導向的程序，到可以直接控制網路硬體裝置的驅動程式和協定均有。許多分層架構都比圖 13.8 的三分層架構來得簡單。圖 13.8 顯示一個簡單的三分層架構例子。

圖 13.8 的最低層是由資料管理庫類別組成。資料格式化分層在此之上，使用由資料管理庫類別提供的服務，以從資料庫管理系統得到資料。資料會在進入應用程式分層之前被格式化。假設這個系統必須經過修改以使用不同的資料庫管理系統，那麼分層架構會藉由資料格式層的可能變動來侷限資料管理類別庫層的主要變動。

接下來的幾個步驟改編自 Buschmann 等人 (1996)，主要提供發展分層架構應用

```
┌─────────┐
│ 應用程式 │
└────┬────┘
     ↓
┌─────────┐
│ 資料格式 │
└────┬────┘
     ↓
┌─────────┐
│ 資料管理 │
└─────────┘
```

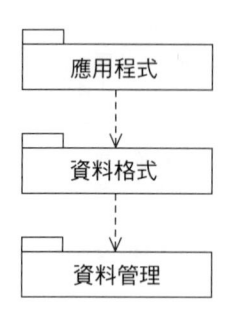

圖 13.8 簡單的分層架構

程式的流程概要。注意，這並不是建議系統的架構規格應該採取以規則為基礎的程序。這些步驟在分層架構開發期間提供所需著眼之議題的指引。

1. 根據被群組的分層定義應用的標準。一個常用的標準是硬體的抽象分層。最低的分層提供直接存取硬體的基本服務，而較上面的分層則根據這些基本服務提供較複雜的服務。架構中較高的分層執行較複雜的工作，以符合應用領域的概念。

2. 決定分層數。出現太多分層將會產生不必要的支出，而分層太少會導致不良的結構。

3. 命名分層並分配功能。使用者必須理解，上層應該與主系統功能有關。下面的分層應該提供服務與能傳遞功能需求的架構。

4. 具體指定每一層的服務。一般來說，最好是較低層有小量的低層服務可以被較高層中較多的服務所使用。

5. 重複步驟 1 到步驟 4 以精煉分層。

6. 具體指定每一個分層的介面。

7. 具體指定每一個分層的結構，這也許包括分層內的區分。

8. 具體指定鄰近分層間的溝通（可以假設是封閉式分層架構）。

9. 減少鄰近分層的耦合。這代表每個分層必須被緊密壓縮。當使用主從式通訊協定時，每個分層應該只能知道下一個分層為何。

一個最簡單的應用程式架構只有兩個分層：應用程式分層和資料庫分層。使用者介面和資料提交的緊密結合使得單獨修改任何一方變得更困難，因此我們會引進一個中間分層，來分隔問題範圍的概念結構。這是商業導向的資訊系統經常使用的方式，如圖 13.9 所示。

一個常見的四分層架構將商業邏輯分層細分為應用邏輯和領域層，如圖 13.10 所示。在用來辨別邊界、控制和實體類別之使用案例實際結果的分析活動中，會採用這個方式。顯然，我們可以將邊界類別對應到展示層、控制類別對應到應用邏輯層，而實體類別對應到領域層。在資訊系統的開發早期，分層元素就被引進軟體架構。然

| 圖 13.9 | 三層式架構 |

| 圖 13.10 | 四層式架構 |

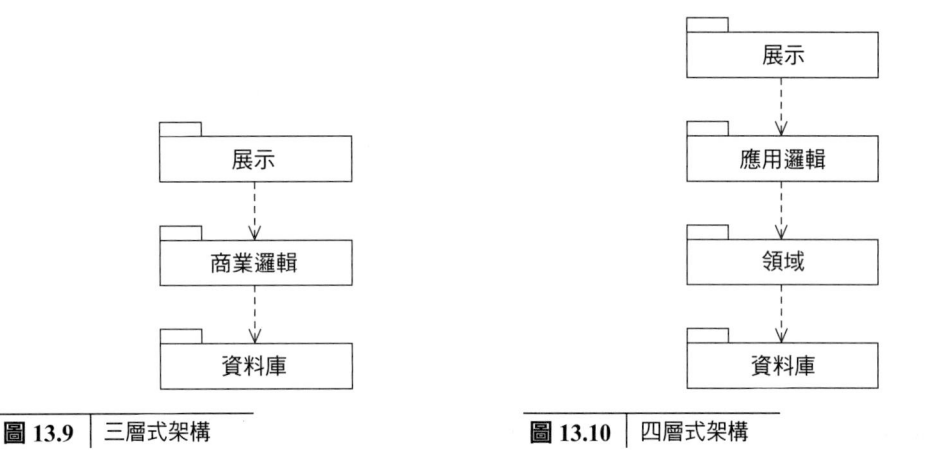

而重要的是，在設計過程中，我們或許會調整三種類別的責任分配來符合非功能性需求。

將應用邏輯層從領域層中分離出來是較為適當的，因為許多應用程式共享（或像是共享）一個領域層，也可能因為商業物件的複雜程度迫使區分為兩層。當要將物件完全分類時，也可以使用這個方式。不過必須強調的是，對於這種設計問題沒有最好的解決方式，只有不同特性的解決方式而已（或許是不同的效率或維持性標準）。一個良好的設計解決方式就是有效地平衡競爭需求。

分層架構的使用相當廣泛。J2EE (Sun Java Centre, 2005) 採用多層式方式，而且開發出相關的樣式目錄，此一個架構有五層（客戶層、展示層、商業層、整合層和資源層），而樣式目錄著眼於展示層、商業層及整合層。

✤區分子系統

如之前建議的，分層結構的某些分層可能已經因為本身的複雜性而被分解。圖 13.11 顯示 Agate 公司中行銷活動管理系統的四層式架構，在較高的分層中也有一些區分。

在本例中，應用層符合一個應用程式的分析類別模型，並且被區分為一系列的子系統。這些子系統被零散地結合，而每個子系統也只能傳送一種服務或是一組相關的服務。Campaign Database 分層提供資料庫的存取，此資料庫包含活動、廣告、活動團隊的所有細節。Campaign Domain 分層使用較低的分層以擷取和儲存資料庫中的資料，並提供以上分層的基本範圍功能。舉例來說，當計算完整活動經費時，Advert 子系統可能支援個別廣告費用，而 Campaign Costs 子系統則使用一些共同領域功能。每個應用程式子系統都有自己的展示層，來滿足不同使用者角色的不同介面需求。

分析時，一個系統可能會因為系統的尺寸和複雜度被分割為許多子系統。然而在設計時，為了整體系統架構的連貫性和相容性，必須再次檢查分析過的子系統。

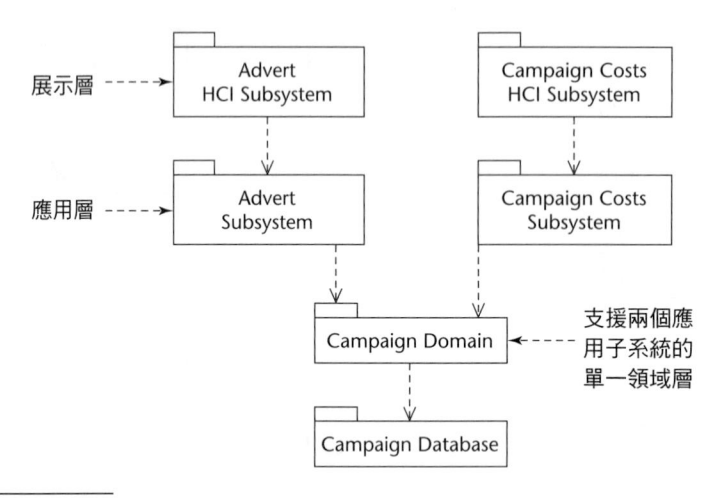

圖 13.11 應用於 Agate 公司行銷活動管理系統之四層式架構

區分後的子系統必須清楚定義邊界和具體說明介面，因此提供高層的封裝，好讓個別子系統的實作可以在不影響其他子系統的情況下做改變。在特定分層中，鑑別子系統的過程可以與鑑別子系統分層一樣詳細。

13.5.3　模型－視圖－控制器

許多互動式系統使用模型－視圖－控制器 (Model-View-Controller, MVC) 架構，此結構最初與 Smalltalk 一起使用，之後在許多其他物件導向開發環境中被廣泛運用。MVC 架構將一個應用程式分為三種主要類型元件：由主要功能組成的模型 (model)、呈現使用者介面的視圖，以及管理觀點更新的控制器。這個結構經由不同介面形式來支援使用者需求，增加可維護性與攜帶性。

對於資訊系統的視圖來說，針對每個使用者的角色來做改變是十分常見的。這代表資料或功能必須針對每個使用者的需求量身訂做。不同類型使用者的需求也有大幅度的改變。基於這些因素，每個使用者只能存取相關的部分功能是合理的。以 Agate 案例研究為例，許多使用者需要存取活動的相關資訊，但他們的看法卻不同。活動經理需要知道目前的進度，她關心現在每個廣告的狀態，以及整體看來如何對活動產生影響──是否已經準備好可以運行，或者還在準備階段？如果一個廣告跟不上進度，會不會影響活動的其他部分？圖表設計師也需要存取廣告資料，但他們比較需要存取的可能是廣告內容（它的元件和任何附在上面的註解）以及排程資訊。主管可能希望知道所有活動的狀態，以及下半年的預算。這麼一來，至少提供三種對活動及廣告的看法，其中每一種都可能使用不同的表現方式。主管可能需要分析目前情勢的高層次總結圖表，活動經理可能需要較低層次但包含文字與圖表的形式，圖表設計師可能需要詳細的註解文字紀錄以呈現生動的圖像。理想上，如果更新視圖中任何關於活動或廣告的資訊，此一改變也可以反映在其他視圖上。圖 13.12 顯示一個可能的架構，但

```
                    每個子系統包含                           對某一子系統資
                    一些核心功能                             料的改變需要傳
                                                            遞到其他子系統

           ┌──────────────┐  ┌──────────────┐  ┌──────────────┐
           │   Campaign    │  │    Advert    │  │   Campaign   │
           │  Forecasting  │  │  Development │  │  Management  │
           └──────────────┘  └──────────────┘  └──────────────┘
                         ┌──────────────────────┐
                         │ Campaign and Advert  │
                         │   Database Access    │
                         └──────────────────────┘
```

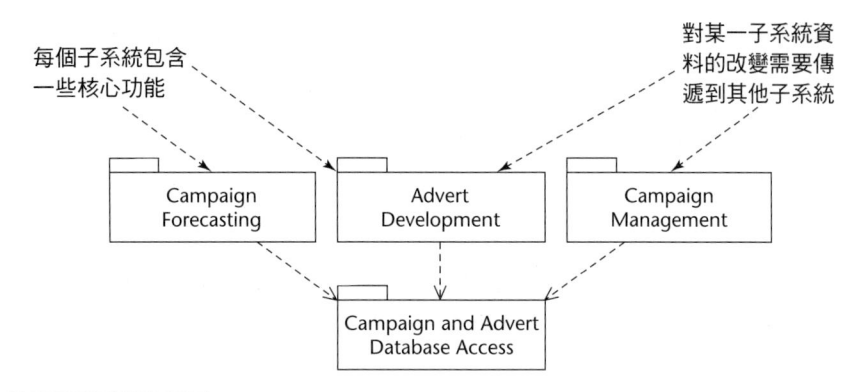

圖 13.12 │ 相同核心功能的多重介面

依然存在一些問題。

這種多變、富有彈性且合併相同核心功能的使用者介面設計或許會更昂貴，因為功能要素可能會被其他不同介面複製。這會讓軟體更複雜，因此更容易出錯。由於核心功能的任何改變會迫使每個介面子系統改變，所以也會對維護性有所影響。

我們重複下面幾項難題，這些是在此類型的應用程式中需要解決的。

❖ 相同的資訊可以在不同視窗的不同格式中顯示。
❖ 一個視圖的改變可以馬上反映到其他視圖上。
❖ 應該可以輕易改變使用者介面。
❖ 核心功能必須獨立於介面，使得多重介面得以共存。

當使用圖 13.11 中的四分層架構解決某些問題時，它無法滿足所有視圖元件及時更新的需求，對此，MVC 架構透過本身核心功能（模型）從介面中區隔出來，以及透過本身將散布更新到其他視圖的合併機制來解決。這個介面本身分為兩個要素：輸出描述（視圖）和輸入控制器（控制器）。

圖13.13 顯示 MVC 架構的基本結構。

MVC架構元件的基本任務如下：

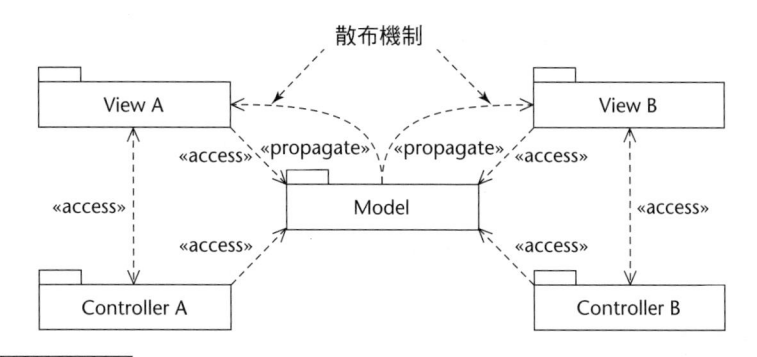

```
                              散布機制
         ┌────────┐    ←     ╱      ╲     →    ┌────────┐
         │ View A │          «propagate»        │ View B │
         └────────┘                             └────────┘
            ↕ «access»  «access»    «access»      ↕ «access»
            ↕                                      ↕
            ↕           ┌──────────┐               ↕
         «access»       │  Model   │           «access»
            ↕           └──────────┘               ↕
            ↕      «access»        «access»        ↕
         ┌──────────────┐              ┌──────────────┐
         │ Controller A │              │ Controller B │
         └──────────────┘              └──────────────┘
```

圖 13.13 │ 模型－視圖－控制器的一般結構（改編自 Hopkins & Horan, 1995）

- **模型**：模型提供應用程式的核心功能，並了解它所有的每一個相依視圖及控制器元件。
- **視圖**：每個視圖符合使用者資訊的特定形式和格式。當資料在其他視圖中改變時，此視圖會從模型中重新獲得資料並更新顯示。這個視圖建立相關的控制器。
- **控制器**：控制器接受使用者事件形式的輸入，事件將觸發模型中操作的執行。這些可能造成資訊的改變和啟動裝置的更新，以確保所有視圖是最新的。
- **散布機制**：這能讓模型報告每個模型資料改變的視圖，於是視圖必須自我更新，也稱為依存機制。

圖 13.14 呈現當不同 MVC 元件應用在 Agate 案例中的部分行銷活動管理系統時所提供的功能。

在 `AdverView` 和 `AdverController` 元件中的操作 `update()` 觸發這些元件，以從 `CampaignModel` 元件中請求資料。此模型元件並不知道每個視圖和控制器元件將使用它所提供的服務。它只需要知道所有視圖和控制器元件的狀態改變（物件屬性或其他連結的調整）都必須報告即可。

`CampaignModel` 元件中的 `attach()` 和 `detach()` 服務讓視圖和控制器能夠附加於 `setOfObservers`。這包含了所有必須報告模型核心資料之任何改變的元件。實際上會有數個視圖，每個可能都有自己的控制器去支援活動經理和主管的需求。

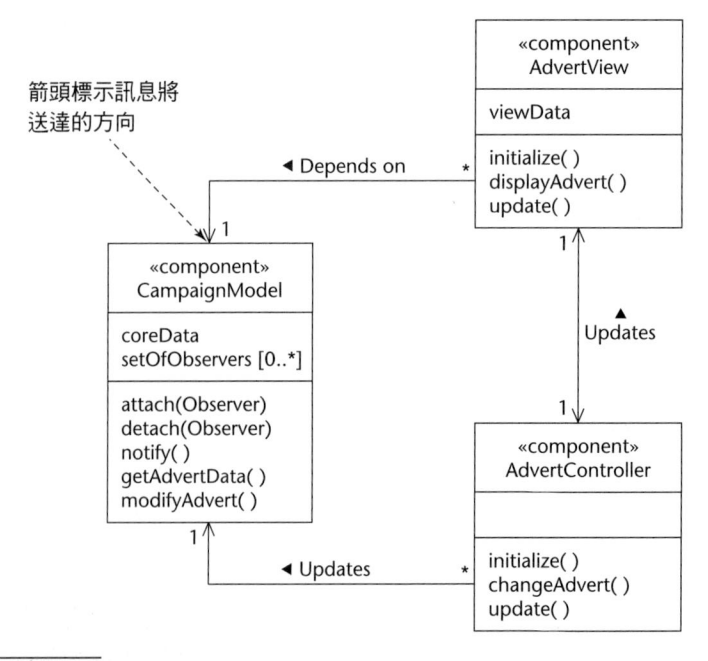

圖 13.14 ｜ MVC 元件的權責（適用於 Agate）

```
┌─ sd Change advert ──────────────────────────────────────┐
│                                                          │
│         :AdvertController   :CampaignModel   :AdvertView │
│              │                   │                 │     │
│  changeAdvert│                   │                 │     │
│─────────────▶│   modifyAdvert    │                 │     │
│              │──────────────────▶│                 │     │
│              │                   │ notify          │     │
│              │                   │◀──┐             │     │
│              │                   │   │             │     │
│              │                   │   update        │     │
│              │                   │────────────────▶│     │
│              │                   │                 │ displayAdvert
│              │                   │                 │◀──┐ │
│              │                   │   getAdvertData │   │ │
│              │                   │◀────────────────│   │ │
│              │      update       │                 │     │
│              │◀──────────────────│                 │     │
│              │   getAdvertData   │                 │     │
│              │──────────────────▶│                 │     │
└──────────────────────────────────────────────────────────┘
```

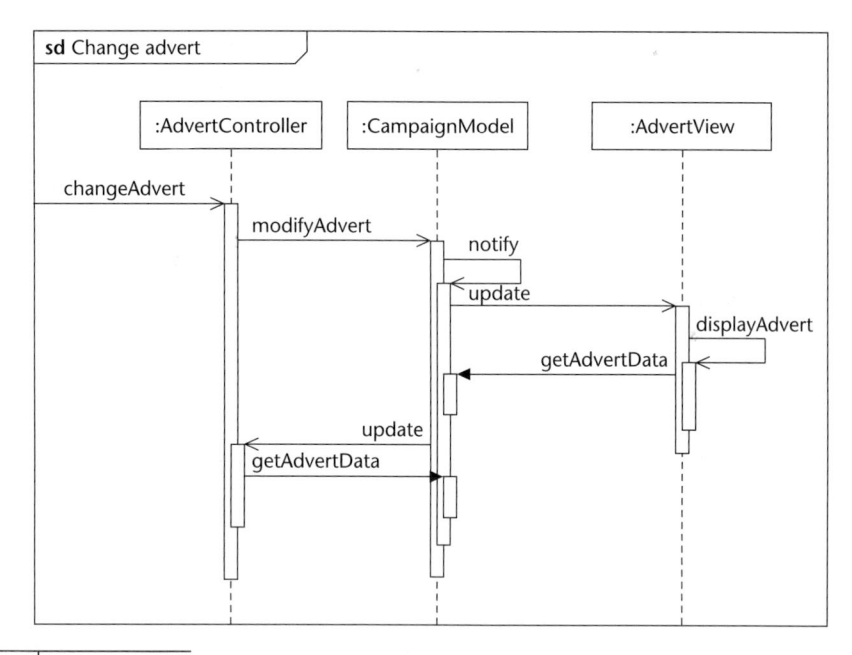

圖 13.15 │ MVC 元件互動

　　圖 13.15 的互動循序圖說明了與 MVC 架構操作有關的通訊（這個圖表顯示的同步或非同步訊息類型是唯一合適的可能性，實作環境的特徵將會影響實際設計決策）。`AdvertController` 元件接受介面事件 `changeAdvert`。為了回應這個事件，控制器會引發 `CampaignModel` 物件的 `modifyAdvert` 操作。這個操作的執行導致模型的改變。

　　舉例來說，修改活動的目標完成日期。這個狀態的改變現在必須傳播到所有控制器，以及目前在模型中註冊為活動中的視圖。為此，`modifyAdvert` 操作會引發模型中的 `notify` 操作，即傳送 `update` 訊息至視圖。視圖藉由執行 `displayAdvert` 操作，亦即經由 `getAdvertData` 操作從模型中請求適合資料，來回應 `update` 訊息。而模型也同樣傳送 `update` 訊息到 `AdvertController`，要求模型提供所需的資料。

　　MVC 架構最重要的層面之一，是每個模型只知道哪一個視圖和控制器做了註冊，卻不知道它們的作用為何。`notify` 操作會造成所有視圖和控制器的更新訊息（更清楚地說，圖表中只顯示一個視圖和一個控制器，但是與其他的互動是相似的）。模型的 `update` 訊息對視圖和控制器的有效說法是：「我已經更新了，而你必須確定你的資料是一致的。」因此，模型應該是應用程式中最穩定的部分，不會因任何視圖或控制器的展示需求改變而受影響。改變散布機制可以是結構化的，好讓進一步的視圖及控制器可以加入，而不會導致模型的變動。每個視圖和控制器可以支援不同的介面需求，但是需要相同的模型功能。不過，由於視圖和控制器為了得到所需資

訊，而需要了解如何存取模型，所以模型中的某些改變必將造成其他元件的改變。

在應用程式的執行期間，其他種類的通訊可能在 MVC 元件中發生。控制器可能從介面中接收事件，因而需要改變讓資料可以顯示給使用者的方式，但卻不會改變狀態。對於這種事件的回應，控制器會傳送合適的訊息給視圖，而不需要與模型有任何通訊。

13.5.4　分散式系統的架構

隨著通訊技術的改良，分散式資訊系統變得越來越普遍，也更為可靠。資訊系統可能分布在相同或不同區域中的電腦。由於 Agate 公司在世界各地都有辦公室，可能需要使用分散在不同區域之資料的資訊系統。當 Agate 公司擴編時，也會開設新的辦公室，並要求資訊系統具備新的特色。適合分散式資訊系統的架構也需要有能夠掌握改變的彈性。分散式資訊系統必須能夠被像是分散式資料庫管理系統或物件需求仲介者等軟體產品支援，或可能採用服務導向的架構。

Buschmann 等人於 1996 年對於分散式系統的一般**仲介者** (broker) 架構加以介紹，圖 13.16 是仲介者架構的簡化版本。

仲介者元件提高了系統合併客戶和伺服器元件的彈性。每個客戶會向仲介者傳送請求，而不是直接傳送給伺服器。然後，仲介者將服務請求轉送到合適的伺服器。仲介者或許提供許多伺服器的服務，而它的部分工作是分辨服務請求應轉送到哪個相關的伺服器。仲介者架構的優點是客戶不需要知道服務的位置在何處，因而可以使用本地或遠端電腦部署。也因此，只有仲介者需要知道伺服器的位置。

圖 13.17 顯示一個使用仲介者架構的主從式通訊循序圖。在本例中，伺服器子系統位於本地電腦。除了仲介者本身，兩個額外的**代理人** (proxy) 元件也會被引進來，以阻隔客戶端與主機端來自於仲介者的直接存取。在客戶方面，`ClientSideProxy` 接收客戶最初的需求，並將資料以適合傳送的格式封裝。這個請求會傳送給 `Broker`，並經由 `ServerSideProxy` 尋找合適的伺服器並執行所需服務。

然後，`ServerSideProxy` 解開這些資料，並釋放出服務請求，傳送

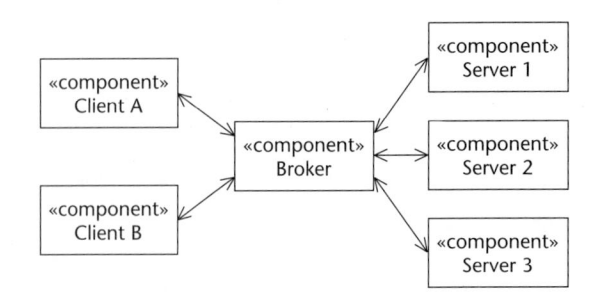

圖 13.16　仲介者架構的簡化示意圖

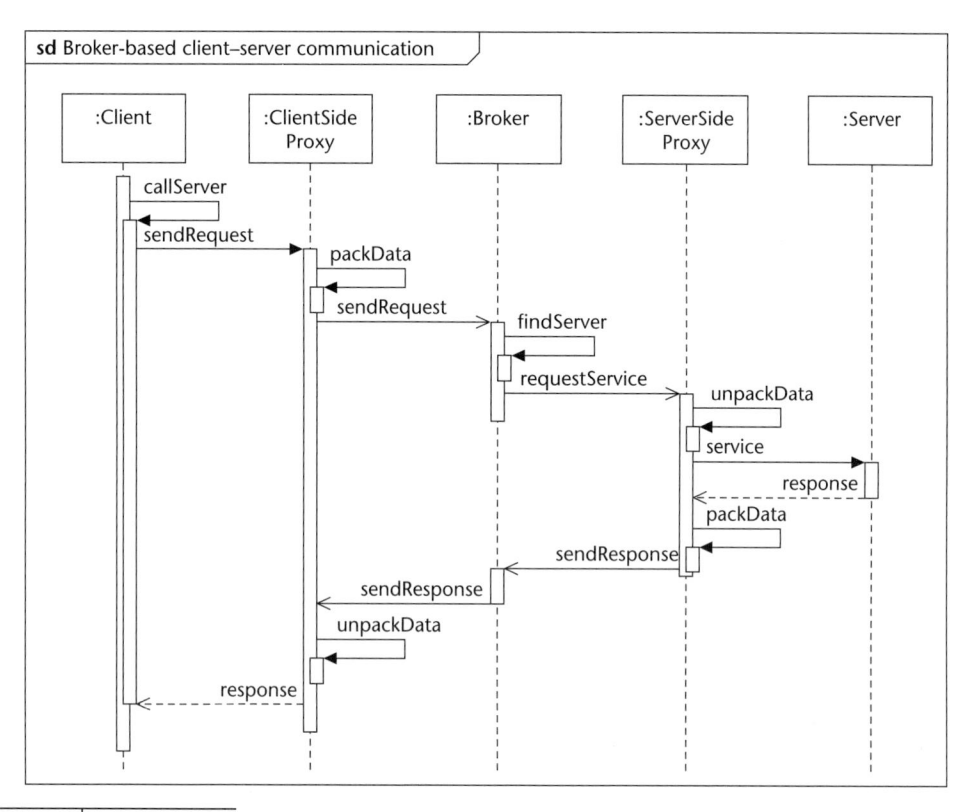

```
sd Broker-based client–server communication
```

圖 13.17 本機的仲介者架構（改編自 Buschmann et al., 1996）

　　service 訊息到 Server 物件。Service 操作接著執行，並且在完成時回應給 ServerSideProxy。回應接著回傳到 Broker，Broker 將之轉送到起源的 ClientSideProxy。注意，這些都是新訊息，而且不需回報，原因是仲介者不會在處理另一個請求前等待每一個回應。一旦 sendRequest 活化完成，仲介者可能會處理其他要求，因此需要一個從 ServerSideProxy 物件發出的新訊息，以進入一個新的活化作用。和仲介者不同的是，ClientSideProxy 仍然維持活化狀態；這接著解開訊息，並且變成可以對 Client 以控制回傳來回應。

　　圖 13.18 顯示這個互動的參與者會被分配到不同的程序中，而客戶端及其代理人在一個執行緒上執行，仲介者在另一個執行緒，主機及其代理人則在第三個執行緒上。

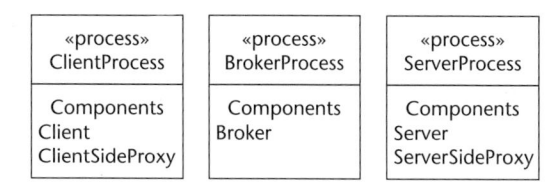

«process» ClientProcess	«process» BrokerProcess	«process» ServerProcess
Components Client ClientSideProxy	Components Broker	Components Server ServerSideProxy

圖 13.18 圖 13.17 中元件的程序分配

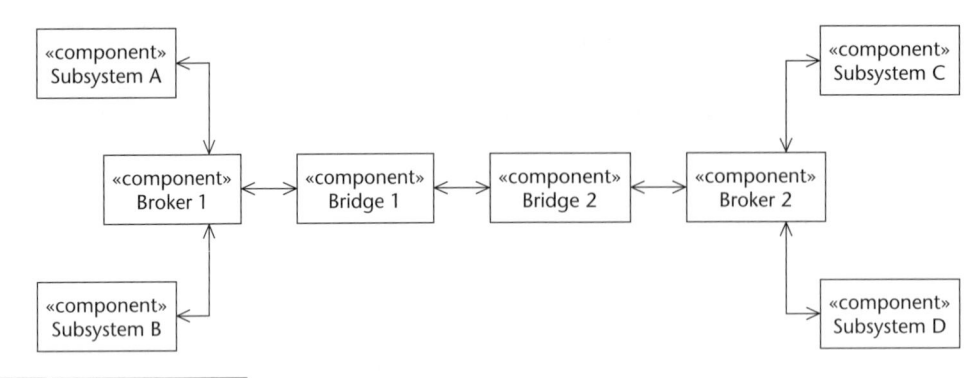

圖 13.19 使用橋接元件的仲介者架構圖示

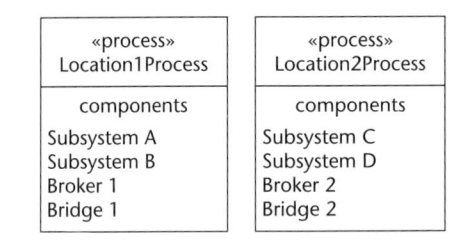

圖 13.20 圖 13.19 中元件的程序分配

　　圖 13.19 顯示一個概要式的仲介者架構，其使用**橋接** (bridge) 元件使得兩個遠端處理程式能夠通訊。每個橋接會傳送服務請求到網路的特定協定，訊息因而可以進行傳送。圖 13.20 顯示這些元件在系統中的可能分配。

13.5.5　架構與開發的組織結構

　　將系統分割成子系統對於專案管理是有利的。每個子系統可以被分配到一個開發團隊，而開發團隊能獨立運作，提供子系統的介面需求。子系統必須從兩個開發團隊之中切割開來，而確保子系統的不同部分都以一致的標準建造將是沉重的通訊負擔。在這種情況下，組織或軟體的結構傾向於改變，以讓彼此之間有更緊密的結合，這有助於最小化通訊負擔，即是所謂的「康威定律」(Conway's Law) (Coplien, 1995)。如果由一個以上的團隊所開發之子系統具有凝聚性，則團隊之間的分割方式沒有明顯的功能基礎，接著團隊將在實務中凝聚並成為一體地進行作業。在同一個子系統工作的團隊有時候會無法合併，可能是因為它們分布在不同的地區。子系統應該被視為兩個不同的子系統。這兩個新的子系統之間的介面可以被定義，那麼團隊就能獨立運作。當一個子系統分配給兩個團隊，一個團隊分配一組需求，另一個團隊分配不同另一組需求，則這個子系統實際上可以視為兩個子系統，其間有一個被定義的介面。

13.6 並行

在多數系統中,有許多物件不需要並行操作,但有些物件需要。物件導向塑模主要透過發展互動圖及狀態機來捕捉在應用程式中任何既存的並行。使用案例的檢驗有助於辨識並行。使用模型來辨識情況有許多方式,其中並行處理是必要的。首先,使用案例能指出系統必須同時回應不同事件的要求,每一個都會引發不同的控制緒。其次,如果電腦狀態顯示一個類別擁有複雜的巢狀狀態,其中每個擁有並行的子狀態,則這個設計可以處理並行。Campaign 類別的狀態機在 Active 狀態中與並行狀態套疊(見圖 11.20),這有可能是並行活動。在這個特別的例子中,發生於現實生活中的並行活動不需要被顯示為電腦資訊系統中的並行處理。

在這種需要物件以顯現並行行為的案例中,有時候需要將物件切割成不同的物件,以防止任何物件中對於並行活動的需求。並行處理也可能表示如果互動圖顯示單一控制緒,也許會因為非同步的呼叫而需要在兩個不同物件之操作中同時執行。這基本上意味著一個控制緒被切割為兩個或更多進行中的執行緒,範例請見圖 13.21。

無法同時進行的不同物件可以在同一個邏輯處理器上實作(因此也可以在同一個實體處理器實作,其中的差別將在下面解釋),必須並行操作的物件也必須在不同的邏輯處理器上實作(但可以是在同一個實體處理器上)。

邏輯並行和實體並行的差異如下所示。只使用一個實體處理器來模擬多處理器有數種方式。舉例來說,一個作業系統(Unix 和 Windows XP)可以同時執行一個以上的任務,因此稱為多工作業系統。事實上,一次也只進行一個任務,但是作業系統很快地在不同任務間共用處理器,讓多個任務看起來像是同時執行。當沒有嚴格的時間限制,多工作業系統能夠提供令人滿意的並行實作。但重要的是,必須確保電腦的硬體架構能夠應付多工處理的需求。

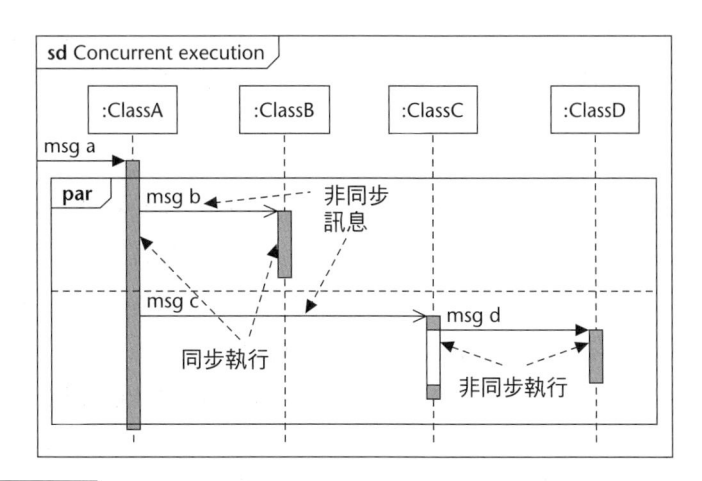

圖 13.21 互動圖中的並行活動

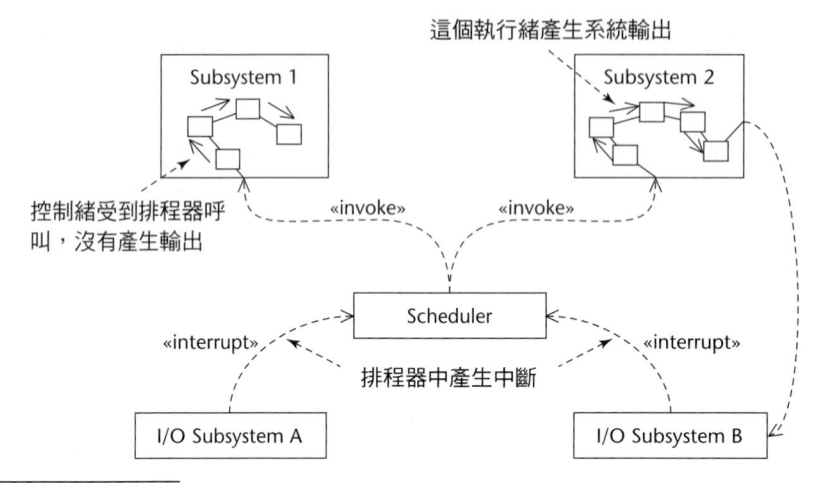

圖 13.22 排程器處理並行

當有嚴格的時間限制時，必須使用排程的子系統，以確保每個控制緒能在回應時間的限制內完成操作。圖 13.22 顯示一個系統的排程器子系統與系統其他部分的關係。由 I/O（輸入／輸出）子系統偵測到的事件導致排程中斷，然後排程會啟動一個適合的控制緒。進一步的中斷可能會啟動其他控制緒，而排程會將實體處理器的時間分派給每個控制緒。

另一個實作並行的方式是使用多執行緒程式語言（例如 Java）。這種程式語言允許並行在單一處理器任務中的直接實作。最後，多工處理器環境允許每個並行任務在一個獨立的處理器中實作。

多重使用者系統可以支援商業資訊系統中大部分的並行活動，此系統被設計為允許多位使用者同時執行任務。多重使用者對於資料並行的存取通常是由單獨的資料庫管理系統 (DBMS) 處理，這些在第 13.8.1 節會有簡短的介紹。

13.7 處理器分配

在簡單的單一使用者系統中，完整的系統適合在單一電腦上執行。對於多重使用者系統，（全部或部分）軟體可能要安裝在共享資料庫伺服器的數台電腦中。更複雜的應用程式有時候需要一種以上的電腦，對特定子系統提供特別的能力。因為子系統必須並行操作，許多應用程式的某部分需要在不同位置操作（亦即它是一個分散式系統），所以一個資訊系統也可能被區分成多個電腦來處理。使用網際網路或公司內部網路來傳遞訊息的資訊系統在現今十分廣泛，這種分散式系統可以在不同的電腦和作業系統上執行。

多重處理器在不同平台的系統分配包含以下步驟：

- ❖ 需要將應用程式分割為子系統。
- ❖ 估計每個子系統的處理需求。
- ❖ 決定存取的標準和位置需求。
- ❖ 定義子系統的並行需求。
- ❖ 可能是根據一般的目的（PC 或工作站）或是特定目的（內嵌微控制器或專門的主機），每個子系統必須分配到一個操作平台。
- ❖ 決定子系統之間的通訊需求。
- ❖ 具體說明通訊架構。

處理需求的估計需要仔細考慮許多因素，例如事件回應時間、需要的資料生產量、要求的 I/O 的本質，以及任何的特殊算術需求。當電腦安裝在粗糙的操作環境（例如工廠的地板）時，存取和位置因素會導致許多困難。

13.8 系統設計的標準

系統設計訂定之後用於設計與開發活動的標準，特別是包括了將會用於資料庫設計、使用者介面設計以及撰寫實作出系統程式碼所需遵循的建構標準等標準。

13.8.1 資料庫設計

資訊系統適合的資料處理方法可以有巨大的變化，從簡單的檔案儲存及檔案復原，到各種精心設計的資料管理系統皆有。在某些應用中需要非常迅速地取得資料，當系統執行時，可能將資料存放在主要記憶中。然而，多數的資料管理均著重於資料儲存（通常很大量），所以可能在較晚階段由同一系統或其他系統來取得。

資料庫管理系統 (DBMS) 提供各種在許多應用中有用的設施，且讓 DBMS 對許多應用程式來說是一個明確的選擇。一旦決定使用 DBMS，應選擇最適合的類型。若大量資料伴隨各種取得需求（也許是特別的），則關聯性 DBMS 可能十分適合。需要快速取得特定交易，或需要儲存複雜資料結構且不需支援多種交易類型時，可能較適合使用物件導向 DBMS。第三種 DBMS（物件相關 DBMS）正在發展中，其與物件導向 DBMS 相似之處在於它也支援複雜的資料結構，但還能提供有效的查詢設施。

13.8.2 使用者介面設計標準

在設計活動中，人機介面的標準是一個重要的層面，因為使用者實際上是和介面互動。在 Windows 個人電腦或是蘋果的麥金塔電腦上執行應用程式的撰寫都有著撰

寫風格指引標準，組織也可以有自己的風格指引來定義用於設計視窗及對話框的共同規範，好讓使用者在他們所使用的每個系統都可體驗到相同的使用者介面風格，可以輕易地將如何使用系統的知識轉換到其他系統上。第 16 章將會討論良好對話的某些特徵以及 HCI 形式指南等主題。

13.8.3 建構指南

在系統開發專案中，建構指南看起來可能與這個階段不太相關。然而，建構指南與系統設計十分相關，因為越來越多開發者使用具有產生編碼能力的 CASE 環境。依照快速發展方法或反覆方法開發時，應用程式的開發在分析與設計系統其他部分時已經開始進行。

建構指南通常包括類別、操作、屬性名稱的建議，而在分析活動期間也適用這些指南。無論是否可能，應加強整個專案中名稱的一致性，使得人們可以更容易地直接追蹤某個分析類別到實作的過程。其他建構指南可能和特殊軟體特徵的使用（例如為了增加可攜帶性而只使用標準語言來建構）及程式碼的格式有關。這些議題將在第 16 章做更詳細的討論。

13.9 Agate 軟體架構

我們從使用者介面、應用邏輯、範圍類別和資料庫的四分層架構開始。一個簡單的視圖如圖 13.23 所示。

不過，我們知道 Agate 需要一個可以分配的系統。我們可以選擇採取精簡型客戶端架構 (thin-client architecture)，在這個方式下，圖 13.23 中的四個分層會被分配到一個或多個伺服器，而使用者介面會以 HTML 呈現，並顯示於瀏覽器，但無法由此決定我們在塑模使用者介面雛型時的互動方式，這要仰賴使用者電腦中的客戶端

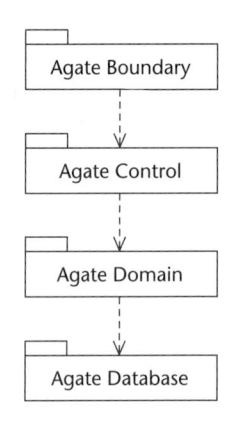

圖 13.23　Agate 的四層架構

程式。在瀏覽器中加入一個豐富網際網路應用程式 (rich Internet application, RIA) 做為使用者介面可將我們所欲規劃的主機與用戶端之間提供相近的分割，所以我們必須決定在客戶和伺服器間的哪個位置去分割系統。Agate Control 套件會分為結合使用者介面和扮演控制器角色的客戶端套件，以及安排使用案例企業邏輯和與範圍類別互動的使用者端套件。如果我們採取此一方式，可以將這些封閉分層分割為圖 13.23 的架構。無論是客戶端類別或伺服器端類別，都需要了解範圍套件中實體物件的結構（Advert、Campaign、Client 等）。如果我們以 Java 開發，則包含這些類別的 jar 檔案需要同時放置於客戶端和伺服器端，即使這些操作不會在客戶端啟動。減少這種相關性的方法是使用在 Agate Domain 套件中實體物件的輕量版。這些類別擁有實體類別的屬性，但沒有除了建構之外的操作，也沒有取得或設定屬性值的必要操作。這是 J2EE 系統中已建立的模式，如圖 13.24 所示。請注意，當我們進入設計階段時，我們迄今使用人類看得懂的套件名稱將以對應到 Java packages 或 C# namespaces 的套件名稱取代。

注意，在 Agate Client Control 套件和 Agate Value Objects 套件之間僅存在相關性而已，它並未表示兩者之間有某種透過網路的溝通。事實上，如果我們實作並部署這些套件（例如 Java 套件），則數值物件套件 (com.agate.domain.vo) 會同時存在於客戶程序和伺服器程序之中，如圖 13.25 所示。

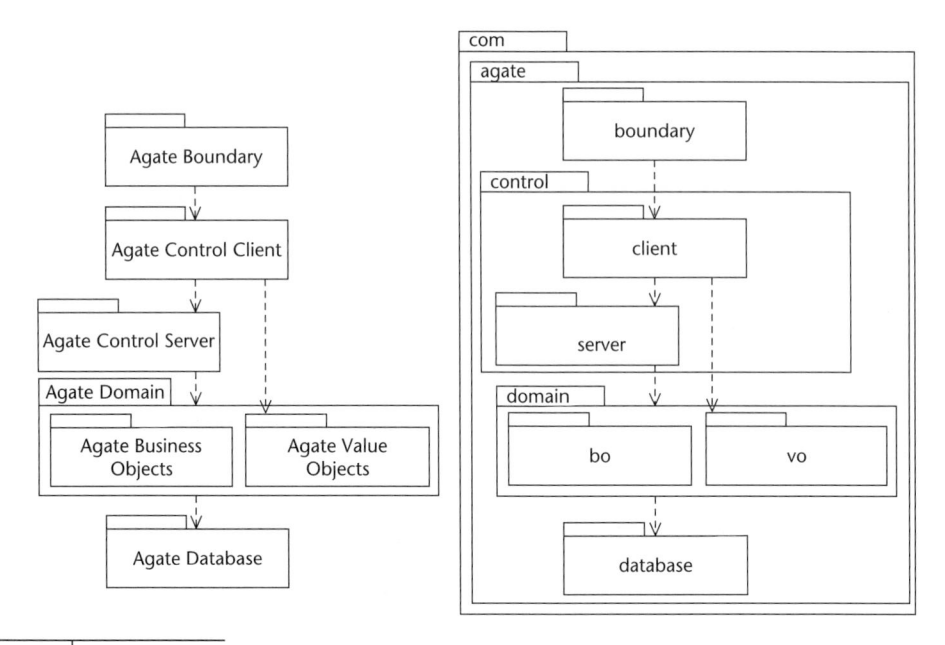

圖 13.24 Agate 可能的套件架構，呈現它如何以 Java packages 或 C# namespaces 實作

```
┌─────────────────────────┐  ┌─────────────────────────┐
│      «process»          │  │      «process»          │
│   AgateClientProcess    │  │   AgateServerProcess    │
├─────────────────────────┤  ├─────────────────────────┤
│       components        │  │       components        │
│  com.agate.boundary     │  │  com.agate.control.server│
│  com.agate.control.client│ │  com.agate.domain.bo    │
│  com.agate.domain.vo    │  │  com.agate.domain.vo    │
│                         │  │  com.agate.database     │
└─────────────────────────┘  └─────────────────────────┘
```

圖 13.25 Agate 的程序分配

13.10 總結

　　系統和軟體架構在許多角度上與建築架構十分相似；架構模型使用不同的觀點建造，來展現架構的不同面向。在資訊系統中，「架構是系統的基本組織，以具體化其元件、它們與彼此和環境之間的關係，並引導設計和創新的原則」(IEEE, 2000)。現在有許多設計師使用 UML 來建立系統架構模型。

　　設計師的關鍵考量之一，是確保系統架構可以達到預期中的品質屬性（非功能性需求）。模型能夠引導他們推論出提議的架構和關係有何良好支援效能、可信度、重複利用性和其他品質屬性之需求。

　　新系統的架構常常受到現存系統的限制，因為它們決定了系統在組織中會以開放或含蓄的方式建立，或是新系統是否必須與舊系統共同運轉。現在有越來越多人對於將現存系統包裝成服務以支援服務導向架構，或是使用反向工程從遺留系統取出企業邏輯來製造平台獨立模型，之後在現代科技中導入新的實作表達出高度的興趣。這個模型驅動架構改變將 UML 視為工作核心，而且許多特性也被改進或是加入 UML 2.0 以支援 MDA。

　　大型組織會要求架構開發必須基於企業架構或技術參考架構。企業架構或技術參考架構顯示企業的模型並說明如何運作（在先前的案例），或顯示將採用之標準技術模型。有經驗的設計師也會繪製架構形式，做為架構樣式，並提供容易理解的方式以建構新系統中高層次的架構。

☑ 習題

13.1 提出資訊系統中架構的定義。

13.2 架構觀點與架構見解有何差異？

13.3 統一過程的 4＋1 觀點為何？

13.4 採取架構中心方法的優點為何？

13.5 在同一組織中，現存系統如何影響新系統的架構？

13.6 解釋 PIM 與 PSM 的差異。

13.7 企業架構的意涵為何？

13.8 將系統分割為一組子系統的優點為何？

13.9 主從式系統和子系統間點對點通訊的差異為何？

13.10 為什麼開放式分層架構較難維護？

13.11 封閉性分層架構的缺點為何？

13.12 若圖 13.11 的 `Advert HCI` 子系統設計為可以直接存取 `Campaign Database` 分層，其優點為何？

13.13 MVC 架構和分層及區分架構的主要差異為何？

13.14 仲介者去耦合兩個需要互相通訊之子系統的理由為何？如何做到？

13.15 系統的架構區分如何有助於專案管理？

13.16 為什麼有時候需要設計具有明確並行行為的資訊系統？

13.17 如何分配系統任務給處理器？

☑案例研究作業、練習與專案

13.A 比較 Soni 的四面向與統一程序的 4＋1 觀點，它們有哪些共通與不同之處？

13.B 考慮你經常使用的系統，你能夠從使用者觀點講述何種系統架構（任何皆可）？

13.C 發展一系列步驟從分層架構中的一層找出區分後的子系統，使用第 13.5.2 節介紹的界定各層的程序做為開始，標示出存在這兩種程序中任何你覺得明顯不同之處。

13.D 在塑模工具中，哪些功能支援探索企業架構的構造？

Chapter 14

細部設計

學習目標 在本章中你將學到：
- ☑ 如何設計屬性。
- ☑ 如何設計操作。
- ☑ 如何設計類別。
- ☑ 如何設計關聯。
- ☑ 完整性限制對於設計的影響。

14.1 簡介

不管是要將分析模型轉換為能夠讓程式設計師據以建造的系統規格，或是可以在塑模工具中使用以自動產出像是 Java 或是 C# 之類的程式碼，設計活動與分析模型轉換息息相關，系統設計為此提供了基本框架。細部設計則是關於驗證類別以及期間的關係，決定它們在系統上線時能夠呈現的績效如何，以及進行修改來改善類別模型分析使其滿足良好設計的條件（在第 12 章曾介紹過）。

設計為分析模型加入更多細節：必須訂出每個屬性的類型以及可視性，也必須決定每個操作的可視性與簽章。設計也可能對分析階段的類別及關係造成改變：類別可能會合併或分割、可能會加入新的關係、關係發生的方向必須確定、操作的位置可能改變好讓類別可以有效地滿足它們的責任等；設計將會增加新的類別：這些類別將會支援人機互動並且讓屬性中的資料能夠儲存到資料庫。

在這當中它們的指導原則都是如何能夠選出最佳的設計來讓類別可以與其他類別

互動以達成系統的功能性，然而，也有一些其他的原則可以用來幫助產出良好的設計，特別是那些與耦合和內聚有關的部分。另外也有一個觀點是應該盡力維持對分析模型只做最小幅度的修改，因為分析模型代表著對於那些滿足需求所必需的類別相關且連貫的描述。在分析過程中確認過的完整性限制必須遵守，這牽涉到系統能否保持一致性與完整性，所以在維護分析階段發掘出的結構與確保其能夠支援系統運作之間必須取得平衡。

14.2 在物件導向細部設計我們加入了什麼？

在細部設計階段，我們在分析模型加入了兩個部分。在類別模型層次我們加入了新類別來支援輸入、輸出、處理以及檔案或資料庫結構，在個別類別層次我們加入了新的屬性、操作，以及關係來支援它們之間的互動，以滿足良好設計的條件。在這小節裡我們將簡短地解說我們在類別模型加入了哪些，然後在之後的章節處理更多細節的部分；本章剩餘的部分將針對我們對分析類別模型增加了哪些。

一個專案的分析活動將會確認業務運作的大略情形並且以類別來加以表達，亦即將會找出使用案例並加以描述。包含在類別模型中的類別代表著業務需求，但它們只涵蓋了關於其他需要用來處理與使用者或其他系統的介面、資料儲存及統籌協調類別到程式等的類別非常簡略的觀點，這些其他類別將會依據新系統所將使用的硬體及軟體平台以或大或小的詳細程度加入設計中。

Coad 等人 (1997) 認為，除了問題領域或業務類別之外，細部的設計開發牽涉三個元素：

❖ 人機介面。
❖ 資料管理。
❖ 系統互動。

第 15 章將討論關於如何設計出良好人機互動的準則，而在我們加入額外的類別來處理系統的這些面向的同時，我們也加入控制類別來管理系統中其他類別之間的互動。

14.3 屬性與操作簽章

如同前面所述，細部設計的任務之一是加入更多的細節到分析確認的類別其屬性與操作的規格中，這包括以下幾點：

❖ 決定每個屬性的資料型態。
❖ 決定如何處理衍生屬性。
❖ 加入主要操作。
❖ 定義包括參數型態等之操作簽章。
❖ 決定屬性與操作的可視性。

14.3.1 屬性資料型態

在分析期間，我們尚未仔細考慮屬性的資料型態，但在分析時記錄資料型態的資訊有時將大有助益。舉例來說，如果屬性 temperature 以攝氏記錄溫度，資料型態可以是浮點數；如果以「冷」、「溫」或「熱」其中之一來記錄，則可以是列舉的資料型態。屬性有不同意義，並且可以針對每一種資料型態施以不同的操作，因而在分析期間判斷哪個意義較為適合非常重要，如此方能滿足使用者需求。大多數電腦輔助軟體工程工具需要使用者對每個屬性選擇與加入到模型中相同的資料型態，或者將會使用像是 int 或 string 等預設型態。

一般主要的資料型態包括布林（boolean，是或否）、字元（character，任何字母、數字或特殊字元）、整數（integer，全部的數字）及浮點數 (floating-point)。在大部分物件導向語言中，有提供像是字串 (string)、日期 (date) 等型態可用，而其他像是金額 (money) 或名稱 (name) 可以由初級資料型態構成或由標準函式庫提供。屬性的資料型態在 UML 類別途中的宣告語法如下所示：

<property> ::= [<visibility>] ['/'] <name> [':' <prop-type>]
['[' <multiplicity> ']'] ['=' <default>]
['{' <property-string > [',' <property-string >]* '}']

可視性 (visibility) 是其他類別能否存取這個值的一個標示，在第 14.3.5 節中我們會更進一步地解說；「/」為文字，定義為衍生屬性（參閱第 14.3.2 節）；name 是屬性名稱，prop-type 是資料型態，default 是當物件首次建立時會設定的屬性值，property-string 則描述屬性的性質，例如常數或定值。以單引號標示的字元就如同它們的字面意義。屬性名稱是宣告中唯一必要的特徵。

圖 14.1 顯示 BankAccount 類別所宣告的屬性資料型態，在 BankAccount 類別中的屬性 balance 使用下列語法將初始值宣告為 0：

balance: Money = 0.00

屬性 accountName 可以使用下列語法以特性字串宣告，並表示它必須有值且不可以是空值：

```
accountName: String {not null}
```

屬性宣告也可以使用制定關聯多重性的方式來制定屬性的多重性。舉例來說，Employee 類別可能包括一個用來記錄一份資格審查清單的屬性，可以採取下列語法宣告：

```
qualification: String [0..10]
```

這個宣告聲明資格審查屬性記錄 0 到 10 的能力值。

14.3.2 衍生屬性

某些屬性的值是可以由同一類別或其他類別的其他屬性衍生，這些可以分析的時候確認，但在設計時不會以屬性來實作，它們將會有一個操作來取得其值，但無法設定它（參閱第 14.3.3 節）。決定這些值如何計算是必要的，這有兩個選擇：1. 當需要的時候加以計算；或 2. 不管什麼時候只要任何一個所依據的值改變了就加以計算。

圖 14.1 顯示可用餘額 availableBalance 屬性是衍生屬性，在 UML 中以「/」符號表示，這個屬性的值可以定義為的餘額 balance 與透支上限 overdraftLimit 屬性加總。

當我們需要可用餘額 availableBalance 的屬性值時，取得可用餘額 getAvailableBalance() 操作可以包含一行程式碼來增加餘額 balance 與透支上限 overdraftLimit，並且回傳結果；另外一方面，每次我們更新餘額 balance 或透支上限 overdraftLimit 屬性值時，同一時間我們可以包含一行程式碼來更新可用餘額 availableBalance 值。

BankAccount
nextAccountNumber: Integer
accountNumber: Integer
accountName: String {not null}
balance: Money = 0.00
/availableBalance: Money
overdraftLimit: Money
open(accountName: String): Account
close( ): Boolean
credit(amount: Money): Boolean
debit(amount: Money): Boolean
viewBalance( ): Money
getBalance( ): Money
setBalance(newBalance: Money)
getAccountName( ): String
setAccountName(newName: String)

圖 14.1 BankAccount 類別

通常這決定取決於兩個因素，首先是有多少操作會影響衍生屬性的值以及這些值是否可能改變，第二則是從頭計算衍生屬性以及當屬性跟隨改變時再做計算兩者之間的困難程度。

在我們的例子中，只有在餘額 balance 或透支上限 overdraftLimit 值改變的時候才會變更可用餘額 availableBalance 的值，然而，銀行可能會改變計算可用餘額 availableBalance 值的方式來包含在這一整天中任何已經記錄但尚未進行帳戶餘額收支相抵的借款交易，例如：從自動櫃員機或記帳卡支付的現金提款等（銀行通常於夜間以批次方式處理這類型交易，並更新帳戶餘額，但不希望客戶提款超出可用資金），所以記錄尚未登帳交易的操作需要隨時更新可用餘額 availableBalance 值。現在，當我們徹夜處理借款交易時，我們也必須檢查它是否為已經從可用餘額 availableBalance 值扣除的型態之一（ATM 或記帳卡），在這情況下，幾乎可以確定當我們需要時才計算可用餘額 availableBalance 會較為簡單。

但是，如果某個客戶一天之內有幾百筆未登帳借款交易時，計算出目前可用餘額 availableBalance 數字唯一的方法是取得帳戶目前餘額然後扣掉全部未登帳的借款交易、再加上透支上限，每次需要這值得時候需要許多運算來處理；如果採取另一個方式，將現有可用餘額 availableBalance 的值在借款交易發生的時候直接扣除，那麼我們可能可以採取第二個方法，這會比較簡單也比較快速，雖然在每次交易中增加了些許負擔。然而，這會讓系統更為複雜，我們可能會希望增加一個新的屬性，稱之為認諾金額 committedAmount，來記錄全部未登帳借款交易的值，並且在客戶每次提領現金或使用記帳卡時加以更新，這麼一來，計算可用餘額 availableBalance 變成增加餘額 balance 及透支上限 overdraftLimit 及扣除認諾金額 committedAmount 這樣的處理方式，當未登帳的借款交易經過夜間批次處理後，他們可以從認諾金額 committedAmount 扣除，正常來說在經過隔夜處理後的結果應該會變成 0。

在這個例子中我們解釋了某些細節來呈現在複雜度與處理需求之間存在著取捨兩難，而往往有許多設計類別方式設計師勢必得在這兩者當中加以抉擇。

14.3.3 主要操作

在分析階段我們已經確認那些必須用來支援我們分析出使用案例的操作，然而，我們要設計可以重複使用的類別，因此我們需要提供那些可重複使用類別一些可以在我們尚未預期到的使用案例中也可以使用的操作。

有一些標準操作通常是可以包含在所有類別中，這些操作有用來建立物件的實例、擷取實例的屬性值、修改實例的屬性值、依據某種查詢鍵或識別碼選取實例，以

及刪除實例等，Yourdon (1994) 稱這些為**內隱服務** (implicit service)。這些也稱為**主要操作** (primary operation)，包括了建構子 (constructor)、解構子 (destructor)、取得 (get) 與設定 (set) 等操作。

- ❖ **建構子**：用來建立類別實例的操作，通常與類別同名，也可以有以不同簽章而有多重版本（參閱第 14.3.4 節）。
- ❖ **解構子**：用來將類別實例從記憶題刪除的操作。C# 及 C++ 中有明確的建構子命名方式為以類別名稱之前加上~符號，例如「~BankAccount」；在 Java 中，如果你需要在物件被垃圾回收機制從記憶體移除之前執行任何處理程序，你可以覆蓋 Object 的 `finalize()` 方法，Object 是全部其他類別的超級類別。C# 的解構子跟 Java 的 `finalize()` 方法很像，都是由垃圾回收機制呼叫，而 C++ 解構子則必須是被明確地呼叫。
- ❖ **取得操作**：用來取得某屬性值的操作，也稱為**存取子** (accessor)。
- ❖ **設定操作**：用來設定某屬性值的操作，也稱為**更動子** (mutator)。

有些作者表示這些通常不需要在圖中顯示，因為它們會讓圖變得雜亂而難以閱讀。然而，所有操作必須在某個地方制定，而且了解一個類別對於該類別的實例有許多不同建構子是很重要的。他們也指出，有時能夠發現這些服務也很重要，有的時候能夠在圖中看到這些服務是很重要的，不過，這是有關塑模工具（而非方法論）所能提供之功能的議題。理想上，它應該能夠在任何分析師或設計師不希望顯示類別的操作部分切換顯示。如果你使用可以為每個屬性產生設定操作與取得操作的塑模工具，則不需要將它們納入類別圖中。

我們已經呈現一些類別圖的主要操作來強調它們的存在，並採取實務作法。在本書大部分內容中，我們已經呈現那些有助於顯示的操作。我們經常將非主要操作納入。我們已經包含一些主要操作，這通常是因為它們在內文或相關圖表上有提到。

一個普遍的記錄方式是不在分析類別圖上顯示主要操作，因為可以假設這些功能是可以使用的。在分析期間，像是操作的可視性或屬性的精確資料型態等議題或許尚未做出最後的決定。然而，當設計模式完成時，指出某些主要操作具有公開 (public) 或保護 (protected) 的可視性是重要的（參閱第 14.3.5 節），因而可能理所當然地出現在圖上。我們可以忽略那些私有 (private) 的操作，因為它們不是構成類別公開介面的一部分。

在例外的狀況下，如果分析類別圖反映特定功能性而必須公開可視，或指出某件事情（例如超過一個以上的建構子）的重要性，則將主要操作包含在分析類別圖中會是有用的。如果物件可以許多初始狀態（需要不同輸入參數）之一來產生實例，則類別可能需要超過一個以上的建構子。每個建構子具有不同的簽章。

事實上，還有其他的替代方法，而在專案一開始明確定義適當的文件記錄標準，以讓類別圖上缺少的主要操作不會被誤解，這點頗為重要。

14.3.4　操作簽章

每個操作也可以根據其傳送及回傳的參數制定規格。操作所使用的語法是：

```
[<visibility>] <name> '(' [<parameter-list>] ')'
[':' [<return-type>]
['[' <multiplicity> ']'] ['{' <property-string>
[',' < property-string>]* '}']]
```

強制的部分包括了操作的名稱 name 必須由一對中括號框起，而參數清單 parameter-list 則是選擇性的，如果有包括參數的話，參數名稱與型態以冒號分隔：

```
<parameter-list> ::= <parameter> [','<parameter>]*
<parameter> ::= [<direction>] <parameter-name> ':'
<type-expression> ['['<multiplicity>']']
['=' <default>] ['{' <property-string>
[',' <property-string>]* '}']
```

操作的**簽章** (signature) 是由操作的名稱、參數的數目與型態，以及回傳值的型態（如果有回傳值）所決定。BankAccount 類別有一個 credit() 操作，傳遞已經授信的金額給接收物件，並且有一個布林傳回值，這個操作可以使用下列語法定義：

```
credit(amount: Money): Boolean
```

credit() 訊息發送給 BankAccount 物件時可以這樣寫在程式裡：

```
creditOK = accObject.credit(500.00)
```

其中，creditOK 記錄當 credit() 操作完成執行時得以發送的布林傳回值。我們可以測試這個布林值以判定 credit() 操作是否順利執行。另外一方面，在像是 Java 等物件導向語言中，如果失敗而未能回傳一個 Boolean 值的話，操作可以設計用來呼叫例外處理，參閱下列程式碼片段：

```
try{
  accObject.credit(500.00);
} catch (UpdateException){
//some error handling; }
```

這裡使用 Java 語法中的例外處理。例外是程式語言處理錯誤的方式，例外在 UML 類

別圖中並不顯示操作語法的部分，但可以保留在模型裡。

UML 是一種塑模語言，不會判定應該在類別圖中顯示何種操作，而是提供標記法及有關表現方式的建議，但這無法告訴分析師或設計師應該及不應該包含什麼。

14.3.5 可視性

封裝的概念在第 4 章已經討論過，它是物件導向基本原則之一。在分析期間，會根據封裝物件邊界及物件彼此間的互動方式做出各種假設。舉例來說，假設物件的屬性（或更精確地說，屬性的值）不能被其他物件直接存取，僅可經由假設對每個屬性都可行的取得及設定操作（主要操作）進行。進入到設計時則涉及做出關於哪個操作（以及可能的屬性）可以公開存取的決策，換句話說，我們必須定義邊界封裝。

圖 14.1 顯示制定屬性型別及定義操作參數的 `BankAccount` 類別，這個類別有一個屬性 `balance`，是我們在分析期間可能假設可以由簡單主要操作 `getBalance()` 及 `setBalance()` 所直接存取。然而，設計師可決定餘額應該經由 `credit()` 及 `debit()` 操作更新，它們包含了特殊的處理程序來檢查這些交易是否應該允許，並且維護 `availableBalance` 屬性值並確保交易是被登錄在稽核追蹤中。在這些情況下，很重要的是，`balance` 屬性值僅能經由 `debit()` 及 `credit()` 操作改變。`setBalance()` 操作不應該被其他類別公開使用。

Meyer (1997) 採用「祕密」(secret) 一詞來描述那些在公開介面所無法獲得的功能特性。程式語言以許多不同方式標示類別的非公開部分，包括屬性及操作。圖 14.2 以 UML 圖示符號列出四種廣泛用來描述**可視性** (visibility) 的術語。以下即是一例：

- balance: Money

可視性也可以用特性字串來呈現，例如：

balance: Money {visibility = private}

類別的屬性實施封裝通常會指定為私有（圖 14.3(a)）。`setBalance()` 與其他操作也指定為私有來確保來自其他類別的物件不能直接存取，並做一些未在稽核追蹤記錄上的變更。私有操作當然也可以由相同類別的操作呼叫，例如：`debit()`；一般而

可視性符號	可視性	意義
+	公開	特性（操作或屬性）由任何類別的實例直接存取。
-	私有	特性僅能被包含它的類別之實例所使用。
#	保護	特性僅能被包含它的類別之實例或子類別或該類別的後代所使用。
~	套件	特性只能由同一套件類別的實例直接存取。

圖 14.2　可視性

```
(a)                                              (b)
┌─────────────────────────────────────┐          ┌─────────────────────────────────────┐
│            BankAccount              │          │            BankAccount              │
├─────────────────────────────────────┤          ├─────────────────────────────────────┤
│ – nextAccountNumber: Integer        │          │ – nextAccountNumber: Integer        │
│ – accountNumber: Integer            │          │ – accountNumber: Integer            │
│ – accountName: String {not null}    │          │ – accountName: String {not null}    │
│ – balance: Money = 0.0              │          │ – balance: Money = 0.0              │
│ /availableBalance: Money            │          │ /availableBalance: Money            │
│ – overdraftLimit: Money             │          │ – overdraftLimit: Money             │
├─────────────────────────────────────┤          ├─────────────────────────────────────┤
│ + open(accountName: String): Account│          │ + open(accountName: String): Account│
│ + close( ): Boolean                 │          │ + close( ): Boolean                 │
│ + credit(amount: Money): Boolean    │          │ + credit(amount: Money): Boolean    │
│ + debit(amount: Money): Boolean     │          │ + debit(amount: Money): Boolean     │
│ + viewBalance( ): Money             │          │ + viewBalance( ): Money             │
│ – getBalance( ): Money              │          │ # getBalance( ): Money              │
│ – setBalance(newBalance: Money)     │          │ # setBalance(newBalance: Money)     │
│ – getAccountName( ): String         │          │ # getAccountName( ): String         │
│ – setAccountName(newName: String)   │          │ # setAccountName(newName: String)   │
└─────────────────────────────────────┘          └─────────────────────────────────────┘
```

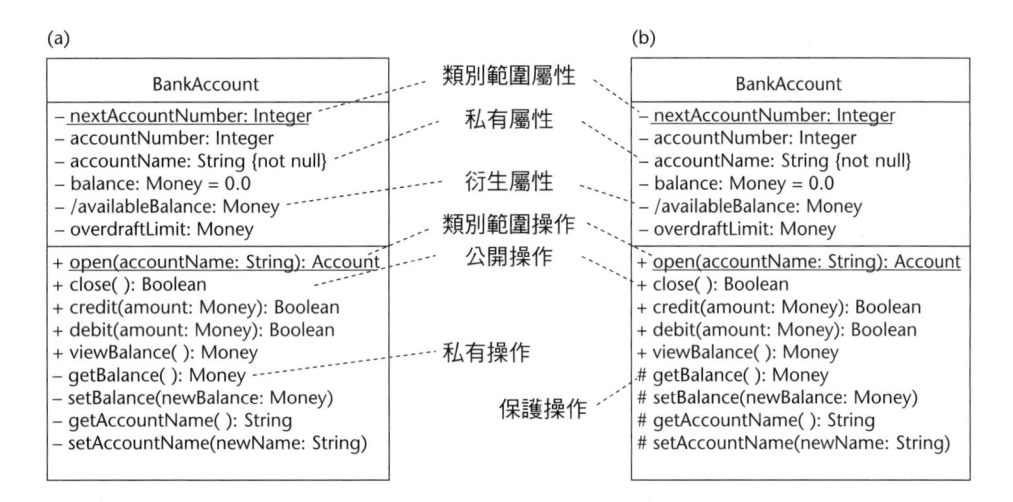

類別範圍屬性
私有屬性
衍生屬性
類別範圍操作
公開操作
私有操作
保護操作

圖 14.3 已制定可視性的 BankAccount class

言，複雜的操作會藉由將程序分解並轉為私有操作而加以簡化。

在圖 14.3(b)，`getBalance()` 操作的可視性是指派為保護，因此 BankAccount 的子類別可以驗證 `balance` 及 `accountName` 的屬性值。舉例來說，`debit()` 操作在 `JuniorBankAccount` 子類別中可能會重新定義多型。重新定義後的操作使用 `getBalance()` 來存取餘額，並檢查提款不會在使用 `setBalance()` 設定之前導致餘額出現負值。

在圖 14.3 中，屬性 `nextAccountNumber` 即是一個類別範圍屬性（以底線標示）的例子。類別範圍屬性只發生一次並且附加在類別上，而非任何個別物件。在這個例子中，`nextAccountNumber` 為下一個新建立之 BankAccount 物件保留帳戶號碼。當新的 BankAccount 建立時使用這個類別範圍的操作 `open()`，`nextAccountNumber` 加 1。`accountNumber` 屬性是實例範圍屬性的一個例子（因此沒有底線）。每個 BankAccount 物件有一個實例範圍 `accountNumber` 屬性記錄它獨一無二的帳戶號碼。

14.4　類別中的群集屬性與操作

除了增加資訊到屬性與操作的規格之外，設計師可決定修改屬性與操作的配置到在設計活動中確認的類別，這樣做可以創造更可重複使用的類別、定義可以做為介面使用的標準行為，或是運用可產出較簡潔設計而在日後較不需要重購的設計方法。設計師可能會使用到的技術包括下列四項：

❖ 檢查責任已經指派到正確的類別。

- 定義或使用介面來將已定義完善的標準行為群集在一起。
- 善用耦合與內聚的概念。
- 善用 Liskov 替換原則。

14.4.1 責任分派

在物件導向系統開發中,細部設計的某些面向需要特別注意,包括類別的重複利用及責任。

關於物件導向語言使用的質疑之一,是它們藉由將功能及資料在類別中封裝及繼承的使用而提倡重複利用,這不只是程式設計議題,也是影響分析與設計的議題之一。在物件導向系統開發中,重複利用分析結果的需求日益增長。重複利用的設計已經在兩個層級進行:第一是使用設計樣式;第二則是在設計期間,藉由組織中已經設計好或從外部廠商購買的重複利用類別,可以提供在分析階段已經確認的企業類別。

類別的責任分派是與重複利用有關的議題。Larman (2005) 強調,這個活動是設計中的關鍵工作。在物件導向系統中,將操作的責任分派到正確的類別很重要,而且經常也存在一組適當的選項來進行選擇。在 FoodCo 系統中,將需要為客戶製作包含附加稅計算的收據(附加稅是歐洲的一種稅,適用於供應鏈上的每個階段,而不只是對終端使用者或消費者收取的購買稅)。附加稅的計算可以由模型(圖 14.4)中的幾個類別之一來處理:

- `Invoice`:彙整該筆銷售的整體資訊。
- `InvoiceLine`:包括售出的每個品項細節及適用稅率。
- `Product`:可能適用不同的附加稅率。
- `TaxRate`:包含每一個合法稅率的百分率細節。

如果設計師做出錯誤決定,結果類別將無法重複利用,因而限制其他類別的設計。例如,如果將計算稅金的責任分派給 Invoice 或 InvoiceLine,則會牽涉到同樣需要計算稅金的 CreditNote 與 CreditNoteLine,同樣的程式碼也可以從某類別

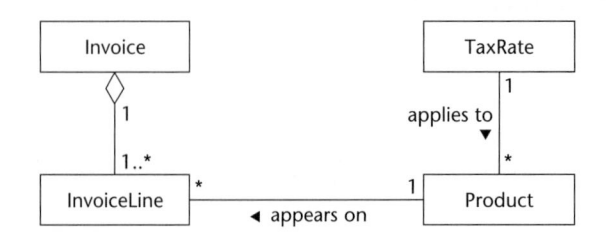

圖 14.4 FoodCo 的部分類別圖

複製並貼到其他類別，然而如果之後其中任何一個有所更改的話，程式設計師可能會忘了要更新其他的。如果分派給 `Product`，則在其他專案中將無法重複利用，因為該案例的附加稅適用於服務和產品。在這案列中，需要分派給 `TaxRate`，才能將這個設計中的類別重複利用最大化。

14.4.2 介面

我們已經談過關於類別的公開介面是那些對其他類別實例來說可視的一群操作（而且可能還有屬性）所組成，有時它非常有用，可以用來定義一些提供特定標準行為而必須由不同類別實作的操作，我們可以將之於 UML 中塑模為**介面** (interface)。

介面是一群沒有實作的相關方法 (method)，有時設計師會想要在介面中訂定一組彼此相關的操作及定義特定行為，這麼做的目的是可以讓實作介面的類別可以確保實作該行為。一個在 Java 中的例子是 `java.lang.Runnable` 介面，它用於預期將會被某 `Thread` 執行的類別其實例上。

UML 的介面是一群外部可視（意即公開）的操作。介面沒有包含內部結構，沒有屬性、沒有關聯，也未定義操作的實作。形式上，介面等於沒有屬性、沒有關聯，只有抽象操作的抽象類別。圖 14.5 說明介面的兩種標記法，這兩種 UML 介面標記法

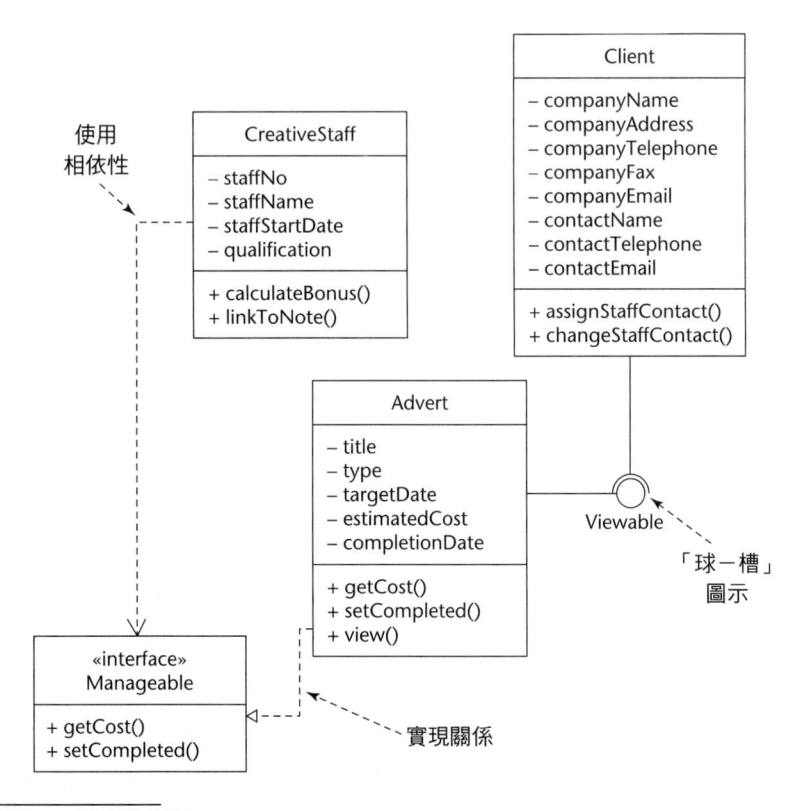

圖 14.5 Advert 類別的介面

中比較簡單的是圓圈。舉例來說，在圖 14.5 中，Advert 類別實現 Viewable 介面用的就是這種圖示，因此，它提供這個介面所制定的全部操作（而且可能更多）。

一些塑模工具會在圓圈之下顯示操作清單，但通常會隱藏起來。連接 Client 類別到 Viewable 介面的圓形圖示之間有條帶有半圓的線表示它使用或需要至少一個以上由介面所提供的操作。

另一種標記法是採用型別類別圖示。由於介面只規範操作而沒有內部結構，因此屬性部分可以忽略。這種標記法在圖中列出操作，而**實現 (realize)** 關係以虛線及三角形箭頭表示，代表客戶類別（例如 Advert）提供至少列在介面（例如 Manageable）上的操作實作；從 CreativeStaff 發出的虛線箭頭表示類別使用列於介面中的操作。實現關係（三角形箭頭）的標記法謹慎地提示這是繼承的圖示，如同就某種意義來說，Advert 繼承 Manageable 介面的操作，通常在圖上只會使用其中一種圖示，這個概念可使用以 Java 或 C# 建構的介面程式語言實作。

14.4.3　耦合與內聚

Yourdon 與 Constantine (1979) 為可用來將系統及程式分解成小模組，以確定其容易開發及維持的結構，設計並定義了一系列標準。這些標準和兩個問題有關：**內聚** (cohesion) 與**耦合** (coupling)。最大化期望之內聚形式的標準如同其目標，模組的產生——在任何使用的語言中選擇程式碼——帶出一個清楚定義的程序，或一組功能上互相相關的程序。這表示此模組的所有元件都對單一功能的表現有所貢獻。為了其他理由而將模組中的程序組在一起時，會發現不良內聚。不良內聚的範例如下：

❖ 未因明顯理由而組合在一起的程序，即**巧合內聚** (coincidental cohesion)。
❖ 一起處理的邏輯相的程序，例如輸入，即**邏輯內聚** (logical cohesion)。
❖ 同時發生的程序，例如系統初始化時，即**暫時內聚** (temporal cohesion)。
❖ 程序的輸出結果被做為下一個程序的輸入資料，即**連續內聚** (sequential cohesion)。

為了產生功能上內聚模組的目標，設計者應產生可直接開發、易於維持及最有可能在系統其他部分重複利用的模組。這也有助於將模組間的耦合減少到最低。

將模組間的耦合最小化的規範其目標是產生互不相關的模組，那麼它們就可在不影響系統其他部分的狀況下做修改。一個模組若能只使用其他模組傳過來最小需要量的資料來執行功能，可就達到良好的耦合。

耦合和內聚的觀念可以應用到物件導向系統開發上。Coad 與 Yourdon (1991) 提出幾個耦合和內聚可應用於物件導向的方法來幫助強化封裝。Larman (2005) 也考慮了這些規範的應用。依以下描述的內容，我們可以在分析及設計時將規範套用於物件

導向中（改編自 Coad & Yourdon, 1991）。

↳ 耦合

耦合以物件的連結數目以及物件和其他物件互動程度，來描述設計元件間相互關係的程度。

互動耦合 (interaction coupling) 測量一個物件送給其他物件的訊息類型數目，以及這些訊息類型經過的參數數目。互動耦合應維持在最小，以減少因經過介面而造成變化波動的可能性，並使重複利用更簡單。當一個物件重複利用於另一個應用時，此物件仍須傳送這些訊息（除非物件在重複利用前曾被修改），因此需要在新應用中提供這些服務的物件。這影響了重複利用流程，因為此流程需要的是被重複利用的類別群組，而非個別類別（在第 8 章中，我們已經介紹過將物件當作重複利用單位 (componeut) 的概念）。

繼承耦合 (inheritance coupling) 描述子類別實際上需要由其基礎類別繼承特徵的程度。例如，圖 14.6(a) 中的繼承階層顯示出低繼承耦合，這是一個不佳的設計。`LandVehicle` 子類別不需要 `maximumAltitude` 及 `takeOffSpeed` 參數，或 `checkAltitude()` 及 `takeOff()` 操作，它們並非必要的繼承。此範例顯示基礎類別 `Vehicle` 若被命名為 `FlyingVehicle` 會更好，但其繼承關係則有些問題。一個陸地交通工具並不是一種飛行交通工具（無論如何皆非正常），圖 14.6(b) 則呈現一個更佳的設計。然而，若階層提供有價值的重複利用並具有意義，那麼許多系統開發者對於擁有少許程度的非必要繼承是可接受的。認為非必要繼承的屬性或操作只是在子類別中不使用這些特徵的觀點，是備受爭議的。然而，擁有非必要類別或操作的子系統比它應有的樣子更為複雜，而此子系統中的物件所需的記憶體空間可能會比原本應有的還要多。當系統需要維護時，就會發生真正的問題。系統維護者可能不知道

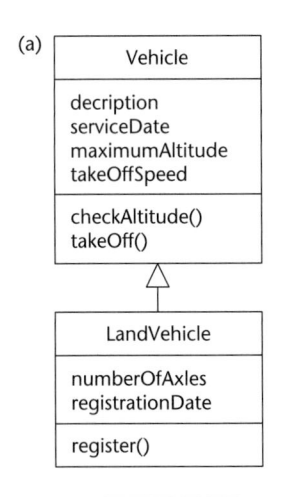

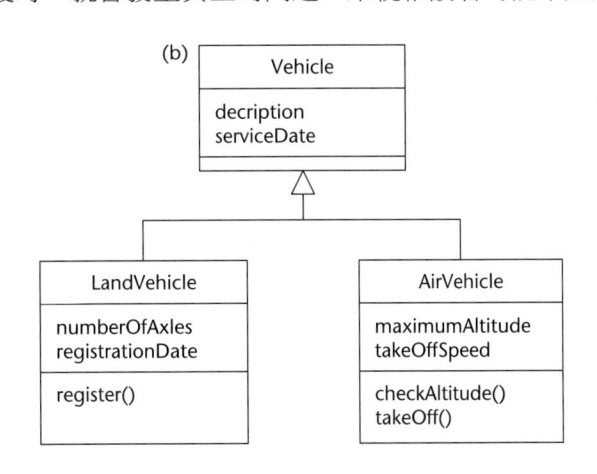

圖 14.6 繼承耦合

某些屬性及類別並未被使用，因此可能不正確地修改系統；或是系統維護者可能使用這些不需要的特徵來提供新使用者需求的修正，造成系統在未來更難維護。基於這些理由，非必要繼承越少越好。

✧ 內聚

內聚可以測量元件對單一目的的貢獻度。耦合及內聚的概念並不是互斥的，而是互相支持的。

操作內聚 (operation cohesion) 測量操作在單一功能性需求的程度。良好設計會產生高度內聚的操作，每個操作則處理一個單一功能性需求，例如圖 14.7 中的 `calculateRoomSpace()` 操作就是高度內聚的。

類別內聚 (class cohesion) 反映了類別著重於單一功能性需求的程度。圖 14.7 中的 `Lecturer` 類別展現低程度的內聚，因為其有三個屬性（`roomNumber`、`roomLength` 及 `roomWidth`）和一個更適合置於 `Room` 類別中的操作（`calculateRoomSpace()`）。類別 `Lecturer` 應只有描述 `Lecturer` 物件的屬性（例如 `lecturerName` 與 `lecturerAddress`），以及使用這些屬性的操作。

規格化內聚 (specialization cohesion) 描述繼承階層的語義內聚。例如在圖 14.8

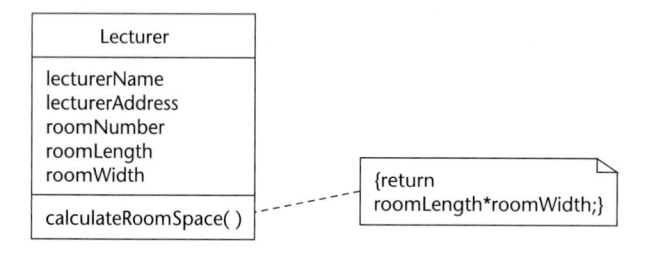

| 圖 14.7 | 良好的操作內聚，但為不良的類別內聚 |

| 圖 14.8 | 不佳的規格化內聚 |

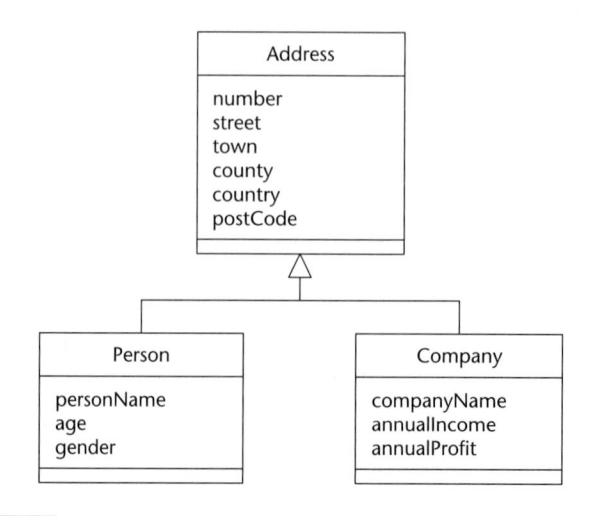

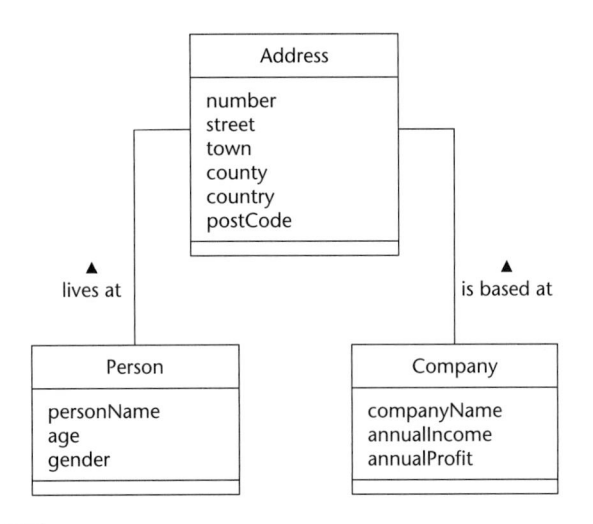

```
                    Address
                    number
                    street
                    town
                    county
                    country
                    postCode
              ▲                    ▲
         lives at              is based at
    Person                  Company
    personName              companyName
    age                     annualIncome
    gender                  annualProfit
```

圖 14.9 使用 `Address` 類別的改良結構

中,所有基礎類別 `Address` 的屬性及操作都透過衍生類別來使用:階層擁有高繼承耦合。然而,某個人並非地址的一種,而且某公司也非地址的一種。這個範例只是將繼承用作語法結構來分享屬性和操作。此結構擁有低規格化內聚,並顯示不良的設計,其並未在問題領域中反映出有意義的繼承,圖 14.9 顯示了較佳的設計,其中 `Person` 及 `Company` 類別都使用 `Address` 此一常見的類別。以上解釋的所有設計規範同時可產生良好的效果。

14.4.4　Liskov 代換原則

Liskov 代換原則 (Liskov Substitution Principle, LSP) 是另一個可應用於繼承階層的設計規範。此原則主要說明若在物件互動中為基礎物件,則不應將其當作衍生物件。若不應用此原則,則可能違反衍生物件的完整性。圖 14.10 中,

```
  ChequeAccount                              Account
  accountName           Restructuring       accountName
  balance               to satisfy LSP      balance
  credit( )                                 credit( )
  debit( )
       △                                   △
       |                          ┌─────────┴─────────┐
  MortgageAccount           MortgageAccount      ChequeAccount
  interestRate              interestRate
  calculateInterest( )      calculateInterest( )  debit( )
  – debit( )
```

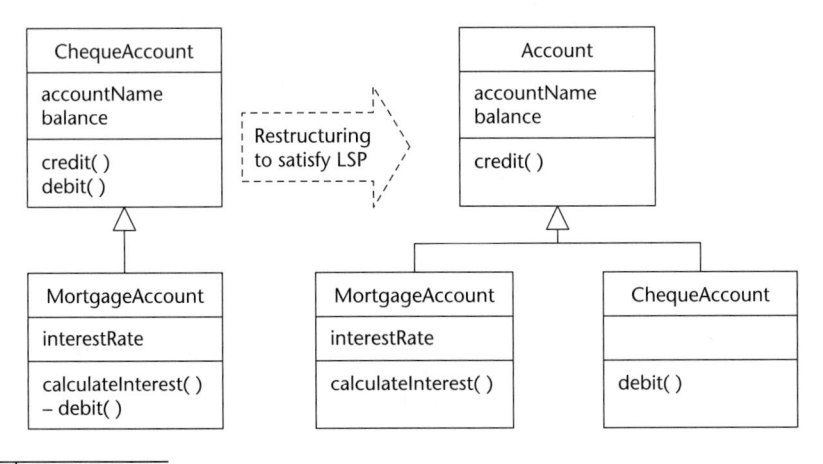

圖 14.10 Liskov 代換原則的應用

MortgageAccount 類別的物件不能被當作 ChequeAccount 類別的物件，因為 MortgageAccount 物件並沒有 debit 操作，而 ChequeAccount 卻有。debit 操作在 MortgageAccount 中被宣告為私有的，因此不能被其他物件使用。圖 14.10 顯示滿足 LSP 的另一個結構。有趣的是，此繼承階層有最大的繼承耦合，迫使 LSP 需以高繼承耦合來產生結構。

14.5 設計關聯

兩個類別之間的關聯表示這些類別的實例之間存在的可能連結。連結對訊息傳送的發生提供必要的連接。在決定如何實作關聯時，分析訊息在由連結繫屬的物件間之傳遞十分重要。

14.5.1 一對一關聯

在圖 14.11 中，類別 Owner 的物件需要發送訊息給類別 Car 的物件，但反之不成立。這種特殊的關聯可以藉由在類別 Owner 置入一個屬性，以記錄類別 Car 的物件識別碼（有些作者傾向使用物件參照這個詞）來實作。於是，Owner 物件擁有物件識別碼，因而可以發送訊息給相連結的 Car 物件；而 Car 物件沒有 Owner 的物件識別碼，無法發送訊息給 Owner 物件。owns 關聯是一個單向關聯的例子：在關聯線上的箭頭代表它進行的方向。

這關聯尾端 ownedCar 是轉換為一個同樣名稱的屬性，將會保存一個參照到 Car 的某個特定實例，而 Car 則是由 Owner 的實例所擁有。ownedCar 參照到 Car 物件是參照到記憶體中的 Car，而非資料庫的查詢鍵或像是 registrationNumber 之類的既有識別欄位。在一些電腦輔助軟體工程工具中，並不一定要像這樣明確地在類別中設置參照，當設計師從模型產生出程式碼後，將會自動地對關聯的起點與終點加入參照。

因此，在設計關聯之前決定訊息可以發送到哪個方向是很重要的（如果訊息不是

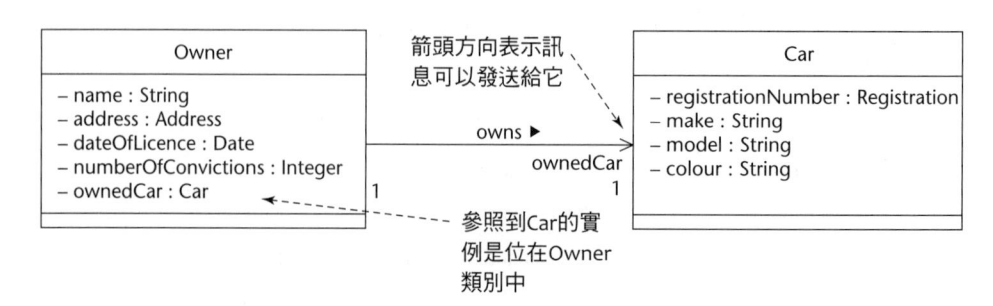

圖 14.11　單向一對一關係

沿著關聯的方向發送，則其存在的必要性將受到質疑），基本上，我們可以決定關聯的指向。

一般而言，介於類別 A 與 B 之間的關聯應該考慮下列問題：

1. 類別 A 的物件需要發送訊息給類別 B 的物件嗎？
2. A 物件需要提供 B 物件的識別碼給其他物件嗎？

如果這些問題的答案為是，則 A 物件需要 B 物件的識別碼。然而，如果 A 物件以接收訊息參數取得需要的 B 物件識別碼，A 物件將不需要記得 B 物件的識別碼。基本上，如果物件需要發送訊息給目的物件，不管是當需要時在接收訊息中以參數傳遞，或目的物件的識別碼必須儲存在發送物件中，它都必須有目的物件的識別碼。必須同時支援兩個方向的訊息傳遞的關聯，稱為雙向關聯。如同之前討論過的，將物件間耦合最小化是很重要的。將雙向關聯最小化可以保持物件間的耦合盡可能地低。

14.5.2　一對多關聯

在圖 14.12 中，Campaign 類別的物件需要發送訊息給 Advert 類別的物件，但反之不成立。如果介於這兩個類別間的關聯是一對一，則此一關聯可以藉由在 Campaign 中置入一個屬性，以記錄 Advert 類別的物件識別碼來實作。然而事實上，這個關聯是一對多的，即多個 Advert 物件識別碼需要繫屬於單一 Campaign 物件上。物件識別碼可以一個簡單的一維陣列保存在 Campaign 物件中，但必須撰寫程式碼來操作這個陣列。另一種處理這群 Advert 物件識別碼（較適於重複利用）的方式，是將它們置入另一個不同的物件中，即一個具有操作來管理物件識別碼而行為更像是 Campaign 物件之廣告索引的群集物件，如圖 14.13 的類別圖片段所示。集合類別將會有許多實例，如同每個 Campaign 物件有其自身 Advert 物件識別碼的集合一般。注意，AdvertCollection 類別具有特別關注群集管理的操作。findFirst() 操作傳回在清單上的第一個物件識別碼，而 getNext() 取得清單中下一筆物件識別碼。

當 Campaign 物件想要發送訊息給它的每一個 Advert 物件時，Campaign 物件首先傳送一個 findFirst() 訊息給這個類別，以取得第一個物件識別碼。現在，Campaign 物件可以發送訊息給它的第一個 Advert 物件，Campaign 接著使用 getNext() 來從集合類別中取得下一個物件識別碼，並且發送訊息給下一個 Advert 物件。然後，Campaign 物件可以反覆透過集合類別物件識別碼，而依序發送訊息給每一個 Advert 物件。

圖 14.14 顯示讓 Campaign 物件準備它的廣告和名稱清單的互動循序圖。Campaign 物件保存集合類別的物件識別碼以發送訊息。而 Advert 物件並沒

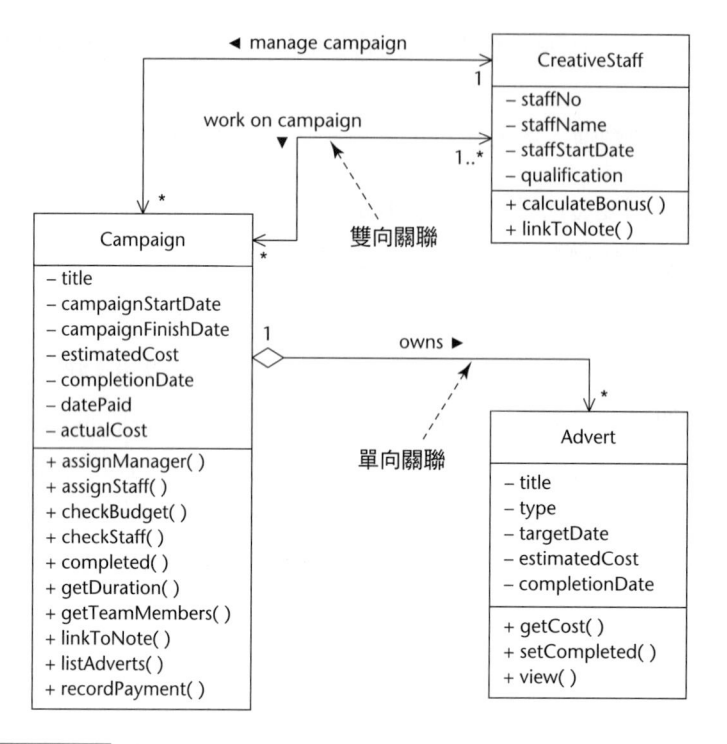

圖 14.12　Agate 案例研究的部分類別圖

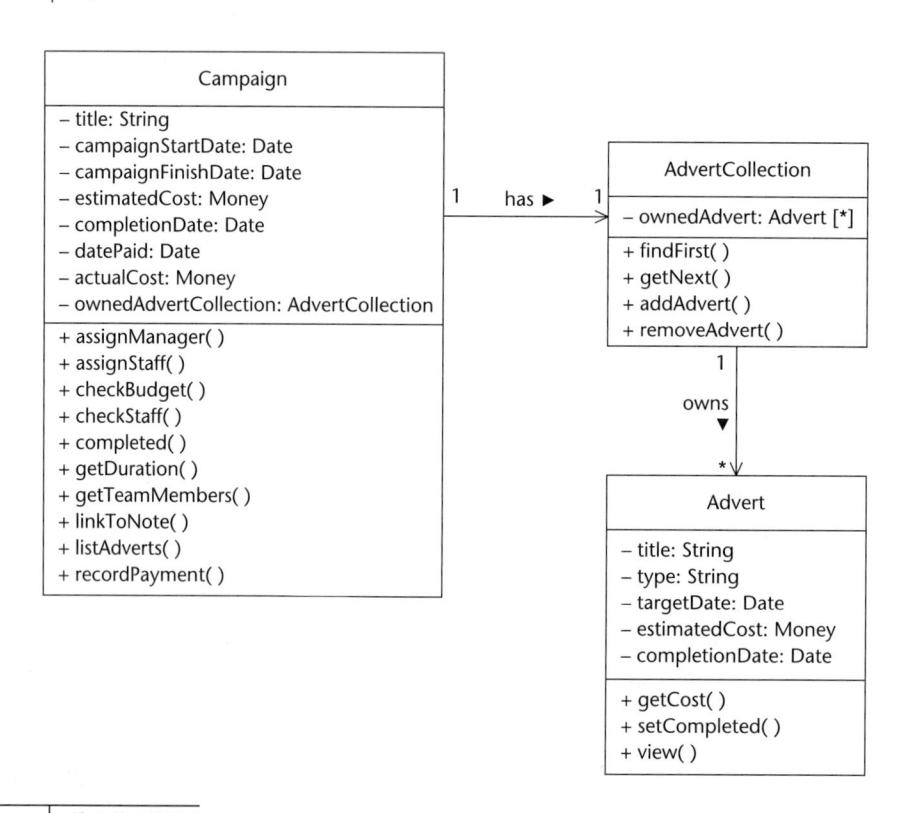

圖 14.13　使用集合類別的一對多關聯

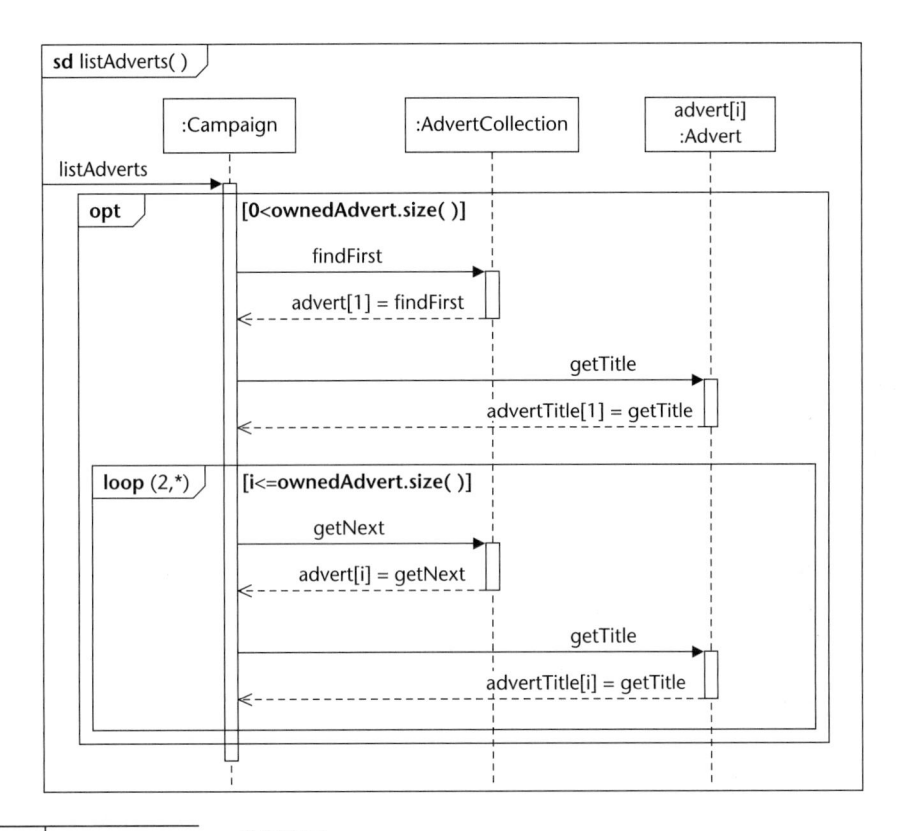

```
┌─ sd listAdverts( ) ─────────────────────────────────────────────────┐
│                                                           advert[i] │
│                    :Campaign      :AdvertCollection       :Advert   │
│  listAdverts                                                        │
│  ─────────────────▶│                                                │
│   ┌─ opt ──┬──[0<ownedAdvert.size( )]──────────────────────────┐    │
│   │        │      │        findFirst       │                   │    │
│   │        │      │───────────────────────▶│                   │    │
│   │        │      │  advert[1] = findFirst │                   │    │
│   │        │      │◀── ── ── ── ── ── ── ──│                   │    │
│   │        │      │                    getTitle                │    │
│   │        │      │                        │──────────────────▶│    │
│   │        │      │               advertTitle[1] = getTitle    │    │
│   │        │      │◀── ── ── ── ── ── ── ── ── ── ── ── ── ── ─│    │
│   └────────┴─────────────────────────────────────────────────────────┤
│   ┌─ loop (2,*)──┬──[i<=ownedAdvert.size( )]─────────────────────┐   │
│   │              │      getNext           │                     │   │
│   │              │───────────────────────▶│                     │   │
│   │              │   advert[i] = getNext  │                     │   │
│   │              │◀── ── ── ── ── ── ── ──│                     │   │
│   │              │                    getTitle                  │   │
│   │              │                        │────────────────────▶│   │
│   │              │               advertTitle[i] = getTitle      │   │
│   │              │◀── ── ── ── ── ── ── ── ── ── ── ── ── ── ── │   │
│   └──────────────┴────────────────────────────────────────────────┘  │
└─────────────────────────────────────────────────────────────────────┘
```

圖 14.14 `listAdverts()` 的循序圖

有它所屬的 Campaign 物件之物件識別碼,所以無法發送訊息給 Campaign 物件。在 listAdverts() 的互動限制中使用 ownedAdvert.size() 一詞,其中 ownedAdvert 是記錄群集物件識別碼的屬性名稱,而 size() 是指定群集中元素數目的 OCL 函式。opt 互動運算子規範互動片段只會在限制滿足時執行──本例中是如果有至少一個 advert 與 Campaign 相關。

設計師可以選擇使用像是 AdvertCollection 之類的特殊類別,或是選擇使用一般集合類別 (collection class),取決於開發應用程式所將使用的語言是否已經決定。舉例來說,Java 與 C# 皆有集合類別,在 Java 中是在 java.utils 套件,而在 C# 則是 System.Collections 命名空間 (namespace),而且兩者皆有適合 ArrayList 形式的類別。然而,Java 類別實作了 Collection 及 List 介面 (當然還有其他的),而 C# 類別實作了 ICollection 及 IList 介面 (當然也還有其他的),兩個 ArrayList 類別都有 add()、indexOf() 及 remove() 等方法,但每個有的方法都是對方沒有的,而一些像是回傳一個 Iterator 或 Enumerator 以遞迴取得 ArrayList 元素之類的主要方法在兩個語言中有著不同的名稱,Java Iterator 與 C# Enumerator 有不同名稱的方法來反覆完成集合中的物件。

```
                                              ┌─────────────────────────┐
                                              ┊ T, n : IntegerExpression = 1 ┊
                                              └─────────┬───────────────┘
                                                   Collection
   ┌──────────────────┐                        ┌──────────────────┐
   │ AdvertCollection │ - - - - - - - - - - -▷│ – items : T [n..*] │
   └──────────────────┘  «bind» <T -> Advert, n -> 0>└──────────────────┘
```

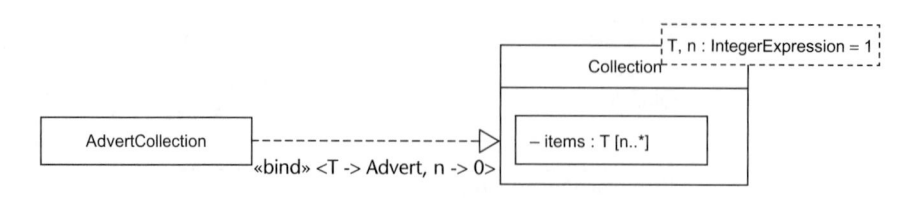

圖 14.15 模板類別用於 `AdvertCollection`

在 Java 中也可能使用**模板類別** (template class)，模板類別有著一個或更多可參數化的組成元素，可以再方法中用於特定值。既然我們的集合類別並非鎖定特定語言，我們可以如圖 14.15 方式定義它們。

在此模板類別 `Collection` 有兩個參數：`T` 是無限制而可以是任何類別型態、`n` 則是必須設為 `integer` 並且預設值為 `1`，`AdvertCollection` 類別實作了 `Collection`，並將 `T` 連結到 `Advert` 類別型態而 `n` 設為 `0`（如同 Campaign 與 Advert 之間的關係，取代了集合類別而有多重性 `0..*`）。在 Java 中，會建立一個型態安全收集類別將模板類別連結到某個型態，如下列摘錄使用 `ArrayList` 的程式碼所示，試圖將除了 `Advert` 之外的任何東西加到這集合將會失敗。

```
private ArrayList<Advert> items;
```

如果設計師打算使用像是 Hibernate 或 NHibernate 等永續保存框架 (persistence framework) 來將物件儲存到資料庫的話，當物件從資料庫帶到記憶體十集合類別如何實作將會依據框架來決定，在本章後續的例子上我們繼續使用非特定語言的集合類別。

14.5.3 多對多關聯

在 `CreativeStaff` 與 `Campaign` 之間的 `work on campaign` 多對多關聯（參見圖 14.12），其設計遵循之前描述的原則。假設這是一個雙向關聯，每個 `Campaign` 物件將需要 `CreativeStaff` 物件的群集物件識別碼，而每個 `CreativeStaff` 物件將需要 `Campaign` 物件的群集物件識別碼。圖 14.16 顯示含有集合類別關聯的設計，`CreativeStaff` 與 `Campaign` 類別均包含一個屬性來記錄相關集合類別的物件識別碼。

集合類別可以設計來對物件瀏覽提供額外輔助。舉例來說，如果要找出活動中某位員工是否有特定名稱時，可以從 `Creative Staff` 物件發送訊息給該位員工正在進行活動的每一個 `Campaign` 物件以取得其名稱，直到找到對應的名稱，或是達到群集的尾端為止；兩個個別的訊息都必須存取每個 `Campaign` 物件。所以，如果一位員工正在進行四項活動，若要找到這個活動，最多必須送出八個訊息。一般而言，

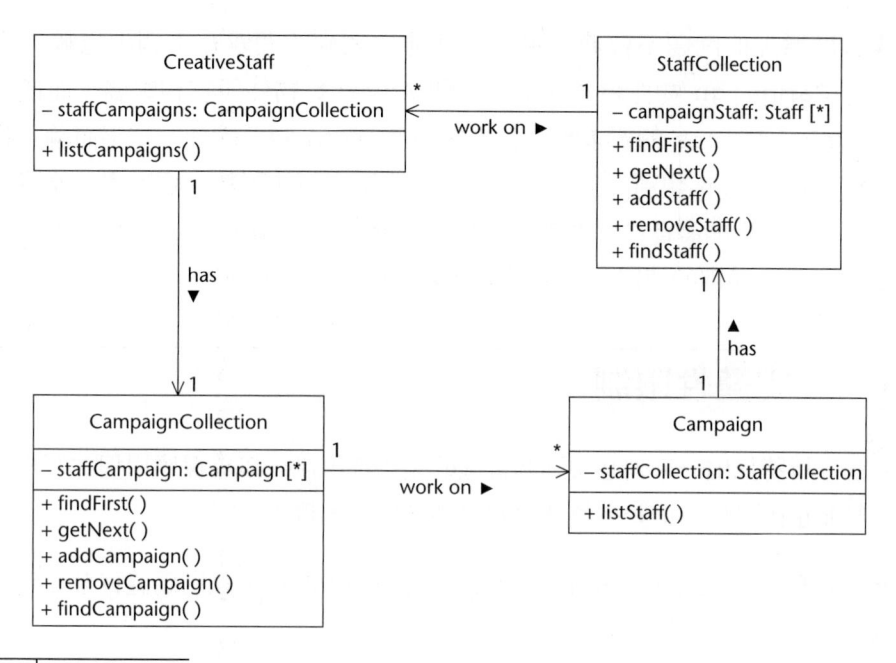

```
         CreativeStaff                                    StaffCollection
┌──────────────────────────────┐              ┌──────────────────────────────┐
│ - staffCampaigns: CampaignCollection │  *      1 │ - campaignStaff: Staff [*]   │
├──────────────────────────────┤◄─────────────┤                              │
│ + listCampaigns( )           │  work on ►   │ + findFirst( )               │
└──────────────────────────────┘              │ + getNext( )                 │
              │ 1                             │ + addStaff( )                │
              │                               │ + removeStaff( )             │
              │ has                           │ + findStaff( )               │
              ▼                               └──────────────────────────────┘
              │ 1                                           │ 1
                                                            │ has
                                                            ▲
         CampaignCollection                              Campaign
┌──────────────────────────────┐  1         *  ┌──────────────────────────────┐
│ - staffCampaign: Campaign[*] │──────────────►│ - staffCollection: StaffCollection │
├──────────────────────────────┤  work on ►    ├──────────────────────────────┤
│ + findFirst( )               │               │ + listStaff( )               │
│ + getNext( )                 │               └──────────────────────────────┘
│ + addCampaign( )             │
│ + removeCampaign( )          │
│ + findCampaign( )            │
└──────────────────────────────┘
```

圖 14.16 雙向多對多關聯

如果員工進行 N 個活動，必須發送最多 $2N$ 個訊息。

另一個搜尋方法是使用集合類別中的 `findCampaign()` 操作。這個操作設計來存取群集物件本身的索引，或是負責在 Campaign 物件間循環搜尋符合的名稱。在第一個情況中，當集合類別將活動以標題名稱編寫索引，那麼只需要 `findCampaign()` 訊息就可搜尋活動。在第二種情況中，群集物件最多需要發送 N 個訊息（每個員工正在進行中的活動各一個）。所以在這兩個情況下，包含在集合類別中的 `findCam-paign()` 操作可以減少所需要傳送的訊息。

使用集合類別的物件識別碼管理可能會明顯增加必要的開發負擔。事實上，通常出現的是相反的情況，亦即物件導向語言提供各種集合類別及標準的群集管理操作。這些標準集合類別可能提供各種索引，它們也可以轉化為子類別來加入額外的應用功能。舉例來說，Java 提供標準串列 (List)、堆疊 (Stack)、雜湊表 (Hashtable) 及字典 (Dictionary) 集合類別，這些集合類別可以轉化為子類別以增加特定應用行為，或是給定特定類別型態以讓他們達到類型安全 (Deitel & Deitel, 2007)。

14.5.4　保持類別最小化

Campaign 與 AdvertCollection 間的關聯是一對一（通常這類情況會伴隨集合類別），它建議採行一種實作策略，將集合類別放到 Campaign 物件內。這種方法一般會產生更複雜的類別，並會限制延伸性。然而在這種情況下，集合類別行為大多能由類別庫（我們在第 14.5.2 節已做解說）或所使用的開發語言功能提供，

因而複雜度增加的問題不會非常嚴重。延伸性減少的問題在本例中也較不明顯：因為只有 Campaign 物件會想知道哪一個 Advert 物件與它相繫屬，而任何存取 Campaign's Adverts 的要求都會直接先到 Campaign。因此，持平而論，將集合類別放到 Campaign 類別內部是合理的設計決策，而使用集合類別庫可能將重複利用性最大化並減少開發負擔。顯然，如果另一個不是 Campaign 的類別需要使用獨立於 Campaign 類別的清單，那麼將集合類別分開會更加適合。

14.6 完整性限制

系統分析將找出一系列必須強制實施的完整性限制，以確保應用程式互相一致地保存資料並正確操作。這些完整性限制以許多形式出現：

- **參照完整性** (referential integrity)：確保在物件中的物件識別碼確實參照到存在的物件。
- **相依完整性** (dependency constraints)：確保屬性相依性保持一致性，其中一個屬性可能是來自其他屬性的計算。
- **值域完整性** (domain integrity)：確保屬性只記錄允許的值。

14.6.1 參照完整性

Howe (2001) 討論了將參照完整性的概念運用於關聯式資料庫管理系統。本質上，當考慮物件間的參照時，也會運用相同原則。在圖 14.12 中，CreativeStaff 與 Campaign 之間的 manage campaign 關聯是雙向的，並且在 Campaign 中需要一個稱為 campaignManagerId 的物件識別碼，來參照到特定的 CreativeStaff 物件以表示活動經理（CreativeStaff 需要 Campaign 群集物件識別碼來管理它的關聯終端）。系統必須確定 campaignManagerId 屬性不是空值（沒有參照任何物件），或是包含存在的 CreativeStaff 物件之物件識別碼，以維持參照完整性。在此一特別的情況下，關聯說明了 Campaign 必須有 CreativeStaff 實例表示經理，而不是有一個 campaignManagerId 屬性為空值的 Campaign。為了實施這項限制，Campaign 的建構子需要其參數之一 CreativeStaff 物件的物件識別碼來代表活動經理，好讓 campaignManagerId 屬性能以合法的物件識別碼產生實例。

在 Campaign 的生命期間，在維持 Campaign 參照完整性上可能會發生問題。舉例來說，活動經理 Nita Rosen 可能會離職，接著 Nita 的 CreativeStaff 物件將會被刪除。要維持參照的完整性，就必須確保當刪除的 CreativeStaff 物件是一

位活動經理時，要再分派一位新的活動經理，此工作牽涉的 `assignManager()` 操作包含在刪除 `CreativeStaff` 物件的操作中，這將會要求新活動經理的物件識別碼。同樣地，任何嘗試從 `Campaign` 移除目前的活動經理，必須再包含分派一位替代者。只有 1 的多重性【譯註：即 (1..1)】對系統而言代表強力的完整性限制。在剛剛討論的例子中，活動必須永遠有一個經理，即使它才剛建立完成。然而，當指派只有 1 的多重性〔或者一般來說是最少 1 的情況【譯註：即 (1)】到某個關聯時應該嚴加注意，因為系統實作後可能會出現非常戲劇化的結果。讓我們想像活動經理 Nita Rosen 確實已離開 Agate 公司，但尚未有替代的活動經理。嚴格施行由 `manage campaign` 關聯包含的完整性限制，意指只能刪除所有 Nita 管理的活動以實施完整性。當然，因為每個 Advert 必定會連結到一個 Campaign，對每個 Campaigns 而言，所有 Advert 物件必須也刪除以維持參照完整性。以下是一個連鎖刪除的例子：刪除一個物件，導致必須刪除許多物件以符合參照完整性。在 Agate 公司的案例中，刪除有關 Nita 的活動及廣告資訊將會是一場災難。這有兩個解決方案：可以將基數改變為 0 或 1 以減弱關聯的限制；或是當 Nita 離職時，建立一個空殼的 `CreativeStaff` 物件，並且為 Nita 所有活動指派一位活動經理。雖然第二種解決方案有些尷尬，但有一個優點：提供明顯的職位持有者，強調未受管理之活動的問題，但卻能維持完整性限制。當然，限定關聯之多重性為最少一個 (1) 可以反映活動必須永遠有一位經理，所以這從業務方面的觀點來看並不可行。

14.6.2 相依性限制

屬性可能會以各種方式互相限制。這些相依性可能已經在分析期間界定，並在設計期間必須加以處理。一個相依性的共通形式發生在當一個屬性的值需要由其他屬性計算才能得到時，這部分我們在第 14.3.2 節已做解說。舉例來說，有一個顯示整體廣告費用的需求，要符合這個需求，必須藉由將值儲存在 Campaign 類別的 `totalAdvertCost` 屬性中，或是每次需要的時候計算一次。`totalAdvertCost` 屬性是衍生屬性，其值是各個廣告費用加總計算。將衍生屬性放到類別中可以減少顯示整體廣告費用時所需的處理量，因為它不需要計算。從另一方面來看，每當廣告費用變動時，或是活動加入或移除一個廣告時，就必須調整 `totalAdvertCost` 屬性以讓它與所相依的屬性值保持一致，圖 14.3 顯示一個使用 UML 符號「/」來表示塑模元素（屬性或關聯）是衍生的例子。

為了維持屬性間的一致性，任何會改變 Advert 之費用的操作必須藉由發送訊息 `adjustCost()` 給 Campaign 物件，來觸發 `totalAdvertCost` 值的適當改變。`adjustCost()` 操作是一個**同步操作** (synchronizing operation) 的例子。必須維持一致性的操作是 `setAdvertCost()` 與 Advert 解構子。當建立新廣告時，建構子會

使用 setAdvertCost() 來設定廣告費用，這將呼叫 adjustCost()，並進而確保 totalAdvertCost 的調整。所以如果採用衍生屬性 totalAdvertCost，對於 Advert 費用的任何改變將需要更多的處理量，因此一部分的系統會執行得較快，而另一部分會執行得較慢。一般來說，要建構沒有衍生屬性的系統較為容易，因為這省卻了同步操作的複雜需求。只有在效能限制沒有衍生屬性就不能滿足的時候下，才應採用衍生屬性。如果效能不是問題，那麼在設計時所需的技能之一是如何將系統的關鍵部分最佳化，而且不會讓系統的其他部分無法運作。

相依性出現的另一種形式，是當一個屬性值受到其他屬性值的限制時。例如，我們假設整體廣告費用、人事費用、管理費用及相關費用的加總不能超過活動費用核定的預算。這些值的任何改變都必須檢視其總和不會超過核定預算。如果相依值的一個改變會造成這個限制被打破，就必須採取一些行動。這有兩種可能性：不是系統禁止任何違反限制的變化而呼叫例外處理，就是允許改變而呼叫例外處理。最有可能的情況是違反限制會造成企圖交互改變限制值的後果，而且例外增加對於使用者來說將是個警訊。如果允許違反限制，那麼對於這些值的所有存取或列印，應該產生警告訊息給使用者。

相依性限制也可能存在兩個或多個關聯之間，圖 14.17 顯示一個最簡單的情況：chairs 關聯是 is a member of 關聯的子集合。

此一限制說明委員會主席必須是委員會成員之一，這可以藉由在 Committee 的 assignChair() 操作中放入一個檢查，確認以參數傳遞的 Employee 物件識別碼已經在委員會成員的集合類別中。此外，更複雜、需要許多關聯的限制也可能存在。如果絕對必要的話，衍生關聯也可以用來改善效能，而且在衍生屬性的例子中，需要同步操作來確保衍生連結與它們相依的連結一致。

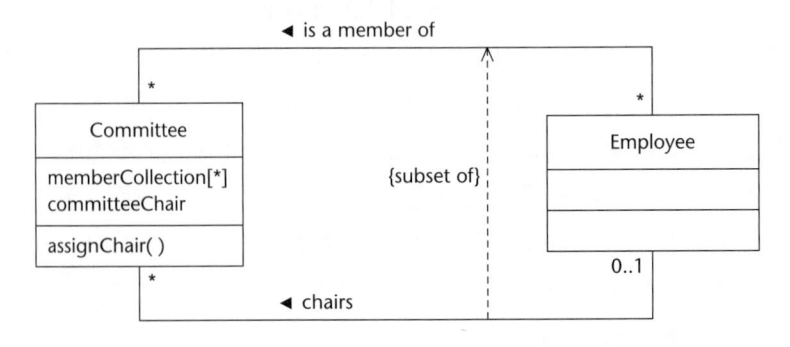

圖 14.17 關聯之間的限制

14.6.3 值域完整性

值域完整性著重確保屬性的值是來自適當的基本範圍。舉例來說，來自 Cost 領域的屬性可能是非負的兩位十進位數字。這些限制可以視為資料型態的延伸形式。必要的完整性檢查程式碼通常會放在設定操作，或者在任何允許輸入值的互動介面或 OCL 中。

14.7 設計操作演算法

操作的設計牽涉到決定最佳演算法來執行所需功能。在最簡單的情況，主要操作需要一些除了包括程式碼之外的設計來實施完整性驗證；對較複雜操作而言，演算法設計會是一個複雜糾纏的過程。有許多因素限制演算法的設計：

❖ 實作成本。
❖ 效能限制。
❖ 精確性的需求。
❖ 實作平台的能力。

一般而言，選擇最簡單的演算法而能滿足這些限制是最好的，因為這會讓操作的實作與維護更簡單。Rumbaugh 等人 (1991) 建議，在一些演算法設計中進行選取時應該考慮下列因素：

❖ **計算複雜度**　考慮當演算法在輸入值的數目增加時的效能特性。舉例來說，泡泡排序演算法的執行時間與 $N \times N$ 成正比，其中 N 是排序的項目數。
❖ **易於實作及了解**　一般而言，犧牲一點效能來簡化實作會比較好。
❖ **彈性**　大部分軟體系統可能會有所改變，演算法的設計應該考慮到這一點。
❖ **調整良好的物件模型**　對於物件模型的一些調整可以簡化演算法，這應該加以考慮。

在類別中設計主要操作時，可能是要強調低階私有操作的需求以拆解複雜操作。這個過程和傳統程式設計很像。使用類似逐步修正 (Budgen, 1994) 或結構表 (Yourdon & Constantine, 1979) 這類的技術可能會有良好的效果。UML 提供活動圖（見第 5 章及第 10 章）技術來記錄與設計操作。在操作設計需要高階正規的情況下，也可以使用像是 Z 或 VDM 等正式規格的技術。

在分析期間所界定的責任可以對應到一個或多個操作，這些新界定的操作需要指定給類別。一般來說，如果操作使用一些屬性，那麼它應該放到類別成為屬性。有時

候，一些特別的操作會在超過一個類別修改屬性，將之放在多個類別中的一個是合理的。在選擇操作置於何處時，有人認為將物件互動的數量最小化應該是主要標準，而另一個重要的標準是簡單化。但在一些情況下，這不是一個明確的決策。

在分析使用案例實現期間，會採用控制類別來控制使用案例的執行。對於使用案例特別的操作或是沒有明顯擁有實體類別的操作，控制類別通常會是這些操作的最佳位置。在設計期間，一些設計師可能會選擇將控制類別責任分配到邊界類別或實體類別，來達到效能或其他實作需求。然而，這會導致邊界類別或實體類別較少聚焦於功能性上（較低的類別內聚力），並且會讓維護變得更困難。這再一次反映了在設計期間必須面臨的取捨。

14.8 總結

類別設計考慮系統的細部設計並指引整體架構，在系統設計期間也會制定設計指導方針。細部設計過程涉及屬性資料型態的決定、衍生屬性實作方式的選擇、加入主要操作以及定義操作簽章等，設計者將會決定如何以最佳方式將屬性與操作集合在類別裡，遵守一系列包括耦合與內聚的基本原則條件規範適當地指派操作。介面也將訂定規格。關聯設計必須設計來支援操作的訊息傳遞需求。這牽涉到決定如何最佳地將物件參照置入類別中，並且必須設計操作來實施這些完整性限制。如果衍生屬性包含在任何一個類別中，那麼需要同步操作來維持它們的一致性。

☑習題

14.1　在物件導向細部設計中，系統的哪些面向會加入類別圖？
14.2　屬性或操作可以指定何種可視性程度？
14.3　為什麼屬性應該是私有的？
14.4　何謂主要操作？
14.5　何謂類別範圍的屬性？
14.6　在 UML 中，「介面」一詞代表什麼意思？
14.7　當設計關聯時，如何使用集合類別？
14.8　在什麼情況下，物件參照的群集應該包含在類別中？
14.9　在物件導向系統中，如何施行參照完整性？
14.10　在什麼情況下應該使用衍生屬性？
14.11　在什麼情況下應該使用衍生關聯？

☑案例研究作業、練習與專案

14.A 對 ProductionLine 參與的每個關聯,分配物件識別碼以設計這個關聯。

14.B 顯示參考完整性如何在習題 14.A 所設計的關聯中實施。

14.C 對你所選擇的物件導向語言,探索其支援集合類別之使用的程式語言特性。

Chapter 15 人機互動

學習目標

在本章中你將學到：
- ☑ 設計良好的使用者介面之重要性。
- ☑ 人機互動中隱喻的意涵。
- ☑ 人機互動的各種不同方法。
- ☑ 如何運用以劇本為基礎的設計技術。
- ☑ 法律與標準如何影響介面設計。

15.1 簡介

　　人機互動 (human–computer interaction, HCI) 是一門關於如何設計在人類與所使用的資訊系統間有效互動的學問，涵蓋了與電腦科學有關心理學、人體工學等技術。使用者介面設計在資訊系統的開發過程中相當重要，介面就是使用者所看到的一切，對使用者來說，介面就是系統。使用者對整個系統的看法可能會被使用介面時的經驗所影響。在進入第 16 章介紹使用者介面的各個設計類別前，本章會先提到一些可能影響使用者介面設計的人機互動議題。

　　本章與影響資訊系統輸入、輸出設計的人為因素有關。輸入與輸出包括傳統的資料鍵入、詢問視窗與報告列印模式，或者亦可採用語音辨識、掃描、觸碰式螢幕、手持式無線裝置的手勢與動作等。儘管我們了解多媒體系統使用狀況的大幅成長，使得傳統商業資訊系統的輸入與輸出也多媒體化了，但這裡討論的重點仍以傳統的輸入、輸出模式為主。

有兩個常用來表現使用者介面的隱喻：第一個是使用者與系統進行對話，第二個則是使用者直接操作螢幕上的物件。過去許多人機互動研究都著重在提出對話設計的準則上，本章將用一節來說明好的對話具有哪些特徵。

採用一個非正規的方法來設計一個系統人機互動不是不可能，設計者需要考慮到使用者要進行的任務性質、使用者的類型、使用者所能確定獲得的訓練時數、使用頻率，以及系統的軟硬體架構等等，而有許多正規方法可以使用結構化、民族誌或劇本是方法來進行人機互動設計。物件導向方法使用「使用案例」來記述系統需求，與劇本式方法最為接近。

最後，我們將介紹一些與工作站設計之人因工程學有關的國際標準。為了歐洲的讀者，本章也提到歐盟所規定的一些關於人機互動設計的法律責任，包括一些工作時使用顯示螢幕的健康與安全規定。隨著網際網路的發展，以及越來越多的 WWW 技術用於內部網路與組織內部的資訊系統，使用者介面對於身心障礙者的可及性成為重要的人機互動議題。這裡強調的是與可及性相關的法律規定，以及一些以促進指導原則的設定來提升瀏覽器使用者介面之可及性的倡議。

15.2　使用者介面

15.2.1　何謂使用者介面？

資訊系統的使用者需要透過某種方式與系統互動。不論是 FoodCo 公司之電話銷售系統的使用者透過電話輸入訂單，或是使用觸碰式螢幕系統尋找旅遊資訊的大眾，皆必須完成以下任務：

❖ 閱讀並詮釋引導他們使用系統的資訊。
❖ 對系統發出指令，指示他們想要進行的動作。
❖ 將文字與數字輸入系統，以提供需處理的資訊。
❖ 閱讀並詮釋系統於螢幕顯示或列印所產生的結果。
❖ 回應系統與糾正錯誤

要注意的是，以上這些任務多半是次級任務：這些任務與系統的使用有關，而非與使用者的原始目的有關。就上述例子來說，初級任務是指接受顧客訂單和尋找旅遊資訊。如果系統設計良好，這些次級、與系統相關的任務執行起來應該很容易；但若設計不良，這些次級任務就會生硬地插入使用過程，讓使用者更難達到他們的初級任務。

15.2.2 對話隱喻

在許多電腦系統的設計中，使用者與系統的互動式透過對話 (dialogue) 的形式來進行。認為使用者可以和系統進行對話的這種想法，就是一種隱喻 (metaphor)（隱喻是一個術語，用來比喻並形容某事物以不是如字面上所顯示的方式進行）。使用者與電腦之間並未進行人與人之間真正的言談對話，但訊息卻可以由一個參與者傳遞給另一個參與者，就和人與人的對話一樣。圖 15.1 用圖示的方式表現人與電腦的對話。圖 15.2 則說明在該對話中可以找到的各種訊息意涵。

圖 15.3 以 FoodCo 公司現行系統的螢幕版面配置為例。該系統在一台迷你電腦上運作，並呈現在各個簡易終端機上。雖然此處只顯示一個螢幕，但仍然可以用使用者與系統之間的對話來形容。

❖ 將使用者可以選擇一個選單（圖中並未顯示）上的選項來輸入指令。
❖ 系統回應這個資料輸入螢幕，並自動顯示訂單日期與訂單編號。
❖ 使用者輸入顧客編號。
❖ 系統顯示顧客的名字與簡易地址，做為顧客輸入正確編號的確認與回應。

依此類推。這類的螢幕對許多只使用過視窗介面的讀者來說可能有些陌生，但曾經是

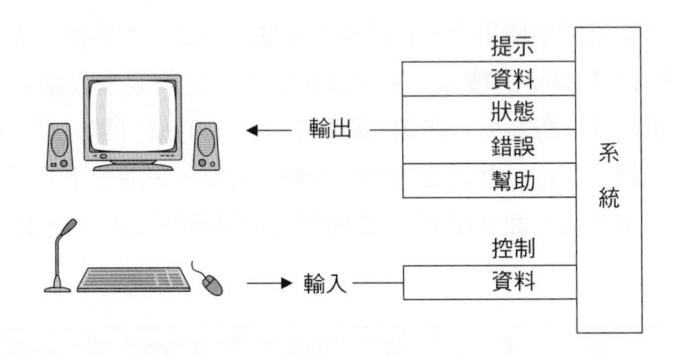

圖 15.1 人機對話的圖示

輸出	提示	要求使用者輸入資訊
	資料	在使用者要求後繼續出現的應用資料
	狀態	通知使用者某事的發生
	錯誤	處理程序無法繼續進行
	幫助	給使用者的額外訊息
輸入	控制	使用者指示對話將如何進行
	資料	使用者供的資料

圖 15.2 人機對話的訊息種類

```
顧客訂單 1              顧客訂單輸入資料              2005/08/25

訂單日期  2005/08/25                              訂單編號  37291
顧客編號  CE102_中央店，里芬聖安斯
顧客訂單備註  R20716_

    商品編號    商品描述                數量      單位價格    項目價格
01  12-75      三明治塗醬 24×250g        3       18.00      54.00
02  09-103     棕色醬料 30×500g         10       24.60     246.00
03  _____                            ____
04  _____                            ____
05  _____                            ____
06  _____                            ____
07  _____                            ____
08  _____
                                      總價                 300.00
                                      稅額                  52.50
                                      訂單總價              352.50

F1-幫助      F2-儲存     F3-取消    F4-新顧客    F5-顧客資料查詢
F6-產品資料查詢       F10-離開
```

圖 15.3 | FoodCo 公司顧客訂單輸入螢幕的版面設計與範例

將資料輸入電腦系統唯一的方式，而仍廣泛在舊型企業系統中使用。

對話未必每次都是採用使用者把資料輸入螢幕的形式。有時使用者未必知道顧客編號，可能必須使用某種索引搜尋工具來識別顧客，也許要輸入顧客名字的前幾個字母，顯示一列以這些字母為名字開頭的顧客名單。有時候訂單只有一行字（通常會多於一行），萬一超過八行，就需要清除已經輸入的部分來顯示下八行可供輸入的空間。對話有時也用來說明介面支援圖 15.2 所列各種訊息的要素，圖 15.4 說明這些要素。

輸出	提示	要求使用者輸入並為自動產生之資料分類，通常以粗體字顯示，例如顧客編號。
	資料	自動顯示訂單日期與訂單編號，自動計算總價與稅額（為與輸入資料區別，會以斜體字顯示）。
	狀態	螢幕標題；可以包括確認新訂單已被儲存的顯示資訊。
	錯誤	輸入錯誤資料的警訊，例如，輸入不存在的顧客編號或輸入數量為負值時。
	幫助	使用者按 F1 鍵後做為回應的額外訊息；一般來說與訂單輸入螢幕或特定的輸入資料內容有關。
輸入	控制	使用功能鍵來控制對話。
	資料	使用者所鍵入的數字、編號與數量。

圖 15.4 | 人機對話中的訊息種類範例

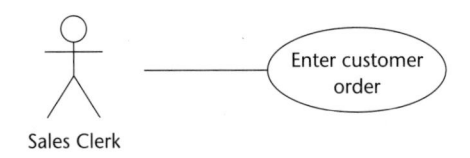

```
         ○
        ╱│╲──────── Enter customer
        ╱ ╲          order
     Sales Clerk
```

Enter customer order（輸入顧客訂單）
輸入顧客編號或在索引中搜尋顧客名稱。為訂單的每個項目輸入商品編號與數量。自動計算項目價格、稅額與總價。

圖 15.5 `Enter customer order` 的使用案例圖與敘述

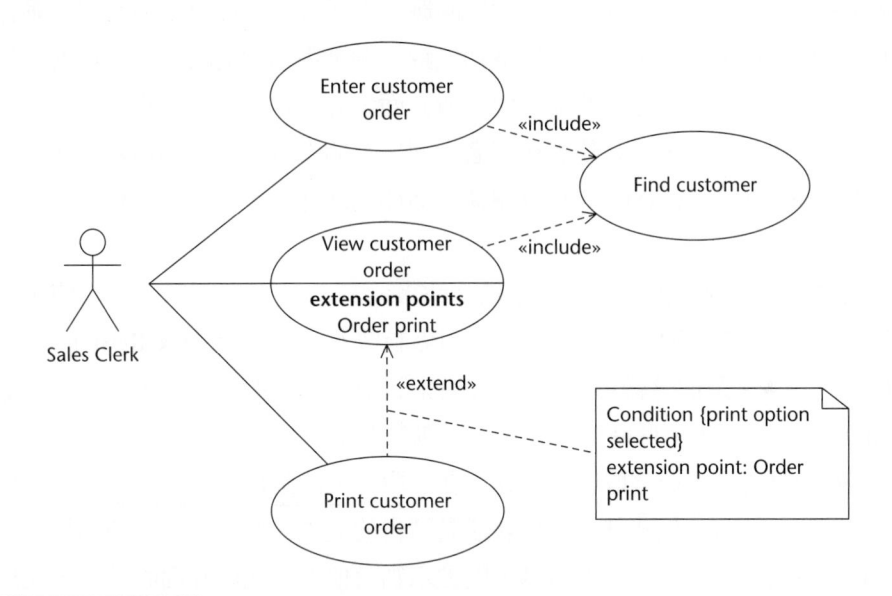

```
                    Enter customer
                        order
                         │  ╲ «include»
                         │   ╲
                         │    → Find customer
                    View customer   «include»
                        order      ╱
                    extension points
                    Order print
          ○         ↑
         ╱│╲────────│
         ╱ ╲        │ «extend»      ┌─────────────────────┐
      Sales Clerk   │               │ Condition {print option
                    │               │ selected}
                    │               │ extension point: Order
                    Print customer  │ print
                        order       └─────────────────────┘
```

圖 15.6 FoodCo 公司銷售員所採用之使用案例的使用案例圖

　　在 FoodCo 公司新系統的需求模型中，有一個如圖 15.5 所示的使用案例，用來執行 `Enter customer order` 的動作。同時會採用一個使用案例敘述來支援，雖然通常在計畫早期，這個說明可能相當簡要。隨著計畫的開展與動作的反覆進行，這個使用案例敘述會逐漸包含更多細節。並非所有使用案例都被用在互動對話，有些是用來查詢或列印報告。圖 15.6 中為 FoodCo 公司銷售員所採用的一些使用案例。每個使用案例都有一個循序圖，說明合作物件之間的關係。然而，這些循序圖仍無法顯示使用者與系統在介面進行的互動細節，這部分會在第 16.5 節討論。

15.2.3　直接操作隱喻

　　另一個近年來在使用者介面設計上廣泛使用的是直接操作隱喻。大部分的人藉由圖形化使用者介面 (GUI) 的使用，開始熟悉這個觀念。當使用一個具有這種介面的軟體時，你會感覺自己透過滑鼠操作螢幕上顯示的物件。這個隱喻所反映的就是其字面上的意義。你可以：

❖ 拖曳一個圖示。
❖ 縮小或放大視窗。
❖ 按下按鍵。
❖ 下拉選單。

（雖然若是仔細想想，許多隱喻都是有問題的。人們怎麼會在桌面上放置一個開啟的視窗？）這樣的介面是事件驅動 (event-driven) 的。圖形化的物件會顯示在螢幕上，作業系統中的視窗管理功能則對事件做出回應。大部分的事件是使用者進行動作而產生。使用者可以按下按鈕、打字、按下功能鍵、點選選單中的項目，或按著滑鼠按鍵同時移動滑鼠。支援這種互動關係的使用者介面設計和以文字為基礎、利用對話隱喻的介面比起來複雜許多，而且隨著使用者介面裝置的進步變得更為複雜，例如像是任天堂 Wii 的 Wii 把手 (WiiMote) 可以讓使用者如同網球拍、高爾夫球桿、劍等等般揮動。

圖 15.7 是 Agate 案例研究中一個執行 Check campaign budget 使用案例的 Java 程式介面。在這個使用案例中，使用者首先從一個標示為 **Client** 的列表框中選取顧客的名字。選取該顧客後，一份該顧客已啟用活動的列表就會顯示在標示為 **Campaign** 的列表框中。此時並沒有任何活動被選取，使用者可以按下列表框末端的箭頭，來觀看整個列表並選取一個活動。在選取一項活動後，使用者可以按下標示為 **Check** 的按鈕。接著，程式就會結算該活動廣告的成本總額，和預算總額相減後，顯示最後的金額結餘（若成本超過預算，則顯示為負值）。在此介面設計中，使用者在選擇顧客前選擇活動，或在選擇顧客和活動前就按下 **Check** 按鈕都是沒有意義的。設計者可以選擇讓使用者在選擇顧客後將 **Campaign** 列表框失效，以及在選擇顧客和活動後將按鈕失效。確認一項活動後，使用者可以選擇另一個不同的顧客，在這種狀

圖 15.7 以 Java 開發的 Check campaign budget 使用案例介面

態下就需要改變 **Campaign** 列表框的內容，並且讓按鈕再次失效，直到使用者選擇另一個不同的活動。在第 16.8 節中，我們會用狀態機圖來塑模這種使用者介面中元件的狀態，以確保能正確說明介面的行為。

在 GUI 環境中，圖 15.7 的視窗通常稱為**對話框** (dialogue box)。以我們所討論過的隱喻來說，這種對話框結合了與使用者對話的元素，而使用者也直接對按鈕與列表進行操作。

15.2.4 好的對話的特徵

許多 HCI 專書與報告的作者皆提出如何設計一個好的使用者介面之準則，而有些準則是專為某種介面所設計。1986 年，當大部分的介面都還是以文字為主時，Shneiderman 等人 (2009) 就提出資料輸入對話設計的五個高階目標。其他作者如 Gaines 與 Shaw (1983) 也早在介面以文字為主的時代，就提出高達十七個使用者介面的設計準則。

不論系統是為文字為主或 GUI 環境所設計，好的對話設計都具有一些重要特徵，包括：

❖ 一致性。
❖ 適當的使用者支援功能。
❖ 系統的適度回應。
❖ 使用者輸入最小化。

以下將依序介紹這些特徵。

✎ 一致性

一致性的使用者介面設計有助於使用者學習使用和應用介面，包括指令、輸入資料（例如日期）的格式、螢幕版面設計，以及資訊的色彩或強調方式。以指令為例，如果使用者在系統的其中一部分需要按功能鍵 F2 來儲存資料，則在這個系統的其他部分，F2 鍵也必須具有同樣的功能。如果按了 F2 鍵卻不能儲存資料，就會造成錯誤。這導致使用者按了 F2 鍵，但卻造成意料之外的效果或是系統沒有作用，但使用者誤以為資料已被儲存就離開系統。不論是以上哪種結果，使用者都會對系統的反應感到生氣或疲乏。一般通用的風格準則或是微軟、蘋果等大企業的風格準則，都可以用來避免這類的狀況發生。風格準則會在第 15.2.5 節提到。

✎ 適當的使用者支援功能

當使用者不知道怎麼做或是已經造成某些失誤時，系統就需要透過介面提供使用者適當的支援。支援可以提供幫助訊息來防止錯誤發生，或是幫助使用者找出錯誤的

地方並彌補錯誤。幫助訊息應能視狀況而定；也就是說，協助系統應該能夠透過對話知道使用者的使用狀態，然後提供相關訊息。在 GUI 環境中，系統要能偵測介面中哪些元件是已啟用的（或已選取的），並在該部分的介面中提供適當的支援。這些協助可以是一般性地解釋某個螢幕或視窗的所有功能，也可以針對某個特定版面或圖像元件的目的進行解釋，並為使用者列出可行的選項。系統也可能需要在不同層級的幫助訊息之間提供使用者連結，讓他們可以透過連結找到所需的資訊。微軟 Windows 系統就提供了這種超連結式的幫助。提供幫助的資訊可能顯示在獨立的螢幕或視窗中，當使用者在對話中移動時，也可能同時出現在狀態列中，或者可以是提示訊息，當使用者把游標放在某物件上時就會出現。許多網頁設計者會在瀏覽器視窗下方的狀態列中顯示訊息，以提供使用者關於該網頁元件的相關幫助，或是在游標移到網頁元件上時出現對話框來顯示提示訊息。

　　錯誤訊息的目的就有所不同，並且在設計上要特別小心，確保訊息是提醒而非惹惱使用者。錯誤訊息可以告訴使用者剛剛刪除了重要的文件，並要求使用者按下 OK 鍵，以確保刪除行為是使用者所要的。錯誤訊息必須解釋哪裡出了錯，也必須清楚說明使用者可以或應該怎麼做，才能回復狀態。這些資訊必須以使用者可理解的語言來解釋，也就是說，應該採用使用者可以理解的名詞，而非電腦術語。圖 15.8 列出在同一狀況下三種不同說明方式的錯誤訊息框，只有一種是真的對使用者有幫助。

　　警告訊息可以在系統執行使用者所給予、但可能造成不可回復狀況的命令前，提供警告或警示訊息來避免使用者造成嚴重的錯誤。警告訊息應可讓使用者能夠取消將要進行的行為。圖 15.9 是一個警告訊息的範例。

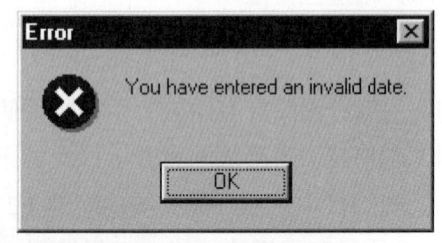

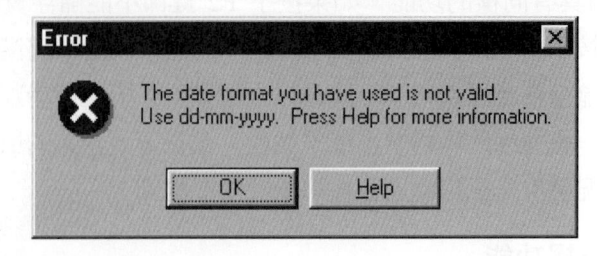

圖 15.8 同一個錯誤所產生的錯誤訊息範例

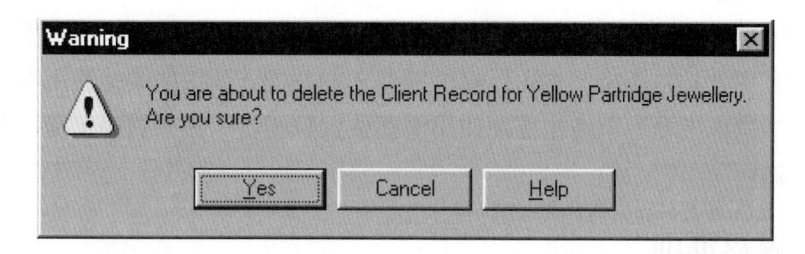

圖 15.9 ｜ 警告訊息的範例

↳ 系統的適度回應

使用者在採取行動後，會期待系統給予回應。如果使用者在資料輸入過程中按了一個鍵，他們就會期待在螢幕上看到這個符號出現（除非是控制或功能鍵）；如果使用者按了滑鼠，就會期望物件被反白，而且系統會採取某些行動。若使用者不確定系統是否接收到行動指令，就會一直按鍵或滑鼠，系統可能在隨後的對話中回應這些按鍵和按滑鼠的行動，但這些指令的結果並不是使用者所要的。讓使用者知道他們在對話中的位置，或讓他們能直接操作介面是很重要的。在文字為主的介面裡，當下已啟用的版面中應該要有一個可見的游標；在 GUI 環境裡，介面中已啟用的物件也必須被反白。圖 15.9 中的 **Yes** 按鈕被強調，就代表系統會對使用者按下鍵盤中 `<Return>` 的行動進行回應。

系統的反應時間應該視使用者的動作種類而定。對資料輸入按鍵動作的回應應該即時，而對於選單中指令或視窗中按鈕的回應則可能需要較長的時間。如果系統需要一段時間來回應，則系統就應該先以某種回應表示系統忙碌中，可以讓游標變為另一種型態，或以進度監控來顯示已經完成任務的百分比。若有可能，系統應給予使用者取消指令的選項。這類回應的目的是為了讓使用者了解系統接收到哪些指令、系統正在進行什麼動作，或是否正在等待下一個指令輸入。

↳ 使用者輸入最小化

使用者討厭進行他們認為不必要的按鍵或按滑鼠動作，因此減少不必要的輸入也能同時減少錯誤發生的機率，並讓資料輸入加快。設計介面時應設法減少使用者必須進行的輸入量，可能的方法有：

- ❖ 使用代碼或簡寫。
- ❖ 直接從選單中選擇，而不必輸入數值。
- ❖ 編輯或更正不正確的數值或指令，而不需重新鍵入。
- ❖ 不需鍵入或重新鍵入系統能自動產生的資訊。
- ❖ 採用預設值。

這些建議在人機互動理論中有些是具有心理學根據的。例如，能夠從選單中選擇，而

不需依靠記憶鍵入，讓使用者可以透過辨識來行動，不需要記住而後再回想。

當使用者更熟悉系統後，也可以提供捷徑、加速程式或快速鍵給使用者，讓他們不需從選單中選擇指令。但這也需要使用者記住按鍵組合，因此對寧可從選單中尋找的新手較不適合。

15.2.5　風格準則

在第 15.2.4 節中曾提到，介面的一致性是好的對話設計的特徵之一。有些組織會設定使用者介面的設計準則。微軟在個人電腦市場享有領導地位，該公司將使用者介面設計標準化也使得許多組織紛紛效尤。微軟於1997年出版一本專書《Windows 介面軟體設計準則》(*The Windows Interface Guidelines for Software Design*)，其中設定一些軟體開發商獲得 Windows 認證必須遵守的標準，更近的一本書則是 *Developing User Interfaces Microsoft for Windows* (McKay, 1999)。此外，蘋果電腦也於 1996 年為麥金塔作業系統設定了類似的準則《麥金塔人機介面準則》(*Macintosh Human Interface Guidelines*) (Apple, 1996)。這些準則產生的效應之大，可以從許多不同來源的應用軟體都採用工具列、狀態列、有按鈕和其他圖像元件的對話框、放置的位置也非常類似等例子看到。這些相似處對使用者的好處在於，不同的應用軟體看起來皆非常相似，而且使用方式也差不多，代表使用者可以參考過去使用軟體的經驗，而推知新的應用軟體或系統會對哪些類型的互動做出回應。

關於使用者介面設計的準則通常稱為**風格準則** (style guide)。擁有多種不同資訊系統的大型組織通常會為資訊系統的設計設定自己的風格準則，以確保在應用時，不管是公司內部製造或外包軟體公司製造的系統，都遵從同一套標準，讓使用者可以很快就熟悉新應用系統的使用方式。圖 15.3 是 FoodCo 公司現行風格準則的使用方式。在版面的配置上，螢幕頂端是標準大小的標題資訊，粗體字用在強調提示和標題，在設計以文字為主的版面時，關於功能鍵與具特定目的之特殊功能鍵的使用說明則都是標準的大小。這些準則相當重要，因為有了這些準則，使用者就能有信心地知道，在任何資料輸入螢幕中按下功能鍵 F2，就能將螢幕上的資料儲存下來。

風格準則和好的對話特徵在對話及介面設計中都只是一般性的標準。在下一節，我們將思考如何可以確保所設計出的使用者介面符合特定應用軟體或系統之用。

15.3　使用者介面設計方法

15.3.1　非正式方法與正式方法

設計與實作使用者介面中支援和使用者之間互動元件的方法有很多。設計者所做

的選擇會受許多因素影響，包括：

- ❖ 使用者所執行工作的性質。
- ❖ 使用者的種類。
- ❖ 使用者所需的學習量。
- ❖ 使用的頻繁度。
- ❖ 系統的硬體與軟體架構。

對不同的系統來說，造成影響的因素可能非常不同，圖 15.10 列出影響 FoodCo 電話銷售系統與提供行動 PDA 與智慧型手機的遊客資訊系統介面設計差異的因素。提供給大眾使用的資訊系統與提供給員工使用的資訊系統相當不同，Internet 和行動網路讓資訊系統可以被大眾存取，然而大眾不太可能在使用系統時接受使用前教育，也可能沒有任何使用商業資訊系統的經驗。

這種比較兩個系統並找出影響其設計因素的方式是極不正式的。HCI 領域的研究者發展出更多正式、具方法論根據的方式，來進行可用性的分析。這些方法可以分成三大類：

- ❖ 結構化方法。
- ❖ 民族誌方法。
- ❖ 劇本式方法。

這些方法各有不同，然而在 HCI 設計上，皆依據三個主要階段來進行：

	電話銷售系統	**WAP** 遊客資訊系統
使用者所執行工作的性質	例行工作；封閉式解答；選項有限	開放式工作；問題甚至可能沒有答案
使用者的種類	辦公室使用者；無法選擇不使用系統（一定要使用系統來完成工作）	可以是任何人；可以選擇不使用系統；在使用系統上是新手
使用者所需學習的量	使用訓練是工作的一部分	不提供使用前訓練
使用的頻繁度	頻繁；每幾分鐘就接受一份訂單	偶爾；顧客可能只用一次
系統的硬體與軟體架構	小型電腦，具有文字螢幕、用鍵盤輸入資料的簡易終端機，所有軟體都在小型電腦上運作，結構化程式中有子程式進行資料存取及螢幕描述	用鍵盤和滾輪鍵在選單間移動的行動電話螢幕。WAP 瀏覽器在行動電話上運作。WAP 路由器連接伺服器，伺服器則用 XML 和樣式表為 WAP 瀏覽器產生 WML，或為其他瀏覽器產生 HTML

圖 15.10　影響兩個系統的使用者介面設計因素

❖ 需求蒐集。
❖ 介面設計。
❖ 介面評估。

在這三個主要階段中,每個方法皆有類似的目標,典型的目標如圖 15.11 所示。然而,這些方法用來達成目標的方式各不相同,如下所述。

⇘結構化方法

結構化的使用者介面設計是因應自 1980 年代開始越來越多結構化之系統分析與設計方法而產生的。結構化的分析及設計方法有許多特徵,它們是以系統的發展週期模型為基礎。這種週期模型可以分為數個階段,每個階段還能繼續細分為更多步驟和工作項目。不但採用了特定的分析和設計方法,在方法論上,更限定了哪些技術應該用在哪個步驟。每個步驟是以輸入資訊(較早期的步驟)、應用技術或輸出產物(圖表和文件)來描述。這些方法非常結構化,而不只是簡單的瀑布型週期模型,因為它們可以同時為所有可能進行的工作做好準備,不只是等待前一項工作完成才能進行下一項。通常這樣的結構化方法會用資料流程圖來模擬系統處理程序,並且採取將系統以由上到下方式解構後的角度來描述。此外,也用結構圖表來設計實作系統的程式。

結構化方法的支持者認為這些方法有以下優點:

❖ 讓專案的管理更為容易。把專案分解為各個階段和步驟,讓計畫和預測工作更容易,而且對專案的管理控制也有幫助。
❖ 在圖表和文件紀錄上設定標準,可以增進不同專案人員(分析人員、設計人員與程式工程師)之間對彼此工作的了解。
❖ 改善系統的品質。因為系統的規格書是無所不包的,結構化的設計較能產生功能無誤的系統。

階段	目標
需求蒐集	決定使用者族群的特徵:使用者類型、使用頻繁度、使用上的自行決定程度。類似經驗、使用熟練度、使用電腦系統的經驗
	決定工作的特徵:工作的複雜度、分解工作、工作的脈絡環境
	決定目標與限制:硬體與軟體的選擇、所期望的處理能力、可接受的錯誤率
介面設計	把工作元件分配給使用者或系統:決定使用者與系統間的溝通需求
	在了解使用者特徵、工作特徵與設計限制的狀況下,設計出介面元件來支援使用者與系統間的溝通
介面評估	發展出介面設計的雛型
	找使用者來測試雛型,以決定是否達到預定目標

圖 15.11 | HCI 設計的各個階段及其目標

有些人提倡以結構化方法進行人機互動設計，他們相信結構化方法的優點也可以應用在設計人機互動上。這些方法假定已經使用結構化方法來分析並設計一個系統，而結構化的人機互動設計可以同時進行，並且以某種程度整合到專案的生命週期中。以下將簡單描述採用這種方法的兩個範例。

- 英國 KPMG 管理顧問公司開發出的 STUDIO（介面最佳化之結構化使用者介面設計）(Browne, 1994)。
- 可用性支援中心聯盟的「歐盟車用資通訊系統應用計畫」開發出的 RESPECT 使用者需求架構 (Maguire, 1997)。

結構化方法利用圖表來呈現工作之間的結構，以及使用者與系統之間的工作分配。這些方法也充分利用檢查列表來對使用者、工作及工作環境進行分類。評估通常是以可量測的可用性標準，來評量使用者的使用績效。以下是以 STUDIO 做為結構化方法的範例。

STUDIO 被分為數個階段，每個階段再分成數個步驟，每個階段所進行的活動可見圖 15.12。STUDIO 所採用的技術如下：

- 工作階層圖表。
- 知識表示語法。
- 工作分配表。
- 狀態機。

在這裡不可能舉出所有方法的範例。STUDIO 狀態表的設計是以 Harel (1988) 的設計為基礎，類似於 UML 狀態機。第 16.7 節會提到 UML 狀態機在使用者介面設計上的範例。圖 15.13 是接受訂單的工作階層圖範例。這個圖用於圖 15.3 的訂單輸入畫面。這種圖表必須由上而下、由左而右閱讀。圖中右上角有小圓記號的方框是選項，每筆訂單中只有其中一項會發生；而右上角有星形記號的方框則是循環，通常會出現不只一次。

階段	活動摘要
專案企劃及計畫	決定使用者介面設計的支出是否合理。提出優質計畫
使用者需求分析	類似系統分析，只著於取得有關使用者介面設計的資訊
工作調配	綜合需求分析的結果來產生初步的使用者介面設計，製作使用者支援說明文件
可用性工程	以容易管理、配合影響分析使產品成型的方式進行開發工作
使用者介面開發	把使用者介面規格書交給開發者，以確保可用性需求能被充分了解

圖 15.12　STUDIO 各個階段的活動摘要

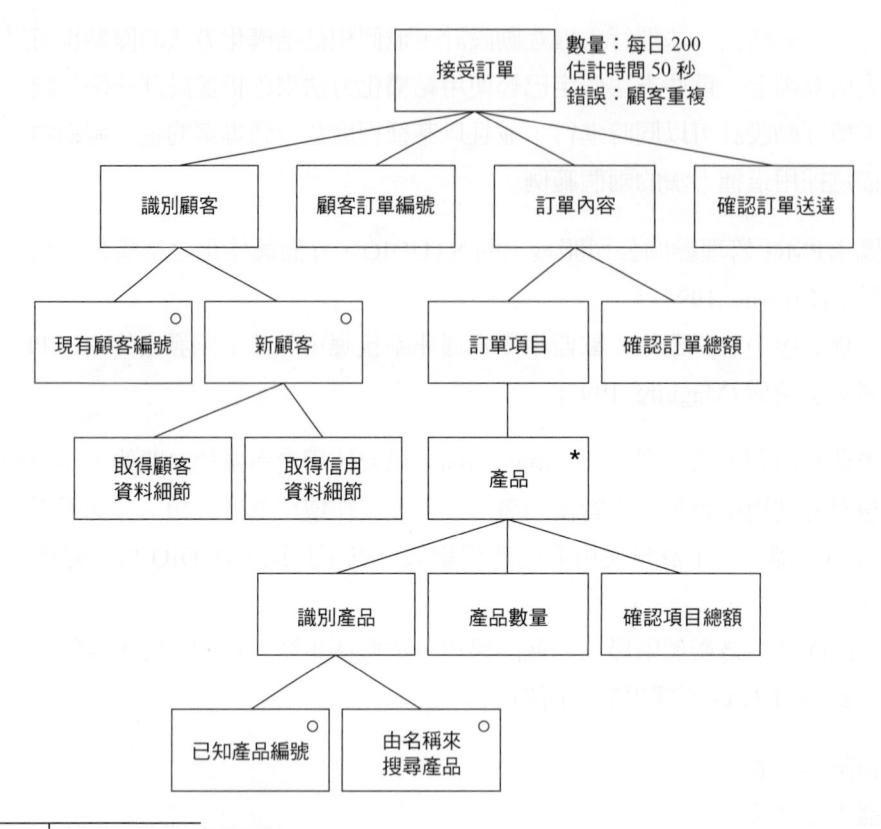

圖 15.13 ｜ 接受訂單的工作階層圖

　　結構化方法有時也包括實驗狀態下的使用者介面設計來評估，因此有必要找出可用性的操作測量標準，以供測試及評量設計的效果。這些操作測量標準是由第 6 章所提到、專案需求分析階段所蒐集的設計目標衍生出來，例如測量使用者學習使用系統有多快、錯誤率及完成工作所需的時間等。

　　前身為英國國家物理實驗室可用性服務部門、也是開發出 RESPECT 方法學的聯盟成員之一的 Serco 可用性服務公司，擁有一個讓使用者在實驗室狀態下進行介面設計測試的可用性實驗室。有人批評這種方法不適當，因為使用者通常不是在實驗狀態下使用系統，而是在忙碌的辦公室、嘈雜的工廠或擁擠的公共場所中。在實驗室中進行的可用性測試被認為缺乏生態效度 (ecological validity)，也就是未能反映系統使用環境的真實狀況。因此，相對於這些以實驗室狀態為基礎的可用性研究，民族誌方法被提出，做為建立與測試可用性需求的另一種可能。

民族誌方法

　　「民族誌」這個名詞被用在許多社會學及人類學技術上，並反映一種在這些社會學科中應如何進行科學調查的思考體系。採用民族誌方法的研究者都讓自己處在所研究的情境下，他們相信唯有讓自己處在所研究的情境下，才能真正了解並詮釋所發生

的事件。民族誌方法是質化研究方法的一種（質化是指「關注某物的特質」，通常相對於量化而言，是指「關注某物的數量」。量化方法通常依賴統計學來提出結論）。Hammersley 和 Atkinson (1995) 提出民族誌的定義：

> 最典型的民族誌需要民族誌學者公開或祕密地參與人們的日常生活一段時間、觀察所發生的事物、聆聽人們所說，並提出質疑。事實上，研究的重點是要盡可能蒐集資訊來突顯議題。

在 HCI 中，這表示從事使用者介面設計的專業人員得花時間和使用者相處，並沉浸在他們的日常生活與工作中。只有這麼做，使用者的真正需求才能被了解並記錄下來。民族誌方法也強調，不同的使用者會主觀地詮釋自己使用系統的經驗，而 HCI 專業人員必須了解系統是無法被客觀評價，這些詮釋多半是主觀的。

有些 HCI 方法被批評為不重視使用者及其工作，進而無法取得關於使用系統者身處脈絡的資訊。民族誌方法藉由體驗系統使用者的日常生活與工作，讓系統設計更符合使用者的需求，來對這種批判進行回應。某些組織化方法也試著回應這些認為它們無法把脈絡納入考量的批判，一般的作法是在所使用的核對列表群組中加入關於脈絡分析的問卷。

沒有任何一種民族誌方法包含使用者介面設計開發的所有階段：需求蒐集、介面設計與介面評估。某一些方法雖然有自己專有的名稱，但仍然可以被分類為民族誌方法。

脈絡調查是由 John Whiteside 與迪吉多電腦公司所發明的方法（Whiteside et al., 1988），用來在使用者正常工作環境中進行系統可用性的評估。脈絡調查的目的是為了盡可能貼近使用者，並鼓勵使用者對系統進行詮釋。

參與或合作設計以及介面評估，都需要使用者積極參與系統介面的設計和評估過程（Greenbaum & Kyng, 1991）。工作場所中會影響系統使用的社會和政治因素，都是這些方法想要取得資料的一部分。

民族誌方法採用許多技術來獲得資料，例如面談、討論、雛型產生階段、工作中使用者的影像或新系統的使用。這些資料被從許多不同角度來進行分析，以了解使用者的行為。影像也用在其他方法中，特別是那些主要在實驗室中進行的可行性研究。影像分析有時特別容易耗費許多時間。

劇本式方法

以劇本為基礎的使用者介面設計是由 John Carroll 等人所開發 (Carroll, 1995)。劇本式方法比起結構化方法較不正式，但相較於大部分的民族誌方法，它的立意都來得更為清楚。劇本就是對使用者行為的逐步敘述，可以用來做為需求蒐集、介面設計

和介面評估的工具。使用案例和劇本類似，Carroll 的著作收錄了由 Ivar Jacobson 和 Rebecca Wirfs-Brock 撰寫的一些章節，他們兩人就是使用案例和以責任制方法來模擬物件導向分析設計中互動的發明者。本章所討論的三種方法中，就以劇本式方法最為適合使用案例的模擬。

劇本可以是描述使用者行為的文字敘述，也可以採取分鏡（一系列描繪這些動作的圖片）、影像模型，甚至是雛型的方式。圖 15.14 是一套描述 Agate 公司的 Peter Bywater 在第 6 章的面談之後，說明自己如何加入註解的劇本。

劇本可以像這樣用在需求蒐集上，記錄使用者在系統中進行的動作，也可以用來記錄使用者認為自己會如何使用新系統的想法，這稱為「提出設計願景」。設計者和使用者可以在描述不同設計方法的劇本間進行比較。圖 15.15 是一套描述 Agate 公司員工可能會如何利用新系統，來加入關於廣告註解的劇本。

為了評估系統，需要更多更細部的劇本，才能比較不同系統中使用者如何與介面互動。Carroll (1995) 認為劇本的功用不只這三種，他列出以下功用：

❖ 一需求分析。
❖ 使用者與設計者的溝通。
❖ 設計邏輯。
❖ 提出願景。
❖ 軟體設計。
❖ 實作。
❖ 紀錄與訓練。

Peter 打開文字處理器。

他為註解輸入標題，並把風格改為 Title。

他輸入兩段文字，描述對 Yellow Partridge 廣告的想法，該廣告是在 2005 年夏天刊載於歐洲時尚雜誌。

他輸入自己的姓名縮寫與日期時間。

他使用快速鍵儲存檔案。

出現「另存」對話框，他用滑鼠切換到伺服器 Yellow Partridge 檔案夾的 Summer 2005 Campaign 資料夾。

他向下捲動到資料夾中檔案列表的底端，發現最後一個加入註腳的標題為 Note 17，他稱新註解為 Note 18，並按鍵儲存。

他離開文字處理器。

圖 15.14 　說明 Agate 公司 Peter Bywater 加入新註解動作的劇本

> 使用者從選單中選擇 Add a Note，出現新視窗。
>
> 從視窗上方的列表框中選取顧客的名字。
>
> 活動列表出現在下方的列表框中，選擇某一項活動。
>
> 廣告列表出現在下一個列表框中，選擇某一個廣告。
>
> 在文字框中輸入數段文字說明關於該廣告的想法，填滿螢幕上的空間後，出現一個垂直捲軸，文字框中的文字向上捲動。
>
> 在文字框中輸入姓名縮寫，系統確認使用者被定位到關於該活動的工作中。
>
> 系統顯示日期和時間，Save 鈕被致能。
>
> 按下 Save 鈕，狀態列顯示 Saved（已儲存）字樣。
>
> 文字框、姓名縮寫和日期時間的文字範圍被清除。

圖 15.15 描述使用者在新系統中如何新增註解的劇本

- ❖ 評估。
- ❖ 抽象化。
- ❖ 團隊建立。

其中有兩項值得加以討論：使用者與設計者的溝通，以及設計邏輯。

第 6 章提到，系統分析師與設計師所使用的圖表是用來溝通想法的，資訊系統專業人員必須和使用此開發系統的終端使用者溝通。劇本提供了一種溝通的方法，讓專業人員和終端使用者可以溝通系統和使用者互動的設計，劇本法簡單到使用者不需要經過專業訓練就可以製作；反之，若是要了解類別圖則需要訓練。劇本可以配合使用案例來使用，使用案例提供典型互動行為的敘述，而劇本則可用來記錄不同版本的使用案例，例如：記錄當使用者未被授權參與專案但試圖加入新註解時所發生的事情。使用案例與系統所提供的功能有關，而劇本則著眼於使用者與系統的互動。

其他文件也可以用來支援劇本、確認所採用的設計決策是正確的。Carroll (1995) 稱這些設計理由為要求，設計者可以記錄不同設計背後的論據，並說明每個設計的優缺點。圖 15.16 為圖 15.15 中劇本的一些要求。這些對設計可用性的要求，可以在軟體或雛型評估時確認是否達到。

劇本式設計可能會產生大量需要經過管理、組織且易於查詢的文字資訊。這時要進行的文件管理工作就需要嚴謹的方法來掌控不同版本的劇本，並視使用者不同的要求與回應進行交叉查詢。開發者在為系統的不同部分運用及記錄不同劇本時，可能會有延宕實作的危險。Rosson 與 Carroll (1995) 就曾提出一個方法來嘗試避免這種狀況發生。他們在過程中利用一種電腦工具來開發與記錄劇本，並在 Smalltalk 系統中開

> 在使用者選擇顧客和活動前，Save 鈕都呈現失效狀態。輸入文字與使用者的姓名縮寫，可以避免使用者在所有資料輸入完全前就儲存註解，造成錯誤訊息。
>
> 經由網絡登入資訊自動輸入使用者姓名縮寫是可行的，但根據觀察，創意人員通常是團體作業的，而不同人員都可能有想法並記錄為註解。若每次不同的人要輸入新註解時皆需要重新登入與登出，相當不方便。因此，他們只需輸入姓名縮寫。
>
> 姓名縮寫、日期、時間與文字區域在註解儲存後被清除，但顧客、活動與廣告列表框則留著不動。這讓使用者可以為同一個廣告或活動輸入其他註解，不需重新選擇這些項目。

圖 15.16 │ 圖 15.15 中設計劇本的要求

發出各劇本的工作模型，讓設計者可以同時記錄許多軟體實作決策。他們認為，用這種方式來同時記錄設計決策與軟體實作決策是有好處的。

以上三種方法的類型十分不同，但也有一些共通的元素。結構化方法為人詬病的是未能考量到人們使用電腦系統的脈絡問題，有些結構化方法也試著改進。民族誌方法可能和其他方法使用同樣的資訊蒐集技術，而且可能被用來提供草擬劇本所需的資訊。這三大類方法的共同點都是要增進資訊系統的可用性，而且都能夠認知到可用性的問題必須被整合到電腦化資訊系統的設計中。

15.3.2　達成可用性

人們常提到某個軟體的使用者友善程度，但卻很難界定，因為這是一個非常模糊的概念。這和可用性的概念類似，但 HCI 社群已經發展出可用性的定義，而且這些定義可以用來進行軟體測試。Shackel (1990) 曾提出 1980 年代發展出的四個可用性標準的定義：

- ❖ **易學性**：達到某一特定效能程度所需的時間和努力。
- ❖ **吞吐量**：有經驗的使用者完成工作的速度與產生錯誤的數量。
- ❖ **彈性**：系統處理使用者所進行工作與執行環境之改變的能力。
- ❖ **態度**：系統使用者所產生的態度有多正面。

在第 6 章中，我們提到國際標準組織將可用性定義為「使用者在特定情境下有效地、有效率地，以及滿意地達成目標的程度」。這些標準可以和在需求蒐集期間所記錄、用來評估軟體產品有多容易使用的使用者接受度標準一起使用。有些標準是量化的，例如，我們可以計算 FoodCo 員工使用新系統時所產生的錯誤數量，並和舊系統及為新系統所設立的目標數字進行比較。

有時不同標準或可用性標準與其他設計目的之間會產生衝突，這時設計者就必須妥協或在不同目標之間進行選擇。特別要注意的是，增加彈性很容易和合理的系統開

發成本目標產生衝突。

不管在軟體系統設計的工程可用性方面採取哪種方法，評估目標是否達成是很重要的，前述三種方法都是採用一些評估表單來驗證雛型系統或最終系統的可用性。

15.4 標準與法律規定

在第 15.2.5 節中，我們曾提到為使用者介面設計建立標準的風格準則。這樣的風格準則決定使用何種版面設計標準、色彩、功能鍵和系統的整體外觀。國際標準組織所設定的標準對電腦系統使用的影響更為廣大。ISO 9241 是使用視覺顯示終端機（包括硬體與軟體）之人因需求的國際標準，這套標準包括使用者工作台的實體方面（包括設備與家具的擺放）、電腦設備的設計，以及軟體系統的設計，在 2008 及 2009 年已做更新，將可存取性以及觸控介面等領域規範納入。ISO 14915-2002 是更進階的標準，以「多媒體使用者介面的軟體人因學」(Software ergonomics for multimedia user interfaces) 為題，對綜合並整合不同媒體的互動式使用者介面之設計、選擇與合併提出建議與準則。這些標準是為了確保系統的品質，並避免不同地方的標準成為自由貿易的障礙。

在歐盟中，這些準則更為先進。歐盟在 1990 年 5 月 29 日頒布對會員國具有法律效力的指令。例如在英國，這個指令就由 1992 年「健康與安全（顯示螢幕設備）規定」[Health and Safety (Display Screen Equipment)] 來執行。在這些規定下，所有工作站都要符合某種最低規定，而雇主有法律責任確保員工在使用顯示螢幕設備上的健康與安全。

這些規定中提到一些定義：

- ❖ **顯示螢幕設備**：任何文字、數字或圖像顯示螢幕。
- ❖ **使用者**：在工作期間對顯示螢幕設備使用相當程度的員工〔可參閱國家衛生安全部 (2003) 之評估表〕。
- ❖ **作業員**：如上列的自雇者。
- ❖ **工作站**：顯示螢幕設備、提供介面之軟體、鍵盤、光學配備、磁碟機、電話、數據機、印表機、文件架、工作椅、工作桌、工作面或其他周邊物品，以及顯示螢幕設備附近的工作環境。

顯示螢幕設備的定義不包括某些類型的設備，例如：車中設備、收銀設備及一些可攜式設備等。

除了使用者使用的實體設備外，這些規定也涵蓋環境的因素，例如工作場所中設備擺放的位置、光線、噪音、溫度與溼度。雇主必須：

❖ 分析工作台以評估並減少危險。
❖ 採取行動以減少已知危險。
❖ 確保工作台已達到規定的要求。
❖ 計畫使用者的工作活動,並提供休息。
❖ 提供使用者進行視力測驗。
❖ 如有必要,提供視力的矯正器具。
❖ 提供健康與安全議題及工作台相關的訓練。
❖ 提供員工關於健康與安全危險及減少危險方法的資訊。

用來減少危險的工作台分析包括對於軟體的分析,以及為了幫助雇主達成其責任所頒布準則的分析,說明了這些需求。

雇主在設計、選擇、委包製作與修正軟體,以及計畫需要使用顯示螢幕設備員工的工作時,必須考量以下原則:

❖ 使用的軟體必須符合工作需求。
❖ 軟體必須易於使用,並且符合作業員或使用者的知識或經驗程度。
❖ 雇主不能在未知會作業員或使用者的狀況下,使用任何量化或質化檢查設備。
❖ 系統必須能夠給予作業員或使用者有關其使用系統效能的回應。
❖ 系統必須能夠以某種適合使用者的形式或速度顯示資訊。
❖ 必須應用軟體人因學原則,特別是對於人工處理資料的方式。

顯然,這些規定要求的對象是雇主及軟體開發者,用以證明他們遵循正確的 HCI 方式來設計軟體。

世界上已有許多國家以法律規定來推廣良好工作台的使用方式,然而美國是一個重要的例外。美國職業健康安全局 (The Occupational Safety and Health Administration, OSHA) 曾提出用來防止不良工作設計、姿勢不良與重複動作造成之肌肉骨骼病變的規定,其中也包含工作台的設計與配置,但在產業遊說團體的支持下,這些規定在國會卻遭到否決。不過,這是已開發國家的例外,而非常態。許多相關資料在網路上皆可以找到,包括 OSHA 的網站 (http://www.osha.gov),提供許多關於良好工作台設計的建議。

在身心障礙者使用資訊科技無障礙的方面,美國有許多強勢的法案已完成立法,「美國身心障礙者法案」(Americans with Disabilities Act, 1990) 的通過,確保了身心障礙者在就業、州與地方政府服務、公共設施、商業設施與交通運輸上和一般人同等的權利。由於現在有許多服務是透過網路提供、預約或存取,而且非常多工作是透過資訊科技的使用來進行,這就對資訊系統的設計造成影響,而許多美國企業也因此改

進其系統的可及性。

在英國,「身心障礙歧視法」(Disability Discrimination Act, 1995 and 2005) 自 1999 年規定,服務提供者必須採取合理的作為來改變讓身心障礙者難以使用其服務的措施。這個規定也規範於「工作守則」(Code of Practice)〔身心障礙者權利聯盟 (Disability Rights Commission),2006〕。

受到網際網路擴張與法令推動的影響,在許多國家中,身心障礙者對資訊系統的可及性都已經獲得提升。全球資訊網聯盟就發動了「網路可及性推動活動」,來建立增進網際網路資訊可及性的準則與技術。

15.5 總結

系統設計者若要減少錯誤,並最大化使用者對系統的滿意度,就必須把軟體使用者的要求納入考量。使用者介面可以視為使用者和系統對話的一部分,而好的對話設計具有一些特徵,可以用來確認使用者在執行主要工作時能否得到介面的支援與幫助。

使用非正式方法來決定可能影響介面設計之使用者、工作與情況的特性是可行的,或者使用更正式的方法亦無不可,例如結構化、民族誌、劇本式方法或這些方法的結合。這些方法的主要目的皆是製作出可以達到使用者可用性要求的軟體,這麼做可能是為了符合國際標準或是某些國家的法律規定。

☑習題

15.1　找一個你經常使用的電腦資訊系統,可以是圖書館系統、用來提領現金的自動櫃員機 (ATM)、工作時所用的資料庫,或任何其他你熟悉的系統,寫下該介面具有哪些元件可以支援第 15.2.1 節所提到的五個工作。

15.2　根據習題 15.1 所列出的每個介面元件,寫下你認為可以如何改進它們的建議。

15.3　對話與直接操作隱喻的差別為何?

15.4　以一個你所熟悉的圖像使用者介面為例,指出其中所使用的直接操作隱喻。

15.5　第 15.2.4 節提到好的對話的四個特徵為何?

15.6　在圖 15.9 中,對話的 **Yes** 按鈕被強調,若這個按鈕的原始設定值為致能狀態,會有什麼危險?

15.7　以習題 15.1 的系統為例,寫下你認為該系統與圖 15.10 所列設計要素有關的資訊。

15.8 列出結構化、民族誌與劇本式方法之間的差異。

15.9 分別說明結構化、民族誌與劇本式方法的優缺點。

☑ 案例研究作業、練習與專案

15.A 使用你熟悉的使用者介面做為例子，試著找出你認為可能是這個使用者介面風格準則的某部分功能；所選的使用者介面可以是圖形化使用者介面、網站或甚至行動電話。

15.B 使用在第 15.2.4 節討論過關於好的對話的四個條件，評估你最常使用的應用程式，找出哪些符合及不符合這些條件，並且建議可以如何改善。

15.C 根據習題 6.A 的訪談紀錄（第 6 章），撰寫一劇本描述當 FoodCo 的 Rik Sharma 開始規劃人力配置時做了些什麼。（確定你是關注在他做了什麼，而不是其他人在其他時候做了什麼。）

15.D 對於你在習題 15.1 所寫的系統，找出可以量測的客體來衡量系統的有用程度。（你可以從思考它將耗費你多少時間去使用及會遭遇多少錯誤開始。）

15.E 你的國家是否有任何法律要求軟體設計師遵守涵蓋人因或人機介面的法規？對這些要求摘要寫下簡短報告。假設你是一位分析師，你如何對經理報告這項法規？

15.F 瀏覽 World Wide Web Consortium 的網站上提供身心障礙使用者存取的網址 http://www.w3.org/WAI/，找出一些實務建議；選擇一個網站（也許是你自己開發的網站），並且評估它是否違法這些準則，寫下一份簡短的報告摘要記錄哪些項目需要改善。

Chapter 16

實作

學習目標 在本章中你將學到：
- ☑ 如何繪製元件圖。
- ☑ 如何繪製部署圖。
- ☑ 測試新系統時需進行的工作。
- ☑ 如何訂定由現有系統轉換資料的計畫。
- ☑ 將新系統引入組織的替代方法。
- ☑ 系統維護及檢查的各項工作。

16.1 簡介

實作主要著重於新系統建造的過程，包括了撰寫程式碼、發展資料庫表單、測試新系統、納入資料設置，也許還包括從舊系統的轉換、訓練使用者及最終切換到新系統。

實作也許會被視為是分析及設計之外的範疇。然而，在使用快速應用程式發展技術的專案中，不同角色的差別可能會導致失敗。因此在實作時，分析者應特別注意系統測試、資料轉換及使用者訓練。在其他組織，或許會聘請一些專家來進行這些工作，UML 圖可以用於規劃及記錄軟體的實作。

實作需要許多不同的套裝軟體，例如語言及資料庫管理系統。追蹤系統中，原始碼檔案、物件碼檔案及軟體庫等不同元件的關係是很重要的。在軟體發展過程中，維持一致的標準也很重要：類別、物件及變數的命名必須使他人一目瞭然，並且能追蹤從分析、設計到解碼的過程；程式應能夠自行記錄且良好架構的。

UML 提供兩種記錄系統實作的圖。**元件圖** (compenent diagram) 可與**部署圖** (deployment diagrams) 結合，以表示系統中軟體元件和實體架構的關係。大型系統要使用這些圖來記錄實作著實不太容易，相較之下，較簡單的方法是使用試算表的資料表格。

測試新系統可謂實作的重頭戲，其包括每個元件、子系統及完整系統的測試。引進新系統時最重要的工作是由現有系統中取得資料，然後將這些資料傳入新系統。現有資料可能寫在紙本上或是在即將被取代的電腦資訊系統中，所以在進行系統轉換時可以聘請臨時人員來協助。臨時人員及現有員工必須接受訓練，了解如何使用系統及產生使用者紀錄。組織中引進新系統總共有四種策略。不同的方法適用於不同的環境，每種方法各有優缺點，即使在系統已經完成開發，也還有維護及需求改變時加以更新等工作需要進行。

16.2 軟體實作

16.2.1 軟體工具

系統實作需要許多不同的工具。確定這些工具的版本是否相容以及是否獲得足夠的授權供開發者使用，是專案管理的工作。Rational 統一過程 (Kruchten, 2004) 為一般統一過程加入環境紀律，目的是支援開發機構使用適當的流程及工具。為了使系統開發者的工作更簡單，便設計及研發出許多類似的工具。在這一節中我們將一一描述。

塑模工具

塑模工具（有時稱為 CASE 工具）使分析者及設計者產生能建構系統模型的圖示（我們已在第 3.8 節詳細討論過塑模工具）。現在有許多支援 UML 標記法的塑模工具。若用在 UML XML 交換格式，就可以在不同廠商的工具中互換模型。專案的儲存庫應當也可以藉由使用塑模工具，將每一類別、屬性、操作、狀態等文字性與結構性描述，連結到它的圖形化表示來加以維護。

為了確定實作真實地呈現設計圖，可由塑模工具中的模型產生一個或多個程式語言的程式碼。現有的塑模工具可產生 Visual Basic、C++、C# 和 Java 等語言之程式碼。有些塑模工具支援產生 SQL 指令，以建立相關的資料庫表格來實作資料儲存及產生 EJB 和 XML 綱要。部分塑模工具可支援逆向工程 (reverse engineering)，將現有程式碼轉為設計模型。上述工作與程式碼產生結合時，就稱為雙向工程 (round-trip engineering)。

✎編譯器、直譯器、偵錯器以及執行支援

無論使用哪種語言，皆需要使用某種編譯器或直譯器將原始碼轉譯成執行碼。C++必須編譯成可在目標機器上執行的物件碼，Smalltalk直譯的方式是執行程式時一一直譯每個指令，Java 則被編譯成中間位元碼格式，並且需要執行程式來執行；對 applets 來說，執行程式由網路瀏覽器提供，也可由 java 或 java.exe 等程式提供；C# 可為了 .NET 應用程式而編譯成微軟中間語言 (Microsoft Intermediate Language, MSIL) 格式的位元碼。開發者也需要使用偵錯工具，讓它們可在中斷點停止執行系統，來分析程式碼中的問題及檢驗變數內容。

✎視覺化編輯器

圖形化使用者介面很難手動撰寫程式，但發明 Visual Basic 後，出現適合許多語言的視覺開發環境。這些環境讓程式設計師可以藉由將視覺元件拖曳在表格中，並在適當視窗中設定控制外觀參數的方式來開發使用者介面，所有在第 6 章及第 15 章出現的使用者介面範例都是這樣產生的。

✎整合式開發環境

大型專案往往牽涉許多含有原始碼的檔案，以及為了產生即時不同人類語言的原始檔案等其他資訊。持續追蹤這些檔案及它們之間的相依性，並重新編譯當專案建立時已經改變了的項目，是為此目的所設計之軟體能最有效表現的任務。整合式開發環境 (integrated development environment, IDE) 結合多視窗編輯器（管理構成專案之檔案的機制），使程式碼可在IDE中編譯的編譯器連結，以幫助程式設計師透過程式碼逐步找到錯誤。IDE 也可能包含幫助建立使用者介面的視覺編輯器，以及記錄不同版本軟體的控制系統。有些 IDE 還包含使開發者可以 UML 塑模或提供程式碼的 UML 視覺化塑模工具。

✎配置管理

配置管理工具記錄了元件間的從屬關係，以及可用來產生套裝軟體之特殊發布的原始碼和資源檔的版本。每當要改變一個檔案時，它必須離開儲存庫。檔案被改變後，再以新版本進入儲存庫。此工具記錄了新版本以及兩個版本之間的差異。建立軟體發布時，此工具也會記錄建立時的所有檔案版本。為了確保能再重建相同的版本，編譯器及連結器等其他工具也應該進行版本控制。

某些工具可以輕易取得，例如 CVS 及 RCS，大型分散專案的工具則需要專任管理者。有些工具有網頁介面，可以在開放源碼軟體的工作或分散開發時利用網際網路來檢查項目的進出。

版本控制軟體有其標準協定程序，使得 IDE 及 CASE 工具等編輯器的使用者可以檢查工具中項目的進出。

✎ 類別瀏覽器

在物件導向系統中,瀏覽器提供一種目視的方法來操縱應用程式的類別層級和支援類別,以尋找其屬性及操作,Smalltalk-80 是第一個提供此類瀏覽能力的語言,有些 IDE 現在也提供此種瀏覽能力。Java 應用程式介面 (Application Programming Interface, API) 以 HTML 做記錄,而且可使用網頁瀏覽器瀏覽。

✎ 元件管理器

開發可重複利用的元件能達成軟體重複利用。元件管理器讓使用者能找到適合的元件,以瀏覽它們並維護元件的不同版本。

✎ 資料庫管理系統

一個大型資料庫處理系統內含相當多的軟體。若它支援主從式操作模式,則其客戶端元件和伺服器元件都是獨立分開的。為了使用 ODBC 及 JDBC,客戶端需安裝軟體。在編譯或執行任何資料庫時,客戶端需要安裝特殊類別庫或是Java套件,物件資料庫 db4o 包含了可以用來處理 Java 類別檔案以讓它們 Activatable。使用物件關聯式對應工具,例如以 JDO 為基礎者,也需要使用可改變編譯類別的後處理器。

✎ 應用程式容器

隨著以網頁為基礎之應用程式的成長,現今有許多軟體以**容器** (container) 方式執行。若網頁應用程式並非大型企業應用程式的一部分,就可能是 Tomcat 等網頁容器,而大型企業應用程式常被開發成在 IBM 的 WebSphere 或 Red Hat 的 JBoss 等應用伺服器裡執行。它們提供一個架構,其中類別可以像EJB般實作,並遞送系統之商業邏輯。像是 Spring 之類的輕量型容器提供針對由 Java 物件建造應用程式一個基礎架構,可以藉由組態檔來連接在一起。

✎ 測試工具

某些環境有自動化測試工具。更有可能的是,程式開發者會開發自己的工具,以提供根據公司標準來測試類別及子系統的工具。

✎ 安裝工具

任何想將商業軟體安裝到 Windows PC 或 Mac 或在 Linux 上使用套件管理的人,將會使用其中一種工具。這些工具可自動產生目錄、由檔案夾中摘錄檔案,以及設定參數或登錄項目。為了執行以上的工作,他們須維護可使用元件圖和部署圖來塑模的資訊。在我們的經驗中,解安裝工具則沒有執行得這麼好!

✎ 轉換工具

在大部分情況下,新系統的資料必須由現有系統轉換而來。有鑑於現有系統往往

是手動系統，目前多數專案都已取代現有電腦化系統，而需由現有系統的檔案或是資料庫中摘錄資料，並將其重新格式化，這麼一來它就可用來建立新系統的資料庫。現在有一些套裝軟體可提供自動化工具，由許多系統摘錄資料，並將資料格式化成新系統所需的格式。

✥ 文件產生器

利用 CASE 工具中的圖形及文件產生程式碼的方式，同樣也可以產生技術文件及使用者文件。Windows 中有套裝軟體可以用來產生 Windows Help 格式的檔案。Java 則有一支名為 javadoc 的程式，其可以處理 Java 原始檔案，以及由原始碼中內嵌標籤的特別指令建構 API 文件形式的 HTML 使用說明。C# 使用內嵌在指令中的特別 XML 標籤來產生文件。

16.2.2 程式與文件標準

就算一個人自己開發軟體，也可能會想不起程式中某個類別、屬性或操作的作用。在多人合作開發的專案中，若不希望專案變得一團混亂，取得系統中類別、屬性、操作及其他元件命名標準之共識是很重要的（也可參見第 5 章及第 13.8 節）。

在開始分析之前，應取得命名標準的共識。本書中，我們試著遵照典型的物件導向標準來命名。

- ❖ 類別命名法為第一個字母大寫。當類別名稱超過一個字時，會形成字串。在名稱中以大寫字母來區隔這些結合的字詞，例如 `SalesOrderProxy`。
- ❖ 屬性命名法為第一個字母小寫。屬性命名法和類別一樣是將多個字組合在一起，例如 `customerOrderRef`。
- ❖ 操作的命名法與屬性相同，例如 `getOrderTotal()`。

另外還有其他命名的標準。在 C++ 中，會使用 *Hungarian* 標記法：所有變數（屬性）的名稱前皆有一個縮寫，指出此變數的種類，例如 `b` 代表 Boolean，`i` 代表整數，`f` 代表浮點數，`btn` 代表按鍵，`hWnd` 則代表視窗物件的控制柄。這些縮寫在非強型別的語言（例如 Smalltalk）中特別有用，因為可以讓不同開發者對相同項目使用一致的變數。

一致的命名標準也讓追蹤需求從分析、經過設計到實作的變動更為容易，這對類別、屬性及操作等之命名尤其重要。

並非程式中的任何事物皆能藉由讀取類別、屬性及操作的名稱演繹出來。Beveridge (1996) 在一本探討 Java 程式的書中指出五個撰寫程式碼說明文件的原因。

- ❖ 想想下一個人。你寫的程式可能會由其他人進行維護。

- 你的程式可能會成為教育工具。好的程式能夠幫助別人，但是沒有註解的複雜程式將會使他人難以了解。
- 沒有任何語言會自我說明。若有好的命名習慣，可以提供閱讀此程式的人許多幫助。
- 你可以遵照 Java 程式標準。你的文件會和 Java API 文件有相同的超文件格式。
- 你可以將文件的產生自動化。下面我們將討論 javadoc 程式。它會根據你的指令產生 HTML。

和 Java 應用有關的註解也能用在其他語言，我們應該力行將指令加入程式之方法的標準。在每個類別原始檔（或是 C++ 的標頭檔）開始時應該加入一個區塊，來描述此類別的目的，以及包含作者和編寫日期等詳細資料。原始檔的修改史也可以包含在此區塊中。每個操作應由一個描述操作目的的註解開始。程式的任何模糊概念都應使用註解來記錄。若你是在 Java 中開發，可以使用 javadoc 轉換來產生類別的 HTML 使用說明。你可以在指令中內嵌 HTML 標籤及 javadoc 標籤，而 javadoc 也可使用其特殊標籤將作者和版本的資訊加到 HTML 中。Javadoc 標籤應包含：

- `@see classname`：「同時參見」特殊類別的超連結。
- `@version text`：「版本」項目。
- `@author name`：「作者」項目。

C# 使用內嵌在程式指令中的 XML 標籤來產生使用說明。建議應包含以下標籤：

- `<see cref= "classname"/>`：連結到特殊類別。
- `<seealso cref= "classname"/>`：交叉查詢 `<see>` 連結。
- `<summary>text</summary>`：摘要描述。

和技術文件一樣，也需要使用者文件，用以訓練使用者及在開始使用系統後供做參考。由分析者或技術專家作者產生的文件格式應取得使用者的共識。

16.3　元件圖

元件圖用來呈現邏輯上或實體上組成系統的軟體元件，在第 8 章我們已介紹過元件圖。在 UML 2.0 中，元件圖的標記法和使用方式有所改變，其將元件和**人造製品** (artefact) 做出區別。UML 2.0 加入可用在部署圖的人造製品，用來代表先前由元件表示的開發人造製品。在 UML 2.0 中，元件特別用來代表具有良好定義介面的模件化軟體單位。它們可以是邏輯的或是實體的元件，因此元件圖可以用來塑模系統或

子系統中的抽象、邏輯觀點，也可以塑模展開的真實實體元件。Cheesman 與 Daniels (2001) 將不同形式的元件做了清楚的區別。

- **元件規格：**行為（介面）觀點的模件軟體單位規格書。
- **元件實作：**元件規格書的可部署實作。
- **安裝元件：**在執行支援環境下的實作複製。
- **元件物件：**真正執行特定行為的已安裝元件之實例。

他們也將**元件介面** (Component Interface) 定義為元件物件可以提供的一套行為。

從元件圖中可以看見元件之間的從屬關係，如圖 16.1 所示。然而，它們通常以圖 8.10 的標記法表示，其中一個元件所需的介面與另一個元件提供的介面「相連結」。以上內容的範例如圖 16.2 所示，圖中 Production scheduler（生產製程器）提供 Scheduling（計畫時程）介面，而且需要一個由 Staff planner（員工計畫器）元件所提供的 Planning（計畫）介面。這些所需介面及提供介面之間的連結關係以箭頭表示，但圓球和凹槽表示法會更清楚。

元件的介面可顯示成連接到埠。埠是在元件邊緣的小矩形。當介面連接到埠時，表示此元件將有關行為的責任委派給一個子元件或是其中的物件，如圖 16.3 所示，而圖 16.4 顯示一個具有委派從屬關係之元件的內部結構，以及內部子元件的連接關係。

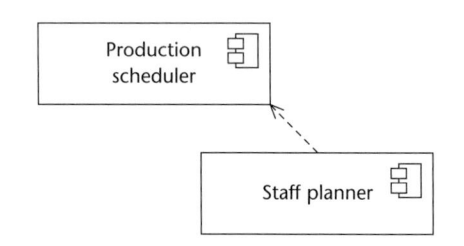

圖 16.1 高階元件之從屬關係

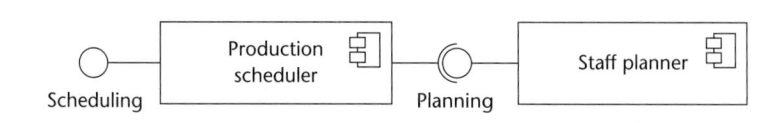

圖 16.2 所需介面及提供介面之間的連結關係

圖 16.3 具有埠的元件

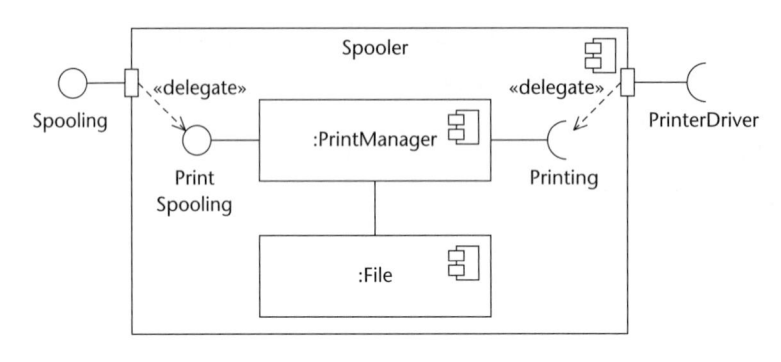

圖 16.4 元件中子元件介面的委派

16.4 部署圖

　　UML 提供的主要實作圖是**部署圖** (deployment diagram)。部署圖用來顯示執行處理元件，以及其中軟體元件、人造製品和程序的配置。部署圖由**節點** (node) 和**溝通路徑** (communication paths) 組成。節點通常用來表示電腦，而溝通路徑則表示用來溝通節點的網路及協定。此外，節點也可用來表示人或機械等其他處理資源。節點會以 3D 視圖繪成立方體或矩形稜柱，以溝通路徑來連接節點就是最簡單的部署圖，如圖 16.5 所示。

　　部署圖可以表示機械類型或圖 16.5 的特殊實例，其中 swift 是一台個人電腦的名字。我們可以利用節點中的人造製品來表示部署圖，以指出它們在執行期間中的位置。圖 16.6 顯示 AgateClient.jar 人造製品會部署到個人電腦客戶端，而 AgateServer.jar 則可部署至伺服器。

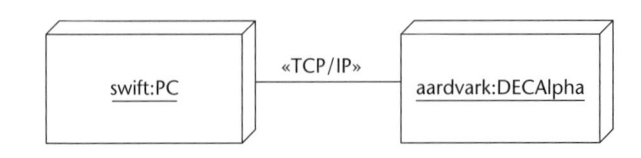

圖 16.5 簡單的部署圖

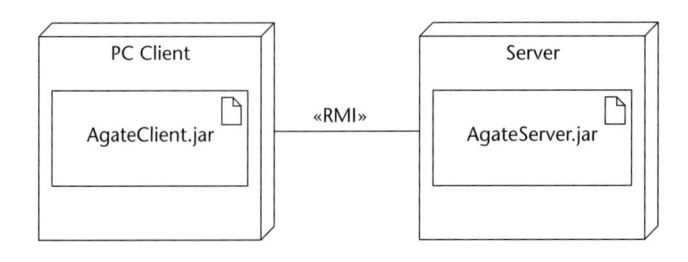

圖 16.6 具有人造製品的部署圖

元件和人造製品的關係可以用 «manifest» 從屬關係表示。圖 16.7 就是以 «manifest» 從屬關係來表示 Agate Client 元件和 AgateClient.jar 人造製品的關係。

節點可以代表**執行環境** (execution environment) 和處理**裝置** (device)，也可以為了區別兩者而被定型。裝置是一種複合節點，由其他裝置或節點所組成，執行環境是一種可將執行元件部署成人造製品的環境。典型的例子就是 J2EE 應用程式伺服器。人造製品可以有**部署規格** (deployment specifications)，部署規格是一組性質，其定義在節點上為了執行人造製品而設定的參數，**部署描述子** (deployment descriptor) 是一種表示部署規格的人造製品。圖 16.8 顯示這些圖的元件。特別注意圖 16.5 及圖 16.6 是以節點形式代表節點，而圖 16.8 則是使用實例來代表節點。同樣的慣例可用於類別及物件，其分別以冒號及底線來強調實例。

若你想要以部署圖畫出系統中所有的人造製品，則該圖會很大且難以判讀。部署圖可以成為提供重要元件位置給其他成員或使用者的溝通資訊。事實上，多數電腦專家在職業生涯中有時會需要畫這樣的資訊圖，來表示系統中各個部分的位置。部署圖

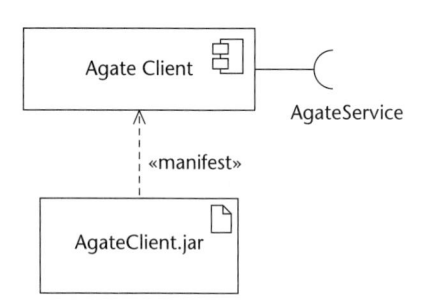

圖 16.7 元件和人造製品之間的關係

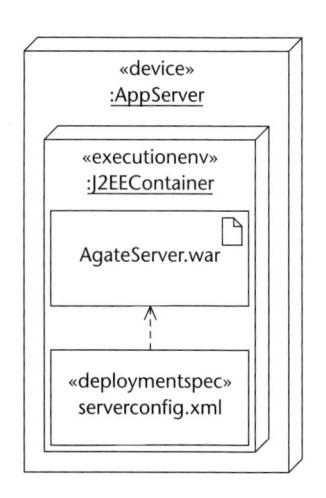

圖 16.8 含有人造製品及部署規格之執行環境的裝置

顯示系統的實體結構。

若你想要使用元件圖及部署圖來圖示新系統架構的一般規則，良好的製圖技巧是必需的。然而，若製圖的目的是提供不同編譯時間和執行時元件中從屬關係的完整規格，以及實作系統中所有人造製品之軟體元件的位置，還不如使用文字。就算是在一個只包含數個節點的簡單系統中追蹤所有從屬關係，以及記錄哪個元件在哪台機器上的執行期間，也不是一個小工程。對於大型系統而言，這更難做到。對於多數系統，以表格形式、試算表、資料庫或配置管理工具來維護資訊是最好的。

元件圖可用一個以所有軟體為縱軸、以所有軟體為橫軸的表來取代。最好以編譯時間、連接時間及執行期間從屬關係等三個表來記錄（視所使用的語言而定）。對每個某元件相依於另一者的情況而言，在相依元件那列與所相依元件那行交集處置入記號，圖 16.9 便是一個簡單的範例。

透過此方式，部署圖也可用一個以元件為縱軸、以機器或特殊實例為橫軸的表來取代。機器或特殊實例上的元件標記在兩者交叉處。若元件在目錄結構的真實位置很重要，則將位置輸入表中，如圖 16.10 所示。之後，此表將會成為安裝軟體到使用者機器時（不管是為了測試或是永久部署）的必要資訊。

某些配置管理及軟體建構工具也可以儲存此類資訊，以便在自動建構與部署軟體時使用。

廣告活動資料庫——編譯時間相依性	JDBC sun.jdbc.*	Campaign.java	Campaign Broker.java	Campaign Proxy.java
JDBC sun.jdbc.*				
Campaign.java				
Campaign Broker.java	✓	✓		
Campaign Proxy.java		✓	✓	

圖 16.9 擷取自顯示人造製品從屬關係的範例表

廣告活動資料庫——執行時位置	Client PC	Database server
jdbc-odbc.jar	c:\jdbc	
agateclient.jar	c:\agate\client\lib	
SQL*Net		✓
OCI Listener		✓
...		

圖 16.10 擷取自取代部署圖的範例表

16.5　軟體測試

軟體測試是確保軟體滿足需求必要的工作，包括檢核軟體符合需求〔驗證 (verification)〕以及檢核軟體正確而有效地撰寫〔確認 (validation)〕。驗證與確認之間的區別如下：驗證查核撰寫的是正確的軟體，而確認查核的是軟體是被正確撰寫。在一個反覆推展式專案中，在專案每個階段都進行測試，而且也藉由品質確保機制來審閱分析與設計模型以及所產出的文件，測試系統是專為測試之用的系統複本，測試應該總是在測試系統中進行，而絕不是在真實系統！

16.5.1　誰來測試？

有人認為測試很重要，所以不能由開發系統軟體的程式設計師來進行。這並不是批評程式設計師，而是指出應由客觀公正的評估者來進行測試的重要事實。程式設計師很難找出自己所寫程式碼的問題。極限程式設計 (Extreme Programming, XP) 則提出另一個觀點 (Beck, 2004)。若程式設計師希望在寫下任何程式前先寫出程式的測試工具，XP 是可以提供快速應用程式開發的方法。程式的每個部分皆能以其應有行為來測試，若有任何改變，也可輕易地重新測試。

某些組織會聘請專門的軟體測試者，以下內容擷取自英國電腦期刊中一篇徵求測試者的啟事。

> 領導性金融機構尋求一位企業重要專案的系統測試者。在整個專案的測試過程中，你將會與開發者及團體領導者一起實作測試案例和組織自動化測試腳本，所有測試都會在完全自動化的環境下進行。藉由此測試，將會使你擁有對商業的敏銳度等等。

然而，並非所有組織都能額外聘請專門測試者。通常進行早期需求分析的分析師，也會在系統開發時進行測試。分析師了解系統的商業需求，並能夠測量系統對於功能性需求及非功能性需求的表現。

負責測試者將會使用他們對系統的了解來編寫測試計畫。測試計畫會提出應測試什麼、如何測試、測試通過與否的標準，以及測試進行的順序。他們也會根據其對需求的了解來編寫一套可用的測試數據值。

新軟體測試過程中，其他的重要人物為系統的最終使用者或他們的代表。使用者可以根據系統規格書來測試系統，在系統推出及被客戶接受前，通常都會參與最終使用者接受度測試。若以使用案例驅動方式來進行測試，使用案例可提供測試腳本基礎所需的情境。

16.5.2 需要測試什麼？

在測試系統的任何元件時，目標是找出其符合的需求。其中一種測試是尋找以下問題的答案。

它是否能進行應負責的工作？

它是否如預期般迅速？

這等於詢問「不用管它做得如何，而是它產生什麼？」因為軟體被當成黑箱，所以這個問題被認為是**黑箱** (black box) 試驗。將測試資料輸入軟體，軟體產生一些結果，但測試並不能探討過程。黑箱試驗測試軟體績效的品質，但也必須探討軟體的內部設計。第二種測試是尋找以下問題的答案。

除了可以解決問題外，它是不是一個好的解決辦法？

這等於詢問「不用管它的目的，而是它做得如何？」而且因為試驗了軟體內部工作情況及軟體工作是否專一，這被認為是**白箱** (white box) 試驗。白箱試驗主要測試軟體組成的品質。在一個使用可重複利用元件的專案中，因為元件可能是以編譯物件程式的形式存在，對它們進行白箱試驗可能很困難。不過，某些供應商會同時提供原始碼及編譯碼，而開放原始碼運動的發展也有助於白箱試驗的進行。另外，某些組織在軟體合約中會提出將原始碼寫入附帶條件委付蓋印契約 (escrow) 的要求，這表示需將原始碼的副本放在第三者處（通常是律師或交易機構），若軟體公司倒閉，客戶仍可取得原始碼副本。就算軟體原始開發者已經不在，客戶還是能夠維護並改良軟體。

理想上，測試者會同時使用白箱及黑箱試驗方法以確保：

❖ 完整性（白箱及黑箱）。
❖ 正確性（白箱及黑箱）。
❖ 信賴度（白箱）。
❖ 可維護性（白箱）。

然而，不管是哪種測試，它的目標都是試圖發現軟體的失誤，而非確認軟體是否正確。因此，應以軟體的限制來設計測試資料，而不僅只是顯示軟體可處理一般資料。

測試最多有五級：

❖ 單元測試。
❖ 整合性測試。
❖ 子系統測試。

❖ 系統測試。
❖ 接受度測試。

對一個物件導向系統來說，單元可能位於個別類別中。類別測試應包含測試者在編譯前，手動測試類別中所有原始碼的早期**抽查** (desk check)，接著編譯類別，清除編譯中的錯誤及警告。為了測試類別的執行能力，測試者需要某些可建立一個或多個類別實例的測試程式〔稱為**測試工具** (harness)〕，它將資料分布於其中，並且呼叫實例操作及類別操作。如第 10 章所述，若操作有其專屬的前置條件及後置條件，則應該測試操作以確保它們能遵從前置條件，以及完成時確實產生後置條件。狀態機圖能用來檢查規格書中的類別是否與行為一致。

要將類別分開測試很困難。針對重複利用的原因，多數類別可以某種方式和系統中其他類別做結合。同時測試類別群組時，單元測試可以併入整合性測試。此時，最明顯的測試單元不是來自使用者觀點以測試系統的使用案例，就是用以測試元件運作及元件間的互動。類別或元件間的關係可用循序圖、時序圖及互動圖的規格書來測試。使用者介面類別及資料管理類別將會和應用邏輯層的類別一起測試。若使用以情境為基礎的設計（見第 15 章），可由典型商業狀況測試之使用案例的情境，來得到測試情境的基礎。

具有相同持續性資料的使用案例應一起測試。此類測試應該確認當許多客戶同時存取資料庫時應用程式工作之正確性，以及交易資料庫的更新正確無誤。這是子系統測試的一種形式，其中，子系統是以使用相同資料的不同功能來建立。

若系統有重大改變，則應該進行某些測試，以確保這些改變不會破壞原有的功能，這稱為**迴歸試驗** (regression testing)。

測試有時可以分為三級：

第一級

❖ 測試個別模組（例如類別或元件）。
❖ 然後測試整個程式（例如使用案例）。
❖ 接著測試整個程式組（例如 Agate 應用程式）。

第二級

❖ 亦稱為 Alpha 測試或 Alpha 驗證。
❖ 在模擬環境下執行程式。
❖ 特地測試以下輸入值：
　❖ 當期望出現正值時卻出現的負值（或是相反的情況）。

- ❖ 超出範圍或接近極限。
- ❖ 無效的組合。

↻ 第三級
- ❖ 亦稱為 beta 測試或 beta 驗證。
- ❖ 在真實的使用者環境測試程式：
  - ❖ 測試反應時間及執行時間。
  - ❖ 使用大量資料來測試。
  - ❖ 測試由錯誤或失敗中恢復的能力。

最後階段的測試稱為**使用者接受度測試** (user acceptance testing)，亦即在客戶簽署專案之前，由使用者測試系統的原始需求。在需求擷取與分析時產生的文件將會用來檢查已完成的專案，特別是使用案例情境及非功能性需求。

16.5.3　測試文件

測試需要仔細地記錄計畫內容及完成的事項，這包括每個測試的預期結果、實際結果，以及若測試失敗，應詳細記錄再測試的內容。圖 16.11 是 Agate 案例研究之部分測試計畫，由此圖我們可以看到每個測試的詳細資料及預期結果。真實測試的結果應記錄在另一個類似的表格中，並以欄表示每個測試中各實例的真實結果及每個測試通過的日期，並記錄測試過程中產生的問題。許多組織對於這些紀錄有標準格式，也可能使用試算表或資料庫來保存這些資訊。使用試算表或資料庫的優點是報告可以顯示已完成多少百分比的測試。若將需求放置於資料庫中，可以連結需求與測試以顯示

測試編號	23		
目的	測試加入 **campaign** 及 **adverts** 的正確性		
步驟編號	測試描述	測試資料	預期結果
23.1	建立一個新的 Campaing		將 Campaign 加入資料庫中。Campaign 估計花費設定為 0.00 英鎊。
23.2	將 Advert 1 加入 Campaing	Advert 估計花費 500.00 英鎊	將 Advert 加入資料庫中。Campaign 估計花費設定為 500.00 英鎊。
23.3	將 Advert 2 加入 Campaing	Advert 估計花費 －500.00 英鎊	Advert 並未加入資料庫中。負值被拒絕。Campaign 估計花費並未改變。顯示錯誤訊息。
23.4	將 Advert 2 加入 Campaing	Advert 估計花費 300.00 英鎊	Advert 加入資料庫中。Campaign 估計花費設定為 800.00 英鎊。
23.5	設定 Advert 1 為完成	Advert 估計花費 400.00 英鎊	Campaign 估計花費設定為 700.00 英鎊。實際花費設定為 400.00 英鎊。

圖 16.11　擷取自 Agate 的測試計畫

它們是否符合，來提供一個追蹤從原始需求到已完成系統之功能性機制。

測試者也應注意意料之外的結果。不同作業系統的互動可能會因新行字元的不同轉換，或是檔名的大小寫造成意料之外的問題。此類問題應被當成錯誤，並記錄在錯誤報告中以便開發者進行改善。

16.6　資料轉換

轉換系統時，需將現有系統的資料輸入新系統。新系統所取代的現有系統可能包含手動系統及電腦化系統。這些系統的資料應加以蒐集，並轉換成新系統所需的格式。轉換的時間依使用的實作策略而異（見下一節），但這個步驟的花費可能很驚人，包括員工花費的時間、聘用臨時人員或是使用軟體轉換資料。這些花費應在專案開始之前就計入成本效益分析。

若資料是來自現有手動系統，可能必須從不同來源進行蒐集。資料可能存在不同檔案、索引卡、發表過的紀錄（例如目錄）或其他紙本系統。若這些資料需以手動打字輸入新系統，設計者應繪製校對用的紙本格式，如此一來，輸入資料時才會全部存在同一處。某些資料只能在系統啟動時輸入，例如用於系統中且不能改變的程式。此類只需一次的資料可能需要特殊資料輸入視窗。

現有電腦系統裡的資料應由現有檔案和資料庫取得，然後重新格式化成新系統能用的格式。這提供了整理資料的機會：移除過時的紀錄以及整理儲存的數值。現有系統的地址和電話號碼屬性可能會被使用者濫用或誤用。轉換資料的工作也許可透過系統開發者所撰寫的特殊程式來處理，或是聘請這類專長的顧問，或是使用可讀寫多種格式的商業套裝軟體；某些套裝軟體可以處理未知檔案的格式。

資料轉換的工作如下：

❖ 建立及驗證新檔案、表格或資料庫。
❖ 檢查及校正任何格式錯誤。
❖ 準備將進行轉換的現有資料：
  ❖ 驗證現有資料的正確性。
  ❖ 修正不同資料來源資料項目間的差異。
  ❖ 以特定格式整理資料以備輸入。
  ❖ 取得專門撰寫之程式來轉換及輸入資料。
❖ 匯入或輸入資料。
❖ 在匯入或輸入資料後確認資料。

轉換資料的輸入可能需在嚴格的期限前完成，或者也可能有一段較長的時間可進

行輸入工作。最好先轉換如產品資訊及顧客詳細資料等相對固定的資料，而將訂單或其他商業交易等動態資料留至最後。也許只開放訂單可由新系統接管。若過去的資料保留於舊系統，則開始使用新系統後的一段時間內可能需繼續維護舊系統。實作策略將會決定轉換的時程。

在進行轉換前，應先以一個資料轉換試驗來練習。作者之一最近參與從某庫存及製造系統轉換資料到另一系統。在來自同一供應商的兩個套裝軟體中，Part ID 欄位和大小寫有關。然而，在相同供應商的資料轉換軟體中，所有 Part ID 中的字母被轉換為大寫。因為大小寫被用來區分同一產品的主要子組件和次要子組件，若在預定實作日期前未發現資料轉換程式的錯誤，將會造成問題而延後實作。

16.7　使用者文件與訓練

16.7.1　使用者手冊

除了準備系統的技術文件，分析者或是身為技術作者的專業人員也應編寫給最終使用者看的手冊。系統管理者、負責執行系統者及維護系統者都需要這份技術文件。系統的一般普通使用者在以系統進行每日工作時則需要另一種文件。

使用者需要兩種使用者手冊。在訓練時，需要記載如何以新系統執行工作的使用者手冊。此外，也可以開發線上訓練教材讓使用者分階段學習這些工作；它以自我學習的形式存在，這樣使用者才可以在沒有任何正式訓練的情況下獨立作業。

當系統操作發生問題時，使用者需要查詢參考手冊。參考手冊應以非技術性語言描寫整個系統。許多軟體公司聘請能以使用者了解的語言編寫手冊之技術作者。手冊應便於使用，這意味作者要了解使用者將如何處理他們的工作以及他們將會面臨的問題類型。手冊應以使用者的工作為中心來編寫，並以使用者熟悉的語言編寫目錄，而非系統開發者使用的技術詞彙。除了固定工作外，應特別留意例外狀況。

參考手冊應放置在網際網路上，方便使用者在使用系統時查詢。然而，也應有紙本的參考手冊供使用者在系統出問題時查閱，或是將參考手冊置於光碟片，由另一台機器讀取。

16.7.2　使用者訓練

必須訓練臨時員工及現有員工，使其了解如何以新系統執行工作。專門訓練者或分析者可能需要設計訓練課程、開發訓練材料、舉辦計畫訓練講習會，以及親自講授。

訓練課程應有針對受訓者的明確學習目標。他們將會使用此系統，因此訓練必須

實用且適合他們將執行的工作；太過理論或技術性的訓練對受訓者並沒有幫助。此外，應在「受訓者需要的時候」進行訓練，否則他們可能會忘記大部分在短時間內教授的內容，所以在開始使用系統前數週進行訓練很可能造成浪費。線上訓練使用影像及聲音教材讓使用者在需要時可參考。若進行正式的訓練講習會，應給予受訓者學習任務，要求他們在工作單位執行。這表示會在恰當的時間內集合員工進行訓練。公司不應為了省錢而忽略訓練。如果員工不了解如何操作系統，將無法發揮系統的最大效能，也可能造成他們的挫敗感。公司可以在使用者開始執行新系統時，檢查他們是否正確使用以及考慮是否需要進修訓練。

16.8　實作策略

轉換到新系統的四種主要策略為：

❖ 直接轉換。
❖ 並行使用。
❖ 階段轉換。
❖ 前期專案。

圖 16.12 顯示其中三種轉換策略。基本上，每一種策略各有其優缺點。

直接轉換

直接轉換 (direct changeover) 表示使用者在轉換日停止使用舊系統，並開始使用新系統。直接轉換通常在週末執行，才有足夠的時間進行資料轉換及實作新系統。這

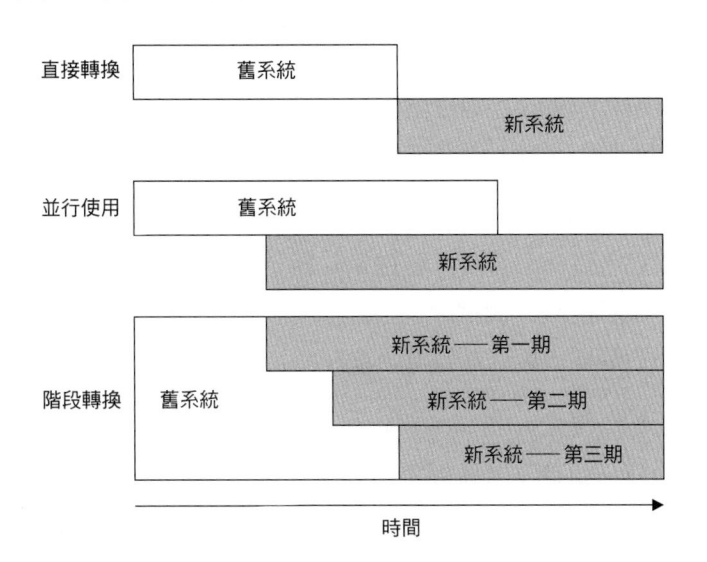

圖 16.12　轉換策略

並不是表示所有事情都在幾天內發生，轉換前仍然需要進行準備工作。此方法的優缺點如下：

＋新系統可以為組織帶來立即的商業利益，因此應立刻開始使用。
＋強迫使用者使用新系統，所以他們不能私下偷偷使用舊系統。
＋規劃簡單。
－若新系統發生問題，沒有備用品。
－需有處理預期之外狀況的應急計畫。
－計畫必須成功執行，不能發生任何問題。

直接轉換適合小規模系統且失敗風險低的系統，例如已建立的套裝軟體之實作。

➪ 並行使用

並行使用 (parallel running) 是現有系統持續和新系統一起使用。此方法的優缺點如下：

＋若新系統發生問題，有備用品。
＋可以比較新、舊系統產生的資料，因此可繼續測試。
－在兩者並用的時期中，客戶需同時支付兩種系統的花費，包括維護舊系統資訊與維護新系統資訊的員工。
－比較兩個系統產生的資料時也有其花費。
－使用者可能不想轉換到新系統，因為使用習慣的系統較為容易。

並行使用應用於風險高的專案及組織進行商業操作的主要系統。

➪ 階段轉換

階段轉換 (phased changeover) 是逐步引入新系統。階段是以軟體中的子系統來界定，但一次將系統引入一個部門可能比較適合。此方法的優缺點如下：

＋介紹每個子系統時，每個人都會專心聆聽。
＋若第一階段選擇正確的子系統，則對新系統的投資馬上能從子系統回本。
＋引入的每個階段都能一一測試。
－若是在早期發生問題，厭惡感及謠言會在系統實作前蔓延整個組織。
－較晚期階段達成的商業利益，等待的時間會較長。

階段轉換適合用於每個子系統間依存度較低的大型系統，不同階段可以依地理位置或部門來區分；階段轉換於反覆推展式及漸增式開發方法中運作良好。

↳ 前期專案

前期專案 (pilot project) 是階段轉換的一種變形，包括在某部門或某處的完整系統試用。是否將系統擴大到其餘部門，依試用計畫的成功與否來決定。前期專案可視為學習經驗，而系統可以前期專案的具體經驗為基礎來改良。大規模系統不太可能以全規模實作來進行前期試用計畫，因此前期試用計畫適用於較小的系統或套裝軟體。

雖然我們在本書最後才談到實作策略的相關資訊，但在系統開發早期就應與操作人員溝通有關新系統及實作計畫的相關事項。採用反覆式方法以在建構階段開始時就產生軟體的漸增式雛型，這表示執行及支援新系統的必要基礎應在轉換階段前完成。這也表示新系統的實作計畫應逐漸由現有手動程序或現有系統轉變而成。

新系統通常代表新的或需要改變的商業程序，而改變商業程序可能需要改變組織中功能性商業部門的結構。為了確保程序及組織改變能確實進行，員工可能會被指派到負責改變的管理職，如此在專案以成本效益判斷時，他們才能得到所要求的利益。

16.9 檢查與維護

16.9.1 下一步

系統實作後，分析者、設計者及程式開發者還有需進行的工作。使用新系統的員工還是會有需求。首先，組織檢查「已完成」產品及用來產生此產品的程序是很重要的。這可能是基於合約所進行的檢查，以確認產品是否符合需求。然而，組織會越來越需要由操作經驗及記錄與管理由學習中得到的組織知識。若在專案時期產生任何問題，則應檢查這些問題並得到日後如何解決的結論。花在解決專案中不同工作的時間，可用來預測將來需要花多少時間在類似的專案上。其次，系統不太可能完全依照使用者的需求運作，因此仍需進行進階工作。再者，在物件導向專案中，應該檢視設計以找出未來可以重複利用的可能元件。儘管我們在本章後段才建議，但規劃工作應該在專案前期開始進行；找出可重複利用軟體元件不能留到專案完成才做。

16.9.2 檢查程序與評估報告

雖然外來顧問可能參與部分檢查程序，但一般來說，檢查程序是由從一開始就參與專案的系統分析師進行。通常使用者代表和使用者管理會支援他們。許多投資時間、金錢及支持專案的公司股東會對評估報告感到興趣。報告可以非常詳盡並提供概況評估——就像專案中的其他部分，產生評估報告也需花錢。撰寫評估報告應考慮以下部分。

❖ **成本效益分析**。評估時應參考專案開始時所設定的標準。在成本效益分析中，可

能不容易判斷專案是否達到所有效益，但大部分的開發、安裝、資料轉換及訓練活動會產生花費，而這些花費可和預期的規劃做比較。

❖ **功能性需求**。檢查系統是否達成其功能性需求是很重要的。顯然，這是一件在專案開發週期中應持續進行的工作，但可於現在產生一個簡短的摘要。任何用來減少功能性需求的活動（例如將專案維持在預算內或準時完成），為了將來可能採取的活動應在開始維護前記錄下來。若為了將專案維持在預算內或準時完成而須移除大部分的功能性，則應考慮使用另一個新專案。若新系統實作後產生錯誤，同樣應將主要錯誤記錄下來。

❖ **非功能性需求**。應檢查系統以確保其符合需求分析時所記錄的非功能性需求目標。現在可以量化方式評估是否達成學習能力、產量、反應時間或是減少錯誤的目標。

❖ **使用者滿意度**。可以利用問卷、面談或兩者兼用，來得到新系統使用者滿意度的質化與量化評估。使用者可能提到很小的問題，因為專案期間的經驗而影響他們對於最終產品的觀點，因此應審慎處理這些結果。

❖ **問題與議題**。如上所述，這是評估程序中重要的一環。應記錄專案進行期間發生的問題。這些問題可能是技術性或政治性的，以機智來處理政治性問題是很重要的。包括批評不合作的使用者或是阻礙使用者管理的部分，代表某些讀者未注意報告的其餘部分。如同應指出誰由此程序中得到經驗，問題的解決辦法也應記錄到報告中。

❖ **正面的使用經驗**。比起正面的使用意見，人們更容易注意專案的負面部分。記錄專案順利進行的部分以及讚賞負責人是值得的。

❖ **未來計畫的量化資料**。評估報告記錄了花費在專案中困難任務上的時間，此資訊可用來做為制訂未來專案計畫的基礎。第一次花費在困難任務上的時間可能很長，但不一定能預測將來進行同樣任務時的可能花費時間，因此應以專案中產生的問題及議題來看待量化資料。

❖ **重複利用的元件**。若在專案中未定義這些元件，則應在此階段提出。由公司內開發員工或是外界顧問來執行專案會產生不同的議題。若是公司內專案，軟體元件的重複利用應被視為某些投資的補償程序，並於將來使用系統中可重複利用的元件。對於由外界顧問執行的專案，可能需特別注意軟體擁有者的法律問題，並且在專案開始時於合約中提出這個議題。

❖ **未來的發展**。任何改良系統或修正錯誤的要求應記錄下來。可能的話，每個項目都有其預算。在不遠的將來，技術革新可能成為成熟技術，因此應提出升級時將此成熟技術併入系統中的可能性。

❖ **活動**。此報告應包括檢查程序活動的摘要表，並指出誰負責執行哪個活動以及預

計的時間表。

專案最後提供開發人員的管理者一個檢查專案表現的好機會，此檢查被視為另外的檢查程序，結果不一定要公開。這可併入員工考績制度、影響紅利的給付與升遷機會，以及員工發展議題。後者包括選擇下一個專案的團隊、員工需受的訓練，或是管理或教導較無經驗者的機會。

16.9.3 維護活動

鮮少系統在能送達及實作時完全完成，員工需繼續進行確保系統達到使用者需求的工作。除了系統維護，也需支援使用者：提供員工（特別是新進人員）最初及持續的訓練；改良紀錄；解決簡單的問題；在不改變系統軟體的情況下，實作能使用 SQL 或 OQL 的簡單報告；記錄使用者報告的錯誤；以及記錄應由維護人員處理的改良需求。大型組織通常擁有處理公司所有系統的服務台，讓開發團隊中的成員暫時或永遠加入服務台可能是個不錯的做法。不管服務台員工是否有開發團隊的成員，公司應針對服務台或支援員工提供訓練以支援新系統。

一旦系統啟動且開始執行後，維護應包括更顯著的系統改良。以下是需要維護的數個理由。

- ❖ 軟體中當然會有一些需要修正的錯誤。使用物件導向封裝表示可在不驚擾系統其餘部分的情況下，更容易地修正錯誤。一般認為修正原系統錯誤的時間和修正前一輪維護所產生之錯誤的時間一樣多。
- ❖ 在反覆式生命週期中，進行下一步開發的同時，系統的某些部分也可能正在執行其他任務。之後的反覆可能會與維護已開發物有關。
- ❖ 使用者在實作後馬上就要求改良。有些改良需求很簡單，支援員工就可以解決，例如額外的報告；其他可能需要對軟體做重大改變，這就需要維護團隊來進行。這些使用者需求通常反映一個事實：直到系統開始執行且使用者有機會了解它如何運作後，使用者才能提出明確的改良需求。
- ❖ 有時候商業操作或環境的改變（例如新法規）可能會產生改變系統的需求。
- ❖ 一個成長中的預期是系統將會整合一些關係較不密切的服務（服務導向架構），而企業流程會藉由將這些服務與企業流程管理工具連結，如此一來，可以讓企業使用者改變自身的流程，而以新的方式連結這些服務。進行這樣的改變可能會產生改變服務實作系統的需求。
- ❖ 同樣地，實作系統的技術改變也可能產生改變系統的需求。
- ❖ 造成系統大破壞或是資料消失等災難（例如火災），可能需要維護人員由備用資料中恢復系統。處理系統大破壞的步驟應於災難發生前進行。

在這些案例中,應記錄被要求的改變。就像在專案之中必須有一套系統在適當的地方來處理專案期間使用者對於需求的變更要求(即變更管制系統),公司也必須有一套系統來記錄變更要求及維護團隊的回應。此系統應包括以下元件。

❖ **錯誤報告資料庫**。應報告錯誤,並將錯誤儲存於資料庫中。應鼓勵使用者盡量詳盡地描述錯誤,尤其應記錄在哪些環境下發生錯誤,如此維護團隊才能試著重複錯誤,並找出錯誤原因。

❖ **改良需求**。應於改良需求中詳盡地描述新需求。使用者應評估改良的急迫性,如此一來,維護團隊才能決定它們的重要性。

❖ **給使用者的回饋**。應有一種機制讓維護團隊可回應提出錯誤報告和改良需求的使用者。假設錯誤會影響合約中約定的系統功能性,使用者將會希望可以根據原始合約或是在認可的維護合約範圍當中修正它們。維護團隊應提出修正每個錯誤的時間。改良則是另一回事。根據合約內容,可按維護合約或是其他需另外花費的方式進行改良。重大改良的實作可能所費不貲,並且應和原需求一樣進行評估。重大改良不應在實作時才由維護程式開發者檢查是否適合系統,應由管理者授權,並由分析者及設計者確保這些改變適合現有系統,而且不會對效能產生任何影響,或是改變會影響系統其他部分的子系統。這個過程本身可能帶來極高的花費,但只是為了計算將耗費多少來達成這項改善,因此重大改進應該被視為本身有權進行的迷你專案,同時,此小型專案應包含專案管理者、分析者及設計師的專業技能。

❖ **實作計畫**。維護團隊應決定對系統實施改變是否有利,且應該有計畫地進行。例如,對於會影響資料庫中持續性資料儲存的類別顯著附加將需要改變資料庫結構,並且可能也需要對全部現有的類別實例進行處理,以便在新的屬性置入數值。這也許應在無人使用系統時操作,例如週末。系統改良共有四種:不需花錢的改良、以客戶同意之花費進行的改良、必須等到重大升級才能進行的改良(此改良包含於未來版本),以及在不遠的將來也不可能達到的改良。

❖ **技術文件與使用者文件**。應以記錄原系統的方式來記錄系統修正。圖表及儲存庫輸入應進行更新以反映系統的改變。若未進行更新,則系統和其技術文件會相差越多;分析者諮詢的紀錄無法描述真實系統,這個情況會讓未來的改正工作更困難。顯而易見地,也應更新使用者文件、訓練紙本手冊及線上協助手冊。

在擁有許多系統的大型組織中,比起開發新系統,資訊系統部門的員工可能會花費更多時間在維護現行系統上。目前有越來越多組織將維護工作外包 (outsource),這表示組織會根據有支援條款的合約,將維護系統的責任交給外部的軟體開發公司。今日,某些公司就專職於維護其他人的軟體。

維護工作越來越多的另一個影響是，當系統到達難以維護的情況時，組織將會決定以其他系統取代。此階段的檢查程序可能會導致新專案的產生，以及系統開發週期的重新開始。

16.10 總結

新系統的實作包含許多可用來產生並支援已完成系統的不同套裝軟體。元件圖和部署圖是兩種可用來記錄軟體元件，以及在系統中不同機器上的位置之 UML 實作圖。對於大規模且複雜的安裝來說，這些圖很難使用，而表格形式的試算表或資料庫較易維護。

分析者和設計者在實作階段需要維護系統和使用者文件，並且提供使用者訓練。他們也可能進行規劃及測試，計畫由現有系統轉換資料，並協助專案管理者為系統計畫適當的實作策略。在大型組織中，這些工作可能由專門人員進行。

新系統實作後，應進行實作後檢查。這會產生交給股東的評估報告，其可評估專案的成功與否，以及找到組織可從中獲取經驗的議題和問題。評估報告通常包含下列項目：

- 成本效益分析。
- 功能性需求。
- 非功能性需求。
- 使用者滿意度。
- 問題與議題。
- 未來計畫的量化資料。
- 重複利用的機會。
- 未來的發展。
- 活動。

新系統很少全依期望執行，為了確保系統沒有錯誤並且符合使用者需求，維護是必要的。維護步驟應交給維護團隊（專案經理、分析者、設計師及程式開發者）以記錄程序及進行的改變。

☑習題

16.1 列出開發系統時所使用的不同套裝軟體類別。
16.2 你曾使用過哪些開發套裝軟體？它們屬於哪些類別？
16.3 人造製品及元件有何差異？
16.4 畫出一個元件圖，顯示兩個需要連結在一起的元件及提供的介面。
16.5 畫出一個內含人造製品的部署圖，顯示 Java 類別檔案、java.exe 執行程式，以及壓縮檔中 Java 類別之間的從屬關係。
16.6 畫出一個部署圖，顯示位於不同機器的網頁瀏覽器、網頁伺服器及其使用的通訊協定。
16.7 列出你的實作後評估報告中會包含的各個項目，並解釋每個項目的內容。
16.8 修正錯誤的維護工作與改良系統的工作有何差異？
16.9 為什麼不能將改良的決策留給維護程式設計師？
16.10 維護員工的工作為何？

☑案例研究作業、練習與專案

16.A 針對你所寫過的某個程式繪製元件圖。
16.B 尋找關於你的學校、學院、大學或地方圖書館的圖書館系統。繪製部署圖來呈現實體硬體架構。
16.C 商業套裝軟體會自動化軟體安裝，像是 Windows 中的 InstallShield 以及 Red Hat Linux 中的 RPM。調查這些套裝軟體如何維護關於何種人造製品必須安裝在機器上的這類資訊。
16.D 閱讀你所使用套裝軟體的使用者手冊或線上幫助。在已經寫成的內容中，你可以找到什麼良好做法或不當做法？你如何改善它？
16.E 你會在給使用者的螢幕配置中包括哪些錯誤回報及改善要求項目以供填寫？為這兩種配置製作概略設計。

附錄 A

標記法摘要

使用案例圖

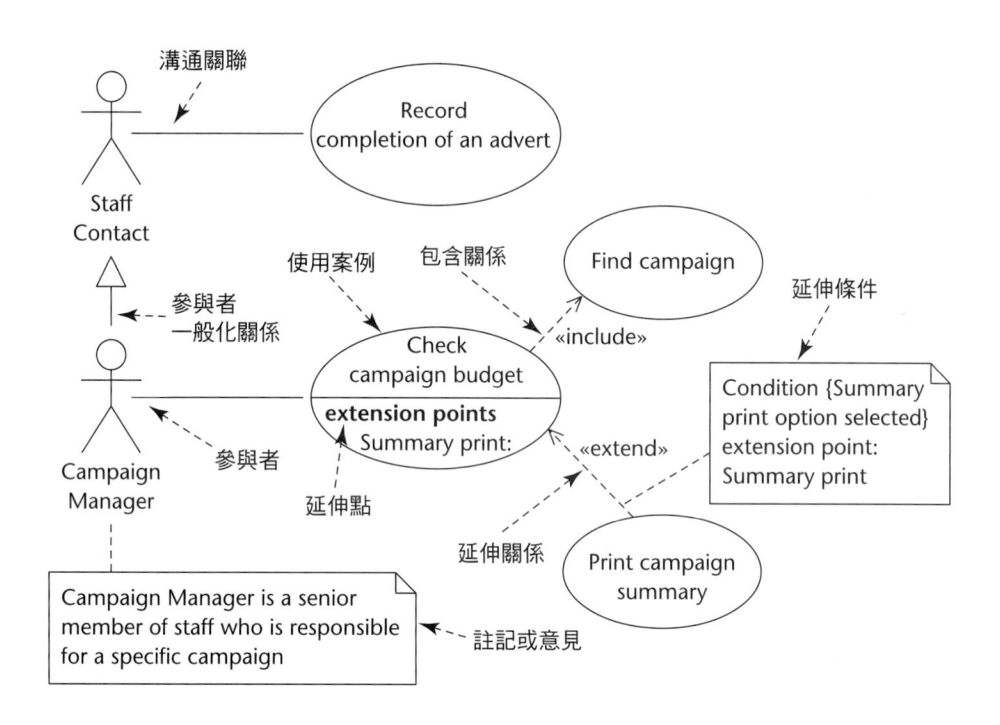

靜態結構圖

物件實例標記法

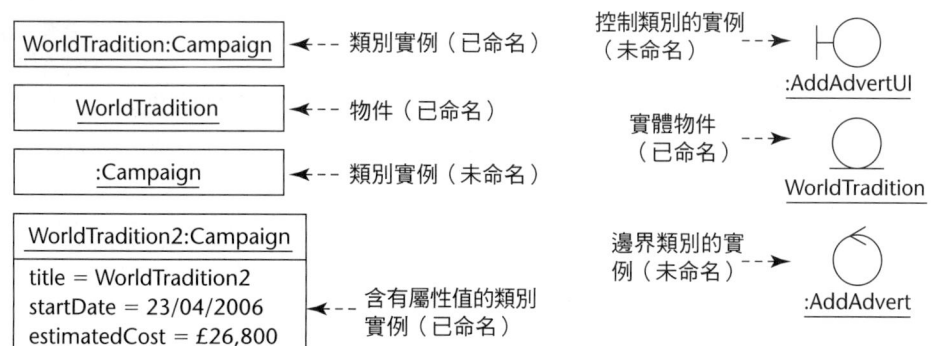

類別標記法

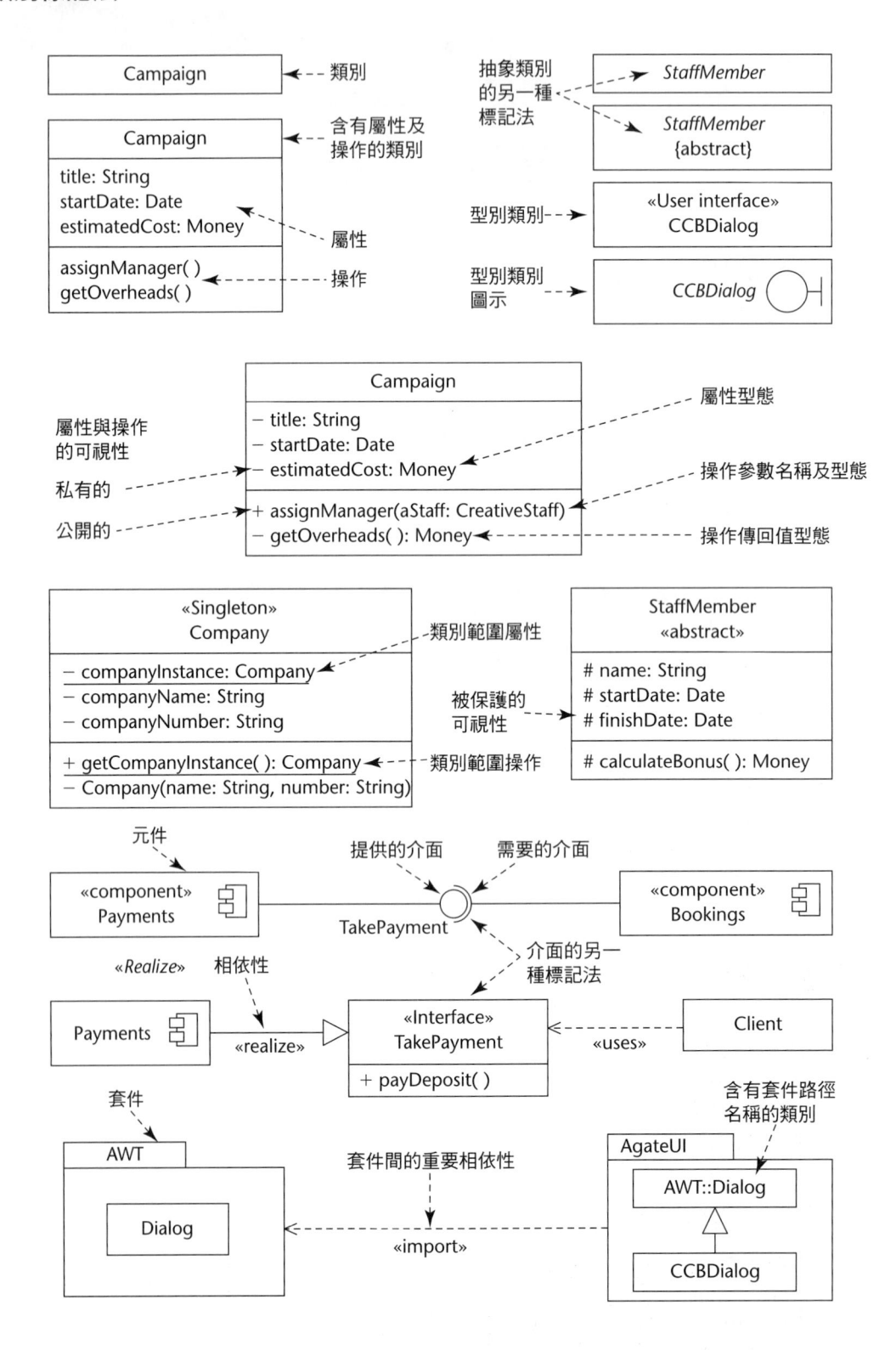

類別標記法示意圖，包含以下元素：

- **Campaign** ← 類別
- **Campaign**（含屬性 title: String, startDate: Date, estimatedCost: Money 及操作 assignManager(), getOverheads()）← 含有屬性及操作的類別
  - 屬性
  - 操作
- **StaffMember**（斜體）與 **StaffMember {abstract}** ← 抽象類別的另一種標記法
- «User interface» **CCBDialog** ← 型別類別
- *CCBDialog* ○—| ← 型別類別圖示

Campaign
- − title: String
- − startDate: Date
- − estimatedCost: Money
- + assignManager(aStaff: CreativeStaff)
- − getOverheads( ): Money

屬性與操作的可視性：
- 私有的（−）
- 公開的（+）
- 屬性型態
- 操作參數名稱及型態
- 操作傳回值型態

«Singleton» **Company**
- − companyInstance: Company ← 類別範圍屬性
- − companyName: String
- − companyNumber: String
- + getCompanyInstance( ): Company ← 類別範圍操作
- − Company(name: String, number: String)

StaffMember «abstract»
- # name: String
- # startDate: Date
- # finishDate: Date
- # calculateBonus( ): Money

被保護的可視性

- «component» **Payments** ← 元件
- «component» **Bookings**
- TakePayment ← 提供的介面、需要的介面
- 介面的另一種標記法
- «Realize» 相依性
- **Payments** —«realize»▷— «Interface» **TakePayment** + payDeposit( ) ◁--«uses»-- **Client**

- **AWT** ← 套件
  - Dialog
- **AgateUI** ← 含有套件路徑名稱的類別
  - AWT::Dialog
  - △
  - CCBDialog

套件間的重要相依性 «import»

附錄 A 標記法摘要 **409**

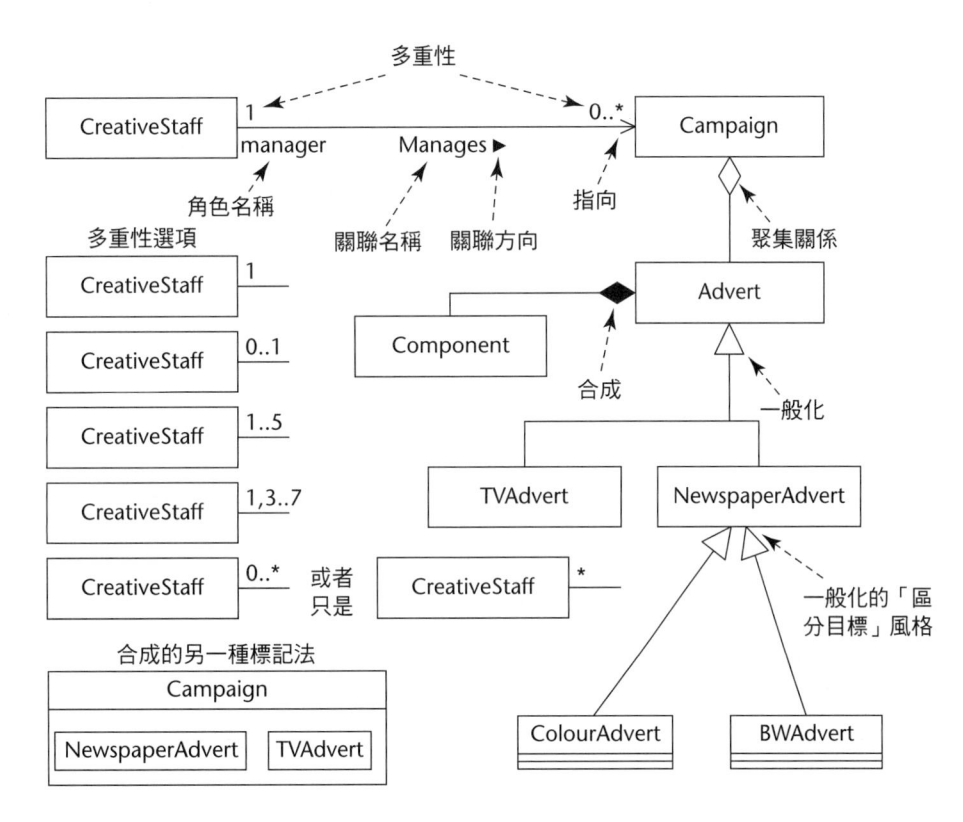

關聯

行為圖

狀態機

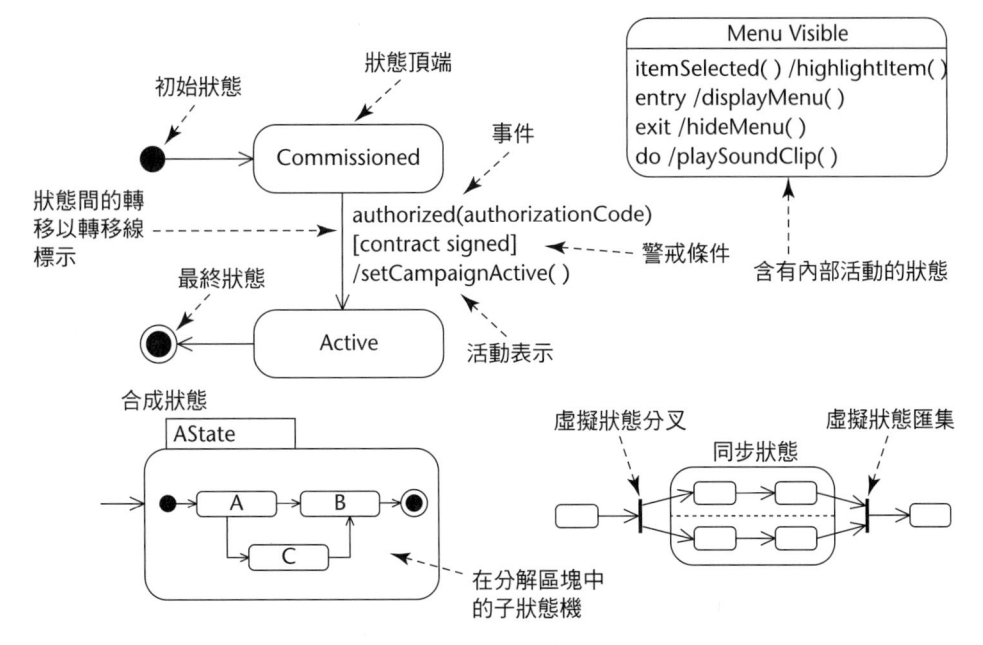

活動圖

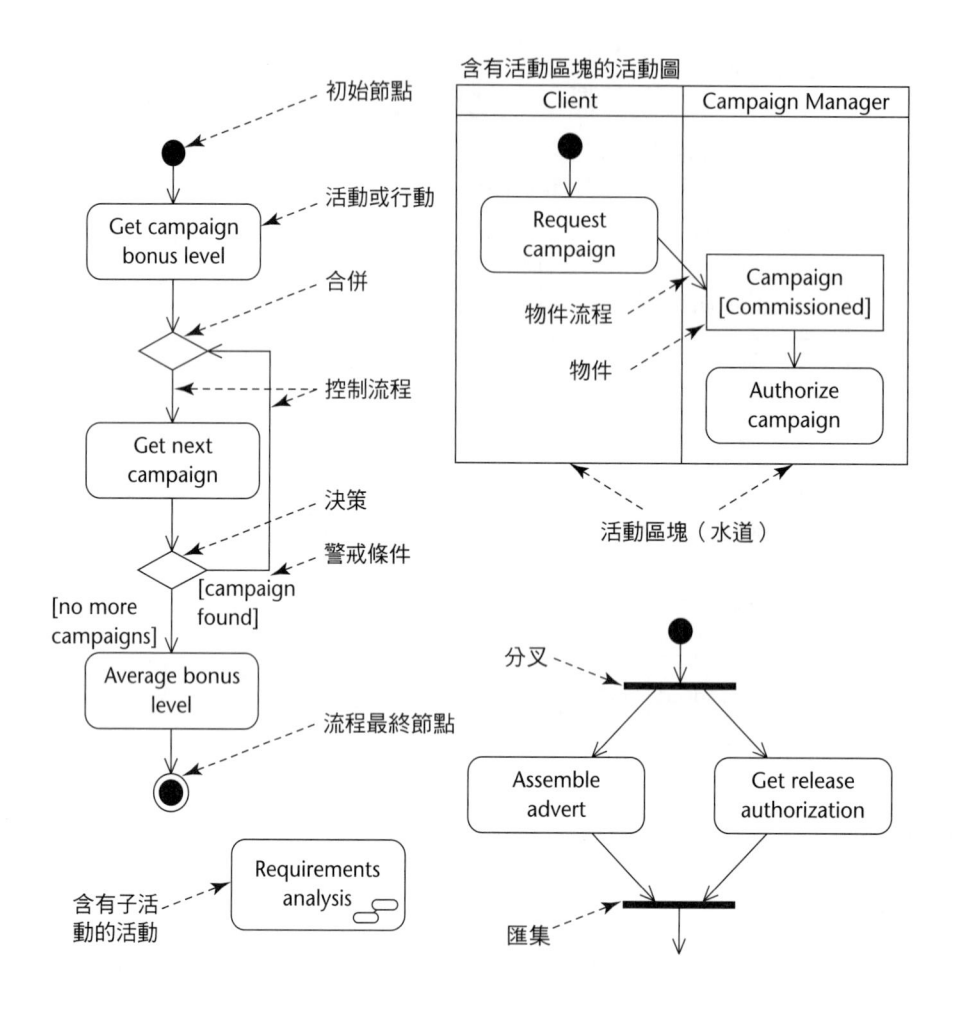

互動圖

循序圖

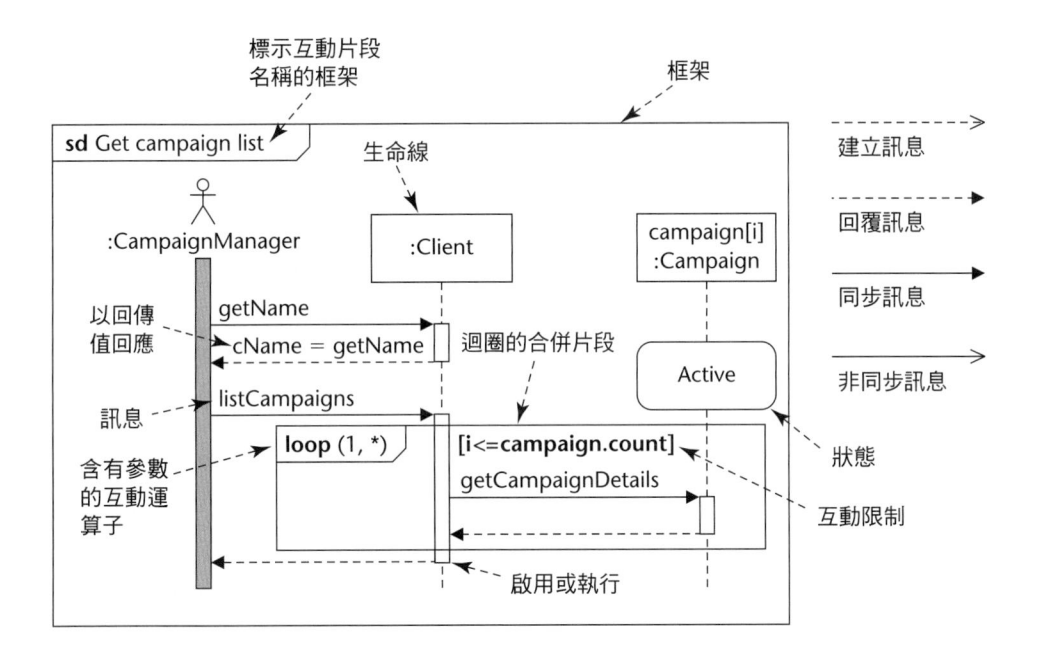

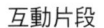

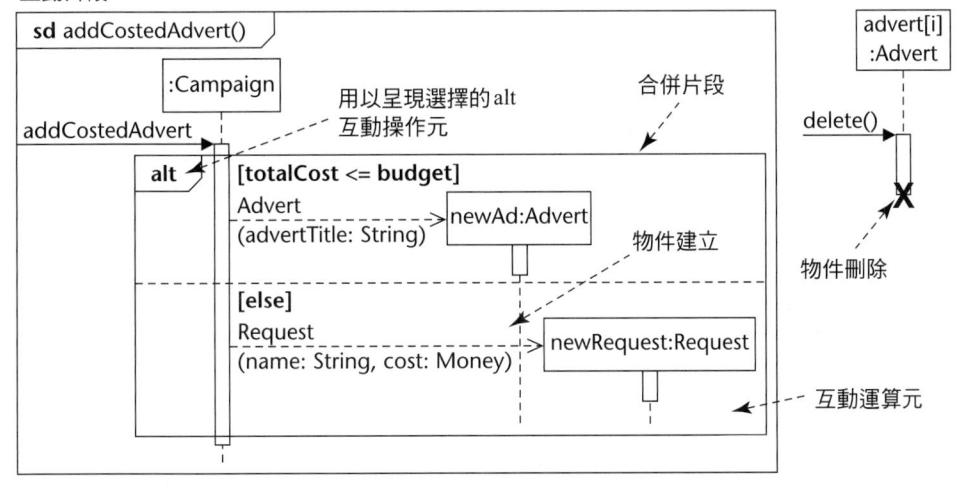

含有期間及時間限制的互動循序圖

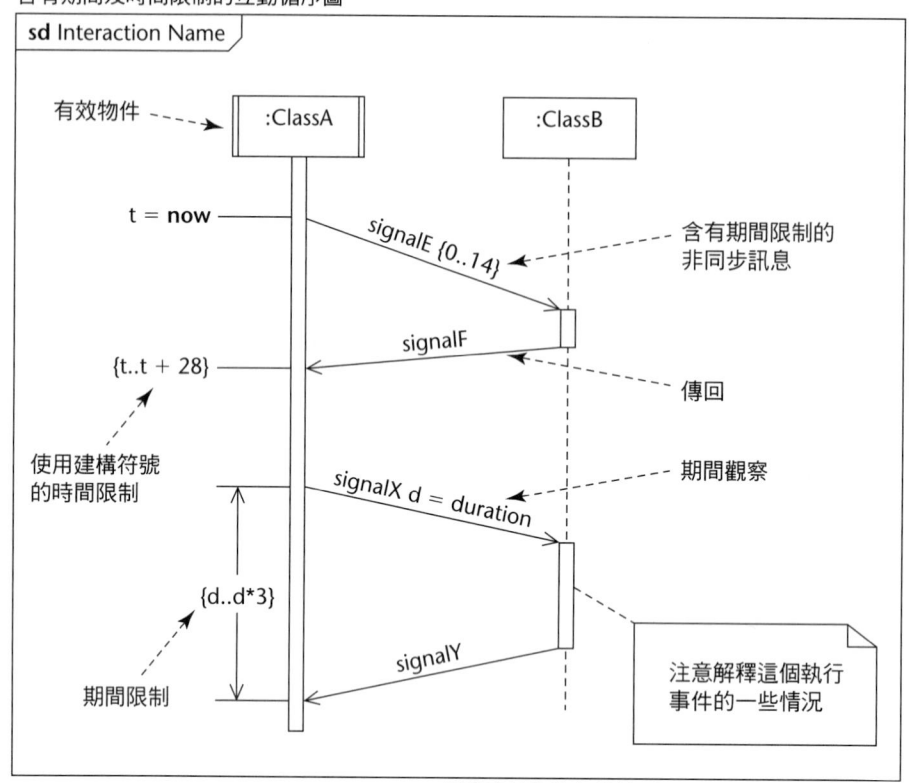

sd Interaction Name

- 有效物件 → :ClassA
- :ClassB
- t = **now**
- signalE {0..14} ← 含有期間限制的非同步訊息
- signalF ← 傳回
- {t..t + 28}
- 使用建構符號的時間限制
- signalX d = duration ← 期間觀察
- {d..d*3}
- 期間限制
- signalY
- 注意解釋這個執行事件的一些情況

互動事件將執行移轉到 `Calculate costs`

兩個互動片段間的延續部分

sd Authorize expenditure

:Lifeline A :Lifeline B :Lifeline C

ref: Calculate costs

alt [Within budget]
- Within budget
- authorize

[else]
- Budget spent
- stopExpenditure

sd Calculate costs

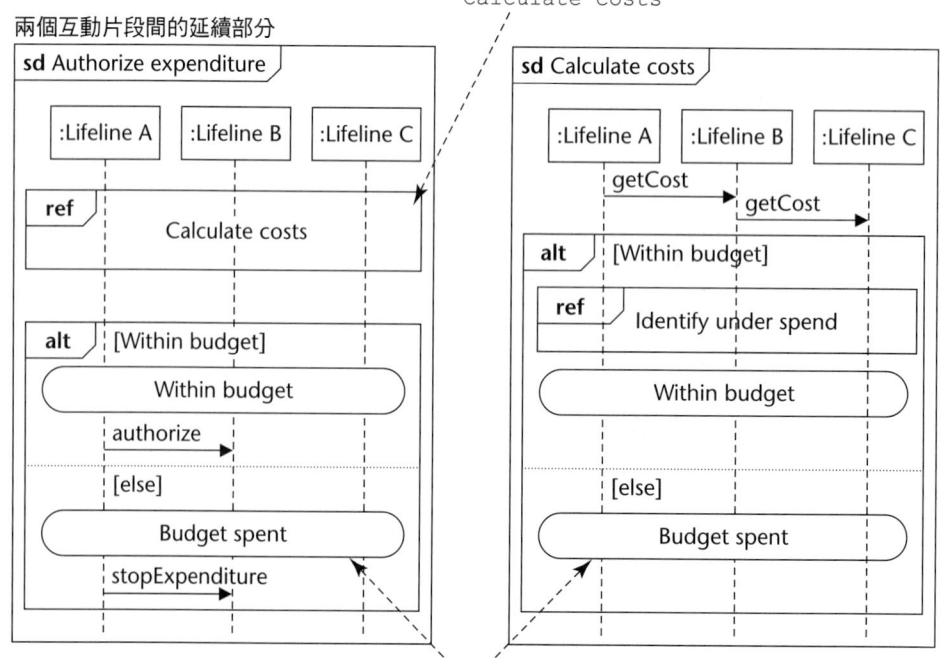

:Lifeline A :Lifeline B :Lifeline C

getCost → getCost

alt [Within budget]
- ref: Identify under spend
- Within budget

[else]
- Budget spent

從 `Calculate costs` 接續回到 `Authorize expenditure`

溝通圖

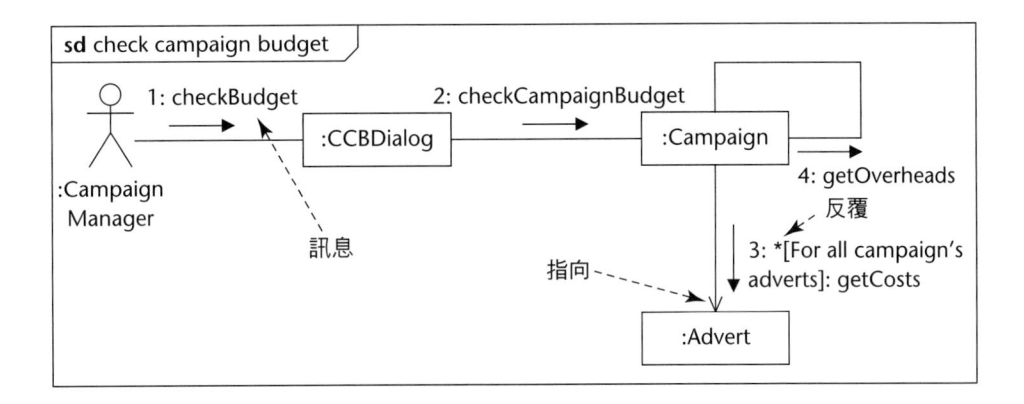

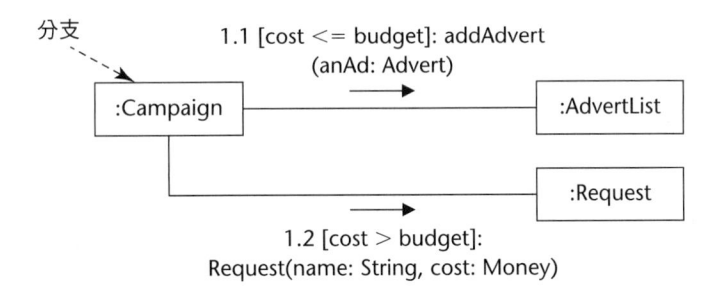

時序圖

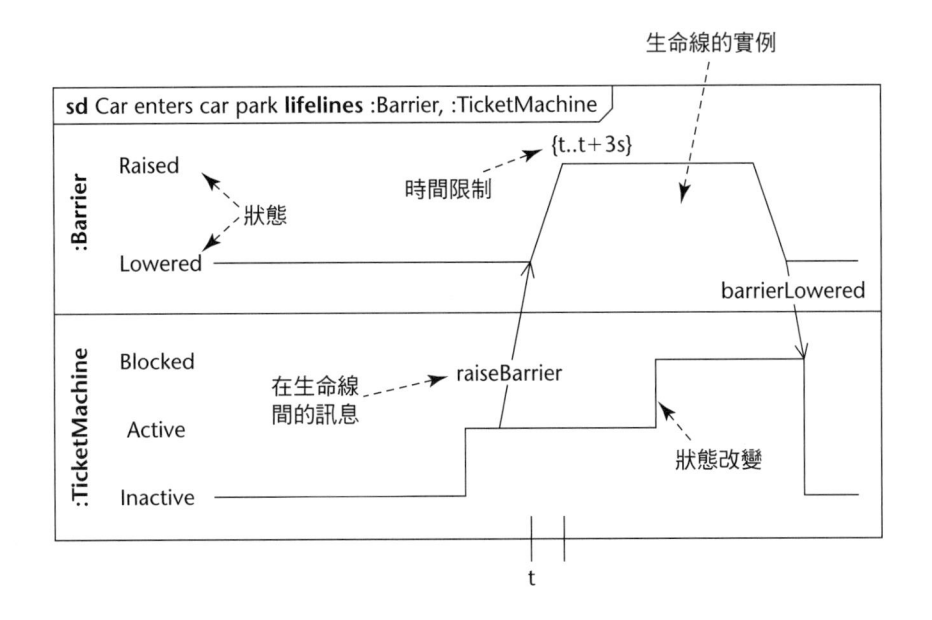

互動概觀圖

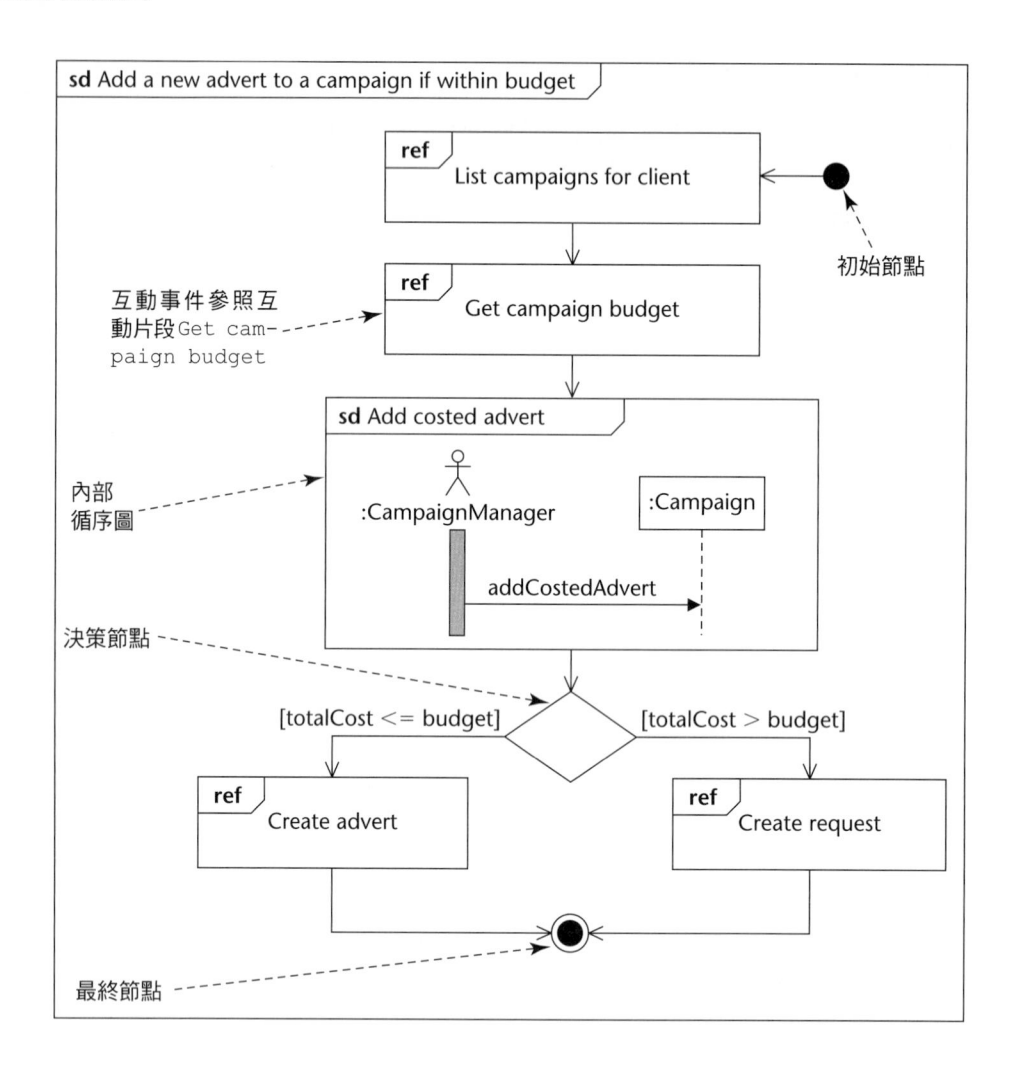

sd Add a new advert to a campaign if within budget

- **ref** List campaigns for client ← 初始節點
- **ref** Get campaign budget ←---- 互動事件參照互動片段 Get campaign budget
- **sd** Add costed advert ←---- 內部循序圖
  - :CampaignManager
  - :Campaign
  - addCostedAdvert

決策節點 ----→ ◇
- [totalCost <= budget] → **ref** Create advert
- [totalCost > budget] → **ref** Create request

最終節點 ----→ ●

實作圖

元件圖

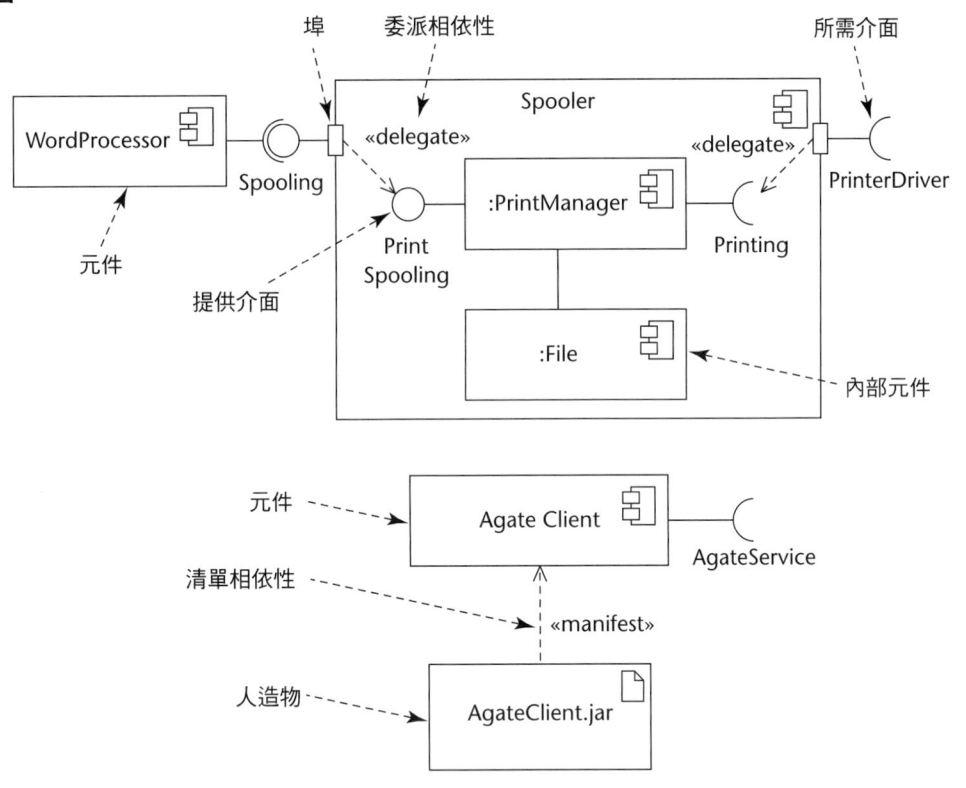

部署圖

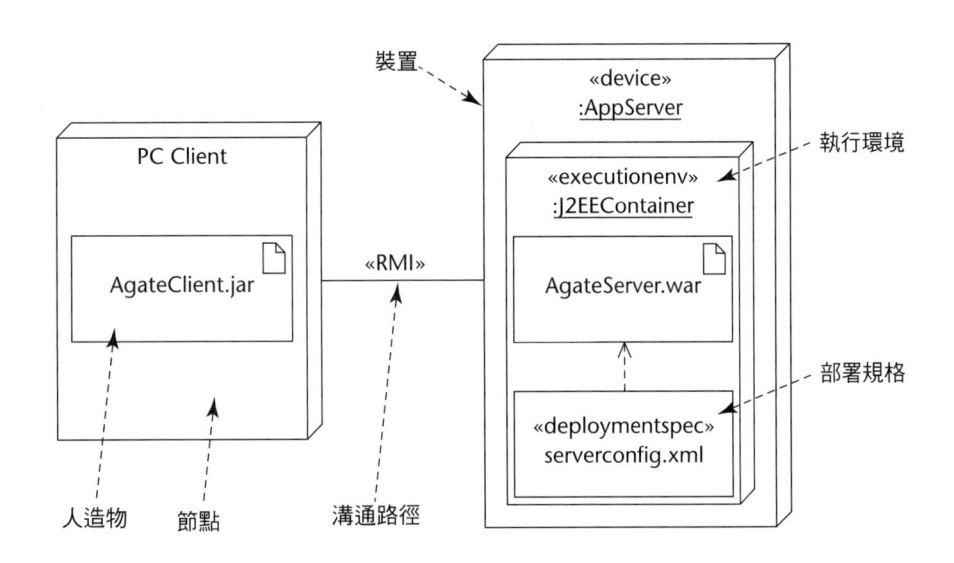

附錄 B 精選習題解答及指引

在此我們精選各章習題提供解答,以及對於章末案例研究、練習及專案指引可能的方法。

精選習題解答

1.3 即使有些事物不是系統(或可能不只是一個系統),將之想成系統仍然可以提供有用的理解。

1.5 回饋是從系統中採樣一個或多個輸出,與控制值加以比較;前饋則通常是在它輸入系統之前自系統的輸入採樣。控制值可以是輸入、輸出或是系統效能內部量測指標。

1.7 管理支援系統提供資訊幫助管理者進行決策,大多使用回饋或前饋來監控組織中管理者所負責的某個部分之績效。

1.9 通常,首先定義經營目標與策略,因為它們提供了環境背景;資訊系統策略界定出可以幫助達成經營目標的應用,而資訊科技策略找出發展及執行這些應用程式的需求,每一項都對它的上游回報哪些是可以真正達成的,而這個過程是反覆進行的。

1.10 最簡單的定義:資訊是指取自所在情境所使用,且具有結構及意義的資料。

2.1 他們對於問題有著不同的觀點,因為他們對於資訊系統發展的意義與目的看法也有不同。

2.3 最簡單的定義是「適合目的」,但可能難以找出及定義模糊不明的目的,更實際的選項是「滿足使用者所有的需求,包括已經說明的需求及可推衍得知的需求」。

2.6 系統可能建築在不相關的問題上,可能不適合人們的作業方式、可能不適合它的環境、可能在交付之前就過時。專案在政治方面的難處導致延誤或取消。

2.7 利害關係人因為會受到(或將會受到)專案的進度或結果影響,而對專案也抱持興趣。

3.1 傳統瀑布式生命週期的部分優點有:
- 具有特定技能的團隊可以在特定階段被分派到任務中。
- 每個階段結束時可以進行進度評估。

3.2 傳統瀑布式生命週期的一些缺點：
    ☐ 實際專案很少遵循簡單而依序進行的生命週期。
    ☐ 重複進行無可避免。
    ☐ 開始到交付的間隔時間經常過長。
    ☐ 對於科技或需求的改變反應遲鈍。

3.5 雛型法不一定需要考慮可運作系統的交付，而漸增式方法在每個成功的漸增過程交付一個可運行系統，注意在統一軟體開發程序 (Unified Software Development Process) 中，一次漸增可以製造任何生命週期產品。

3.7 語句法正確性關注的是圖示（例如 UML）的正確使用，一致性涉及到產生的彼此一致的模型或圖，完整性是指產生完整定義的模型。

3.8 需求可追蹤性是指追蹤從需求分析模型到相關的程式碼，每一需求對於所有系統開發交付項目這樣的能力。

3.9 圖形必須語句法正確且完整，並與其他圖形和模型一致，但可能不涉及使用者需求或不完整，這是任何圖形或模型最重要的準則。

4.2 語義是研究意義，在物件導向開發中，通常用來表示元素對於使用者的意義（使用者可能包括塑模者或開發者，而不僅僅是軟體的終端使用者）。物件的語義包括從使用者觀點所見到的目的、描述、關係及行為。

4.3 系統的其他部分僅看見物件的介面（它所能提供的服務及操作簽章），內部細節包括資料以及操作的實作是被隱藏的，而只能由包含合法簽章的訊息存取。

4.4 多型意指當一訊息發送到不同類型物件時，每個都有適當但不同的實作來回應；發送訊息的物件不需要知道所著眼的物件是什麼型態，即使操作簽章是相同的。實作多型的方法之一是透過繼承與覆蓋。

4.6 子類別繼承超級類別及其他祖先（有些可能的重疊，但技術上仍然是繼承）所有特性，每個子類別與它的祖先們至少在某方面是不同的。

5.4 促進專案中團隊成員間的溝通，與為系統工作上的那些人，長時間溝通，傳遞良好的實務與經驗。

5.7 帶有圓角的三角形。

5.8 控制流程。

5.10 起始節點（黑色實心圓）及最終節點（在另一個圓圈中的黑色實心圓）。

5.13 一個物件與行動間的箭頭。

6.1 功能性需求的例子有：需要執行某一程序來依據工作人員的技能和經驗分配工作到生產線上，而在假日或生病時離開、印出分配表、修改分配表；非功能性需求的例子包括：印出到中午 12：00 的分配表、必須處理 200 位技工的細節。

6.4 製作使用案例用來塑模使用者觀點的系統功能性，並呈現哪些使用者將會與系統溝通；它們呈現系統的範疇。

6.6 本質使用案例記錄使用者與系統間的互動，與技術和實作細節無關；而實際使用案例描述一個使用案例在設計方面的具體細節。

6.10 使用案例代表日常業務的功能而非電腦系統的功能，參與者代表與這些功能互動的人及組織外部業務。

7.2 屬性是類別的一個特徵（每個人都有身高），屬性值是實例的一個特徵（這位作者 175 公分高）。

7.3 元素的穩定性是它的描述相對較少改變，實例可能會經常地建立、消除或更新，但不像類別描述那班經常改變。

7.6 多重性標示特定結合關係可以連結到單一物件的物件數量值之範圍，它是一項限定系統行為的限制；如果一位客戶僅能有一位聯絡人員，那麼它就應該不能連結到第二個。

7.10 連結是兩個物件間的連接，「改變」一個連結（在端點的其他物件有替代説法）等同摧毀這個連結而產生新的。（考慮以固定長度繩子繫著的兩個物件，在替換過程中，將有連結一個物件或一個也沒有連結著的狀況——除非你在解開第一個前先綁在第二個上，但物件連結無法這樣做。）

7.12 溝通圖只呈現那些與特定使用案例（或操作）功能合作的類別，雖然它們通常可以視為其類別的無名實例，連結僅只顯示因這目的所必須的；類別圖通常呈現特定套裝中的全部類別，以及它們之間全部的結合關係。

8.1 使用元件可以節省時間和精力，作者的一位朋友曾説：「你是否想過要製造屬於自己的燈泡要花費多少？」

8.3 物件是妥善封裝，而物件結構可以這樣的方式設計，一般化的層級性質將類別較一般的特點抽象化，模型的層級結構有助於開發者在需要的時候輕易地找到元件，組合封裝整個結構在組合物件中。

8.4 組合的元件不能分享給另外的組合，這個元件與組合的生命週期同步（雖然元件可以在組合消去前明確地分割）。

8.5 這是多型的基礎，超級類別操作定義了簽章，但每一子類別有不同的方法實作行為（參閱第10章）。

8.6 抽象類別沒有實例，也只以超級類別的方式在層級中存在，它提供給確有實例的實體子類別一般化基礎。

8.12 反模式記錄在問題解決時的失敗嘗試，及建議這個失敗的解決方案可以如何調整來成功地解決問題。

9.1 溝通圖不允許兩個物件間有大量訊息，以及每個訊息有太多參數在圖上不當的呈現。

9.2　小型自我包含類別是較容易開發、測試及維護。

9.3　循序圖有時間維度（通常是依頁面垂直地由上而下），而溝通圖沒有；溝通圖呈現物件間的連結，而這在循序圖則沒有呈現

9.5　生命線代表所塑模的實體（例如：物件）在互動圖中所代表的互動的存在，它可以用在循序圖、溝通圖、時序圖或互動概觀圖（帶有互動片段）。

9.6　執行發生表示操作在循序圖中互動所表示的特定狀態執行。

9.9　序列號以巢狀風格寫在溝通圖，以表示巢狀程序呼叫。

9.11　複雜互動可以 UML 表示如下：
- 使用互動參照其他互動片段來隱藏一些互動細節，共同互動片段可以多個其他循序圖參照。
- 使用生命線來代表一群一群物件及它們的互動或代表子系統，這些生命線參照其他包含隱藏細節的互動片段。
- 使用互動概觀圖來顯示行內互動片段整體控制流程，並使用互動事件來隱藏互動細節。

9.15　時序圖用來呈現狀態整個過程如何改變，當制定時間限制如何影響生命線間互動時將會是特定值。

10.1　操作規格確認使用者對於模型邏輯行為的觀點，也規範了設計師和程式設計師必須製作哪些以滿足使用者需求。

10.2　決策表特別適合用來表示複雜多重輸入條件及複雜多重產出，這些條件和產出的確切步驟順序不是不明顯就是無從得知。

10.4　演算法定義操作一步一步的行為，非演算式方法只定義前置條件及結果。

10.5　非演算式方法操作規格強調封裝。

10.9　OCL 表示式有：
- 表示式合法時的情境（例如，指定的類別）。
- 在該情境中表示式所適用的性質（例如，該指定類別的屬性）
- 套用在性質（例如，驗證屬性值的數學表示式）的操作。

11.2　當特定事件發生時加以評估警戒條件，唯有條件成立時相關轉移才會發生。

11.3　某狀態全部的警戒條件應該是互斥的，因而對於每組條件只有一個合法的從一狀態轉移，如果它們不是互斥的話，那將會有多於一個轉移是符合的，而狀態機的行為變得不確定。

11.4　組合狀態包含子狀態，用來表示層級結構中複雜狀態行為，組合狀態可能包含單一分解區塊及單一子狀態機，或可能包含許多分解區塊，每個區塊則有一個子狀態機；之後的例子組合狀態有平行的子狀態。

11.5　如果物件佔據組合狀態而有多於一個子機時，那麼它將佔據組合狀態中的每一

子機一個子狀態。結果是，它會在組合狀態期間的任何時間都佔據一個以上的子狀態。

11.6 組合狀態中的子狀態是巢狀，可以是任何深度的巢狀，在大部分的情況中，巢狀子狀態為一或二層將適當地塑模狀態行為，唯有包含正交子機的組合狀態會平行巢狀這些子狀態。

11.11 狀態機未被用於模型狀態改變的典型症狀包括以下幾點：
- 大多數的移轉是由狀態完成開始。
- 許多訊息是送給 'self'，重複使用相對的程式碼，而非由事件觸發的行動。
- 狀態並未捕捉到與類別有關的獨立狀態行為。

12.3 使用者想要報表等等──分析；選擇企業目標等等──邏輯設計；紙張大小等等──實體設計。

12.5 無縫銜接意指專案從頭到尾使用並依序修正相同的模型（類別圖）。

12.7 功能性、效率性、經濟性、可靠性、安全性、通用性、可建立性、可管理性、可維護性、可用性、可重複使用性。

13.2 架構觀點從特別的觀點呈現特定系統或系統的特定部份，架構見解是描述如何建立及使用架構觀點的樣版。

13.3 四個觀點是邏輯觀點、執行觀點、過程觀點及部署觀點，額外的觀點則是使用案例觀點。

13.7 企業架構將業務的設計連結到需要支援該項業務的資訊系統。

13.10 開放層級架構更難維護，因為每一層都可能與較低的層溝通，因而增加架構中的耦合程度，對某一層的改變可能對許多層造成影響。

13.11 封閉層級架構可能需要更多處理，像是訊息必須在層級之間傳送。

13.13 在 MVC 與層級架構間主要的差異包括更新繁衍機制，以及將展現層區隔為 MVC 中的 View 及 Controller 元件。

13.14 代理人藉由扮演中介訊息傳遞元件角色 (即所有訊息都需通過代理人) 來解構子系統，這樣的結果子系統被認為是代理人，而非直接與其他子系統溝通，這讓子系統移植到分散式電腦更為容易。

14.1 我們制定使用者介面及應用程式控制類別；我們加入支援資料管理的機制。類別圖也隨之更新屬性和操作的的型態及可視性，並呈現結合關係是如何設計的。

14.2 私有、公開、保護或套件等可視性。

14.3 屬性應該設計成私有以實行封裝。

14.7 群集類別可以在許多結合關係的尾端用來記錄相連結物件的物件識別碼，群集

類別提供群集特定 (collection-specific) 的行為來處理這個群集。

14.8 物件識別碼的群集類別如果未被其他類別使用，應該包括在一類別之中，這並不會不當地增加類別的複雜度。

14.10 衍生屬性應該用來減少一個或多個交易的處理時間，好讓使用者的回應時間是適當的，然而，應該要注意到的是，這可能增加用以確保維持資料完整性之其他交易的處理時間。

15.3 對話隱喻描述涉及不同類型溝通中，使用者與系統間在對話方面的互動，直接操縱隱喻代表使用者可以在螢幕上經由滑鼠來操縱感興趣的物件。對話依據系統決定的順序進行，直接操縱屬事件驅動，使用者可以決定事件的順序。

15.6 使用者可能未經思慮就按下 Return 鍵而誤刪客戶。

15.9 可能優點有：結構化——有助於專案的管理；採用有助於溝通的標準；迫使思考人機介面設計的所有面向。民族誌——分析師對於系統背景、積極的使用者參與、以及社會與政治因素的考量而得到詳盡的了解。劇本式方法——幫助思索在使用案例中可能的替代路徑，這可以用來檢驗設計決策，對測試問題頗有助益；可能缺點有：結構化——可能變得官僚；民族誌——可能耗費時間；劇本式方法——產生大量文件。

16.3 人造物代表開發人造物品，通常是部署在系統上的實體檔案，而元件代表具有明確定義介面的模組化軟體單元，可以是系統邏輯元件或實體元件。

16.7 檢視成本效益分析，總結功能性需求已滿足及修正；檢視非功能性需求的完成情形；評估使用者滿意度；系統的問題及議題；擷取量化數據做為日後規劃之用；界定可再用之候選元件；未來可能的發展；所需行動（細節參閱第 16.9.2 節）。

16.9 因為分析師或設計師對系統會有更寬廣的觀點，而能夠確保改變適當，並且不會對其他系統造成具傷害性的衝擊。

精選案例研究作業、練習及專案的答案指引

1.B 一些主要的子系統有：線上銷售、零售商店、供應商、物流商、系統支援及帳務，以及其他；供應商重新訂購、產品分類、網路效能及安全等則加入了一些控制機制，大部分有一些人類活動及自動化支援。回饋的例子之一涵蓋了線上購物者——觀察他們訂購的過程，行銷研究者則使用前饋（吸引哪些客戶來到網頁瀏覽）。

4.A 人類活動系統意指所研議資訊系統的應用領域，其他人類活動系統包括了專案團隊、分析師所屬部門、企業規劃系統及組織中更廣泛的系統（政治上及文化上），專案團隊可能會使用包括 CASE 工具在內各式各樣的資訊系統，介面則

是溝通與關係的正式與非正式結構，其他安裝的軟體與硬體系統也是重要。

5.A 有些類型的資訊系統可以用來塑模真實世界以驗證想法，例如決策支援系統通常描繪企業的某些現象，並且允許工作人員及管理者詢問「如果……則……」(What-if) 問題：「如果價格提高 10% 產品需求會發生什麼？」或「如果我們針對某一特定區域發送廣告，基於我們對這地區的人口分布的了解，我們預期對於產品會有如何的反應？」，然而，在資訊系統中一個「客戶」不是客戶的一個模型，是一組描述客戶的資料值。同樣地，在資訊系統中某些東西是真實世界的物件；銷售訂單處理系統的收據是真實的收據，它不是模型。在物件導向系統中，有時候認為物件的操作是物件它們對自身所做的事情〔Rumbaugh 等人 (1991) 提出 Bicycle 類別的操作，像是 move 和 repair〕，通常物件的操作是我們希望系統對這些物件進行的真正操作，我們將它們包裝成類別，以有組織的方式設計軟體系統。

5.B 設計汽車、設計飛機（在風洞中使用的模型）、建築及城市計畫、產品包裝設計。

6.A 以下是一些應該在圖中的使用案例，參與者 (actor) 以括號表之：Check Staff Availability (Production Planner)、Enter Details of Staff Illness (Production Planner)、Print Availability Lists (Production Planner)。對於輸入工作人員假期細節的一些意義需要了解，關於誰可以做這個決定將影響系統的範圍，可以由工作人員本身輸入並由工廠管理者線上批准，或是這程序經由書面進行而只能由生產計畫者輸入批准的假期。

7.A 下面是對這兩個使用案例的描述範例。

記錄員工離開生產線

通常在員工輪值時間結束打卡離開生產線時加以記錄，雖然在交班時生產線作業有些許超時，這些通常不會在員工離開生產線時記錄；記錄的項目是日期、時間及位置。

停止運作

當生產線因日常原因像是休息、重新進料、重新裝配設備等，會記錄停止運轉的時間及原因，生產線主管或領班可以進行此事。

7.B 對 Record employee leaving the line 的使用案例實現，應與 Employee、Supervisor、ProductionLine、ProductionLineRun 及 EmployeeAbsence 合作，如同邊界類別和控制類別一般。

8.C 可能的子類別包括 TelevisionAdvert、RadioAdvert、MagazineAdvert、PosterAdvert、LeafletAdvert，我們可以採用層級的另一層而將 NewspaperAdvert 與 MagazineAdvert 在 PrintMediaAdvert 歸為一

群、`TelevisionAdvert` 與 `RadioAdvert` 在 `BroadcastMediaAdverte` 歸為一群（你可能已經選取等同而合格的選項名稱）。

9.A 循序圖應當可以與你在習題 7.B 回答的使用案例實現過程中產生的溝通圖推衍並保持一致，然而，你可以加入更多細節，像是訊息簽章及訊息型態。

9.B 責任分配的變化取決於控制類別有多少責任，以及有多少要移交到實體類別或邊界類別。在一個極端情況下，控制類別編排使用案例所有的功能性；在其他的極端情況下，控制類別授權使用案例的完整控制予實體類別之一。一個好的設計應該介於這些極端之間。

10.C 大部分的決策表可以 case 或巢狀 nested-if 而輕易地轉換為結構化英文，對非常簡單的決策表（兩個輸出）而言，則 if-then-else 可能就已足夠。

11.A 影響 `ProductionLine` 的事件包括 `start run`、`end run`、`detect problem`、`pause run`，`ProductionLine` 可能的狀態包括 `Idle`、`Running`、`ProblemInterrupted` 以及 `Paused`。

12.C 在 Windows 中有許多標準，例如：功能鍵的使用，尤其是在結合 Alt 及 Ctrl 鍵時；選單出現的標準，例如當選單項目將引領至對話視窗時，選單項目後面接著點點點（「...」）；在對話方塊中某些按鈕的位置（「確定」和「取消」）。

13.D 從 Sparx Systems 的 Enterprise Architect 就是支援 Zachman Framework 的一個例子，它的外掛允許使用者建立 6×6 矩陣，在矩陣中的小格點擊，會將使用者帶到對適當類型的圖。

14.A `Line-LineFault` 是單向關聯，`Supervisor-ProductionLine` 及 `Line-LineRun` 則是雙向結合關聯。

15.A 參閱 12.C 答案指引。

15.C 事情是這樣發生的…

首先，Rik 印出三份可用清單以顯示在接下來這一週誰是有空可以工作的，接著他從整週可以工作的工人開始，他在螢幕上檢視每位工人的紀錄，看著他們的技能及經驗、目前工作的生產線、以及他們已經在這生產線多久；他依序分配每位工人負責的生產線及期間。

這並沒有提供任何與系統真正互動的細節。

16.B 現在許多圖書館使用網頁瀏覽器來存取書目服務，如果在這種情況，那麼您的部署圖將會包括客戶端機器（個人電腦、蘋果 Mac 電腦或工作站）、網頁伺服器，以及其他執行圖書館軟體的電腦；而在這些使用案例中，圖書館工作人員透過簡單的終端機存取系統來借出及歸還書籍。他們將直接連接到執行軟體的機器，而不是通過網頁伺服器。（實際的配置將取決於您特定的系統。）

16.D 考慮的問題如下：手冊編排是否根據使用者所進行的任務？是否具有索引？你能否在索引中找到你（也就是使用者）知道或使用的電腦術語？是否呈現擷取畫面？它們與真正的螢幕或你所使用的視窗版本是否相同？（你應該能夠想到的其他標準。）

16.E 錯誤回報可能的內容包括：使用者名稱、電話號碼、所在建築、房間號碼、地址等等；錯誤發生的日期及時間；錯誤發生所在的機器類型；該機器的作業系統；發生錯誤的軟體；同時間運作的其他軟體；錯誤發生時正在使用的程式／視窗／函式；顯示給使用者的任何錯誤訊息；使用者預期將會發生的狀況；而真正發生的狀況；在那之前使用者緊接著做了什麼（按鍵、滑鼠在按鈕或選單點擊等等）。

中文索引

Liskov 代換原則　Liskov Substitution Principle, LSP　347

一劃
一般化　generalization　77, 79

二劃
人造製品　artefact　388
人類活動系統　human activity system　16

三劃
子系統　subsystem　100
子狀態　substate　271
子機器　submachine　272
子機器狀態　submachine state　272
子類別　subclass　80
工作流程　work flows　108

四劃
中介軟體　middleware　290
互斥性　disjoint nature　80
互動片段　interaction fragment　225
互動合作圖　interaction collaboration diagram　214
互動循序圖　interaction sequence diagram　216
互動運算子　interaction operator　217
互動運算元　interaction operands　226
互動耦合　interaction coupling　345
介面　interface　343
元件介面　Component Interface　389
元件圖　compenent diagram　384

內部活動　internal activity　269
內部活動部分　internal activities compartment　269
內部轉變部分　internal transitions compartment　269
內聚　cohesion　344
內隱服務　implicit service　338
分叉虛擬狀態　fork pseudostate　274
分析與設計　analysis and design　61
分解部分　decomposition compartment　272
分層法　layering　314
反射訊息　reflexive message　220
反樣式　antipattern　208
水道　swimlanes　107

五劃
主要操作　primary operation　338
主動物件　active objects　230
主從式　client-server　313
代理人　proxy　322
功能性需求　functional requirement　120
包含關係　Include relationship　135
可用性需求　usability requirement　120
可再用資產規格　Reusable Asset Specification, RAS　309
可修改性　modifiability　296
可提供性　affordance　297
可視性　visibility　340
可攜性　portability　296
巧合內聚　coincidental cohesion　344
平台有關模型　platform-dependent model,

PDM　291
平台無關模型（平台獨立模型）　platform-independent model, PIM　291, 310
末端節點　final node　105
生命線　lifeline　216
白箱　white box　394

六　劃

交易　transaction　19
仲介者　broker　322
企業架構　enterprise architecture　308
共享目標　shared target　195
同步訊息　synchronous message　224
同步操作　synchronizing operation　355
名稱部分　name compartment　268
合併　merge　275
合併虛擬狀態　join pseudostate　274
回傳　callback　229
回傳值　return-value　222
回覆　reply　221
多型　polymorpnism　84
多重性字串　multiplicity string　157
多重繼承　multiple inheritance　81
存取子　accessor　338
安裝與運作　installation and operation　51
行為規格　behavior specification　133
行為類圖　behavioural diagram　97
行動語義　action semantic　310

七　劃

作業　produotion　61
利害關係人　stakeholder　41, 129
告知　informed　66
技術參考架構　technical reference architecture　308, 311
改變觸發　change trigger　266
更動子　mutator　338

決策節點　decision node　104
系統　system　100, 305
系統思考　system thinking　7

八　劃

並行　concurrent　272
並行使用　parallel running　400
事件種類　event type　265
使用者接受度測試　user acceptance testing　396
使用案例　use case　132
使用案例圖　use case diagram　132
呼叫　invoke　82
呼叫觸發　call trigger　266
延伸關係　Extend relationship　135
延遲事件　deferred event　268
性質　property　75, 256
抽查　desk check　395
服務　service　83
服務導向架構　Service-Oriented Architecture, SOA　309
物件　object　72
物件流程　object flows　106
狀態　state　107, 264
狀態活動　state activity　269
狀態機圖　state machine diagram　107
狀態變數　state variable　264
直接轉換　direct changeover　399
知識　knowledge　18
初始　inception　60
非功能性需求　non-functional requirement　120
非同步訊息　asychronous message　229

九　劃

前期專案　pilot project　401
品質屬性　quality attribute　307

封裝　encapsulation　83
建構　construction　61
架構　architecture　305
架構形式　architectural style　308, 312
架構見解　architectual viewpoint　305
架構描述　architectual description　305
架構描述語言　architecture description language, ADL　307
架構觀點　architectual view　305
活動分區　activity partition　107
活動表達式　activity-expression　267
相依完整性　dependency constraints　354
相依關係　dependency　162
相對時間觸發　relative time trigger　266
要求介面　required interface　203
負責　responsible　66
重新定義問題　Problem redefinition　53
重數　multiplicity　240
風格準則　style guide　370

十　劃

值域完整性　domain integrity　354
原生方法　native method　291
套件　package　100
容器　container　386
案例觀點　use case view　306
框架　frame　105
特定平台模型310　platform-specific model, PSM
訊息協定　message protocol　82
訊號　signal　229
訊號觸發　signal trigger　266
起始節點　initial node　105
退場　retirement　61
迴圈　loop　217
迴歸試驗　regression testing　395

十一　劃

區分法　partitioning　314
參照完整性　referential integrity　354
參與者　actor　133
執行到底　run-to-completion　268
執行環境　execution environment　391
專案啟動文件150　project initiation document, PID
專案管理　project management　63
情境　context　256
情境　scenario　135
控制焦點　focus of control　221
控制緒　threads of control　230
控制類別　control class　164
接續　continuations　228
啟動　fire　265
敏捷　Agile　62
淺層歷史虛擬狀態　shallow history pseudostate　276
深度歷史虛擬狀態　deep history pseudostate　276
理想類型　ideal types　36
移轉　transition　61
統一流程　Unified Process　108
細節　elaboration　60
組合　composition　198
組態管理　configuration management　63
被動物件　passive objects　230
規則　rule　247
規格化內聚　specialization cohesion　346
軟體架構　soft architecture　306
連續內聚　sequential cohesion　344
部署　deployment　61
部署規格　deployment specifications　391
部署描述子　deployment descriptor　391
部署圖　deployment diagrams　384, 390

部署觀點　deployment view　306

十二劃

最初虛擬狀態　initial pseudostate　265
創意發想　Finding ideis　53
尋找解決方案　Finding solution　53
循序圖　sequence diagram　216
提供介面　provided interface　203
替代方案　alternatives　226
測試　tesst　61
測試工具　harness　395
無形資產　intangible　19
無縫銜接　seamlessness　290
程序呼叫　procedural call　224
程序觀點　process view　306
策略資訊系統規劃　strategic information systems planning　49
結合虛擬狀態　junction pseudodate　275
結構類圖　structural diagram　97
虛擬狀態　entry pseudostate　274
象化　abstraction　72
超級類別　superclass　80
進入活動　entry activity　269
階段轉換　phased changeover　400
黑箱　black box　394

十三劃

業務塑模　business modelling　49, 61
溝通路徑　communication paths　390
溝通圖　communication diagram　162, 214
當責　accountable　66
節點　node　98, 390
裝置　device　391
資料　data　18
資料獲取　Data gathering　53
資訊　information　18
路徑　path　98

閘口　gate　225

十四劃

圖　graph　98
圖表　diagram　100
實作　Implementation　53, 61
實作有關設計　implementation-dependent design　291
實作觀點　implementation view　306
實例　instance　74, 166
實現　realize　344
實體類別　entity class　164
對話框　dialogue box　367
慣用語　idiom　207
演算法　algorithm　250
管理資訊系統　management information systems, MIS　19
網路服務　web service　309
聚集　aggregation　198
語義　semantic　79
遞迴　recursion　221
需求　requirements　61
需求浮動　requirements draft　39

十五劃

暫時內聚　temporal cohesion　344
樣式　pattern　207
模式驅動架構　Model-Driven Architecture, MDA　291
模板化的　stereo-typed　108
模板型別　stereotypes　135
模板類別　template class　352
模型　model　100
模型驅動架構　Model-Driven Architecture, MDA　310
耦合　coupling　344
複合片段　combined fragment　217

複合聚集　composite aggregation　198

十六　劃

操作　operation　75, 257
操作內聚　operation cohesion　346
整體　holistic　16
橋接　bridge　324
螢幕片段　screen-scraping　310
諮詢　consulted　66
選擇虛擬狀態　choice pseudostate　275
遺留系統　heritage system　309
靜態條件分配　static conditional branch　275

十七　劃

環境　environment　63
還原　reductionism　16
點對點　peer-to-peer　313

十八　劃

舊系統　legacy systems　118
覆蓋　overriding　81
轉變　transition　265
轉變線　transition string　266

十九　劃

離開活動　exit activity　269
離開虛擬狀態　exit pseudostate　274
簽章　signature　82
邊界類別　boundary class　164
類別內聚　class cohesion　346
類別化　classifier　77
類別責任合作　Class Responsibility Collaboration, CRC　180
類型　type　76

二十　劃以上

繼承　inheritance　80
繼承遞移操作　transitive operation of inheritance　80
繼承耦合　inheritance coupling　345
觸發　trigger　264
警戒　guard　267
警戒條件　guard condition　105, 267
屬性　attribute　75
邏輯內聚　logical cohesion　344
邏輯觀點　logical view　306
觀點　view　100

英文索引

A

abstraction　象化　72
accessor　存取子　338
accountable　當責　66
action semantic　行動語義　310
active objects　主動物件　230
activity partition　活動分區　107
activity-expression　活動表達式　267
actor　參與者　133
affordance　可提供性　297
aggregation　聚集　198
Agile　敏捷　62
algorithm　演算法　250
alternatives　替代方案　226
analysis and design　分析與設計　61
antipattern　反樣式　208
architectual description　架構描述　305
architectual view　架構觀點　305
architectual viewpoint　架構見解　305
architectural style　架構形式　308, 312
architecture description language, ADL　架構描述語言　307
architecture　架構　305
artefact　人造製品　388
asynchronous message　非同步訊息　229
attribute　屬性　75

B

behavior specification　行為規格　133
behavioural diagram　行為類圖　97
black box　黑箱　394

boundary class　邊界類別　164
bridge　橋接　324
broker　仲介者　322
business modelling　業務塑模　49, 61

C

call trigger　呼叫觸發　266
callback　回傳　229
change trigger　改變觸發　266
choice pseudostate　選擇虛擬狀態　275
class cohesion　類別內聚　346
Class Responsibility Collaboration, CRC　類別責任合作　180
classifier　類別化　77
client-server　主從式　313
cohesion　內聚　344
coincidental cohesion　巧合內聚　344
combined fragment　複合片段　217
communication diagram　溝通圖　162, 214
communication paths　溝通路徑　390
compenent diagram　元件圖　384
Component Interface　元件介面　389
composite aggregation　複合聚集　198
composition　組合　198
concurrent　並行　272
configuration management　組態管理　63
construction　建構　61
consulted　諮詢　66
container　容器　386
context　情境　256
continuations　接續　228

control class　控制類別　164
coupling　耦合　344

D

Data gathering　資料獲取　53
data　資料　18
decision node　決策節點　104
decomposition compartment　分解部分　272
deep history pseudostate　深度歷史虛擬狀態　276
deferred event　延遲事件　268
dependency constraints　相依完整性　354
dependency　相依關係　162
deployment descriptor　部署描述子　391
deployment diagrams　部署圖　384, 390
deployment specifications　部署規格　391
deployment view　部署觀點　306
deployment　部署　61
desk check　抽查　395
device　裝置　391
diagram　圖表　100
dialogue box　對話框　367
direct changeover　直接轉換　399
disjoint nature　互斥性　80
domain integrity　值域完整性　354

E

elaboration　細節　60
encapsulation　封裝　83
enterprise architecture　企業架構　308
entity class　實體類別　164
entry activity　進入活動　269
entry pseudostate　虛擬狀態　274
environment　環境　63
event type　事件種類　265
execution environment　執行環境　391
exit activity　離開活動　269

exit pseudostate　離開虛擬狀態　274
Extend relationship　延伸關係　135

F

final node　末端節點　105
Finding ideis　創意發想　53
Finding solution　尋找解決方案　53
fire　啟動　265
focus of control　控制焦點　221
fork pseudostate　分叉虛擬狀態　274
frame　框架　105
functional requirement　功能性需求　120

G

gate　閘口　225
generalization　一般化　77, 79
graph　圖　98
guard condition　警戒條件　105, 267
guard　警戒　267

H

harness　測試工具　395
heritage system　遺留系統　309
holistic　整體　16
human activity system　人類活動系統　16

I

ideal types　理想類型　36
idiom　慣用語　207
implementation view　實作觀點　306
Implementation　實作　53, 61
implementation-dependent design　實作有關設計　291
implicit service　內隱服務　338
inception　初始　60
Include relationship　包含關係　135
information　資訊　18
informed　告知　66

inheritance coupling　繼承耦合　345
inheritance　繼承　80
initial node　起始節點　105
initial pseudostate　最初虛擬狀態　265
installation and operation　安裝與運作　51
instance　實例　74, 166
intangible　無形資產　19
interaction collaboration diagram　互動合作圖　214
interaction coupling　互動耦合　345
interaction fragment　互動片段　225
interaction operands　互動運算元　226
interaction operator　互動運算子　217
interaction sequence diagram　互動循序圖　216
interface　介面　343
internal activities compartment　內部活動部分　269
internal activity　內部活動　269
internal transitions compartment　內部轉變部分　269
invoke　呼叫　82

J

join pseudostate　合併虛擬狀態　274
junction pseudodate　結合虛擬狀態　275

K

knowledge　知識　18

L

layering　分層法　314
legacy systems　舊系統　118
lifeline　生命線　216
Liskov Substitution Principle, LSP　Liskov 代換原則　347
logical cohesion　邏輯內聚　344
logical view　邏輯觀點　306

loop　迴圈　217

M

management information systems, MIS　管理資訊系統　19
merge　合併　275
message protocol　訊息協定　82
middleware　中介軟體　290
model　模型　100
Model-Driven Architecture, MDA　模式驅動架構　291
Model-Driven Architecture, MDA　模型驅動架構　310
modifiability　可修改性　296
multiple inheritance　多重繼承　81
multiplicity string　多重性字串　157
multiplicity　重數　240
mutator　更動子　338

N

name compartment　名稱部分　268
native method　原生方法　291
node　節點　98, 390
non-functional requirement　非功能性需求　120

O

object flows　物件流程　106
object　物件　72
operation cohesion　操作內聚　346
operation　操作　75, 257
overriding　覆蓋　81

P

package　套件　100
parallel running　並行使用　400
partitioning　區分法　314
passive objects　被動物件　230

path 路徑 98
pattern 樣式 207
peer-to-peer 點對點 313
phased changeover 階段轉換 400
pilot project 前期專案 401
platform-dependent model, PDM 平台有關模型 291
platform-independent model, PIM 平台無關模型（平台獨立模型） 291, 310
platform-specific model, PSM 特定平台模型 310
polymorpnism 多型 84
portability 可攜性 296
primary operation 主要操作 338
Problem redefinition 重新定義問題 53
procedural call 程序呼叫 224
process view 程序觀點 306
produotion 作業 61
project initiation document, PID 專案啟動文件 150
project management 專案管理 63
property 性質 75, 256
provided interface 提供介面 203
proxy 代理人 322

Q
quality attribute 品質屬性 307

R
realize 實現 344
recursion 遞迴 221
reductionism 還原 16
referential integrity 參照完整性 354
reflexive message 反射訊息 220
regression testing 迴歸試驗 395
relative time trigger 相對時間觸發 266
reply 回覆 221
required interface 要求介面 203

requirements draft 需求浮動 39
requirements 需求 61
responsible 負責 66
retirement 退場 61
return-value 回傳值 222
Reusable Asset Specification, RAS 可再用資產規格 309
rule 規則 247
run-to-completion 執行到底 268

S
scenario 情境 135
screen-scraping 螢幕片段 310
seamlessness 無縫銜接 290
semantic 語義 79
sequence diagram 循序圖 216
sequential cohesion 連續內聚 344
service 服務 83
Service-Oriented Architecture, SOA 服務導向架構 309
shallow history pseudostate 淺層歷史虛擬狀態 276
shared target 共享目標 195
signal trigger 訊號觸發 266
signal 訊號 229
signature 簽章 82
soft architecture 軟體架構 306
specialization cohesion 規格化內聚 346
stakeholder 利害關係人 41, 129
state activity 狀態活動 269
state machine diagram 狀態機圖 107
state variable 狀態變數 264
state 狀態 107, 264
static conditional branch 靜態條件分配 275
stereo-typed 模板化的 108
stereotypes 模板型別 135
strategic information systems planning 策略資

訊系統規劃　49
structural diagram　結構類圖　97
style guide　風格準則　370
subclass　子類別　80
submachine state　子機器狀態　272
submachine　子機器　272
substate　子狀態　271
subsystem　子系統　100
superclass　超級類別　80
swimlanes　水道　107
synchronizing operation　同步操作　355
synchronous message　同步訊息　224
system thinking　系統思考　7
system　系統　100, 305

T

technical reference architecture　技術參考架構　308, 311
template class　模板類別　352
temporal cohesion　暫時內聚　344
tesst　測試　61
threads of control　控制緒　230
transaction　交易　19
transition string　轉變線　266

transition　移轉　61
transition　轉變　265
transitive operation of inheritance　繼承遞移操作　80
trigger　觸發　264
type　類型　76

U

Unified Process　統一流程　108
usability requirement　可用性需求　120
use case diagram　使用案例圖　132
use case view　案例觀點　306
use case　使用案例　132
user acceptance testing　使用者接受度測試　396

V

view　觀點　100
visibility　可視性　340

W

web service　網路服務　309
white box　白箱　394
work flows　工作流程　108